Schmidt/Feustel
Optoelektronik
kurz und bündig

Wolfgang Schmidt/Ortwin Feustel

Optoelektronik

kurz und bündig

Grundlagen und Auswahlkriterien
für Optoelektronische Bauelemente

VOGEL-VERLAG

ISBN 3-8023-0076-9

Printed in Germany

Herstellung Vogel-Verlag, Würzburg, Grafischer Betrieb

Vorwort

Vor mehr als einem Jahrzehnt konnte man im technischen Schrifttum bereits Abhandlungen über optoelektronische Halbleiter finden. Doch waren diese Bauelemente wirtschaftlich gesehen für den Entwickler seinerzeit noch relativ uninteressant.

Inzwischen gehören optoelektronische Bauelemente zum „Alltag“ des Entwicklers, die Ära der Optoelektronik hat begonnen.

Damit erschien die Zeit reif, die mit dieser Entwicklung einhergehende Fülle von vorwiegend englischsprachigen Datenblättern, Applikationsberichten und sonstigen Veröffentlichungen zu sichten und „anwenderfreundlich“ aufzubereiten. In diesem Sinne wurde das vorliegende Buch zum Nutzen praktizierender Ingenieure und Techniker und als Informationsgrundlage für Lehrende und Studierende verfaßt.

Die bisherige Entwicklung hat gezeigt, daß vielerorts schon heute die Bauelemente der Vakuumelektronik von solchen der Festkörperelektronik verdrängt werden. Ähnliches gilt (mit Einschränkung) auch für die Halbleiterdetektoren ohne Sperrschicht gegenüber jenen mit Sperrschicht. Deshalb werden hier die „klassischen“ Bauelemente der Optoelektronik ausgeklammert, zumal über sie genügend grundlegendes Schrifttum existiert.

Besonderer Wert wurde darauf gelegt, die wesentlichen Eigenheiten optoelektronischer Sperrschichthalbleiter und ihrer Grundschaltungen so darzulegen, daß der Anwender nicht nur die Möglichkeiten und Grenzen dieser Bauelemente kennenlernt, sondern daß er darüber hinaus in die Lage versetzt wird, geeignete Bauelemente der Optoelektronik selbst auszuwählen und in zweckentsprechende Schaltungen umzusetzen. Dies wird erreicht mit der systematischen Gliederung des umfangreichen Stoffes, der Analyse und Gegenüberstellung bewährter Ansteuerschaltungen bzw. -Verfahren sowie Durchrechnen ausgewählter Dimensionierungsbeispiele.

Wir bedanken uns recht herzlich bei Herrn Dr. Heinz Hämmerling, AEG-Telefunken, für anregende und klärende Diskussionen. Ferner bei all den zahlreichen Firmen, die uns freundlicherweise mit ihren Datenblättern und Firmendruckschriften unterstützt haben. Schließlich gilt unser besonderer Dank auch unseren unermüdlich „tippenden Ehefrauen“ und last not least dem Verlag für die gute Zusammenarbeit.

Reinbek und Königstein/Ts.

Wolfgang Schmidt
Ortwin Feustel

Inhaltsverzeichnis

1. Der Begriff Optoelektronik

Zunächst sei einmal festgestellt, daß es eine einheitliche (sprich: amtliche) Definition des Begriffes **Optoelektronik** (noch) nicht gibt. Nach allgemeinem derzeitigem Sprachgebrauch versteht man aber unter Optoelektronik „eine Technik, in der *optische* und *elektronische* Bauelemente für spezielle Schaltungsaufgaben vereinigt werden". Das „Vereinigen" beschränkt sich dabei nicht nur auf das Zusammenschalten diskreter Bauelemente aus dem optischen Bereich auf der einen und dem elektronischen Bereich auf der anderen Seite, sondern erfaßt jede denkbare, auch die monolithisch integrierte Form des Zusammenwirkens elektronischer und optischer Vorgänge in einem (oder in mehreren) Bauelement(en), auch wenn diese Vorgänge äußerlich als solche nicht mehr unbedingt erkennbar werden (Beispiel: Optokoppler).

Unter **optoelektronischen Bauelementen** im allgemeinsten Sinne versteht man demnach Bauteile, in denen **elektromagnetische Strahlung des optischen Bereiches** in elektrisch meßbare Größen (Strom-, Spannungs-, Widerstandsänderung) umgesetzt wird oder umgekehrt. Einschränkend muß dazu aber bemerkt werden, daß gemäß der Definition des Begriffes **Elektronik**[1] nur dann von einem optoelektronischen Bauelement gesprochen werden kann, wenn das erwähnte Umsetzen im Vakuum, in Gasen oder in Halbleitern vor sich geht.

Unter **elektromagnetischer Strahlung im optischen Bereich** wird dabei der Spektralbereich der **ultravioletten**, der **sichtbaren** und der **infraroten Strahlung** verstanden, der nach DIN 5031 den Wellenlängenbereich 100 nm bis 1 mm umfaßt (siehe dazu Bild 1.1).

> Ganz allgemein läßt sich also sagen, daß die **Optoelektronik** alle technisch auswertbaren Wechselwirkungen zwischen optischer Strahlung und elektronischen Vorgängen erfaßt, um sie in Form geeigneter Schaltungen der technischen Nutzung zugänglich zu machen.

[1] **Def.:** Mit dem Begriff „Elektronik" wird der Zweig der Wissenschaft und Technik benannt, der sich mit den Vorgängen und Anwendungen der Elektrizitätsleitung im Vakuum, in Gasen oder in Halbleitern befaßt.

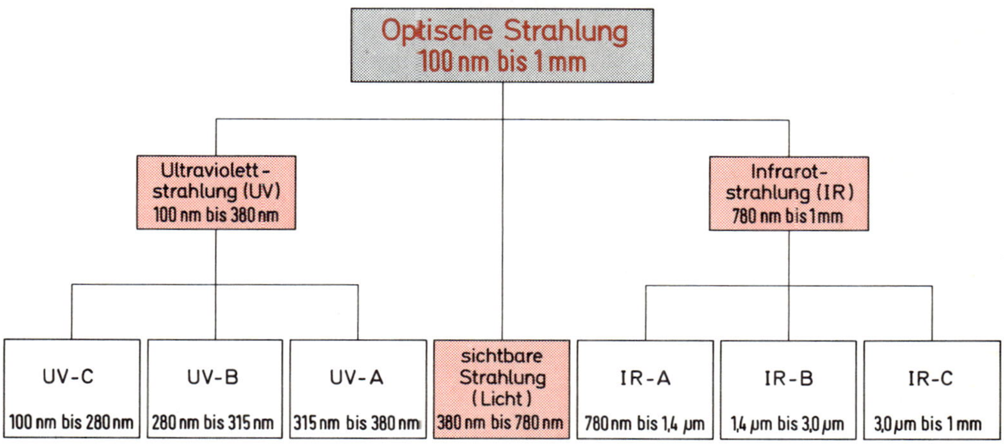

Bild 1.1 Optischer Bereich des elektromagnetischen Strahlungsspektrums

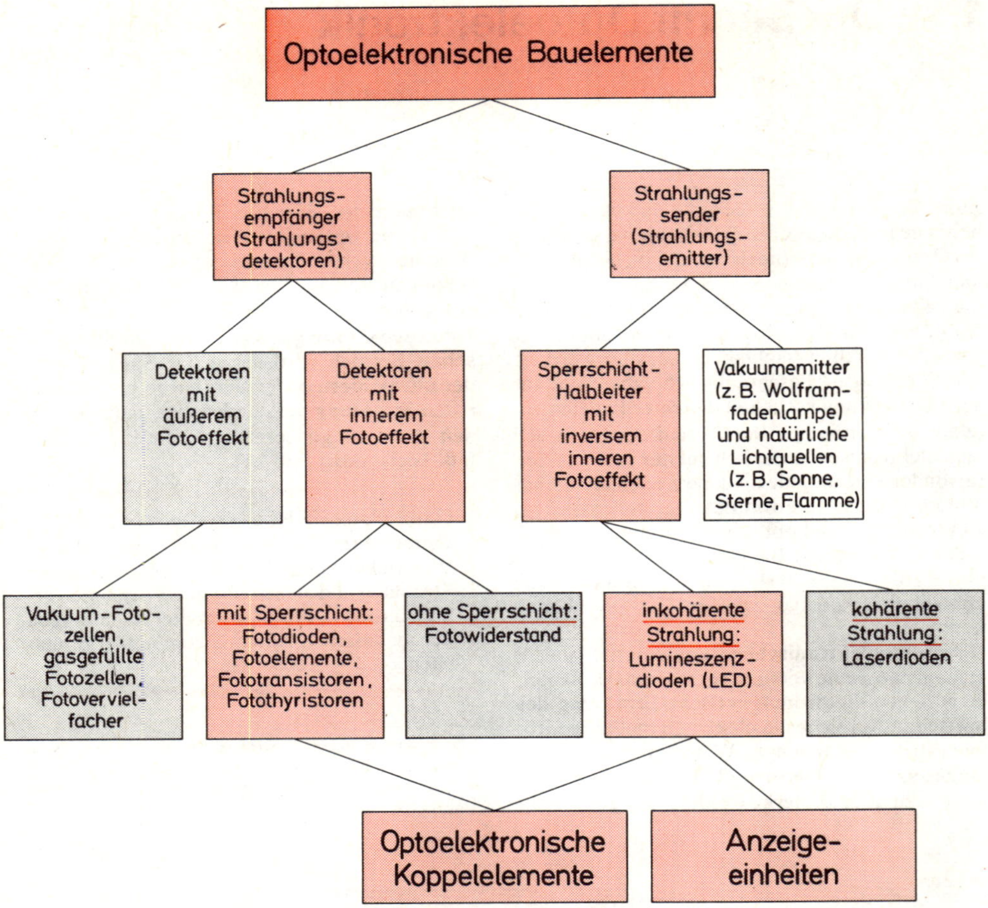

Bild 1.2 Ordnungsschema für optoelektronische Bauelemente

1.1. Das Einordnen optoelektronischer Bauelemente

Will man der Betrachtung optoelektronischer Bauelemente gewisse **Ordnungskriterien** zugrunde legen, gibt es eine ganze Reihe von Zuordnungsmöglichkeiten. Üblich sind beispielsweise technologische Unterteilungen in *Festkörperbauelemente* und *Vakuumbauelemente*, oder man unterteilt nach Anwendungsgruppen in *Strahlungssender, Strahlungsempfänger* und *optoelektronische Koppelelemente*. Vorgeschlagen wurde aber auch ein Aufteilen in *diskrete Bauelemente, Hybridbauelemente* und *integrierte Bauelemente*, wie es von den „normalen" Halbleitern her geläufig ist.

Für den Anwender, der die optoelektronischen Bauelemente in geeignete Schaltungen umsetzen soll, scheint aber ein **Einteilen nach Anwendungsgruppen** am sinnvollsten zu sein, wenn man der Übersicht halber noch die wichtigsten physikalischen und technologischen Aspekte mit einbezieht. Eine einigermaßen umfassende Zuordnung dieser Art zeigt die schematische Darstellung in Bild 1.2.

Nach diesem Schema sind die folgenden Kapitel im wesentlichen geordnet, wobei die rot unterlegten Kästchen alle *optoelektronischen Sperrschichthalbleiter* umfassen, die hier *ausschließlich* behandelt werden.

Außer Betracht bleiben im Rahmen dieses Buches alle Bauelementegruppen, die in den grau unterlegten Kästchen aufgeführt sind, da bereits grundlegendes Schrifttum über sie existiert.

Am Rande betrachtet werden, soweit im Zusammenhang mit Strahlungsempfängern erforderlich, auch künstliche und natürliche Strahlungsquellen, die nicht zu den eigentlichen elektronischen Emittern gehören und die deshalb auch nur bedingt in das Schema optoelektronischer Bauelemente aufgenommen wurden (nicht unterlegtes Kästchen).

1.2. Der Anwendungsbereich der Optoelektronik

Mit der oben getroffenen Eingrenzung auf optoelektronische Sperrschichthalbleiter, die im Rahmen dieses Buches ausschließlich behandelt werden, ist nicht gleichzeitig ein Eingrenzen der Anwendungsgebiete verbunden. Vielmehr werden vielerorts schon heute die Bauelemente der Vakuumoptoelektronik (*äußerer Fotoeffekt*) von solchen der Festkörperoptoelektronik (*innerer Fotoeffekt*, siehe Kap. 3) verdrängt. Ähnliches gilt (mit Einschränkung) für die Halbleiterdetektoren *ohne*, gegenüber jenen *mit* Sperrschicht.

So gesehen, gibt es innerhalb der gesamten Technik kaum einen Bereich, in dem sich keine Anwendungsmöglichkeiten für die Optoelektronik bieten. Angefangen von der industriellen Elektronik mit dem Messen, Überwachen und Steuern von Maschinen, Fertigungsabläufen, Füllhöhen, Flüssigkeitskonzentrationen u.a. über die Datentechnik (Lochstreifenleser, Übertragen und Anzeigen von Digitalinformationen usw.), die Unterhaltungselektronik (Auskopplung von Tonsignalen bei Fernsehgeräten, Potentialtrennung zwischen geregeltem Hochspannungsteil und Referenzsignal), die Meßtechnik (Digitalanzeigen, Umwandlung nichtelektrischer Größen in elektrische Signale, Helligkeitssteuerung bei Elektronenstrahlröhren) bis hin zur Nachrichtenübertragung und Elektromedizin (Potentialtrennung zwischen Meßgerät und Patient) ist die Palette der möglichen Anwendungen so breit, daß man Seiten füllen könnte, wollte man sie hier alle aufzählen.

Aufgabe der folgenden Kapitel dieses Buches soll es sein, die wesentlichen Eigenheiten optoelektronischer Bauelemente und ihrer Grundschaltungen so darzulegen, daß der Anwender nicht nur die Möglichkeiten und Grenzen dieser Bauelemente kennenlernt, sondern daß er darüber hinaus in die Lage versetzt wird, geeignete Bauelemente der Optoelektronik selbst auszuwählen und in zweckentsprechende Schaltungen umzusetzen.

2. Optische Strahlung und ihre Bewertung

Wer immer sich mit dem Einsatz **optoelektronischer Bauelemente** zu befassen hat, wird nicht umhin können, sich die Grundlagen **strahlungs- und lichttechnischer Bewertung** solcher Bauelemente zueigen zu machen. Erst wenn er sich auf diesem, den meisten Elektronikern etwas fremdem Gebiet gleichermaßen zu Hause fühlt wie in der Terminologie der „landläufigen" Elektronik, kann er den optimalen Nutzen aus den neuesten Entwicklungen optoelektronischer Bauelemente ziehen. Für den Praktiker genügt es dabei, jene Größen und Einheiten unter die Lupe zu nehmen, die in den Datenblättern optoelektronischer Bauelemente verwendet werden und die für das Dimensionieren einer Schaltung darüber hinaus noch von Interesse sind. Auf das Klären solcher Begriffe wollen wir uns im folgenden beschränken. Wer ergänzend dazu noch tiefer in die spezielle Materie **strahlungsphysikalischer** und **photometrischer** Begriffe eindringen möchte, sei auf die im Anhang genannte Spezialliteratur dieses Sachgebietes verwiesen.

2.1. Geometrische Zusammenhänge

Alle Betrachtungen, die **strahlungsphysikalische** und **lichttechnische Größen** einbeziehen (und das betrifft die gesamte Optoelektronik), erfordern Grundkenntnisse über dort verwendete **geometrische Zusammenhänge**, die hier noch einmal kurz rekapituliert werden sollen

2.1.1. Radiant (engl. *Radian*)

> In der **Planimetrie** (ebene Geometrie) versteht man unter einem Kreissektor eine Fläche, die von einem ebenen Winkel, der seinen Scheitel im Kreismittelpunkt hat, umspannt wird (Bild 2.1).

Der dem Scheitel gegenüberliegende Kreisbogen b_x kann darin bestimmt werden aus der Beziehung.

$$b_x = r_x \text{ arc } \alpha_x \quad (2.1)$$

wobei dem **Winkel im Bogenmaß** die Einheit **Radiant**, abgekürzt **rad**, zugeordnet ist. Der Einheit 1 rad entspricht ein Bogen der Länge 1 im Einheitskreis ($r = 1, u = 2\pi$), so daß

$$1 \text{ rad} = \frac{360°}{2\pi} \approx 57{,}27°$$

und

$$\text{arc } \alpha_x = \alpha_x \frac{2\pi}{360°} \quad (2.1a)$$

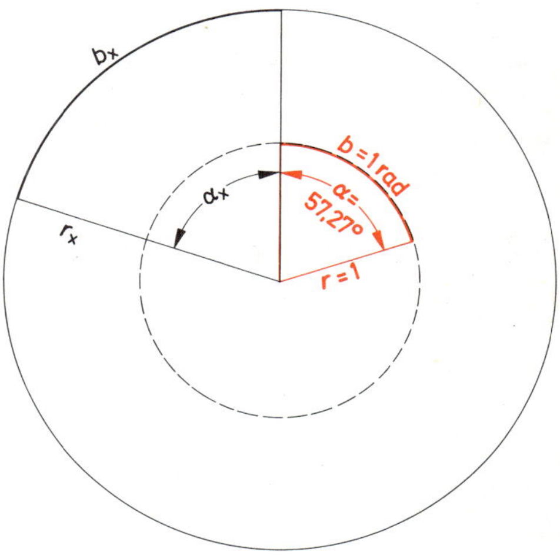

Bild 2.1 Der Kreissektor zur Definition des ebenen Winkels und seiner Einheit Radiant

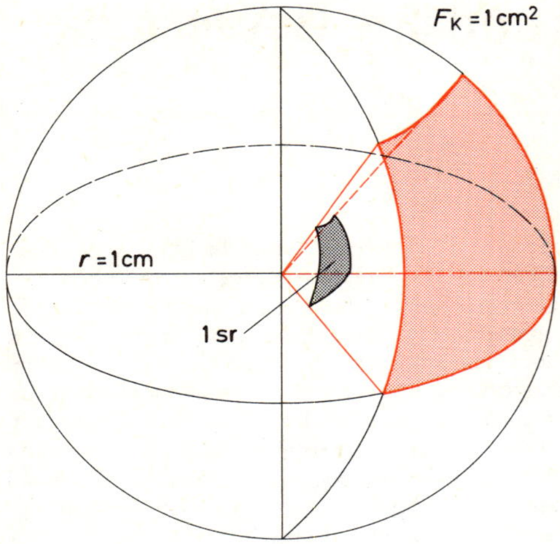

Bild 2.2 Der Kugelsektor zur Definition des Raumwinkels und seiner Einheit Steradiant

2.1.2. Steradiant (engl. *Steradian*)

Ähnlich dem Kreisausschnitt in der Planimetrie kann man auch in der **Stereometrie** (Geometrie der räumlichen Gebilde) einen Ausschnitt aus dem Kugelraum (Kugelsektor) mit einem **Raumwinkel** definieren, der seinen Scheitel im Kugelmittelpunkt hat.

Für einen solchen **Raumwinkel** ω gilt die Beziehung

$$\omega = \frac{\text{abgegrenzte Kugelfläche}}{r^2} \tag{2.2}$$

Die Einheit eines solchen Raumwinkels (Bild 2.2) heißt **Steradiant**, abgekürzt **sr** (im englischen **ster**) und ist definiert als jener Raumwinkel ω, der bei einem Kugelradius von 1 cm (1 m) auf der Kugeloberfläche eine Fläche von 1 cm² (1 m²) begrenzt.
Da die gesamte Kugeloberfläche mit $4\,\pi r^2$ gegeben ist, wird der **vollständige Kugelraum im Raumwinkelmaß** durch

$$\omega_0 = \frac{4\,\pi\,r^2}{r^2} = 4\,\pi\ \text{sr} \tag{2.3}$$

beschrieben. Ein Kreiskegel mit dem halben Öffnungswinkel von 32° 46′ umschließt den Raumwinkel $\Omega_0 = 1$ sr.
Bei **kleinem Raumwinkel** kann man die Kugelfläche näherungsweise mit einer **ebenen Fläche** ersetzen und erhält

$$\omega = \frac{F_n}{r^2}\ \text{sr} \tag{2.4}$$

wobei r der Abstand der Fläche vom Zentrum ist.
Wäre statt der abgegrenzten Kugelfläche der **Öffnungswinkel des Kugelsektors** (gerader Kreiskegel) bekannt, ließe sich der Raumwinkel aus der Gleichung

$$\omega = 2\pi\,(1 - \cos\alpha)\ \text{sr} \tag{2.5}$$

errechnen, mit α = halber Öffnungswinkel des zugehörigen Kreiskegels.

2.2. Terminologie der Strahlungs- und Lichtmessung

Besondere Schwierigkeiten bei der Anwendung optoelektronischer Bauelemente bereitet vielen Entwicklern die im Zusammenhang mit solchen Bauelementen verwendete Terminologie, zumal dann, wenn er auch auf englischsprachiges Schrifttum zurückgreifen muß, weil man dort in vielen Fällen noch nicht einmal die **SI-Einheiten** (internationales m-kg-s-System) zugrunde legt. Es werden deshalb in den folgenden Abschnitten jeweils die im angelsächsischen Schrifttum verwendeten Fachausdrücke in Klammern neben den deutschen DIN-Ausdrücken genannt und solche Einheiten, die von den SI-Einheiten abweichen, in Tabellenform mit zugehörigen Umrechnungsfaktoren zusammengefaßt.

2.2.1. Die beiden Bewertungsebenen

Je nach technischer Anwendung optoelektronischer Bauelemente kann eine **optische Strahlung** grundsätzlich unter zwei voneinander verschiedenen Aspekten bewertet werden. Die optische Strahlung einer Glühlampe beispielsweise

wird vom menschlichen Auge ganz anders wahrgenommen, als sie etwa ein Fototransistor als Empfänger der Strahlung „sieht“, da beide, physikalisch betrachtet, ganz unterschiedliche Spektralbereiche erfassen.
Setzt man nun ein optoelektronisches Bauelement etwa als Anzeigeeinheit (z.B. lichtemittierende Dioden) ein, dann scheint es vorteilhaft, das menschliche Auge als Bewertungsgrundlage zu wählen. Liegt dagegen der Anwendungszweck etwa im Infrarot- oder Ultraviolettbereich (Lichtschranken, Optokoppler u.a.), dann geht es um Wellenlängen, die vom menschlichen Auge nicht mehr erfaßt werden. Und schließlich gibt es noch Fälle, in denen das Auge nur Teilbereiche eines abgestrahlten Spektrums wahrnimmt.

Man unterscheidet deshalb grundsätzlich zwischen **strahlungsphysikalischen** und **lichttechnischen** Größen (engl. *radiometric* units, *photometric* units). Jene beziehen sich auf eine rein **physikalische**, diese dagegen auf eine **physiologische Bewertung** des elektromagnetischen Teilspektrums, das nach DIN 5031 als **optisches Spektrum** bezeichnet wird, eines Bereiches, der sich von den infraroten über die sichtbaren bis zu den ultravioletten Wellenlängen **(1 mm bis 100 mm)** erstreckt. Die **physiologische Bewertung** erfaßt dabei nur den **Teilbereich der optischen Strahlung**, der vom menschlichen Auge (Normalbeobachter) als **sichtbare Strahlung** (Licht) wahrgenommen wird, nämlich die **Wellenlängen zwischen 380 nm und 780 nm.**

Nach internationaler Vereinbarung wird den **strahlungsphysikalisch** bewerteten Größen einer emittierten oder empfangenen Strahlung der Index „e“ (*energetisch*), den **lichttechnisch (photometrisch)** bewerteten der Index „v“ (*visuell*) zugeordnet. Diese Indizes dürfen entfallen, wenn bei der betrachteten Anwendung keine Verwechslungsgefahr besteht.

2.2.2. Die spektrale Hellempfindlichkeit als physiologische Bezugsgröße

Trifft eine Strahlung des **sichtbaren Spektralbereiches** auf die Netzhaut des menschlichen Auges, dann erzeugt sie dort einen physiologischen Reiz, der über den Sehnerv im Gehirn eine **Helligkeitsempfindung** auslöst. Die **Intensität** dieses Reizes ist in hohem Maße von der jeweiligen **Wellenlänge** der Lichtstrahlung abhängig und am größten bei einer Wellenlänge von $\lambda = 555$ nm.

Setzt man nun die **physiologische Wirkung** des Lichtes bei dieser Wellenlänge gleich 1 und drückt die Wirkung anderer Wellenlängen in Bruchteilen von 1 aus, so erhält man die **Kurve der relativen spektralen Hellempfindlichkeit** $V(\lambda)$ des Auges, die die wichtigste **Bezugsfunktion** in der **Photometrie** darstellt.

Da die Augenempfindlichkeit von der Beleuchtungsstärke abhängt, hat man eigentlich eine ganze **Kurvenschar** zu betrachten, von der man aber nur die beiden zur **Helladaption** (oberhalb 10 Lux) und zur **Dunkeladaption** (unterhalb 0,1 Lux) gehörigen **Grenzkurven** auswählt und benutzt (Bild 2.3). Jene ist die Kurve der **spektralen Hellempfindlichkeit** $V(\lambda)$, diese die der **spektralen Dunkelempfindlichkeit** $V'(\lambda)$ [8].

Für **optoelektronische Betrachtungen** wird als **Bezugswert** im allgemeinen die **Kurve der spektralen Hellempfindlicheit** verwendet, über die alle anderen lichttechnischen Größen miteinander verknüpft sind.

Sollen solche Größen mit **optoelektronischen Empfängern** (*Fotoelement, Fotowiderstand, Fototransistor* usw.) gemessen werden, muß deren relative Empfindlichkeit möglichst gut an die

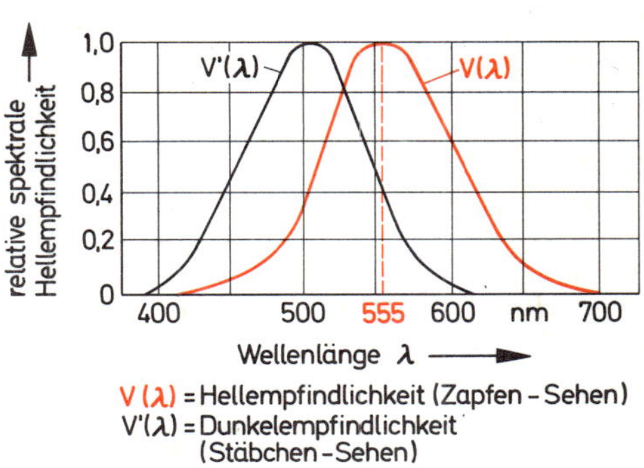

Bild 2.3 Relative spektrale Empfindlichkeit des menschlichen Auges

Definition	Formelzeichen und Gleichung	Strahlungsphysikalische Größen: deutsche Bezeichnung / englische Bezeichnung	Strahlungsphysikalische Größen: SI-Einheit*	Lichttechnische Größen: deutsche Bezeichnung / englische Bezeichnung	Lichttechnische Größen: SI-Einheit* (prakt. Einheit)
Energie	Q	Strahlungsenergie, Strahlungsmenge radiant energy	Ws	Lichtmenge luminous energy	lm s
Energie je Zeiteinheit (Leistung)	$\Phi = \frac{dQ}{dt}$	Strahlungsleistung, Strahlungsfluß radiant power, radiant flux	W	Lichtstrom luminous flux	lm
Senderseitige Größen					
ausgesandte Leistung je Flächeneinheit	$M = \frac{d\Phi}{dA_1}$	Spezifische Ausstrahlung radiant exitance	$\frac{W}{m^2}$	Spezifische Lichtausstrahlung luminous exitance	$\frac{lm}{m^2}$ $\left(\frac{lm}{cm^2}\right)$
ausgesandte Leistung je Raumwinkeleinheit	$I = \frac{d\Phi}{d\omega_1}$	Strahlstärke radiant intensity	$\frac{W}{sr}$	Lichtstärke luminous intensity	$\frac{lm}{sr} = cd$
ausgesandte Leistung je Raumwinkel- und projizierter Flächeneinheit	$L = \frac{dI}{dA_1 \cos \varepsilon_1} = \frac{d^2\Phi}{d\omega_1\, dA_1 \cos \varepsilon_1}$	Strahldichte radiance	$\frac{W}{m^2 sr}$	Leuchtdichte luminance	$\frac{cd}{m^2}$ $\left(\frac{cd}{cm^2} = sb\right)$
Empfängerseitige Größen					
einfallende Leistung je Flächeneinheit	$E = \frac{d\Phi}{dA_2}$	Bestrahlungsstärke irradiance	$\frac{W}{m^2}$	Beleuchtungsstärke illuminance	$\frac{lm}{m^2} = lx$
Zeitintegral der einfallenden Leistung je Flächeneinheit	$H = \int E\, dt$	Bestrahlung radiant exposure	$\frac{Ws}{m^2}$	Belichtung light exposure	$\frac{lm\, s}{m^2} = lx\, s$

Indizes: a) Die in Text und Tabelle verwendeten Formelzeichen gelten für strahlungsphysikalische und lichttechnische Größen *gleichermaßen*. Jene werden in der Regel mit dem Index „e" (= energetisch), diese mit dem Index „v" (= visuell) versehen. Die Indizes *dürfen* entfallen, wenn *keine Verwechslungsgefahr* besteht!

b) **Sendergrößen** sind mit dem Index „1" (Beispiel A_1),
Empfängergrößen mit dem Index „2" (Beispiel A_2) gekennzeichnet.

Vereinfachte Beziehungen:

Neben den in der Tabelle verwendeten exakten differentiellen Begriffsbestimmungen werden für lichttechnische Größen oft vereinfachte Beziehungen verwendet. Dabei ist darauf zu achten, ob der Lichtstrom
a) gleichmäßig über die Zeit,
b) gleichmäßig über die Fläche,
c) gleichmäßig im Raumwinkel verteilt ist.
Ist eine solche Bedingung nicht erfüllt, so gilt für diese Verteilung die Vereinfachung nur für den arithmetischen Mittelwert.

* „SI-Einheit" = Einheit im internationalen m-kg-s-System

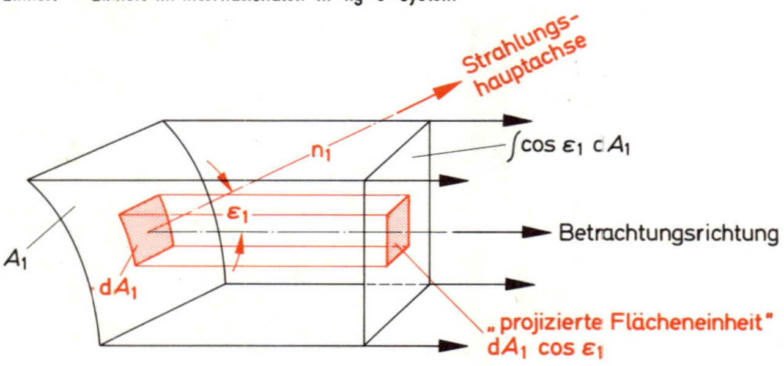

nach DIN 5031, Intern. Wörterbuch der Lichttechnik, Hrsg. CIE und IEC, sowie Siemens-Fachbuch „Licht und Beleuchtung, von H.-J. Hentschel, 1972"

Tafel 2.1 **In der Optoelektronik verwendete strahlungsphysikalische und lichttechnische Größen**

$V(\lambda)$-Kurve (Bild 2.3) angepaßt werden, was man beispielsweise mit Vorschalten bestimmter Filter erreichen kann.

2.2.3. Strahlungsphysikalische und lichttechnische Größen

Alle Zweige der Naturwissenschaft sind über den „Sammelbegriff" **Energie** qualitativ und quantitativ (Energiesatz) miteinander verbunden. Zweckmäßigerweise geht man deshalb auch bei optoelektronischen Betrachtungen der dort verwendeten Einheiten und Größen von den Begriffen **Energie** und **Leistung** aus und leitet alle anderen Zusammenhänge von diesen Grundeinheiten ab. Einen Überblick über die solchermaßen geordneten und in der Optoelektronik am häufigsten verwendeten **strahlungsphysikalischen** und **lichttechnischen** Größen gibt Tafel 2.1. Im folgenden werden diese Größen näher beschrieben.

2.2.3.1. Strahlungsenergie — Lichtmenge

Unter der **Strahlungsenergie** Q_e (engl. *radiant energy*) wird innerhalb des optoelektronischen Bereiches die von einer Strahlungsquelle emittierte **Strahlungsmenge** (optisches Spektrum) verstanden, die sich in Form elektromagnetischer Wellen ausbreitet.

Sie wird **gemessen in Ws,**
wobei

$$Q_e = \int_{100\text{ nm}}^{1\text{ mm}} Q_\lambda \, d\lambda \tag{2.6}$$

gilt, mit

Q_λ = spektrale Dichte der Strahlungsenergie und

$d\lambda$ = betrachtetes Wellenlängenintervall

Unter der **Lichtmenge** Q_v (engl. *luminous energy*) wird die physiologisch, d.h. nach der $V(\lambda)$-Kurve bewertete Strahlungsmenge verstanden.

Sie wird gemessen in **Lumensekunden** (lm · s), wobei

$$Q_v = K_m \int_{380\text{ nm}}^{780\text{ nm}} V(\lambda) \cdot Q_{e\lambda} \cdot d\lambda \tag{2.7}$$

mit

K_m = maximales (auf λ = 555 nm bezogenes) photometrisches Strahlungsäquivalent = 673 lm/W (nach DIN 5031 genügend genau für praktische Zwecke!)

$V(\lambda)$ = relative spektrale Hellempfindlichkeit (siehe Bild 2.3)

2.2.3.2. Strahlungsleistung — Lichtstrom

Als **Strahlungsleistung** Φ_e, auch **Strahlungsfluß** (engl. *radiant power* bzw. *radiant flux*) genannt, wird die von einer Strahlungsquelle abgestrahlte oder die durch eine vorgegebene Fläche hindurchtretende (physikalisch bewertete) Gesamtleistung bezeichnet.

Sie wird **gemessen in Watt** (W) und ist definiert als **Strahlungsenergie pro Zeiteinheit**

$$\Phi_e = \frac{dQ_e}{dt} \tag{2.8}$$

oder in vereinfachter Form (siehe Bemerkung in Tafel 2.1).

$$\Phi_e = \frac{Q_e}{t} \tag{2.8a}$$

Der **Lichtstrom** Φ_e **(engl.** *luminous flux*) stellt die am häufigsten verwendete lichttechnische Größe dar, die beispielsweise für Lampen vom Hersteller angegeben wird. Er ist ein Maß für die pro Zeiteinheit durch eine vorgegebene Fläche hindurchtretende Anzahl von Lichtquanten und entspricht der **photometrisch bewerteten Strahlungsleistung** einer Lichtquelle.

Es gilt

$$\Phi_v = K_m \int_{380\text{ nm}}^{780\text{ nm}} V(\lambda) \cdot \Phi_{e\lambda} \cdot d\lambda \tag{2.9}$$

oder als Lichtmenge pro Zeiteinheit

$$\Phi_v = \frac{dQ_v}{dt} \tag{2.10}$$

bzw. in vereinfachter Form

$$\Phi_v = \frac{Q_v}{t} \tag{2.10a}$$

Die **Einheit des Lichtstromes** ist das **Lumen** (lm).

Da der Lichtstrom im allgemeinen vom **Beobachtungsquerschnitt** und vom **Abstand Beobachter/Lichtquelle** abhängt, kann man ihn nicht zum Charakterisieren der **Helligkeit** einer Lichtquelle verwenden. Bezogen auf eine **punktförmige Lichtquelle** (siehe unten) ist der Lichtstrom dem betrachteten Raumwinkel ω proportional.

2.2.3.2.1. Nutzbarer Strahlungsfluß

Der Begriff **nutzbarer Strahlungsfluß** $\Phi_{e\ nutz}$ erscheint mitunter in den Datenblättern von Lumineszenzdioden in der Regel bei IR-Emittern, und zwar dann, wenn solche Emitter beispielsweise in Gehäusen mit Blenden oder in Zeilenanordnungen eingebaut sind. Dann wird nämlich meist ein Teil der vom Halbleiterkristall emittierenden Strahlung durch Absorption und Totalreflexion nicht nach außen abgestrahlt und geht somit der technischen Nutzung verloren. Man gibt deshalb bei solchen LED als $\Phi_{e\ nutz}$ denjenigen Strahlungsfluß an, der tatsächlich aus der Linse oder dem Planfenster der jeweiligen Diodenanordnung austritt.

2.2.3.3. Spezifische Ausstrahlung — Spezifische Lichtausstrahlung

Die **spezifische Ausstrahlung** M_e (engl. *radiant exitance*) ist der auf ein primär (selbst) strahlendes oder reflektierendes (sekundär strahlendes) Flächenelement dA_1 bezogene Strahlungsfluß $d\Phi_e$ einer in den Halbraum strahlenden Fläche A_1.

Somit ist

$$M_e = \frac{d\Phi_e}{dA_1} \tag{2.11}$$

oder in der vereinfachten Form

$$M_e = \frac{\Phi_e}{A_1} \tag{2.11a}$$

wobei homogene Ausstrahlung (**Lambertstrahler**, siehe unten) vorausgesetzt wird.
Bei nicht homogenen Strahlern wird der Strahlungsfluß Φ_e als Integral über allen strahlenden (reflektierenden) Teilflächen errechnet, woraus sich die **mittlere spezifische Ausstrahlung** $\bar{M}_e$, gemäß

$$\bar{M}_e = \frac{\int M_e \cdot dA_1}{A_1} \tag{2.12}$$

ergibt.
Die **Einheit** der **spezifischen Ausstrahlung** ist **Watt pro Quadratmeter** (W/m²).

Unter **der spezifischen Lichtausstrahlung** M_v (engl. *luminous exitance*) versteht man den auf ein primär oder sekundär strahlendes Flächenelement dA_1 bezogenen Lichtstrom $d\Phi_v$ einer in den Halbraum strahlenden Fläche A_1,

wobei unter gleichen Voraussetzungen wie oben die zu den Gleichungen (2.11), (2.11a) und (2.12) analogen Beziehungen mit dem Index „v" statt „e" gelten, also

$$M_v = \frac{d\Phi_v}{dA_1} \tag{2.13}$$

vereinfacht

$$M_v = \frac{\Phi_v}{A_1} \tag{2.13a}$$

und

$$\bar{M}_v = \frac{\int M_v \cdot dA_1}{A_1} \tag{2.14}$$

mit der **Einheit Lumen pro Quadratmeter** (lm/m²)

2.2.3.4. Strahlstärke — Lichtstärke

Unter der **Strahlstärke**[1] $\mathrm{I_e}$ (engl. *radiant intensity*) — in den Datenbüchern oft auch „Strahlungsintensität" genannt — versteht man die von einer primären oder sekundären Strahlungsquelle ausgesandte Strahlungsleistung je Raumwinkeleinheit, die man auch als „Raumwinkeldichte des Strahlungsflusses" kennzeichnen kann,

also

$$\mathrm{I_e} = \frac{d\Phi_e}{d\omega_1} \tag{2.15}$$

oder vereinfacht

$$\mathrm{I_e} = \frac{\Phi_e}{\omega_1} \tag{2.15a}$$

mit der **Einheit** W/sr.
Die **Strahlstärke** beschreibt also gewissermaßen die **Richtungsabhängigkeit** der von einer Strahlungsquelle ausgesandten Strahlung.

[1] Zur Unterscheidung vom kursiv gedruckten elektrischen Strom I (Einheit A) erscheinen die Strahlstärke $\mathrm{I_e}$ (Einheit W/sr) und die Lichtstärke $\mathrm{I_v}$ (Einheit lm/sr) im Normaldruck, also **nicht** kursiv!

Die **Lichtstärke** I_v (engl. *luminous intensity*) ist analog dazu der auf den durchstrahlten Raumwinkel bezogene Lichtstrom, den eine Lichtquelle in definierter Richtung aussendet,

nämlich

$$I_v = \frac{d\Phi_v}{d\omega_1} \qquad (2.16)$$

bzw. vereinfacht

$$I_v = \frac{\Phi_v}{\omega_1} \qquad (2.16a)$$

mit der **Einheit** lm/sr, die man auch als **Candela** (cd) bezeichnet.
Die **Lichtstärke** ist eine charakteristische Größe für die **Helligkeit** einer „punktförmigen Lichtquelle" (siehe unten!), da der in Gl. (2.16) steckende Lichtstrom Φ_v bei einer solchen zum Raumwinkel ω_1 proportional ist. Deshalb dient die Lichtstärke beispielsweise in Form einer normierten **Lichtstärkeverteilungskurve** (bezogen auf den Maximalwert in Richtung der Hauptachse) dazu, die **„Helligkeits"-Verteilung einer Lichtquelle** in Abhängigkeit vom Abstrahlungswinkel (Betrachtungswinkel) zu charakterisieren.
Solche „Abstrahlungscharakteristiken" findet man in allen Datenbüchern unter den Diagrammen, mit denen beispielsweise Lumineszenzdioden gekennzeichnet werden. Es handelt sich dabei meist um die Polarkoordinatendarstellung der relativen Lichtstärkeverteilung (Lichtstärkeverhältnis in verschiedenen Abstrahlungswinkeln) in einer Schnittebene, die die Hauptstrahlungsachse der strahlenden Fläche enthält (Bild 2.4). (Analoge Charakteristika gelten auch für die „Strahlungsstärkeverteilung" z.B. bei Infrarotstrahlern.)

Den Begriff „Helligkeit" sollte man aber als eigenständige Größe bei photometrischen Betrachtungen **nicht** verwenden, da in diesen Begriff eine Reihe subjektiver Faktoren eingeht, z.B. Oberflächenbeschaffenheit, Ausdehnung, Hintergrund, Farbe, Flimmern, die physiologische Wertungen implizieren.

Betrachtungen zur Einheit der Lichtstärke

Auf die **Einheit der Lichtstärke** soll hier noch einmal gesondert eingegangen werden, weil im lichttechnischen Größen- und Einheitensystem die Lichtstärke als **Grundgröße** definiert wurde,

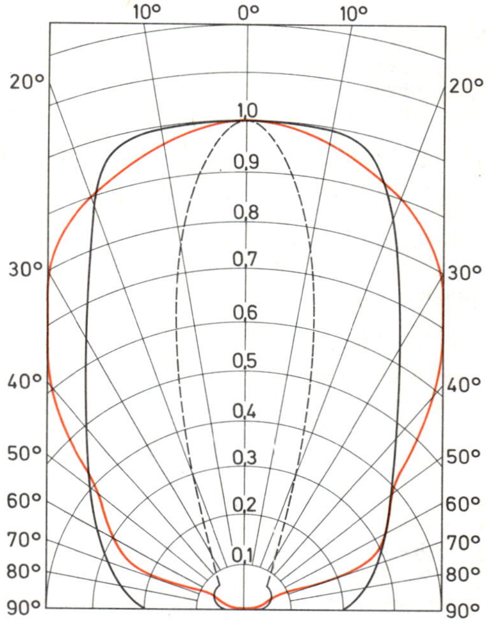

Bild 2.4 Drei typische Abstrahlcharakteristiken (Richtcharakteristiken) für Lumineszenzdioden (LED), wie sie in Datenbüchern zu finden sind (hat ein Strahler keine Symmetrieachse, dann ist ein komplexeres Diagramm notwendig!)

deren Einheit gesetzlich (international) festgelegt ist, so daß alle anderen Größen wie Lichtstrom, Leuchtdichte und Beleuchtungsstärke abgeleitete Größen darstellen. Die **Einheit der Lichtstärke** (Lichteinheit für das helladaptierte Auge) ist die **Candela** (cd).

Definition: 1 cd ist die Lichtstärke, mit der $1/60\ cm^2$ der Oberfläche eines **schwarzen Körpers**[1] bei der Erstarrungstemperatur des Platins (2044,9 K bei einem Druck von 101 325 N/m^2) senkrecht zur Oberfläche leuchtet.

[1] Unter einem *schwarzen Körper* versteht man einen Idealkörper, der für alle Wellenlängen elektromagnetischer Strahlung das Absorptionsvermögen *Eins* hat (vollständige Absorption, d.h. Umwandlung in Wärme) und der bei Anregung zum Strahlen durch hohe Temperatur eine Strahlung aussendet, deren spektrale Energieverteilung durch das *Plancksche Strahlungsgesetz* beschrieben wird. In der Natur kommen solche Idealkörper nicht vor. Innerhalb eines begrenzten Wellenlängenbereiches gibt es jedoch reale Strahler, deren Strahlungsspektrum dem eines schwarzen Körpers sehr nahe kommt (z.B. das einer gasgefüllten Wolframdrahtlampe mittlerer Leistung, bei einer Farbtemperatur von 2700 K).

Zu den früher gebräuchlichen Lichteinheiten der **Internationalen Kerze (IK)** und der **Hefnerkerze (HK)** ergeben sich damit Umrechnungsfaktoren, die nur wenig von 1 verschieden sind, nämlich

$$1 \text{ cd} = 0{,}981 \text{ IK} = 1{,}107 \text{ HK}$$

Eine Vorstellung von der Größenordnung der Lichtstärke in Abhängigkeit von der Nennleistung handelsüblicher Glühlampen, wie sie auch heute noch sehr häufig in optoelektronischen Anordnungen eingesetzt werden, gibt Bild 2.5.

2.2.3.5. Strahldichte – Leuchtdichte

> Die **Strahldichte** L_e (engl. *radiance*) einer Fläche in einer bestimmten Richtung ist die Strahlstärke in dieser Richtung, bezogen auf (geteilt durch) die vom „Beobachter" gesehene strahlende Fläche (Projektionen der tatsächlich – primär oder sekundär – strahlenden Fläche auf eine Ebene senkrecht zu dieser Richtung, siehe Bild 2.6)

also

$$L_e = \frac{dI_e}{dA_1 \cdot \cos\varepsilon_1} \tag{2.17}$$

oder vereinfacht

$$L_e = \frac{I_e}{A_1 \cdot \cos\varepsilon_1} \tag{2.17a}$$

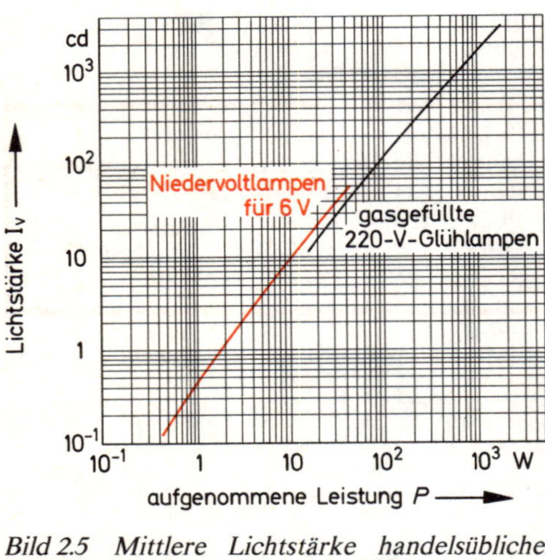

Bild 2.5 Mittlere Lichtstärke handelsüblicher Glühlampen, wenn sie mit Nennspannung betrieben werden (nach [135])

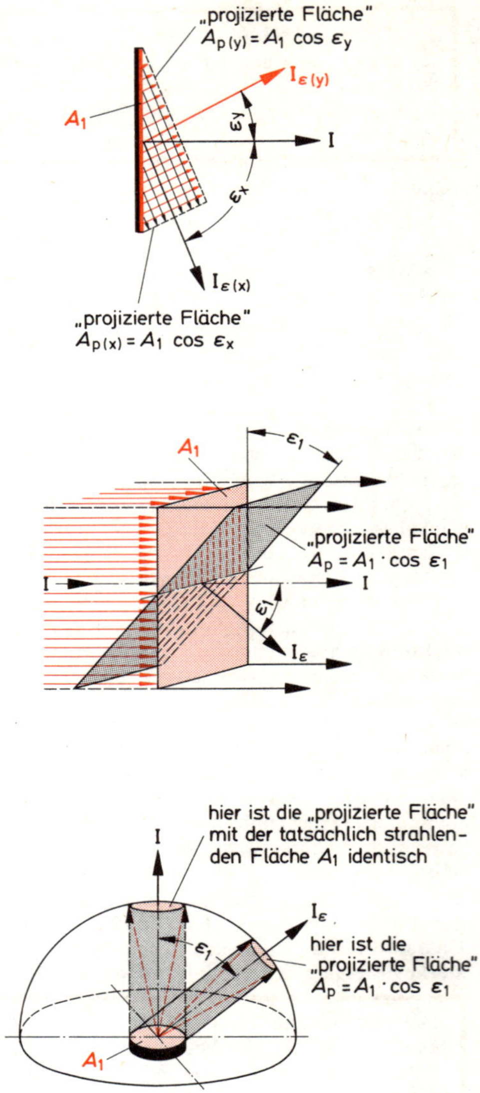

Bild 2.6 Zum Begriff „Flächenprojektion" beim Ermitteln der Strahl- bzw. Leuchtdichte (vgl. dazu auch Tafel 2.1): Als „Flächenprojektion" oder „projizierte Fläche" A_p definiert man

$A_p = A_1 \cdot \cos \varepsilon$,

wenn ε der Winkel ist, um den die strahlende Fläche gegen die Verbindungslinie zum „Betrachter" (Empfänger) verdreht ist

Mit Gl. (2.15) folgt daraus

$$L_e = \frac{d^2 \Phi_e}{d\omega_1 \cdot dA_1 \cdot \cos\varepsilon_1} \quad (2.18)$$

Für kleine Flächen und Raumwinkel ergibt sich schließlich die vereinfachte Beziehung

$$L_e = \frac{\Phi_e}{\omega_1 \cdot A_1 \cdot \cos\varepsilon_1} \quad (2.18a)$$

worin $A_1 \cdot \cos\varepsilon_1$ die **„projizierte Fläche"** (Projektion der strahlenden Fläche, auch **„Flächenprojektion"**) ist.
Als **Einheit der Strahldichte** erhält man $W \cdot sr^{-1} \cdot m^{-2}$.

Die visuell bewertete Strahldichte heißt **Leuchtdichte** L_v (engl. *luminance*)[1]. Sie charakterisiert den von einem Flächenelement einer (primär oder sekundär) leuchtenden Fläche in einen kleinen Raumwinkel bestimmter Richtung ausgestrahlten Lichtstrom und wird als Verhältnis der Lichtstärke in dieser Richtung zu der aus dieser Richtung gesehenen Flächengröße der leuchtenden Fläche („Projizierte Fläche", siehe Bild 2.6) gemessen,

also

$$L_v = \frac{dI_v}{dA_1 \cdot \cos\varepsilon_1} \quad (2.19)$$

oder in vereinfachter Form

$$L_v = \frac{I_v}{A_1 \cdot \cos\varepsilon_1} \quad (2.19a)$$

wobei auch hier die zu den Gl. (2.18) und (2.18a) analogen Beziehungen mit den Indizes „v" statt „e" gelten, also

$$L_v = \frac{d^2 \Phi_v}{d\omega_1 \cdot dA_1 \cdot \cos\varepsilon_1} \quad (2.20)$$

und

$$L_v = \frac{\Phi_v}{\omega_1 \cdot A_1 \cdot \cos\varepsilon_1} \quad (2.20a)$$

Die **Leuchtdichte** kann als wesentlich maßgebliche Größe für den im Auge hervorgerufenen subjektiven **Helligkeitseindruck** angesehen werden.

Sie ist also für einen **„Flächenstrahler"** (siehe unten!) ein ebensolches Maß der **relativen „Helligkeit"** wie es die **Strahlstärke** für den **„Punktstrahler"** ist.
(Zur Einheit der Leuchtdichte siehe Kap. 2.2.3.5.2.)

2.2.3.5.1. Der Begriff Lambertstrahler

Den Spezialfall einer Strahlungsquelle, bei der die **Strahldichte über die betrachtete Fläche und den durchstrahlten Raumwinkel konstant** ist (Lichtstärke und „projizierte Fläche" ändern sich gleichermaßen mit $\cos\varepsilon_1$), nennt man einen **Lambertstrahler.** Die *Richtcharakteristik* über der strahlenden Punktquelle ist dann ein *vollständiger Kreis*.

Für Lambertstrahler gilt also

$$I(\varepsilon_1) = I_{max} \cdot \cos\varepsilon_1$$

wenn ε_1 der Winkel zur Hauptstrahlungsrichtung ist.
Ein solcher Strahler ist nur in erster Näherung realisierbar (beispielsweise mit einem ebenen LED-Chip), die meisten praktischen Strahlungsquellen sind keine Lambertstrahler.

2.2.3.5.2. Der Dschungel der Leuchtdichte-Einheiten

Keine andere lichttechnische Größe wird im technischen Schrifttum — sowohl im deutschen als auch im angelsächsischen Sprachraum — mit so vielen unterschiedlichen Einheiten belegt, wie es bei der **Leuchtdichte** der Fall ist. Dieser Benennungsdschungel umfaßt neben der nach DIN 5031 festgelegten Einheit **Candela/Quadratmeter** (cd/m²) Maßeinheiten, die vom Apostilb, Stilb und Lambert über Nit und Blondel bis zum Footlambert reichen.
Um dieses Tohuwabohu von Ausdrücken für den Entwickler etwas durchsichtiger werden zu lassen, sind in Tafel 2.2 alle „gebräuchlichen" **Leuchtdichte-Einheiten** zusammengefaßt, so daß er die entsprechenden Zahlenwerte bei Bedarf in die DIN-Einheit cd/m² umrechnen kann.

---
[1] Mitunter auch *„photometric brightness"* genannt und statt der Bezeichnung L die Bezeichnung B verwendet!

2.2.3.6. Bestrahlungsstärke — Beleuchtungsstärke

Die **Bestrahlungsstärke** E_e (engl. *irradiance*), mitunter auch **„Strahlungsleistungsdichte“** genannt, kennzeichnet den auf einen Empfänger (z.B. Fotoelement, Fototransistor) auftreffenden oder eine Fläche durchsetzenden Strahlungsfluß je Flächeneinheit:

$$E_e = \frac{d\Phi_e}{dA_2} \tag{2.21}$$

oder vereinfacht $E_e = \frac{\Phi_e}{A_2}$ (2.21a)

bzw. auch $E_e = \int_{\omega_2} L_e \cdot \cos\varepsilon_2 \cdot d\omega_2$ (2.22)

gemessen in W/m².

Die **Beleuchtungsstärke** E_v (engl. *illuminance, auch illumination*) ist der Quotient aus dem auf eine (Empfänger-)Fläche auftreffenden Lichtstrom und der (gleichmäßig) beleuchteten Fläche (mitunter auch als „Flächenlichtstromdichte der Einstrahlung“ apostrophiert):

$$E_v = \frac{d\Phi_v}{dA_2} \tag{2.23}$$

und vereinfacht $E_v = \frac{\Phi_v}{A_2}$ (2.23a)

oder auch, analog zu Gl. (2.22)

$$E_v = \int_{\omega_2} L_v \cdot \cos\varepsilon_2 \cdot d\omega_2 \tag{2.24}$$

Die **Einheit der Beleuchtungsstärke** (Bild 2.7) ist das **Lux** (lx), wobei 1 lx = 1 lm/m² gilt (früher wurde auch die Einheit **Phot,** abgek. ph verwendet, mit 1 ph = 1 lm/cm²). Die im angelsächsischen Schrifttum übliche Einheit der Beleuchtungsstärke ist die *Footcandle* (fc), wobei 1 fc = 1 L/sq.ft. (lumen per square foot).
Als **Umrechnungsfaktor** erhält man

1 lx = 0,0929 fc
1 fc = 10,764 lx.

Tafel 2.3 gibt einige Durchschnittswerte von **Beleuchtungsstärken** an, wie sie in der Natur und bei künstlicher Beleuchtung auftreten.

Tafel 2.2 Umrechnungsfaktoren für die im deutschen und angelsächsischen Sprachraum gebräuchlichen Leuchtdichte-Einheiten (nach DIN 5031)

Einheit	cd/m² (Nit)	asb (Blondel)	sb (cd/cm²)	L	cd/ft²	fL	cd/in²
1 cd/m² (=1 Nit)	1	π	10^{-4}	$\pi \cdot 10^{-4}$	$9{,}29 \cdot 10^{-2}$	0,2919	$6{,}45 \cdot 10^{-4}$
1 Apostilb (asb) (=1 Blondel)	$\frac{1}{\pi}$	1	$\frac{1}{\pi} \cdot 10^{-4}$	10^{-4}	$2{,}957 \cdot 10^{-2}$	$9{,}29 \cdot 10^{-2}$	$2{,}054 \cdot 10^{-4}$
1 Stilb (sb) (=1 cd/cm²)	10^4	$\pi \cdot 10^4$	1	π	929	2919	6,452
1 Lambert (L)	$\frac{1}{\pi} \cdot 10^4$	10^4	$\frac{1}{\pi}$	1	$2{,}957 \cdot 10^2$	929	2,054
1 Candela per square foot (cd/ft²)	10,764	33,82	$1{,}076 \cdot 10^{-3}$	$3{,}382 \cdot 10^{-3}$	1	π	$6{,}94 \cdot 10^{-3}$
1 Foot-lambert * (fL)	3,426	10,764	$3{,}426 \cdot 10^{-4}$	$1{,}0764 \cdot 10^{-3}$	$\frac{1}{\pi}$	1	$2{,}211 \cdot 10^{-3}$
1 Candela per square inch (cd/in²)	1550	4869	0,155	0,4869	144	452,4	1

* statt „footlambert“ findet sich im angelsächsischen Schrifttum mitunter auch „equivalent footcandle“ oder „apparent footcandle“ als Einheit der *Leuchtdichte*, was man nicht verwechseln darf mit „footcandle“, der Einheit für die *Beleuchtungsstärke* !

Tafel 2.3 Einige Beispiele mittlerer Beleuchtungsstärken natürlicher Strahlungsquellen und gängiger Fremdstrahler

Art der Strahlungsquelle	Beleuchtungsstärke in lx
Direktes Sonnenlicht (12 Uhr Mittags)	$1 \ldots 1\,3 \cdot 10^5$
Tageslicht bei gleichmäßig bedecktem Himmel (Horizontalbeleuchtung 12 Uhr Mittags)	$5 \cdot 10^3 \ldots 2 \cdot 10^4$
Stark bedeckter Himmel	10^3
Beginnende Dämmerung	10
Volle Dämmerung	1
Vollmondlicht	10^{-1}
Sternenlicht (ohne Mondbeleuchtung)	10^{-3}
Industriebetriebe (Anhaltswerte) von Lagerräumen bis zur Feinmontage a) mittlere Beleuchtungsstärke bei Allgemeinbeleuchtung b) individuelle Arbeitsplatzbeleuchtung	 120…500 1000…2000
Gute Schreibtischbeleuchtung	500…1000
Gute Lesebeleuchtung in Wohnräumen (Allgemeinbeleuchtung)	200…300
Flutlicht auf Fußballrasenflächen (mittlere Horizontalbeleuchtungsstärke)	bis 800
Operationsfeldbeleuchtung	$\geqq 5000$
mittlere bis gute Beleuchtung von Hauptverkehrsstraßen	10…30
Wohnstraßen und Fußgängerwege	4…5

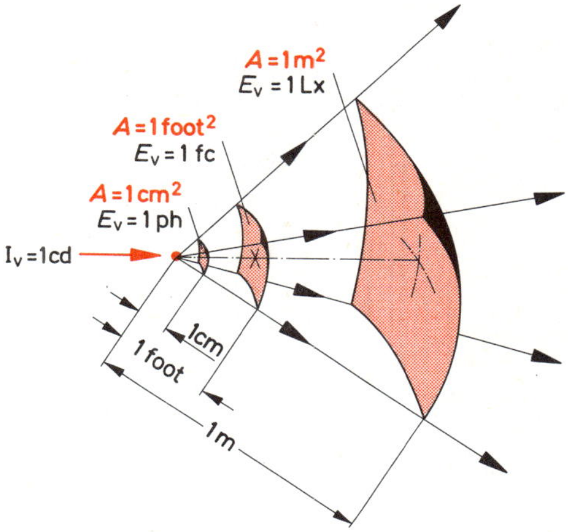

Bild 2.7 Zur Definition und Umrechnung der „gängigen" Beleuchtungsstärkeeinheiten

2.2.3.6.1. Das photometrische Entfernungsgesetz

Aus den Gleichungen (2.21) und (2.15) läßt sich unter gewissen Voraussetzungen das **photometrische Entfernungsgesetz**

$$E_e = \frac{I_e}{r^2} \cdot \cos \varepsilon_2 \cdot \Omega_0 \qquad (2.25)$$

mit $\Omega_0 = 1$ sr ableiten.

> Das Gesetz besagt, daß die Bestrahlungsstärke E_e auf einer Fläche quadratisch mit deren Entfernung zur Strahlungsquelle (Bild 2.8) abnimmt.

Voraussetzung für das Gelten dieser Beziehung ist allerdings, daß der Abstand r vom Sender größer sein muß, als die sogen. „photometrische

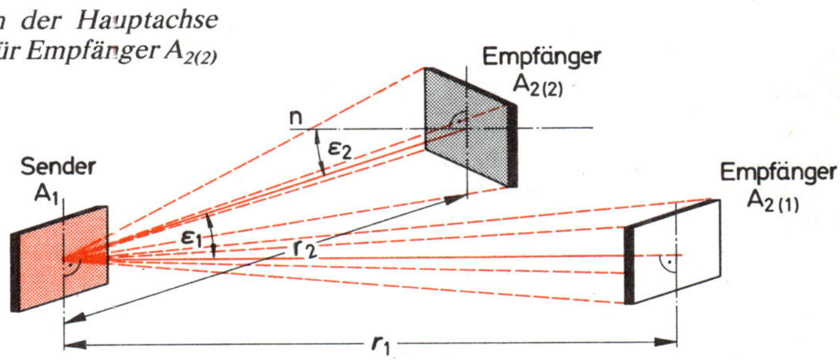

Bild 2.8 Zum photometrischen Entfernungsgesetz:
Für den Empfänger $A_{2(1)}$ ergibt sich nach Gl. (2.25) die Bestrahlungsstärke zu

$$E_{e1} = \frac{I_{e1}}{r_1^2} \cdot \omega_0$$

da Sender und Empfänger in der Hauptachse zueinander ausgerichtet sind; für Empfänger $A_{2(2)}$ dagegen gilt

$$E_{e2} = \frac{I_{e1}}{r_2^2} \cdot \omega_0 \cdot \cos \varepsilon_2$$

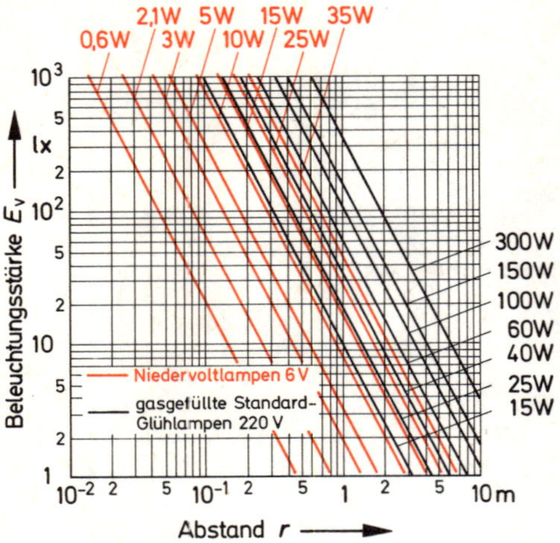

Bild 2.9 Beleuchtungsstärke als Funktion des Abstandes r von der Strahlungsquelle für handelsübliche Glühlampen, gemessen ohne Fremdlicht (schwarzer Raum ohne Reflexionsflächen), mit der beleuchteten (Meß-)Fläche senkrecht zur Ausbreitungsrichtung des Lichtes [135]

Grenzentfernung" (weiterreichende Angaben in [1]). Das bedeutet für praktische Zwecke, daß r **mindestens das 10fache der größten linearen Abmessung des Strahlers** betragen muß, um den Fehler unter 1% zu halten (vgl. auch die Betrachtungen unter „Punktstrahler").

Da das **photometrische Entfernungsgesetz** für alle Frequenzen des optischen Spektrums gilt, hat das hier Gesagte natürlich gleichermaßen Gültigkeit für die **Beleuchtungsstärke.**

Will man in einer vorgegebenen Richtung die Bestrahlungs- oder Beleuchtungsstärke einer Fläche in beliebigem Abstand r_x von der Quelle als Relation zur bekannten Größe E_1 im Abstand r_1 errechnen, dann folgt aus Gl. (2.25) die Beziehung

$$E_x = E_1 \cdot \frac{r_1^2}{r_x^2} \qquad (2.26)$$

Das **photometrische Entfernungsgesetz** gibt dem Schaltungsentwickler also eine einfache Möglichkeit an die Hand, die Beleuchtungsstärke (Bestrahlungsstärke) als Funktion der Entfernung r von der Strahlungsquelle, beispielsweise auf der strahlungsempfindlichen Fläche eines Fotoempfängers, zu errechnen. Als Hilfe für den Schaltungsentwickler gibt Bild 2.9 die Beleuchtungsstärke als Funktion des Abstandes von der Strahlungsquelle für eine Reihe handelsüblicher Glühlampen an.

2.2.3.7. Bestrahlung — Belichtung

Diese beiden Größen seien hier nur der Vollständigkeit halber genannt, da ihr Anwendungsbereich im wesentlichen auf biologischem und photochemischen Gebiet (UV-Therapie, Röntgentechnik, Filmbelichtung) zu finden ist.
Die **Bestrahlung** H_e (engl. *radiant exposure*) einer Fläche errechnet sich als Zeitintegral der einfallenden Strahlungsleistung je Flächeneinheit, d.h., sie ist das Produkt aus Bestrahlungsstärke und Dauer des Bestrahlungsvorganges:

$$H_e = \int_{t_1}^{t_2} E_e \cdot dt \qquad (2.27)$$

gemessen in Ws/m².
Die **Belichtung** H_v (engl. *light exposure*) ist analog dazu das Produkt aus Beleuchtungsstärke und Dauer des Beleuchtungsvorganges

$$H_v = \int_{t_1}^{t_2} E_v \cdot dt \qquad (2.28)$$

gemessen in lx · s (= lm · s/m²).

2.3. Punktstrahler und Flächenstrahler

Beim Dimensionieren optoelektronischer Systeme spielen die geometrischen Beziehungen innerhalb eines solchen Systems (Sender- und Empfängerabmessungen, Entfernung zueinander) eine entscheidende Rolle, wobei es sich als vorteilhaft erwiesen hat, aufgrund dieser Beziehung zwischen sogen. **Punkstrahlern** (*point source*) und sogen. **Flächenstrahlern** (area source) zu unterscheiden, wie es vor allem im angelsächsischen Schrifttum üblich ist.
Dabei versteht man unter einem Punktstrahler eine in ihren Abmessungen „unendlich kleine" Strahlungsquelle, die als solche aber offensichtlich nur in der Theorie existiert. Für den Schal-

tungsentwickler war es deshalb notwendig, eine praktikable Definition zu finden, und man hat sich dazu im Prinzip der photometrischen Grenzentfernung bedient.

2.3.1. Der Punktstrahler

> In der praktischen Anwendung wird eine Strahlungsquelle als **Punktstrahler** definiert, wenn der Abstand r zwischen Strahler und Detektor mindestens das 10fache der größten linearen Ausdehnung d der strahlenden Fläche beträgt,

also $$r > 10 \cdot d \tag{2.29}$$

Bild 2.10 zeigt einen Strahler, der in alle Richtungen gleichmäßig emittiert (man könnte mit gleichem Ergebnis natürlich auch eine in den Halbraum strahlende Quelle betrachten!). Ist für den Empfänger A_2 im Abstand r vom Strahler die Bedingung der Gl. 2.29 erfüllt, dann kann die Fläche des Empfängers in Näherung als Kugelkalotte mit dem Kugelradius r und mit dem Punktstrahler im Zentrum der Kugel (oder Halbkugel) betrachtet werden.
Für einen solchen **Punktstrahler** gilt das photometrische Entfernungsgesetz und damit Gl. (2.25).
Setzt man weiterhin voraus, daß Sender- und Empfängerfläche in ihren Hauptachsen zueinander ausgerichtet sind, dann wird $\varepsilon_2 = 0$ und damit

$$E_e = \frac{I_e}{r^2} \cdot \Omega_0 \tag{2.30}$$

in W/m², mit $\Omega_0 = 1$ sr

und $$E_v = \frac{I_v}{r^2} \cdot \Omega_0 \tag{2.31}$$

in lx.
Voraussetzung für die Gültigkeit dieser Beziehung ist also, daß man die Empfängerfläche tangential zur „Kugeloberfläche" justiert (Normale der Empfängerfläche = Radius der Kugelfläche). Und unter dieser Voraussetzung ist auch Bild 2.9 verwendbar.
Ist diese Bedingung nicht erfüllt, d.h. **liegt die Normale der Empfängerfläche „exzentrisch"** um den Winkel ε_2 zum „Radius" verschoben, Bild 2.11, dann errechnet sich die Bestrahlungsstärke nach

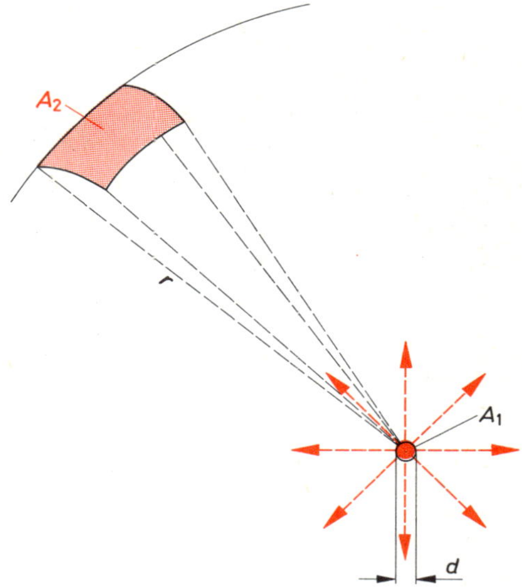

Bild 2.10 Die Strahlungsquelle A_1 kann für den Empfänger A_2 als Punktstrahler betrachtet werden, wenn Gl. (2.29) erfüllt ist

Gl. (2.25) und die Beleuchtungsstärke analog dazu als

$$E_v = \frac{I_v}{r^2} \cdot \cos\varepsilon_2 \cdot \Omega_0 \tag{2.32}$$

Beispiel 1

> Ein Fotoempfänger sei im Abstand von $r = 3$ cm gegenüber einer Lumineszenzdiode CQY 11B *(Valvo)* angebracht und auf Achsenmitte des Senders zentriert. Welche mittlere Bestrahlungsstärke wird an der Empfängerfläche wirksam?

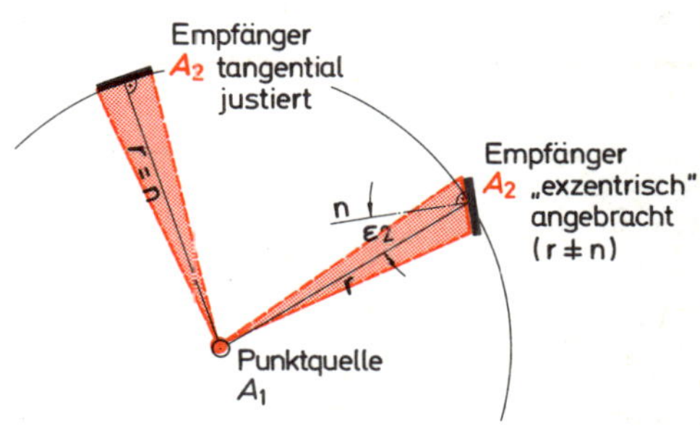

Bild 2.11 Das Justieren eines Empfängers in Hauptstrahlrichtung zur Punktquelle (zum gedachten Kugelmittelpunkt!) ist wichtig, wenn man eine maximale „Strahlungsleistungsdichte" am Empfänger erzielen will

Die GaAs-LED CQY 11B hat laut Datenblatt eine emittierende Fläche von $A = 0{,}04\ \mathrm{mm^2}$ und eine mittlere Strahlungsintensität von $I_e = 0{,}064\ \mathrm{mW/sr}$ ($\vartheta_u = 25\ °\mathrm{C}$ und $I_F = 20\ \mathrm{mA}$).
Bei einer strahlenden Kreisfläche ergibt das einen Durchmesser von

$$d = \sqrt{\frac{4 \cdot A}{\pi}} = \sqrt{\frac{4 \cdot 0{,}04\ \mathrm{mm^2}}{\pi}} \approx 0{,}23\ \mathrm{mm}$$

Verglichen mit dem Abstand zum Empfänger ergibt sich

$$30\ \mathrm{mm} > 10 \cdot 0{,}23\ \mathrm{mm},$$

womit Gl. (2.29) erfüllt ist, so daß man die LED in diesem Fall als Punktstrahler betrachten kann. Somit ist Gl. (2.30) anwendbar, und man erhält als wirksame Bestrahlungsstärke am Fotoempfänger

$$E_e = \frac{0{,}064\ \mathrm{mW/sr}}{9\ \mathrm{cm^2}} \cdot 1\ \mathrm{sr} = 7{,}1\ \mu\mathrm{W/cm^2}$$

Eine solche Rechnung ist allerdings nur dann möglich, wenn I_e bereits bekannt, d.h. in Datenblättern angegeben ist. Kennt man diesen Wert nicht, muß über den Abstrahlwinkel der LED gerechnet werden (siehe dazu Kap. 5.2.3).

Beispiel 2

Ein Fotoempfänger sei in einem Abstand von $r = 20\ \mathrm{cm}$ gegenüber einer Wolframfadenlampe (Sender) angebracht. Die größte lineare Ausdehnung der Glühwendel betrage $d = 10\ \mathrm{mm}$. Wie groß ist die mittlere Beleuchtungsstärke an der Empfängerfläche, wenn der mittlere Lichtstrom der Lampe mit $\Phi_v = 430\ \mathrm{lm}$ gegeben ist?

Auch hier sei zunächst das Verhältnis zwischen r und d festgestellt. Man erhält mit den gegebenen Zahlenwerten

$$200\ \mathrm{mm} > 10 \cdot 10\ \mathrm{mm},$$

womit wiederum Gl. (2.29) erfüllt und die Betrachtung des „Senders“ als Punktstrahler gerechtfertigt ist.
Da nun bei einer Glühlampe (wenn nicht anders vermerkt) der mittlere Lichtstrom auf die Lampe als Kugelstrahler bezogen ist, der in den Raumwinkel $\omega = 4\ \pi\ \mathrm{sr}$ strahlt, erhält man als mittlere ausgestrahlte Lichtstärke

$$I_v = \frac{\Phi_v}{\omega} = \frac{430\ \mathrm{lm}}{4\ \pi\ \mathrm{sr}} = 34{,}2\ \frac{\mathrm{lm}}{\mathrm{sr}}$$

und damit die Beleuchtungsstärke an der Empfängerfläche zu

$$E_v = \frac{I_v}{r^2} \cdot \Omega_0 = \frac{34{,}2\ \mathrm{lm/sr}}{(0{,}2\ \mathrm{m})^2} \cdot 1\ \mathrm{sr}$$

$$E_v = 855\ \mathrm{lm/m^2} = 855\ \mathrm{lx}$$

2.3.2. Der Flächenstrahler

Von einem **Flächenstrahler** aus der Sicht des Detektors spricht man, wenn die größte lineare Ausdehnung der strahlenden Fläche mindestens 10% des Abstandes zwischen Strahler und Empfänger beträgt,

also

$$r \leqq 10 \cdot d \tag{2.33}$$

Für diesen Fall läßt sich ableiten [235], daß die einfallende Leistung je Flächeneinheit (Bestrahlungsstärke) am Empfänger berechnet werden kann aus der Beziehung

$$E_e = \frac{L_e \cdot A_1}{r^2 + \left(\frac{d}{2}\right)^2} \cdot \Omega_0 \tag{2.34}$$

mit $\Omega_0 = 1\ \mathrm{sr}$,
r = Abstand zwischen Sender und Empfänger
und d = größte lineare Ausdehnung der strahlenden Fläche.

Dabei gilt wiederum für die Beleuchtungsstärke die identische Beziehung mit den Indizes „v“ statt „e“.
Vergleicht man die Gleichungen (2.30) und (2.34) miteinander, dann erkennt man, daß für die einfallende Leistung am Empfänger beim **Punktstrahler** im wesentlichen die **Strahlstärke** (Lichtstärke) kennzeichnend ist, während beim **Flächenstrahler** bevorzugt die **Strahldichte** (Leuchtdichte) in Rechnung gesetzt wird.

Beispiel

Gegenüber einer 20 cm × 5 cm messenden Reflexionsfläche, die bei Beleuchtung als Sekundärstrahler mit einer Leuchtdichte von $L_v = 1{,}5\ \mathrm{cd/cm^2}$ wirksam wird, soll für Schaltzwecke ein Fotoempfänger im Abstand von 1,5 m angebracht werden. Wie groß ist im „eingeschalteten" Zustand die mittlere Beleuchtungsstärke am Empfänger?

Die größte lineare Ausdehnung des Strahlers ist die Diagonale des Rechtecks, so daß

$$d = \sqrt{5^2 + 20^2} = 20{,}6\ \mathrm{cm}$$

Der Abstand des Empfängers beträgt $r = 150$ cm, also erhält man

$$150\ \mathrm{cm} < 10 \cdot 20{,}6\ \mathrm{cm}.$$

Somit ist in diesem Fall nicht mehr Gl. (2.29) erfüllt, sondern Gl. (2.33), d.h., der Sekundärstrahler ist als Flächenstrahler zu betrachten. Demnach gilt (mit Index „v") die Gl. (2.34), und es folgt

$$E_v = \frac{1{,}5\ \mathrm{cd/cm^2} \cdot 100\ \mathrm{cm^2}}{2{,}25\ \mathrm{m^2} + 0{,}0106\ \mathrm{m^2}} \cdot 1\ \mathrm{sr} = 66{,}4\ \frac{\mathrm{cd} \cdot \mathrm{sr}}{\mathrm{m^2}}$$

oder mit $1\ \mathrm{cd} = 1\ \dfrac{\mathrm{lm}}{\mathrm{sr}}$ sowie $1\ \dfrac{\mathrm{lm}}{\mathrm{m^2}} = 1\ \mathrm{lx}$

$$E_v = 66{,}4\ \mathrm{lx}$$

Kopplungsfaktor „1"

Es gibt noch einen ganz speziellen Fall des Flächenstrahlers, der für den Schaltungsentwickler von besonderem Interesse ist, nämlich den Fall des **„Nahfeld"-Einsatzes,** wenn

$$r \ll \frac{d}{2} \qquad (2.35)$$

wird. Unter dieser Bedingung kann man r gegenüber d vernachlässigen, und aus Gl. (2.34) wird damit

$$E_e \approx \frac{L_e \cdot A_1}{\left(\frac{d}{2}\right)^2} \cdot \Omega_0 \qquad (2.36)$$

Nimmt man für den Sender eine kreisförmige Strahlungsfläche an, dann wird

$$A_1 = \pi \cdot \left(\frac{d}{2}\right)^2 \qquad (2.37)$$

und damit

$$E_e \approx L_e \cdot \pi \cdot \Omega_0 = M_e \qquad (2.38)$$

was besagt, daß Sende- und Empfangsleistung je Flächeneinheit gleich groß sind. Setzt man außerdem gleiche Sender- und Empfängerfläche voraus, dann bedeutet das einen Kopplungsfaktor von „1" zwischen Sender und Empfänger, sofern Gl. (2.35) erfüllt ist.

2.4. Optische Bezugsgrößen in den Datenblättern optoelektronischer Halbleiter

Optoelektronische Einrichtungen basieren immer auf dem Zusammenwirken einer Strahlungsquelle (Sender) mit einem Strahlungsempfänger (Detektor). Die Strahlungsquellen können dabei sehr vielfältiger Natur sein, z.B. das Sonnenlicht (bei Dämmerungsschaltern, Belichtungsmessern usw.), Glühlampen oder licht- bzw. strahlungsemittierende Dioden (LED). Als Empfänger kommen u.a. Fotodioden, Fotoelemente, Fototransistoren, Fotothyristoren oder das menschliche Auge (bei Anzeigeeinheiten) in Betracht. (In einigen Zahlenbeispielen wurde schon Gebrauch davon gemacht.)

Da einerseits die verschiedenen Strahlungsquellen sehr unterschiedliche Spektren elektromagnetischer Wellen emittieren und andererseits auch die Strahlungsempfänger ihre maximale Empfindlichkeit bei sehr unterschiedlichen Wellenlängen haben, ihr Spektrum außerdem relativ schmal oder sehr breit sein kann, ist offenbar nicht jeder Detektor gleichermaßen gut oder überhaupt geeignet, die Strahlung eines gegebenen Senders etwa in elektrische Werte umzusetzen. Der Entwickler muß deshalb bestrebt sein, den Empfänger so auszuwählen, daß dessen „spektrale Empfindlichkeit" dem Emissionsspektrum des

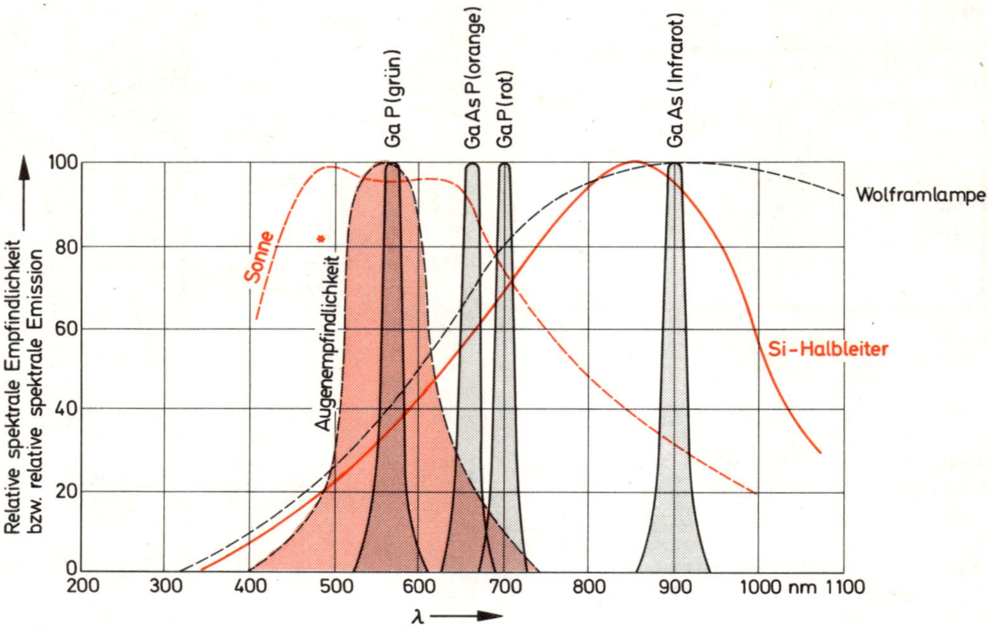

*Bild 2.12 Vergleich der (gemittelten) Emissionsspektren einiger „Strahler" (Sonne, Wolframlampe, GaP-, GaAs- und GaAsP-LED) mit der spektralen Empfindlichkeit des menschlichen Auges und eines Si-Fotohalbleiters als „Empfänger" (*auch die rel. spektrale Empfindlichkeit von Cadmiumsulfid-Fotowiderständen stimmt im Mittel recht angenähert mit der Augenempfindlichkeit überein)*

Strahlers angepaßt ist oder umgekehrt.
Vergleicht man beispielsweise die in Bild 2.12 in grob vereinfachter Form dargestellten „Spektren" verschiedener Empfänger (menschl. Auge, Cadmiumsulfid-Fotowiderstände, Silizium-Fotohalbleiter) mit denen einiger gebräuchlicher Sender (Sonnenlicht, Wolframlampe, GaAs-, GaP- und GaAsP-Diode), so erkennt man daraus sofort, daß z.B. die Strahlung von GaAs-Dioden weder vom menschl. Auge noch von Cadmiumsulfid-Empfängern „registriert" wird, während diese Empfänger auf $GaP_{(grün)}$-LED oder auf Glühlampenlicht recht gut ansprechen.
Si-Halbleiter wiederum eignen sich als Empfänger sehr gut für die Infrarotstrahlung von GaAs-Dioden, aber auch für die meisten anderen „Sender", da ihre **spektrale Empfindlichkeit** einen sehr breiten Wellenlängenbereich umfaßt.
Aus diesen Gründen geben die Hersteller in ihren Datenblättern für den Entwickler bei optoelektronischen „Empfängern" die **relative spektrale Empfindlichkeit** und bei optoelektronischen „Sendern" die **relative spektrale Emission** in Kurvenform an.

2.4.1. Relative spektrale Empfindlichkeit

Trifft auf einen optoelektronischen Empfänger eine Strahlung der Wellenlänge λ auf, dann wird dort ein elektronisches „Signal" bestimmter Größe ausgelöst, z.B. ein Fotostrom I_p. Setzt man diesen Strom ins Verhältnis zur „einfallenden" strahlungsphysikalischen Größe, dann erhält man die **absolute spektrale Empfindlichkeit** (auch **Fotoempfindlichkeit**) $s(\lambda)$, die für bestimmte Betriebsbedingungen des Fotoempfängers mit zum Teil unterschiedlicher Benennung angegeben wird, zum Beispiel:

a) in µA/lx, wenn die Empfindlichkeit mit einer „breitbandigen" Lichtquelle (meist Wolframlampe) bestimmter **Farbtemperatur,** etwa 2856 K, gemessen wurde (man spricht dann von der sogen. „Luxempfindlichkeit"; seltener findet man Angaben in mA/lm, der sogen. „Lumenempfindlichkeit"),

b) in µA/µW, wenn die Empfindlichkeit mit einer (in engen Grenzen) monochromatischen Strahlung (z.B. GaAs-Diode) gemessen wurde, wobei die Angabe der Wellenlänge, z.B. 900 nm, dazu gehört.

Um nun die Empfindlichkeit solcher Strahlungsempfänger über einen möglichst großen bzw. den von ihnen erfaßbaren Wellenlängenbereich beschreiben zu können, benutzt man in den Datenblättern neben der absoluten Zahlenangabe $s(\lambda)$ eine relative Darstellung

$$S_{rel} = f(\lambda)$$

die als sogen. **„relative spektrale Empfindlichkeitsverteilung"** das gesamte spektrale Verhalten des Bauelementes kennzeichnet. In einem solchen Diagramm wird für einen bestimmten λ-Wert, d.h. für eine gegebene monochromatische Strahlung, die Beziehung

$$S_{rel}(\lambda) = \frac{s(\lambda)}{s(\lambda_0)} \qquad (2.39)$$

als Verhältnis der absoluten spektralen Empfindlichkeit $s(\lambda)$ bei der Wellenlänge λ zu der absoluten spektralen Empfindlichkeit $s(\lambda_0)$ bei einer Bezugswellenlänge λ_0 dargestellt. Als Bezugswellenlänge wird dabei im allgemeinen die Wellenlänge benutzt, bei der das Bauelement seine maximale Empfindlichkeit (gleich 1 oder gleich 100% gesetzt!) hat.

Bild 2.13a zeigt zwei solcher typischer „Datenblätterkurven" der relativen spektralen Empfindlichkeit: für ein Si-Fotoelement (BPX 79) und einen Si-Fototransistor (BPY 62).

Dazu werden als Kenndaten in diesem Zusammenhang — neben der Wellenlänge der maximalen spektralen Empfindlichkeit $\lambda_{s\,max}$ — im allgemeinen noch die Größe der lichtempfindlichen Fläche und die oben definierte Fotoempfindlichkeit, z.B. in µA/lx (bei Fotodioden und Fotoelementen) oder statt dessen der Fotostrom I_p, z.B. in mA als Funktion der Bestrahlungsstärke in z.B. mW/cm² (bei Fototransistoren) angegeben.

2.4.2. Relative spektrale Emission

Für einen optoelektronischen Strahler, z.B. eine lichtemittierende Diode (LED), finden sich als analoge „Datenblätterkurven" Darstellungen über die **relative Intensitätsverteilung,** mit der ein solches Bauelement innerhalb eines bestimmten Wellenlängenintervalls (Spektrums) strahlt. Dabei erhält man die **„relative Strahlstärke"** wiederum als absolute Strahlstärke bei einer bestimmten Wellenlänge, bezogen auf die (gleich 1 oder 100% gesetzte) Maximalstrahlstärke bei $\lambda_{I\,max}$.

Typische „Datenblätterkurven" dieser Art ($I_{rel} = f(\lambda)$ zeigen die Bilder 2.13b und c: für eine rotstrahlende GaAsP-LED (LD 461) und eine infrarotstrahlende GaAs-LED (LD 261).

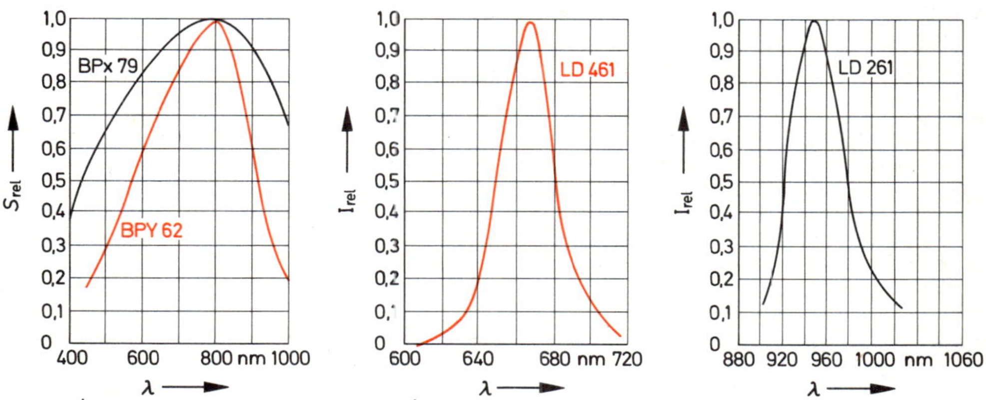

Bild 2.13 Typische Charakteristiken für die „relative Empfindlichkeit" $S_{rel} = f(\lambda)$ bei optoelektronischen Halbleiterempfängern (a) und für die „relative spektrale" Emission" $I_{rel} = f(\lambda)$ bei Halbleiterstrahlern (b und c)

Dazu kommen als Kenndaten in der Regel noch die Lichtstärke in z.B. mcd (bei sichtbarer Strahlung), mit Angabe der Wellenlänge des emittierten Lichtes (im Maximum) und der spektralen Bandbreite für 50% von I_{max} sowie der Abstrahlwinkel (Öffnungskegel), mit der das Bauelement seine Leistung abstrahlt. Bei Strahlungsquellen, die außerhalb des sichtbaren Bereiches strahlen, wird statt der Lichtstärke meist die Strahlungsleistung in z.B. mW angegeben.

2.4.3. Spektrales Überschneiden von Sender- und Empfängercharakteristik

Bei vielen Anwendungen stimmen die beiden Charakteristika der **relativen spektralen Emission** des Senders (Strahlungsquelle) und die **relative spektrale Empfindlichkeit** des zugehörigen Fotoempfängers nur in spektralen Teilbereichen überein. Schneiden sich die beiden Kurven (Beispiele in Bild 2.12), so wird am Empfänger immer nur der Strahlungsbereich wirksam, in dem sich beide Kurven **überschneiden.** Es muß dann über diesen Bereich integriert werden, gemäß

$$\Phi_{eff} = \int \Phi(\lambda) \cdot S_{rel}(\lambda) \cdot d\lambda \qquad (2.40)$$

mit

Φ_{eff} = wirksamer Strahlungsfluß auf der Empfängerfläche

$\Phi(\lambda)$ = spektrale Emission der Strahlungsquelle

S_{rel} = relative spektrale Empfindlichkeit des Detektors

Analog dazu lautet das Integral für Bestrahlungs- bzw. Beleuchtungsstärkeeinheiten (Index „e“ mit „v“ ersetzen!):

$$E_{e(eff)} = \int E_e(\lambda) \cdot S_{rel}(\lambda) \cdot d\lambda \qquad (2.41)$$

mit

$E_{e(eff)}$ = auf der Empfängerfläche wirksame Bestrahlungsstärke

$E_e(\lambda)$ = absolute spektrale Bestrahlungsstärke von der Quelle her

Eine solche Integration läßt sich in der Regel am besten auf grafischem Wege ausführen (siehe dazu Kap. 5.2).

2.4.4. Farbtemperatur und Normlichtart A

In Kap. 2.4.1 kam zum Ausdruck, daß Empfindlichkeitsangaben bei optoelektronischen Bauelementen immer im Zusammenhang stehen mit einer definierten Strahlungsquelle, deren Eigenschaften der Messung zugrunde liegen. Solche Strahlungsquellen müssen in ihrer spektralen Energieverteilung genau bestimmbar und jederzeit reproduzierbar sein. Diese Bedingungen lassen sich beispielsweise mit einer Wolframfadenlampe erfüllen, die man mit konstantem Strom (Abweichungen vom Sollwert $< \pm 0{,}1\%$) betreibt. Dabei kennzeichnet man den jeweiligen Betriebszustand, der für die Messung benutzt wird, durch die sogen. **Farbtemperatur** T_f, die in Kelvin (K) gemessen wird.

> Diese **Farbtemperatur** T_f ist definiert als diejenige (wahre) Temperatur, die ein schwarzer Körper (siehe Fußnote auf S. 19) hat wenn er dieselbe Lichtfarbe (besser: das gleiche Helligkeitsverhältnis bei allen Wellenlängen des sichtbaren Lichtes) aufweist, wie der zu messende Strahler (hier also die Wolframfadenlampe).

Da praktische Strahler diese Bedingung nur in gewisser Näherung erfüllen können, beschränkt man sich auf die Voraussetzung der „ähnlichen Energieverteilung“ (die bei allen Temperaturstrahlern erfüllt ist) und zieht als Vergleich nur zwei Wellenlängen λ_1 (z.B. 500 nm) und λ_2 (z.B. 900 nm) des Strahlungsspektrums heran.
Gleiche Farbtemperatur für **unterschiedliche** Strahlungsquellen bedeutet demnach nicht auch die gleiche spektrale Energieverteilung.
Dagegen kann man für **gleiche** Strahlungsquellen bei gegebener Farbtemperatur auch identische spektrale Energieverteilung voraussetzen. Für die genannte Wolframfadenlampe bedeutet also ein Festlegen der Farbtemperatur auch ein Fixieren der spektralen Energieverteilung, die somit jederzeit reproduzierbar ist.

> Meist wird für Empfindlichkeitsmessungen bei optoelektronischen Bauelementen die Wolframfadenlampe auf eine **Farbtemperatur von 2856 K** eingestellt, die man nach IEC 306-1 Teil 1 und DIN 5033 als **Normlichtart A** bezeichnet.

Darüber hinaus wird aber auch oft eine Farbtemperatur von nur 2700 K (früher öfter auch 2400 K) verwendet, wobei die spektrale Energieverteilung stärker zum Infraroten hin verschoben wird. In den Datenblättern amerikanischer Firmen fin-

det man die Messungen meist bezogen auf 2800 K oder 2870 K.
Die **Verschiebung der Strahlungsmaxima** ergibt sich für den **schwarzen Strahler,** der ja für alle Empfindlichkeitsmessungen mit Temperaturstrahlern das „Bezugsnormal" auch in der Optoelektronik ist, nach dem **Wienschen Verschiebungsgesetz**

$$\lambda_{max} \cdot T = \text{konst.} = 0{,}2898 \text{ cm} \cdot \text{grd} \qquad (2.42)$$

Verdoppelt man also die absolute Temperatur T, dann halbiert sich die Wellenlänge, bei der das Strahlungsmaximum auftritt. Dabei ändert sich die Höhe der gesamten Energieabstrahlung (der Gesamtemission des schwarzen Strahlers) mit der 4. Potenz der absoluten Temperatur. Vermindert man also beispielsweise die Temperatur von 2800 K auf 1400 K, dann sinkt die Gesamtemission um den Faktor 16. Es ergibt sich dann für den schwarzen Körper bei verschiedenen Temperaturwerten eine spektrale Energieverteilung gemäß Bild 2.14.
Ganz analog dazu verhält sich auch eine gasgefüllte Wolframfadenlampe, wenn man die angelegte Spannung und damit die Temperatur der Glühwendel ändert. Beispielsweise erhält man für eine Wolframfadenlampe der Farbtemperatur 2800 K in vereinfachter Darstellung eine relative spektrale Emission gemäß der rot eingezeichneten Kurve in Bild 2.15. Vermindert man nun die Farbtemperatur der Lampe (nicht identisch mit der wahren Temperatur der Glühwendel!) und bezieht die sich ergebenden Änderungen auf den Maximalwert der Ausgangskurve (2800 K), dann erhält man neben einer Minderung der Energieabstrahlung ein Verschieben der Maxima zum Infraroten hin, gemäß Bild 2.15.
Neben den thermischen Strahlungsquellen (Wolframfadenlampe) werden zur Parameterbestimmung strahlungsempfindlicher Halbleiterbauelemente auch **monochromatische Strahler** (Strahler, die in erster Näherung nur eine Wellenlänge emittieren) verwendet, beispielsweise Lumineszenzdioden (LED), Laser oder aber eine Kombination aus breitbandiger Strahlungsquelle und nachgeschaltetem sehr schmalbandigem Filter. So ist u.a. die Empfindlichkeit von Fotoempfängern bei monochromatischer Strahlung dann von Interesse, wenn in einer Schaltung eine LED als Strahlungsquelle mit einem Fotoempfänger gekoppelt werden soll. Darüber hinaus verwendet man in der Regel vor allem für Schaltzeit- und Grenzfrequenzmessungen Lumineszenzdioden, da man sie bis zu hohen Frequenzen pulsen bzw.

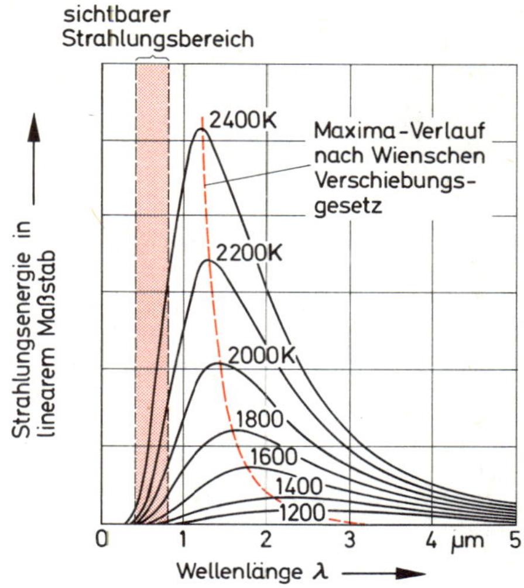

Bild 2.14 Spektrale Energieverteilung beim schwarzen Körper (Planckscher Strahler) *für unterschiedliche Temperaturen*

modulieren kann, was mit thermischen Strahlungsquellen nicht möglich ist, denn sie sind von Natur aus sehr träge (Änderungen wirken sich erst in einigen $10^{-2} \cdots 10^{-1}$ s aus).

2.4.4.1. Bestimmen der Farbtemperatur bei einer Wolframfadenlampe

Glühlampe für Meßzwecke

Hersteller optoelektronischer Halbleiter müssen zum exakten Beschreiben der verschiedenen Ei-

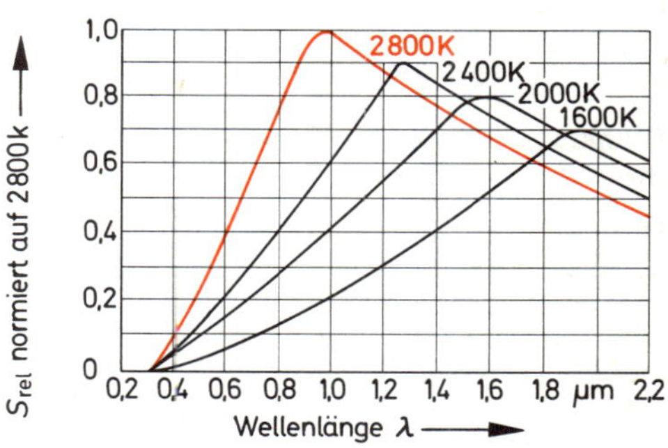

Bild 2.15 Relative spektrale Emission einer Wolframfadenlampe bei einer Farbtemperatur von T_f = 2800 K (rote Kurve) und bei Verminderung der Farbtemperatur (Relativwerte bezogen auf Maximalwert bei 2800 K)

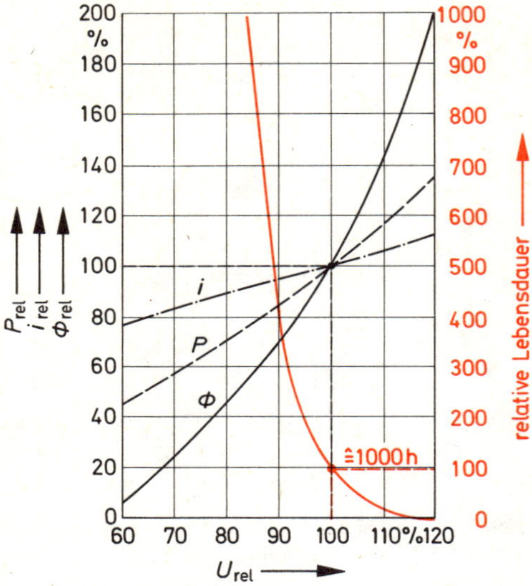

Bild 2.16 Relative Änderung von Lebensdauer, aufgenommener elektrischer Leistung P, Strom i und Lichtstrom Φ für Wolframfadenlampen bei prozentualer Änderung der Nennspannung (der Wert von 1000 h Brenndauer bei U_{rel} = 100% gilt für Allgebrauchslampen)

genschaften solcher Bauelemente u.a. Gebrauchslampen sehr genau auf eine bestimmte Farbtemperatur, meist 2856 K, einstellen können. Das erfordert ein Kalibrieren solcher Lampen nach genau vorgeschriebenen Regeln anhand exakter Normalien, was einen ziemlich großen Aufwand erfordert (näheres z.B. in [125]).

Glühlampe als Strahlungsquelle in optoelektronischen Systemen

Dort, wo in optoelektronischen Systemen Lumineszenzdioden (LED) nicht einsetzbar sind, ist auch heute noch die Glühlampe die am häufigsten verwendete Strahlungsquelle. Will nun der **Anwender** optoelektronischer Bauelemente die Farbtemperatur einer Wolframfadenlampe bestimmen, dann ist das aus Gründen oben genannten Aufwandes nicht ohne weiteres möglich. Er ist aber in der Regel auch nicht auf diese Genauigkeit angewiesen. Ihm genügt es vielmehr in den meisten Fällen, die **ungefähre Farbtemperatur einer Gebrauchslampe** feststellen zu können, die er beispielsweise in einer optoelektronischen Anordnung vielleicht mit verringerter Betriebsspannung als Strahlungsquelle (Sender) einsetzen will. In diesem Fall kann man bereits mit einer einfachen Spannungsmessung ganz gute Näherungswerte erreichen.

Gasgefüllte Wolframfadenlampen, die zur Kategorie der sogen. **Allgebrauchslampen** gehören, sind nämlich heutzutage so aufgebaut, daß ihre Lebensdauer im Mittel immer 1000 h beträgt, wenn sie mit ihrer Nennleistung, d.h. bei Nennspannung, betrieben werden. Erhöht (vermindert) man die Betriebsspannung, dann steigt (fällt) die aufgenommene und abgestrahlte Leistung, während die Lebensdauer entsprechend geringer (größer) wird. Diesen Zusammenhang, der für Allgebrauchslampen (und bis auf die 1000-h-Lebensdauer-Angabe auch für andere Wolframfadenlampen) beliebiger Spannung und Nennleistung Gültigkeit hat, zeigt Bild 2.16.

Nun gibt der Hersteller neben der Nennspannung U und der Nennleistung P auf Anfrage auch den zugehörigen Lichtstrom Φ in Lumen (lm) oder/und die **Lichtausbeute** η in lm/W an. Ist nur Φ bekannt, läßt sich der Zahlenwert von η aus der Beziehung

$$\eta = \frac{\Phi}{P} \tag{2.43}$$

errechnen, denn

> die Lichtausbeute ist definiert als Quotient aus abgestrahltem Lichtstrom und der zu seiner Erzeugung aufgewendeten Leistung (DIN 5031).

Der Lichtstrom Φ ist dabei eine integrale Größe über den abgestrahlten Wellenlängenbereich der sichtbaren Strahlung, gemäß

$$\eta = \frac{K_m \int_{380\,\text{nm}}^{780\,\text{nm}} \Phi_e(\lambda) \cdot V(\lambda)\, d\lambda}{P} \tag{2.44}$$

Da die in einer Strahlung enthaltenen $\Phi_e(\lambda)$-Werte beim definierten Temperaturstrahler eine Funktion der **Farbtemperatur** sind, läßt sich für die Wolframfadenlampe ein Zusammenhang finden zwischen der jeweiligen Farbtemperatur T_f und der Lichtausbeute η. Dieser Zusammenhang ist in Bild 2.17 dargestellt.

Und damit ist auch bereits dem Entwickler eine Möglichkeit an die Hand gegeben, die Farbtemperatur einer Wolframfadenlampe wenigstens in erster Näherung zu bestimmen.

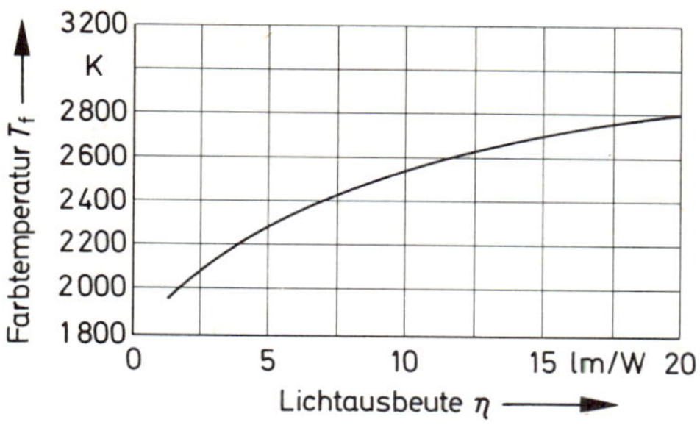

Bild 2.17 Angenäherter Zusammenhang zwischen Lichtausbeute und Farbtemperatur bei Wolframfadenlampen

Beispiel

In einer optoelektronischen Zähleinrichtung soll als Lichtquelle für einen Fototransistor eine Wolframfadenlampe mit den Nenndaten $U = 6$ V, $P = 1{,}2$ W und $\Phi = 8{,}4$ lm verwendet werden.
Wie groß werden Lichtstrom Φ und Farbtemperatur T_f, wenn man zur Lebensdauererhöhung der Lampe die Betriebsspannung auf 80% der Nennspannung festlegt?

Kennzeichnet man alle Werte bei 80% Nennspannung mit dem Index 0,8, dann kann man den Multiplikationsfaktor $\Phi_{rel\,(0,8)}$ aus Bild 2.16 entnehmen zu

$$\Phi_{rel\,(0,8)} = \frac{44}{100} = 0{,}44$$

und erhält daraus

$$\Phi_{0,8} = \Phi_{rel\,(0,8)} \cdot \Phi = 0{,}44 \cdot 8{,}4 \text{ lm} = 3{,}7 \text{ lm}$$

Zum Bestimmen der Farbtemperatur $T_{f\,(0,8)}$ muß man die Lichtausbeute $\eta_{0,8}$ kennen. Sie errechnet sich nach Gl. (2.43) zu

$$\eta_{0,8} = \frac{\Phi_{0,8}}{P_{0,8}} \qquad (2.45)$$

d.h., zuerst muß noch $P_{0,8} = P_{rel\,(0,8)} \cdot P$ bestimmt werden. Aus Bild 2.16 folgt

$$P_{rel\,(0,8)} = \frac{70}{100} = 0{,}7$$

und damit $P_{0,8} = 0{,}7 \cdot 1{,}2 \text{ W} = 0{,}84$ W.
Mit diesem Wert und Gl. (2.45) erhält man schließlich

$$\eta_{0,8} = \frac{3{,}7 \text{ lm}}{0{,}84 \text{ W}} = 4{,}4 \frac{\text{lm}}{\text{W}}$$

Geht man damit in das Diagramm (Bild 2.17) hinein, dann kann man auf der Ordinate die Farbtemperatur zu

$$T_{f\,(0,8)} \approx 2250 \text{ K} \quad \text{ablesen.}$$

(Bei Nennleistung ergibt sich vergleichsweise

$$\eta = 8{,}4 \text{ lm}/1{,}2 \text{ W} = 7{,}0 \frac{\text{lm}}{\text{W}}$$

und damit aus Bild 2.17 $T_f \approx 2410$ K.)

2.4.5. Umrechnung Bestrahlungsstärke in Beleuchtungsstärke

Mitunter ist in den Datenblättern als eine der Meßbedingungen für bestimmte Größen entweder die **Bestrahlungsstärke** in W/cm² (strahlungsphysikalische Einheit) oder die **Beleuchtungsstärke** in lx (lichttechnische Einheit) angegeben. Sind solche Angaben für Sender und Empfänger, die man in einem System verwenden will, unterschiedlich, kann es notwendig werden, eine der beiden Größen in die andere Einheit umrechnen zu müssen. Dafür läßt sich ein Zusammenhang ähnlich Gl. (2.9) finden, nämlich

$$E_v = K_m \cdot \int E_e(\lambda) \cdot V(\lambda) \cdot d\lambda \qquad (2.46)$$

mit $K_m = 673$ lm/W

und $V(\lambda)$ = spektrale Hellempfindlichkeit (des Normalbeobachters).
Setzt man in dieser Gleichung E_e in W/cm² ein, errechnet sich E_v in lm/cm² (1 lm/cm² = 10^4 lx).

Wo immer es möglich ist, wird man allerdings auf die meist etwas umständliche Integration verzichten und die Beleuchtungsstärke einer gegebenen Strahlungsquelle lieber mit einem Fotometer direkt messen.

2.4.5.1. Umrechnungshilfe für Wolframfadenlampen

Bei einer Wolframfadenlampe als Strahlungsquelle läßt sich auch hier mit Hilfe der Gl. (2.48) wieder ein Zusammenhang finden zwischen Farbtemperatur T_f, Bestrahlungsstärke E_e und Beleuchtungsstärke E_v, da die spektrale Emission einer solchen Lampe für eine gegebene Farbtemperatur sehr genau festliegt.
So gilt beispielsweise für **Normlichtart A** (T_f = 2856 K) die Beziehung

$$10^3 \text{ lx} \approx 4{,}75 \text{ mW/cm}^2 \qquad (2.47)$$

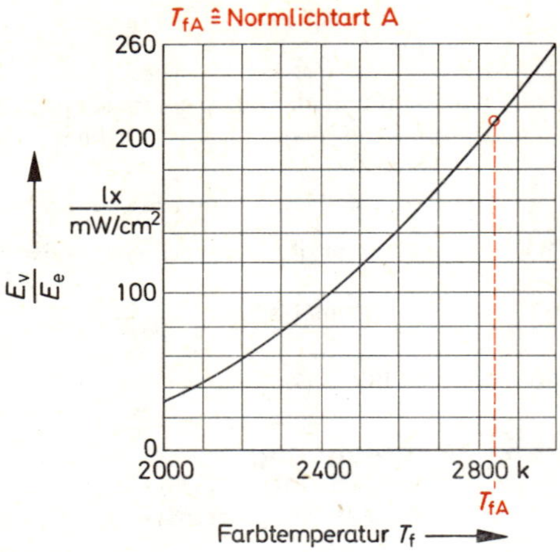

Bild 2.18 Zusammenhang zwischen Bestrahlungs- und Beleuchtungsstärke als Funktion der Farbtemperatur bei Wolframfadenlampen

bzw. $$1\,\mathrm{mW/cm^2} \approx 210\,\mathrm{lx} \qquad (2.47a)$$

Analoge Beziehungen lassen sich auch für andere Farbtemperaturen finden, so daß man $E_v/E_e = f(T_f)$ in Diagrammform [129] als Berechnungshilfe für den Schaltungsentwickler auftragen kann (siehe Bild 2.18).

Beispiel 1

In einer optoelektronischen Anordnung wird eine Wolframfadenlampe mit den Nenndaten $U = 6$ V, $P = 18$ W und $\eta = 12$ lm/W als Strahlungsquelle verwendet. Die größte lineare Ausdehnung der Glühwendel beträgt $d = 6$ mm, der Abstand zur fotoempfindlichen Fläche des Empfängers sei $r = 30$ cm. Da die größte Empfindlichkeit des Empfängers im Infraroten liegt, soll die mittlere **Bestrahlungsstärke** am Empfänger ermittelt werden.

Mit $r = 30$ cm und $d = 6$ mm gilt $r > 10 \cdot d$, so daß die Quelle als Punktstrahler zu betrachten ist.
Der mittlere Lichtstrom der Lampe (bezogen auf den gesamten Kugelraum) ergibt sich zu

$$\Phi_v = P \cdot \eta = 18\,\mathrm{W} \cdot 12\,\mathrm{lm/W} = 216\,\mathrm{lm}.$$

Somit sendet die Lichtquelle eine mittlere Lichtstärke aus von

$$I_v = \frac{\Phi_v}{\omega} \approx \frac{216\,\mathrm{lm}}{4\,\pi \cdot \mathrm{sr}} = 17{,}2\,\frac{\mathrm{lm}}{\mathrm{sr}} = 17{,}2\,\mathrm{cd}$$

Für den Punktstrahler ergibt sich damit an der Empfängerfläche eine Beleuchtungsstärke von

$$E_v = \frac{I_v}{r^2} \cdot \Omega_0 = \frac{17{,}2\,\mathrm{lm/sr}}{(0{,}3\,\mathrm{m})^2} \cdot 1\,\mathrm{sr}$$

$$= 191\,\frac{\mathrm{lm}}{\mathrm{m^2}} = 191\,\mathrm{lx}$$

(Dieser Wert stimmt auch sehr gut mit Bild 2.9 überein!)
Die Farbtemperatur der wirksamen Strahlung ermittelt man mit $\eta = 12$ lm/W aus Bild 2.17 zu $T_f = 2610$ K.
Mit diesem Wert ergibt sich aus Bild 2.18 schließlich

$$\frac{E_v}{E_e} \approx 140\,\frac{\mathrm{lx}}{\mathrm{mW/cm^2}}$$

und damit eine Bestrahlungsstärke an der Empfängerfläche von

$$E_e \approx \frac{E_v}{140} = \frac{191\,\mathrm{lx}}{140\,\dfrac{\mathrm{lx}}{\mathrm{mW/cm^2}}} = 1{,}36\,\frac{\mathrm{mW}}{\mathrm{cm^2}}$$

Beispiel 2

Die Glühlampe in der optoelektronischen Anordnung von Beispiel 1 soll zur Lebensdauererhöhung der Lampe nur mit 70% der Nennspannung betrieben werden.
Wie ist der Abstand r zu verändern, damit an der Empfängerfläche die gleiche Bestrahlungsstärke wie bei Nennspannung wirksam wird?

Bei Betrieb mit 70% Nennspannung erhält man aus Bild 2.16:

$$P_{\mathrm{rel}\,(0,7)} = 57/100 = 0{,}57$$

und

$$\Phi_{\mathrm{rel}\,(0,7)} = 25/100 = 0{,}25$$

Daraus folgt

$$P_{0,7} = P \cdot P_{\mathrm{rel}\,(0,7)} = 18\,\mathrm{W} \cdot 0{,}57 = 10{,}26\,\mathrm{W}$$

$$\Phi_{0,7} = \Phi \cdot \Phi_{\mathrm{rel}\,(0,7)} = 216\,\mathrm{lm} \cdot 0{,}25 = 54\,\mathrm{lm}$$

Die von der Lichtquelle ausgesandte mittlere Lichtstärke errechnet sich zu

$$I_{v(0,7)} = \frac{\Phi_{0,7}}{\omega} = \frac{54\ \text{lm}}{4\ \pi\ \text{sr}} \approx 4{,}3\ \frac{\text{lm}}{\text{sr}}$$

Die Lichtausbeute wird

$$\eta_{0,7} = \frac{\Phi_{0,7}}{P_{0,7}} = \frac{54\ \text{lm}}{10{,}26\ \text{W}} = 5{,}26\ \frac{\text{lm}}{\text{W}}$$

womit aus Bild 2.17 die Farbtemperatur folgt, zu

$$T_{f(0,7)} = 2450\ \text{K}$$

Mit diesem Zahlenwert entnimmt man aus Bild 2.18

$$\frac{E_{v(0,7)}}{E_{e(0,7)}} \approx 108\ \frac{\text{lx}}{\text{mW/cm}^2}$$

Da die Forderung der Aufgabenstellung lautete

$$E_{e(0,7)} = E_e = 1{,}36\ \text{mW/cm}^2,$$

ergibt sich schließlich

$$E_{e(0,7)} \approx 1{,}36\ \frac{\text{mW}}{\text{cm}^2} \cdot 108\ \frac{\text{lx}}{\text{mW/cm}^2} \approx 147\ \text{lx}$$

Nun war für den Punktstrahler

$$E_{v(0,7)} = \frac{I_{v(0,7)}}{r_{0,7}^2} \cdot \Omega_0$$

und somit

$$r_{0,7} = \sqrt{\frac{I_{v(0,7)}}{E_{v(0,7)}} \cdot \Omega_0} = \sqrt{\frac{4{,}3\ \text{lm/sr}}{147\ \text{lm/m}^2} \cdot 1\ \text{sr}}$$
$$= 0{,}17\ \text{m}$$

Der Abstand muß also von $r = 30$ cm auf $r_{0,7} = 17$ cm verringert werden.
Ein Nachprüfen, ob auch hierbei noch die Bedingungen für einen Punktstrahler erfüllt sind, führt zu

$$170\ \text{mm} > 10 \cdot 6\ \text{mm}$$

also $$r > 10 \cdot d,$$

womit die Strahlungsquelle den Anforderungen eines Punktstrahlers genügt.

2.4.6. Bestrahlungsstärke bei Lumineszenzdioden (LED) als Sender

Neben den häufig verwendeten Glühlampen kommen in optoelektronischen Anlagen vor allem **Lumineszenzdioden (LED)** als Sender in Frage. Sie werden in immer stärkerem Maße als **Strahlungsquelle** in der Optoelektronik eingesetzt und erfordern für den Entwickler einige spezielle Anmerkungen bezüglich ihrer Wirkung auf einen Fotoempfänger.
Während man Glühlampen für praktische Zwecke (von vorgesetzten Blenden o.a. einmal abgesehen) in erster Näherung als Kugelstrahler ($\omega = 4\ \pi$ sr) betrachten kann, ist das bei LED nicht mehr der Fall, da jede LED infolge spezifischer Oberflächenbeschaffenheit, Gehäusekonstruktionen u.a. eine ausgeprägte **Richtcharakteristik** hat, d.h., die Strahlungsintensität ist in Richtung der optischen Achse am größten und nimmt bei Winkelabweichungen von dieser Achse u.U. sehr rasch ab. Bild 2.4 auf S. 19 zeigt das anhand dreier typischer Richtcharakteristika (vgl. auch Kap. 4.1.1.2 sowie Kap. 5.2.3).

Hinzu kommt, daß die LED-Strahlung im Vergleich zur Glühlampenstrahlung ein so schmales Spektrum umfaßt, daß man sie in erster Näherung (für praktische Zwecke hinreichend genau) als **monochromatische Strahlung** betrachten kann. Das wiederum bedeutet, daß ein direktes Beurteilen dieser Strahlung mit Hilfe der **Farbtemperatur** nicht mehr möglich ist. Andererseits wird aber bei Fotoempfängern den Empfindlichkeitsangaben in Datenblättern sehr oft **Normlichtart A** als Bezugsstrahlung zugrunde gelegt, so daß sich der Schaltungsentwickler in einem Dilemma befindet:

Würde er der monochromatischen Strahlung einer GaAs-LED beispielsweise die mit Normlichtart A gemessenen Empfindlichkeitswerte (Datenblattwerte) eines Fotoelementes zugrunde legen und damit den Fotostrom des Empfängers errechnen wollen, käme er zu vollkommen falschen Resultaten. Der hohe Infrarotanteil der GaAs-LED würde nämlich in einem normalen Si-Fotoelement beispielsweise einen mehrfach höheren Fotostrom ergeben, als es die zahlenwertmäßig gleich große Beleuchtungsstärke der Glühlampenstrahlung laut Rechnung erwarten ließe.
Doch gibt es auch hier einen Ausweg. Man kann sich mit dem Festlegen einer sogen. **äquivalenten Normlicht-Beleuchtungsstärke** $E_{A\,\text{äqu}}$. helfen, auf die man dann alle weiteren Berechnungen aufbaut.

Unter der **äquivalenten Normlicht-Beleuchtungsstärke** versteht man die von einer beliebigen Strahlungsquelle an einem Silizium-Fotoelement (mit normaler spektraler Empfindlichkeit) erzeugte Bestrahlungsstärke $E_{\text{A äqu.}}$, die dort den gleichen Kurzschlußstrom auslöst, wie eine zuvor definierte Beleuchtungsstärke E_A, die von einer Glühlampe der Normlichtart A herrührt.

Wird also beispielsweise bei einer Beleuchtungsstärke von $E_A = 100$ lx ($\triangleq 475\ \mu$W/cm² bei Normlichtart A) am Fotoelement ein Kurzschlußstrom $I_k = 200\ \mu$A gemessen und erreicht man mit einer monochromatischen Strahlungsquelle diesen Kurzschlußstrom bereits bei $E_e = 180\ \mu$W/cm², dann wäre ihre zu $E_A = 100$ lx äquivalente Normlicht-Beleuchtungsstärke mit Gl. (2.47a) bzw. Bild 218

$$E_{\text{A äqu.}} = 180\ \mu\text{W/cm}^2 \cdot 210\ \text{lx} \cdot \text{cm}^2/\text{mW} = 37{,}8\ \text{lx}$$

Silizium-Fotoelemente benutzt man deshalb zum Ermitteln von $E_{\text{A äqu.}}$, weil deren Kurzschlußstrom in einem weiten Bereich linear von der Bestrahlungsstärke abhängt (siehe Kap. 4.2), so daß sich bei definierter Farbtemperatur sehr genau Relativmessungen ausführen lassen.

Damit der „Kurzschluß"fall im Meßbetrieb gewährleistet ist, muß bei dem zu messenden Bestrahlungsniveau der Innenwiderstand des Strommessers R_{ia} vernachlässigbar klein sein gegenüber dem Innenwiderstand R_{iF} des Fotoelementes, also $R_{ia} \ll R_{iF}$. Das bedeutet in der praktischen Anwendung [177]:

a) bei großflächigen Fotoelementen (> 1 cm²) und Beleuchtungsstärken über 1000 lx (= 4,76 mW/cm² bei Normlichtart A) einen maximal zulässigen Spannungsabfall am Strommesser von $U_{a\,(max)} = 100$ mV,
b) bei kleinflächigen Fotoelementen und geringen Beleuchtungsstärken (Bestrahlungsstärken) einen maximalen Spannungsabfall $U_{a\,(max)} = 10$ mV.

Steht kein Strommesser mit entsprechend geringem Innenwiderstand zur Verfügung, kann man auch einen Meßwiderstand parallel zum Fotoelement schalten, der die gleichen Bedingungen wie R_{ia} erfüllen muß (Größenbereich $1\ \Omega \cdots 10\ \Omega$) und über dem man dann den Spannungsabfall als I_k-proportionale Größe mißt (Innenwiderstand des Spannungsmessers $R_{iu} > 10$ kΩ, z.B. empfindliches Digitalvoltmeter).

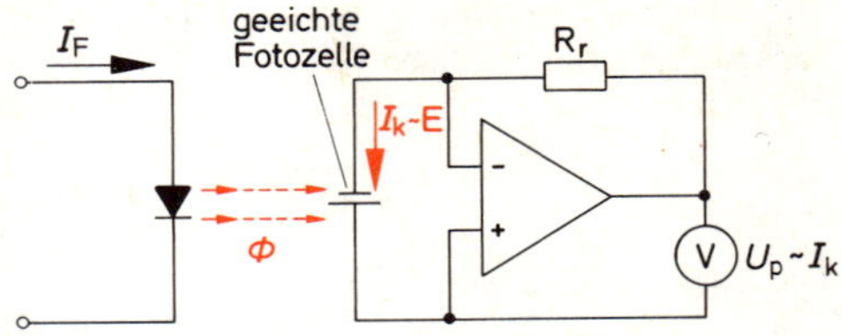

Bild 2.19 Meßschaltung mit Operationsverstärker zum Bestimmen kleinster Bestrahlungsstärken mit Hilfe des Kurzschlußstromes einer geeichten Fotozelle

Bei kleinsten Bestrahlungsstärken müßte man u.U. einen Operationsverstärker mit FET-Eingang als Meßverstärker benutzen (Bild 2.19), für den dann

$$I_k = \frac{U_p}{R_r} \tag{2.48}$$

gilt.

Wird nun ein Silizium-Fotoelement mit einer Glühlampe der Normlichtart A geeicht, dann entspricht einer bestimmten Beleuchtungsstärke E_A ein ganz bestimmter Kurzschlußstrom I_k, dessen Größe von der Beschaffenheit des Fotoelementes (z.B. Größe der strahlungsempfindlichen Fläche A, vorhandene Linse oder Planfenster u.ä.) abhängt. Diesen Zusammenhang $I_k = f(E_A)$ zeigt beispielsweise Bild 2.20 für vier verschiedene Fotoelemente (innerhalb einer Fertigungscharge gibt es allerdings immer Streuun-

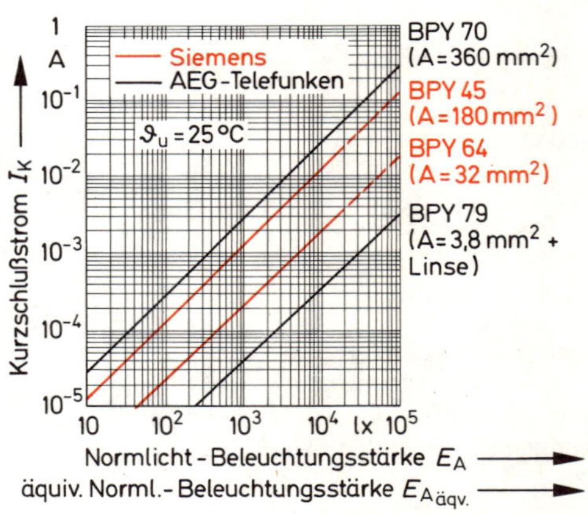

Bild 2.20 Der Kurzschlußstrom bei Silizium-Fotoelementen zeigt bei konstanter Temperatur eine lineare Abhängigkeit von der Beleuchtungsstärke über einen weiten Bereich

gen, so daß für solche Messungen das zu verwendende Fotoelement vorher zu eichen ist!).
Wird nun ein solches (geeichtes) Fotoelement bestrahlt, dann kann man für den jeweils gemessenen Kurzschlußstrom (Ordinate) die zugehörige Beleuchtungsstärke auf der Abszisse ablesen: die Beleuchtungsstärke E_A, wenn die Strahlungsquelle Normlichtart A ausstrahlt, oder die äquivalente Beleuchtungsstärke $E_{A\,äqu.}$, wenn die Strahlungsquelle eine andere (z.B. monochromatische) Strahlung im optischen Bereich ausstrahlt.

Bestimmen der Bestrahlungsstärke aus den LED-Datenblattwerten

Ist die Fotoempfindlichkeit des Empfängerelementes auf monochromatische Strahlung bestimmter Wellenlänge, z.B. $s(\lambda)$ bei $\lambda = 900$ nm bezogen, dann reduziert sich das Bestimmen der Bestrahlungsstärke und des Fotostromes, wenn man LED als Sender verwendet, im wesentlichen auf ein geometrisches Problem. Allerdings ist dabei bezüglich der Anwendung aller im Datenblatt angegebenen **Strahlungsleistungen** und des **Strahlungsflusses** der LED Vorsicht geboten, da diese Werte in den oben angegebenen Gleichungen nicht ohne weiteres verwendbar sind. Es muß vielmehr zum Berechnen des Fotostromes noch der Öffnungswinkel von LED und Fotoempfänger berücksichtigt werden. Die näheren Einzelheiten dieses Verfahrens sind in Kap. 5.2.3 ausführlich beschrieben.

3. Physikalisch-technologische Aspekte optoelektronischer Bauelemente

Optoelektronische Bauelemente wandeln elektromagnetische Strahlung in elektrische Energie *(Strahlungsdetektor)* **oder elektrische Energie in elektromagnetische Strahlung** *(Strahlungsemitter)* **um.**
Je nachdem, ob die beim Auftreffen von Lichtquanten auf Materie freigesetzten Elektronen *(lichtelektrischer Effekt, Fotoeffekt)* die Materie verlassen oder in das Leitungsband übergehen — also im Kristallgefüge bleiben und die Leitfähigkeit erhöhen —, spricht man vom *äußeren* oder *inneren* **lichtelektrischen Effekt bzw. Fotoeffekt.**

Durchfließt andererseits ein Strom die Sperrschicht einer Halbleiterdiode in Durchlaßrichtung, so entsteht **elektromagnetische Strahlung infolge spontaner Rekombination der injizierten Minoritätsträger** *(Löcher* und *Elektronen)* **in der Sperrschicht:** *inverser innerer Fotoeffekt* **(Injektionslumineszenz).** Bestimmte Materialien (z.B. III-V-Verbindungsmaterialien wie GaAs, GaAsP und GaP) zeigen diesen Effekt in verstärktem Maße, so daß mit einem vernünftigen Wirkungsgrad elektrische Energie in infrarote Strahlung oder sichtbares Licht umgewandelt werden kann.

3.1. Strahlungsdetektoren mit Sperrschichtfotoeffekt

Wie bereits dargelegt (siehe auch Bild 1.2), werden in diesem Rahmen nur **Strahlungsdetektoren mit innerem Fotoeffekt** behandelt, wobei sich die getroffene Auswahl wiederum nur auf **Sperrschichthalbleiterbauelemente** bezieht. Technisch bedeutungsvolle fotoelektrische Empfänger, bei denen der **Sperrschichtfotoeffekt** ausgenutzt wird, sind

- Fotodioden und Fotoelemente mit *einer* Sperrschicht,
- Fototransistoren mit *zwei* Sperrschichten und
- Fotothyristoren mit *drei* Sperrschichten.

Ein wesentliches Merkmal dieser Bauelemente ist, daß der strahlungs(licht)empfindliche pn-Übergang möglichst direkt unter der Halbleiteroberfläche liegt. So können die **Strahlungsquanten** (Lichtquanten) schon bei geringer Eindringtiefe in oder in der Nähe der **Raumladungszone,** d.h. zu beiden Seiten des pn-Überganges, **Ladungsträgerpaare** (Löcher und Elektronen) **erzeugen.** Die eingestrahlte Energie „hebt" dabei nach der **Bändermodellvorstellung** Elektronen vom Valenzband ins Leitungsband unter „Zurücklassen" von Löchern im Valenzband. *Das elektrische Feld der Raumladungszone trennt dann die Ladungsträgerpaare: die Elektronen gelangen in den n-Bereich, die Löcher in den p-Bereich* (siehe auch Bild 3.1). Das gilt auch für Ladungsträgerpaare, die erst in die Raumladungszone diffundieren. Besteht eine externe Verbindung, so werden die Ladungsträger nach außen abgeführt: es fließt ein **Fotostrom.** Dabei tragen gleichermaßen Elektronen und Löcher (Defektelektronen) zum Fotostrom bei. Die Anzahl der erzeugten Ladungsträgerpaare ist direkt proportional zur Bestrahlungsstärke. Im Kristall schon vorher rekombinierende Elektronen und Löcher gehen jedoch für den Fotostrom verloren.
Zum Herstellen des pn-Überganges (bzw. der pn-Übergänge) werden die bekannten Verfahren der

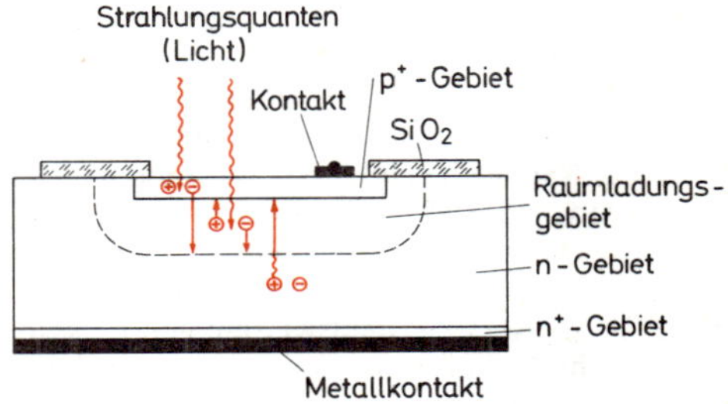

Bild 3.1 Schematischer Aufbau einer Silizium-Fotodiode

Halbleitertechnik angewandt. Als Ausgangsmaterial kommen hauptsächlich Germanium und Silizium in Frage. Die folgenden Ausführungen beziehen sich aber ausschließlich auf **Strahlungsempfänger auf der Basis von Silizium.** Germanium hat zwar eine höhere Empfindlichkeit, aber auch eine höhere Temperaturabhängigkeit, die sich insbesondere beim Dunkelstrom, also im unbeleuchteten Zustand, ungünstig bemerkbar macht. Das Maximum der spektralen Empfindlichkeit liegt bei Silizium zwischen 800 und 900 nm, bei Germanium zwischen 1,4 und 1,6 µm.

3.1.1. Fotodioden

Bei Fotodioden wird der pn-Übergang mit einer äußeren Vorspannung in Sperrichtung betrieben. Ohne Bestrahlung (Beleuchtung) fließt wie bei üblichen Halbleiterdioden ein geringer Sperrstrom, der sogenannte Dunkelstrom. Um diesen als Störsignal wirkenden **Dunkelstrom** möglichst klein zu halten, bildet man die Sperrschicht der Fotodioden entsprechend klein aus. Damit ist der Stromergiebigkeit von Fotodioden eine Grenze gesetzt. Mit ihrer geringen Sperrschichtkapazität, sie erreicht bei der maximal zulässigen Sperrspannung den niedrigsten Wert, hat aber die Fotodiode im Vergleich zu den anderen Fotohalbleitern die **geringsten Anstiegs- und Abfallzeiten des Fotostroms** und damit die höchste Grenzfrequenz (siehe auch Tafel 3.2).
Da sich, wie bereits erwähnt, der Fotostrom linear mit der Bestrahlungsstärke ändert, eignen sich Fotodioden vorzüglich für **quantitative Strahlungsmessungen** (Lichtmessungen). Bei der Belichtungsmeßtechnik erstreckt sich der Bereich immerhin über sechs Zehnerpotenzen: 10^{-2} lx bei Mondlicht bis 10^{4} lx bei vollem Sonnenlicht. Da die **spektrale Halbwertsbreite** von Silizium-Fotodioden über 500 nm beträgt (siehe auch Bild 5.55), haben diese Dioden auch im „blauen Bereich" des sichtbaren Spektrums eine genügend hohe Empfindlichkeit.
Zum **Herstellen des pn-Überganges** wird sowohl in n-leitendes Siliziumgrundmaterial ein p-leitender Bereich als auch in p-leitendes Grundmaterial ein n-leitender Bereich mit Hilfe von Dotierstoffen aus gasförmigen Verbindungen bei hohen Temperaturen eindiffundiert. Im ersten Fall hat das Grundmaterial beispielsweise einen Elektronenüberschuß durch Arsen- oder Phosphordotierung. Das p-Gebiet mit Löcherüberschuß entsteht dann durch Diffusion von Bor aus BBr_3 oder B_2H_6 in das n-leitende Grundmaterial von der Oberfläche des Kristalls her. Zur seitlichen Begrenzung kommen der Mesaprozeß oder der Planarprozeß in Frage:

- Beim **Mesaprozeß** werden die Siliziumscheiben ganzflächig diffundiert, anschließend geätzt und schließlich in Einzelelemente geteilt. Die Ränder des pn-Überganges liegen frei an der Oberfläche.
- Beim **Planarprozeß** geschieht die Diffusion durch fotolithografisch hergestellte SiO_2-Schicht-Fenster. Die Ränder des pn-Überganges werden von der Siliziumdioxidschicht geschützt.

> In **Planartechnik hergestellte Silizium-Fotodioden** haben den entscheidenden Vorteil, daß ihr **Dunkelstrom nur etwa ein Zehntel** des Dunkelstroms vergleichbarer Fotodioden in nichtplanarer Technologie beträgt.

Bild 3.1 zeigt schematisch den **Aufbau einer planaren Silizium-Fotodiode.** Die p-leitende Schicht hat eine Dicke von typisch 1 µm. Sie muß so flach sein, da kurzwelliges Licht ($\lambda \leqq 500$ nm) Ladungsträger vor allem im oberflächennahen p^+-Gebiet erzeugt.
Zweimal den Aufbau von Bild 3.1 nebeneinander auf einem Chip trifft man bei **Differential-Fotodioden** an, siehe Bild 3.2. Die lichtempfindlichen Flächen der beiden Fotodioden werden mit einem 50 µm breiten Steg aus SiO_2 voneinander getrennt. Als Ausgangsmaterial wird hochohmiges Silizium verwendet, so daß die Diodenkapazitäten sehr klein sind. Es lassen sich daher mit diesen Dioden Regelkreise (Nachlaufsteuerung, Kantenführung, Weg- und Winkelabtastung) mit sehr kleiner Totzeit aufbauen.
Bei **konzentrischen Differential-Fotodioden** befinden sich ebenfalls zwei Dioden auf einem Chip, wobei jedoch eine zentrale kreisförmige Diode von einer ringförmigen Diode mit gleicher lichtempfindlicher Fläche umgeben ist.

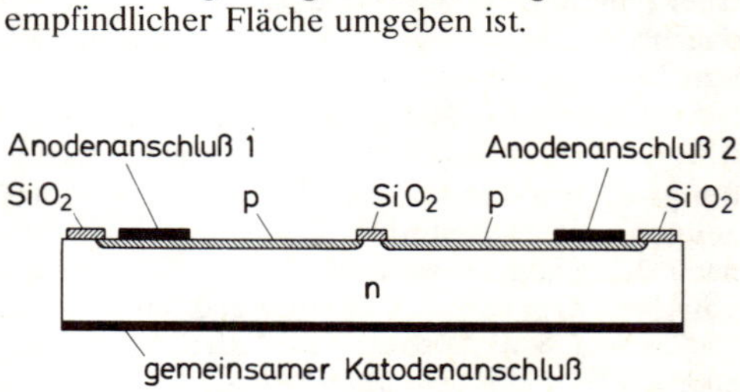

Bild 3.2 Schematischer Aufbau einer Silizium-Differential-Fotodiode

Vierquadranten-Fotodioden vereinen schließlich vier Fotodioden in einem Gehäuse. Die in einem Quadrat angeordneten Dioden haben Kantenabstände von rund 50 µm. Mit diesen Dioden können gleichzeitig zwei Koordinaten abgetastet werden.
Diffundierte symmetrische **npn-Fotoduodioden** haben einen ähnlichen Aufbau wie Fototransistoren. Die Basisweite der gegeneinander geschalteten Dioden ist relativ groß. Der Basisanschluß ist nicht herausgeführt. Gegenüber Einfachdioden zeigen die Fotoduodioden eine höhere Empfindlichkeit, gegenüber Fototransistoren einen geringeren Reststrom. Sie können beliebig gepolt in eine Schaltung eingefügt und auch an Wechselspannung betrieben werden.
Fotodioden mit einer großen Raumladungsweite werden pin-Fotodioden genannt. Bei ihnen befindet sich zwischen der p-Schicht und der n-Schicht noch eine hochohmige eigenleitende i-Zone (i = *intrinsic*, wirklich; für: wirklich reines Silizium) aus möglichst schwach dotiertem Silizium. Dadurch ergeben sich gegenüber „normalen" pn-Fotodioden eine erweiterte Raumladungszone (kleinere Kapazität des pn-Übergangs) und eine etwa doppelt so hohe maximal zulässige Sperrspannung. **Allgemein gilt, daß bei konstanter Raumladungsweite die Ansprechzeit von Fotodioden mit wachsender Vorspannung abnimmt.** Aus den genannten Gründen haben daher pin-Fotodioden extrem kurze Schaltzeiten im ns-Bereich. Hinzu kommt noch eine hohe Empfindlichkeit im Infraroten. Da langwellige Strahlung ($\lambda > 800$ nm) in Silizium nur schwach absorbiert wird und daher tief eindringt, ergeben erst Eindringtiefen von mehr als 100 µm eine befriedigende Infrarotempfindlichkeit. Die hierzu erforderliche möglichst vollständige „Sammlung" der Ladungsträgerpaare ist bei den pin-Fotodioden gegeben. Je dünner das p-Gebiet und je dicker das i-Gebiet ist, desto höher ist der Quantenwirkungsgrad (Elektronen/Photon). Bild 3.3 zeigt im Prinzip den **Aufbau einer planaren pin-Fotodiode,** die von n-leitendem Silizium als Substrat ausgeht. Die pin-Sperrschicht wird durch Eindiffundieren von Bor gebildet. Typische Chipdicken liegen zwischen 150 und 200 µm. Bei pin-Fotodioden mit p-leitendem Ausgangsmaterial wird Phosphor zum Herstellen der pin-Sperrschicht eindiffundiert. Die Silizium-Wafer haben dann Dicken zwischen 150 µm und 700 µm.
Mit antireflektierenden Überzügen auf der Kristalloberfläche werden die dickeren Wafer in ihrer Empfindlichkeit im Bereich 1060 nm (YAG-Laser) optimiert.

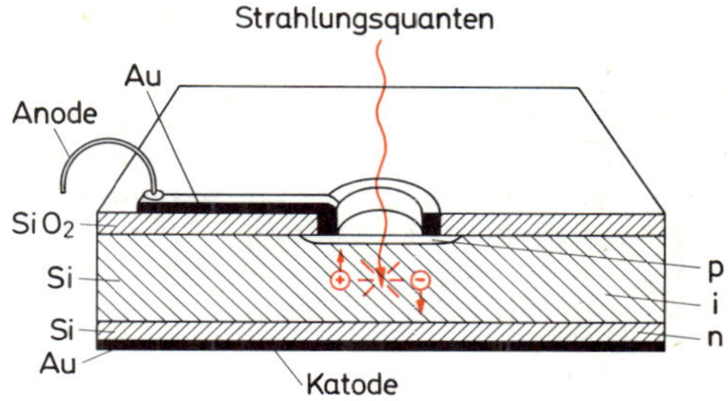

Bild 3.3 Schematischer Aufbau einer Silizium-pin-Fotodiode

Zu erwähnen sind schließlich noch die Schottky-Barrier-Fotodioden und die Avalanche-Fotodioden. **Schottky-Barrier-Fotodioden** sind etwa 100mal „schneller" als normale pn-Fotodioden, da nur Elektronen (Majoritätsträger) für den Stromfluß verantwortlich sind. Schottky-Dioden haben praktisch keine Speicherzeit. Die spektrale Empfindlichkeit reicht vom Ultravioletten (etwa 250 nm) bis zum nahen Infraroten (etwa 1100 nm).
Nochmals um den Faktor 10 schneller sind die **Avalanche-Fotodioden.** Sie nutzen den Avalanche-Effekt (*avalanche* = Lawine) aus: bei einer breiten Raumladungszone (die Ladungsträger haben eine genügend freie Weglänge) und einer entsprechend hohen Sperrspannung hat eine ansteigende Feldstärke in der Sperrschicht eine **Stoßionisation** zur Folge, die lawinenartig zusätzliche Ladungsträger erzeugt. Es ergibt sich somit eine erhebliche **Multiplikation des Fotostroms.** Die Avalanche-Fotodioden werden knapp unterhalb der Durchbruchspannung betrieben, so daß erst bei Bestrahlung der Avalanche-Effekt einsetzt. Der Spektralbereich erstreckt sich von 500 nm bis 1100 nm mit einem Maximum bei etwa 900 nm. Die doppelt diffundierten Avalanche-Fotodioden werden aus p-leitendem Silizium hergestellt, wobei für die n- und p-Diffusionen Phosphor bzw. Bor genommen wird. Die sogenannte π-Zone — sie befindet sich zwischen dem p^+- und p-Gebiet — ist etwa 250 µm dick. Die maximale Empfindlichkeit liegt dann bei 1060 nm.

3.1.2. Fotoelemente

Im Gegensatz zu Fotodioden werden Fotoelemente nicht in Sperrichtung, sondern in Durchlaßrichtung betrieben. **Fotoelemente sind aktive**

Zweipole. Bei Bestrahlung liefern sie im **Kurzschlußbetrieb einen linear mit der Bestrahlungsstärke ansteigenden Kurzschlußstrom.** Dagegen ändert sich ihre **Leerlaufspannung mit dem Logarithmus der Strahlungsleistung.** Während der Kurzschlußstrom der bestrahlten (aktiven) Fläche des Fotoelementes proportional ist, zeigt die Leerlaufspannung nur eine äußerst geringe Flächenabhängigkeit. Sie strebt vielmehr einen Grenzwert an. Für Siliziumfotoelemente beträgt er etwa 550 mV. **Steht bei Fotodioden die Forderung nach hohen Sperrspannungen, so erwartet man bei Fotoelementen möglichst hohe Fotospannungen.** Diese sich widersprechenden Eigenschaften führten zu einer Einteilung der optoelektronischen Sperrschichthalbleiter mit *einem* pn-Übergang in Fotodioden (*Planardioden*) und Fotoelemente *(Mesadioden)*. Inzwischen ist es aber gelungen, pn-Fotoempfänger herzustellen, die mit befriedigendem Ergebnis gleichermaßen als Diode oder Element eingesetzt werden können.

> Die **Einteilung in Fotodioden und Fotoelemente** gibt also im Grunde nur die (zu bevorzugende) **Betriebsweise** an.

Besonders großflächige und auf die Umwandlung von Sonnenlicht in elektrische Energie optimierte Silizium-Fotoelemente heißen **Solarzellen.** Haben „normale" Fotoelemente aktive Flächen von einigen mm², so erreicht man bei den Solarzellen mehrere cm². Bei den in n-auf-p-Technik hergestellten Solarzellen wird beispielsweise in eine etwa 300 µm dicke p-dotierte Siliziumscheibe eine 300 nm dicke stark n-leitende Schicht eindiffundiert. Die kammartig kontaktierte n-Schicht ist dann dem Sonnenlicht zugewendet. Zum Erhöhen des Wirkungsgrades (Licht → elektrische Energie) wird die Oberfläche mit einer reflexionsmindernden Schicht aus Silizium- oder Titanoxid „vergütet".

3.1.3. Fototransistoren

Vergrößert man bei einem (planaren) npn- oder pnp-Transistor den Kollektor-Basis-pn-Übergang und macht man ihn für einfallende Strahlung gut zugänglich, so erhält man einen **Fototransistor.** Wie Bild 3.4 zeigt, unterscheidet er sich also im Aufbau nicht prinzipiell von anderen Transistoren. Die Funktionsweise eines Fototransistors wird anschaulich, wenn in einem **Ersatzschaltbild** die großflächige in Sperrichtung betriebene **Kollektor-Basis-Diode als Fotodiode am Eingang einer Emitterstufe** liegt. Der strahlungsgesteuerte Sperrstrom *(Fotostrom der Kollektor-Basis-Diode)* wird dann im Transistor verstärkt. Typische Verstärkungswerte von Fototransistoren liegen zwischen 100 und 700. Die Verstärkung ist stromabhängig. Bei Fototransistoren gilt infolgedessen *nicht* mehr der lineare Zusammenhang zwischen der Bestrahlungsstärke und dem Fotostrom wie bei Fotodioden. Ohne beschalteten Basisanschluß ist die Empfindlichkeit am höchsten.

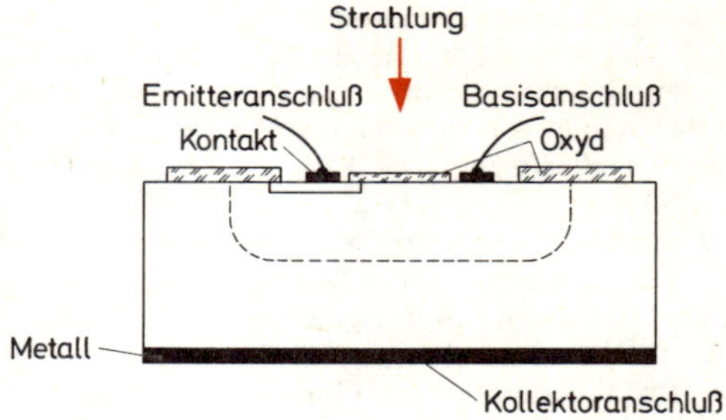

Bild 3.4 Schematischer Aufbau eines Silizium-Fototransistors

Werden noch höhere Empfindlichkeiten benötigt, so stehen **Fotodarlingtontransistoren** zur Verfügung.

> Stellt man *Fotodioden, Fototransistoren* und *Fotodarlingtontransistoren* gegenüber, so nimmt in dieser Reihenfolge von links nach rechts die **Empfindlichkeit zu** und die **Geschwindigkeit ab.**

Fotodioden lassen sich bei einer Schaltzeit von 1 ns ebenso gut in Laserdetektoren wie in Höchstgeschwindigkeitsdemodulations-, Schalt- oder Dekodierungseinrichtungen einsetzen. Allerdings erfordert ihr Ausgangsstrom im µA-Bereich einen nachfolgenden Verstärker.
Fototransistoren haben zwar Ausgangsströme im mA-Bereich, jedoch Schaltzeiten von einigen µs. Sie sind für Anwendungen in industriellen Steuerungen geeignet.
Schließlich liefern die *Fotodarlingtontransistoren* genügend Strom, um nachfolgende Schaltungen direkt anzusteuern. Das geht allerdings auf Kosten der Schaltzeiten, die bei mehreren 100 µs liegen können.

Bild 3.5 Schematischer Aufbau und Ersatzschaltbild eines Silizium-Wechselspannungs-Fototransistors [38]

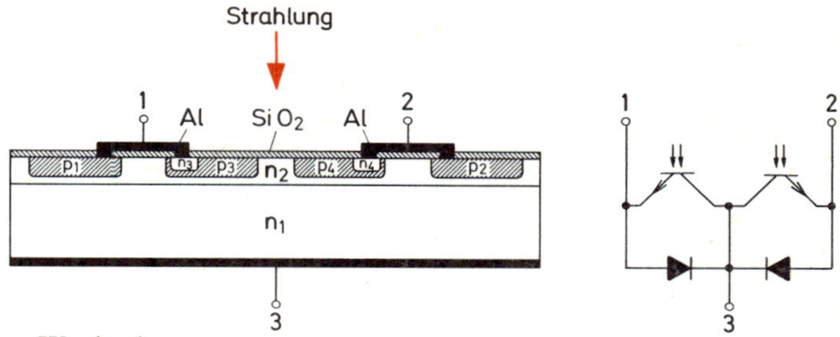

Zu erwähnen bleibt noch der **Wechselspannungs-Fototransistor,** dessen innere Struktur Bild 3.5 veranschaulicht.

3.1.4. Fotothyristoren

Fotothyristoren sind *lichtgesteuerte (strahlungsgesteuerte)* **Vierschicht-Halbleiterbauelemente** mit drei Grenzschichtübergängen der Zonenfolge pnpn. Der Anschluß für die *äußere* p-Schicht heißt **Anode** *(Symbol* **A**), der Anschluß für die *äußere* n-Schicht **Katode** *(Symbol* **K**). Sind auch die *innere* p-Schicht bzw. n-Schicht kontaktiert und herausgeführt, so wird der katodenseitige Steueranschluß mit **Katodengate** *(Symbol* $\mathbf{G_K}$) und der anodenseitige Steueranschluß mit **Anodengate (Symbol $\mathbf{G_A}$)** bezeichnet. Je nach Anzahl der vorhandenen Steuerelektroden unterscheidet man zwischen

- □ **Fotothyristor-Tetroden** (Foto-Vierschicht-Tetrode, *light activated silicon controlled switch* = **LASCS**) und
- □ **Fotothyristor-Trioden** (Foto-Vierschicht-Triode, *light activated triode switch, light activated silicon controlled rectifier* = **LASCR**)-

Fotothyristor-Trioden haben nur *einen* Steueranschluß, und zwar das Katodengate G_K.
Fehlen *beide* Steueranschlüsse, so handelt es sich um **Foto-Vierschicht-Dioden** *(light activated diode switch* = **LAS**). Es sind nur die Hauptanschlüsse A und K vorhanden.

> Alle drei Bauelemente ähneln in ihrer Funktionsweise und im Kristallaufbau einander. In **Schaltrichtung** *(I. Quadrant)* haben sie eine ausgeprägte **Kippcharakteristik** *(S-Kennlinie)* mit zwei *stabilen* Bereichen und einem *instabilen* Kennlinienteil **(negativer Widerstand).** In den beiden stabilen Bereichen sind **hochohmige** *(sperrende)* und **niederohmige** *(leitende)* **Betriebszustände** möglich. In **Sperrrichtung** *(III. Quadrant)* verläuft die Kennlinie im Prinzip wie bei einer normalen Diode.

Bild 3.6a zeigt schematisch die Aufeinanderfolge der vier unterschiedlich dotierten Halbleiterschichten. Zum Verstehen des **Sperrverhaltens** im I. und III. Quadranten genügt eine **Ersatzschaltung,** bei der man jedem pn-Übergang eine Diode zuordnet. Unabhängig von der *Polarität* der anstehenden Anoden-Katoden-Spannung kann in einem definierten Spannungsbereich durch diese 3-Dioden-Anordnung (die Steueranschlüsse sollen nicht beschaltet sein) nur ein *Sperrstrom* fließen: entweder werden die mittlere oder die beiden äußeren Dioden in Sperrichtung betrieben.

Ersatzschaltung mit zwei Transistoren

Zum Erklären des **Kippverhaltens** (Durchlaßverhaltens) eines Foto-Vierschichtbauelementes reicht jedoch diese einfache Diodenersatzschaltung nicht mehr aus. Man benutzt hierzu statt dessen **zwei rückgekoppelte Transistoren,** wie sie Bild 3.6c zeigt. Bild 3.6b veranschaulicht das „Entstehen" des pnp- und npn-Transistors aus der pnpn-Zonenfolge. Der Emitter des pnp-Transistors bildet den Anodenanschluß und der Emitter des npn-Transistors den Katodenanschluß des Fotothyristors. Die Steueranschlüsse G_A und G_K können für die folgenden Betrachtungen offen bleiben, da sich der zum Durchschalten (Zünden) des Fotothyristors führende **innere Rückkopplungsmechanismus** rein aus dem *Zusammenwirken* der beiden Transistoren herleiten läßt.

Die verwendeten Symbole bedeuten:

I_A	Emitterstrom des pnp-Transistors
B_{pnp}	Stromverstärkung des pnp-Transistors
I_{CB0pnp}	Kollektor-Basis-Reststrom des pnp-Transistors
I_{Cpnp}	Kollektorstrom des pnp-Transistors = Basisstrom des npn-Transistors
I_{Cnpn}	Kollektorstrom des npn-Transistors = Basisstrom des pnp-Transistors

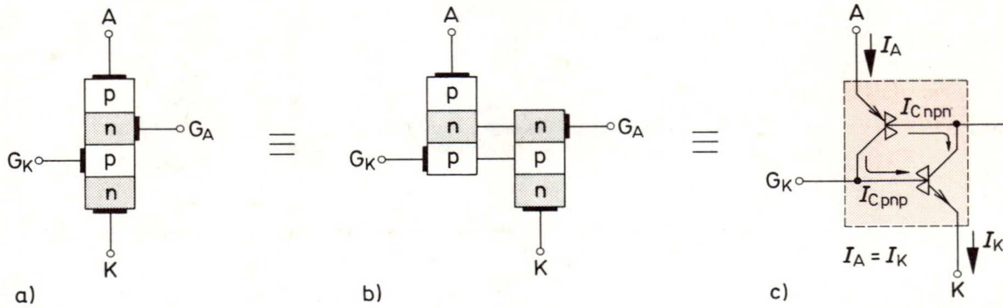

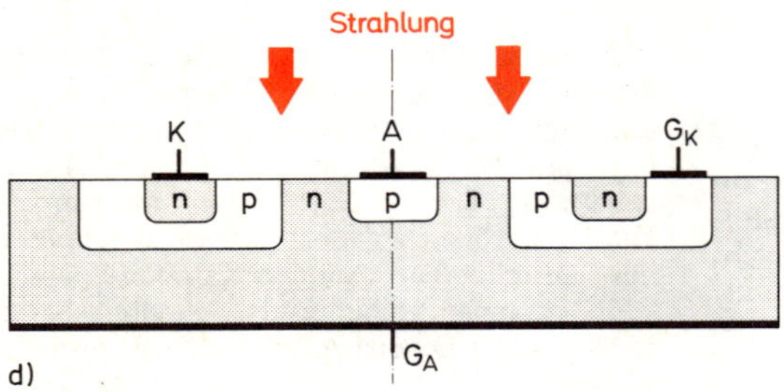

Bild 3.6 Zonenfolge, Transistor-Ersatzschaltung und schematischer Aufbau einer Silizium-Planar-Fotothyristor-Tetrode

I_{CB0npn}	Kollektor-Basis-Reststrom des npn-Transistors
B_{npn}	Stromverstärkung des npn-Transistors
I_K	Emitterstrom des npn-Transistors

Der besseren Übersicht wegen sind in Bild 3.6c die Kollektor-Basis-Restströme nicht eingezeichnet. Für den **pnp-Transistor** gilt:

$$I_A = I_{Cnpn} + I_{Cpnp} \tag{3.1}$$

$$I_{Cnpn} = I^*_{Cnpn} - I_{CB0pnp} \tag{3.2}$$

$$I_{Cpnp} = I^*_{Cpnp} + I_{CB0pnp} \tag{3.3}$$

$$I^*_{Cpnp} = B_{pnp} \cdot I^*_{Cnpn} \tag{3.4}$$

Durch Kombinieren der Gleichungen (3.2) bis (3.4) erhält man

$$I_{Cpnp} = B_{pnp} \cdot I_{Cnpn} + (1 + B_{pnp}) \cdot I_{CB0pnp} \tag{3.5}$$

Entsprechend gilt für den **npn-Transistor:**

$$I_K = I_{Cpnp} + I_{Cnpn} \tag{3.6}$$

$$I_{Cpnp} = I^{**}_{Cpnp} - I_{CB0npn} \tag{3.7}$$

$$I_{Cnpn} = I^{**}_{Cnpn} + I_{CB0npn} \tag{3.8}$$

$$I^{**}_{Cnpn} = B_{npn} \cdot I^{**}_{Cpnp} \tag{3.9}$$

Aus den Gleichungen (3.7) bis (3.9) ergibt sich

$$I_{Cnpn} = B_{npn} \cdot I_{Cpnp} + (1 + B_{npn}) \cdot I_{CB0npn} \tag{3.10}$$

Gleichungen (3.5) und (3.10) nach I_{Cpnp} bzw. I_{Cnpn} aufgelöst und in die Gleichungen (3.1) bzw. (3.6) eingesetzt führt schließlich zu

$$I_A = I_K = \frac{(1 + B_{pnp}) \cdot (1 + B_{npn}) \cdot (I_{CB0pnp} + I_{CB0npn})}{1 - B_{pnp} \cdot B_{npn}} \tag{3.11}$$

Diskussion der Gleichung (3.11)

Steht an der Transistoranordnung eine bestimmte Spannung (Anode positiv gegenüber Katode) an — ihr Wert muß unterhalb der sogenannten Nullkippspannung liegen —, so sind die beiden Stromverstärkungen B_{pnp} und B_{npn} sehr niedrig. Folglich gilt für ihr Produkt **(Rückkopplungsschleifen-Verstärkung)** $B_{pnp} \cdot B_{npn} \ll 1$. Der Nenner von Gleichung (3.11) hat daher etwa den Wert 1 und der Anoden-Katoden-Strom ist nur geringfügig höher als die Summe der Kollektor-Basis-Restströme $I_{CB0pnp} + I_{CB0npn}$. Unter diesen Bedingungen befindet sich der Fotothyristor im hochohmigen **Blockierzustand (Sperrzustand** in **Schaltrichtung)**.

Wie gelangt nun der Fotothyristor in den niederohmigen Durchlaßzustand? Aus Gleichung (3.11) erkennt man, daß mit **wachsender Rückkopplungsschleifen-Verstärkung** der **Anoden-Katoden-Strom über alle Maßen ansteigt:**

$$B_{pnp} \cdot B_{npn} \to 1, I_A \to \infty$$

Physikalisch bedeutet das, daß sich die beiden Transistoren beim Erreichen der Rückkopplungsschleifen-Verstärkung Eins gegenseitig in die Sättigung treiben. Einmal in der **Sättigung**, werden **alle Sperrschichten in Vorwärtsrichtung** betrieben, und der Spannungsabfall über der gesamten Anordnung (dem Fotothyristor) entspricht etwa demjenigen eines einzelnen pn-Überganges. Der Anodenstrom wird nur durch externe Bauelemente begrenzt.

> Gelingt es demnach durch *„äußere Einflüsse"* die **Stromverstärkungen** B_{pnp} und B_{npn} (der Transistoren) so zu erhöhen, daß ihr Produkt 1 wird, kann der **Fotothyristor zünden.**

Da die Stromverstärkung B von Silizium-Transistoren bei niedrigem Emitterstrom sehr gering ist und mit zunehmenden Emitterstrom stark ansteigt, läßt sich also durch **Beleuchten** *(Bestrahlen)* des Kollektor-Basis-pn-(np-)Überganges der **Kollektor-Basis-Reststrom erhöhen** und damit der gewünschte Effekt erreichen: Ein höherer Kollektor-Basis-Reststrom hat einen höheren Emitterstrom und dieser wiederum eine höhere Stromverstärkung zur Folge. Bei entsprechender Beleuchtungsstärke (**Lichtimpuls**) reichen die erzeugten **Ladungsträgerpaare** dann aus, um den Fotothyristor vom Blockierbereich in den **Durchlaßbereich** zu schalten.
Bild 3.6d zeigt schematisch den Aufbau einer Silizium-Planar-Fotothyristor-Tetrode.

3.2. Strahlungsemitter mit Injektionslumineszenz

Halbleiterdioden, die den Effekt der Injektionslumineszenz zeigen, werden Lumineszenzdioden, Leuchtdioden oder LED genannt. LED ist die Abkürzung für *light emitting diode* oder zu deutsch *lichtemittierende Diode.* Je nach verwendetem Halbleitermaterial und dessen Dotierung emittieren diese Dioden für das menschliche Auge sichtbare oder unsichtbare Strahlung.

> **Technische Bedeutung haben bisher LED erlangt,** die — abgesehen von Dotierungsmaterialien — aus Verbindungen (Kristallen) der Elemente *Gallium* (III. Gruppe des periodischen Systems), *Arsen* bzw. *Phosphor* (beide V. Gruppe des periodischen Systems) bestehen.

Wie bei anderen bekannten Halbleitern unterscheidet man auch hier zwischen **„direkten"** und **„indirekten" Halbleitern.** Direkt und indirekt bezieht sich auf den *direkten* bzw. *indirekten* (stufenweisen) **Übergang der Elektronen vom Leitungsband ins Valenzband.** Im Valenzband rekombinieren dann diese Elektronen mit den dort befindlichen Löchern unter Abstrahlung von Photonen oder Wärmeabgabe an das Kristallgitter. **Der Übergang und die damit verbundene Rekombination geschieht spontan.** Nach dem **Bändermodell** liegen sich bei direkten Halbleitern das Energieminimum des Leitungsbandes und das Energiemaximum des Valenzbandes gegenüber. Bei indirekten Halbleitern sind diese gegeneinander verschoben. Zwischen dem Leitungsband und dem Valenzband befindet sich ein verbotenes Band, das nicht von Elektronen eingenommen werden kann. **Dieser Bandabstand (Einheit eV) ist der abgestrahlten Wellenlänge umgekehrt proportional.** Geringerer Bandabstand (Elektronenenergie) bedeutet also größere Wellenlänge. Bild 3.7 stellt den Unterschied zwischen direkter und indirekter Rekombination anschaulich dar.
GaAs ist ein typischer direkter Halbleiter. Die Rekombinationsenergie führt nahezu vollständig zum Entstehen von Photonen. **Indirekte Halbleiter wie GaP** haben jedoch einen geringen Quantenwirkungsgrad. Der Wärmeanteil überwiegt. Eine dennoch befriedigende Strahlungsausbeute erreicht man mit entsprechendem Dotieren. Damit erhöht sich die Wahrscheinlichkeit strahlender Rekombination, der z.B. an chemische Verunreinigungen gebundenen freien Ladungsträger. **Indirekte Halbleiter sind transparent für die erzeugten Photonen.**

3.2.1. Lumineszenzdioden für sichtbare Strahlung

> **Lumineszenzdioden für den sichtbaren Spektralbereich** werden heutzutage im wesentlichen aus *Gallium-Arsenid-Phosphid* (GaAsP) und *Gallium-Phosphid* (GaP) hergestellt.

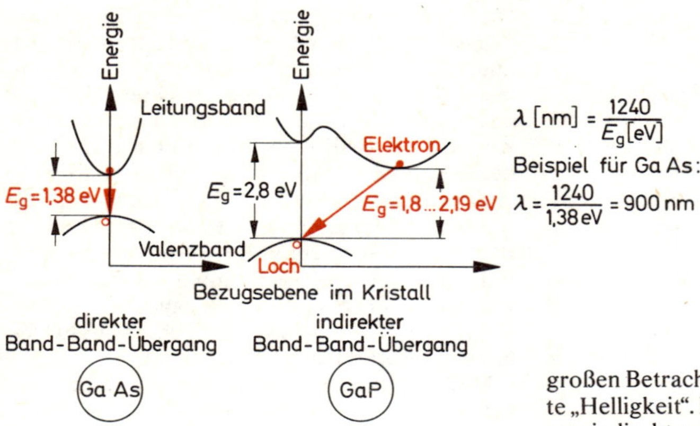

Bild 3.7 Bändermodell für direkte und indirekte Rekombination

Hinzukommen noch LED aus *Gallium-Arsenid* (GaAs), die *mit einer Leuchtsubstanz* (seltene Erden) überzogen sind, so daß sie sichtbares Licht abstrahlen. Schließlich wurden bereits blaues und blaugrünes Licht aussendende *Gallium-Nitrid*-LED (GaN) experimentiell erprobt.

LED auf der Basis von $GaAs_{(1-X)}\ P_{(X)}$ erzeugen:

- □ bei X = 0,4 *rotes* Licht zwischen 640 und 700 nm mit einer Emissionsspitze von 690 nm,
- □ bei X = 0,5 *bernsteinfarbenes* Licht mit einer Emissionsspitze von etwa 610 nm und
- □ bei X = 0,9 *gelbes* Licht mit einer Wellenlänge von 585 nm.

Für X ≦ 0,4 hat GaAsP einen direkten Übergang vom Leitungsband zum Valenzband. Die Kristalle sind daher undurchsichtig. Das bedeutet, daß etwa 98% der entlang der Sperrschicht entstehenden eigenen Strahlung vom Material absorbiert wird. **Nur ungefähr 1,5% der erzeugten Lichtstrahlung ist von außen sichtbar** (siehe auch Bild 3.14). Das ausgestrahlte Licht hat aber über einen großen Betrachtungswinkelbereich eine konstante „Helligkeit". Für X > 0,4 verkörpert GaAsP einen indirekten Halbleiter.

Rote GaAsP-LED sind bisher am einfachsten und billigsten herzustellen. Der technologische Prozeß ist direkt aus der Siliziumtechnologie abgeleitet: die LED liegen ebenfalls in Wafern vor.

Bild 3.8 zeigt den Aufbau einer **GaAsP-LED in Mesatechnik:** Auf ein GaAsP-Substrat ist epitaxial eine n-leitende Schicht einer GaAsP-Legierung aufgewachsen, deren Phosphorgehalt sich von 0 an der Substratoberfläche bis auf 40% ändert. Mit der nachfolgenden Diffusion wird eine p-Schicht eindotiert. Als Anodenanschluß dient eine kammförmige Elektrode. Diese Anode verringert zwar das austretende Licht um 25%, verteilt aber den Strom gleichmäßig über den gesamten Querschnitt. Keinen „Kamm" benötigt man bei der **epitaxialen GaAsP-LED** von Bild 3.9. Der Abstand zwischen der Sperrschicht (pn-Übergang) und der Kristalloberfläche beträgt zwischen 2 µm und 4 µm.

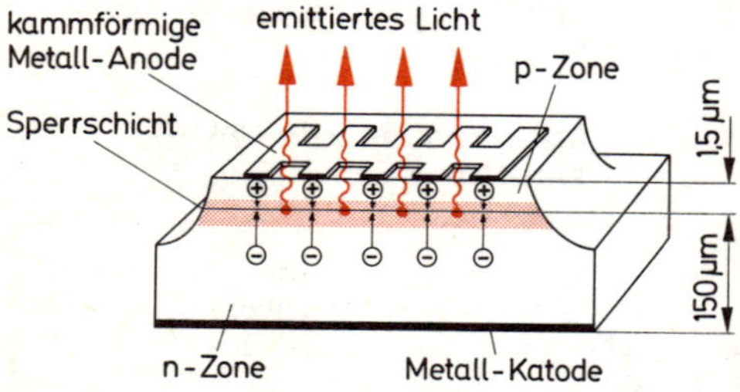

Bild 3.8 Schematischer Aufbau einer lichtemittierenden GaAsP-Diode in Mesatechnik

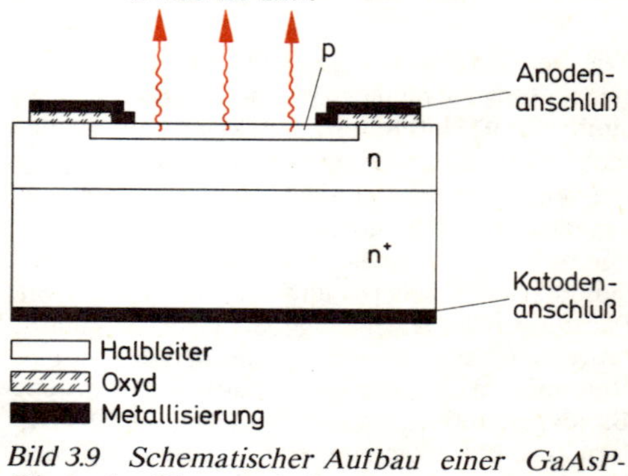

Bild 3.9 Schematischer Aufbau einer GaAsP-Diode in Planartechnik

Liegt nun eine Spannung in Durchlaßrichtung an der Diode an, so wird die Potentialschwelle an der Sperrschicht reduziert und ein Strom kann fließen. Elektronen werden in die p-Zone, Löcher in die n-Zone injiziert. Nun besteht aber die Möglichkeit, daß diese Minoritätsträger rekombinieren, und die Rekombinationsenergie wird als Photon abgestrahlt. Obwohl der Abstand zwischen der Sperrschicht und der Anodenoberfläche sehr gering ist, kann nur ein Teil des intern erzeugten Lichtes an der Oberfläche austreten. Die Ursache liegt u.a. in den unterschiedlichen Berechnungsindizes des Halbleitermaterials ($n \approx 3{,}5$) und der Umgebung ($n \approx 1$). Dennoch ist die erreichbare Leuchtdichte so hoch, daß sie bequem vom menschlichen Auge wahrgenommen werden kann. Ausgehend von einigen nA erhöht sich mit steigendem Strom bis in den mA-Bereich hinein der elektrolumineszente Wirkungsgrad. Im Bereich von 3 bis 100 mA bleibt dann der Wirkungsgrad etwa konstant, und **die Leuchtdichte steigt nahezu linear mit dem Diodenstrom an.**

Um die Absorption im Kristall zu verringern und damit die Lichtabstrahlung (Leuchtdichte) nach außen zu erhöhen, **wächst man auch GaAsP auf dem durchsichtigen GaP auf.** Der als „Spiegel" ausgebildete Katodenanschluß reflektiert dann das Licht wieder in Richtung Kristalloberfläche.

GaP-LED bestehen aus indirekten Halbleitern. Sie sind damit transparent für das erzeugte Licht. Auch hier können mit unterschiedlichen Dotierungen unterschiedliche Farben erzeugt werden. **GaP-Dioden** geben sowohl

- *grünes* Licht zwischen 520 und 570 nm mit einer Emissionsspitze von 550 nm als auch
- *rotes* Licht zwischen 630 und 790 nm mit einer Emissionsspitze von 690 nm ab.

Für **grünleuchtende LED** wird überwiegend stickstoffdotiertes GaP verwendet. Bei **rotleuchtenden GaP-LED** wird die Rekombinationsstrahlung an Zn-O-Komplexen in GaP ausgenutzt. Grüne GaP-LED emittieren das Licht von der *p-Seite der Sperrschicht.* Bei roten GaP-LED wird hingegen das Licht von der *n-Seite der Sperrschicht* abgestrahlt.

Es ist nun möglich, die zwei Seiten so zu dotieren, daß *beide Seiten gleichzeitig* Licht abstrahlen. Bei niedrigen Durchlaßströmen dominiert die rote Strahlung. Bei höheren Strömen wird ein Sättigungsmechanismus für Rot wirksam und die Farbe ändert sich über Orange oder Gelb schließlich in Grün: **mehrfarbige LED!**

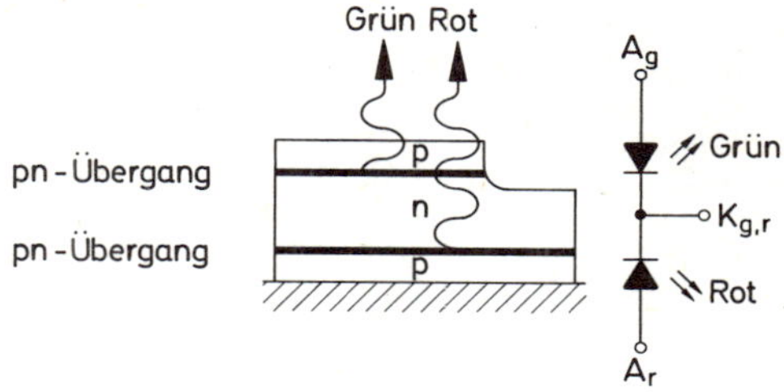

Bild 3.10 Schematischer Aufbau einer dreifarbigen (Grün, Rot, Gelb — als Mischfarbe) GaP-LED

Ebenfalls wahlweise rotes, grünes und als Mischfarbe gelbes Licht läßt sich mit einer LED emittieren, wie sie schematisch Bild 3.10 zeigt. Sie basiert auf einem GaP-Chip mit *zwei* pn-Übergängen: Das GaP-Substrat ist beidseitig im Einfachschmelzepitaxieverfahren mit einem Rotlicht (Ga-Seite) und einem Grünlicht (P-Seite) emittierenden pn-Übergang versehen. Auf der Ober- und Unterseite der **„Zweifach-LED"** sind die p-Kontakte angebracht. Der gemeinsame n-Kontakt befindet sich auf dem eigentlichen Substrat, das dafür durch teilweises Abätzen der oberen p-Schicht freigelegt wurde. Die beiden Halbleitersysteme sind über drei Anschlüsse getrennt ansteuerbar. Daß zwischen Rot und Grün jeder beliebige Farbeindruck erzeugt werden kann, ist nicht zuletzt auf die geringen Absorptionskoeffizienten für rotes und grünes Licht in GaP zurückzuführen.

GaP-Dioden sind schwieriger und damit teurer als GaAsP-Dioden herzustellen; u.a. ist die Chipkontaktierung problematischer und die Sperrschichten werden aus der flüssigen Phase oder aus der Dampfphase epitaxial aufgewachsen. Immerhin müssen bei der Herstellung sowohl Drücke bis 40 bar und Temperaturen bis 1475 °C als auch bei 100 °C freiwerdende Phosphordämpfe beherrscht werden.

GaP-LED sind im Vergleich zu anderen LED am „hellsten" und **haben den größen Wirkungsgrad** (Verhältnis von Strahlungsleistung zu elektrischer Leistung). Es wurden immerhin schon grüne GaP-LED mit einem Wirkungsgrad von 0,1% und rote GaP-LED mit einem Wirkungsgrad zwischen 4 und 10% hergestellt. Gelingt es, auch grüne GaP-LED mit einem solch hohen Wirkungsgrad zu entwickeln, so ist der breite Einsatz nur

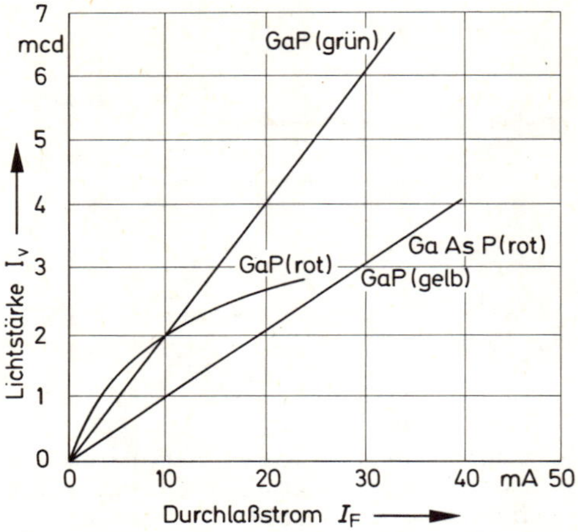

Bild 3.11 Rote GaP-LED zeigen Sättigungserscheinungen: die Lichtausbeute läßt sich nicht „beliebig" erhöhen

eine Frage des Preises, denn die von einer grünen GaP-LED emittierte Strahlung ist – gleichen Wirkungsgrad vorausgesetzt – 30mal heller als die einer roten GaP-LED!
Mit GaAs liegen zwar die meisten technologischen Erfahrungen vor, aber **GaAs-LED** emittieren bekanntlich infrarotes Licht (IR). Es läßt sich jedoch eine **Frequenztransformation in den sichtbaren Spektralbereich** erreichen, indem mit dem IR seltene Erden zum Leuchten angeregt werden : IR 950 nm → grün 540 nm. Allerdings ist der Wirkungsgrad nicht so hoch wie bei GaP-LED. Nachteilig wirkt sich ferner der hohe Strombedarf aus: typisch $I_F = 100$ mA bei $U_F = 1{,}3$ V. Damit sind diese GaAs-LED *nicht* kompatibel mit gegenwärtigen TTL- und anderen integrierten Schaltungen.
Grüne GaP-LED benötigen beispielsweise nur einige mA Durchlaßstrom. Schließlich müssen GaAs-LED bei hohen Verlustleistungen in ein metallisches Gehäuse eingebaut werden. Das verhindert eine Kostensenkung, wie sie Kunststoffgehäuse mit sich bringen.
GaN hat eine günstige Bänderstruktur. Man erhofft sich deshalb eine Ausweitung des Farbspektrums der LED in Richtung Blau und Ultraviolett (UV).
Für im **Zeitmultiplex,** d.h. pulsförmig betriebene LED oder LED-Anzeigen ist noch folgende physikalische Gegebenheit von Wichtigkeit: im Gegensatz zu roten GaAsP-LED haben – wie schon erwähnt – **rote GaP-LED einen Sättigungspunkt, oberhalb dessen ein erhöhter Durchlaßstrom zu keiner weiteren Steigerung der Lichtausbeute führt** (siehe Bild 3.11). Dem Pulsbetrieb sind also Grenzen gesetzt: Grüne GaP-LED zeigen hingegen keine Sättigungserscheinungen. Beachtet werden muß lediglich die zulässige Sperrschichttemperatur.
Soweit zugänglich gewesen, sind die in diesem Zusammenhang interessanten technischen Daten einiger LED, die aus den erwähnten Halbleitermaterialien bestehen, in Tafel 3.1 zusammengefaßt.

3.2.2. Lumineszenzdioden für infrarote Strahlung

Gallium-Arsenid-Dioden strahlen infrarotes Licht (IR) im Wellenlängenbereich zwischen 800 nm und 1000 nm ab. Verwendet werden dabei die Materialien

- ☐ *Gallium-Aluminium-Arsenid* mit *Zink* diffundiert (GaAlAs : Zn),
- ☐ *Gallium-Arsenid* mit *Zink* diffundiert (GaAs : Zn) und
- ☐ *Gallium-Arsenid* mit *Silizium* dotiert (GaAs : Si).

Mit **Zink diffundierte IR-LED** (900 nm) haben zwar einen geringeren Wirkungsgrad (etwa 0,7%), sind aber schneller und eignen sich somit für **Anwendungen hoher Bandbreite. GaAs : Si-LED** (940 nm) eignen sich für niederfrequentere Modulationen und Anwendungen, bei denen es auf einen höheren Leistungswirkungsgrad (über 4%) und damit **höhere Strahlungsleistungen** ankommt.

Wegen der erreichbaren Werte für Wellenlänge, Strahlungsleistung und Schaltzeit siehe auch Bild 3.12 und Tafel 5.6.
Bild 3.13 zeigt schematisch den **Aufbau einer epitaxialen GaAs-LED.** Die p-Schicht ist etwa 50 µm dick. In ihr entsteht die IR-Strahlung. Zur besseren Wärmeabführung bildet deshalb der Metallträger für das Halbleitersystem den Anodenanschluß. Das ist allerdings nur dadurch möglich, daß der Absorptionskoeffizient in GaAs für die IR-Strahlung verhältnismäßig gering ist. IR-LED werden im wesentlichen nach zwei Verfahren hergestellt, die sich vor allem im **Erzeugen der Sperrschicht** (pn-Übergang) unterscheiden:

Tafel 3.1 Typische Daten von LED mit unterschiedlichen Materialien

Material	Farbe	Wellenlänge λ [nm]	relative optische Empfindlichkeit [lm/opt. W]	Lichtstärke I [mcd][1]	Strahlungsleistung[2] Φ [µW]	Wirkungsgrad η [%]	Lichtausbeute [lm/el. W]	Durchlaßspannung U_F [V][2]	Anstiegs-/Abfallzeit τ [ns]
GaAsP	Rot	670	20	1		0,1	0,02	1,6	
GaAsP	Rot	660	40	1	15	0,03	0,012	1,6	5
GaAsP	Orange	610	330			0,001	0,003	1,6	
GaAsP	Gelb	585	500					1,6	
GaP	Rot	690	15	2	180	1	0,15	2,0	200
GaP	Grün	565	590	2	8	0,01	0,05	2,0	50
GaAs: Si	IR	950	–	–	400	4	–	1,1	500
GaAs: Zn	IR	900	–	–	50	0,5	–	1,1	5
GaN	Gelb								
GaN	Blau								
GaN	UV								

[1] I „gerade" = Lichtstärke, *I* „kursiv" = Strom. [2] bei Durchlaßstrom I_F = 10 mA.

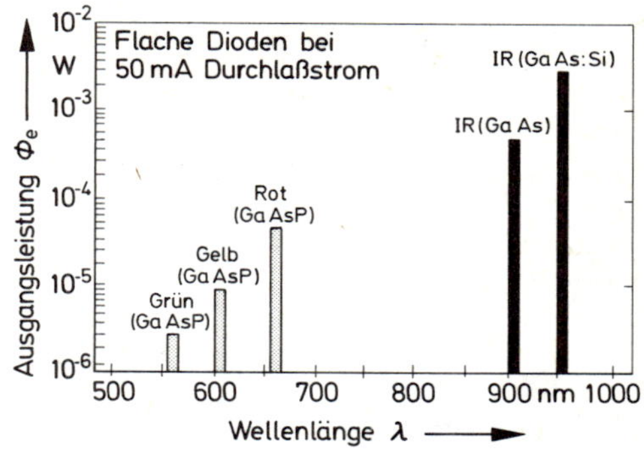

Bild 3.12 Typische Ausgangsleistungen von LED im sichtbaren und infraroten Bereich in Abhängigkeit von der Wellenlänge

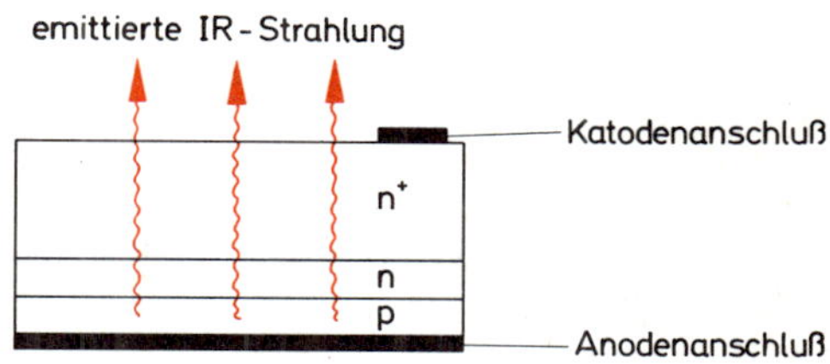

Bild 3.13 Schematischer Aufbau einer epitaktischen GaAs-LED

1. Zum Bilden des pn-Überganges wird **Zink** in einkristalline n-dotierte GaAs-Scheiben diffundiert. Dabei geschieht die Diffusion entweder ganzflächig **(Mesatechnik)** oder durch „Fenster" in Maskierschichten auf der GaAs-Oberfläche **(Planartechnik)**.
2. Der pn-Übergang entsteht durch „Einbau" von Silizium in das GaAs-Kristallgitter. Hierzu wird auf einkristalline n-dotierte GaAs-Scheiben in einem Flüssigphasenepitaxieverfahren eine dünne einkristalline GaAs-Schicht aus einer **Si-dotierten Schmelze** abgeschieden.

Obwohl GaAs-LED einen **inneren Wirkungsgrad** von fast 100% haben, kann nur ein Bruchteil (typisch 2 bis 4%) der erzeugten Strahlungsquanten den Kristall verlassen. Die Ursachen liegen in der inneren **Totalreflektion** und **Absorption** (siehe Bild 3.14). Bei einem Brechungsindex des Halbleitermaterials von n = 3,6 beträgt der Totalreflektionswinkel (kritische Winkel) 16,2°. Strahlung, die mit einem Winkel > 16,2° (bezogen auf

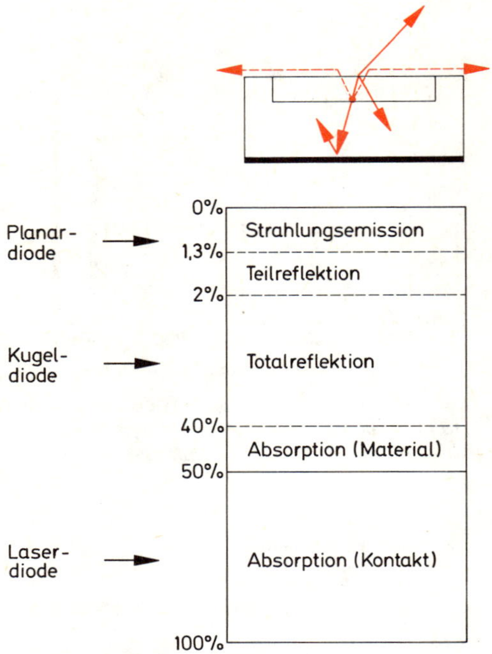

Bild 3.14 Optische Verluste bei Strahlungsemittern [200]

die Senkrechte) auf die Kristalloberfläche trifft, wird also wieder in das Innere reflektiert. Überdeckt man die Kristalloberfläche mit Epoxydharz ($n = 1{,}5$), so erhöht sich der kritische Winkel auf 24,6°. Der Wirkungsgrad wird damit um den Faktor 2 bis 2,5 verbessert, wenn die Strahlung nicht im Epoxydharz absorbiert wird.
Mit Hilfe eines eingebauten **Miniaturreflektors** kann auch die seitliche aus dem Kristall austretende Strahlung genutzt werden (siehe Bild 5.65). Noch höhere Strahlungsleistungen lassen sich jedoch bei den LED erreichen, deren **Kristall die Form einer Halbkugel** (*keine* Totalreflektion!) hat. Allerdings ist diese Geometrie in der Herstellung sehr teuer und erfordert in jedem Fall wegen der allseitigen Austrahlung einen parabolischen Reflektor. Als Kompromiß bietet sich ein **linsenförmiger Dom aus Epoxydharz** an.
In Bild 3.15 sind einige typische Emitterstrukturen von GaAs-LED gegenübergestellt.

3.2.3. Laserdioden

Um den **Unterschied zwischen kohärenten und inkohärenten Strahlungsemittern** zu verdeutlichen, sei kurz auf einige wesentliche Eigenschaften der Laserdioden hingewiesen. Das Wort Laser ist die Abkürzung von *„light amplification by stimulated emission of radiation“*(Lichtverstärkung durch stimulierte Strahlungsemission).
Laserdioden bestehen aus den gleichen Materialien wie die LED und emittieren somit auch Strahlung in den bereits genannten Wellenlängen. Sie unterscheiden sich jedoch im Aufbau und in der

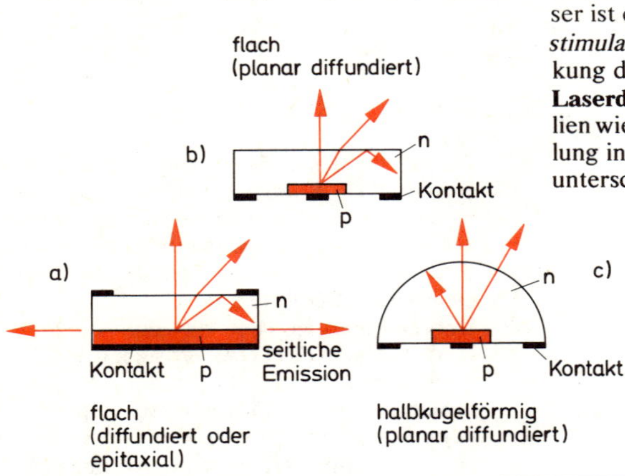

Emitterstruktur	Bild	Ausgangsleistung [mW]	zusätzliche Optik	Kosten
flach	a), b)	0,5 bis 1	Linse	niedrig
„seitlich"	a)	0,5 bis 3	Mini-Parabolspiegel	niedrig
flach „seitlich"	a)	3	Linse, Mini-Parabolspiegel	niedrig
halbkugelförmig	c)	10	Parabolspiegel	hoch

Bild 3.15 Typische Emitterstrukturen von GaAs-LED und ihre Gegenüberstellung

Bild 3.16 Schematischer Aufbau einer diffundierten Injektions-Laserdiode [121]

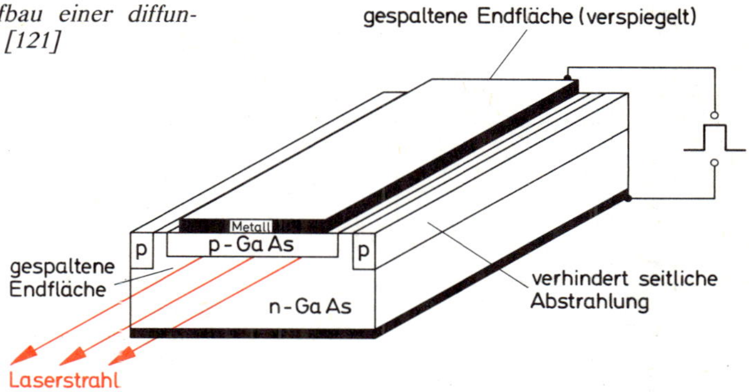

Betriebsweise von den LED. **Vom Aufbau her** sind eine sehr flache, gleichförmige Sperrschicht und zwei an den Chipseiten sich gegenüberliegende reflektierende Oberflächen hervorzuheben. Bild 3.16 zeigt im Prinzip die erwähnten Besonderheiten. Wird die Laserdiode mit einem *geringen* Durchlaßstrom betrieben, so emittiert sie *inkohärentes Licht* wie die LED. Oberhalb eines bestimmten Schwellenwertes setzt jedoch **im Pulsbetrieb der Lasereffekt** ein: *die emittierte Leistung der kohärenten Strahlung ist etwa 1000fach höher als bei inkohärentem Betrieb.* Bemerkenswert ist ferner, daß die spektralen Halbwertsbreiten bei LED etwa 40 nm und bei Laserdioden nur 1 nm betragen.

Eine **kohärente Strahlungsquelle** ist demnach dann gegeben, wenn

1. die Energie in einem sehr schmalen Frequenzband abgestrahlt wird (im Idealfall *monochromatische* Strahlung),
2. alle Punkte der emittierten Wellenfront die *gleiche* Phasenlage haben und
3. die Energie in diesem Fall in nur *einer* Richtung, nämlich senkrecht zur „vorderen" *semitransparenten* Resonatorwand, abgestrahlt wird.

Sind aber diese Bedingungen nicht erfüllt, so handelt es sich um einen inkohärenten Strahler.

Kohärente Strahlung wird also durch *induzierte* oder *stimulierte* Emission, **inkohärente Strahlung** durch *spontane* Emission erzeugt.

3.3. Optoelektronische Koppelelemente

Optoelektronische Koppelelemente vereinigen in einem Gehäuse einen *IR-Emitter* und einen mit diesem in *optischem Kontakt* befindlichen *IR-Detektor.* Emitter und Detektor sind dabei in ihren **spektralen Bereichen einander angepaßt.**

Die Technologie solcher Koppelelemente ist daher in erster Linie — Emitter und Detektoren vorausgesetzt — eine Technologie der Gehäuse, des Aufbaus und der Koppelmedien. Als Emitter kommen IR-LED mit hoher Strahlungsleistung und als Detektor die im Abschnitt 3.1 behandelten

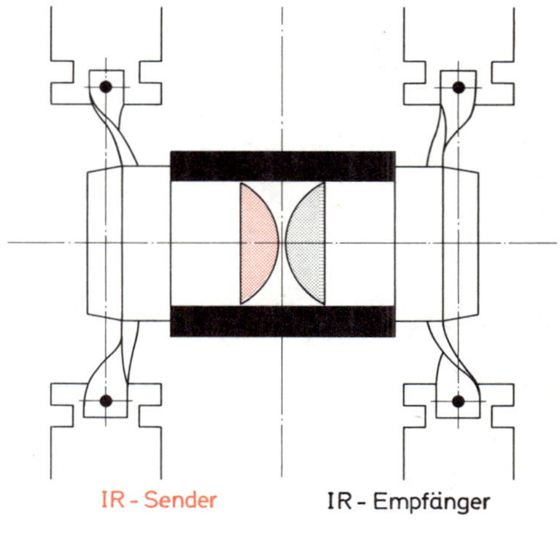

Bild 3.17 Mechanischer Aufbau eines typischen optoelektronischen Koppelelementes (Typ CNY 21 von AEG-Telefunken*)*

Tafel 3.2 Typische Kenndaten optoelektronischer Koppelelemente

Strahlungsemitter		Infrarot-LED					Einheit
Strahlungsdetektor		Fotodiode	Fotodiode mit Transistor	Fototransistor	Fotodarlingtontransistor	Fotothyristor	
Kopplerdaten	typisches Stromübertragungsverhältnis	0,2	15	10 bis 60	100 (500)	$I_{GT} = 4$ mA	%
	Spannungsfestigkeit zwischen Eingang und Ausgang	2,5	2,5	0,4 bis 25	1,5	2,5	kV
	Grenzfrequenz (50%-Wert)	8	5	0,5	0,03	–	MHz
	Anstiegs-* und Abfallzeit	0,005	0,2	1	10	0,5*	µs
Emitterdaten	Verlustleistung	150	100	100	100	150	mW
	Durchlaßstrom, max.	100	60	60	60	60	mA
Detektordaten	Verlustleistung	100	150	150	200	250	mW
	Sperrspannung bzw. U_{CEO}*, min.	50 bis 100	30*	30*	50*	200	V

Silizium-Fotodetektoren mit hoher IR-Empfindlichkeit in Frage. Zum *Sammeln* und *Übertragen* der *emittierten Strahlung* werden **Lichtleiter** und/oder **linsenförmige Elementverkapselungen** verwendet (siehe Bild 3.17). Je nachdem, welche Gehäuseform (6poliges DIL-Gehäuse, koaxiales Gehäuse, langes koaxiales Gehäuse usw.) gewählt wurde, lassen sich Spannungsfestigkeiten zwischen Eingang und Ausgang von 400 V bis 25 kV erreichen. Der Isolationswiderstand liegt in der Größenordnung von 100 GΩ.
Tafel 3.2 gibt eine Übersicht über typische Werte bzw. Bereiche von Kenndaten optoelektronischer Koppelelemente.

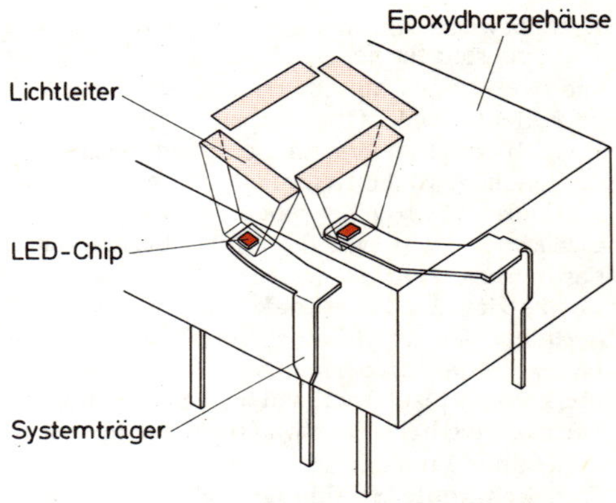

Bild 3.18 Mechanischer Aufbau einer typischen 7-Segment-LED-Anzeigeeinheit (Typ 5082-7730 von Hewlett-Packard*)*

3.4. Anzeigeeinheiten mit Lumineszenzdioden

Mit Lumineszenzdioden (siehe Abschnitt 3.2.1.) aufgebaute **numerische und alphanumerische Anzeigeeinheiten** werden sowohl in *Monolithtechnik* als auch in *Hybridtechnik* gefertigt. Ähnlich wie bei den optoelektronischen Koppelelementen ist auch ihre Technologie — die Lumineszenzdioden vorausgesetzt — im wesentlichen eine **Gehäuse-, Aufbau- und Lichtleitertechnologie.** *Die Rolle des Lichtdetektors übernimmt dabei das menschliche Auge.* Bild 3.18 zeigt beispielsweise den Aufbau einer 7-Segment-LED-Anzeigeeinheit, bei der das emittierte Licht über segmentförmige Lichtleiter nach außen abgestrahlt wird.

4. Strahlungsempfänger mit Sperrschicht

Sperrschicht-Strahlungsempfänger kann man willkürlich einteilen in

> a) Bauelemente mit **einer Sperrschicht**; dazu gehören die Fotodioden in allen ihren Versionen sowie die Fotoelemente,
> b) Bauelemente mit **zwei Sperrschichten;** das sind die Fototransistoren einschließlich Fotodarlingtonstufen, und auch die Duodioden zählen im Grunde hierher,
> c) Bauelemente mit **drei Sperrschichten;** hierher gehören der Fotothyristor und von ihm abgeleitete Funktionstypen.

Physikalisch und technologisch gesehen entspricht ihr **prinzipieller Aufbau** dem „normaler" Halbleiterbauelemente, wobei die Strahlungsempfänger lediglich im Hinblick auf die (bei normalen Halbleitern nicht erwünschte, aber auch vorhandene) Lichtempfindlichkeit bzw. Strahlungsempfindlichkeit optimiert wurden. Die zugehörigen Schalungssymbole sind in Tafel 4.1 zusammengefaßt.
Die **Wirkungsweise** dieser Bauelemente beruht auf dem sogen. **inneren fotoelektrischen Effekt** (siehe Kap. 3.1): Wird die Umgebung eines pn-Überganges von optischer Strahlung eines definierten Wellenlängenbereiches (materialabhängig) getroffen, so werden dort zusätzliche **Ladungsträgerpaare** erzeugt, die zum Erhöhen der **Ladungsträgerkonzentration** beigetragen. Dadurch steigt der **Sperrstrom** an, und zwar proportional zur jeweiligen Bestrahlungsstärke E_e (Beleuchtungsstärke E_v). Diese Vorgänge führen schließlich zur Änderung der elektrischen Eigenschaften (Widerstände, Ströme, Spannungen) solcher Bauelemente in Abhängigkeit vom auftreffenden Strahlungsfluß je Flächeneinheit. Die mit diesen Vorgängen verbundenen **technischen Möglichkeiten der Ausnutzung** werden in den folgenden Abschnitten beschrieben.

Benennung	Schaltungssymbole (vorzugsweise verwendet)	weniger gebräuchliche Schaltungssymbole
Fotodiode		
Fotoduodiode		
Fotolawinen-diode (Avalanche-Fotodiode)		
Differential-Fotodiode	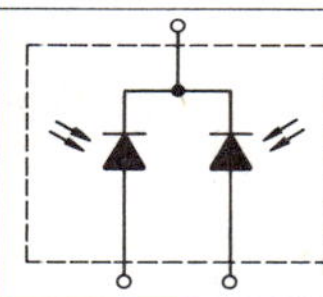	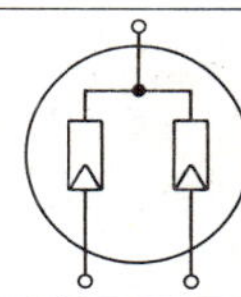
Fotoelement	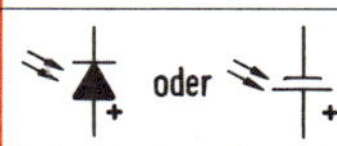	
Fototransistor ohne externen Basisanschluß (mit externem Basisanschluß)	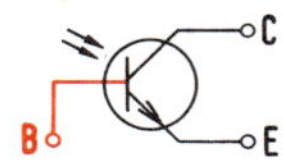	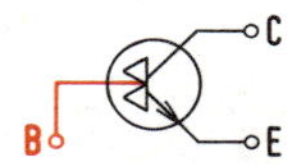
Fotofeldeffekt-transistor (Foto-FET)	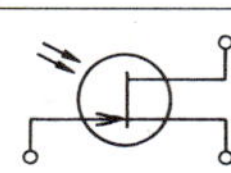	
Fotodarlington-transistor ohne (mit) externem Basisanschluß	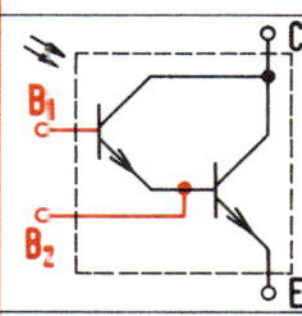	
Wechselspannungsfoto-transistor	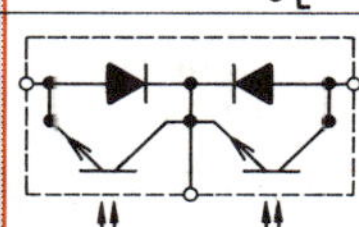	
Foto-thyristor		

Tafel 4.1 Schaltungssymbole der Sperrschicht-Strahlungsempfänger

4.1. Fotodioden

Fotodioden sind Halbleitergleichrichter mit einem pn-Übergang und dessen Sonderformen[1], deren **Sperrstrom** bei Bestrahlen der nahe an der Oberfläche liegenden Sperrschicht zunimmt.

Vom technologischen Aufbau her unterscheidet man zwischen normalen *pn-Fotodioden, pin-Fotodioden* — zu denen auch die *Schottky-(Barrier-)Fotodioden* gehören — und *Avalanche-Fotodioden* (Lawinen-Fotodioden).

[1] Bei *Schottky*-Fotodioden liegt an sich kein pn-Übergang im eigentlichen Sinne mehr vor, sondern ein Metall-Halbleiter-Übergang, der physikalisch einen Grenzfall darstellt. Gelegentlich wird er auch als „halber pn-Übergang" bezeichnet.

Die für den Entwickler wichtigsten **Fotodioden-Kenngrößen,** deren jeweilige Zahlenwerte im allgemeinen in den Datenblättern zu finden sind, wurden in Tafel 4.2 zusammengestellt. Im Verlauf der folgenden Abschnitte wird noch im einzelnen auf sie eingegangen werden. (Die nicht aufgeführten Grenzwerte wie maximale Verlustleistung usw. entsprechen den üblichen Definitionen „normaler" Halbleiterbauelemente!)

4.1.1. Die pn-Fotodiode

4.1.1.1. Grundmaterialien und Kennwerte

Als **Grundmaterial** für pn-Fotodioden wird heutzutage vor allem **Silizium** verwendet, in geringerem Umfang noch **Germanium,** und neuerdings auch **Galliumarsenid.**

Bezeichnung des Kennwertes	Kurzzeichen	Einheit	Meßbedingungen	Größenordnung
Sperrspannung	U_R	V	-	10 V...100 V
Fotoempfindlichkeit	S	A/lx oder A/W	Farbtemp. des Strahlers, z. B. 2850 K oder Wellenlänge λ bei monochrom. Strahlung	bei Ge einige 50...100 nA/lx mm² bei Si etwa 5...10 nA/lx mm²
Größe der lichtempfindlichen Fläche	A	mm²	-	0,2...20 mm²
Dunkelstrom	I_{RO}	A	U_R in V und $\vartheta_j = 25\,°C$	bei Ge 5...15 µA bei Si 2 nA...1 µA
Wellenlänge der maximalen spektralen Empfindlichkeit	λ_{max}	m	-	bei Ge 1,4...1,6 µm bei Si 800...900 nm (in Sonderfällen bei 550 nm)
Anstiegszeit des Fotostromes von 10% auf 90% des Endwertes	t_r	s	R_L in Ω und U_R in V	je nach Material, Technologie, Fläche und Meßbedingungen 1 ns...30 µs
Grenzfrequenz	f_g	Hz	R_L in Ω U_R in V λ in m	je nach Material, Technologie, Fläche und Meßbedingungen 50 kHz...500 MHz
Sperrschichtkapazität	C_j	F	$U_R = 0$ und $U_{R\,max}$	je nach U_R-Wert, Technologie und Fläche zwischen 5...500 pF

Tafel 4.2 Zusammenstellung der wichtigsten Kennwerte von Fotodioden (falls nicht anders vermerkt, sind sie immer bei einer Umgebungstemperatur von $\vartheta_u = 25\,°C$ gemessen)

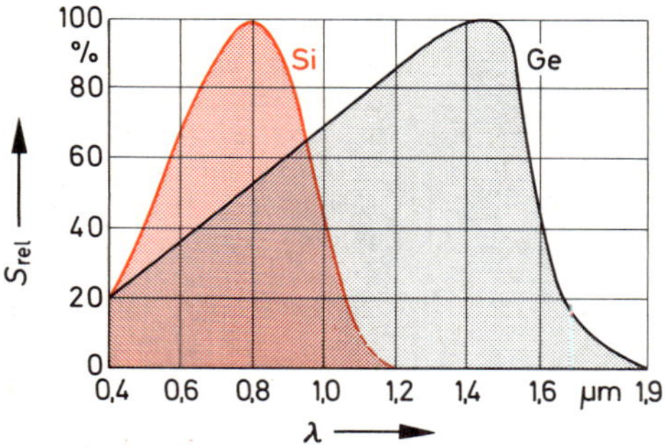

Bild 4.1 Typische Charakteristika der relativen spektralen Empfindlichkeit von pn-Fotodioden auf Siliziumbasis (rote Kurve, Siemens-*Fotodiode BPX 63) und auf Germaniumbasis (schwarze Kurve, Valvo-Fotodiode OAP 12)*

Silizium und Germanium unterscheiden sich in ihren Eigenschaften sehr wesentlich voneinander. So ist bei gleicher lichtempfindlicher Fläche und einer Bezugstemperatur von 25 °C die **Fotoempfindlichkeit** der Germaniumdioden beispielsweise um mindestens eine Größenordnung besser als die der Siliziumdioden, was für jene einen entsprechend größeren Ausgangsstrom ergibt. Außerdem reicht die **spektrale Empfindlichkeit** von Ge-Fotodioden viel weiter in den Infrarotbereich hinein (siehe Bild 4.1), als dies bei Si-Fotodioden der Fall ist. Ihr **Empfindlichkeitsmaximum** liegt bei etwa 1,5 µm, so daß sie relativ unempfindlich gegenüber Fremdlichteinflüssen im sichtbaren Spektralbereich (Umgebungslicht) sind. Man setzt sie deshalb vor allem im nahen Infrarotbereich für fotoelektrische Kontroll-, Steuer- und Regelgeräte ein, sofern (und das ist ein sehr wichtiges Kriterium) die Temperaturbedingungen es zulassen. Dieser Hinweis ist nämlich schon der Angelpunkt für die sich aufdrängende Frage, warum in der Praxis Ge-Fotodioden trotz oben genannter Vorteile viel seltener verwendet werden als Fotodioden auf Siliziumbasis:
Es liegt vor allem an dem (viel) zu großen **Dunkelstrom** (Sperrstrom bei fehlender Bestrahlung) der Ge-Fotodioden, der bei hohen Temperaturen zu stark ins Gewicht fällt. So sind Ge-Fotodioden für den Entwickler in der Regel nur bei relativ niedrigen Temperaturen von Interesse. Dies dürfte in den folgenden Betrachtungen noch deutlicher hervortreten, in denen das physikalische Verhalten der Fotodiode etwas näher unter die Lupe genommen wird.

Bestrahlt man einen pn-Übergang mit einer optischen Strahlung geeigneter Wellenlänge, dann erhöht sich der Stromfluß durch die Sperrschicht. Wird die Sperrschicht nun **in Durchlaßrichtung vorgespannt,** dann ist die feststellbare relative Stromerhöhung bei Bestrahlung vernachlässigbar gering. Dagegen erhält man einen recht beachtlichen **Relativbetrag** der **Stromänderung** im Bestrahlungsfall, sobald man die **Vorspannung in Sperrichtung** anlegt.

Aus diesem Grunde werden Fotodioden, im Gegensatz zu „normalen" Dioden, immer in Sperrichtung, d.h. mit einer negativen Vorspannung, betrieben, wobei man die durch Bestrahlen auftretenden Änderungen des Sperrstromes zum Weiterverarbeiten ausnutzt.

Der Dunkelstrom

Legt man an eine Fotodiode eine Spannung U_R in Sperrichtung an (Größenbereich je nach Bauart etwa 10 bis 100 V), dann fließt durch die Diode bei fehlender Bestrahlung ($E = 0$) nur ein sehr geringer **Sperrstrom** I_{R0}, den man den **Dunkelstrom** der Fotodiode nennt. Dieser Dunkelstrom ist zum einen in verhältnismäßig geringem Maße abhängig von der angelegten Sperrspannung, wie die typische Kennlinie in Bild 4.2 erkennen läßt (nur für die Wahl von U_R von Belang, wenn noch sehr kleine Bestrahlungsstärken registriert werden sollen). Zum anderen ist er abhängig von der jeweiligen Kristalltemperatur (thermische Trägerpaarbildung), und zwar ergibt sich, sehr grob gerechnet (sowohl für Ge- als auch für Si-Dioden), **je 10 °C Temperaturerhöhung** in etwa **eine Verdopplung des Dunkelstroms** (genaue Werte den jeweiligen Diagrammen entsprechend Bild 4.3 entnehmen).

Der Fotostrom

Beim **Bestrahlen der Fotodiode** überlagert sich dem Dunkelstrom eine zusätzliche, additive Komponente (von den auftreffenden Photonen im Halbleiter erzeugte zusätzliche Trägerpaare), die als **Fotostrom** I_p bezeichnet wird. **Dieser Fotostrom ist der Beleuchtungsstärke (Bestrahlungsstärke) direkt proportional bis zu Werten von mehr als 10^5 lx** (entspricht etwa einer senkrechten Sonneneinstrahlung an einem wolkenlosen Hochsommertag!), d.h. innerhalb der gesam-

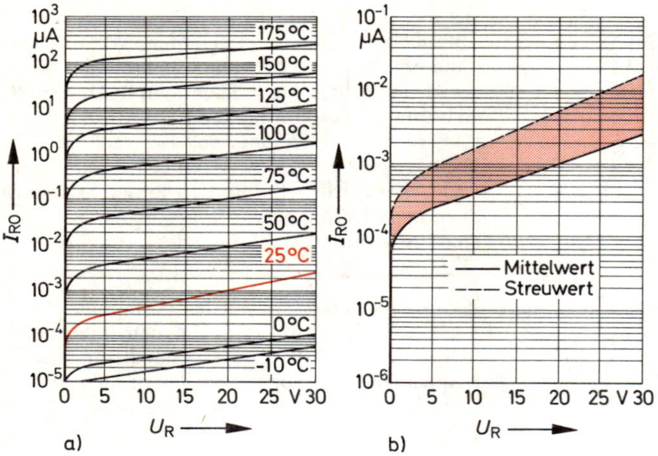

*Bild 4.2 Einfluß der Sperrspannung auf die Höhe des Dunkelstromes $I_{RO} = f(U_R)$ bei einer pn-Fotodiode auf Si-Basis (*Siemens *BPX 65)*
a) auch bei Temperaturerhöhung (Parameter) ist die Änderungstendenz des Dunkelstromes in Abhängigkeit von der Betriebsspannung (Sperrspannung) gleichbleibend;
b) Streubereich des Dunkelstromes innerhalb einer Fertigungscharge bei $\vartheta_U = 25\,°C$

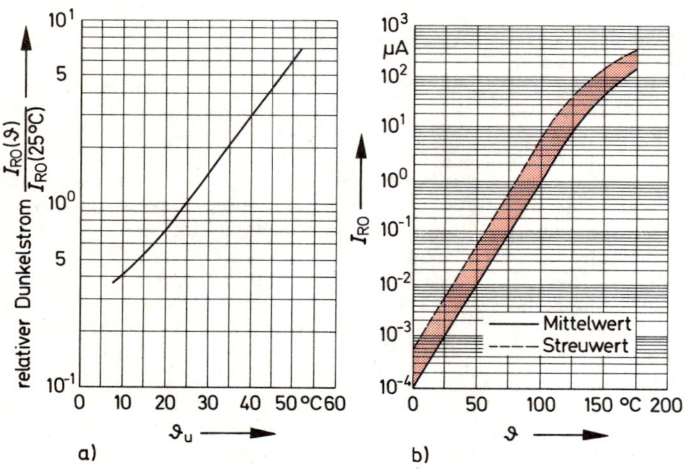

Bild 4.3 Abhängigkeit des Dunkelstromes von der Temperatur
*a) relative Temperaturabhängigkeit für eine Ge-Fotodiode (*Siemens *APY 12, $U_R = 100$ V);*
*b) absolute Temperaturabhängigkeit für eine Si-Fotodiode (*Siemens *BPX 65, $U_R = 20$ V)*

ten, technisch interessierenden Beleuchtungs-(Bestrahlungs-)Skala. Deshalb sind Fotodioden auch sehr gut für **quantitative Lichtmessungen** geeignet, zumal vorausgegangene Belichtungen ohne Einfluß bleiben.

> Der in Sperrichtung fließende **Gesamtstrom einer bestrahlten Fotodiode** setzt sich also zusammen aus dem **Dunkelstrom** I_{R0} und dem **Fotostrom** I_p, so daß man
>
> $$I_R = I_{R0} + I_p \qquad (4.1)$$
>
> erhält.

Bei großen Bestrahlungsstärken wird $I_p \gg I_{R0}$, mithin kann man dann den Dunkelstrom vernachlässigen, und es wird $I_R \approx I_p$.
Bei kleinen Bestrahlungsstärken dagegen muß man I_{R0} berücksichtigen, er wird deshalb in den Datenblättern stets angegeben.

Zahlenbeispiel 1

Die Fotoempfindlichkeit s (siehe Kap. 2.3.1) einer Si-Fotodiode, zu der die Kennlinie in Bild 4.2b gehören möge, sei gegeben mit $s = 5$ nA/lx, die Betriebsspannung mit $U_R = 20$ V. Der Dunkelstrom ergibt sich dann aus dem genannten Diagramm zu $I_{R0} = 1$ nA.

Nimmt man nun eine Bestrahlungsstärke von 0,1 lx an (entspricht etwa der Beleuchtungsstärke senkrecht einfallenden Vollmondlichtes), so erhält man einen Fotostrom von

$$I_{p(0,1)} = s \cdot 0,1\ \text{lx} = 0,5\ \text{nA}.$$

Hier überwiegt demnach der Dunkelstrom den Fotostrom. Nimmt man dagegen eine Bestrahlungsstärke von 500 lx an (entspricht etwa einer „normalen“ Schreibtischbeleuchtung), so wird

$$I_{p(500)} = s \cdot 500\ \text{lx} = 2500\ \text{nA}.$$

Hier kann man also den Dunkelstrom dessen Anteil ganze 0,4‰ beträgt, vollkommen vernachlässigen. (Die spektrale Strahlungsverteilung wurde in diesem Beispiel, da es hier nur um Relativwerte geht, der Einfachheit halber unberücksichtigt gelassen!)

Für die praktische Anwendung braucht man den Dunkelstrom immer dann **nicht** in Rechnung zu setzen, wenn die Bedingung erfüllt ist

$$s \cdot E \geqq 100 \cdot I_{R0} \qquad (4.2)$$

s in nA/lx
E in lx
I_{R0} in nA

wobei man aber immer die Temperaturabhängigkeit von I_{R0} in Betracht ziehen muß.

Temperatureinflüsse

Mit der Temperaturabhängigkeit der Ströme sieht es nämlich so aus, daß der Fotostrom sich mit der Temperatur relativ wenig ändert (im Beispiel Bild 4.4 bei Erhöhung von 0 auf +80 °C lediglich um den Faktor 1,4, im allgemeinen bei Si-Fotodioden etwa im Bereich −0,2%/grd bis +2%/grd), während der Dunkelstrom mit der Temperatur in erheblichem Maße steigt (siehe Bild 4.3). Dieser Umstand setzt bei höheren Kristall- (und damit auch Umgebungs-)Temperaturen eine Anwendungsgrenze für Ge-Fotodioden, (die in der Regel bei 50 °C liegt), was im folgenden Zahlenbeispiel verdeutlicht sei (wobei der Einfachheit halber vorerst die spektrale Verteilung der verwendeten Strahlung wieder unberücksichtigt bleibe, da es hier erst einmal nur um Relativwerte geht).

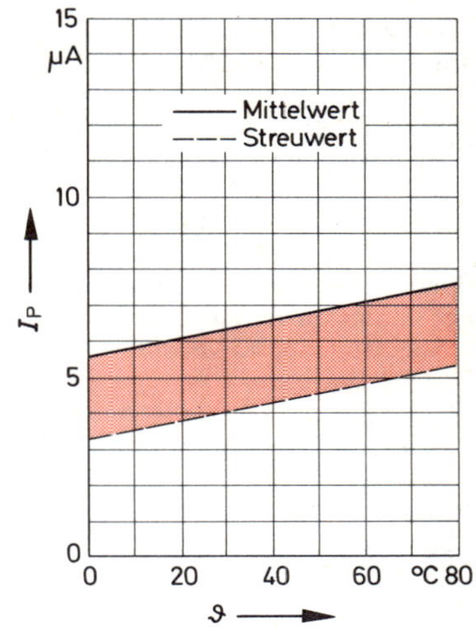

*Bild 4.4 Typische Abhängigkeit des Fotostromes einer Si-Fotodiode (*Siemens *BPX 65) von der Temperatur bei E_v = 1000 lx (ungefilterte Strahlung einer Wolframfadenlampe mit einer Farbtemperatur von 2856 K) und U_R = 5 V, mit Streubereich innerhalb einer Fertigungscharge*

Zahlenbeispiel 2

Im vorangegangenen Beispiel war für die Siliziumdiode (z.B. *Siemens* BPX 65, lichtempfindliche Fläche 1 mm²) bei ϑ_j = 25 °C errechnet worden

$$I_{p(0,1)} = 0,5\ \text{nA}$$

und $$I_{p(500)} = 2,5\ \mu\text{A}.$$

Legt man nun für eine Germaniumdiode mit gleichgroßer lichtempfindlicher Fläche eine Fotoempfindlichkeit von s = 200 nA/lx zugrunde (z.B. *Siemens* APY 12), dann erhält man bei ϑ_j = 25 °C für 0,1 lx Bestrahlungsstärke einen Fotostrom von

$$I_{p(0,1)} = 200\ \text{nA/lx} \cdot 0,1\ \text{lx} = 20\ \text{nA}$$

und für 500 lx

$$I_{p(500)} = 200\ \text{nA/lx} \cdot 500\ \text{lx} = 10^5\ \text{nA} = 100\ \mu\text{A}$$

Da der Dunkelstrom für diese Diode bei 25 °C mit I_{R0} = 8 µA gegeben ist (fast vier Zehnerpotenzen mehr, als bei der Si-Diode!), überwiegt er bei kleinen Bestrahlungsstärken den Fotostrom viel stärker als bei der Si-Diode, so daß die **Ge-Diode für kleine Bestrahlungsstärken ungeeignet** erscheint. Je höher dagegen die Bestrahlungsstärke wird, um so günstiger gestaltet sich das nutzbare Verhältnis Fotostrom Ge-Diode zu Fotostrom Si-Diode, da dann der Dunkelstrom im Verhältnis zum Fotostrom immer weniger ins Gewicht fällt.

Dieses Empfindlichkeitsverhältnis ändert sich um so stärker zugunsten der Ge-Fotodiode, je weiter sich das Spektrum der zu verarbeitenden Strahlung über den Wert von $\lambda \approx 1$ µm ins Infrarote hinein verschiebt (siehe Bild 4.1), da dann die relative Empfindlichkeit der Si-Fotodiode rapide nachläßt.

Vergleicht man nun das Verhalten der beiden Fotodioden bei einer Temperatur von 50 °C miteinander, dann kommt man zu folgendem Resultat:

Die oben errechneten Fotoströme ändern sich in so geringem Maße, daß man deren Änderungsbetrag für den folgenden Vergleich vernachlässigen darf. Anders dagegen ist es bei den Dunkelströmen, die ja **bei Fotodiodenbetrieb** sozusagen ein **Störsignal** darstellen:

Für die Si-Fotodiode folgt bei $U_R = 30$ V ein Dunkelstrom von $I_{R0\,(Si)} = 20$ nA, der bei der maximal zulässigen Sperrspannung von $U_{R\,max} = 50$ V auf etwa 80 nA ansteigen würde. Verglichen mit dem I_p-Wert bei 500 lx und 25 °C sind das noch immer nur reichlich 3% des Fotostromes, die für praktische Zwecke kaum ins Gewicht fallen.

Den Änderungsfaktor des Dunkelstromes der Ge-Fotodiode entnimmt man aus Bild 4.2a bei der zulässigen Sperrspannung von $U_{R\,max} = 100$ V und $\vartheta = 50$ °C zu $I_{R0(\vartheta)}/I_{R0(25°)} = 6$ und erhält damit

$$I_{R0\,(Ge)} = 6 \cdot I_{R0(25°)} = 6 \cdot 8\ \mu A = 48\ \mu A.$$

Das sind, verglichen mit dem I_p-Wert bei 500 lx und 25 °C, knapp 50% (!) vom Fotostrom den hier der Dunkelstrom (Störsignal) allein ausmacht.

Man erkennt daraus, daß Germaniumdioden für praktische Zwecke nur dort von Vorteil gegenüber Si-Dioden sein können, wo es um Wellenlängen von $\lambda > 1$ µm bei relativ niedrigen Temperaturen und nicht zu kleinen Bestrahlungsstärken geht.

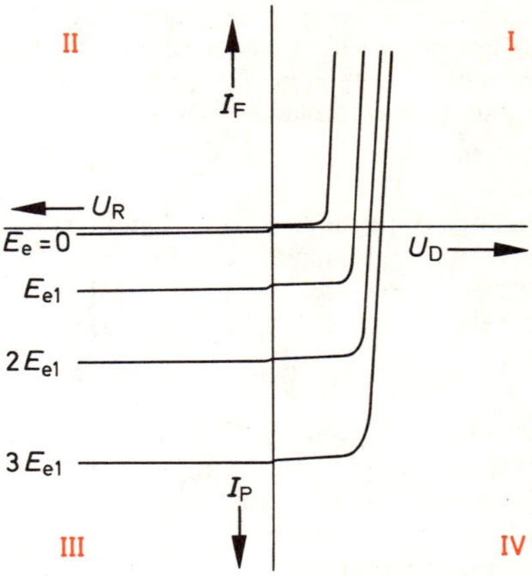

Bild 4.5 Prinzipieller Strom-Spannungs-Verlauf einer Fotodiode; der Kennlinienverlauf im III. Quadranten entspricht dem Fotodiodenbetrieb, der Verlauf im IV. Quadranten dem Fotoelementbetrieb

4.1.1.2. Kennlinien

Strom-Spannungs-Charakteristik

Der Zusammenhang zwischen Strom und Spannung bei der Fotodiode entspricht im Prinzip (ohne Bestrahlung) dem einer normalen pn-Halbleiterdiode (vgl. dazu auch Kap. 6.3.2.2.1, Bild

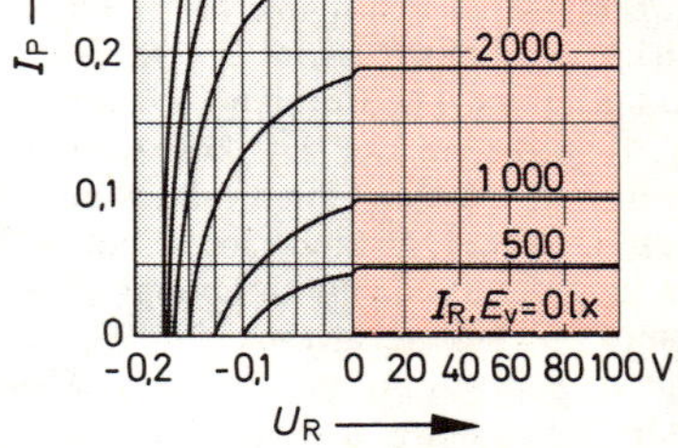

Bild 4.6 Typisches Fotodioden-Kennlinienfeld $I_p = f(U_R)$ wie man es in den Datenblättern findet (Siemens-Germaniumfotodiode APY 13, U_R = 30 V)

6.14). Bei Bestrahlung verschiebt sich diese Diodenkennlinie dann ganz einfach immer weiter in den negativen Bereich hinein, und zwar nahezu proportional zur Bestrahlungsstärke. Verwendet man für Sperrspannung und Flußspannung unterschiedliche Maßstäbe, wie es in der Praxis im allgemeinen geschieht (damit die Kennlinienteile im Durchlaßbereich für eventuellen Gebrauch im Elementbetrieb stärker auseinandergezogen werden), erhält man einen prinzipiellen Strom-Spannungs-Verlauf entsprechend Bild 4.5, in dem die Kennlinienteile des dritten Quadranten für den Fotodiodenbetrieb ($U_R \triangleq -U_D$, $I_D \triangleq -I_F$) maßgebend sind. In den Datenblättern erscheinen allerdings, der besseren Übersicht wegen, die interessierenden Kennlinienteile aus den Quadranten III und IV in die Quadranten I und II transponiert, so daß dann das typische Kennlinienfeld dem Verlauf in Bild 4.6 entspricht (rot unterlegte Charakteristika für Fotodiodenbetrieb).

Wird mit der Fotodiode ein Lastwiderstand in Reihe geschaltet, dann ermittelt man mit der zugehörigen Widerstandsgeraden den Arbeitspunkt oder, bei Verwendung als Schaltdiode, die jeweiligen Schaltpunkte (notwendige Bestrahlungsstärke) analog zu den Betrachtungen in Kap. 6.3.2.2.1, Bilder 6.14 und 6.15. Hier tritt dann nur an die Stelle der dortigen Parameterwerte die Bestrahlungsstärke E_e (Beleuchtungsstärke E_v).
Umgekehrt läßt sich natürlich bei gegebener Beleuchtungsstärke auch die Widerstandsgerade und damit der notwendige Lastwiderstand bestimmen.

Eigentlich sind solche Charakteristika, wenn man mit **absoluten** Werten rechnen will, nur dann unmittelbar brauchbar, wenn man als Strahlungsquelle für die praktische Schaltung zufällig eine solche mit gleicher Farbtemperatur verwendet, die auch den Meßwerten zugrunde liegt. Sehr oft wird deshalb in den Datenblättern ganz darauf verzichtet, Strom- und Spannungswerte als Funktion der Beleuchtungsstärke (Bestrahlungsstärke) anzugeben, weil solche Kennlinien ja keine Allgemeingültigkeit haben können. Sie sind immer nur auf eine definierte Strahlungsquelle bestimmter Farbtemperatur bezogen, so daß man für zwei Strahlungsquellen unterschiedlicher Farbtemperatur bei gleicher Beleuchtungsstärke in Lux oder gleicher Bestrahlungsstärke in W/m² immer voneinander abweichende Fotoströme erhält (siehe Kap. 2). Ein Beispiel dafür geben die Kennlinien in Bild 4.7.

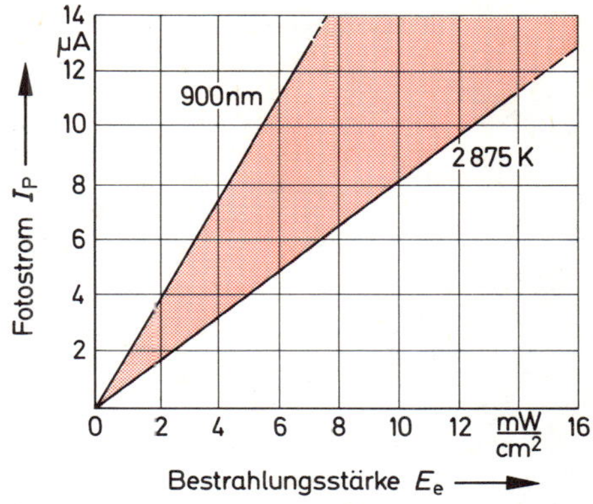

*Bild 4.7 Die beiden Kennlinien in diesem Diagramm zeigen, daß die „Empfindlichkeit" einer Fotodiode (die sich hier in der Größe des Fotostromes ausdrückt), bei gleicher Bestrahlungsstärke gemessen, für verschiedene Strahlungsquellen zu unterschiedlichen Ergebnissen führt. Die untere Kurve ergibt sich bei einer Wolframfadenlampe mit 2875 K (integrale Empfindlichkeit), die obere bei Verwendung einer monochromatischen GaAs-Strahlungsquelle mit λ = 900 nm (*Monsanto*-Fotodiode MD 1, bei U_R = 20 V)*

Spektrale Empfindlichkeit

Auch die in den Datenblättern gegebene **Fotoempfindlichkeit** s wird entweder in nA/lx als integrale Empfindlichkeit einer ungefilterten Strahlung bestimmter Farbtemperatur angegeben oder in A/W als Empfindlichkeit bei einer definierten monochromatischen Strahlung, deren Wellenlänge meist mit der des Empfindlichkeitsmaximums übereinstimmt.
Diese Angaben allein genügen aber auch hier für den Entwickler beispielsweise dann nicht, wenn er mit einer monochromatischen Strahlungsquelle als Sender arbeiten muß, deren Wellenlänge außerhalb des Maximums der Fotoempfindlichkeit des Empfängers liegt. Er muß dann den **Minderungsfaktor** wissen, um den die Empfindlichkeit bei einer bestimmten Wellenlänge geringer wird. Aus diesem Grunde ist in den Datenblättern immer die **relative spektrale Empfindlichkeit** S_{rel} für den jeweils erfaßbaren Wellenlängenbereich angegeben, wie sie beispielsweise in Bild 4.1 für eine Si- und eine Ge-Fotodiode zu finden ist.
Kennt man die Empfindlichkeit des Fotoempfängers im Strahlungsmaximum, dann kann man bei

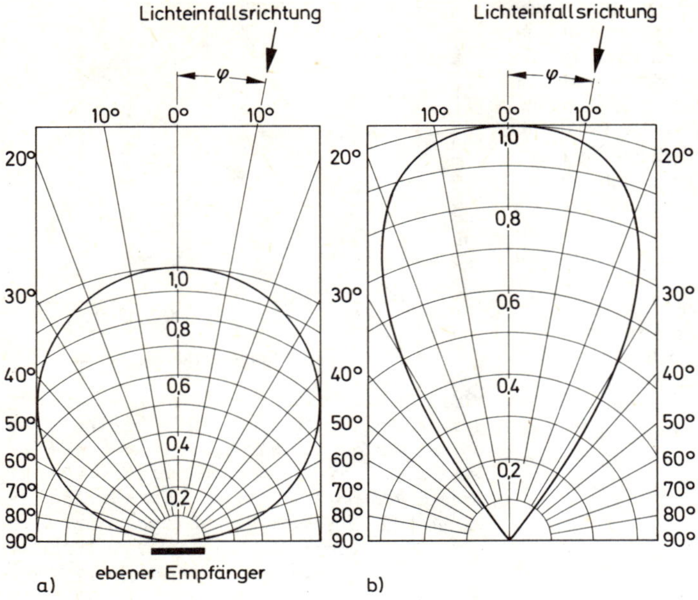

Bild 4.8 Die Richtcharakteristik $I_p = f(\varphi)$ einer Fotodiode (hier zwei typische Kennlinien) zeigt die relative Abhängigkeit des Fotostromes vom Einfallswinkel der Strahlung, bezogen auf senkrechten Einfall (maximale Empfindlichkeit) zur fotoempfindlichen Fläche; die Abhängigkeit in Bild (a) entspricht etwa einem Verlauf $I_p \approx I_{po} \cdot \cos\varphi$

einer beliebigen anderen Wellenlänge innerhalb des erfaßten Wellenlängenbereiches den prozentualen Minderungsfaktor als S_{rel} direkt auf der Ordinate ablesen.

Das ist **theoretisch** exakt allerdings nur dann ansetzbar, wenn die Strahlungsquelle eine rein **monochromatische Strahlung** (nur **eine** Wellenlänge, z.B. Laserstrahlung) aussendet. Für **praktische** Zwecke kann aber der Entwickler auch bei „quasimonochromatischen" Strahlern (z.B. LED), die nur ein sehr schmales Spektrum emittieren, mit genügender Genauigkeit wie bei exakt monochromatischer Strahlung verfahren. Nur bei breiteren Emissionsspektren muß schließlich der Überschneidungsbereich gemäß Kap. 2.3.3 in Rechnung gesetzt werden.

Vergleicht man die **relative spektrale Empfindlichkeit** von Si-Fotodioden (Bild 4.1) mit den **Emissionsspektren** gängiger Strahlungsquellen (Bild 2.12, S. 28), so sieht man, daß die Si-Fotodioden sehr gut als **Strahlungsempfänger** sowohl für „lichtemittierende" Dioden (LED) auf GaAs-, GaP- und GaAsP-Basis als auch für „normales Glühlampenlicht" (Wolframlampe) geeignet sind. Ge-Fotodioden dagegen sind besser am Platz für den Infrarotbereich um 1,5 μm (Emissionsmaximum eines Strahlers von etwa 1970 K), aber immerhin auch noch gut brauchbar für GaAs-LED und Glühlampenlicht.

Richtungsempfindlichkeit

Die Größe des Fotostromes beim Fotoempfänger wird nicht nur von der auf die fotoempfindliche Fläche einstrahlenden Wellenlänge mit beeinflußt, sondern auch von der **Einstrahlungsrichtung,** wobei für jeweils senkrechten Strahlungseinfall der Fotostrom am größten wird (siehe Kap. 2.3.1).

Die **Richt(ungs)charakteristik** ist dabei eine Funktion der strahlungsempfindlichen Fläche und des Gehäuseaufbaues. Es gibt z.B. Fotodioden mit einer Planscheibe im Gehäusekopf, andere mit vorgesetzter Sammellinse zum Erhöhen der absoluten Empfindlichkeit und wieder andere, meist großflächige Typen, werden ganz ohne Gehäuse ausgeführt.

Jedem Fotoempfänger ist deshalb eine **Richtcharakteristik** $I_p = f(\varphi)$ zugeordnet, die der Entwickler dem Datenblatt entnehmen kann und die ihm auf der Ordinate wiederum den **Minderungsfaktor** für den Fotostrom unmittelbar angibt, wenn die Einfallsrichtung der Strahlung um einen Betrag φ von der Senkrechten ($\varphi = 0$) abweicht. Bild 4.8 gibt zwei typische Richtcharakteristika dieser Art wieder. Je schmaler eine solche Charakteristik ist, um so besser muß die Empfängerfläche auf die optische Achse des Strahlers ausgerichtet werden.

4.1.1.3. Grenzfrequenz bzw. Schaltzeiten

Im allgemeinen werden **Fotodioden** in solchen Schaltungen eingesetzt, bei denen es auf hohe Schaltgeschwindigkeit ankommt (in den meisten anderen Anwendungsfällen zieht man der Verstärkung wegen **Fototransistoren** vor oder dort, wo die Strahlungsintensität sehr niedrig ist, **Fotodarlingtontransistoren).**

Während bei Fototransistoren typische Ansprechzeiten im Bereich einiger µs liegen, erreicht man bei Fotodioden Ansprechzeiten im ns-Bereich.

Beim Verwenden der Fotodiode in einer praktischen Schaltung ist im wesentlichen die Zeitkonstante aus Sperrschichtkapazität C_j und Belastungswiderstand R_L

$$\tau = C_j \cdot R_L$$

die frequenzbestimmende (schaltzeitbestimmende) Größe.

> Da die Sperrschichtkapazität mit steigender Sperrspannung abnimmt (siehe Bild 4.9), sollte man für **kurze Schaltzeiten** bzw. **hohe Grenzfrequenz** mit der Betriebsspannung möglichst bis an die Grenze der zulässigen Sperrspannung gehen.

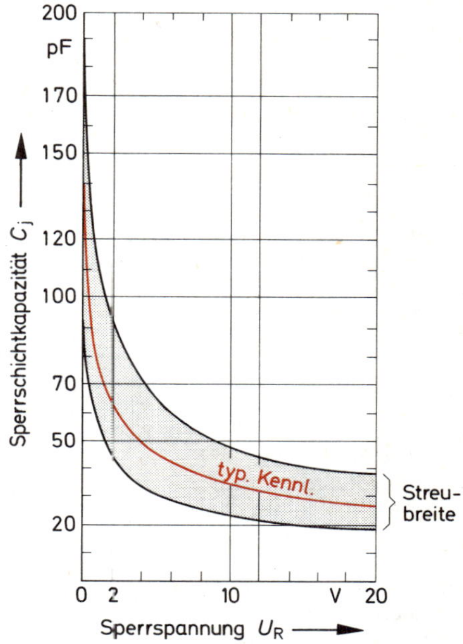

Bild 4.9 Die Sperrschichtkapazität einer Fotodiode verringert sich mit steigender Sperrspannung (typischer Verlauf für eine relativ großflächige Diode)

Rechnerisch lassen sich die Anstiegs- und Abfallzeiten der Fotoempfänger-Ausgangssignale bei Impulsansteuerung nicht exakt ermitteln. Man ist immer darauf angewiesen, diese Schaltzeiten meßtechnisch zu erfassen (siehe dazu auch Bild 6.4, Kap. 6.2.4).

Das Prinzipschaltbild für das Bestimmen der Schaltzeiten mit einem Zweistrahloszillografen zeigt Bild 4.10. Die verwendeten Meßgeräte (Impulsgenerator, Zweistrahloszillograf) müssen Rechteckimpulse vernachlässigbar geringer Anstiegs- und Abfallzeit liefern bzw. darstellen können. Als Strahlungsquelle werden in der Regel schnelle IR-Dioden ($t_r \approx 100$ ns) auf der Basis von GaAs : Zn verwendet [129]. Wo diese Anstiegszeiten nicht ausreichen (u.a. pin-Fotodioden), können beispielsweise He-Ne-Laser (Ansprechzeit ≈ 0,7 ns) verwendet werden. Dort, wo wegen der spektralen Empfindlichkeit des Meßobjektes GaAs-Dioden nicht einsetzbar sind, verwendet man meist GaAsP-LED ($\lambda = 660$ nm) als Sender.

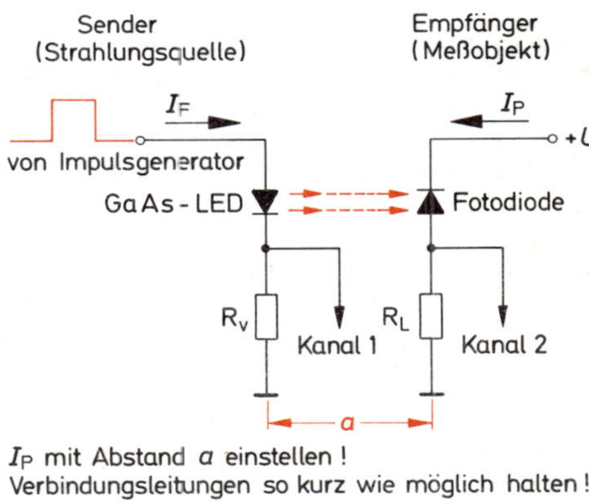

Bild 4.10 Schaltzeiten werden exakt mit einem geeigneten Impulsgenerator (plus Strahlungsquelle, deren Emissionsspektrum innerhalb des Empfindlichkeitsspektrums des Fotoempfängers liegt) und einem sehr „schnellen" Zweistrahloszillografen ermittelt

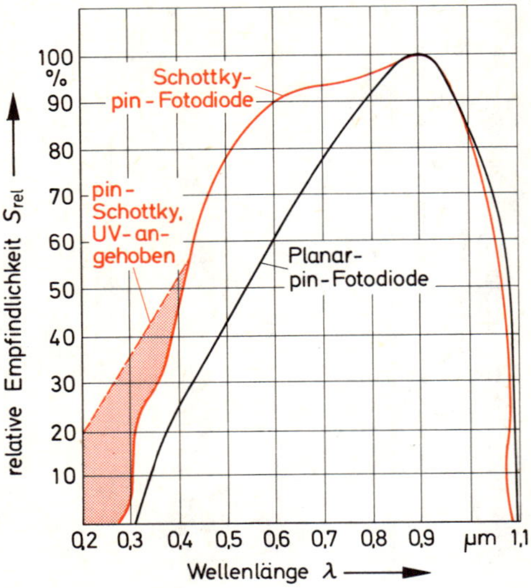

Bild 4.11 Planar-pin-Fotodioden und Schottky-pin-Fotodioden unterscheiden sich auch in ihrem Empfindlichkeitsspektren voneinander; mit Schottky-Fotodioden kann man nahezu den gesamten optischen Strahlungsbereich (vom nahen UV bis zum nahen IR) erfassen

4.1.2. Die pin-Fotodiode

Die pin-Fotodioden unterscheiden sich technologisch von normalen pn-Fotodioden dadurch, daß zwischen die n- und die p-Region (die sehr dünn und stark dotiert sind) eine reine, d.h. nichtdotierte, also **eigenleitende** (engl. *intrinsic*) **Halbleiterschicht** eingebaut wurde (pin = *positive — intrinsic — negative*).

Bei angelegter Sperrspannung erreichen die Ladungsträger unter Einfluß des elektrischen Feldes eine wesentlich höhere Geschwindigkeit in der hochohmigen **Intrinsic-Schicht** als im Konzentrationsgefälle normaler pn-Übergänge. Die Transitzeit ist außerordentlich gering. Es ergeben sich damit vergleichsweise sehr kurze Schaltzeiten für die pin-Konfiguration (< 1 ns bis einige ns, in Sonderfällen bis herunter zu 1 ps), und außerdem erhält man auch eine bessere Linearität (Linearitätsabweichung etwa 5%). Wegen des hohen Widerstandes der Intrinsic-Schicht ist darüber hinaus der Dunkelstrom besonders niedrig (Größenbereich 1 nA und weniger), so daß man mit pin-Fotodioden auch noch sehr geringe Bestrahlungsstärken (Beleuchtungsstärken, z.B. Sternenlicht) messen und verarbeiten kann (erfaßbarer Bereich etwa 10^{-3} bis 10^{-13} W/cm^2).

Die pin-Fotodioden werden in zwei Versionen hergestellt, wobei das Grundmaterial immer Silizium ist, und zwar

a) als **Planardiode** ohne Schutzring,
b) als **Schottky-Barrier-Diode** (Metall-Halbleiter-Übergang) mit Schutzring.

Die Schottky-Barriere (die hier die pn-Schicht ersetzt) wird meist durch Aufdampfen einer transparenten, also sehr dünnen Goldschicht auf der einen Seite des Silizium-Wafer und einer dicken Aluminiumschicht auf der Gegenseite hergestellt. Die spektrale Empfindlichkeit solcher Schottky-Fotodioden reicht weiter in den sichtbaren Bereich hinein, als die der planaren pin-Fotodioden. Darüber hinaus gibt es spezielle **Schottkytypen mit angehobenen UV-Bereich,** so daß sich deren spektrale Empfindlichkeit vom UV (etwa 200 nm) bis zum nahen Infrarot (etwa 1,1 µm) erstreckt (siehe Bild 4.11).

Wegen der sehr geringen Ansprechzeit der pin-Fotodioden kann man sie sehr gut als Empfänger für Lichtimpulse im Nanosekundenbereich verwenden oder auch für Signalübertragungen mit hochfrequent moduliertem Licht, wobei Modulationsfrequenzen bis etwa 50 MHz denkbar sind [180]. Als typische Anwendungen kommen in Frage: Messen hoher Drehzahlen, Laserradar, Logikschaltungen und optoelektronische Nachrichten- bzw. Meßwertübertragungen.

Großflächige Ausführungen zum Positionsbestimmen

Schottky-Fotodioden lassen sich technologisch ohne allzu große Schwierigkeiten auch als großflächige Typen aufbauen, die man beispielsweise zum **Messen und Steuern von Strahlabweichungen** (optische Positionierungsaufgaben u.a.) einsetzen kann.

Sie werden entweder für **eine optische Achse** mit Längenausdehnungen der strahlungsempfindlichen Fläche bis zu etwa 20 cm hergestellt oder für **zwei optische Achsen** mit kreisförmiger bzw. quadratischer strahlungsempfindlicher Fläche in der Größenordnung bis etwa 10 cm^2. Als sogen. **Flächen-Fotodiode** sind sie mit einer einheitlichen, zusammenhängenden Sperrschicht aufgebaut, mit zueinander symmetrischer Kontaktierung und einem „Mittelkontakt" auf der Gegenelektrode. Bei den sogen. **Quadranten-Fotodioden** dagegen ist die strahlungsempfindliche Fläche in vier voneinander isolierte, achsensymme-

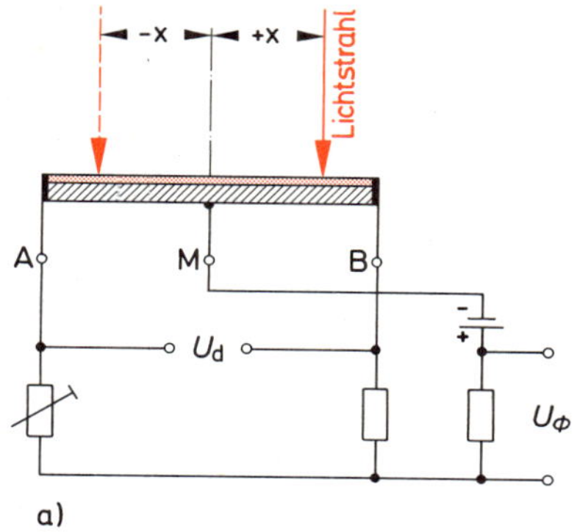

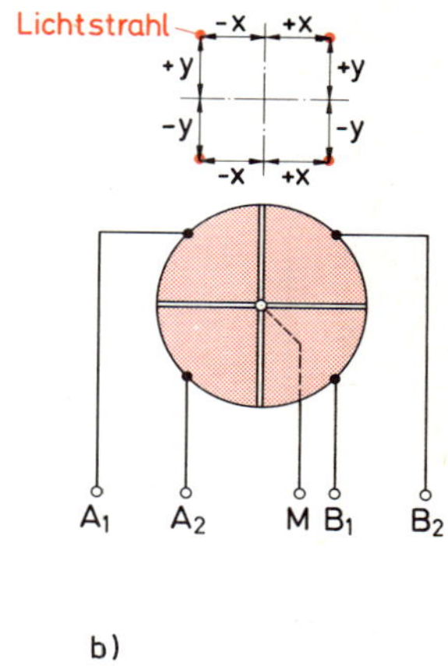

Bild 4.12 Großflächige Fotodioden zum Positionsbestimmen sind entweder mit einer optischen Achse (Version a) oder mit zwei optischen Achsen (Version b) lieferbar; zur Signalauswertung können solche Fotodioden jeweils zu einer Brückenschaltung ergänzt werden (Anschlüsse A, B, M). Die Diagonalspannung U_d entspricht dann dem richtungsabhängigen (Vorzeichen) Signal, das eine Funktion der Mittenabweichung ist; der Spannungsabfall U_Φ über dem mit der Speisespannungsquelle in Reihe liegenden Widerstand ist ein Maß für die einfallende Strahlungsleistung
a) Flächen-Fotodiode mit Längenausdehnung
b) Quadranten-Fotodiode

trische Flächen unterteilt, mit (mindestens) je einem Anschlußpunkt und einem weiteren an der (gemeinsamen) Gegenelektrode.

Trifft ein gebündelter Strahl exakt in die Mitte einer solchen Anordnung auf, so wird von ihr kein elektrisches Signal erzeugt. Bei einer Strahlbewegung vom Zentrum der lichtempfindlichen Fläche weg entsteht dagegen ein elektrisches Signal, das eine exakte Funktion der jeweiligen Position des Strahles entlang oder zwischen den optischen X- und Y-Achsen verkörpert. Diese Signale können beispielsweise mit einer Brückenschaltung angezeigt oder von da aus weiterverarbeitet werden (Bild 4.12). (Siehe in diesem Zusammenhang auch Kap. 4.1.6.)

4.1.3. Die Avalanche-Fotodiode

Avalanche-Fotodioden (seltener auch als **Lawinen-Fotodioden** bezeichnet) werden mit einer Speisespannung (Sperrspannung) betrieben, die nahe der Durchbruchspannung liegt. Konstruktion und Dotierungsgrad sind so gewählt, daß im engen Bereich dieser Sperrspannung ein Verstärkungseffekt auftritt, der dadurch zustande kommt, daß frei vorhandene (von einfallender Strahlung ausgelöste) Elektronen im gegebenen elektrischen Feld so stark beschleunigt werden, daß sie zusätzliche Elektronen aus den Kristallgitteratomen herausschlagen, was (bei weiterer „Multiplikation") zum (gesteuerten) Lawinendurchbruch führt. Dieser „Lawinenmultiplikationseffekt" ist im Grunde ein ähnlicher Durchbrucheffekt, wie er auch beim Überschreiten der zulässigen Sperrspannung in einer normalen pn-Diode auftreten würde. Nur ist die Avalanchediode konstruktiv so aufgebaut, daß der Durchbruch nicht an der Sperrschichtkante geschieht (Überlastung und damit Zerstörung), sondern gleichmäßig über die gesamte pn-Sperrschicht verteilt, wobei ein steuerbarer Multiplikationseffekt (Verstärkungseffekt) erreicht wird.

Da sich die Ladungsträger zu der Avalanche-Zone mit großer Driftgeschwindigkeit bewegen, liegt die Grenzfrequenz bei solchen Fotodioden sehr hoch, nämlich im GHz-Bereich, und das Verstärkungs-Bandbreite-Produkt gängiger Typen ist etwa zwischen 8 und 80 GHz zu finden. Damit ist den **Fotovervielfachern** mit den **Avalanche-Fotodioden** sozusagen ein **Halbleiterkonkurrent** erwachsen.

Der Hauptvorteil der Avalanche-Fotodioden, neben der hohen Grenzfrequenz, liegt vor allem im großen **Nutz-Rausch-Signalverhältnis**, dessen Erreichen aber in hohem Maße von der exakt eingestellten Betriebsspannung (Sperrspannungsgrenze) abhängt. Weicht die Spannung gegenüber dem optimalen Wert nach unten oder

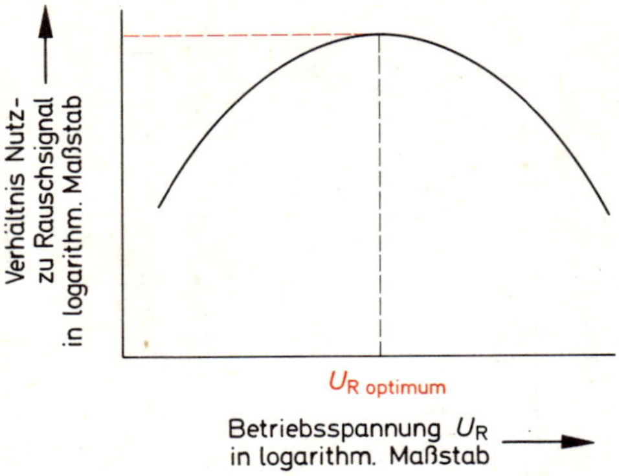

Bild 4.13 Für ein maximales Nutz-Rausch-Signalverhältnis bei einer Avalanche-Fotodiode ist ein äußerst genaues Einstellen der Betriebsspannung (Sperrspannung) erforderlich

oben ab, so wird das Verhältnis Nutz- zu Rauschsignal in starkem Maße vermindert (siehe Bild 4.13). Deshalb stellt das richtige Einstellen der Betriebsspannung beim Dimensionieren einer Schaltung mit Avalanche-Fotodioden eines der größten Probleme dar, zumal diese Spannung dann auch höchsten Konstanzforderungen genügen muß (bei einer Betriebsspannung von U_R = 20 V beispielsweise sollte die Abweichung nicht größer als ±5 mV (!) sein).
Unter dem Parameterwert „Dunkelstrom" findet man in den Datenblättern für Avalanche-Fotodioden nicht wie bei „normalen" Fotodioden *einen* Wert, sondern *zwei* verschiedene Ströme angegeben, nämlich den „äußeren" Dunkelstrom I_{DS} *(surface dark current)* und den „inneren" Dunkelstrom I_{DB} *(bulk dark current)*. Während I_{DS} nicht von dem Avalanche-Effekt beeinflußt wird, wächst I_{DB} multiplikativ mit dem Fotostrom-Verstärkungsfaktor M (der in der Größenordnung von 100 liegt), an, so daß sich der Gesamt-Dunkelstrom für eine Avalanche-Fotodiode ergibt zu

$$I_{RO} = I_{DS} + M \cdot I_{DB} \qquad (4.3)$$

Schaltungen mit Avalanche-Fotodioden sind nicht nur wegen der hohen Anforderungen an die Betriebsspannung eine diffizile Angelegenheit für den Entwickler, sondern auch deshalb, weil beim Auslegen einer Schaltung mit nachfolgender Verstärkerstufe deren Rauscheigenschaften und Frequenzabhängigkeit in hohem Maße die Gesamtfunktion der Schaltung mitbestimmen. Für das Dimensionieren solcher Schaltungen muß deshalb auf die Spezialliteratur verwiesen werden (gute Anhaltspunkte geben beispielsweise [39] und [42]).

4.1.4. Schaltungen mit Fotodioden

In der Praxis werden Fotodioden meist dazu verwendet, **Schaltvorgänge** auszulösen, d.h. zwischen zwei Bestrahlungszuständen zu unterscheiden, beispielsweise zwischen (relativer) Dunkelheit und (relativer) Helligkeit. Ordnet man diesen Zuständen jeweils einen Fotostrom I_{pd} (dunkel) und I_{ph} (hell) zu, dann ist die Sicherheit, mit der ein Schaltvorgang ausgelöst wird, offenbar um so größer, je größer das Verhältnis I_{ph}/I_{pd} ist.
Oft wird die Fotodiode so eingesetzt, daß sie zuerst einen Verstärker steuert, der dann seinerseits den Schaltvorgang auslöst, etwa durch Ansteuern eines **Schwellwertschalters.**

Die Grundschaltungen

Bildet im einfachsten Fall die Fotodiode beispielsweise einen Teil des Betriebsspannungsteilers, mit dem man U_{BE} und U_{CE}, also den Arbeitspunkt der Transistorstufe, einstellt, dann läßt sich durch Bestrahlen der Diode das Spannungsteilerverhältnis und damit der **Arbeitspunkt** der Schaltung verschieben. Solche Schaltungen können dann wie normale Transistorschaltungen dimensioniert werden, wenn man den jeweiligen Widerstandswert der Fotodiode im Zustand „hell" und „dunkel" kennt. Man muß nur immer darauf achten, daß die Fotodiode so in den Spannungsteiler eingesetzt wird, daß sie in Sperrichtung arbeitet. Es muß also immer negatives Potential an der Anode der Fotodiode liegen.
Der Gleichstrom(sperr)widerstand der Fotodiode im Bestrahlungszustand errechnet sich dabei zu

$$R_r = \frac{U_R}{s \cdot E} \qquad (4.4)$$

mit

$$s = \frac{I_p}{E} \qquad (4.5)$$

wobei U_R = Bestriebsspannung (Sperrspannung) der Fotodiode
s = Fotoempfindlichkeit
I_p = Fotostrom
E = Beleuchtungs-(Bestrahlungs-) Stärke

Welchen Widerstandsplatz im Spannungsteiler

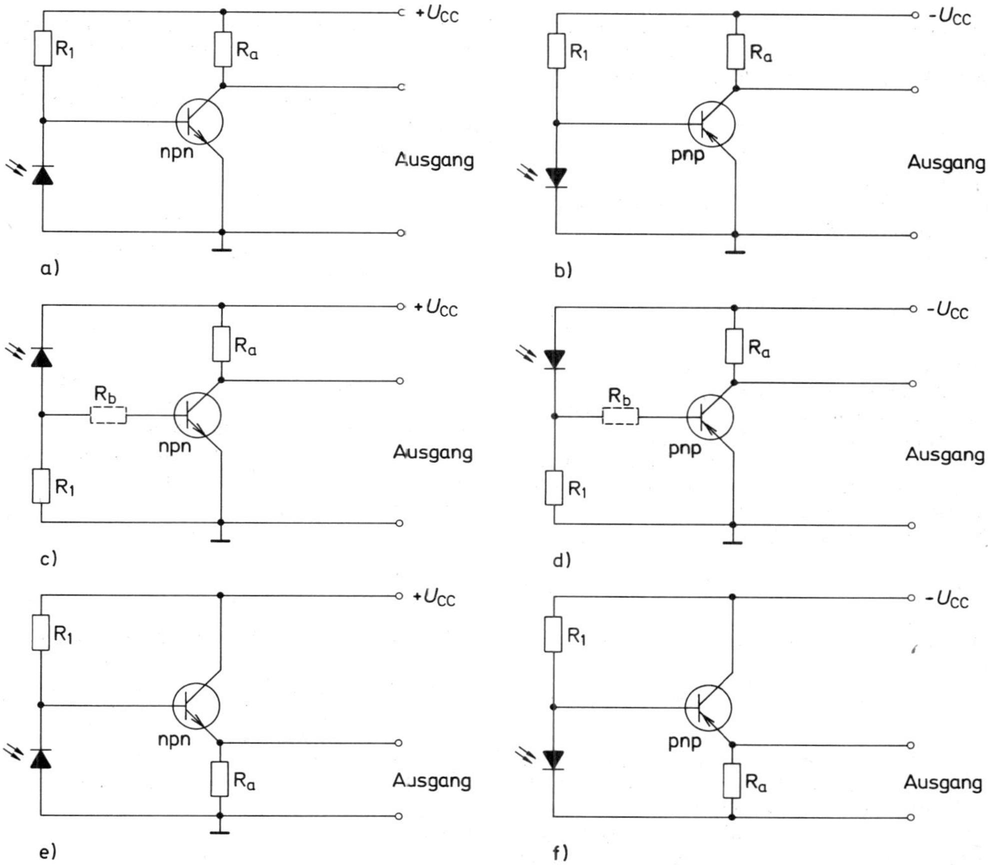

Bild 4.14 Grundschaltungen für das Ansteuern eines Transistors mit einer Fotodiode
a) und b): Emitterschaltung mit npn- bzw. pnp-Transistor für den Durchschaltzustand „dunkel";
c) und d): Emitterschaltung mit npn- bzw. pnp-Transistor für den Durchschaltzustand „hell"
e) und f): Kollektorschaltung mit npn- bzw. pnp-Transistor für den Durchschaltzustand „dunkel"

einer solchen Grundschaltung die Fotodiode einnimmt, hängt davon ab, ob der Schalttransistor, den die Fotodiode ansteuert, bei bestrahlter Fotodiode **durchschalten** oder **sperren** soll (bzw. höheres oder niedrigeres Potential am Ausgang liegen soll, wenn der angesteuerte Transistor als Verstärker eingesetzt wird).
Bild 4.14 zeigt einige der gebräuchlichen Grundschaltungen. Darin ist z.B. bei den Schaltungsversionen a und b der Transistor ohne Bestrahlung der Fotodiode durchgeschaltet, während er bei genügend großer Bestrahlung in den Sperrzustand gesteuert wird (bzw. das Ausgangspotential erhöht sich mit steigender Bestrahlung). Und genau den umgekehrten Effekt bewirkt die Fotodiode in den Schaltungsvarianten c und d, während bei den Grundschaltungen e und f das Ausgangspotential mit steigender Bestrahlung absinkt.

Der unmittelbare Schalterbetrieb

Jede dieser Schaltungen läßt sich nach den üblichen Regeln der Schalttransistor-Dimensionierung berechnen. So wird beispielsweise bei den Schaltungen 4.14a und b der im nichtbestrahlten Zustand durchgeschaltete Transistor bei Einwirken einer gegebenen Strahlung E gesperrt, wenn die Basis-Emitter-Spannung U_{BE} (hier

Spannungsabfall an der Fotodiode) unter den Wert der Basis-Sättigungs-Spannung $U_{BE\,sat}$ absinkt. Es muß demnach die Bedingung

$$U_{BE} < U_{BE\,sat} \approx \frac{U_{cc}}{R_{r\,(hell)} + R_1} \cdot R_{r\,(hell)} \quad (4.6)$$

erfüllt sein, wobei sich R_r jeweils aus den Gleichungen (4.4) und (4.5) ermitteln läßt. Daraus wiederum folgt dann für das Dimensionieren von R_1

$$R_{1\,min} = \frac{U_{cc} - U_{BE\,sat}}{U_{BE\,sat}} \cdot R_{r\,(hell)} \quad (4.7)$$

Bezogen auf $\vartheta = 25\,°C$ liegt bei Si-Transistoren der Wert von $U_{BE\,sat}$ (falls in den Datenblättern nicht angegeben) meist bei $U_{BE\,sat} \geqq 600$ mV (bei Ge-Dioden etwa 200 mV), so daß man beim Einsetzen von $U_{BE\,sat} = 500$ mV als Dimensionierungsgrundlage für Si-Transistoren im sicheren Bereich des Sperrzustandes liegt.

$R_{r\,(hell)}$ läßt sich für Gl. (4.7) abschätzen zu

$$R_{r\,(hell)} \approx \frac{U_{BE\,sat}}{s \cdot E_{(hell)}} \quad (4.8)$$

Diesen Wert in Gl. (4.7) eingesetzt, ergibt schließlich

$$R_{1\,min} = \frac{U_{cc} - U_{BE\,sat}}{s \cdot E_{(hell)}} \quad (4.9)$$

Der Spannungsteilerwiderstand R_1 ist aber nicht nur nach unten hin begrenzt, ihm ist vielmehr auch eine obere Grenze gesetzt, damit in jedem Fall gewährleistet ist, daß der Transistor bei bestrahlter Fotodiode auch sicher durchschaltet. Damit dies geschieht, muß gewährleistet sein, daß $U_{BE\,sat}$ um mindestens 200 mV überschritten wird. Setzt man als Forderung $U_{BE} \geqq 1{,}5 \cdot U_{BE\,sat}$ an, ist diese Bedingung mit einem gewissen Sicherheitsfaktor erfüllt.

Geht man nun davon aus, daß für den Dunkelzustand gilt

$$U_{BE} = U_{cc} \cdot \frac{R_{r\,(dkl)}}{R_1 + R_{r\,(dkl)}} \quad (4.10)$$

dann folgt für den Spannungsteilerwiderstand R_1 ein oberer Grenzwert von

$$R_{1\,max} = \frac{U_{cc} - 1{,}5 \cdot U_{BE\,sat}}{1{,}5 \cdot U_{BE\,sat}} \cdot R_{r\,(dkl)} \quad (4.11)$$

wobei $R_{r\,(dkl)}$ von der anliegenden Betriebsspannung und der Bestrahlung im „dunklen" Zustand abhängt. Da aber wiederum die sich einstellende Betriebsspannung eine Funktion von $R_{r\,(dkl)}$ ist, muß dieser rechnerisch abgeschätzt werden. Der jeweils kleinste Widerstand $R_{r\,(dkl)}$, der sich ergeben könnte, stellt dabei den „worst-case"-Fall dar.

So gesehen bekommt man einen im „sicheren" Bereich liegenden Anhaltswert für $R_{r\,(dkl)}$, wenn man ansetzt

$$R_{r\,(dkl)} \approx \frac{1{,}5 \cdot U_{BE\,sat}}{s \cdot E_{(dkl)}} \quad (4.12)$$

Setzt man diese Beziehung in Gl. (4.10) ein, erhält man schließlich

$$R_{1\,max} = \frac{U_{cc} - 1{,}5 \cdot U_{BE\,sat}}{s \cdot E_{(dkl)}} \quad (4.13)$$

Falls der „Dunkel"-Zustand mit $E = 0$ identisch ist, kann man auf das Berechnen von $R_{1\,max}$ verzichten, da dann nur der Dunkelstrom durch die Diode fließt, der einen Gleichstromwiderstand R_r im MΩ-Bereich zur Folge hat, so daß der Transistor dann in jedem Fall durchgesteuert ist.

Beispiel

Eine Si-Fotodiode, für die im Datenblatt eine minimale Fotoempfindlichkeit von s = 100 nA/lx angegeben ist, soll einen Schalttransistor ($U_{BE\,sat} = 0{,}5$ V) gemäß Bild 4.14a mit einem Lastwiderstand von $R_a = 2{,}2$ kΩ bei $U_{cc} = 10$ V ansteuern. Wie ist die Schaltung für die Beleuchtungsstärken $E_{v\,(hell)} = 3000$ lx und $E_{v\,(dkl)} = 2000$ lx zu dimensionieren?

Im gesperrten Zustand (bestrahlte Fotodiode) gilt in der angegebenen Schaltung für die an der Fotodiode wirksame Arbeitsspannung

$$U_R \approx U_{BE\,sat} \approx 0{,}5\ \text{V}$$

Damit errechnet sich aus Gl. (4.9) der Mindestwert von R_1 zu

$$R_{1\,min} = \frac{10\ \text{V} - 0{,}5\ \text{V}}{100\ \text{nA/lx} \cdot 3000\ \text{lx}} = 31{,}7\ \text{k}\Omega$$

Außerdem wird mit Gl. (4.13) der zulässige Maximalwert von R_1

$$R_{1\,max} = \frac{10\ \text{V} - 1{,}5 \cdot 0{,}5\ \text{V}}{100\ \text{nA/lx} \cdot 2000\ \text{lx}} = 46{,}25\ \text{k}\Omega$$

Verwendet man einen genormten Widerstandswert von 39 kΩ aus der E-12-Reihe (±10% Toleranz), dann liegt man innerhalb der geforderten Grenzen.

Zur Kontrolle kann man das sich dann ergebende U_{BE} aus den Gleichungen (4.12) und (4.10) errechnen (mit dem „worst-case"-Widerstandswert $R_1 = 39\ \mathrm{k\Omega} + 10\% = 42{,}9\ \mathrm{k\Omega}$) zu

$$R_{r(dkl)} \approx \frac{1{,}5 \cdot 0{,}5\ \mathrm{V}}{100\ \mathrm{nA/lx} \cdot 2000\ \mathrm{lx}} = 3{,}75\ \mathrm{k\Omega}$$

und

$$U_{BE} \approx 10\ \mathrm{V} \frac{3{,}75\ \mathrm{k\Omega}}{42{,}9\ \mathrm{k\Omega} + 3{,}75\ \mathrm{k\Omega}} = 0{,}80\ \mathrm{V}$$

Die Basis-Emitter-Spannung würde also um 300 mV über dem angenommenen $U_{BE\,sat} = 0{,}5$ V und damit im sicheren Durchsteuerbereich liegen.
Allerdings muß bei einer solchen Dimensionierung, neben der hier durchgeführten Rechnung, auch immer darauf geachtet werden, daß weder die zulässigen Grenzwerte des Transistors noch die der Fotodiode überschritten werden.
Für die Schaltungen 14c und d gelten die analogen Betrachtungen, wobei R_1 so zu bemessen ist, daß der Transistor bei vorgegebener Bestrahlung $E_{(hell)}$ der Fotodiode in den Durchlaßbereich gesteuert wird. Die Bedingung lautet dann

$$U_{BE} > U_{BE\,sat} \approx \frac{U_{cc}}{R_{r(hell)} + R_1} \cdot R_1 \qquad (4.14)$$

und damit

$$R_{1\,min} = \frac{U_{BE\,sat}}{U_{cc} - U_{BE\,sat}} \cdot R_{r(hell)} \qquad (4.15)$$

wobei $R_{r(hell)}$ hier aber nicht nach Gl. (4.8) zu errechnen ist, denn an der Fotodiode liegt ja $U_R = U_{cc} - U_{BE}$, so daß man ansetzen muß

$$R_{r(hell)} \approx \frac{U_{cc} - U_{BE\,sat}}{s \cdot E_{(hell)}} \qquad (4.16)$$

Daraus folgt dann wiederum mit Gl. (4.15)

$$R_{1\,min} = \frac{U_{BE\,sat}}{s \cdot E_{(hell)}} \qquad (4.17)$$

Diese Bedingungen gelten für den Betriebsfall, bei dem der Transistor mit dem vorgegebenen Bestrahlungswert $E_{(hell)}$ gerade durchlässig zu werden beginnt.
Soll er mit „Sicherheit" voll durchgesteuert sein, setzt man in den Gleichungen (4.15) und (4.16) bzw. in (4.17) besser $1{,}5 \cdot U_{BE\,sat}$ statt $U_{BE\,sat}$ ein.
Damit im anderen Schaltzustand der Transistor mit Sicherheit sperrt, muß

$$U_{BE} < U_{BE\,sat} \approx \frac{U_{cc} \cdot R_1}{R_{r(dkl)} + R_1} \qquad (4.18)$$

werden, woraus

$$R_{1\,max} = \frac{U_{BE\,sat}}{U_{cc} - U_{BE\,sat}} \cdot R_{r(dkl)} \qquad (4.19)$$

folgt, mit

$$R_{r(dkl)} \approx \frac{U_{cc} - U_{BE\,sat}}{s \cdot E_{(dkl)}} \qquad (4.20)$$

und daraus erhält man schließlich

$$R_{1\,max} = \frac{U_{BE\,sat}}{s \cdot E_{(dkl)}} \qquad (4.21)$$

Auch hier kann man einen „Sicherheitsfaktor" einbauen, wenn man statt $U_{BE\,sat}$ beispielsweise $0{,}7 \cdot U_{BE\,sat}$ einsetzt.
Da im Gegensatz zu den Schaltungen a und b, in den Schaltungen c und d auch der Basisstrom durch die Fotodiode fließt, müßte er an sich für den durchgeschalteten Transistor mit in Rechnung gesetzt werden. Das ist aber nur für sehr große R_r-Werte notwendig, nämlich dann, wenn der Basisstrom einen merklichen Anteil des Spannungsteilerquerstromes $I_Q = U_{cc}/(R_1 + R_r)$ ausmacht.
Andererseits könnte bei sehr großen Bestrahlungsstärken der Fotodiodenwiderstand R_r so kleine Werte annehmen, daß der zulässige Basisstrom des Transistors überschritten würde. Zum Schutz gegen solche Überlastung kann ein Begrenzungswiderstand $R_b \approx 2\ \mathrm{k\Omega}$ in die Basisleitung geschaltet werden [141].

Schwellwertschalter-Ansteuerung

Eingangs dieses Kapitels wurde darauf hingewiesen, daß die Grundschaltungen oft dazu dienen, einen elektronischen **Schwellwertschalter** anzusteuern. Schwellwertschalter können kontinuierlich veränderliche Funktionen in Impulsfunktionen umwandeln, d.h., sie können, aber müssen nicht mit Impulsen angesteuert werden. Sich langsam ändernde Gleichspannungspotentiale genügen auch schon zum Ansteuern, so daß man über die Fotodiodengrundschaltungen beispielsweise Dämmerungsschalter damit realisieren kann. In solchem Fall braucht dann die Fotodiode den Transistor in der Grundschaltung meist nicht voll durchzusteuern, weil das Ausgangspotential des Transistors dann nur die vorgegebenen Schwellenwerte über- bzw. unterschreiten muß. Für das Berechnen der Stufe genügt es deshalb, über die Arbeitsgerade (Widerstandskennlinie) im Ausgangskennlinienfeld des Transistors die Arbeitspunktverschiebung infolge Widerstandsänderung (der Fotodiode) zu ermitteln, was genau so vor sich geht wie das Ermitteln des Arbeitspunktes bei einer normalen Transistorverstärkerstufe:

Zuerst errechnet man mit Gl. (4.4) für eine vorgegebene Betriebsspannung U_{cc} und eine gewählte Basis-Emitter-Spannung U_{BE} (entspricht einem bestimmten Arbeitspunkt auf der Belastungsgeraden des gewählten Lastwiderstandes R_a) den Gleichstromwiderstand R_r der Fotodiode im „hellen" oder im „dunklen" Zustand. (Der Betriebsspannung U_r der Fotodiode entspricht dann für die Grundschaltungen 4.14a, b, e, f die gewählte Spannung U_{BE} und für die Grundschaltungen c und d die Spannungsdifferenz $U_{cc} - U_{BE}$, wenn man den Basisstrom vernachlässigt.) Damit läßt sich dann der zweite Spannungsteilerwiderstand rechnerisch festlegen (Basisstrom vernachlässigt) zu

Schaltungen a und b

$$R_1 \approx R_r \cdot \frac{U_{cc} - U_{BE}}{U_{BE}} \tag{4.22}$$

Schaltungen c und d

$$R_1 \approx R_r \cdot \frac{U_{BE}}{U_{cc} - U_{BE}} \tag{4.23}$$

Schaltungen e und f

$$R_1 \approx R_r \cdot \frac{U_{cc} - (U_{BE} + I_c \cdot R_a)}{U_{BE} + I_c \cdot R_a} \tag{4.24}$$

Um dabei den Basisstrom vernachlässigen zu können, sollte der Querstrom durch die Spannungsteilerwiderstände

$$I_Q = \frac{U_{cc}}{R_1 + R_r} \tag{4.25}$$

im durchgesteuerten Zustand des Transistors mindestens 10mal so groß sein wie der Basisstrom I_B.

Wählt man außerdem Arbeitspunkt und Arbeitswiderstand so, daß am Arbeitswiderstand R_a im eingestellten Arbeitspunkt mindestens die halbe Speisespannung abfällt, also $U_{Ra} \geqq U_{cc}/2$, dann kann man auch auf eine besondere Temperaturstabilisierung verzichten. Kann diese Bedingung nicht erfüllt werden, muß man auf eine der bei normalen Transistorverstärkerstufen üblichen Gegenkopplungsschaltungen zur Stabilisierung zurückgreifen.

Hat man nun den Arbeitspunkt bei einer bestimmten Bestrahlung auf diese Weise festgelegt, ergibt sich die Änderung von U_{BE} beim entgegengesetzten Bestrahlungszustand aus den entsprechenden Spannungsteilerverhältnissen. Und auf der Arbeitsgeraden im Kennlinienfeld kann man

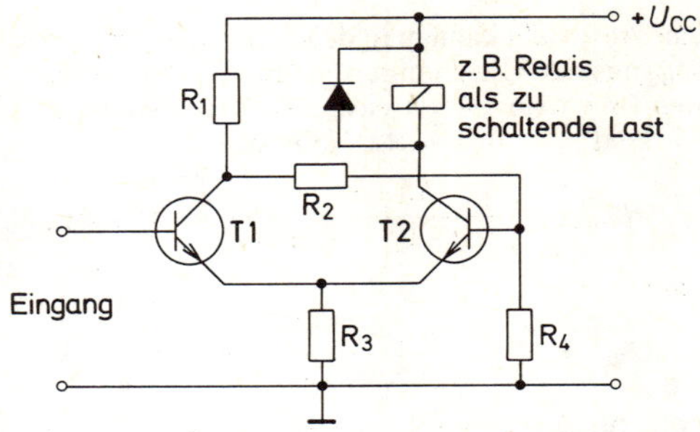

Bild 4.15 Prinzipschaltung eines Schwellwertschalters, der auch lineare Signaländerungen beim Über- oder Unterschreiten einer Schaltschwelle in definierte Schaltzustände umsetzt

dann die Arbeitspunktverschiebung, die sich daraus ergibt, ermitteln. Sie muß so groß sein, daß sie die Eingangsbedingungen des Schwellwertschalters erfüllt, andernfalls muß eine entsprechend andere Dimensionierung (Rechnung mit anderen Ausgangswerten) gewählt werden.

Das Prinzipschaltbild eines Schwellwertschalters zeigt Bild 4.15. Jeder Schmitt-Trigger beispielsweise ist ein solcher Schwellwertschalter, dessen Dimensionierung der einschlägigen Literatur entnommen werden kann. Einen speziellen Schwellwertschalter für Fotodioden bietet u.a. *Siemens* mit seinem TPV 63 an, der aus einer Kombination zweier Transistoren mit einem Operationsverstärker besteht. Die Breite des Übergangs zwischen den beiden Schaltzuständen (Eingangssignal) beträgt für diesen Baustein lediglich 1 mV.

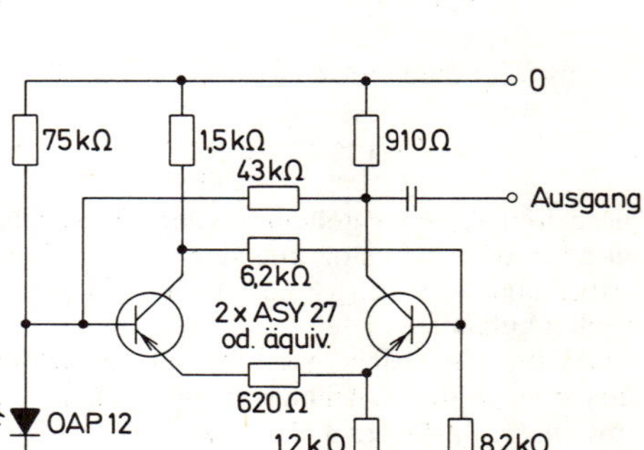

Bild 4.16 Beispiel einer direkten Fotodiodenansteuerung eines Schwellwertschalters (Schmitt-Triggers) für $E_v \geqq 1100$ lx (Valvo)

Bild 4.17 Typische Schaltung zum Ankoppeln einer Fotodiode an eine DTL/TTL-Schaltung (Texas Instruments)*; das Potential U_1 entspricht dem Produkt $R_1 \cdot I_R$, wobei I_R der jeweiligen Bestrahlungsstärke proportional ist ($R_1 = R_2$ muß der gewünschten Schaltschwelle entsprechend gewählt werden)*

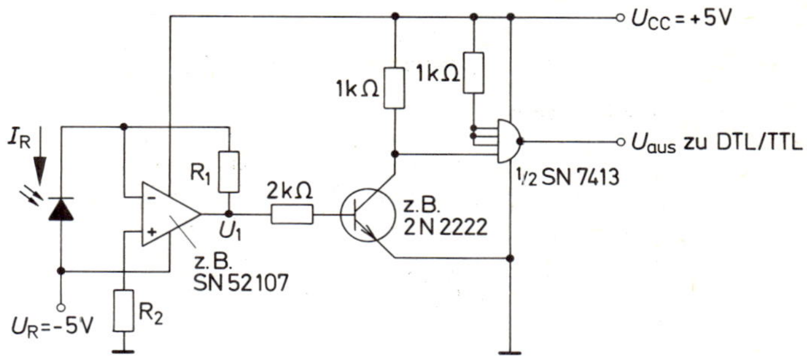

Bei genügend hohen Beleuchtungsstärken kann die Fotodiode einen Schmitt-Trigger als Teil eines Eingangsspannungsteilers auch direkt ansteuern. Eine solche Schaltung wird beispielsweise von *Valvo* für ihre Ge-Fotodiode OAP 12 angegeben (Bild 4.16), die aber genauso auch für andere Fotodioden geeignet ist. Sie kann beispielsweise als Empfänger einer **Lichtschranke** dienen, wobei für ein ordnungsgemäßes Arbeiten als Mindestbeleuchtungsstärke an der Fotodiode $E_v = 1100$ lx angegeben wird.

DTL/TTL-Ansteuerung

Für das Ansteuern von DTL/TTL-Schaltungen mit Fotodioden gelten die Ausführungen in Kap. 6.3.2.2.2. Eine typische Verstärker- und Interfaceschaltung (Schmitt-Trigger) für Fotodiodenankopplung an DTL/TTL-Schaltungen zeigt außerdem Bild 4.17.

4.1.5. Die Fotoduodiode

Unter einer **Fotoduodiode** versteht man eine symmetrisch aufgebaute **Foto-Doppeldiode** mit der Zonenfolge npn (Schaltungssymbol siehe Tafel 4.1) und einer vergleichsweise großen Basisweite.

Sie ist also ähnlich einem Fototransistor (siehe Kap. 4.3) aufgebaut, wobei aber der Basisanschluß nicht nach außen geführt wurde. Da die beiden Dioden, wie das Schaltungssymbol zeigt, gegeneinander geschaltet sind, arbeitet immer einer der beiden pn-Übergänge in Sperrichtung, so daß die Polarität der angelegten Spannung beliebig sein kann. Folglich lassen sich **Fotoduodioden** auch mit **Wechselspannung** betreiben, was ihr wesentlicher Vorteil gegenüber der einfachen Fotodiode ist. Außerdem sind sie empfindlicher als diese, und gegenüber Fototransistoren haben Fotoduodioden den Vorzug eines geringeren Reststromes. Typische Einsatzgebiete solcher Duodioden sind schnelle Lochkarten- und Lochstreifenabtastung, Teilchenzähleinrichtungen u.ä.

4.1.6. Die Differential-Fotodiode

Differential-Fotodioden sind spezielle Foto-Doppeldioden auf einem Chip (gemeinsame Katode), deren gleich große lichtempfindliche Flächen mit einem sehr schmalen Isoliersteg voneinander getrennt sind. Sie geben bei konstanter Bestrahlungsstärke ein Differenzsignal ab, das innerhalb bestimmter Grenzen der bestrahlten Flächendifferenz proportional ist.

Mit einer solchen Anordnung lassen sich Strahlabweichungen von einer gegebenen Mittellage längs einer Geraden vorzeichenbehaftet messen, so daß als Anwendungen beispielsweise Kantenführungen, Weg- oder Winkelabtastungen und auch Nachlaufsteuerungen in Betracht kommen. (Siehe in diesem Zusammenhang auch Kap. 4.1.2 unter „Großflächige Ausführungen zum Positionsbestimmen".)
Zum Erzeugen einer definierten Strahllage innerhalb einer Meß- oder Steueranordnung wird am besten eine Schlitzblende verwendet, deren relative Lage zur Differential-Fotodiode ein zugeordnetes positives oder negatives Ausgangssignal ergibt.
Den prinzipiellen Aufbau einer Differential-Fotodiode zeigt Bild 4.18a. Das Differenzsignal zwischen beiden Fotoströmen kann mit einer Brükkenschaltung entsprechend Bild 4.18b gemessen

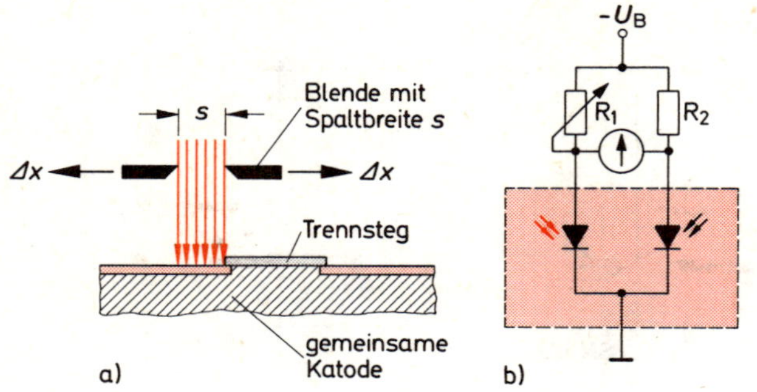

Bild 4.18 Mit einer Differential-Fotodiode lassen sich Strahlabweichungen von einer Mittellage in vorzeichenbehaftete Differenzsignale umsetzen
a) prinzipielle Anordnung mit Schlitzblende
b) Brückenschaltung zum Messen des Differenzsignals

werden, die so abzugleichen ist (Widerstand R_1), daß beim Auftreffen der Strahlung auf den Mittelsteg $\Delta I_p = 0$ angezeigt wird.
Mit einer solchen Meßanordnung ergibt sich beispielsweise für die *Siemens*-Differential-Fotodiode BPX 48 eine Abhängigkeit gemäß Bild 4.19 [180]. Die aufgetragenen Relativwerte in diesem Diagramm beziehen sich auf den erreichbaren Maximalwert (Sättigungswert) und eine Spaltbreite der Meßblende von $s = 25$ µm (der Trennsteg zwischen den beiden Einzeldioden hat beim BPX 48 eine Breite von nur 50 µm). Aus dem Diagramm ist ersichtlich, daß man eine lineare Abhängigkeit zwischen dem Weg der Schlitzblende und dem erzeugten Differenzsignal im Bereich von etwa ± 10 µm erhält. Darüber hinaus geht das Signal in den Sättigungszustand über.
Im übrigen ist der Verlauf der Meßkurve innerhalb eines gewissen Bereiches auch eine Funktion der jeweiligen Spaltbreite der Meßblende: Projiziert man den beiderseits des Nullpunktes bis zum Sättigungsgebiet verlängerten linearen Kurventeil (gestrichelt) auf die Abszisse (Wegmaßstab), dann schließen die Projektionen die dazugehörige Spaltbreite s ein (in Bild 4.19 beispielsweise $\pm 12{,}5$ µm $\triangleq s = 25$ µm).

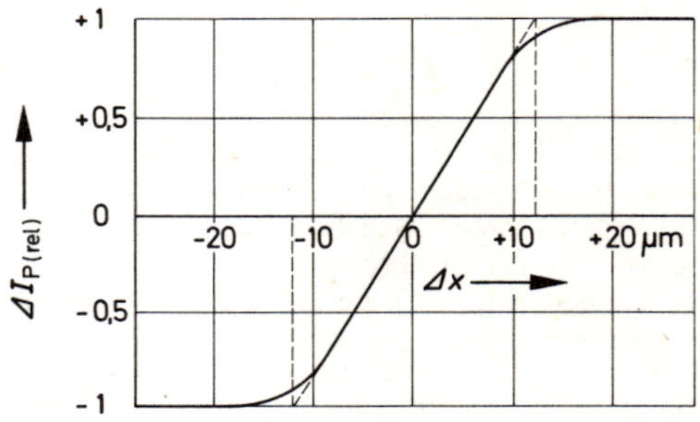

Bild 4.19 Relative Fotostromdifferenz bei der Differential-Fotodiode BPX 48 (Siemens) *in Abhängigkeit vom Schlitzblendenweg Δx (vgl. Bild 4.18)*

Anwendungsbeispiel

Als Anwendungsmöglichkeit für die Differential-Fotodiode BPX 48 zeigt Bild 4.20 einen **analogen Weg-Spannungs-Wandler** (schwarz gedruckter Schaltungsteil), dem beispielsweise eine **Nachlaufsteuerung** (rot gedruckter Schaltungsteil)

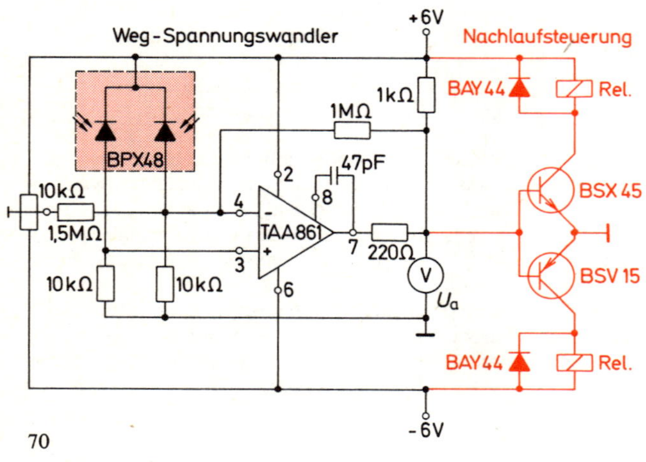

Bild 4.20 Beispiel eines Weg-Spannungs-Wandlers mit der Differential-Fotodiode BPX 48 (Siemens) *und einer nachgeschalteten Nachlaufsteuerung*

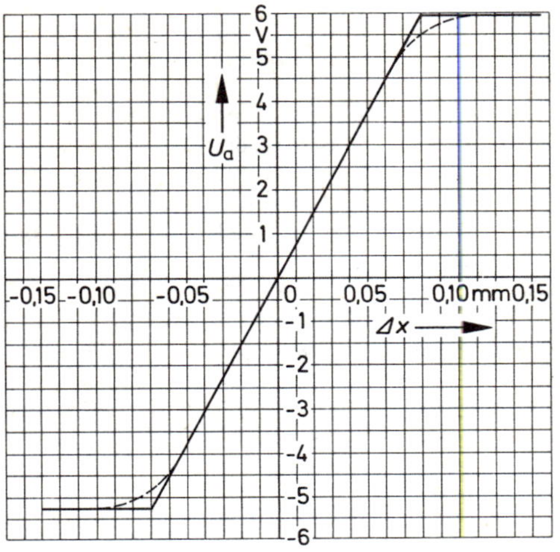

Bild 4.21 Linearer Bereich der Ausgangsspannung des Weg-Spannungs-Wandlers (Bild 4.20) als Funktion des Blendenweges Δx

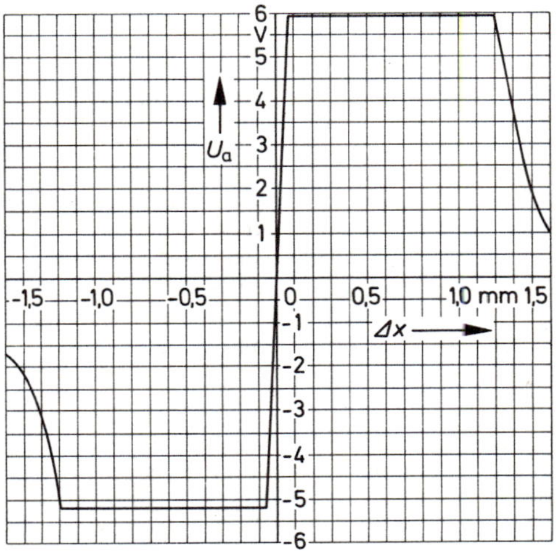

Bild 4.22 Gesamtbereich der Ausgangsspannung des Weg-Spannungs-Wandlers (Bild 4.20) als Funktion des Blendenweges Δx, wenn die volle Breite der lichtempfindlichen Fläche der Differential-Fotodiode BPX 48 überstrichen wird

zugeordnet werden kann [145]. Die Empfindlichkeit dieses Weg-Spannungs-Wandlers, bei dem das Differenzsignal mit dem integrierten Operationsverstärker TAA 861 verstärkt wird, ist für eine Beleuchtungsstärke von E_v = 5000 lx mit 75 mV/μm angegeben, bei einer Auflösung < 10 μm und einem linearen Meßbereich (Gesamtweg) von etwa 0,12 mm. Die Abhängigkeit der Ausgangsspannung U_a vom Weg Δx einer Schlitzblende mit 0,2 mm Spaltbreite zeigt Bild 4.21. Würde man die Blende über die gesamte Breite (lichtempfindliche Fläche) der Fotodiode bewegen, ergäbe sich eine Abhängigkeit gemäß Bild 4.22.

Die **Nachlaufsteuerung** arbeitet mit einer komplementären Leistungsstufe, bei der je nach Vorzeichen der Steuerspannung immer dann einer der Transistoren durchschaltet, wenn U_{BEsat} (ca. 600 mV bei Si-Transistoren, entspricht hier etwa einem Weg von 10 μm) überschritten wird. Beim Durchschalten zieht dann das jeweilige Relais an und schaltet seinerseits ein entsprechendes Stellglied (z.B. einen Motor).

4.2. Fotoelemente

Fotoelemente sind physikalisch gesehen nichts anderes als Fotodioden. Sie unterscheiden sich von diesen in der äußeren Beschaltung darin, daß sie **nicht in Sperrichtung,** sondern ohne äußere Betriebsspannung (in manchen Fällen mit Serienspannung in Durchlaßrichtung) betrieben werden. Sie arbeiten stets als **aktive Bauelemente,** die nur bei Bestrahlung eine Spannung oder einen Strom liefern. Störsignale wie bei der Fotodiode (Dunkelstrom) treten somit beim Fotoelement nicht auf.

Dieser Definition entsprechend ist jede Fotodiode dann ein Fotoelement, wenn man sie in Durchlaßrichtung betreibt und umgekehrt (vgl. dazu Kap. 6.3.2.2.1). Und man kann sie auch praktisch tatsächlich in der einen **oder** in der anderen Betriebsart einsetzen. (Sinnvollerweise verwendet man deshalb **das gleiche Schaltungssymbol für beide Betriebsarten,** da man aus der äußeren Beschaltung den jeweiligen Betriebsfall erkennen kann. Daneben sind in der Praxis für Fotoelemente aber auch andere Schaltzeichen anzutreffen, siehe Tafel 4.1.)

So gesehen wäre es gar nicht notwendig, zwischen *Fotoelementen* und *Fotodioden* als diskrete Bauelemente zu unterscheiden.

Dennoch werden sie in den Datenblättern meist getrennt geführt, was aus folgenden Gründen zum Teil auch seine Berechtigung hat:

Bei **Fotodioden** ist man bestrebt, den als Störsignal auftretenden Dunkelstrom so klein wie möglich zu halten, was u.a. mit einer kleinen Sperrschichtfläche (geringe Fotoempfindlichkeit) erreicht wird. Außerdem muß die zulässige Sperrspannung relativ hoch liegen (20 bis 100 V), damit ein vernünftiger Arbeitsbereich ermöglicht wird.

Bei **Fotoelementen** dagegen soll die Fotoempfindlichkeit (Fotospannung bzw. Fotostrom bei gegebener Bestrahlungsstärke) möglichst groß werden (große Sperrschichtfläche), weil bei dieser Betriebsweise kein Dunkelstrom auftritt, der ja sonst bei Fotodiodenbetrieb große Sperrschichtflächen „verbietet". Dafür ist die zulässige Sperrspannung meist sehr gering (Größenbereich 1 bis 20 V).

In den Datenbüchern aufgeführte Fotoelemente sind also oft „großflächige Fotodioden" mit geringer Sperrspannung. Eine Verallgemeinerung kann aber auch hier nicht getroffen werden, da beispielsweise Fotoelemente für hohe Übertragungsgeschwindigkeiten (hohe Grenzfrequenz) kleine Sperrschichtflächen erfordern (große Sperrschichtflächen = große Sperrschichtkapazität = große Zeitkonstante = niedrige Grenzfrequenz). In den Datenblättern sind deshalb und aus anderen Gründen auch Fotoelemente mit kleiner aktiver Fläche zu finden.

Fotoelemente werden heute fast ausschließlich aus **Silizium** hergestellt. Wie bereits bei den Fotodioden erwähnt, stimmt das Empfindlichkeitsspektrum von Si-Fotoempfängern gut mit dem Strahlungsspektrum üblicher Strahlungsquellen (Wolframfadenlampe, GaAs-LED) überein, so daß Si-Fotoelemente zu den am häufigsten eingesetzten Fotoempfängern gehören. Auf ein Gehäuse wird bei Fotoelementen meist verzichtet, es sei denn, man will eine spezielle Richtcharakteristik (optische Linse) erzielen (zum Begriff „Richtcharakteristik" sei auf das Kapitel „Fotodioden" verwiesen!).

4.2.1. Kennlinien von Fotoelementen

Wie bereits oben beschrieben, werden beim Auftreffen von Photonen (Strahlung) auf die fotoempfindliche Fläche eines pn-Halbleiters zusätzliche Ladungsträgerpaare im Halbleiterkristall erzeugt. Im Fotoelementbetrieb führt dieser Vorgang zu einem Potentialunterschied, der **Leerlaufspannung** U_L, an den Klemmen des Fotoelementes. Schließt man die Klemmen kurz, dann fließt ein **Fotostrom,** der in den Datenblättern jeweils als **Kurzschlußstrom** I_k angegeben wird. (Sind die Klemmen mit einem Lastwiderstand R_L verbunden, fließt ein Fotostrom $I_p < I_k$.)

Das Verhalten eines Fotoelementes läßt sich also im wesentlichen mit den Kennwerten **Leerlaufspannung** und **Kurzschlußstrom** beschreiben, wenn sie in Abhängigkeit von der Bestrahlungsstärke (Beleuchtungsstärke) angegeben werden. Den typischen Verlauf zeigt Bild 4.23:

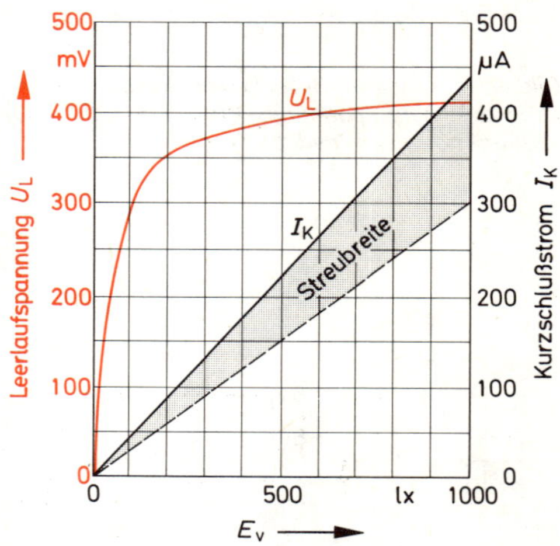

*Bild 4.23 Typischer Verlauf von Leerlaufspannung und Kurzschlußstrom eines Fotoelementes in Abhängigkeit von der Beleuchtungsstärke (*Siemens *BPY 48); innerhalb einer Produktionscharge tritt eine gewisse Streubreite der Kurzschlußströme auf, die hier mit eingetragen wurde*

Während der **Kurzschlußstrom** I_k **über mehrere Zehnerpotenzen der Bestrahlungsstärke** dieser **direkt proportional** ist (exakt linearer Zusammenhang), zeigt die **Leerlaufspannung** U_L bei kleinen Bestrahlungsstärken eine **exponentielle Abhängigkeit** (vgl. Kap. 6.3.2.2.1) und strebt bei hohen Bestrahlungsstärken einem Sättigungswert zu, der bei Si-Fotoelementen bis etwa 600 mV bei $\geqq 10^5$ lx (typ. 400 mV bei 1000 lx) betragen kann.

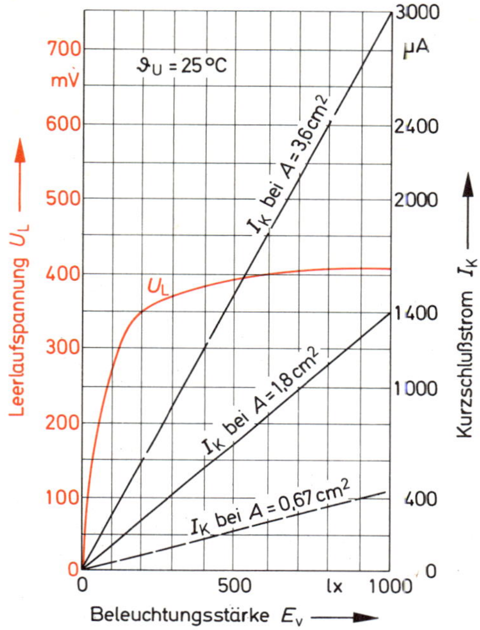

Bild 4.24 Für drei Si-Fotoelemente mit unterschiedlich großer aktiver Fläche wurden hier Leerlaufspannung und Kurzschlußstrom in Abhängigkeit von der Beleuchtungsstärke aufgetragen. Während für alle drei Elemente gleiche Leerlaufspannung registriert wird, steigt der Kurzschlußstrom mit größer werdender aktiver Fläche (Bauelemente von oben nach unten: BPY 70 von AEG-Telefunken, *BPY 45 und BPY 48 von* Siemens*)*

Dabei ist die Leerlaufspannung von dem Ausmaß der bestrahlten fotoempfindlichen Fläche nahezu unabhängig, während der Kurzschlußstrom annähernd proportional zur bestrahlten Fläche steigt. Ein Mehr an aktiver Fläche bedeutet also bei gegebener Bestrahlungsstärke einen größeren entnehmbaren Kurzschlußstrom (siehe Bild 4.24). Praktisch erreichbare Werte liegen für Si-Fotoelemente etwa zwischen $3 \cdot 10^{-9}$ A/lx · mm² und $8 \cdot 10^{-9}$ A/lx · mm².
Trägt man statt dieser Kennlinien den Strom-Spannungs-Zusammenhang des fotoempfindlichen pn-Übergangs mit der Bestrahlungsstärke als Parameter auf, dann erhält man einen prinzipiellen Verlauf wie in Bild 4.5. Darin entsprechen die **Kennlinien im IV. Quadranten** dem **Fotoelementbetrieb.** Die Schnittpunkte mit der I_p-Achse ($U_D = 0$) ergeben den zur jeweiligen Bestrahlungsstärke gehörenden Kurzschlußstrom, während die Schnittpunkte mit der U_D-Achse ($I_p = 0$) die entsprechende Leerlaufspannung angeben. Im transponierten Bild 4.6 kennzeichnet der grau unterlegte Teil des Kennlinienfeldes diesen Fotoelementbetrieb (vgl. auch Bilder 6.14 und 6.15 in Kap. 6.3.2.2.1).
Solche Kennlinien werden für Fotoelemente mitunter auch in Form der in den I. Quadranten transponierten Darstellung gemäß Bild 4.25 angegeben (entweder ohne oder bei manchen Firmen

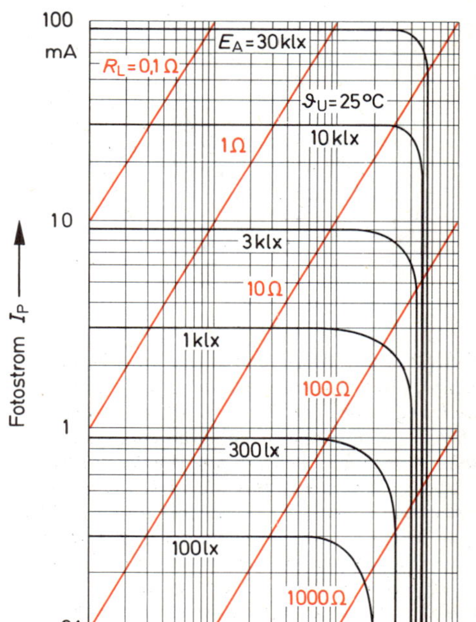

Bild 4.25 Trägt man in das Kennlinienfeld $I_p = f(U_p)$ die Widerstandsgeraden für verschiedene Belastungswiderstände R_L ein (hier am Beispiel des BPY 70 von AEG-Telefunken*), dann kann man daraus für den gewählten R_L-Wert die Größen* Fotostrom, Fotospannung *und* Ausgangsleistung *für eine gegebene Beleuchtungsstärke ermitteln. So wäre beispielsweise für $R_L = 10\,\Omega$ und $E_A = 1$ klx der Fotostrom $I_p = 3$ mA, die Fotospannung am Widerstand $U_p = 30$ mV und die Leistung $P = 3\,mA \cdot 30\,mV = 90\,\mu W$*

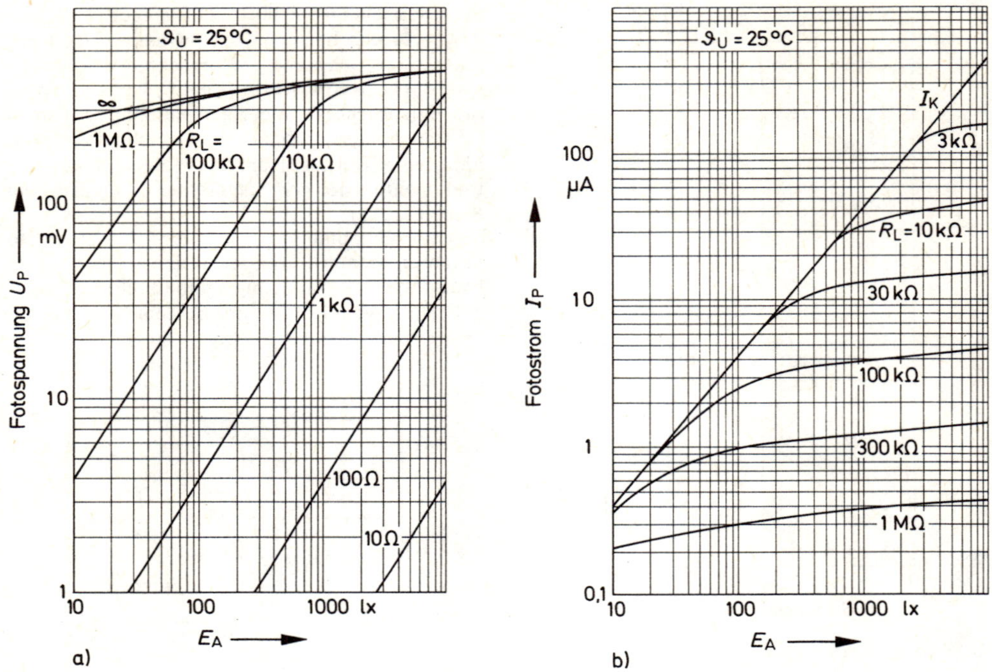

Bild 4.26 Typisches Verhalten von Fotospannung (a) und Fotostrom (b) als Funktion der Beleuchtungsstärke am Beispiel des Fotoelementes BPY 79 (AEG-Telefunken). *Man erkennt daraus, daß bei niedrigen Beleuchtungsstärken selbst für relativ hohe Lastwiderstände noch Proportionalität zwischen Beleuchtungsstärke und Fotostrom bzw. Fotospannung gegeben ist (praktischer „Kurzschlußbetrieb); dort, wo die Kennlinien $U_p = f(E_A)$ in den nichtlinearen Verlauf übergehen, wird der Bereich des „praktischen Kurzschlußbetriebes" verlassen, und man erreicht sehr schnell Beleuchtungswerte im Bereich des „praktischen Leerlaufbetriebes"*

auch mit den hier rot eingezeichneten Widerstandskennlinien). Für einen bestimmten Belastungswiderstand R_L kann man daraus dann unmittelbar den Zusammenhang zwischen Beleuchtungsstärke, Fotostrom und Fotospannung entnehmen. Und aus dem Produkt $I_p \cdot U_p$ bei gegebener Beleuchtungsstärke erhält man die Leistung, die an den jeweiligen Lastwiderstand abgegeben wird.

In selteneren Fällen findet man statt eingezeichneter Widerstandsgeraden neben den Strom-Spannungs-Kennlinien auch die Funktion $I_p = f(R_L)$, mit der Bestrahlungsstärke (Beleuchtungsstärke) als Parameter.

Oft sind in Datenblättern diese Zusammenhänge aber auch gar nicht angegeben. Statt dessen findet man (neben den Kennlinien gemäß Bild 4.23) Kennlinienfelder, wie sie Bild 4.26 oder Bild 4.27 veranschaulichen.

In Bild 4.26 beispielsweise sind Fotospannung und Fotostrom als Funktion der (Norm-)Beleuchtungsstärke E_A (Index „A" bedeutet Verwendung von Normlichtart A als Meßstrahlung) aufgetragen, und zwar für unterschiedliche Belastungswiderstände R_L. Die jeweiligen Grenzkurven darin entsprechen der Leerlauf- bzw. Kurzschlußcharakteristik des Bildes 4.23. Ein Einbeziehen des Belastungswiderstandes, wie auch oben bei den Kennlinien, ist immer deshalb von Interesse, weil in den meisten Fällen der praktischen Anwendung weder im **idealen Leerlauf** noch im **idealen Kurzschlußbetrieb** gearbeitet werden kann:

Je mehr beispielsweise der Lastwiderstandswert zum Kurzschlußbetrieb hin tendiert, um so gerin-

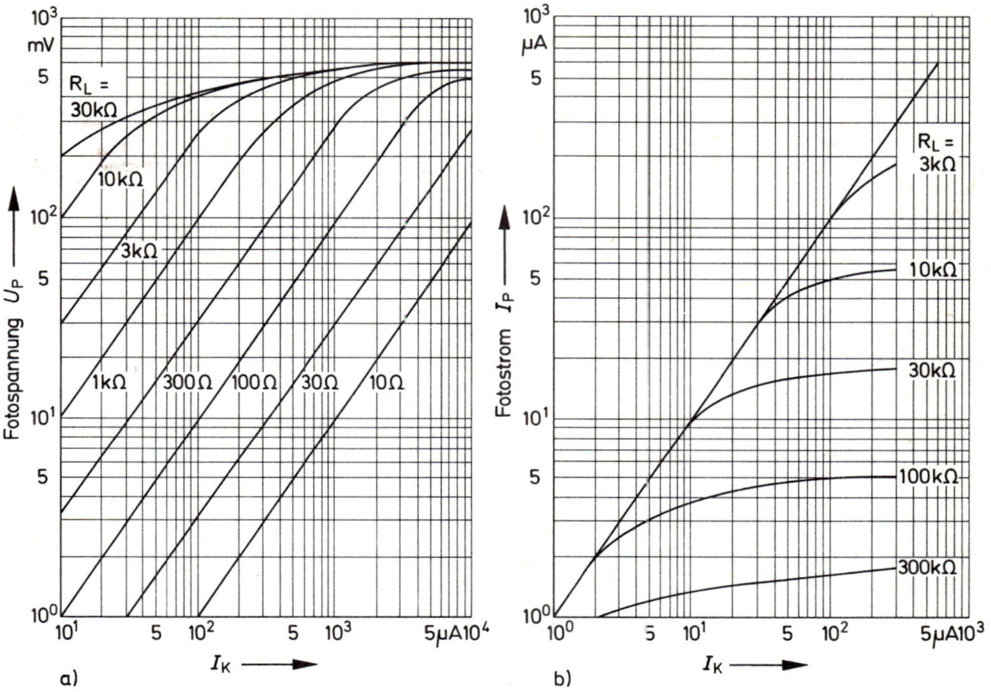

Bild 4.27 Diese Kennlinienfelder entsprechen im Prinzip denen in Bild 4.26. Nur wurde hier (am Beispiel des Siemens-*Fotoelementes BPY 11) nicht die Beleuchtungsstärke, sondern der ihr äquivalente (linear von ihr abhängige) Kurzschlußstrom aufgetragen, was für den Schaltungsentwickler gewisse Vorteile bringt*

ger wird (vor allem bei kleinen Bestrahlungsstärken gravierend) das Nutzsignal an diesem Widerstand. Da aber andererseits der Lastwiderstand zusammen mit der Sperrschichtkapazität der Fotozelle die Ausgangszeitkonstante und damit die Grenzfrequenz bestimmt (vgl. Kap. 6.3.2.2.1), muß man für das Übertragen hoher Frequenzen möglichst den Kurzschlußfall anstreben.

Ist dagegen die Grenzfrequenz von geringem Interesse, wird man, um ein großes Nutzsignal zu erhalten, in der Nähe des Leerlaufbetriebes arbeiten wollen. Dann muß aber wiederum bedacht werden, daß die Leerlaufspannung eine sehr große Steilheit bei kleinen Bestrahlungsstärken hat, während sie darüber hinaus sehr schnell in die Sättigung übergeht.

Man wird also zum Erreichen einer optimalen Lösung fast immer einen Kompromiß anstreben müssen. Dabei kann **für die praktische Anwendung** unter **Kurzschlußbetrieb** durchaus ein Belastungsfall $R_L > 0$ verstanden werden, der u.U. sogar relativ große Werte von R_L zuläßt.

Wann man für **praktische Zwecke** einen Belastungswiderstand als „Kurzschluß" betrachten kann, hängt von der maximal zu erwartenden Bestrahlungsstärke (Beleuchtungsstärke) ab. Offensichtlich ist doch der „praktische Kurzschlußfall" solange gegeben, wie die betreffende I_P-Kennlinie des zugehörigen Lastwiderstandes mit der Kurzschlußkennlinie der Fotozelle übereinstimmt, d.h., solange Proportionalität zwischen E und I_P gewährleistet ist. Das wäre in Bild 4.26 bei einem Belastungswiderstand von 30 kΩ beispielsweise bis zu einer Beleuchtungsstärke von etwa 200 lx der Fall, bei $R_L = 3$ kΩ dagegen schon bis etwa 3 klx. Für höhere Beleuchtungsstärken strebt der Fotostrom einem **Grenzwert** zu, der vom Quotienten U_L/R_L bestimmt wird.

Der „praktische Kurzschlußbetrieb" wird nicht nur seines linearen Zusammenhanges mit der

Bestrahlungsstärke, sondern in Steuer- und Regelschaltungen beispielsweise auch einer geringeren Temperaturabhängigkeit wegen (Stromänderung ca. 0,1%/grd) bevorzugt angewendet. (Die Leerlaufspannung verringert sich in stärkerem Maße mit steigender Temperatur, und zwar um einen Betrag, der von der jeweiligen Beleuchtungsstärke abhängt; meist liegt er etwa bei 2 bis 3 mV/°C.)

Kurzschlußstrom statt Beleuchtungsstärke

In den Kennlinien Bild 4.27 ist man gegenüber den bisher beschriebenen Diagrammen einen Schritt weiter gegangen, indem man U_p und I_p nicht über E_v (bzw. E_A), sondern über I_k aufgetragen hat.
Diese Darstellungsweise erscheint auf den ersten Blick zunächst paradox, weil man sich fragt, wie man den Kurzschlußstrom als Veränderliche und dazu den Belastungswiderstand R_L als Parameter verwenden kann, wo doch nur für $R_L = 0$ ein Kurzschlußstrom überhaupt definiert ist.
Doch ist die Erklärung dazu sehr einfach und die Form der Darstellung recht vorteilhaft für den Schaltungsentwickler:
Die auf der Abszisse aufgetragenen I_k-Werte sind nämlich die der Beleuchtungsstärke äquivalenten Kurzschlußströme ($R_L = 0$), die sich für das Fotoelement bei verschiedenen Beleuchtungsstärken mit z.B. Normlichtart A ergeben. Sie werden **anstelle** der Beleuchtungsstärken als **Äquivalentwerte** aufgetragen, so daß sie auch für jede andere optische Strahlung, die einen solchen Kurzschlußstrom erzeugt, Gültigkeit haben (eigentlich wäre deshalb die Bezeichnung $I_{k\,äqu.}$ für die Abszissenwerte besser). Man braucht demnach bei einer gegebenen Bestrahlungsstärke (z.B. IR-Strahlung einer GaAs-LED) nur den zugehörigen Kurzschlußstrom des Fotoelementes zu messen, um damit dann aus den Diagrammen 4.27a und b für einen beliebigen Belastungswiderstand $R_L > 0$ die zugehörigen I_p- und U_p-Werte entnehmen zu können (vgl. dazu auch Kap. 2.4.6). Ansonsten gelten (z.B. bezüglich Leerlauf- und Kurzschlußfall) alle zu Bild 4.26 bereits festgestellten Zusammenhänge. Allerdings sollte man nicht übersehen, daß die aufgetragenen äquivalenten I_k-Werte **typische** Werte sind, die auch innerhalb einer Produktionscharge wegen der von Fotoelement zu Fotoelement schwankenden Fotoempfindlichkeit mitunter um mehr als 30% voneinander abweichen können. Für den Einsatz von Fotoelementen in Geräten größerer Stückzahl sollte der Entwickler deshalb immer von den im Datenblatt angegebenen Mindestempfindlichkeitswerten (*Worst-case*-Bedingungen) ausgehen. Bei höhere Genauigkeit erfordernden Einzelschaltungen ist immer eine Kurzschlußstrommessung mit definierter Beleuchtungsstärke (Bestrahlungsstärke) notwendig. Der ermittelte Meßwert kann dann auf beliebige E-Werte (gleiche Farbtemperatur des Strahlers bzw. gleiche spektrale Energieverteilung vorausgesetzt) umgerechnet werden, da der Zusammenhang zwischen Kurzschlußstrom I_k und Beleuchtungsstärke (Bestrahlungsstärke) E über einen weiten Bereich (normalerweise innerhalb des technisch interessierenden Bereiches) linear ist.
Von diesem linearen Zusammenhang ausgehend, kann man auch bei solchen Diagrammen, die eine bestimmte Größe nur in Abhängigkeit von der Beleuchtungsstärke angeben, den **äquivalenten Kurzschlußstrom** anstelle der Beleuchtungsstärke selbst eintragen, wenn man ihn aus der Beziehung

$$I_k = s \cdot E \tag{4.26}$$

ermittelt. So würden sich beispielsweise für die Diagramme in Bild 4.26 mit der für den BPY 70 im Datenblatt angegebenen Kurzschlußempfindlichkeit $s = 30$ nA/lx (Minimalwert) anstelle der E_A-Werte 10 lx, 100 lx und 1000 lx auf der Abszisse die äquivalenten I_k-Werte 0,3 µA, 3 µA und 30 µA ergeben.

Leistungsanpassung

Bei manchen Anwendungen kommt es darauf an, dem Fotoelement bei gegebener Beleuchtungsstärke (Bestrahlungsstärke) eine möglichst große elektrische Leistung zu entnehmen. Die maximale Leistung entnimmt man einem „Generator" immer dann, wenn Innenwiderstand und Lastwiderstand gleich groß sind (Leistungsanpassung). Da sich beim Fotoelement der Innenwiderstand mit der Bestrahlungsstärke ändert, bekommt man beim Auftragen der abgebbaren Leistung (Produkt $U_p \cdot I_p$) in Abhängigkeit von der Bestrahlungsstärke Kurven, die sich für unterschiedliche Lastwiderstände bei einer bestimmten Bestrahlungsstärke schneiden. Bei einer Bestrahlungsstärke unterhalb dieses Schnittpunktes stellt dann der größere der beiden Lastwiderstände den günstigeren Wert (größere Leistung) dar, oberhalb des Schnittpunktes dagegen der kleinere. In Bild 4.28 sind für 5 verschiedene Lastwiderstände R_L typische Leistungskurven aufgetragen, die dieses Verhalten widerspiegeln. Ihnen entnimmt man beispielsweise, daß bei $E_A = 1$ klx an einen Lastwiderstand von 100 Ω eine höhere Leistung abgegeben wird als an einen solchen von 10 Ω. Dagegen ist es bei einer Beleuchtungsstärke von 10 klx genau umgekehrt. Der Innenwiderstand eines Fotoelementes sinkt also mit wachsender Bestrahlungsstärke. Für das Fotoelement liegt Leistungsanpassung bei einer gegebenen Beleuchtungsstärke (Bestrahlungsstärke) also für jenen Lastwiderstand R_L vor, für den das Produkt $U_p \cdot I_p$ am größten wird (vgl. Bild 6.14 und Text zu Kap. 6.3.2.2.1). Dieser Widerstand wird als **Anpassungswiderstand** oder als **optimaler Widerstand** bezeichnet. Er wird in Bild 4.28 mit der rot gestrichelten Hüllkurve erfaßt.

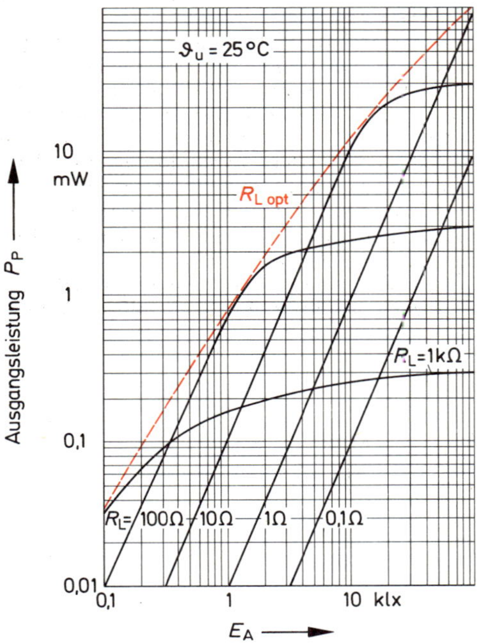

Bild 4.28 Ausgangsleistung eines Fotoelementes in Abhängigkeit von der Beleuchtungsstärke mit dem Lastwiderstand als Parameter (Fotoelement BPY 70 von AEG-Telefunken*)*

Meist wird der Anpassungswiderstand in den Datenbüchern als Funktion der Beleuchtungsstärke angegeben. Bild 4.29 zeigt zwei typische Kurven dieser Art am Beispiel der Fotoelemente BPY 70 (*AEG-Telefunken*) und BPY 11 (*Siemens*). Anstelle der (oder zusätzlich zur) Beleuchtungsstärke findet man auch hier auf der Abszisse

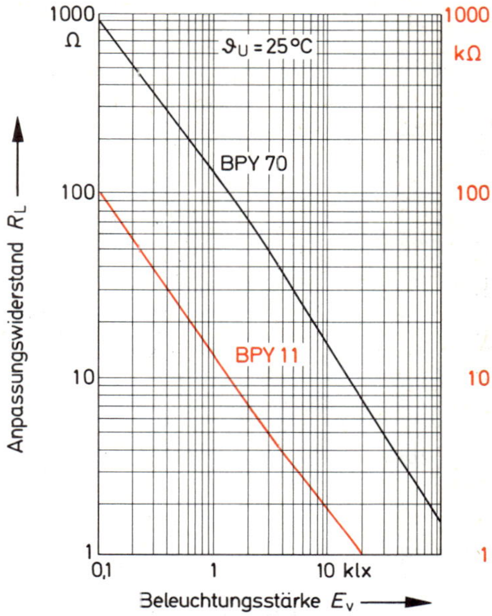

Bild 4.29 Anpassungswiderstand (Widerstand für maximale Leistungsentnahme) in Abhängigkeit von der Beleuchtungsstärke; auch hier wird mitunter statt *oder* neben *der Beleuchtungsstärke der äquivalente Kurzschlußstrom angegeben*

mitunter den äquivalenten Kurzschlußstrom aufgetragen, der dem Schaltungsentwickler nach einer Testmessung mit der zu verwendenden Strahlungsquelle einen besseren Anhaltspunkt gibt, als es die in der Regel angegebene Beleuchtungsstärke E_v in den meisten Fällen ermöglicht.

Liegen in der praktischen Anwendung statt einer konstanten Bestrahlungsstärke **wechselnde Bestrahlungsstärken** (Beleuchtungsstärken) vor, wählt man den Belastungswiderstand am besten so aus, daß bei der *vorwiegend* auftretenden Bestrahlungsstärke Anpassung erreicht wird (Widerstand R_L aus einem Diagramm gemäß Bild 4.29).

Ist der Anpassungswiderstand in Abhängigkeit von der Beleuchtungsstärke nicht in den Datenblättern angegeben, kann man ihn auch aus dem Kennlinienfeld $I_p = f(U_p)$ mit E als Parameter (Bild 4.25) ermitteln, sofern die I_p- und U_p-Werte im (gleichen) **logarithmischen Maßstab** aufgetragen sind: er entspricht dann jenem Wider-

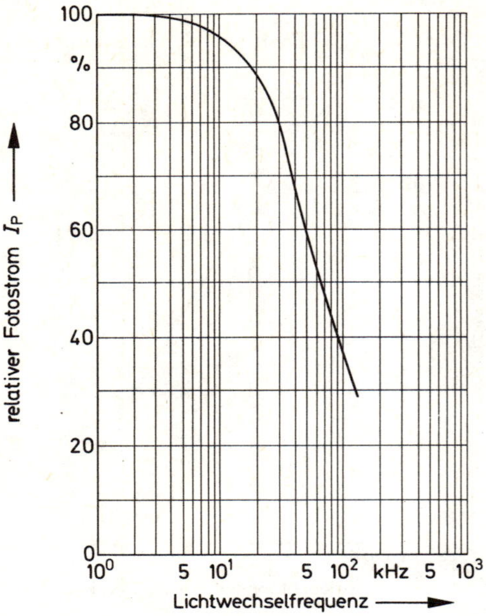

Bild 4.30 Typischer Verlauf des mittleren Fotostromes (im praktischen Kurzschlußbetrieb) als Funktion der Lichtwechselfrequenz, bezogen auf eine Grundstrahlung (z.B. 1000 lx) ohne Modulation

standswert, dessen Widerstandsgerade die jeweilige Strom-Spannungs-Kennlinie unter einem Winkel von 45° schneidet. In Bild 4.25 würde das bei einer Beleuchtungsstärke von 1 klx beispielsweise für einen Lastwiderstand von 100 Ω zutreffen.

4.2.2. Schaltzeiten (Frequenzverhalten) von Fotoelementen

Werden Fotoelemente als Empfänger modulierter Strahlung eingesetzt, muß man ihre diesbezüglichen Eigenschaften und Grenzen kennen. Modulierte Strahlung wird beispielsweise dann verwendet, wenn es um Informationsübertragung geht (Lichttonabtastung bei Filmen), wenn Steuer- oder Regelschaltungen mit Fotoelementen unabhängig von Störlichteinflüssen (Umgebungslicht, Fremdlichtstrahler) betrieben werden sollen, oder aber wenn die Ansprechschwelle einer Empfängerschaltung so niedrig liegt, daß die mit Gleichlicht (bzw. Strahlung gleichbleibender Intensität) erzeugten Fotoströme oder -spannungen im Größenbereich auftretender Störspannungen oder -ströme (infolge Betriebsspannungsschwankungen und Temperaturschwankungen) liegen würden. Die intensitätsmodulierte Strahlung, die im Empfänger amplitudenmodulierte Fotosignale erzeugt, ermöglicht ein Weiterverarbeiten mit Wechselspannungsverstärkern, so daß man die Nutzsignale von den störenden Gleichsignalen trennen kann.

Dabei läßt sich die Modulationsfrequenz aber nicht beliebig hoch wählen, weil vor allem die Sperrschichtkapazität der Fotozelle einen stark begrenzenden Faktor einbringt. Je höher die Modulationsfrequenz der Strahlung ist, desto geringer wird der Fotostrom bei einer vorgegebenen Grundbestrahlungsstärke (unmodulierte Strahlung). Den typischen Verlauf dieser Abhängigkeit zeigt Bild 4.30. Bereits bei einer Lichtfrequenz von etwa 70 kHz ist der mittlere Fotostrom auf 50% seines Wertes ohne Modulation abgesunken. Mit ausgewählten Exemplaren und zweckmäßigem Bemessen des Eingangskreises sollen sich nach [142] allerdings Grenzfrequenzen bis etwa 200 kHz erreichen lassen.

Das **Zeitverhalten von Fotoelementen** läßt sich am besten aus ihrem Ersatzschaltbild erkennen

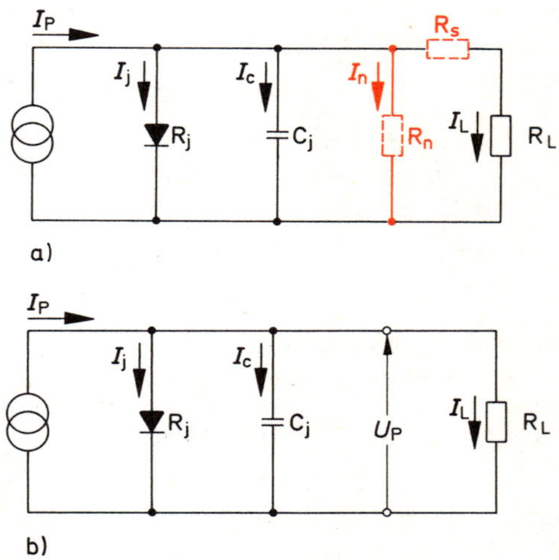

Bild 4.31 Ersatzschaltbild eines Fotoelements
a) vollständige Ersatzschaltung mit parasitären Widerständen (rot),
b) vereinfachte Ersatzschaltung, die normalerweise für praktische Anwendungen genügt

(siehe Bild 4.31). Der bei Strahlungseinfall erzeugte Fotostrom I_p wird durch eine Stromquelle dargestellt, die bei fehlendem Belastungswiderstand (Leerlauf) einen Strom I_j in Durchlaßrichtung durch die pn-Schicht (nichtlinearer Widerstand R_j) fließen läßt, während gleichzeitig die Sperrschichtkapazität C_j aufgeladen wird. Parallel zum Diodenstrom fließen Leckströme, deren Gesamtwirkung als parasitärer Parallelwiderstand R_n darstellbar ist. Außerdem wird durch innere Kristallgegebenheiten und äußere Kontaktübergangswiderstände ein Serienwiderstand wirksam, der als R_s im Ersatzschaltbild berücksichtigt werden kann. Bei zusätzlich vorhandenem Lastwiderstand teilt sich I_p in die im Ersatzschaltbild angegebenen Komponenten auf.
In den meisten Anwendungsfällen kann man R_s und R_p aber vernachlässigen, da bei modernen Planarfotoelementen R_p-Werte von mehreren 100 kΩ bis etwa $10^9\ \Omega$ erreicht werden, während R_s im Verhältnis zu normalen Belastungswiderstandswerten so klein ist, daß er erst bei sehr hohen Strömen (sehr hohen Bestrahlungsstärken) eine Rolle spielen würde. Damit vereinfacht sich das Ersatzschaltbild des Fotoelementes zur Schaltung (b) in Bild 4.31, aus dem man die Anstiegs- und Abfallzeiten der Fotospannung bei Einwirken eines Rechtecksprunges ermitteln kann.

Anstiegszeit der Fotospannung

Aus dem vereinfachten Ersatzschaltbild erhält man für den (von einer Strahlungsquelle hervorgerufenen) Generatorstrom

$$I_p = I_j + I_c + I_L \qquad (4.27)$$

wobei (da $R_s = 0$ angenommen wurde) $I_p = I_k$, mit I_k = Kurzschlußstrom des Fotoelementes bei gegebener Bestrahlung (Beleuchtung).
Der Diodenstrom I_j durch einen in Flußrichtung gepolten pn-Übergang ergibt sich aus der bekannten *Shockley*-Gleichung zu

$$I_j = I_0 \cdot \left(e^{\frac{q \cdot U_p}{k \cdot T}} - 1\right) \qquad (4.28)$$

mit I_0 = Diodenreststrom (idealer Sättigungsstrom in Sperrichtung),
U_p = Fotospannung am Fotoelement,
$\frac{k \cdot T}{q}$ = 26 mV bei Zimmertemperatur.

Den Strom durch die Kapazität erhält man mit

$$I_c = C_j \cdot \frac{dU_p}{dt} \qquad (4.29)$$

und durch den Lastwiderstand zu

$$I_L = \frac{U_p}{R_L} \qquad (4.30)$$

Setzt man diese Beziehung in Gl. (4.27) ein, erhält man

$$I_p = I_0 \cdot \left(e^{\frac{q \cdot U_p}{k \cdot T}} - 1\right) + C_j \cdot \frac{dU_p}{dt} + \frac{U_p}{R_L} \qquad (4.31)$$

Diese Gleichung kann man für die in der Praxis interessierenden Belastungsfälle „Kurzschlußbetrieb“ und „Leerlaufbetrieb“ wesentlich vereinfachen.

Praktischer Kurzschlußbetrieb

Für kleine Belastungswiderstände R_L wird $(I_c + I_L) \gg I_j$, so daß man I_j vernachlässigen kann. Dann wird aus Gl. (4.31)

$$I_p = C_j \cdot \frac{dU_p}{dt} + \frac{U_p}{R_L} \qquad (4.32)$$

und nach Integration

$$t_r = C_j \cdot R_L \cdot \ln\left(\frac{R_L \cdot I_p}{R_L \cdot I_p - U_p}\right) \qquad (4.33)$$

Für den Spannungsverlauf erhält man die bekannte Beziehung für das Aufladen eines Kondensators, die sich aus Gl. (4.32) mit $I_p = I_k$ ergibt zu

$$U_p = I_k \cdot R_L \cdot \left(1 - e^{-\frac{t}{R_L \cdot C_j}}\right) \qquad (4.34)$$

mit der Aufladezeitkonstanten $\tau_r = R_L \cdot C_j$, die die Anstiegsflanke des Spannungsimpulses bestimmt. Je kleiner also der Belastungswiderstand, um so schneller erreicht die Fotospannung ihren der jeweiligen Bestrahlungsstärke entsprechenden Endwert.

Praktischer Leerlaufbetrieb

Für sehr große Belastungswiderstände R_L wird $I_L \ll (I_j + I_c)$, so daß man I_L vernachlässigen kann. Somit erhält man aus Gl. (4.31)

$$I_p = I_0 \cdot \left(e^{\frac{q \cdot U_p}{k \cdot T}} - 1\right) + C_j \cdot \frac{dU_p}{dt} \qquad (4.35)$$

Diese Gleichung führt zu einem relativ komplizierten Zusammenhang für den zeitlichen Verlauf der Fotospannung. Jedoch kann man für eine praktische Näherung auch hier noch weiter vereinfachen, sofern man voraussetzt, daß mit mittleren bis großen Beleuchtungsstärken (nach [234] ab etwa 1000 lx) gearbeitet wird. Dann kann man nämlich davon ausgehen, daß auch $I_0 \ll I_p$, womit sich Gl. (4.35) noch weiter reduziert auf

$$I_p \approx C_j \cdot \frac{dU_p}{dt} \tag{4.36}$$

Solange ein linearer Spannungsanstieg vorhanden ist, folgt daraus schließlich mit $I_p = I_k$

$$t_r \approx \frac{U_p \cdot C_j}{I_k} \tag{4.37}$$

Da das Verhältnis U_p/I_k dem jeweils wirksamen Innenwiderstand des Fotoelementes entspricht, verläuft der Spannungsanstieg somit um so schneller, je kleiner die Sperrkapazität und je geringer der Innenwiderstand (je höher die Bestrahlungsstärke) des Fotoelementes ist. Im Leerlaufbetrieb ist die Ansprechzeit also sehr stark von der Bestrahlungsstärke abhängig.

Abfallzeit der Fotospannung

Nach Abschalten der Strahlungsquelle geht die Fotospannung am Fotoelement nicht sofort auf Null zurück, da die in der Sperrschichtkapazität gespeicherte Ladung erst über die vorhandenen Widerstände abfließen muß. Vernachlässigt man die weniger ins Gewicht fallenden Rekombinationsvorgänge, so ergibt sich die Fotospannung mit dem vorm Ausschalten erreichten Spannungswert U_0 gemäß der Entladefunktion eines Kondensators zu

$$U_p = U_0 \cdot e^{-\frac{t}{R \cdot C_j}} \tag{4.38}$$

$$\text{wobei } \frac{1}{R} = \frac{1}{R_n} + \frac{1}{R_L + R_s} \tag{4.39}$$

Für Leerlauf ($R_L = \infty$) wird der wirksame Entladewiderstand

$$R = R_n$$

und für alle anderen Betriebsfälle, in denen man R_s und R_n vernachlässigen kann

$$R = R_L$$

Die Abfallzeiten der Fotospannung lassen sich also mit Hilfe der Zeitkonstanten

$$\tau_f = R \cdot C_j \tag{4.40}$$

ermitteln.

Laufzeiteinflüsse

Neben den bisher beschriebenen Einflüssen spielt für die Ansprechzeit des Fotoelementes auch die Laufzeit der photonenerzeugten Ladungsträger vom Erzeugungsursprung im Kristall zum pn-Übergang (wo sie als Fotostrom wirksam werden) eine gewisse Rolle (Diffusionsvorgang). Sie wird um so geringer sein, je kurzwelliger die auftreffende Strahlung ist, da die Photonen um so tiefer eindringen, je langwelliger die Strahlung: der Weg zum nahe an der Oberfläche liegenden pn-Übergang wird dann um so größer. Die durch langwelligere Strahlung auftretenden Verzögerungszeiten können bei einigen µs liegen. Da sie durch physikalische Gegebenheiten verursacht werden, kann man sie von außen nur durch Wahl entsprechender Strahlungsquellen beeinflussen.

Zusammenfassend läßt sich sagen:

a) **In allen Betriebsfällen** werden sowohl die Anstiegs- als auch die Abfallzeiten um so geringer sein, je kleiner man die Sperrschichtkapazität „wählt". Da diese aber der aktiven Fläche des Fotoelementes direkt proportional ist (bei Si-Fotoelementen etwa 100 pF je mm^2 lichtempfindlicher Fläche), kann man „schnelle" Fotoelemente nur mit kleiner lichtempfindlicher Fläche (geringe Fotoempfindlichkeit) realisieren.

b) Beim direkten **Kurzschlußbetrieb** ist im wesentlichen die Laufzeit der Ladungsträger (Diffusionszeit) für die Schaltzeitbegrenzung maßgebend; man erhält Schaltzeiten im µs-Bereich.
Im „praktischen" Kurzschlußbetrieb werden die Schaltzeiten um so länger, je größer man den Belastungswiderstand wählt. Zum schnellen Schalten sind also kleine Belastungswiderstände erforderlich.

c) **Im Leerlaufbetrieb** wird die Anstiegszeit im wesentlichen von der Sperrschichtkapazität und dem Innenwiderstand des Fotoelementes bestimmt. Obwohl beide von der Bestrahlungsstärke abhängig sind, kann man die nur geringe Kapazitätsänderung gegenüber der großen Widerstandsänderung bei Bestrahlungsstärkeänderungen vernachlässigen: Je höher die Bestrahlungsstärke wird, um so kürzer sind die Ansprechzeiten (grobe Anhaltswerte etwa: einige µs bei 10^5 lx, einige 10 µs bei 10^3 lx, einige 10 ms bei 1 lx und > 1 s bei 10^{-1} lx).

Dabei sollte aber nicht übersehen werden, daß mit sehr hohen Bestrahlungsstärken die Abfallzeiten länger werden. Leerlaufbetrieb ist also nur dort angebracht, wo es lediglich auf ein sehr schnelles Ansprechen (Einschalten) des Fotoelementes ankommt. Kleine Abfallzeiten (schnelles Umschalten, Impulsbetrieb) erfordern immer das Arbeiten im Kurzschlußbetrieb.

4.2.3. Reihen- und Parallelschaltung von Fotoelementen

Ähnlich der Serien- oder Parallelschaltung von Spannungsquellen gibt es auch beim Einsatz von Fotoelementen Betriebsfälle, in denen vorteilhaft mehrere Elemente parallel oder in Reihe geschaltet werden können. Im folgenden sei kurz auf das Verhalten solcher Schaltungsanordnungen eingegangen.

Serienschaltung

Serienschaltungen von Fotoelementen können beispielsweise dort nützlich sein, wo die Fotospannung eines einzelnen Elementes nicht ausreicht, einen Transistor durchzusteuern.
Das Verhalten hintereinandergeschalteter Fotoelemente ergibt sich grundsätzlich aus der dazugehörigen Ersatzschaltung (siehe Bild 4.32, bei dem die gleichen Vernachlässigungen getroffen wurden wie in Bild 4.31). Schaltet man n Fotozellen gleichen Typs in Reihe, dann erhält man den gleichen Kurzschlußstrom, der sich auch für die einzelne Zelle ergibt. Dagegen addieren sich die einzelnen Fotospannungen zu einer Gesamtspannung

$$U_{\mathrm{p\,ges}} = \sum_{\nu=1}^{n} U_{\mathrm{p}\nu} \tag{4.41}$$

Bei n Fotozellen gleichen Typs erhält man also

$$U_{\mathrm{p\,ges}} = n \cdot U_{\mathrm{p}} \tag{4.41a}$$

Da die Sperrschichtkapazitäten in Reihe geschaltet sind, addieren sich ihre Kehrwerte

$$\frac{1}{C_{\mathrm{j\,ges}}} = \sum_{\nu=1}^{n} \frac{1}{C_{\mathrm{j}\nu}} \tag{4.42}$$

Das bedeutet für n gleich große Kapazitäten

$$C_{\mathrm{j\,ges}} = \frac{C_{\mathrm{j}}}{n} \tag{4.42a}$$

Durch Serienschaltung von Fotozellen kann man also die verfügbare Fotospannung bei einer gegebenen Bestrahlungsstärke vervielfachen. Da sich gleichzeitig die wirksame Sperrschichtkapazität verringert, ergeben sich bei gleichem Lastwiderstand wesentlich geringere Schaltzeiten. Allerdings darf man nicht übersehen, daß bei einer größeren Anzahl hintereinandergeschalteter Zellen der Serienwiderstand R_{s} (siehe Bild 4.31a) nicht mehr vernachlässigt werden darf.

Parallelschaltung

Parallelschaltungen von Fotoelementen könnten u.U. in Frage kommen, wo hohe Fotoströme mit kleinen Belastungswiderständen ohne zusätzliche Leistungsverstärkung erreicht werden sollen.

Bild 4.32 Ersatzschaltbild für die Serienschaltung zweier Fotoelemente gleichen Typs (die Fotospannung verdoppelt sich, die wirksame Kapazität wird halbiert)

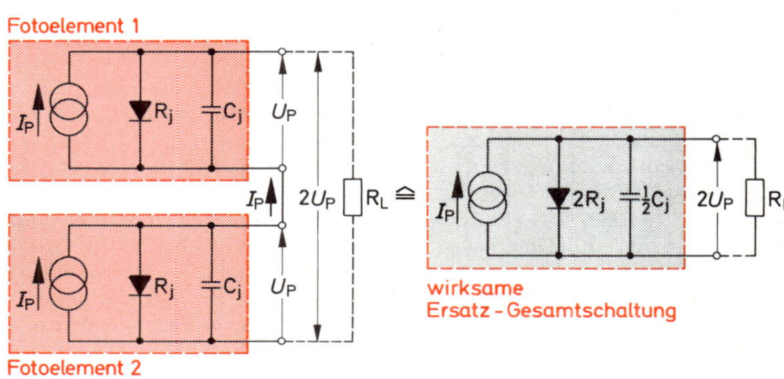

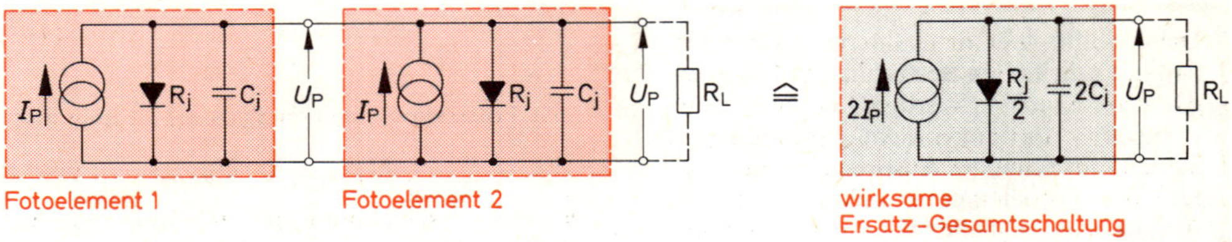

Bild 4.33 Ersatzschaltbild für das Parallelschalten zweier Fotoelemente gleichen Typs (Kurzschlußstrom und wirksame Kapazität verdoppeln sich)

Hier ergeben sich die Verhältnisse der Gesamtschaltung zwar auch in etwa nach der entsprechenden Ersatzschaltung (Bild 4.33). Man sollte in diesem Fall aber darauf achten, daß bei nicht ausgesuchten Fotoelementen in der Regel voneinander abweichende Charakteristika vorliegen, die zu unterschiedlichen Diodenimpedanzen führen. Das hat dann eine ungleichmäßige Stromaufteilung auf die Fotodioden entsprechend dieser Impedanzunterschiede zur Folge.
Bei gleichen Charakteristika addieren sich die Kapazitäten und auch die Kurzschlußströme, während die Fotospannung der Gesamtschaltung mit der des Einzelfotoelementes übereinstimmt.

4.2.4. Schaltungen mit Fotoelementen

Bezüglich der praktischen Anwendbarkeit von Fotoelementen gilt im Prinzip das, was einleitend in Kap. 4.1.4 zum Einsatz von Fotodioden gesagt wurde.
Großflächige Si-Fotoelemente geben bei genügendem Bestrahlen bereits eine so relativ hohe elektrische Leistung ab (z.B. BPX 46 etwa 120 mW, BPX 91 rd. 150 mW), daß man manche Verbraucher damit u.U. schon direkt ansteuern kann. Bei kleinflächigen Typen dagegen muß man wie bei Fotodioden in der Regel erst Transistorschaltungen ansteuern. Nur nutzt man dabei nicht die Widerstandsänderung bei Bestrahlung aus, sondern die an den Klemmen des Fotoelementes verfügbare **Fotospannung.** Nun ist die Fotospannung eines Si-Fotoelementes auch bei hohen Bestrahlungsstärken (Beleuchtungsstärken) meist < 500 mV. Zum Durchsteuern eines Transistors für Hell/Dunkel-Betrieb muß aber mindestens seine Basis-Sättigungsspannung $U_{BE\,sat}$ erreicht oder besser noch etwas überschritten werden. Da (siehe Kap. 4.1.4) für Si-Transistoren im allgemeinen $U_{BE\,sat} \approx 600$ mV und für Ge-Transistoren $U_{BE\,sat} \approx 200$ mV gilt, können nur Ge-Transistoren direkt mit einem Si-Fotoelement angesteuert werden, während zum Ansteuern von Si-Transistoren die Fotospannung eines solchen Fotoelementes allein nicht mehr ausreicht.

Die Grundschaltungen

Die grundlegende Fotoelementschaltung zum direkten Ansteuern eines pnp-Germaniumtransistors zeigt Bild 4.34a. Ge-Dioden im Fotoelementbetrieb sind in einer solchen Schaltung nicht verwendbar, da ihre Fotospannung beim Bestrahlen stets < 200 mV bleibt. Dagegen eignen sich **Si-Fotoelemente** dann, wenn mit Bestrahlungsstärken (Beleuchtungsstärken) gearbeitet wird, die eine Fotospannung > 200 mV (U_{BE}-Schwelle für Ge-Transistoren) ergeben.
Wird nun bei einer solchen Schaltung die Temperatur erhöht, dann steigt (Ge-Transistor) der Reststrom I_{C0} relativ schnell an, wodurch die Kollektor-Emitterspannung absinkt, so daß der Transistor nicht mehr voll sperrt. Aus diesem Grunde kann es, um ein vollständiges Sperren im Dunkelzustand zu erreichen, unter Umständen vorteilhaft sein, von vornherein eine kleine positive Vorspannung (roter Schaltungsteil) an die Basis anzulegen.
Im Gegensatz zu den Ge-Transistoren kann man Si-Transistoren mit einem einzelnen Si-Fotoelement nicht durchsteuern, da dessen Fotospannung in jedem Fall immer < 600 mV (U_{BE}-Schwelle für Si-Transistoren) bleibt. In manchen Fällen läßt sich die notwendige Steuerspannung aber mit Hintereinanderschalten von zwei oder mehreren Si-Fotoelementen (siehe Kap. 4.2.3) erreichen, wie es Bild 4.34b für einen npn-Siliziumtransistor zeigt.
Ist eine solche Schaltung aus technischen oder wirtschaftlichen Gründen nicht möglich, muß man die Fotospannung des Fotoelementes auf eine genügend hohe Vorspannung „aufstocken", so daß die Summenspannung dann den Transistor durchzusteuern vermag.

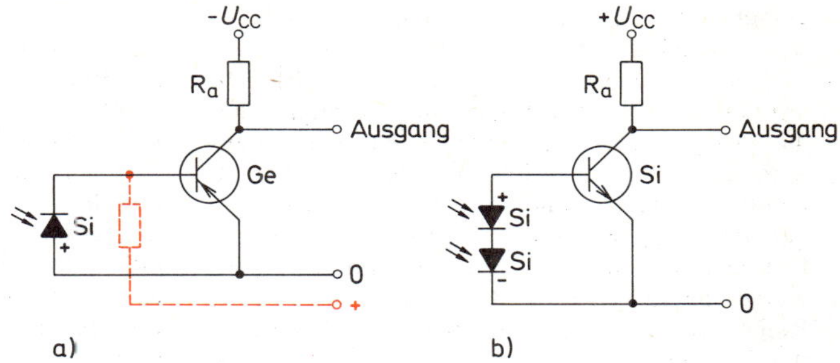

Bild 4.34 Grundschaltungen zum direkten Ansteuern von Schalttransistoren mit Fotoelementen
a) Ge-Transistoren können bei genügend hoher Bestrahlung (Beleuchtung) bereits mit einem Si-Fotoelement durchgesteuert werden
b) zum direkten Durchsteuern eines Si-Transistors genügt ein einzelnes Si-Fotoelement nicht mehr, es sind u.U. mehrere Fotoelemente in Reihe zu schalten

Abschätzen der Fotospannung

Die am Fotoelement verfügbare Fotospannung in der Schaltung läßt sich abschätzen:
Im durchgesteuerten Zustand entspricht der Kollektorstrom des Transistors in 1. Näherung dem Wert

$$I_c \approx \frac{U_{cc}}{R_a} \qquad (4.43)$$

Der Basisstrom des Schalttransistors muß so groß werden, daß der Transistor auch bei der kleinsten vorkommenden Gleichstromverstärkung I_c/I_B mit Sicherheit aufgesteuert wird. Im allgemeinen setzt man deshalb ein Verhältnis $I_c/I_B = 20$ an, was von den meisten gängigen Transistoren erreicht werden dürfte, so daß man mit Gl. (4.43) den notwendigen Basisstrom erhält zu

$$I_B \approx \frac{U_{cc}}{20 \cdot R_a} \qquad (4.44)$$

Nun läßt sich bei einem Fotoelement der Innenwiderstand R_i bei gegebener Bestrahlungsstärke (Beleuchtungsstärke) aus Kurzschlußstrom und Leerlaufspannung (Datenblattdiagramme gemäß Bild 4.23 oder 4.24) ermitteln mit

$$R_i = \frac{U_L}{I_k} \qquad (4.45)$$

und daraus der Spannungsabfall am Innenwiderstand bei bekanntem Basisstrom zu

$$U_{Ri} = I_B \cdot R_i \qquad (4.46)$$

Die wirksame Fotospannung ist schließlich die Differenz aus Leerlaufspannung und Spannungsabfall über dem Innenwiderstand, also

$$U_p = U_L - U_{Ri} \qquad (4.47)$$

Faßt man alle diese Gleichungen zusammen, erhält man schließlich

$$U_p \approx U_L \cdot \left(1 - \frac{U_{cc}}{20 \cdot R_a \cdot I_k}\right) \qquad (4.48)$$

Beispiel

Ein Schalttransistor, der bei einer Betriebsspannung von 6 V eine Last von 1 kΩ zu schalten hat, soll mit einem Si-Fotoelement bei Beleuchtungsstärken zwischen 500 lx und 1000 lx durchgesteuert werden. Zur Verfügung stehen die beiden Si-Fotoelemente BPY 45 und BPY 70 (Kennlinien Bild 4.24). Welches Fotoelement könnte in einer der Schaltungen gemäß Bild 4.34 eingesetzt werden?

Für den BPY 45 entnimmt man aus Bild 4.24 bei der unteren Beleuchtungsgrenze von 500 lx (ungünstigster Fall) einen Kurzschlußstrom von $I_k \approx 700\ \mu A$ und eine Leerlaufspannung von $U_L \approx 390$ mV.
Bei $U_{cc} = 6$ V und $R_a = 1$ kΩ ergibt sich mit Gl. (4.48)

$$U_p \approx 390\text{ mV} \cdot \left(1 - \frac{6\text{ V}}{20 \cdot 10^3\,\Omega \cdot 700 \cdot 10^{-6}\text{ A}}\right)$$

$$\approx 223\text{ mV}$$

Für den BPY 70 erhält man analog $I_k \approx 1450\ \mu A$ und $U_L \approx 390$ mV, womit

$$U_p \approx 390\text{ mV} \cdot \left(1 - \frac{6\text{ V}}{20 \cdot 10^3\,\Omega \cdot 1450 \cdot 10^{-6}\text{ A}}\right)$$

$$\approx 309\text{ mV}$$

Theoretisch könnten beide Typen also einen Ge-Transistor direkt ansteuern, da $U_p > 200$ mV ist. Allerdings muß man bedenken, daß Exemplarstreuungen, Temperatureinflüsse u.a. den abgeschätzten U_p-Wert noch zu kleineren Werten

verschieben können, so daß man in der praktischen Schaltung wahrscheinlich den (weiter im sicheren Durchschaltbereich liegenden) BPY 70 vorziehen würde. (Will man aus Kostengründen die geringere Sicherheitsmarge dennoch in Kauf nehmen, sollte man sich mit dem Abschätzen nicht begnügen, sondern auf jeden Fall die genaueren U_p-Werte ermitteln.)
Den aus der Abschätzung gewonnenen Zahlenwerten entsprechend ließe sich u.U. mit zwei in Reihe geschalteten BPY 70 auch ein Si-Transistor durchsteuern, doch wäre auch hier eine Schaltsicherheit für alle Betriebsfälle nicht unbedingt garantiert.

Verwenden einer Vorspannung

Dort, wo die U_p-Werte zu klein sind, einen Transistor bei gegebener Bestrahlungsstärke unmittelbar durchzusteuern und wo außerdem ein Hintereinanderschalten von Fotoelementen nicht in Frage kommt, kann mit einer zusätzlichen Vorspannung gearbeitet werden.
Eine solche Vorspannung U_v (Größenbereich bei Si-Transistoren etwa 500 mV bis 600 mV) läßt sich auf unterschiedliche Weise gewinnen, beispielsweise mit einem Spannungsteiler gemäß Bild 4.35. Der Widerstand R_2 kann dabei entweder ein fester oder ein veränderlicher Widerstand

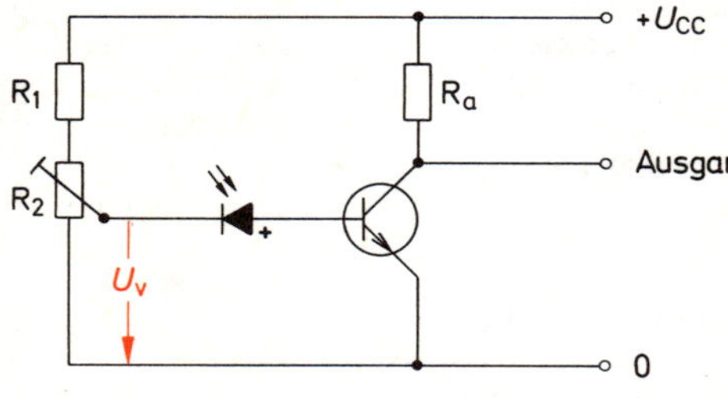

Bild 4.35 Ansteuern eines Schalttransistors mit einem Fotoelement in der Basisleitung; um die erforderliche Steuerspannung zu erreichen, ist das Fotoelement mit dem negativen Pol an einen Basisspannungsteiler gelegt, so daß bei Bestrahlung die wirksame Spannung zwischen Basis und Emitter $U_{BE} = U_v + U_p$ wird. Beim Bestrahlen des Fotoelementes schaltet der Transistor durch; wird das Fotoelement entgegengesetzt gepolt und die Vorspannung gleichzeitig um den Betrag der vorher wirksamen Fotospannung erhöht, erreicht man das umgekehrte Schaltverhalten (Transistor wird beim Bestrahlen gesperrt)

sein. Ist es ein Festwiderstand, wählt man die Vorspannung relativ groß, um ein sicheres Durchschalten zu gewährleisten. Das hat aber im Dunkelzustand eine entsprechend größere Sperrspannung am Fotoelement zur Folge, was den Sperrstrom und damit die Temperaturabhängigkeit des Ausschaltpunktes beeinflußt. Wählt man dagegen R_2 als Einstellwiderstand, läßt sich der individuelle Schaltpunkt bei gegebener Bestrahlung optimal einstellen und damit die Temperaturabhängigkeit ein wenig verringern. Die Fotospannung, die hier in Serie mit der Vorspannung U_v wirksam wird ($U_{BE} = U_v + U_p$) läßt sich, genau wie oben, mit Gl. (4.48) abschätzen.
Trotzdem ist es ratsam, Schaltungen dieser Art nur dort einzusetzen, wo ein Arbeiten bei einigermaßen konstanter Temperatur gewährleistet ist. Auch sollte die Betriebsspannung bei dieser Schaltung möglichst stabilisiert sein.

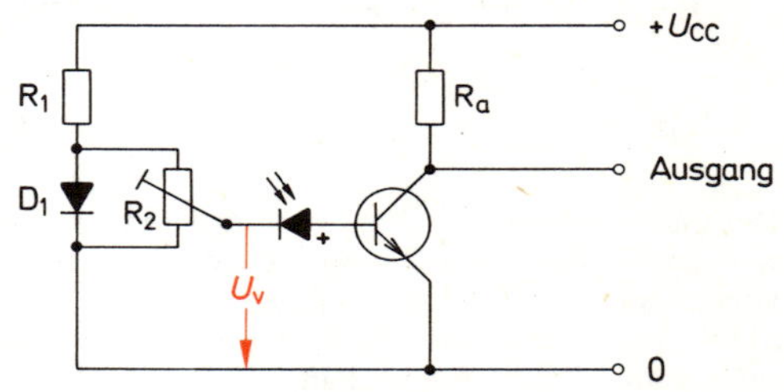

Bild 4.36 Entnimmt man die mit dem Fotoelement in Reihe zu schaltende Vorspannung U_v zum Durchsteuern des Transistors einer Parallelschaltung aus Widerstand und Si-Diode, dann erhält man eine temperaturkompensierende Wirkung; auch hier gilt für das Umpolen des Fotoelementes die zu Bild 4.35 beschriebene Umkehrung der Schaltfunktion

Eine bezüglich der Schaltschwelle **temperaturkompensierte Schaltung** erhält man, wenn die Vorspannung für das Fotoelement als Spannungsabfall über einer (oder mehreren) in Durchlaßrichtung betriebenen Si-Diode(n) gewonnen wird, da der temperaturabhängige Durchlaßwiderstand der Si-Diode der U_{BE}-Änderung bei Temperaturerhöhung entgegenwirkt. Gleichzeitig werden auf diese Weise auch Betriebsspannungsschwankungen ausgeglichen, so daß hier keine stabilisierende Versorgungsspannung notwendig ist. Die gängige Grundschaltung dafür zeigt Bild 4.36.

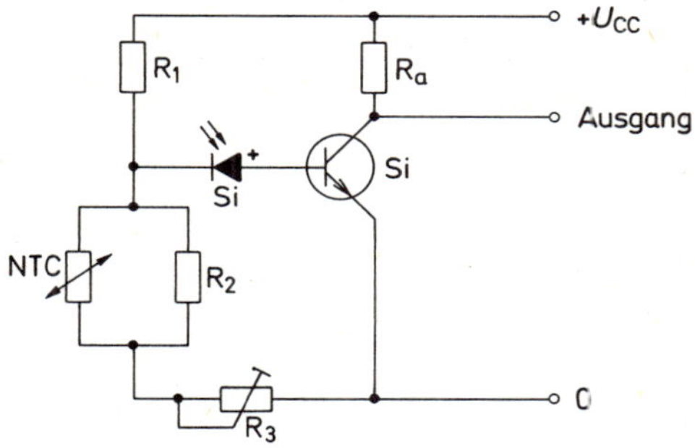

Bild 4.37 Eine Temperaturkompensation kann man auch mit einem NTC-Widerstand (Heißleiter) parallel zum Spannungsteilerwiderstand R_2 erreichen

Natürlich kann man auch eine temperaturkompensierende Wirkung erzielen, wenn man dem Spannungsteilerwiderstand R_2 in Schaltung 4.35 einen NTC-Widerstand (Heißleiter) parallel schaltet. Eine solche Grundschaltung zeigt Bild 4.37, in der die Feinheiten der Kompensation mit dem Widerstand R_3 einstellbar sind.

Schwellwertschalter mit Fotoelement

Schwellwertschalter, wie sie in Kap. 4.1.4 mit Fotodioden beschrieben wurden, kann man, ausgehend von den Grundschaltungen, auch mit einem Fotoelement aufbauen. Einen sehr empfindlichen Schwellwertschalter dieser Art mit dem Fotoelement BPY 11 und der integrierten Schaltung TAA 151 als Vorverstärker gibt zum Beispiel *Siemens* [142] an (Bild 4.38). Prinzipiell ist im Eingangskreis dieses Schwellwertschalters die in Bild 4.36 ersichtliche, temperaturkompensierte Grundschaltung verwirklicht: Zum Gewinnen der Vorspannung U_v wird der Widerstand R_1 des TAA 151 mit einem externen Einstellwiderstand R_2 kombiniert, während das Fotoelement BPY 11 in der Basisleitung des Transistors T_2 liegt. Als temperaturkompensierende Si-Diode, über der die notwendige Vorspannung abgegriffen wird, dient die Basis-Emitter-Diode des Transistors T_1 im TAA 151, bei dem man Basis und Kollektor kurzgeschlossen hat, so daß die Basis-Emitter-Diode parallel zu R_2 liegt. Die beiden Transistoren T_2 und T_3 bilden mit dem gemeinsamen Emitterwiderstand R_4 einen Schmitt-Trigger, der den Schalttransistor BSX 45 ansteuert. An den Lastwiderstand R_8 (z.B. ein Relais) wird eine Schaltleistung von ca. 3 W abgegeben. Für höhere Leistungen kann man an den Ausgang auch noch eine weitere Leistungsstufe anschließen. Der rot eingezeichnete Kondensator soll in manchen Anwendungen, beispielsweise bei Dämmerung- und Parklichtschaltern, für eine gewisse Schaltverzögerung sorgen, damit nicht kurzzeitige „Verdunkelungen" (sich vorbeibewegende Objekte) bereits einen Schaltvorgang auslösen (Größenordnung des Kondensators 100 µF).

Analogschaltungen

Analogschaltungen erfordern Proportionalität zwischen Steuer- und Ausgangsfunktionen. Fotoelemente zum Übertragen modulierter Strahlung sollten deshalb im praktischen Kurzschlußbetrieb arbeiten. Prinzipiell läßt sich das damit realisieren, daß man die Fotospannung eines mit

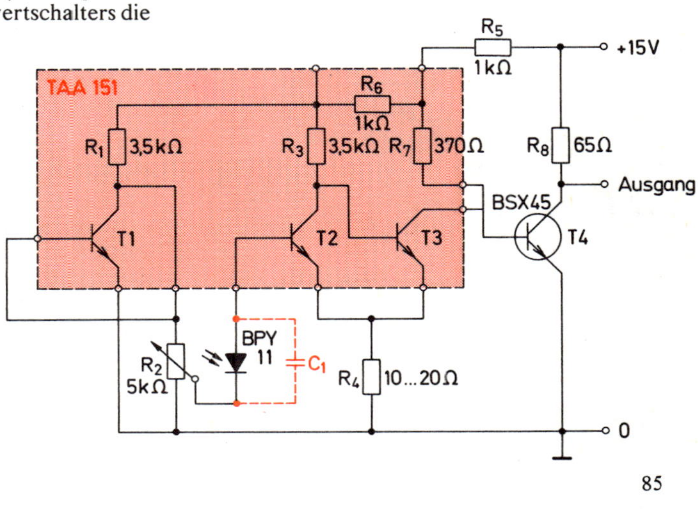

Bild 4.38 Schwellwertschalter für 3 W Ausgangsleistung mit dem Fotoelement BPY 11 als Steuerelement, den integrierten Linearverstärker TAA 151 als Vorverstärker und den Schalttransistor BSX 45 als Endstufe (Siemens)

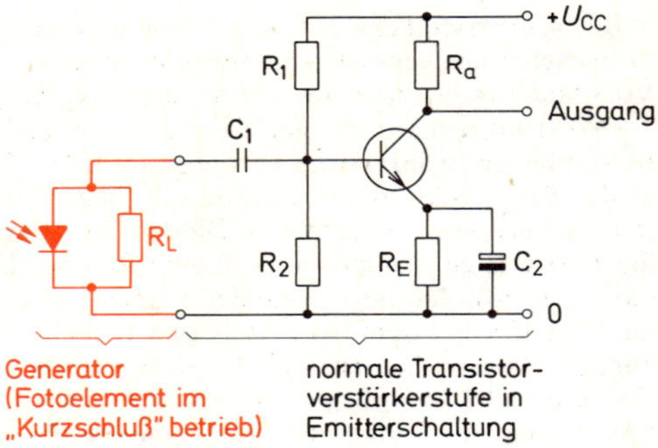

Bild 4.39 Für analoges Signalübertragen (modulierte Strahlung) kann ein im „praktischen" Kurzschlußbetrieb arbeitendes Fotoelement (rot) eine normale Transistorverstärkerstufe ansteuern; dabei ist $R_{L(opt)}$ von der mittleren Bestrahlungsstärke abhängig

genügend kleinem Widerstand belasteten Fotoelementes an den Eingang eines normalen Transistorverstärkers koppelt. Bild 4.39 zeigt eine solche Schaltung. Im Sinne eines „praktischen" Kurzschlußbetriebes kommt dabei der Definition „genügend kleiner" Widerstand eine relative Wertung zu. Die absolute Größe eines solchen Widerstandes hängt immer von der verwendeten Bestrahlungsstärke ab (siehe Kap. 4.2.1) und kann u.U. im kΩ-Bereich liegen.

Die Grundschaltung eines **fotoelementgesteuerten linearen Operationsverstärkers** gibt Bild 4.40 wieder. Wegen der Gegenkopplung über R_f liegt der invertierende Eingang des Operationsverstärkers virtuell auf Massepotential, so daß

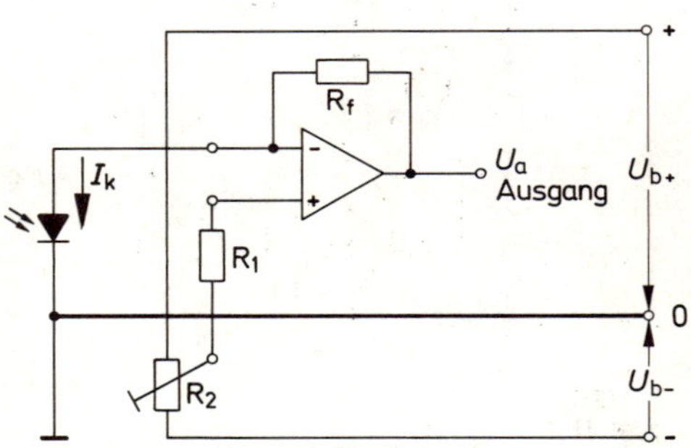

Bild 4.40 Lineare Verstärkerschaltung zum Übertragen modulierter Strahlung

das Fotoelement praktisch im Kurzschlußbetrieb arbeitet. Damit ist Proportionalität zwischen Bestrahlungsstärke und Verstärkereingangssignal gewährleistet. Der Widerstand R_1 wird dabei so dimensioniert, daß er dem Innenwiderstand der Fotozelle bei der verwendeten mittleren Bestrahlungsstärke entspricht. Die Ausgangsspannung U_a erhält man in Näherung als Produkt aus Kurzschlußstrom des Fotoelementes und Gegenkopplungswiderstand ($U_a \approx I_k \cdot R_f$), sie ist der Bestrahlungsstärkeänderung direkt proportional ($\Delta U_a \sim \Delta E$). Der (niederohmige) Einstellwiderstand R_2 dient dem Offsetspannungsabgleich.

Logarithmisches Verhalten

Manche Anwendungen erfordern einen logarithmischen Zusammenhang zwischen Ein- und Ausgangssignal. Das Fotoelement müßte dann im praktischen Leerlauf betrieben werden.

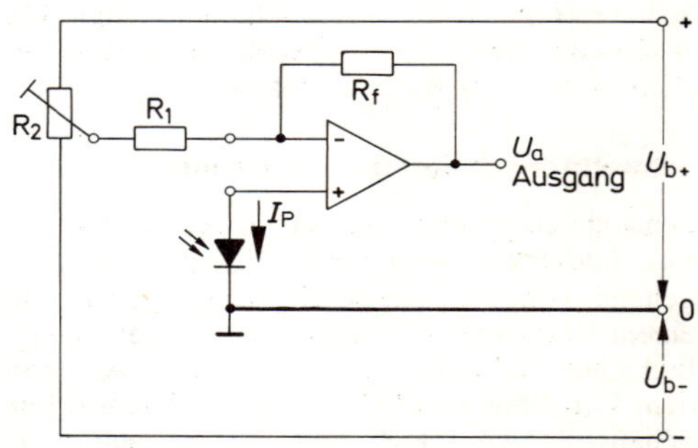

Bild 4.41 Mit dieser Schaltung wird eine logarithmische Abhängigkeit des Ausgangssignals vom Eingangssignal (modulierte Strahlung) erreicht

Eine mögliche Schaltung dieser Art deutet Bild 4.41 an. Hier wird das Fotoelement zwischen den nichtinvertierenden Eingang eines Operationsverstärkers und Masse geschaltet (hoher Eingangswiderstand). Für das Dimensionieren von R_1 gilt dasselbe wie für die Schaltung in Bild 4.40. Die Spannungsverstärkung ergibt sich dann als $V_u = (R_f + R_1)/R_1$, wobei die Ausgangsspannung eine logarithmische Funktion der Bestrahlungsstärke ist. Auch hier dient R_2 (niederohmig) dem Offsetspannungsabgleich.

4.2.5. Solarzellen

Solarzellen, auch **Solarelemente** genannt, sind großflächige Fotoelemente, die der Umwandlung von Sonnenenergie in elektrische Energie dienen. Durch Hintereinanderschalten und Parallelschalten mehrerer solcher Elemente (siehe Kap. 4.2.3) können **Solarbatterien** für unterschiedliche Spannungen und Leistungen aufgebaut werden.

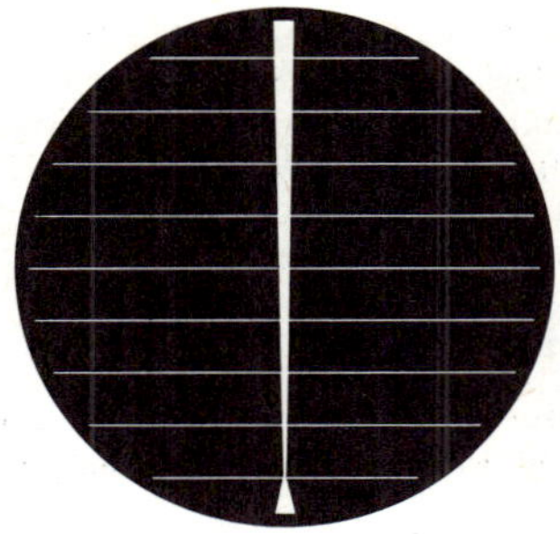

Bild 4.42 Mit gleichförmig verteilten „Finger"-Kontakten erhält man bei großflächigen Fotoelementen (Solarzellen) einen geringen Serienwiderstand

Einen speziellen Chipaufbau haben die für *extraterrestrische* Zwecke (zur Verwendung außerhalb der Erdatmosphäre) hergestellten Solarzellen. Mit einer besonderen n- auf p-Technik wird bei ihnen eine hohe Widerstandsfähigkeit gegen hochenergetische Teilchen (z.B. Elektronen und Protonen) erreicht. Außerdem wird mit einem Antireflexüberzug der Oberfläche solcher Zellen die spektrale Empfindlichkeit und damit der Wirkungsgrad erhöht.
Für den *terrestrischen* Betrieb (Anwendungen im Bereich der Erdatmosphäre) können im Prinzip alle großflächigen Fotoelemente verwendet werden. Schaltet man viele solcher Elemente hintereinander, könnte ein zu großer Serienwiderstand (siehe Ersatzschaltbild Kap. 4.2.2) den erreichbaren Kurzschlußstrom unliebsam begrenzen. Deshalb wird bei großflächigen Typen der Serienwiderstand von vornherein dadurch verringert, daß man bei der Oberflächenkontaktierung eine gleichmäßige Verteilung der Kontaktfläche in Form aufgefächerter Fingerkontakte vorsieht (siehe Bild 4.42).
Die für eine Solarbatterie in Reihe und parallel zu schaltenden einzelnen Solarzellen sollten nach gleicher Leerlaufspannung und möglichst gleichen Kurzschlußströmen bei der zu erwartenden mittleren Bestrahlungsstärke ausgesucht werden. Die dabei notwendige Anzahl von Zellen richtet sich nach Betriebsspannung und Leistung des zu versorgenden Gerätes.

Da die Ausgangsspannung der Solarbatterie in Abhängigkeit von Belastung und Bestrahlungsstärke (Änderung von Sonnenstand und Bewölkung) stark variiert, kann sie nicht direkt auf einen Verbraucher arbeiten. Zum Ausgleich der Schwankungen ist vielmehr eine Pufferbatterie notwendig, die aber von der Solarbatterie auch nicht direkt geladen werden kann, weil die erzeugte Fotospannung bei niedrigen Bestrahlungsstärken geringer ist als die Klemmenspannung der Pufferbatterie. Man schaltet deshalb zwischen Solarbatterie und Pufferbatterie einen Sperrwandler, der in der Sperrphase die vorher aufgenommene Energie mit genügend großer Spannung an die Pufferbatterie weitergibt (sie auflädt).
Eine Schaltung für einen geeigneten Sperrwandler („Zerhacker"), der bereits bei einer Eingangsspannung von 0,8 bis 1 V schwingt, gibt beispielsweise *Siemens* [145, 142] an (Bild 4.43). Der Wandler arbeitet mit einer Schwingfrequenz von etwa 10 kHz und einem Wirkungsgrad von rd. 0,6. Mit 4 in Reihe geschalteten Fotozellen BPY 45 kann damit beispielsweise eine 6-V-DEAC-Batterie aufgeladen werden, die dann in der Lage ist,

Bild 4.43 Schaltbild eines Sperrwandlers (Zerhackers) für vier hintereinander geschaltete Fotoelemente (Solarzellen) BPY 45 zum Aufladen einer DEAC-Batterie 5 × 2225 DKZ (Siemens)

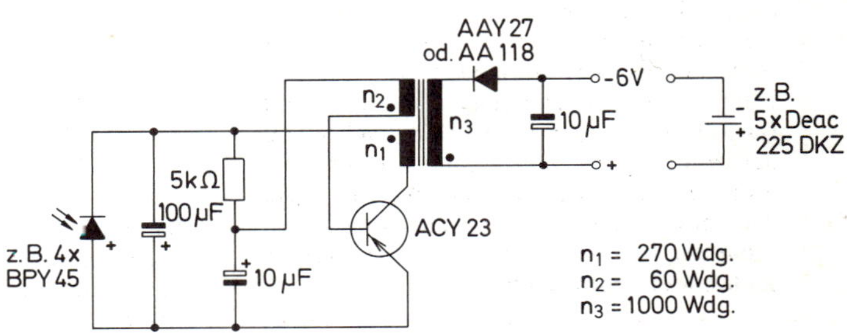

bei einer Fotospannung von z.B. 1,5 V eine Ausgangsleistung von 1,8 mW oder bei 2 V Eingangsspannung (etwa volle Sonnenbestrahlung) eine Leistung von 2,6 mW abzugeben. Für höhere Leistungen sind zusätzliche Solarzellen notwendig.

Zahlenbeispiel

Um in unseren Breiten beispielsweise einen 24-h-Betrieb mit 1 mW Ausgangsleistung auch unter ungünstigsten Witterungsbedingungen ständig aufrecht erhalten zu können, sind nach [142] Spitzen-Eingangsleistungen (volle Bestrahlung) von 50 bis 100 mW notwendig, was eine Solarbatterie aus ca. 6 bis 10 Elementen BPY 45 erfordern würde.
Ein 9-V-Kofferradio mit der gleichen Grundzelle aufgebaut, würde 40 Elemente (2 Reihen zu je 20 hintereinandergeschalteten BPY 45 = Solarbatterie von der Größe einer Postkarte) erfordern.

4.3. Fototransistoren

Bei den Fototransistoren kann man grundsätzlich unterscheiden zwischen **Fotofeldeffekttransistoren (Foto-FET), bipolaren Fototransistoren** und **Fotodarlingtontransistoren.**
Fotofeldeffekttransistoren haben bislang eine so geringe Bedeutung erlangt, daß hier nicht weiter auf sie eingegangen wird. Grundsätzlich sind sie wie normale FET aufgebaut, mit dem Unterschied, daß der pn-Übergang als Fotodiode ausgebildet ist. Ihre Vorteile sind, wie auch beim normalen FET, ein hoher Eingangswiderstand und ein günstiges Rauschverhalten.

4.3.1. Bipolare Fototransistoren

Bipolare Fototransistoren, im folgenden immer nur „Fototransistoren" genannt, entsprechen in ihrem prinzipiellen technologischen Aufbau dem eines normalen Transistors (zwei Sperrschichten). Lediglich der pn-Übergang der Kollektor-Basis-Diode ist beim Fototransistor wesentlich größer und liegt nahe an der Oberfläche (flache Diffusion), um der einfallenden Strahlung gut zugänglich zu sein.
Von der Funktion her kann man den Fototransistor als konventionellen Transistor mit einer Fotodiode zwischen Kollektor- und Basisanschluß betrachten (Bild 4.44), wobei der strahlungsgesteuerte Sperrstrom der Fotodiode vom Transistor verstärkt wird. Meist wird ein solcher Fototransistor in Emitterschaltung betrieben, und oft ist der Basisanschluß nicht herausgeführt.

Entsprechend dieser Definition gilt für Fototransistoren prinzipiell alles das, was zum Betrieb der Fotodiode mit nachgeschaltetem Transistor bereits oben gesagt wurde.
Ihr Hauptanwendungsbereich erstreckt sich dabei vor allem auf Schaltfunktionen, die durch Bestrahlungsunterschiede (Hell/Dunkel-Betrieb, auch im übertragenem Sinne für den Infrarotbereich) ausgelöst werden. Dazu gehören alle Arten von „Licht"schranken zum Abtasten von Lochkarten, Lochstreifen, binär kodierten Gebersystemen, zum Überwachen und Steuern von Fertigungsabläufen (z.B. in der Textil- und Papierindustrie zur Qualitätsüberwachung, zum Feststellen von Fadenrissen u.a.; in anderen Bereichen zum Zählen von Teilen, zum Überwachen von Füllhöhen), für Sicherheitseinrichtungen an Maschinen (Lichtvorhang), zum Überwachen von Gebäuden und Gebäudeteilen (Einbruchsicherung), zum Messen und Steuern von Drehzahlen und vielem anderen mehr (vgl. dazu auch Kap. 7). Darüber hinaus sind aber auch analoge Anwendungen (Lichttonabtastung u.a.) möglich, die gegenüber der digitalen Anwendung jedoch eine vergleichsweise geringe Rolle spielen.

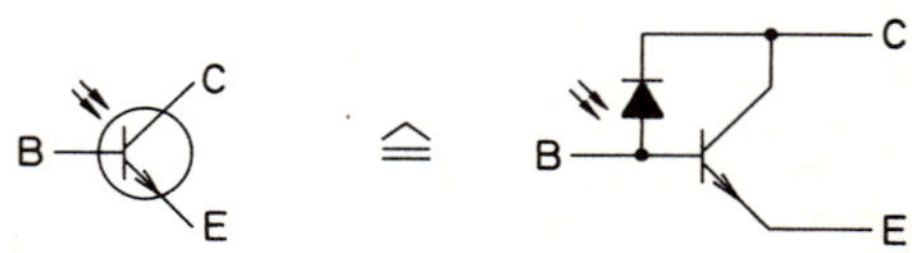

Bild 4.44 Von der Funktion her entspricht der Fototransistor einem normalen Transistor mit einer Fotodiode zwischen Basis- und Kollektoranschluß

4.3.1.1. Kennwerte und Kennlinien

Fototransistoren werden heutzutage fast ausschließlich als npn-Typen in Si-Planartechnik hergestellt. Dementsprechend ist ihre **relative spektrale Empfindlichkeit** etwa der anderer Si-Fotoempfänger gleichzusetzen, d.h., sie eignen sich als Empfänger sowohl für Wolframfadenlicht als auch für Strahlung von GaAs-LED (für die sie in zunehmendem Maße eingesetzt werden).

Die meisten älteren Fototransistortypen haben dabei ihr Maximum der spektralen Fotoempfindlichkeit bei 800 nm und fallen bei 950 nm (Maximum der GaAs-LED-Strahlung) auf 40 bis 50% ihrer maximalen Empfindlichkeit ab. Bei neueren Typen wurde dieser Nachteil durch Anheben der Empfindlichkeit im Infrarotbereich beseitigt (siehe Bild 4.45), so daß bei $\lambda = 950$ nm noch über 80% der maximalen Fotoempfindlichkeit erreicht werden. Das bedeutet bei Anwendungen in „Licht"schranken mit GaAs-LED als Sender einen doppelt so großen Fotostrom gegenüber „konventionellen" Typen gleicher Richtcharakteristik und gleich großer fotoempfindlicher Fläche.

Die **absolute Empfindlichkeit** eines Fototransistors resultiert, entsprechend obiger Definition (Bild 4.44), aus der Fotoempfindlichkeit einer Fotodiode gleicher Größenordnung, multipliziert mit der Stromverstärkung des Transistors (Faktor 100 bis 500), so daß man bereits bei mittleren Bestrahlungsstärken (Beleuchtungsstärken) **Ausgangsströme im mA-Bereich** erwarten kann.

Die in den Datenblättern angegebenen absoluten Empfindlichkeitswerte sind dabei immer auf die **optische Nullachse** bezogen. Zusätzlich kann man durch Vorsetzen einer Linse die **Richtcharakteristik** des Empfängers beeinflussen und damit die **absolute Empfindlichkeit** des Fototransistors erhöhen, ohne daß sich an allen anderen charakteristischen Größen etwas ändert. Das soll am Beispiel der beiden Fototransistoren BPW 16 und BPW 17 gezeigt werden: Vergleicht man ihren Aufbau miteinander (Bild 4.46), so unterscheiden sie sich lediglich darin, daß beim BPW 16 die Strahlung durch ein Planfenster, beim BPW 17 dagegen durch eine vorgesetzte Linse eintritt. Die strahlungsempfindliche Fläche, der Gehäusetyp und damit alle Grenzdaten stimmen überein. Bei den Kenngrößen unterscheiden sich lediglich die absoluten Empfindlichkeitswerte (0,4 µA/lx bzw. 3 µA/lx) und damit die Kollektorströme bei Bestrahlung um etwa einen Faktor 1 : 7,5 (z.B. 0,4 mA bei 1000 lx bzw. 3 mA bei 1000 lx), weil die einfallende Strahlung von der

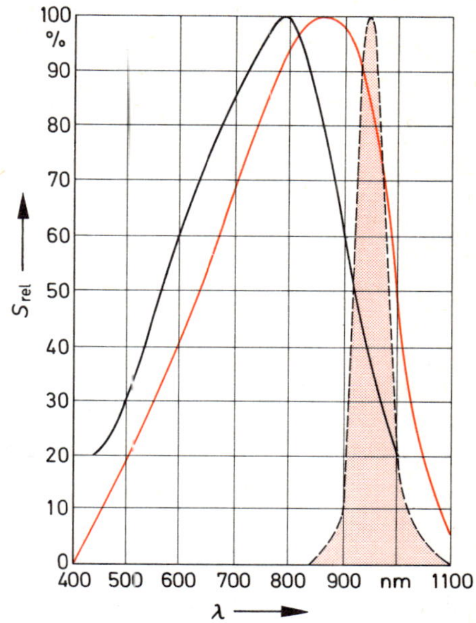

Bild 4.45 Bei neueren Fototransistortypen für spezielle GaAs-Kompatibilität (z.B. BPX 43, BPX 62, BPY 61) wurde die relative spektrale Empfindlichkeit soweit in den Infrarotbereich verschoben (rote Kurve), daß bei der maximalen Wellenlänge der GaAs-LED-Strahlung (950 nm, rot unterlegte Kurve) noch 80% der maximalen Fotoempfindlichkeit erreicht werden. Demgegenüber fällt bei den üblichen Si-Fototransistoren mit $\lambda_{max} = 800$ nm (schwarze Kurve, z.B. BPX 38, BPY 62) die Fotoempfindlichkeit bei $\lambda = 950$ nm auf ca. 40% ab

Linse stark gebündelt wird (siehe Richtcharakteristika, Bild 4.47).

Absolute Empfindlichkeitsangaben bei Fototransistoren sind natürlich nur dann sinnvoll, wenn neben der Bestrahlungsstärke (Beleuchtungsstärke) auch die Kollektor-Emitter-Spannung U_{CE} angegeben ist, da von ihr ja jeweils die wirksame Stromverstärkung abhängt, welche die Fotoempfindlichkeit multiplikativ beeinflußt.

Der Dunkelstrom

Bei fehlender Bestrahlung ($E = 0$) fließt nur der (auch für normale Transistoren definierte) **Kollektor-Emitter-Reststrom** I_{CE0}, der bei Fototransistoren auch als Kollektordunkelstrom I_{C0} be-

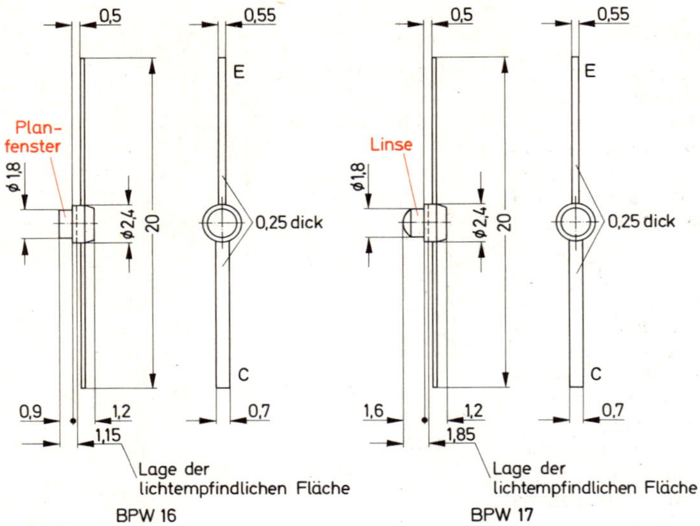

Bild 4.46 Äußerer Aufbau der Fototransistoren BPW 16 und BPW 17 (AEG-Telefunken)

zeichnet wird. Dieser **Dunkelstrom** resultiert (gemäß Ersatzschaltung, Bild 4.44) aus dem Sperrstrom der Kollektor-Basis-Diode (in Sperrichtung vorgespannte Fotodiode), der in die Basis eingespeist und entsprechend der Stromverstärkung B des Transistors in Emitterschaltung verstärkt wird zu

$$I_{C0} \approx I_{CB0} \cdot B \tag{4.49}$$

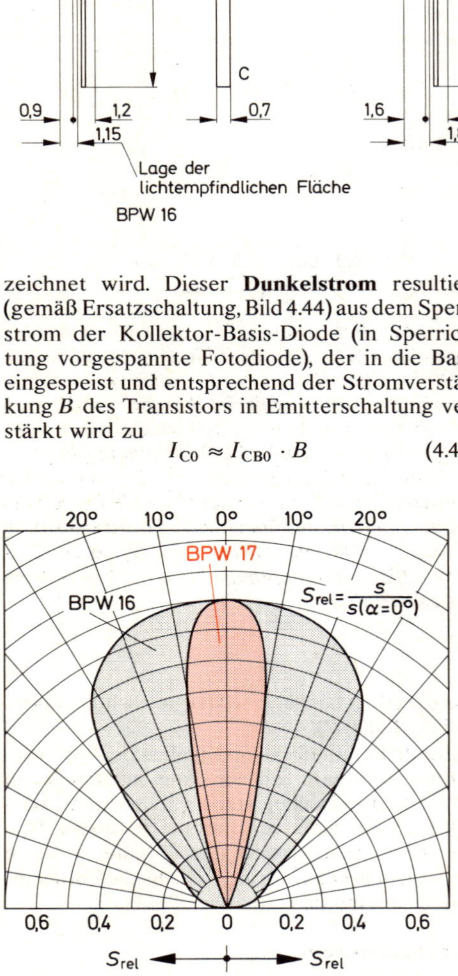

Bild 4.47 Relative Fotoempfindlichkeit bei technologisch gleichen Fototransistoren mit Planfenster (BPW 16) und mit vorgesetzter Linse (BPW 17)

Da der Sperrstrom von der jeweiligen Kristalltemperatur abhängt (thermische Trägerpaarbildung), steigt er mit dieser und folglich auch mit der Umgebungstemperatur an, so daß man (multipliziert mit dem ebenfalls temperaturabhängigen B) einen entsprechend großen Dunkelstrom erhält. Anhand typischer Kennlinien zeigt Bild 4.48 diese Temperaturabhängigkeit für einen Si-Fototransistor. (Bei Ge-Fototransistoren würde dieser Einfluß zu nicht akzeptierbaren Dunkelstromwerten führen, weshalb man heute nur noch Si-Fototransistoren herstellt.)

Der Fotostrom

Der **Fotostrom,** der beim Fototransistor auch als **Kollektor-Hellstrom** I_{ca} (oder I_c) bezeichnet wird, entsteht in der Kollektor-Basis-Diode als Summe aus Sperrstrom I_{CB0} (entspricht dem I_{R0} der Fotodiode) und photonenerzeugtem Fotostrom I_{pD} (entspricht dem I_p der Fotodiode, siehe Gl. 4.1), die zusammen als steuernder Basisstrom wirksam werden, so daß man

$$I_{ca} = (I_{CB0} + I_{pD}) \cdot B \tag{4.50}$$

erhält.

> Im Gegensatz zum Kurzschlußstrom der Fotodiode ändert sich der Kollektor-Hellstrom I_{ca} des Fototransistors nicht streng linear mit der wirksamen Bestrahlungsstärke (Beleuchtungsstärke), da die Stromverstärkung B des Transistors eine stromabhängige Größe ist.

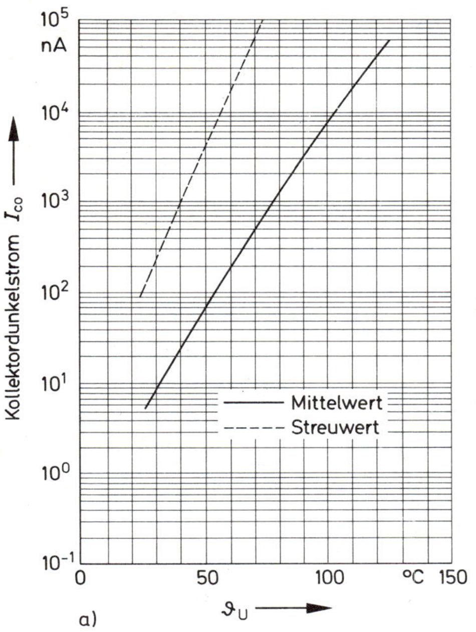

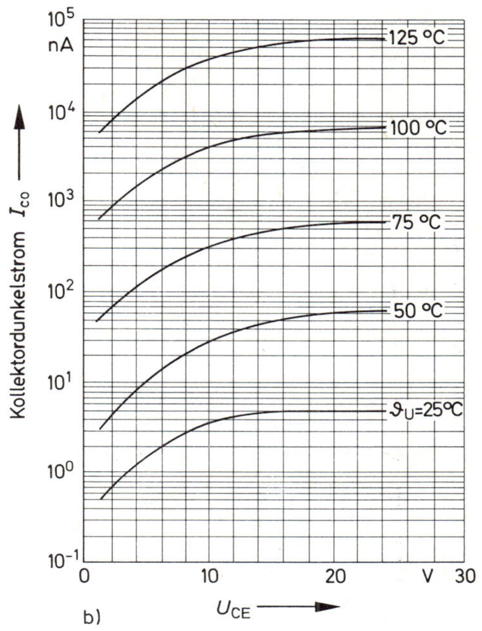

Bild 4.48 Der Dunkelstrom ($E = 0$) ist bei Fototransistoren stark von der Temperatur abhängig
a) Kollektordunkelstrom als Funktion der Umgebungstemperatur ($U_{CE} = 30$ V)
b) Kollektordunkelstrom als Funktion der Kollektor-Emitter-Spannung (Umgebungstemperatur als Parameter)

Die Strom-Spannungs-Charakteristik

Der **Kollektor-Hellstrom** des Fototransistors wird in den Datenblättern als Funktion der Kollektor-Emitter-Spannung angegeben, mit der Eingangsgröße als Parameter. Dieses Ausgangskennlinienfeld

$$I_{ca} = f(U_{CE})$$

entspricht im Prinzip dem eines normalen Transistors in Emitterschaltung, nur daß hier statt des Basisstromes die Beleuchtungsstärke oder die Bestrahlungsstärke als Parameter aufgetragen ist (Bild 4.48).
Vergleicht man diese Kennlinien mit jenen der Fotodiode (Bild 4.6), so erkennt man daraus die Berechtigung der Ersatzschaltung des Fototransistors gemäß Bild 4.44. Der prinzipielle Verlauf beider Kennlinienfelder ist nämlich der gleiche, nur sind beim Fototransistor die Kollektorströme der Diode um den Stromverstärkungsfaktor B des Transistors größer und zeigen außerdem, wegen der Stromabhängigkeit von B, einen nichtlinearen Zusammenhang zur Beleuchtungsstärke (Bestrahlungsstärke).

Aus diesem Kennlinienfeld $I_{ca} = f(U_{CE})$ lassen sich für einen gegebenen Lastwiderstand R_L mit Hilfe der **Belastungsgeraden** die **Schaltpunkte** (bei Verwendung als Schalttransistor) bzw. der **Arbeitspunkt** und die zugehörige **Steuerkennlinie** (bei Verwendung als Analogsignal-Verstärker und -Empfänger) **wie beim Dimensionieren einer normalen Transistorstufe** ermitteln.

Somit würde sich beispielsweise für eine Emitterschaltung mit der Betriebsspannung U_{cc} die jeweilige Arbeitsgerade aus der Gleichung

$$U_{CE} = U_{cc} - I_{ca} \cdot R_L \qquad (4.51)$$

ergeben.
Die Schnittpunkte der Geraden mit den Koordinatenachsen (siehe z.B. Bild 4.50) würde man

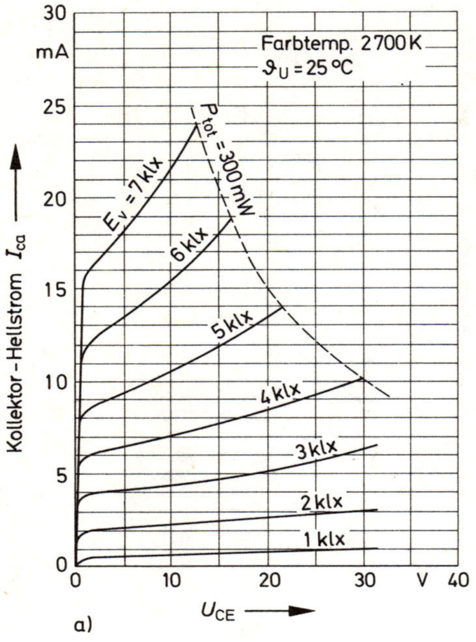

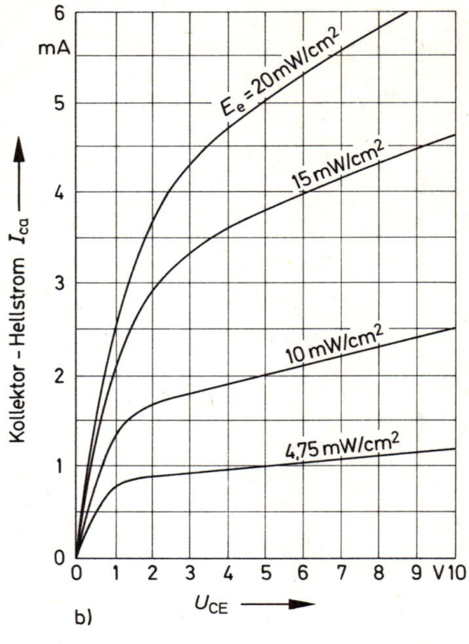

Bild 4.49 Ausgangskennlinienfeld $I_{ca} = f(U_{CE})$ typischer Fototransistoren
a) mit der Beleuchtungsstärke *als Parameter und eingetragener Verlustleistungshyperbel (BPX 29,* Valvo*)*
b) mit der Bestrahlungsstärke *als Parameter (BPX 71,* Valvo*)*

durch Nullsetzen des jeweiligen Abszissen- bzw. Ordinatenwertes aus Gl. (4.51) erhalten:

für $U_{CE} = 0$ zu $I_{ca} = U_{cc}/R_L$

(Schnittpunkt der Arbeitsgeraden mit der Ordinate),

für $I_{ca} = 0$ zu $U_{CE} = U_{cc}$

(Schnittpunkt der Arbeitsgeraden mit der Abszisse).

Beim **Einsatz des Fototransistors im Schalterbetrieb** muß man darauf achten, daß die Belastungsgerade immer (wie im Analogbetrieb) „unterhalb" der Verlustleistungshyperbel, d.h. immer links von ihr, verläuft. Beim normalen Schalttransistor sind ja die Impulsflanken der steuernden elektrischen Signale in der Regel steil genug, um den Transistor ohne Schaden auch durch das Gebiet rechts der Verlustleistungshyperbel steuern zu können, solange gewährleistet ist, daß die Schaltpunkte im Gebiet $P_v < P_{v\,max}$ liegen. Beim Fototransistor dagegen geht das Umschalten von „hell" nach „dunkel" oder umgekehrt oft relativ langsam vor sich (vor allem bei Dämmerungsschaltern, Parklichtschaltungen u.ä.), so daß mit zu kleinem Lastwiderstand in solchem Fall der Fototransistor wegen Überhitzen beschädigt würde. In Bild 4.50 wäre z.B. der Lastwiderstand R_{L1} zu klein, da für diesen Fototransistor bei Beleuchtungsstärken zwischen 50 lx und 150 lx die zulässige Verlustleistung überschritten würde (rot unterlegte Fläche). Um bei allen Beleuchtungsstärken im „sicheren" Betriebsbereich zu bleiben, müßte deshalb entweder ein größerer Widerstand bei gleichem U_{CE} (z.B. R_{L3}) oder ein kleineres U_{CE} bei gleichem Widerstand (Parallelverschiebung der Belastungsgeraden von R_{L1} nach R_{L2}) gewählt werden. Eine andere Möglichkeit bestünde darin, die Verlustleistungshyperbel „nach rechts zu verschieben", beispielsweise durch Verwenden eines Kühlkörpers.

Neben den I_{ca}/U_{CE}-Kennlinien wird in den Datenblättern oft auch für $R_L = 0$ und eine konstante Kollektor-Emitter-Spannung die Abhängigkeit des Ausgangsstromes von der steuernden Eingangsgröße angegeben, also $I_{ca} = f(E)$, wobei die Hersteller für einen bestimmten Fototransistor meist auch noch nach Größe der Kollektorströme

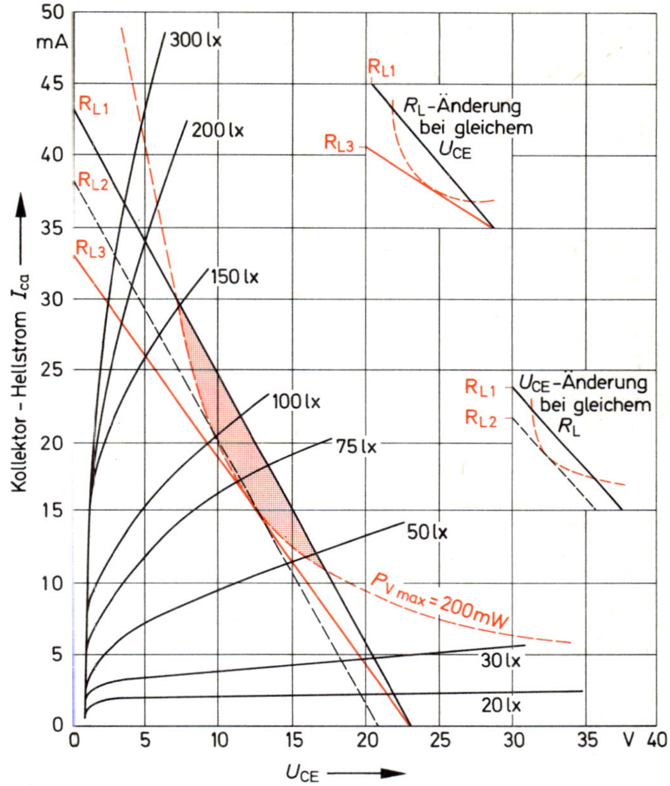

Bild 4.50 Beim Fototransistor ist es besonders wichtig, darauf zu achten, daß die Belastungsgeraden immer links von der Verlustleistungshyperbel (hier im Bereich $P_v < 200$ mW) liegen – es sei denn, man kann ein sehr schnelles Wechseln der Lichtimpulse vom Hell- zum Dunkelzustand oder umgekehrt garantieren –, da bei zu „langsamen" Bestrahlungsstärkeänderungen sonst der Fototransistor zerstört wird; der Belastungswiderstand R_{L1}, dessen Belastungsgerade die Verlustleistungshyperbel schneidet, wäre also für „langsame" Bestrahlungsstärkeänderungen nicht zulässig (Kennlinienfeld entspricht Ferranti-*Fototransistor ZM 100)*

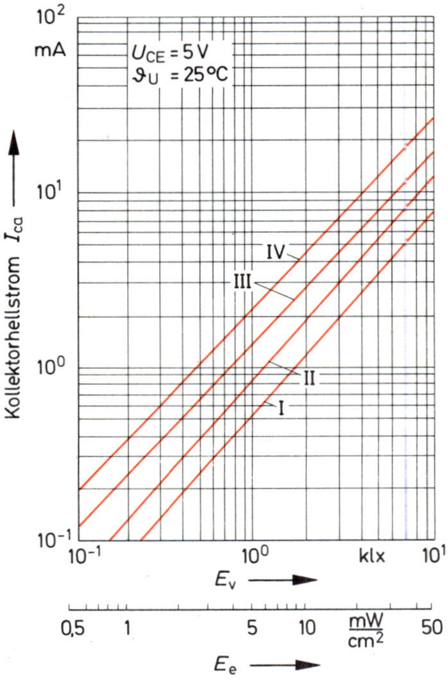

Bild 4.51 Typische Kennlinien der Funktion $I_{ca} = f(E)$ für U_{CE} = konst. Oft werden, wie hier, die Fototransistoren nach der Größe des Kollektorhellstromes (Fotostromes) gruppiert (z.B. BPX 62/I, BPX 62/II usw.)

(Fotoströme) gruppieren (I, II, III oder A, B, C). Die angegebenen Kennlinien entsprechen dann dem Mittelwert des Fotostromes innerhalb der jeweiligen Gruppe, wobei deren Streubreite meist etwa ±30% beträgt (siehe Bild 4.51).

Fototransistoren mit und ohne externen Basisanschluß

> Da bei einem Fototransistor der steuernde Basisstrom von der einfallenden Strahlung erzeugt wird, ist von der Funktion her gesehen prinzipiell kein externer Basisanschluß notwendig. Doch kann ein solcher in manchen Anwendungsfällen gewisse Vorteile für den Schaltungsentwickler bringen. Deshalb werden von den Herstellern sowohl Fototransistoren *mit* als auch solche *ohne* externen Basisanschluß angeboten.

In den meisten Anwendungsfällen wird wohl der Fototransistor in Emitterschaltung mit offener Basis betrieben, wozu natürlich auch ein Fototransistor mit externem Basisanschluß (der dann unbeschaltet bleibt) geeignet ist. Vom Fertigungsprozeß her gesehen kann man aber ohne Basisanschluß nicht nur preiswerter fertigen, sondern vermag bei gleichen elektrischen Daten (ausgenommen Verlustleistung), den Fototransistor auch in einem wesentlich kleinerem Gehäuse unterzubringen, so daß mit solchen Bauelementen höhere Packungsdichten möglich sind. Am Beispiel der beiden Typen BPY 61 und BPY 62 sei dies demonstriert (Bild 4.52):
Beide Fototransistoren haben sehr ähnliche elektrische Daten. Während aber der BPY 62 wegen

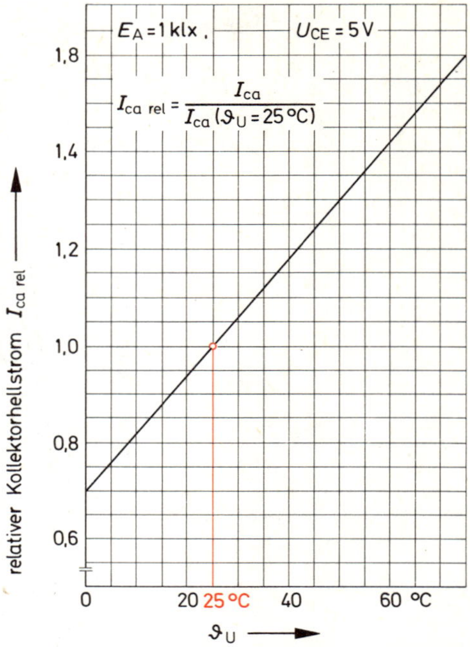

Bild 4.53 Typische Temperaturabhängigkeit eines Si-Fototransistors (z.B. BPX 37, BPW 16/17, AEG-Telefunken*)*

des externen Basisanschlusses in einem TO-18-ähnlichen Gehäuse untergebracht ist, konnte für den BPY 61 (kein Basisanschluß) ein Miniaturglasgehäuse mit nur 2,2 mm Durchmesser gegenüber 5,5 mm beim BPY 62 gewählt werden. Dies bedeutet die Möglichkeit einer um den Faktor

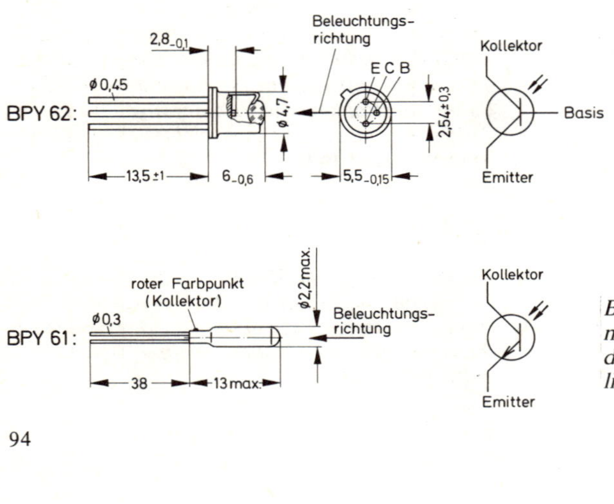

Bild 4.52 Vergleich der Gehäuseformen von BPY 61 und BPY 62 (Siemens), *die in ihren elektrischen Daten sehr ähnlich sind*

1 : 2,5 größeren Packungsdichte beim BPY 61. Allerdings beträgt dafür die maximal zulässige Verlustleistung beim kleineren Gehäuse nur noch 50 mW gegenüber 250 mW beim BPY 62.

Fototransistoren ohne Basisanschluß werden vor allem zum Lesen von Lochkarten und Lochstreifen eingesetzt oder in einfachen Schaltungen zum Abtasten binär kodierter Gebersysteme. Darüber hinaus aber immer dort, wo es weniger auf hohe Schaltgeschwindigkeit, sondern eher auf große Fotoempfindlichkeit ankommt.

Fototransistoren mit Basisanschluß bieten dem Anwender eine ganze Reihe schaltungstechnischer Möglichkeiten:

- □ mit einem Widerstand zwischen Basis und Emitter lassen sich die Schaltzeiten verringern (was allerdings mit einer Empfindlichkeitsminderung einhergeht);
- □ auf die gleiche Weise kann man bei sehr hohen Beleuchtungsstärken die Empfindlichkeit (um beispielsweise ein zu starkes Übersteuern in den Sättigungsbereich zu vermeiden) willkürlich herabsetzen;
- □ mit einer Gegenkopplung kann man die Temperaturabhängigkeit des Fototransistors über einen weiten Bereich verringern;
- □ durch Beschalten des Basisanschlusses kann ein bestimmter Arbeitspunkt eingestellt werden;
- □ mit einer festen Vorspannung läßt sich der Fototransistor sperren;
- □ mit der Möglichkeit, eine solche Vorspannung zu tasten (Pulssteuerung wie in Bild 7.3, Kap. 7), lassen sich Koinzidenzschaltungen aufbauen;
- □ mit herausgeführtem Basisanschluß lassen sich Fototransistoren zu Triggerstufen kombinieren;
- □ über den Basisanschluß läßt sich mit dem optischen ein elektrisches Steuersignal kombinieren; und schließlich
- □ bietet der externe Basisanschluß die Möglichkeit, den Fototransistor für sehr hohe Schaltgeschwindigkeiten in Fotodiodenschaltung zu betreiben, indem man den Emitteranschluß einfach unbeschaltet läßt.

4.3.1.2. Temperaturkompensation

Betrachtet man beim Fototransistor die Temperaturabhängigkeit des Kollektor-Hellstromes, die meist in Kurvenform (oft als relative Stromänderung) angegeben wird (siehe Bild 4.53), so kann man bereits bei einer Umgebungstemperaturänderung um $\Delta\vartheta_u = +25\,°C$ eine Stromerhöhung in der Größenordnung von 30% feststellen. Eine solche Temperaturabhängigkeit könnte für manche Anwendungen u.U. schon nicht mehr akzeptierbar sein. Man muß dann eine Stabilisierungsschaltung vorsehen, die den Stromänderungen bei Temperaturänderung automatisch entgegenwirkt.

Hat der Fototransistor einen externen Basisanschluß, dann kann man wie bei jeder normalen Transistorverstärkerstufe in Emitterschaltung verfahren und beispielsweise eine Spannungsteilerschaltung mit Gegenkopplungswiderstand in der Emitterleitung vorsehen (Bild 4.54a). U.u. könnte man auch mit einem NTC-Widerstand (Heißleiter) parallel zum Basisspannungsteilerwiderstand R_2 arbeiten oder mit einer Spannungsgegenkopplung, bei der R_1 nicht mit U_{cc}, sondern mit dem Kollektoranschluß verbunden wird. Diese Schaltungen entsprechen im Prinzip alle den klassischen Stabilisierungsmethoden der normalen Transistorverstärkertechnik.

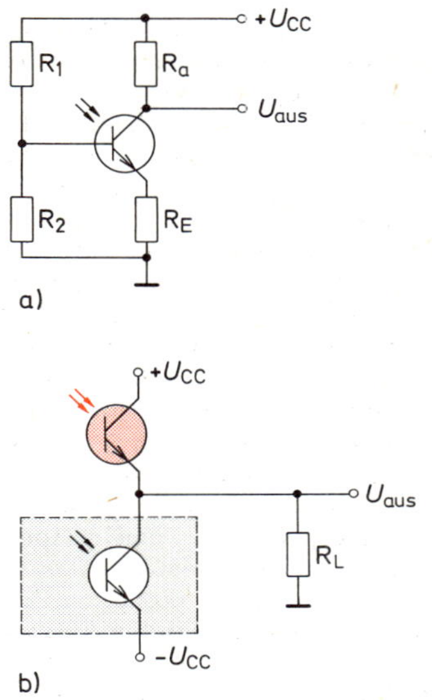

Bild 4.54 Möglichkeiten zur Temperaturstabilisierung einer Fototransistorstufe
a) für Fototransistoren mit externem Basisanschluß läßt sich die normale Transistorstabilisierung verwenden
b) Schaltung für Fototransistoren ohne Basisanschluß

Problematischer wird es erst dann, wenn der Fototransistor keinen Basisanschluß hat. Doch gibt es auch in diesem Fall eine Möglichkeit der Temperaturstabilisierung. Man kann z.B. zwei in den Kennwerten übereinstimmende (selektierte) Fototransistoren so schalten, wie es Bild 4.54b zeigt [46], wobei der eine Fototransistor (rot unterlegt) als Strahlungsempfänger dient, während beim anderen (grau unterlegt) das Gehäuse strahlungsundurchlässig gemacht wird, z.B. durch Schwärzen des Strahlungseintritt-Fensters. Bei fehlender Bestrahlung ($E = 0$) fließt in beiden Fototransistoren der Kollektor-Emitter-Reststrom I_{CE0}, so daß man keinen Strom durch den Lastwiderstand R_L erhält, womit auch die Ausgangsspannung Null bleibt. Bei vorhandener Bestrahlung dagegen fließt ein entsprechender Strom nur durch den „offenen" (rot unterlegten) Fototransistor und somit durch den Lastwiderstand R_L, womit das gewünschte Ausgangssignal entsteht. Tritt nun eine Temperaturänderung auf, dann führt das in beiden Fototransistoren lediglich zu gleich großen Änderungen der I_{CEO}-Werte, die sich gegenseitig aufheben, während der eigentliche Fotostrom seinen Wert beibehält.

4.3.1.3. Schaltzeiten (Frequenzverhalten) von Fototransistoren

Im Vergleich zu Fotodioden und Fotoelementen ist die Schaltgeschwindigkeit bei Fototransistoren wesentlich geringer. Bei einer normalen Fototransistorschaltung (Emitterschaltung) ohne zusätzliche Schaltmaßnahmen ergeben sich Anstiegs- und Abfallzeiten im Größenbereich einiger µs (zur Definition der Schaltzeiten siehe Kap. 6.2.4). Das liegt vor allem daran, daß — wie bei der Fotodiode — zum Erreichen einer hohen Fotoempfindlichkeit eine große aktive Fläche notwendig ist, die nicht nur eine relativ große Sperrschichtkapazität (Kollektor-Basis-Kapazität) zur Folge hat, deren Wirksamkeit (Zeitkonstante) sich vielmehr beim Fototransistor auch noch um den Stromverstärkungsfaktor β erhöht (Miller-Effekt, vgl. Kap. 6.3.2.3.1). Diese β-fach wirksame Sperrschichtkapazität muß beim Ein- und Ausschalten des Fototransistors aufgeladen bzw. (über den Lastwiderstand) entladen werden, was den Schaltvorgang entsprechend verzögert (die Grenzfrequenz verringert). Dazu kommt noch eine wegen der größeren Basisfläche erhöhte Ladungsspeicherzeit (größere Ausräumdauer beim Umschalten, die sich bei stärkerem Bestrahlen des Fototransistors zusätzlich erhöht), was zu

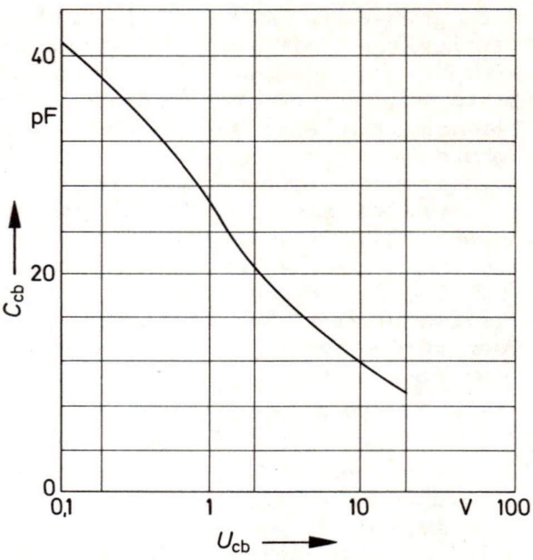

Bild 4.55 Die wirksame Kollektor-Basiskapazität eines Fototransistors sinkt mit steigender Spannung (typischer Verlauf für den Fototransistor BPX 43 von Siemens)

entsprechend „langen" Schaltzeiten führt. Für die Signalanstiegs- und -abfallzeiten läßt sich nach [183] die Beziehung

$$t_r, t_f = \sqrt{\frac{\beta^2}{4 f_T^2} + 4{,}8 \cdot \beta^2 \cdot C_{cb}^2 \cdot R_L^2} \qquad (4.52)$$

ableiten, mit

- β = Kurzschlußstromverstärkung des Fototransistors in Emitterschaltung (stromabhängig!),
- f_T = Transitfrequenz des Fototransistors (stromabhängig!) (= Frequenz, bei der die Stromverstärkung in Emitterschaltung gleich eins wird),
- C_{cb} = Kollektor-Basis-Kapazität des Fototransistors (spannnungsabhängig, siehe Bild 4.55),
- R_L = Lastwiderstand.

Diese Beziehung läßt erkennen, daß das Produkt aus Kollektor-Basis-Kapazität und Belastungswiderstand einen wesentlichen Beitrag zur Schaltverzögerung leistet. Das gilt nahezu unabhängig davon, ob der Lastwiderstand in der Kollektor- oder in der Emitterleitung liegt, weil sich auch beim Lastwiderstand in der Emitterleitung die Zeitkonstante um etwa den Faktor β dadurch erhöht, daß R_L mit annähernd $\beta \cdot R_L$ in den Basiskreis reflektiert wird.

Bild 4.56 Mit einer Basisstufe zwischen Ausgang und Fototransistor kann die Grenzfrequenz der Schaltung wesentlich erhöht werden
a) Lastwiderstand in der Emitterleitung des Fototransistors
b) Lastwiderstand in der Kollektorleitung des Fototransistors

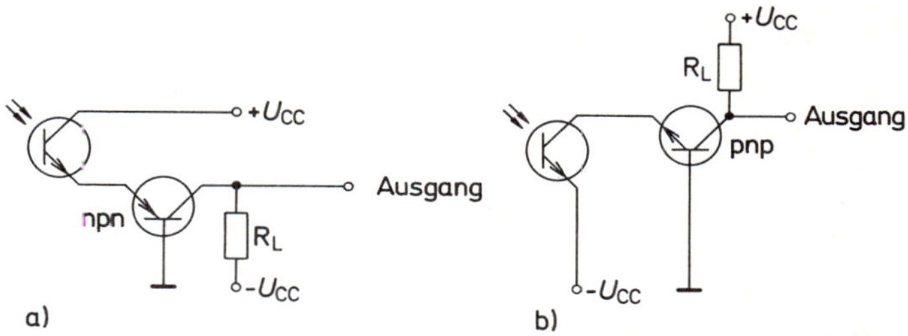

Betrachtet man den Zusammenhang zwischen Kollektor-Basis-Kapazität und wirksamer Spannung (Bild 4.55), so erkennt man mit Gl. (4.52), daß für **kurze Schaltzeiten** grundsätzlich bei **größtmöglicher Betriebsspannung** zu arbeiten ist. Der **Lastwiderstand** dagegen müßte **möglichst klein** werden, was dann aber eine geringere Verstärkung mit sich bringt.

Wird der Lastwiderstand ohne sonstige Schaltmaßnahmen direkt in die Kollektorleitung geschaltet, ergeben sich für die Ein- und Ausschaltzeiten von Fototransistoren Abhängigkeiten, wie sie in Bild 6.20 links, Kap. 6.3.2.3.1 gezeigt werden. Man muß also schon mit sehr geringen Lastwiderständen arbeiten, will man zu möglichst kurzen Schaltzeiten kommen.

Dem Nachteil der geringen Verstärkung läßt sich aber mit einem **Impedanzwandler** beikommen, der beispielsweise aus einer einfachen **Transistorbasisschaltung** bestehen kann, da ja die Betriebseingangswiderstände einer solchen Schaltung in der Regel < 100 Ω sind, während die Stromverstärkung nahezu 1 ist, so daß mit hohen Lastwiderständen in der Kollektorleitung der Basisstufe Spannungsverstärkungen im Größenbereich 10^3 bis 10^4 zu erwarten sind.

Bild 4.56 zeigt die beiden Möglichkeiten einer solchen Ankopplung des Lastwiderstandes über eine Basisstufe. Welchen Einfluß dabei die Impedanzwandlung auf die Grenzfrequenz des Ausgangssignals hat, zeigt Bild 4.57 an einem typischen Beispiel: auf der Ordinate ist die 3-dB-Grenzfrequenz aufgetragen, die sich für unterschiedliche Lastwiderstände bei direktem Ankoppeln und beim Zwischenschalten einer Basisstufe (Impedanzwandlung) ergibt. Daraus geht hervor, daß bei konstantem Fotostrom für beispielsweise R_L = 10 kΩ mit der Basisstufe ein Verschieben der 3-dB-Grenzfrequenz von 10 kHz auf 300 kHz (Faktor 1 : 30) erreicht wird, und bei R_L = 100 kΩ gar von rd. 1 kHz (Extrapolieren der unteren Kurve) auf etwa 250 kHz (Faktor 1 : 250).

Beim Ansteuern des Fototransistors mit Rechteckimpulsen (z.B. über eine GaAs-LED) entspricht dies nach [146] für R_L = 10 kΩ typischen Anstiegs- und Abfallzeiten von etwa 35 µs bei direktem Ankoppeln und nur 2 µs (in praxi vielleicht doch etwas höher!) beim Zwischenschalten einer Basisstufe.

Steht ein Fototransistor mit externem Basisanschluß zur Verfügung, lassen sich auch mit einer einfachen Schaltung schon bestimmte Schaltzeitverbesserungen erreichen, indem man zum schnelleren Ausräumen der Basisladung beispielsweise einen Widerstand R_{BE} zwischen Basis und Emitter des Fototransistors schaltet. Der Einfluß eines solchen Widerstandes auf die Schaltzeiten ist in Kap. 6.3.2.3.2 näher beschrieben. Allerdings darf dabei nicht übersehen werden, daß diese Schaltmaßnahme auch ein Vermindern der Fotoempfindlichkeit mit sich bringt, da

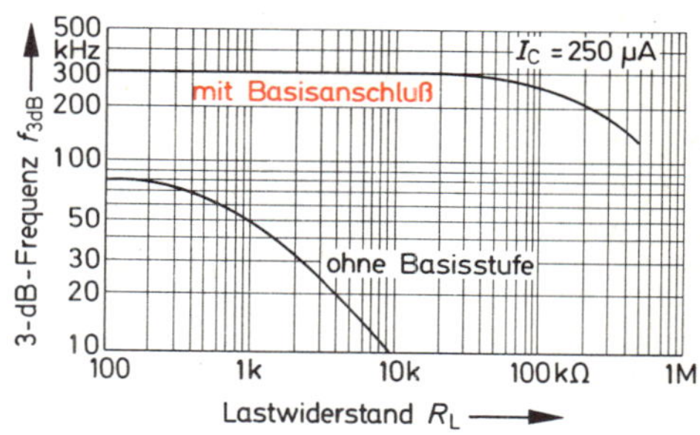

Bild 4.57 Die Abhängigkeit der 3-dB-Grenzfrequenz vom Belastungswiderstand beim Fototransistor zeigt, daß mit einer Basisstufe zwischen Fototransistor und Lastwiderstand (Impedanzwandlung) eine wesentliche Verbesserung zu erreichen ist

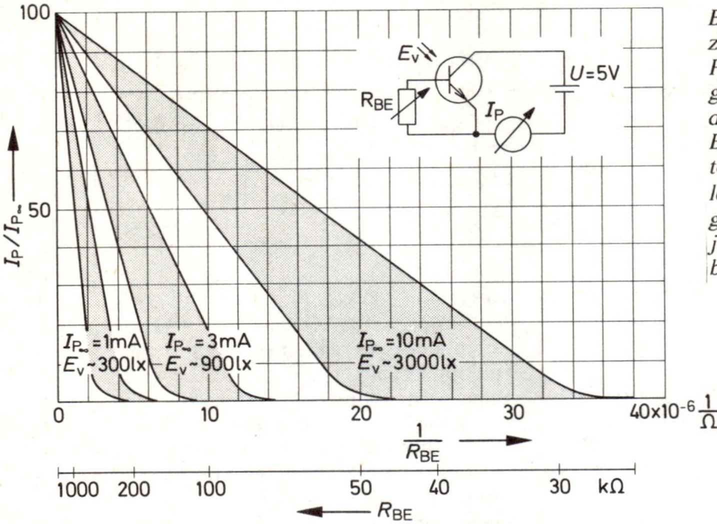

Bild 4.58 Diese Kennlinien zeigen die Abhängigkeit des Fotostromes $I_p = f(R_{BE})$ bezogen auf den Fotostrom $I_{p\,\infty}$ für den Siemens-Fototransistor BPY 62. Parameter ist die in Fotoströme $I_{p\,\infty}$ umgesetzte Beleuchtungsstärke E_v, wobei die grau unterlegten Flächen den jeweiligen Streubereich angeben

ja ein Teil des erzeugten Fotostromes über R_{BE} nach Masse abfließt (womit der Vorteil eines größeren Lastwiderstandes zum Teil wieder aufgehoben wird). Ein Beispiel für diese Abhängigkeit geben die Kennlinien in Bild 4.58, in denen die relative Fotostromänderung in Abhängigkeit von R_{BE} für den Siemens-Fototransistor BPY 62 aufgetragen ist.

Über den externen Basisanschluß kann man auch mit einem zusätzlichen Gegenkopplungswiderstand R_f gegenüber der Schaltung Bild 4.56b ein

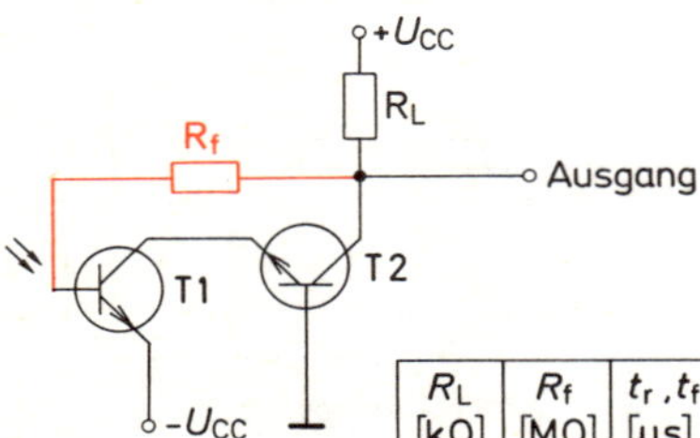

R_L [kΩ]	R_f [MΩ]	t_r, t_f [µs]	$\Delta U/\Delta E_v$ [V/lx]
1	1	0,5	$2 \cdot 10^{-3}$
6,8	6,8	0,7	$1{,}4 \cdot 10^{-2}$
10	10	2	$2 \cdot 10^{-2}$
100	100	8	$1 \cdot 10^{-1}$

Bild 4.59 Fototransistorschaltung mit Basisstufe (Impedanzwandler) und Gegenkopplung auf den Eingang des Fototransistors. Für eine solche Schaltung ergeben sich nach [183] die in der Tabelle angegebenen Schaltzeiten

weiteres Verkürzen der Schaltzeiten erreichen, siehe Bild 4.59. Die dort in der Tabelle angegebenen Schaltzeiten [183] wurden mit dem Fototransistor BPY 62 und dem Transistor BC 107 als Impedanzwandler gemessen, bei $U_{cc} = 12$ V.

Wie *Krause* ebenfalls in [183] zeigt, läßt sich auch die Schaltung von Bild 4.59 noch „schneller" machen, wenn man über eine Phasenumkehrstufe eine Rückkopplungsspannung auf die Basis der dem Fototransistor nachgeschalteten Impedanzwandlerstufe gibt (siehe Bild 4.60). Damit wird nicht nur die kollektorstromabhängige Signalspannungsschwankung am Fototransistor kompensiert, was für diese dann einem wirksamen Lastwiderstand von annähernd Null entspricht, sondern man erreicht damit auch ein Überkompensieren der Blindströme (Vermindern der wirksamen Kollektor-Basis-Kapazität des Fototransistors). Mit den Transistortypen BPY 62 für T_1, BCY 107 für T_2, BC 177 für T_3 und einer Versorgungsspannung von $U_{cc} = 12$ V ergeben sich nach [183] Schaltzeiten entsprechend den in der Tabelle zu Bild 4.59 angegebenen Werten, die u.U. bei nicht zu großen Widerständen bereits DTL/TTL-Kompatibilität (siehe Kap. 6.3.2.3) gewährleisten. Beim Dimensionieren des Widerstandes R_2 ist darauf zu achten, daß keine Selbsterregung der Schaltung eintritt.

Einen sehr niedrigen Lastwiderstand für den Fototransistor kann man auch immer damit erreichen, daß man das Ausgangssignal dem invertierenden Eingang eines Operationsverstärkers zuführt, da dessen Eingangswiderstand am

invertierenden Eingang („virtuelles" Massepotential) sehr klein ist. Der Vorteil solcher Schaltungen gegenüber den vorher beschriebenen ist ein außerdem auch sehr geringer Ausgangswiderstand des Operationsverstärkers. Eine geeignete Schaltung dieser Art wird beispielsweise in [40] beschrieben (Bild 4.61). Mit den Widerständen R_1 und R_2 wird die Offsetspannung auf Null abgeglichen, wobei man mit R_2 die Ausgangsspannung bei vorhandenem Umgebungslicht (aber ohne Signal) auf Null einstellt. Mit der angegebenen Dimensionierung der Schaltung ergibt sich für Frequenzen bis 100 kHz ein vollkommen flacher Verlauf der Abhängigkeit des Ausgangssignals von der Frequenz (3-dB-Grenzfrequenz bei 300 kHz). Die Verstärkung der Schaltung kann mit R_f variiert werden, wobei aber stets ein Verhältnis $R_f/R_1 = 10:1$ einzuhalten ist.
Im übrigen können alle jene Ausgangsschaltungen ebenfalls benutzt werden, die in Kap. 6.3.2.3 für Optokoppler mit Fototransistorausgang angegeben sind.

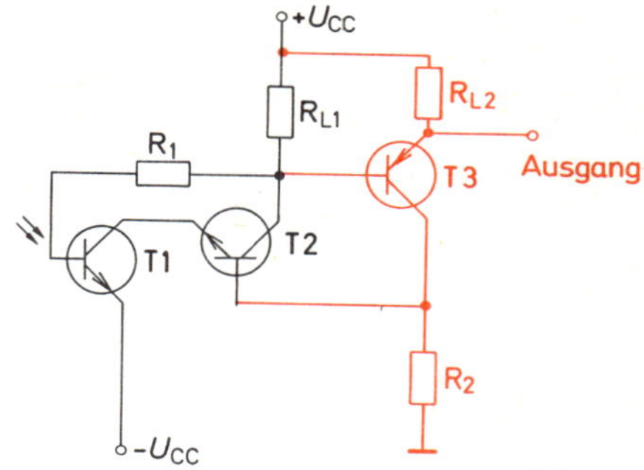

R_{L1} [kΩ]	R_1 [MΩ]	R_2 [Ω]	R_{L2} [Ω]	t_r, t_f [µs]	$\Delta U/\Delta E_v$ [V/lx]
1	1	30	390	0,1	$2 \cdot 10^{-3}$
6,8	6,8	20	390	0,25	$1{,}4 \cdot 10^{-2}$
10	10	10	390	0,4	$2 \cdot 10^{-2}$
100	100	150	3900	3	$1 \cdot 10^{-1}$

Bild 4.60 Mit einer zur Schaltung 4.59 zusätzlichen Phasenumkehrstufe (roter Schaltungsteil) erreicht man nach [183] durch Rückkoppeln einer Kompensationsspannung auf die Basis der Impedanzwandlerstufe ein Überkompensieren der Blindströme und damit ein Verringern der Schaltzeiten gemäß den in der Tabelle angegebenen Werten

Das Messen der Schaltzeiten

In der Regel kann man die Schaltzeiten eines Fotoempfängers nur überschlägig berechnen, da in der Rechnung nicht alle Einflußparameter exakt erfaßt werden. Am genauesten lassen sich diese Zeiten mit einem Zweistrahloszillografen ermitteln, der einen unmittelbaren Vergleich zwischen steuerndem Eingangssignal und Ausgangssignal des Fototransistors ermöglicht. Voraussetzung dabei ist allerdings, daß Impulsgenerator und Oszillograf vernachlässigbar geringe Signalanstiegs- und -abfallzeiten „produzieren". Außerdem müssen die Schaltzeiten des Senders wesentlich kleiner sein als die der Empfängerschaltung, weshalb man in der Regel GaAs-LED als Sender verwendet. Bild 4.62 zeigt die Meßschaltung, mit der beispielsweise *AEG-Telefunken* die in den Datenblättern angegebenen Schaltzeiten erfaßt. Dabei wird der Kollektorstrom des Fototransistors durch Verändern des Abstandes *a* zwischen GaAs-LED und Fototransistor eingestellt. Dieser Schaltungsaufbau kann im Prinzip auch zum Ermitteln der tatsächlichen Schaltzeiten einer praktischen Schaltung benutzt werden, wenn man deren Ausgangssignal auf den zweiten Kanal des Oszillografen gibt.

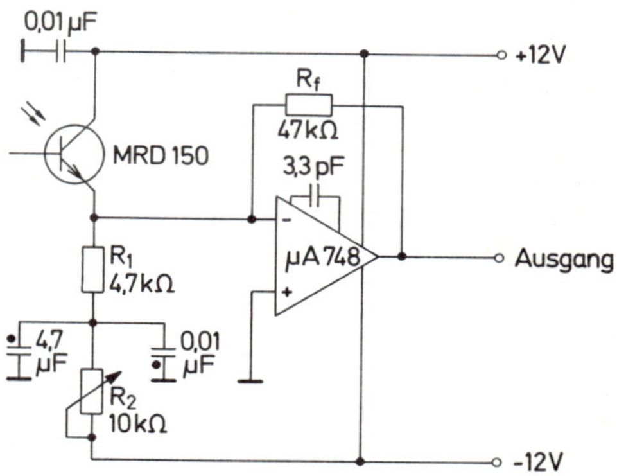

(Der Punkt am Kondensator kennzeichnet den äußeren Belag)

Bild 4.61 Mit einem Operationsverstärker als Ausgangsstufe für einen Fototransistor lassen sich Grenzfrequenzen von 300 kHz bei niedrigem Ausgangswiderstand erreichen [40]

Ansteuern von DTL/TTL-Schaltungen

In den meisten Fällen können DTL/TTL-Schaltungen mit Fototransistoren nicht direkt angesteuert werden, da die Flankensteilheit der Foto-

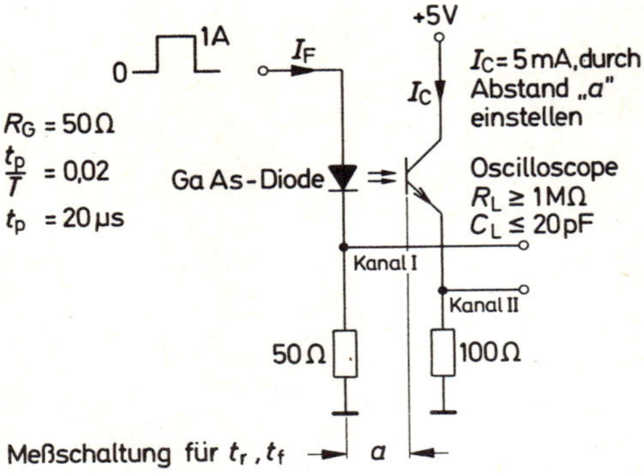

Bild 4.62 Mit dieser Meßschaltung werden bei AEG-Telefunken *die in den Datenblättern angegebenen Schaltzeiten von Fototransistoren ermittelt*

transistor-Ausgangsimpulse zu gering ist. Deshalb wird dem Fototransistor in der Regel ein Schmitt-Trigger nachgeschaltet, der immer DTL/TTL-kompatible Ausgangssignale abgibt. Da Ansteuerschaltungen dieser Art vor allem im Zusammenhang mit Optokopplern interessant sind, wurden alle Fragen der DTL/TTL-Kompatibilität, einschließlich geeigneter Ansteuerschaltungen, in Kap. 6.3.2 ausführlich behandelt. Es sei deshalb ausdrücklich auf dieses Kapitel verwiesen.

4.3.1.4. Schaltungen mit Fototransistoren

Grundsätzlich bleiben alle Schaltungen, die als Empfängerschaltungen für Fototransistoren in Optokopplern und Lichtschranken (Kap. 6.3.2.3 und Kap. 7) beschrieben sind, auch auf Fototransistorschaltungen mit separater Strahlungsquelle

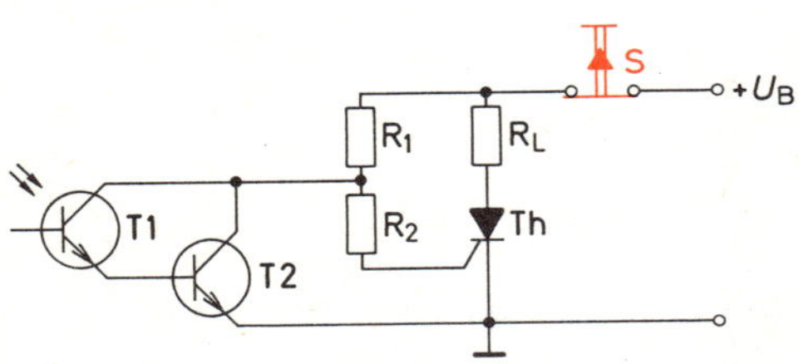

*Bild 4.63 Fotoelektrischer Gleichstromschalter, der bei kurzzeitiger Strahlungsunterbrechung die Last (den Thyristor) einschaltet (Selbsthalteschaltung) (*Valvo *[124])*

anwendbar. Nur muß der Schaltungsentwickler hier – im Gegensatz zu den Anwendungserfordernissen bei Optokopplern – auch noch die optischen Gegebenheiten berücksichtigen, d.h., er muß für die jeweilige Anordnung zuerst die auf den Fotoempfänger einwirkende Strahlungsleistungsdichte (Bestrahlungsstärke) kennen (rechnerisch oder meßtechnisch ermitteln). Anhaltswerte für das Bestimmen dieser Größe geben die Kapitel 2.4 und 5.2.3.
Über die oben genannten Schaltungen hinaus gibt es für Fototransistoren eine Fülle weiterer Einsatzmöglichkeiten, die hier naturgemäß aus Platzgründen nicht alle erfaßt werden können. Als Anregungen für den Schaltungsentwickler sollen aber wenigstens einige der grundsätzlichen Industrieschaltungen kurz beschrieben werden.

Fotoelektrische Schalter mit Thyristoren

In **Alarmanlagen** und **Sicherheitssystemen** sind beispielsweise Schaltungen von Vorteil, die schon beim kurzzeitigen Unterbrechen eines Strahles eine Last (z.B. ein Relais) einschalten und diesen Schaltzustand dann selbsttätig beibehalten. Für diesen Zweck eignen sich u.a. fototransistorgesteuerte Thyristorschaltungen entsprechend Bild 4.63 (*Valvo* [124]). Sie stellt einen Gleichstromschalter dar, der die Last bei Strahlungsunterbrechung mit Strom versorgt (den Thyristor durchschaltet). Im bestrahlten Zustand (Anfangszustand) sind T_1 und T_2 leitend, so daß der Steueranschluß des Thyristors Th praktisch auf Massepotential liegt (Thyristor gesperrt). Beim Unterbrechen des Strahles sperren T_1, T_2, womit Strom über R_1, R_2 in den Steueranschluß von Th fließt, der den Thyristor zündet. Ist der Thyristor erst einmal durchgesteuert, läßt er sich durch Bestrahlen des Fototransistors allein nicht mehr sperren. Der Anfangszustand (Sperrzustand) kann bei erneutem Bestrahlen nur dadurch wieder hergestellt werden, daß man den Schalter S kurzzeitig öffnet (die Speisespannung abschaltet).
Als Bemessungswerte gibt *Valvo* beispielsweise für eine Betriebsspannung von U_B = 50 V, einen Fototransistor BPX 25 und einen Transistor BFY 52 die Werte R_1 = 470 Ω und R_2 = 47 Ω an. Der maximal zulässige Laststrom richtet sich dabei nach dem verwendeten Thyristor, z.B. lassen sich mit dem BTY 91/100R 16 A schalten. Die notwendige Beleuchtungsstärkeänderung von hell nach dunkel wird mit $\Delta E_v \geqq$ 1000 lx angegeben. Benutzt man andere Transistorkombinationen, lassen sich auch empfindlichere Schaltungen aufbauen. Beispielsweise könnte die Kom-

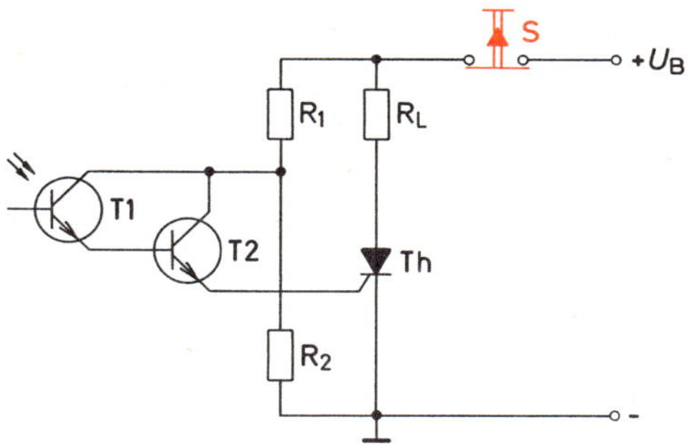

Bild 4.64 Fotoelektrischer Gleichstromschalter, der bei Auftreffen eines kurzzeitigen Strahlungsimpulses die Last einschaltet (Komplementärschaltung zu Bild 4.63, Valvo *[124])*

bination aus T_1/T_2 auch mit einer Fotodarlingtonstufe ersetzt werden.
Die zu dieser Schaltung komplementäre Version zeigt Bild 4.64. Hier ist der Thyristor bei fehlender Bestrahlung des Fototransistors gesperrt und wird erst mit einem Lichtimpuls $E_v \geqq 1000$ lx über den Emitterstrom des Transistors T_2 gezündet. Mit $R_1 = 560\,\Omega$, $R_2 = 100\,\Omega$ und sonst den der Schaltung Bild 4.63 entsprechenden Bauelementen lassen sich ebenfalls 16 A Gleichstrom im Selbsthaltebetrieb schalten.
Wollte man in dieser Schaltung den Thyristor von der Gleichspannungsquelle trennen und mit einer Wechselspannung speisen, wäre der Selbsthaltevorgang aufgehoben, weil der Thyristor bei fehlendem Lichtimpuls mit dem nächsten Nulldurchgang der Wechselspannung sofort wieder sperrt. Eine Selbsthalteschaltung für Wechselspannungsspeisung des Thyristors (Halbwellenbetrieb für den Lastwiderstand!) müßte deshalb etwas anders aufgebaut werden. Eine Möglichkeit dazu zeigt Bild 4.65 (*Siemens* [145]). In dieser Schaltung werden bei Strahlungseinfall auf den Fototransistor ($E_v \geqq 1000$ lx) T_1 und T_2 durchgeschaltet und damit Thyristor Th getriggert. Über den Rückkopplungswiderstand R_f erhält der Fototransistor gleichzeitig Basisstrom, womit der Einschaltzustand sowohl bei fehlender Bestrahlung als auch beim Nulldurchgang der Wechselspannung aufrecht erhalten wird (Selbsthalteschaltung). Der Lastwiderstand R_L wird also nach dem Triggern ständig mit einem gleichgerichteten Wechselstrom (Halbwellengleichrichtung) versorgt. Ein Wiederherstellen des Ausgangszustandes (kein Strom durch R_L) ist bei fehlender Bestrahlung nur damit möglich, daß man, wie in Bild 4.64, die Betriebsspannung kurzzeitig unterbricht oder aber die Basis des Fototransistors kurzzeitig auf Emitterpotential legt (Taste S). Die Diode D im Rückkopplungspfad verhindert dabei das Abfließen von Basisladung über den Rückkopplungswiderstand. Für den Transistor BCW 75 (T_2) und $U_B = 6$ V gibt *Siemens* als Dimensionierung an: $R_1 = 27\,k\Omega$, $R_2 = 5{,}6\,k\Omega$, $R_3 = 56\,\Omega$, $R_4 = 1\,k\Omega$ und $R_f = 820\,k\Omega$. Als Diode D eignet sich der Typ BAY 44, als Fototransistor können verwendet werden BPY 62, BPX 38 oder BPX 43, und als Thyristor beispielsweise Bst BO1, BSt BO2, BSt CO3 oder BSt DO3.

Strahlungsgesteuerter monostabiler Multivibrator

Es gibt Anwendungen, in denen ein kurzzeitiger Strahlungsimpuls oder das kurzzeitige Unterbrechen einer gebündelten Strahlung einen elektrischen Impuls definierter Impulsdauer auslösen oder in denen ein langsames elektromechanisches Relais betrieben werden soll. Für solche Zwecke eignet sich ein monostabiler Multivibrator mit Fototransistortriggerung, wie er in Bild 4.66 bzw. Bild 4.67 dargestellt ist [145, 218].
In der Schaltung Bild 4.66 wird der Impuls beim Auftreffen einer Strahlung auf den Fototransistor T_1 ausgelöst. Dabei wird die Impulsdauer t des Ausgangsimpulses von dem rot eingezeichneten RC-Glied bestimmt, und zwar gilt

$$t = 0{,}7 \cdot R \cdot C \qquad (4.53)$$

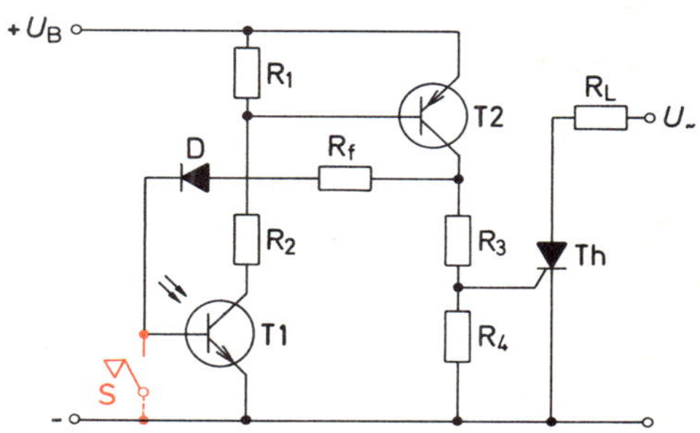

Bild 4.65 Diese mit einer Rückkopplung auf den Fototransistor arbeitende Steuerschaltung ermöglicht es, einen an Wechselspannung betriebenen Thyristor (Halbwellenbetrieb) mit einem Lichtimpuls zu triggern. Danach wird, auch bei fehlender Bestrahlung, der Lastwiderstand in Selbsthalteschaltung weiter mit Strom versorgt (Siemens *[145])*

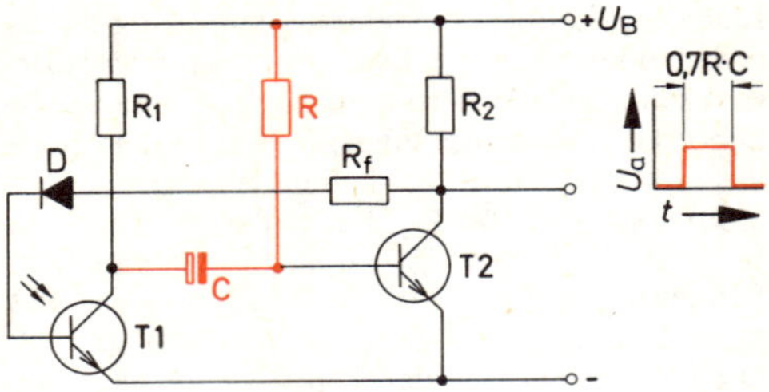

Bild 4.66 Strahlungsgesteuerter monostabiler Multivibrator (Ausgangsimpuls bei Strahlungsunterbrechung) [145]

wobei C auf maximal 1000 µF begrenzt ist. Für eine Betriebsspannung von $U_B = 6$ V und die Transistoren BPY 62 (T_1) sowie BCY 58 (T_2) gibt *Siemens* eine Dimensionierung an von $R_1 = 10$ kΩ, $R_2 = 1$ kΩ und $R_f = 1$ MΩ (Diode = BAY 44).
Ferranti benutzt in der Rückkopplungsleitung anstelle der Reihenschaltung von D und R_f eine Parallelschaltung aus Widerstand (8,2 kΩ) und Kondensator (100 pF). Die übrigen Werte der *Ferranti*-Schaltung für $U_B = 4,5$ V und die Transistoren ZM 110 (T_1) sowie ZTX 300 (T_2) sind $R_1 = R_2 = 470$ Ω. Nimmt man den Ausgangsimpuls statt am Kollektor von T_2 am Kollektor des Fototransistors ab, erhält man den invertierten Impuls.
Die Schaltung in Bild 4.67 ist die zu Bild 4.66 komplementäre Schaltung. Sie gibt einen Ausgangsimpuls definierter Impulsdauer ab, wenn die Strahlung unterbrochen wird. Als Dimensionierung für $U_B = 4,5$ V und die Transistoren ZM 110 (T_1) sowie ZTX 300 (T_2, T_3) schlägt *Ferranti* vor [218]: $R_1 = R_2 = 470$ Ω, $R_3 = 8,2$ kΩ und $C_1 = 100$ pF. Für die Impulsbreite gilt ebenfalls Gl. (4.53).

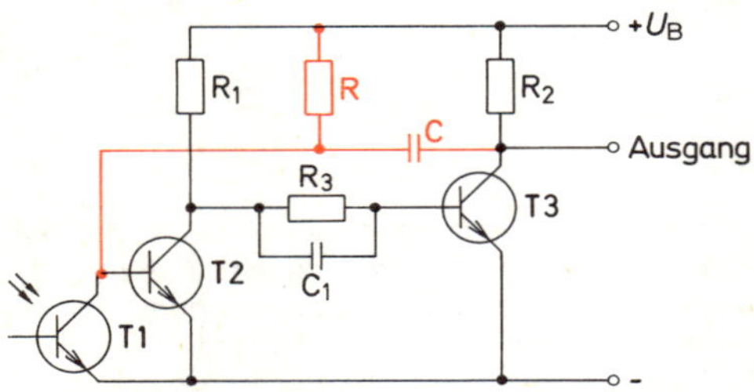

Bild 4.67 Strahlungsgesteuerter monostabiler Multivibrator (Ausgangsimpuls bei auftreffendem Strahlungsimpuls) [218]

Automatische Standlichtschaltung

Die in Bild 4.68 wiedergegebene automatische Standlichtschaltung [218] ist so dimensioniert, daß zum Einschalten der Lampe eine höhere Lichtintensität notwendig ist als zum Ausschalten. Damit wird verhindert, daß bei nur geringen Intensitätsänderungen ein unbeabsichtigter Schaltvorgang ausgelöst wird. Zu beachten ist, daß der Fototransistor gegen die Standlichtbeleuchtung abzuschirmen ist, da sonst eine optische Rückkopplung einsetzt, die zu Schwingungen führt. Die Schaltschwelle läßt sich mit dem 100-kΩ-Widerstand einstellen. Bei eingeschalteter Lampe beträgt die Stromaufnahme 200 mA, bei ausgeschalteter Lampe etwa 100 µA.

Optischer Winkelkodierer

Die vereinfachte Schaltung eines Winkelkodierers wird in [155] angegeben (siehe Bild 4.69). Eine Kodierscheibe, die aus alternierenden, strahlungsdurchlässigen und -undurchlässigen Sektoren besteht, dreht sich mit einer Welle, wobei auf gegenüberliegenden Seiten der Scheibe Strahlungsquellen und Fototransistoren angebracht sind, die der Kodierung entsprechende Low- oder High-Signale auslösen.

4.3.2. Fotodarlingtontransistor

Fotodarlingtontransistoren sind grundsätzlich nichts anderes als zwei in Reihe geschaltete npn-Emitterfolger auf einem Chip, wobei das Eingangssystem als Fototransistor (ausgedehnter pn-Übergang nahe der Oberfläche) ausgebildet ist. Im Prinzip kann man sie deshalb wie einen Fototransistor mit extern nachgeschaltetem Emitterfolger behandeln.

Angeboten werden die Fotodarlingtontransistoren, wie die einfachen Fototransistoren, entweder *ohne* oder *mit* externem Basisanschluß (-anschlüssen) (siehe Bild 4.70). Die Basisanschlüsse bieten die Möglichkeit zusätzlicher Rückkopplung zur Schaltzeitverringerung (entsprechend Kap. 4.3.1.3) oder auch die Möglichkeit, eine zusätzliche Steuerspannung einzuspeisen.
Da der verstärkte Kollektorhellstrom des Fototransistors zum Steuern der zweiten Stufe dient, ist die Kurzschlußstromverstärkung des Fotodarlingtons gleich dem Produkt der β-Werte beider

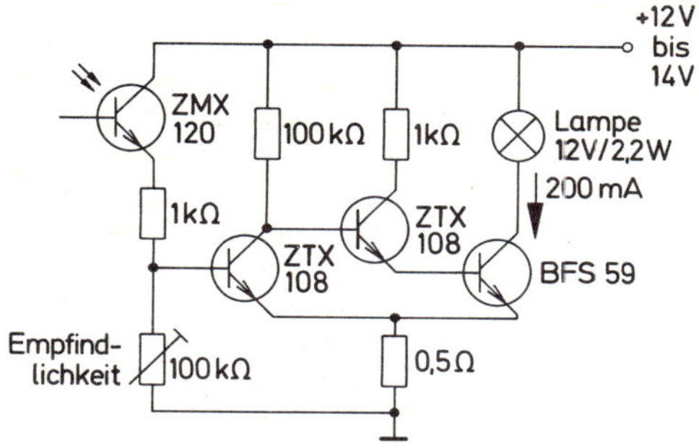

Bild 4.68 Automatische Standlichtschaltung [218]

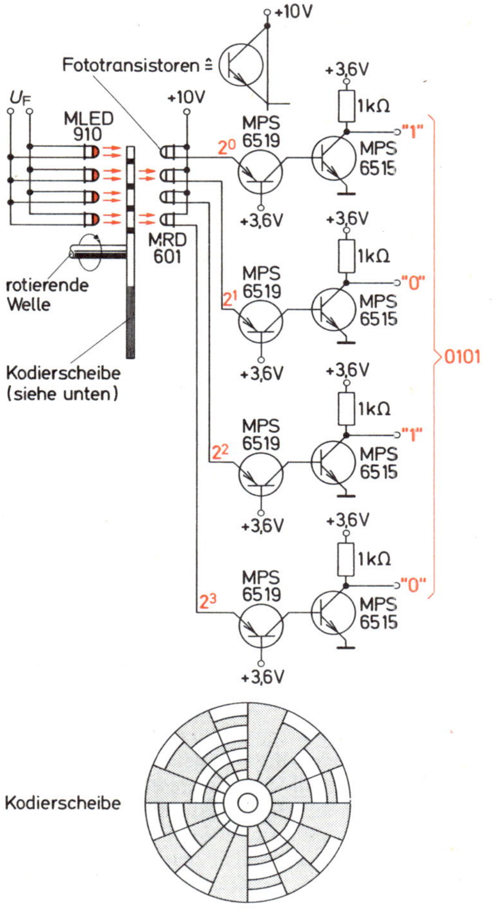

Bild 4.69 Vereinfachte Schaltung eines Winkelkodierers mit GaAs-LED als Sender und Fototransistoren als Empfänger [155]

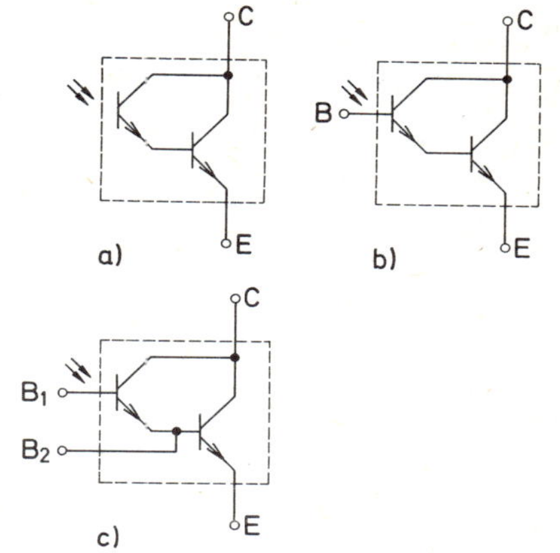

Bild 4.70 Fotodarlingtontransistoren werden in drei Ausführungen angeboten
a) ohne externen Basisanschluß
b) mit externem Basisanschluß vom Fototransistor
c) mit beiden Basisanschlüssen nach außen geführt

Transistoren. Gegenüber normalen Fototransistoren wird dadurch die Empfindlichkeit um etwa den Faktor 50 · · · 100 erhöht. Gleichzeitig steigen aber die Schaltzeiten um etwa den Faktor 10 an, so daß man Fotodarlingtonstufen meist dort einsetzt, wo die Schaltgeschwindigkeiten gering sind und wo eine zusätzliche Verstärkerstufe eingespart werden soll. Beispiele solcher Anwendungen sind: direktes Ansteuern von Relais, Magnetventilen, Kleinmotoren u.ä.
Das Beispiel einer direkten Relaissteuerung mit Fotodarlingtontransistor zeigt Bild 4.71, wobei die Diode parallel zur Relaisspule als Freilaufdiode dient.
Für weitere Betrachtungen zur Fotodarlingtonstufe sei auf Kap. 6.3.2.4 verwiesen.

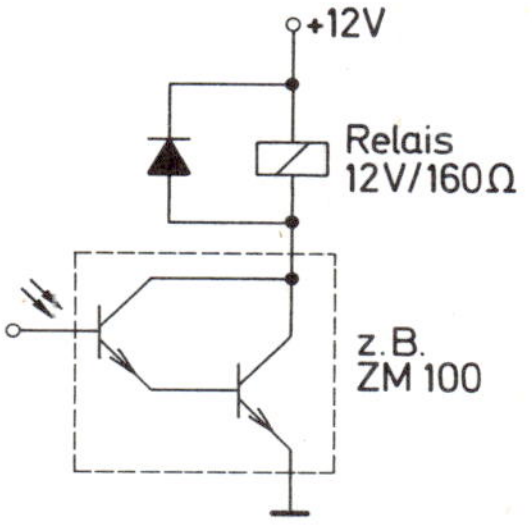

Bild 4.71 Grundschaltung einer direkten Relaissteuerung mit Fotodarlingtontransistor

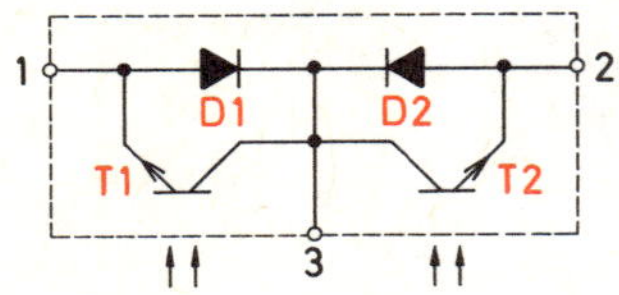

Bild 4.72 Prinzipschaltbild des Wechselspannungsfototransistors

4.3.3. Wechselspannungs-fototransistor

Was technologisch und physikalisch unter einem **Wechselspannungsfototransistor** zu verstehen ist, kann in Kap. 3 nachgelesen werden. Das Funktionsschaltbild einer solchen Anordnung (z.B. *Siemens* BPX 78) zeigt Bild 4.72. Daraus erkennt man, daß es sich um zwei gegensinnig zueinander angeordnete Fototransistoren handelt, denen jeweils eine Diode parallel geschaltet ist. Würde man nun an die Punkte 1 und 2 eines solchen Systems beispielsweise eine Gleichspannungsquelle mit dem Pluspol an Punkt 1 anschließen, dann wäre der Transistor T_1 gesperrt, während der Kollektor von T_2 über die Diode D_1 positives Potential zugeführt bekommt, so daß dieser Fototransistor einen bestrahlungsabhängigen Fotostrom fließen läßt. Polt man die Gleichspannungsquelle um, dann sperrt T_2, und es fließt ein von T_1 abhängiger Fotostrom über die Diode D_2 in entgegengesetzter Richtung. Dieses Verhalten führt zu den Kennlinien in Bild 4.73.

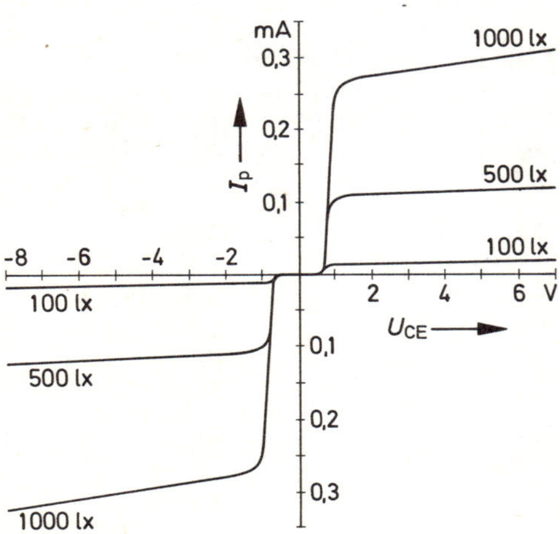

*Bild 4.73 Typisches Ausgangskennlinienfeld eines Wechselspannungsfototransistors (*Siemens *BPX 78)*

Verwendet man nun statt der Gleichspannung eine Wechselspannung, dann wird das System während jeder Halbwelle umgepolt, und durch einen in Reihe geschalteten Lastwiderstand kann ein Wechselstrom fließen, dessen Größe von der einfallenden Bestrahlungsstärke abhängig ist. Bild 4.73 zeigt die Grundschaltung dazu, wobei der Lastwiderstand R_L je nach gewünschter Empfindlichkeit sehr unterschiedliche Werte haben kann.

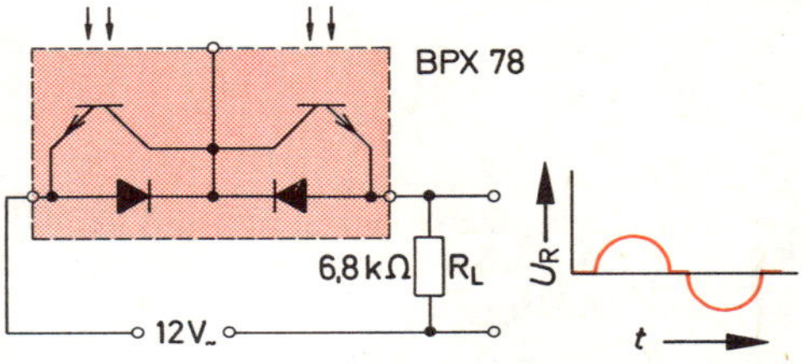

Bild 4.74 Einfachste Anwendung eines Wechselspannungsfototransistors zur strahlungsabhängigen Steuerung einer Wechselspannung

Der Wechselspannungsfototransistor eignet sich also vornehmlich für einfache Anlagen, in denen nur eine Wechselspannung als Betriebsspannung zur Verfügung steht, insbesondere auch in Steuerschaltungen für Triacs und Thyristoren. In diesem Zusammenhang wird in [38] eine erprobte lichtabhängige Phasenanschnittsteuerung beschrieben, bei der in Abhängigkeit vom einfallenden Licht der Stromflußwinkel eines Triacs gesteuert wird (Bild 4.75). Der jeweils wirksame Stromflußwinkel des Triacs bestimmt die Helligkeit der gesteuerten Lampe La. Der Unterschied dieser Schaltung zu einer normalen Phasenanschnittsteuerung besteht ganz einfach darin, daß der Wechselspannungsfototransistor BPX 78 parallel zum Zündkondensator geschaltet ist, was bewirkt, daß je nach Bestrahlungsstärke des BPX 78 ein größerer oder kleinerer Ladungsanteil des Kondensators über den BPX 78 abfließt. Dadurch erreicht der Kondensator mit steigender Bestrahlungsstärke die Zündspannung des Triggerelementes T_2 weniger schnell, so daß der Stromflußwinkel verringert wird. Arbeitet man nun noch mit einer optischen Rückkopplung von

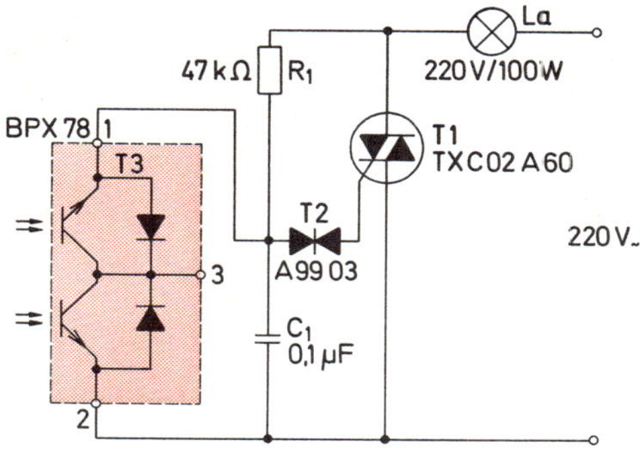

Bild 4.75 Wechselspannungsfototransistorgesteuerte Phasenanschnittsteuerung für Triac [38], die zur einfachen Lichtregelung genutzt werden kann

der Lampe La her zum Eingang des BPX 78 hin, dann stellt das Ganze eine einfache, preiswerte Lichtregelung dar.

4.3.4. Fototransistorzeilen

Im industriellen und kommerziellen Bereich gibt es eine ganze Reihe von Anwendungen, bei denen mehrere Fotoempfänger auf engem Raum nebeneinander aufgereiht werden müssen. Dazu gehören das Lesen von Lochstreifen und Lochkarten, die Qualitätsüberwachung von Stoff- und Papierbahnen und anderes mehr. Speziell für solche Zwecke wurden Fototransistorzeilen entwickelt, bei denen im genormten 1/10-Zoll-Rastermaß bis zu 12 npn-Si-Fototransistoren im Kunststoffgehäuse nebeneinander angeordnet sind (siehe Bild 4.76).

Die Basis ist bei solchen Zeilenanordnungen nicht kontaktiert. Meist haben sie dagegen eine gemeinsame innere Emitterverbindung, die an einen externen Anschluß führt. Es werden aber auch solche Zeilenanordnungen angeboten, bei denen alle Anschlüsse (außer der Basis) seperat nach außen geführt sind.

Kombiniert man solche Fototransistorzeilen mit im gleichen Rastermaß angeordneten GaAs-LED-Zeilen, so erhält man optische Lochstreifen- bzw. Lochkartenleser, deren Signal mit logischen Schaltungen weiterverarbeitet werden kann. Meist haben die einzelnen Fototransistoren dabei eine Richtcharakteristik mit schmalem Öffnungswinkel, so daß ein optisches Übersprechen zum Nachbarsystem vermieden wird.

Es gibt aber auch Anwendungen, bei denen gerade das Gegenteil, d.h. ein Überschneiden der Richtcharakteristika, erwünscht ist (z.B. bei Qualitätsüberwachungen von Textilbahnen). Dort verwendet man dann Zeilen mit möglichst großem Öffnungswinkel.

Für die Ausgangsschaltungen solcher Zeilenanordnungen gilt das in den vorangegangenen Kapiteln gesagte. Gesonderte Betrachtungen zu optischen Lochstreifen-(Lochkarten-)Lesern finden sich darüber hinaus in Kap. 7.2.

Bild 4.76 Beispiel einer typischen Fototransistorzeile
a) mechanische Anordnung
b) Prinzipschaltbild

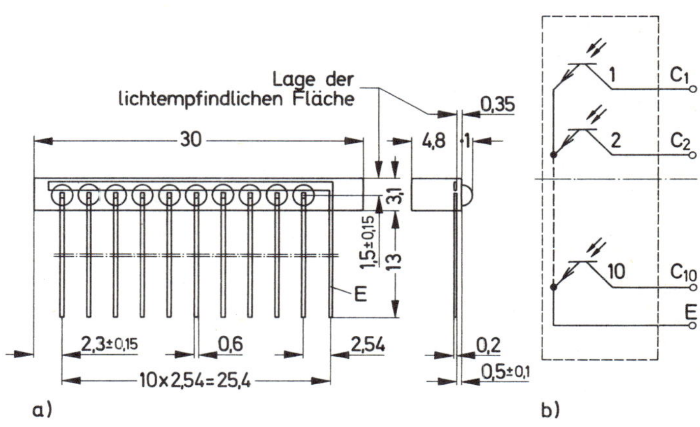

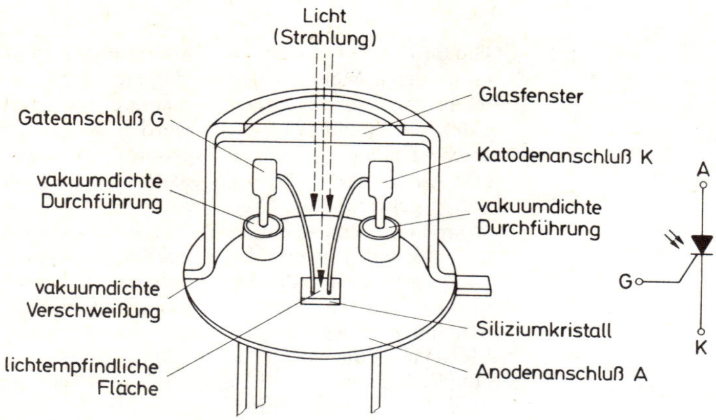

Bild 4.77 Mechanischer Aufbau einer diffundierten Silizium-Fotothyristor-Triode [238]

4.4. Fotothyristoren

Silizium-Fotothyristoren *(Fotoschalter)* gibt es wie gewöhnliche Thyristoren als **Tetroden** und **Trioden.** Außer den **Hauptanschlüssen** *Anode* (Symbol A) und *Katode* (Symbol K) stehen bei den Tetroden für externes Beschalten die **Steueranschlüsse** *Katodengate* (Symbol G_K oder G_1) und *Anodengate* (Symbol G_A oder G_2) zur Verfügung (siehe auch Bild 4.78). Fotothyristor-Trioden haben jedoch nur einen Steueranschluß, und zwar das katodenseitige *Gate* (Symbol G).
Der wesentliche Unterschied zwischen Fotothyristoren und normalen Thyristoren besteht darin, daß die **zum Zünden erforderliche Energie** dem Fotothyristor **durch Licht (Strahlung)** entsprechend spektraler Verteilung zugeführt werden kann. Rein äußerlich sind also Fotothyristoren an einem Glasfenster oder einer Glaslinse im Deckel ihres Gehäuses erkennbar. Bild 4.77 zeigt den inneren Aufbau einer Fotothyristor-Triode.

Grundsätzlich lassen sich aber auch **Fotothyristoren** genau wie Thyristoren mit einem **positiven Strom- bzw. Spannungsimpuls** auf das *katodenseitige Gate* **zünden.**

Strom-Spannungs-Charakteristik

Bild 4.78 zeigt schematisch die **Strom-Spannungs-Kennlinien** eines Fotothyristors in **Sperr-**

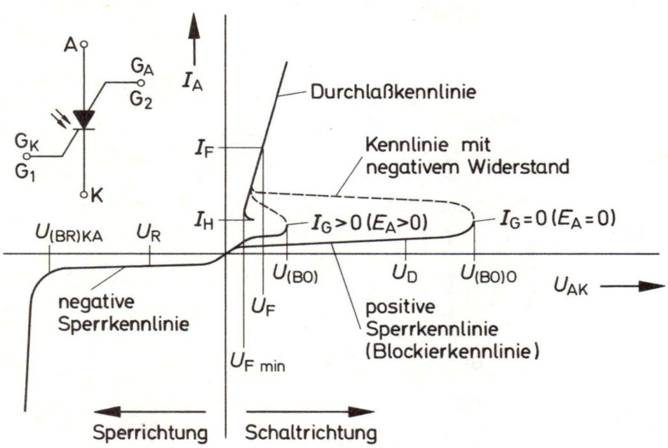

Bild 4.78 Prinzipieller Verlauf der Strom-Spannungs-Charakteristik eines Fotothyristors

und **Schaltrichtung.** Die dort angegebenen Symbole bedeuten:

E_A **Beleuchtungsstärke bei Normlicht A**
Nach DIN 5033 sendet eine Wolframdraht-Glühlampe, die auf die Farbtemperatur $\vartheta_f = 2855{,}6$ K[1] eingestellt ist, Licht aus, das der Normlichtart A entspricht (siehe auch Bild 4.80).

I_A **Anodenstrom**

I_F **Durchlaßstrom**
Der im Durchlaßzustand durch den Fotothyristor fließende Strom.

I_G **Gatestrom**
Der über einen Steueranschluß fließende Strom (I_{GA} = Anodengatestrom, I_{GK} = Katodengatestrom).

I_H **Haltestrom**
Kleinster Wert des Durchlaßstroms, bei dem der Fotothyristor noch im Durchlaßzustand bleibt.

U_{AK} **Anoden-Katoden-Spannung**
Spannung an der Anode, gemessen gegen Katode. Diese Spannung ist gleich der Durchlaßspannung U_F, wenn sich der Fotothyristor im Durchlaßzustand befindet. Sie ist gleich der positiven Sperrspannung U_D, wenn sich der Fotothyristor im Blockierzustand (Sperrzustand in Schaltrichtung) befindet. Sie ist gleich der negativen Sperrspannung U_R, wenn der Fotothyristor in Sperrichtung betrieben wird.

$U_{(BO)}$ **Kippspannung**
Wert der positiven Sperrspannung, bei dem der Fotothyristor mit Beleuchtung oder bei einem von Null verschiedenen Steuerstrom vom Blockierzustand (Sperrzustand in Schaltrichtung) in den Durchlaßzustand übergeht.

$U_{(BO)0}$ **Nullkippspannung**
Wert der positiven Sperrspannung, bei dem der Fotothyristor ohne Beleuchtung oder bei einem Steuerstrom von Null vom Blockierzustand (Sperrzustand in Schaltrichtung) in den Durchlaßzustand übergeht.

$U_{(BR)KA}$ **Katoden-Anoden-Durchbruchspannung**
Spannung in Sperrichtung zwischen den Hauptanschlüssen des Fotothyristors von der ab eine geringe Spannungserhöhung einen steilen Anstieg des Sperrstroms zur Folge hat. Sie wird angegeben als Spannung bei einem bestimmten Wert des Sperrstroms.

U_F **Durchlaßspannung**
Die im Durchlaßzustand des Fotothyristors zwischen den Hauptanschlüssen verbleibende Spannung.

In **Sperrichtung** ($-U_{AK}$) verhalten sich also Fotothyristoren wie **normale Dioden.** Die Werte für die **Katoden-Anoden-Durchbruchspannung** liegen je nach Typ zwischen einigen 10 V und einigen 100 V bei **Sperrströmen** ($-I_A$) in der Größenordnung von 10 µA bzw. 100 µA.
In **Schaltrichtung** zeigen hingegen Fotothyristoren ein **bistabiles Verhalten.** Für $U_{AK} < U_{(BO)0}$ und $I_G = 0$ bzw. $E_A = 0$ verbleiben sie zunächst im *hochohmigen* Blockierzustand **(positive Sperrkennlinie).** Erst bei $I_G > 0$ bzw. $E_A > 0$ „kippen" sie in den *niederohmigen* Durchlaßzustand **(Durchlaßkennlinie)**. Zwischen diesen beiden *stabilen* Bereichen liegt ein *instabiler* Bereich mit *negativem* Widerstand, der beim Kippen durchlaufen wird. Für die **Nullkippspannung** ist mit etwa gleichen Werten wie für die Katoden-Anoden-Durchbruchspannung zu rechnen.

Im zulässigen Betriebstemperaturbereich braucht die unmittelbare **Temperaturabhängigkeit** dieser beiden **Sperrspannungen** nicht berücksichtigt zu werden, da sie einen *positiven* Temperaturkoeffizienten haben. Dagegen nehmen die Sperrströme exponentiell mit der Temperatur zu. Bekanntlich verdoppelt sich der Sperrstrom einer Silizium-pn-Sperrschicht etwa alle 8 °C bei steigender Sperrschichttemperatur. Da aber die Katoden-Anoden-Durchbruchspannung eines Fotothyristors bei einem bestimmten (konstanten) Sperrstrom gemessen wird, scheint die Sperrspannung in Sperrichtung — hervorgerufen durch die Abrundung der Durchbruchkennlinien **(negative Sperrkennlinien)** — bei höheren Temperaturen abzunehmen. Der gleiche Effekt gilt im Prinzip auch für die positiven Sperrkennlinien in Schaltrichtung. Wie bereits erwähnt wurde, ist die Zündbedingung $B_{pnp} \cdot B_{npn} = 1$ stromabhängig. Sie wird erfüllt, wenn der Sperrstrom im Blockierbereich einen bestimmten Wert überschreitet. Oberhalb des Betriebstemperaturbereiches wird jedoch dieser Sperrstromwert

[1] Die Einheit für die absolute Temperatur ist Kelvin (K). Die Bezeichnung °K ist **nicht** mehr zulässig.

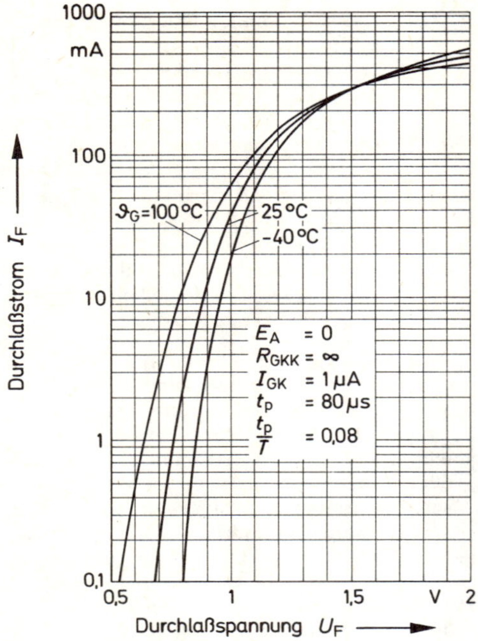

Bild 4.79 Durchlaßkennlinie und ihre Temperaturabhängigkeit für eine typische Silizium-Planar-Fotothyristor-Tetrode

schon bei Sperrspannungen erreicht, die unterhalb der Nullkippspannung liegen. In Schaltrichtung wird also ebenfalls ein negativer Temperaturkoeffizient der Nullkippspannung vorgetäuscht [244].

Die **Temperaturabhängigkeit** der Strom- bzw. Spannungswerte im **Durchlaßzustand** verdeutlicht Bild 4.79 anhand der Durchlaßkennlinie für die Silizium-Planar-Fotothyristor-Tetrode BPY 78 von *AEG-Telefunken.* Insgesamt gesehen gibt es Fotothyristoren für **Durchlaßströme** im **Bereich** von **100 mA** bis etwa **10 A.**

Zündbeleuchtungsstärke, Zündbestrahlungsstärke

Die zum **Zünden** eines **Fotothyristors** ausreichende Beleuchtungs- bzw. Bestrahlungsstärke wird mit **Zündbeleuchtungsstärke** (Symbol E_{vT}) bzw. **Zündbestrahlungsstärke** (Symbol E_{eT}) bezeichnet.

Da die **Strahlungsempfindlichkeit** aller Fotobauelemente **wellenlängenabhängig** ist, wird in den Datenblättern von Fotothyristoren die zur Zündbeleuchtungsstärke bzw. Zündbestrahlungsstärke gehörende **spektrale Energieverteilung** angegeben. So wird vor allem die Zündbeleuchtungsstärke auf die **Normlichtart A** (siehe Bild 4.80) bezogen. Anstelle E_{vT} tritt dann das Symbol E_{AT}. Die Werte für die **Zündbestrahlungsstärke** gelten in der Regel für die **Wellenlänge** bei der **maximalen spektralen Empfindlichkeit.** Bild 4.80 zeigt die relative spektrale Empfindlichkeitskurve einer Fotothyristor-Tetrode (Typ BPX 66 P von *Valvo*). Ist beispielsweise die Zündbestrahlungsstärke bei λ = 800 mm mit 1,5 mW/cm² angegeben, so muß bei λ = 550 nm oder λ = 1015 nm **(Wellenlängen bei halber Empfindlichkeit)** die **doppelte Bestrahlungsstärke,** also 3 mW/cm², zum Zünden aufgebracht werden.

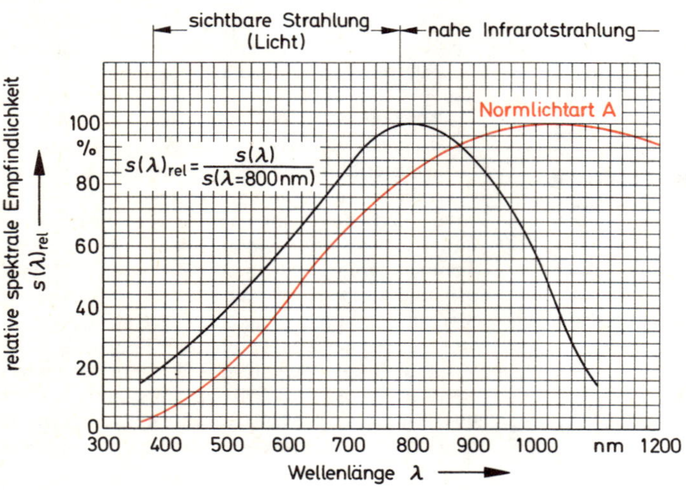

Bild 4.80 Relative spektrale Empfindlichkeit einer Silizium-Planar-Fotothyristor-Tetrode und spektrale Verteilung der Normlichtart A

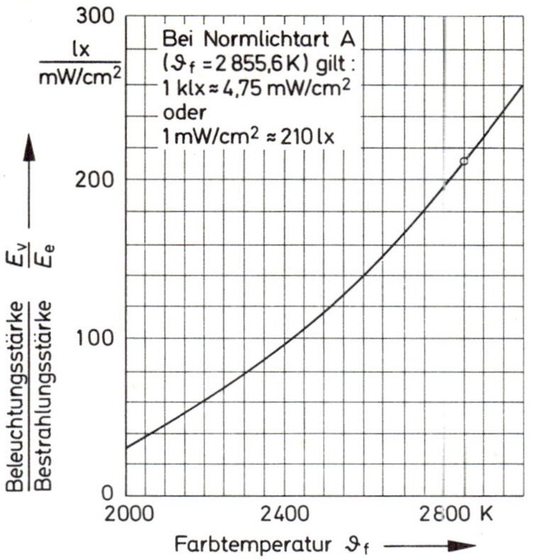

Bild 4.81 Verhältnis von Beleuchtungsstärke E_v zu Bestrahlungsstärke E_e in Abhängigkeit von der Farbtemperatur des schwarzen Strahlers ϑ_f

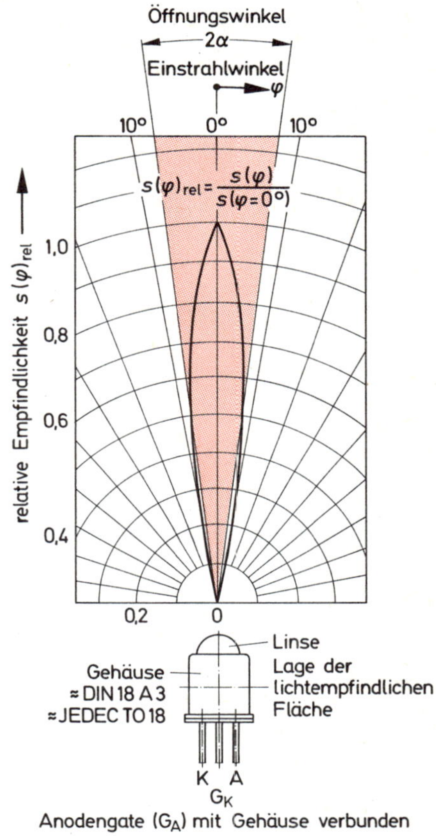

Bild 4.82 Richtcharakteristik (relative Empfindlichkeit in Abhängigkeit vom Einstrahlwinkel φ, bezogen auf senkrechte Einstrahlung) der Fotothyristor-Tetrode BPY 78 von AEG-Telefunken

Es ist natürlich ebenso möglich, den Fotothyristor mit einer Bestrahlungsstärke zu zünden, die sich aus 0,6 mW/cm² bei λ = 500 nm und 0,9 mW/cm² bei λ = 600 nm zusammensetzt.

Mit Hilfe der Kurve von Bild 4.81 läßt sich ermitteln, welche Beleuchtungsstärke bei Verwendung einer Lichtquelle der Normlichtart A erforderlich ist. Da **1 mW/cm² etwa 210 lx entspricht,** beträgt dann die Zündbeleuchtungsstärke E_{AT} rund 300 lx.

Fällt das Licht (die Strahlung) nicht senkrecht auf den Fotothyristor, so erhöht sich die benötigte Zündbeleuchtungsstärke (Zündbestrahlungsstärke). Der Verlauf der **Empfindlichkeit als Funktion des Einstrahlwinkels** φ (Lichteinfallwinkels) wird **Richtcharakteristik** genannt. Bild 4.82 zeigt eine Richtcharakteristik mit einem **Öffnungswinkel** 2α von 15°. Bei φ = 7,5° ist die Empfindlichkeit auf die Hälfte der axialen Empfindlichkeit (Empfindlichkeit bei φ = 0°) abgesunken. Das bedeutet also, daß die Zündbeleuchtungsstärke bzw. Zündbestrahlungsstärke bei diesem Einstrahlwinkel (halber Öffnungswinkel) verdoppelt werden muß.

Fotothyristoren mit einem schmalen Öffnungswinkel sind zwar unempfindlich gegen Streulichteinflüsse, müssen aber sehr sorgfältig auf die Achse ihrer maximalen Empfindlichkeit justiert werden. Diese kann von der mechanischen Achse des Gehäuses abweichen. In dieser Beziehung günstiger sind deshalb die Fotothyristoren, die beispielsweise einen Öffnungswinkel von 60° haben.

Außer den bereits genannten Einflüssen hängt der (absolute) Wert der **Zündbeleuchtungsstärke** von der *Sperrschichttemperatur,* der *Speisespannung,* dem *Lastwiderstand* und der *Beschaltung* der Steueranschlüsse ab. Ferner müssen die

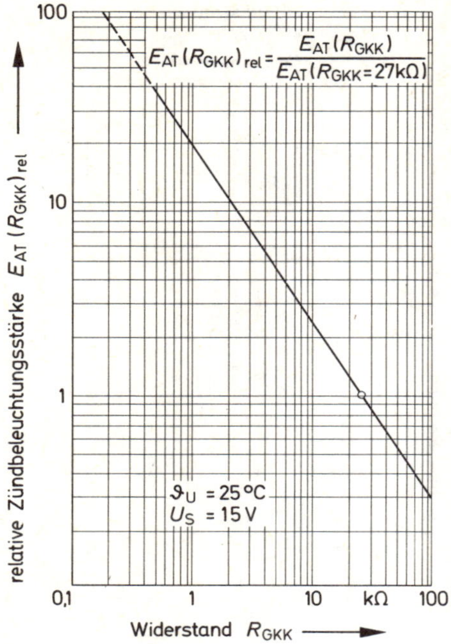

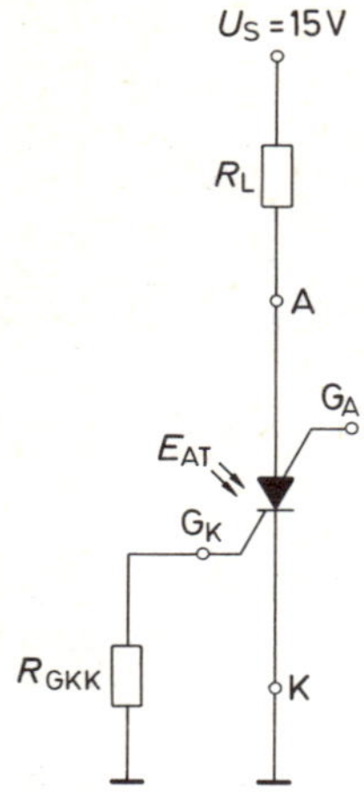

fertigungsbedingten Exemplarstreuungen beim Schaltungsentwurf berücksichtigt werden. In den Datenblättern sind daher mitunter Angaben über das Verhältnis der Bestrahlungsstärke für Zündung zur Bestrahlungsstärke für Nichtzündung E_{eT}/E_{eD} zu finden.

Mit einem **Ableitwiderstand** zwischen dem **katodenseitigen Steueranschluß** (G_K bzw. G) und der **Katode** läßt sich die **Ansprechempfindlichkeit** (Zündbeleuchtungsstärke) des Fotothyristors einstellen. Bei Fotothyristor-Tetroden braucht der Anodengateanschluß *nicht* beschaltet zu sein. Die Zündung setzt erst dann ein, wenn die Spannung am Katodengatewiderstand zwischen 0,3 und 0,4 V beträgt. Das bedeutet, daß sich die **Zündbeleuchtungsstärke etwa umgekehrt proportional zum Katodengatewiderstand** verhält. Bild 4.83 verdeutlicht den Sachverhalt für die Fotothyristor-Tetrode BPY 78. Je nach Wahl des Katodengatewiderstandes kann auch das **ungewollte Zünden** infolge Störspannungsspitzen auf der Speisespannung oder durch erhöhte Umgebungstemperatur in bestimmten Grenzen vermieden werden.

Bei Fotothyristor-Tetroden läßt sich die Zündbeleuchtungsstärke auch mit einem Widerstand zwischen dem Anodengate und der Anode beeinflussen. Der Katodengateanschluß kann dann offen bleiben. Bei derselben Zündbeleuchtungsstärke muß der Anodengatewiderstand etwa 1/30 bis 1/20 des Wertes des Katodengatewiderstandes betragen.

Zu erwähnen ist, daß mit dieser Schaltungsvariante auch der sogenannte „du/dt-Effekt" oder **„Rate-Effekt"** unterdrückt werden kann. Hierunter versteht man die Erscheinung, daß trotz gesperrter Thyristor-Tetrode ein **steiler Spannungsanstieg** (du/dt) zwischen Anode und Katode in der mittleren Sperrschicht (Sperrschichtkapazität) einen Verschiebungsstrom $i = C \cdot du/dt$ hervorruft, der ausreicht, um die Zündbedingung $B_{pnp} \cdot B_{npn} = 1$, zu erfüllen. Der Thyristor zündet dann schon bei $U_{AK} < U_{(BO)0}$.

Bild 4.83 Relative Zündbeleuchtungsstärke E_{ATrel} in Abhängigkeit vom Katodengatewiderstand R_{GKK} für die Fotothyristor-Tetrode BPY78 von AEG-Telefunken. *Die absolute Zündbeleuchtungsstärke E_{AT} beträgt für R_{GKK} = 27 kΩ und R_L = 1 kΩ typisch 1 klx*

Die **minimal** mögliche **Zündbeleuchtungsstärke** ist damit

a) durch die **Kollektor-Basis-Restströme** des pnp- bzw. npn-Transistors (siehe Abschnitt 3.1.4) und
b) durch den im Hinblick auf mögliche Störimpulse nach *oben* hin begrenzten **Wert** des **Katodengate-** bzw. **Anodengatewiderstandes** (ohne beschaltete Gateanschlüsse ist die Empfindlichkeit am höchsten) gegeben.

Der Einfluß der Speisespannung auf die Zündbeleuchtungsstärke ist vergleichsweise gering. Bild 4.84 veranschaulicht die **Abnahme** der **Zündbeleuchtungsstärke** E_{AT} mit **zunehmender Speisespannung** U_S für die Fotothyristor-Tetrode BPY 78.

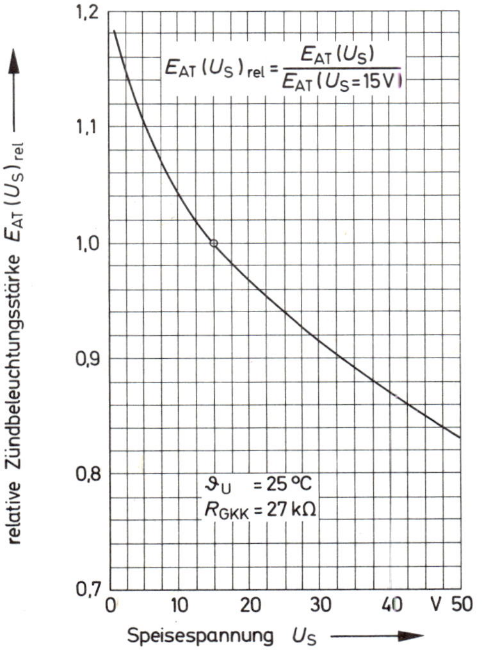

Bild 4.84 Relative Zündbeleuchtungsstärke in Abhängigkeit von der Speisespannung

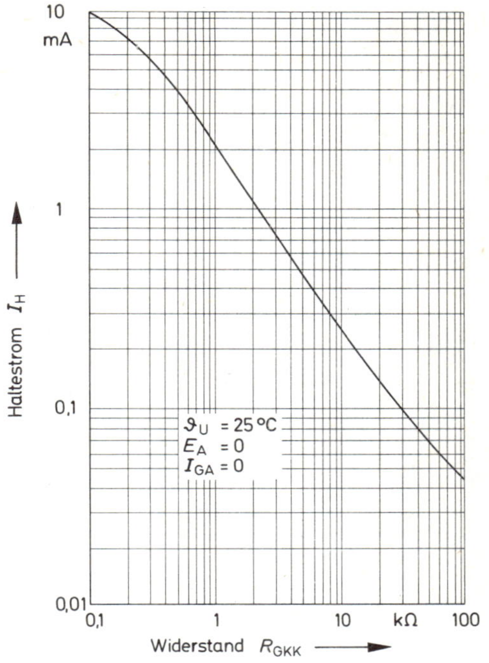

Bild 4.85 Haltestrom in Abhängigkeit vom Katodengatewiderstand

Haltestrom, Abschalten des Fotothyristors

Ist der Fotothyristor erst einmal gezündet, so bleibt er auch nach Abdunkeln der Zündlichtquelle im Durchlaßzustand **(Speicherverhalten** des **Fotothyristors**). Voraussetzung ist jedoch, daß der Durchlaßstrom I_F einen bestimmten Wert, den sogenannten **Haltestrom** I_H, nicht unterschreitet. Wie die Bilder 4.85 und 4.86 anhand der Fotothyristor-Tetrode BPY 78 verdeutlichen, verringert sich der Haltestrom mit zunehmendem Katodengatewiderstand und steigender Temperatur.

Ein **Abschalten** des **Fotothyristors** ist demnach nur möglich, wenn mit geeigneten Maßnahmen der Durchlaßstrom auf einen **Wert unterhalb** des **Haltestroms** abgesenkt wird.

In Bild 4.87 sind die **vier grundsätzlichen Methoden,** gezündete Fotothyristoren mit **Löschimpulsen** wieder abzuschalten, gegenübergestellt. **Fotothyristor-Tetroden** lassen sich auch bei $I_F > I_H$ sowohl über das **Katodengate** als auch über das **Anodengate abschalten.** Soll über das Anoden-

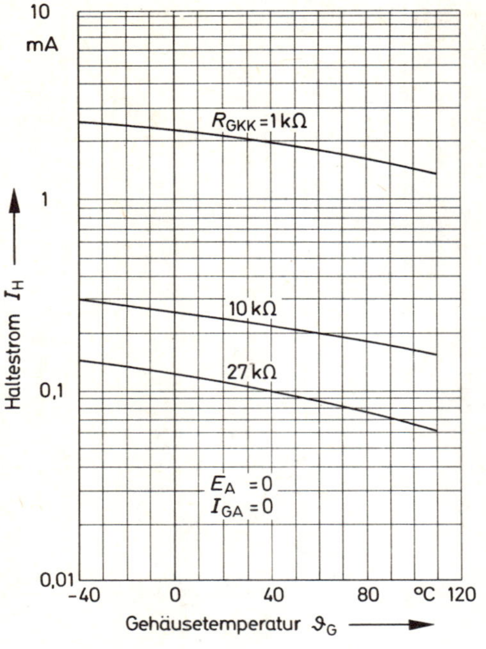

Bild 4.86 Haltestrom in Abhängigkeit von der Gehäusetemperatur mit dem Katodengatewiderstand als Parameter

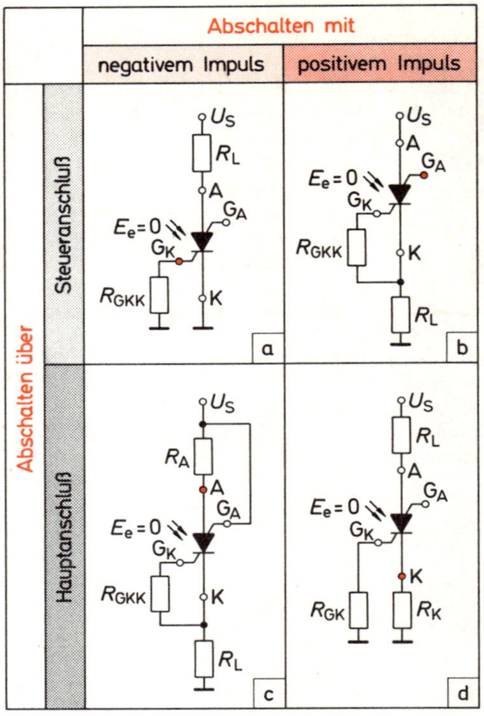

Bild 4.87 Übersicht über die grundsätzlichen Methoden, gezündete Fotothyristoren wieder abzuschalten

gate gelöscht werden, so ist es günstiger, den *Lastwiderstand* auf die Katodenseite zu verlegen (siehe auch Bild 4.87b). Die Bilder 4.87c und d zeigen die beiden Grundschaltungen für das **Abschalten** über die **Anode** bzw. **Katode.** Sie sind insbesondere für **Fotothyristor-Trioden** anwendbar. Die Größe der Widerstände R_A bzw. R_K hängt vom gewählten Lastwiderstand R_L ab.

Bei **Wechselspannungsbetrieb** sind keine besonderen Schaltungsmaßnahmen zum Löschen des Fotothyristors erforderlich: er schaltet „automatisch" beim Nulldurchgang der Speisespannung ab, da der Haltestrom unterschritten wird (siehe Bild 4.88a). Ein *„Dauerbetrieb"* ist daher nur möglich, wenn gleichzeitig die entsprechende Zündbeleuchtungsstärke ansteht. Dabei zündet der Fotothyristor bei jeder *positiven* Halbwelle von neuem.

Ebenfalls eine **Umkehr** der **Anodenspannung** wird mit der Schaltung von Bild 4.88b erreicht. Bei geöffnetem Schalter und gezündetem Thyristor lädt sich der Kondensator C über den Widerstand R auf die Speisespannung $+U_S$ auf. Wird nun der Schalter geschlossen, so bewirkt der aufgeladene Kondensator an der Anode des Fotothyristors einen negativen Spannungssprung auf $-U_S$. Der daraufhin durch den Thyristor fließende Kondensatorentladestrom ist dem ursprünglichen Laststrom I_L entgegengesetzt gerichtet, d.h., der Fotothyristor schaltet ab. Unter Beachtung der **Freiwerdezeit** t_q des Fotothyristors gilt für den Mindestwert des Kondensators **(Löschkondensators)**

$$C > \frac{I_L \cdot t_q}{U_S}$$

Der Widerstand R sollte möglichst groß sein, um beim Wiederöffnen des Schalters den Rate-Effekt zu vermeiden.

Dem gleichen Zwecke, nämlich den **Rate-Effekt** zu **unterdrücken,** dient in der Schaltungsvariante Bild 4.88c der Anodengatewiderstand R_{GA}. Beim Wiederschließen des Schalters ist dann das Anodengate bereits positiv, d.h. in Sperrichtung vorgespannt.

Sehr günstige Abschaltverhältnisse ergeben sich bei der Variante von Bild 4.88d. **Der Lastwiderstand liegt hier zwischen Anodengate und Speisespannung.** Da der Anodenstrom niedriger als der Laststrom (Anodengatestrom) ist, kann die Fotothyristor-Tetrode mit einem *negativen* Impuls auf den Anodenanschluß gelöscht werden (man vergleiche hierzu die Schaltungskonfiguration von Bild 4.87c).

Weitere spezielle Löschschaltungen sind u.a. in [239] zu finden.

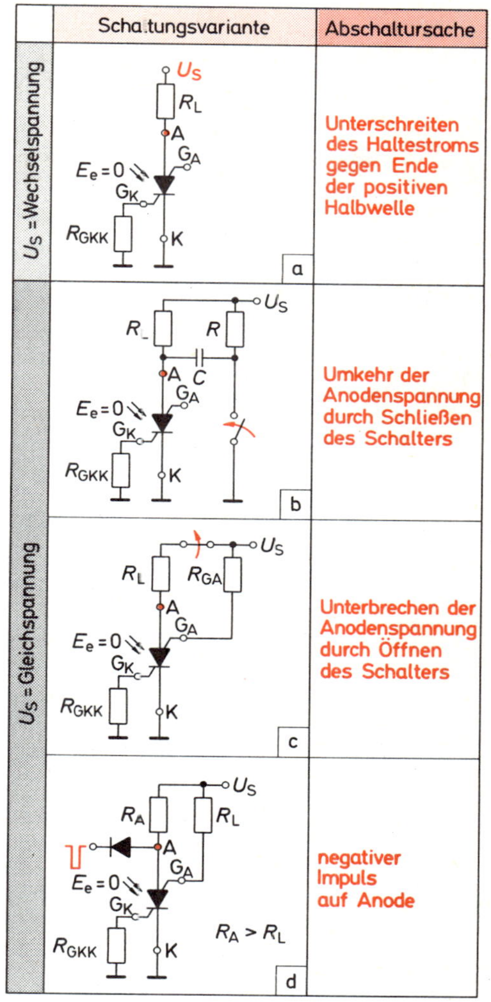

Bild 4.88 Schaltungsvarianten, mit denen ein gezündeter Fotothyristor von der Anode her wieder abgeschaltet werden kann

5. Inkohärente Strahlungsemitter

Lumineszenzdioden sind inkohärente Strahlungsquellen. Das gilt sowohl für den sichtbaren als auch für den infraroten Strahlungsbereich. Nachdem bereits in Kapitel 3 u.a. die grundsätzlichen physikalischen Eigenheiten der Lumineszenzdioden und ihre Technologie behandelt wurden, beschreibt dieses Kapitel die **LED für den sichtbaren und den infraroten Spektralbereich** anhand ihrer *Kennwerte, Kennlinien, Gehäuseformen* und *Abstrahlcharakteristiken.* Außerdem werden entsprechende **LED-Ansteuerschaltungen** angegeben bzw. dimensioniert. Besonderen Hinweis verdient ein **grafisches Verfahren,** mit dem bei bekannter Abstrahlcharakteristik **Strahlungsleistungen** bzw. **Strahlstärken** von IR-LED **berechnet** werden können.

5.1. Lichtemitter

Lumineszenzdioden, die im sichtbaren Spektralbereich arbeiten, **verdrängen** nicht nur in immer stärkerem Maße die **klassischen Glühlämpchen** als Anzeigeelemente (Signalleuchten) auf Gerätefrontplatten oder in gedruckten Schaltungen, sondern sie eröffnen auch eine **Reihe neuer Anwendungen** etwa in Meßwertanzeigeeinheiten oder in Anordnungen zum Markieren von Kamerafilmen. Hierauf und auf die damit verbundenen Ansteuerschaltungen sowie die wesentlichen Eigenschaften der lichtemittierenden Dioden wird u.a. in den folgenden Abschnitten eingegangen.

5.1.1. Kennwerte und Kennlinien

Gegenüber Glühlampen bieten **lichtemittierende Dioden folgende Vorteile:**

- □ hohe Zuverlässigkeit und Lebensdauer (einige 10 Jahre);
- □ geringer Spannungsbedarf (einige V);
- □ Strom- und Spannungskompatibilität mit integrierten Standardschaltungen;
- □ Fehlen des Einschaltstromstoßes (keine Kaltleitereigenschaften, siehe Bild 5.1);
- □ direktes Einlöten in gedruckte Schaltungen möglich (keine Fassungen zum Auswechseln notwendig);
- □ einfachste Montage (mit Montageclip);
- □ erreichbare hohe Packungsdichte;
- □ um mehrere Größenordnungen kürzere Schaltzeiten (siehe auch Bild 5.1);
- □ leichte (trägheitslose) Modulierbarkeit des abgestrahlten Lichtes (kein „Nachglühen“) und monolithisch integrierte LED-Anordnungen erschließen neue Anwendungen;
- □ direktes Signalisieren von Hf-Pegeln bis zu einigen 10 MHz;
- □ Unabhängigkeit (praktisch) der Lichtwellenlänge (Farbe) vom Durchlaßstrom;
- □ wegen der geringen Bandbreite (spektrale Halbwertsbreite) des emittierten Lichtes läßt sich etwa bei roten GaAsP-LED-(Anordnungen) mit einem schmalbandigen Rotfilter der Kontrast zwischen LED und Umgebung noch weiter steigern;

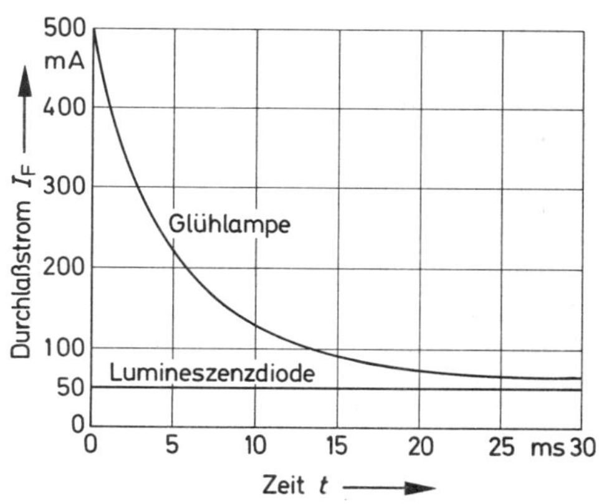

Bild 5.1 Einschaltverhalten von Lumineszenzdiode und Glühlampe [6]

Tafel 5.1 Alphabetische Zusammenstellung der in LED-Datenblättern verwendeten elektrischen und lichttechnischen Parameter

Parameter	Kurzzeichen
Abfallzeit der Emission Anstiegszeit der Emission	t_f t_r
Differentieller Durchlaßwiderstand Durchbruchspannung Durchlaßspannung Durchlaßspitzenstrom Durchlaßstrom	R_D $U_{(BR)}$ U_F I_{FM} I_F
Gehäusetemperatur	ϑ_G
Halber Öffnungswinkel	α
Lagertemperatur Leuchtdichte Lichtstärke Lichtstrom	ϑ_S L_v I_v Φ_v
Spektrale Halbwertsbreite Sperrschichtkapazität Sperrschichttemperatur Sperrspannung Sperrstrom Spitzenlichtstärke	$\Delta\lambda$ C_j ϑ_j U_R I_R I_p
Temperaturkoeffizient der Durchlaßspannung Temperaturkoeffizient der Lichtstärke Temperaturkoeffizient der Verlustleistung Temperaturkoeffizient der Wellenlänge	TK_{UF} TK_I TK_P TK_λ
Umgebungstemperatur	ϑ_U
Verlustleistung	P_{tot}
Wärmewiderstand Wellenlänge beim Spitzenwert der Emission Wellenlänge des emittierten Lichtes	R_{thJU} λ_p λ

Man beachte: I „gerade“ = Lichtstärke
I „kursiv“ = Strom

- □ Lageunabhängigkeit;
- □ große Schock- und Vibrationsfestigkeit.

Wenn überhaupt, so sind folgende — jedoch nicht schwerwiegenden — Nachteile zu nennen:

- □ niedriger differentieller Widerstand (einige Ω) erfordert zusätzliche Bauelemente zur Strombegrenzung;
- □ geringe Durchbruchspannung erfordert gegebenenfalls zusätzliche Bauelemente, um Betrieb im Abbruchbereich zu verhindern;
- □ infolge des monochromatischen Lichtes für allgemeine Beleuchtungszwecke ungeeignet;
- □ noch nicht alle Farben (insbesondere Blau) verfügbar.

Insgesamt gesehen, muß aber die Antwort auf die Frage „LED — ja oder nein“ eindeutig „ja“ lauten.

Tafel 5.1 gibt nun eine Übersicht über die in LED-Datenblättern zu findenden **elektrischen** und **lichttechnischen Parameter.** Hierbei ist jedoch der Hinweis wichtig, daß nicht alle in dieser Tafel aufgeführten Parameter von den jeweiligen Herstellern spezifiziert werden und daß die verwendeten Kurzzeichen teilweise voneinander abweichen. Das ist schließlich auch gar nicht verwunderlich, da die gängigen für Indikatorzwecke erhältlichen „Leuchtdioden“ sehr unterschiedliche Eigenschaften haben können. So befinden sich **zusätzlich zum LED-Chip noch weitere Bauelemente** etwa zur *Durchlaßstrombegrenzung, Durchlaßstromkonstanthaltung* oder *Sperrspannungsbegrenzung* **im gleichen Gehäuse.** Hinzu kommen noch Ausführungen, die **farblich unterschiedliche Schaltzustände** ermöglichen und die speziell für **Wechselstrombetrieb** geeignet sind. In Tafel 5.2 sind die einzelnen Varianten — geordnet nach Gleichstrombetrieb (DC-Betrieb) und Wechselstrombetrieb (AC-Betrieb) — mit ihren Schaltbildern und farblichen Abstufungen aufgeführt. Einige willkürlich herausgegriffene Typen bekannter Hersteller ergänzen die Aufstellung. Da bereits in Kapitel 3 die technologischen Unterschiede zwischen GaAsP- und GaP-LED herausgestellt wurden, beschränken sich die folgenden Ausführungen im wesentlichen auf die Kennlinien und Kennwerte der in Tafel 5.2 genannten Bauelemente.

LED

Bei „normalen“ Leuchtdioden umhüllen die lichtdurchlässigen Kunstharzgehäuse nur *ein* LED-Chip. Die Bilder 5.2 und 5.3 zeigen zwei hierfür typische **Sperr- und Durchlaßkennlinien** von einer roten **GaAsP-LED** und einer grünen **GaP-**

Tafel 5.2 Übersicht über Schaltbilder und farbliche Schaltzustände von Lumineszenzdioden für Anzeigezwecke

	Schaltbild	Bezeichnung	Schaltzustände (Farben)	Beispiele
Gleichstrom-Betrieb	 a	LED	rot-aus	5082-4684 FLV 250
			gelb-aus	5082-4584 FLV 450
			grün-aus	5082-4984 FLV 350
	 b	LED mit Strombegrenzungswiderstand	rot-aus	CQY 40/5V CQY 40/12V 5082-4860 5082-4468
	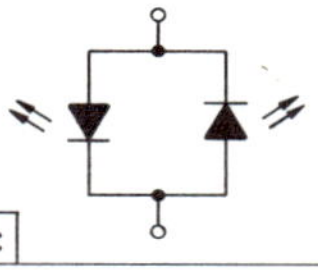 c	zweifarbige LED	rot-grün-aus	MV 5491
			rot-gelb-aus	MV 5591
			gelb-grün-aus	MV 5691
	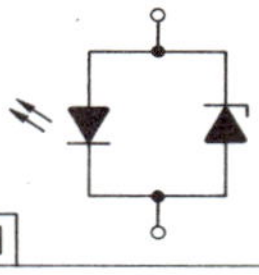 d	LED mit Z-Diode	rot-aus	CQY 27 Z
	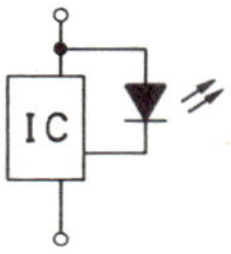 e	Konstantstrom-LED	rot-aus	RLC-200
	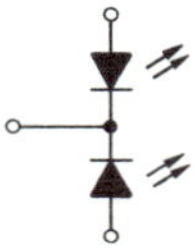 f	dreifarbige LED	rot-gelb-grün-aus	Versuchsmuster von *Siemens*
Wechselstrom-Betrieb	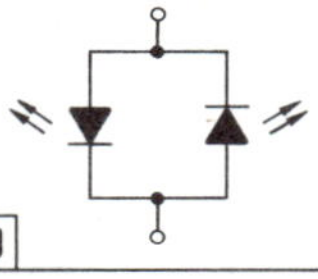 g	Wechselstrom-LED	rot-aus	MV 5094
			gelb-aus	MV 5391
			grün-aus	MV 5291

CQY 27: *Intermetall*, CQY 40: *AEG-Telefunken*, FLV: *Fairchild Semiconductor*, MV: *Monsanto*, RLC: *Litronix*, 5082: *Hewlett-Packard*

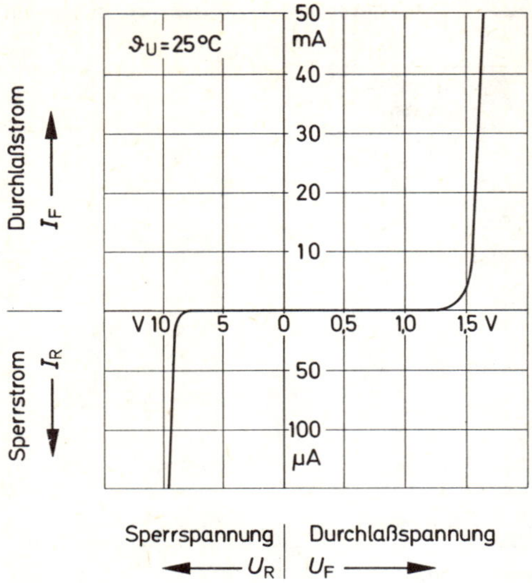

Bild 5.2 Sperrkennlinie und Durchlaßkennlinie für die rote GaAsP-LED GL-30AR von Sharp

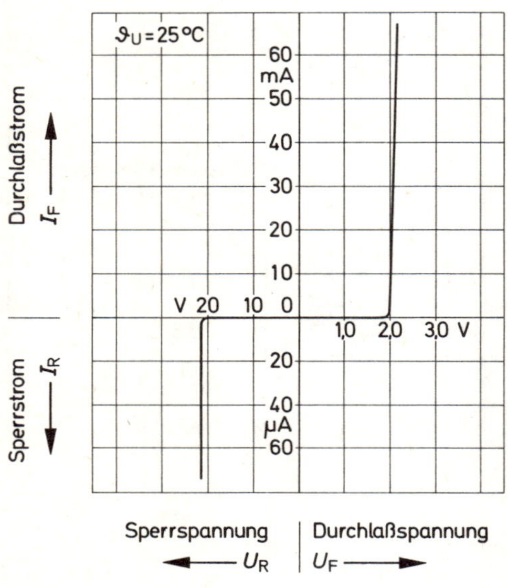

Bild 5.3 Sperrkennlinie und Durchlaßkennlinie für die grüne GaP-LED GL-50PG von Sharp

LED. Diese Kennlinien entsprechen also durchaus den Kennlinien üblicher Silizium-Dioden, allerdings mit einer niedrigeren Sperrspannung und einer höheren Durchlaßspannung. Unterhalb der Kniespannung ist der Durchlaßstrom praktisch Null. Oberhalb des Knies ändert sich der Durchlaßstrom – stark ansteigend – linear mit der Durchlaßspannung. Der **differentielle Widerstand** $\Delta U_F/\Delta I_F$ hat in diesem Teil der Flußkennlinie Werte von nur einigen Ω. Geringe U_F-Änderungen haben demnach große I_F-Änderungen zur Folge. Um einen stabilen Arbeitspunkt zu bekommen, dürfen die LED also nicht direkt an der Versorgungsspannung, sondern nur über ein strombegrenzendes Element betrieben werden. Bei $I_F = 10$ mA liest man aus Bild 5.2 für die GaAsP-LED eine **Durchlaßspannung** von typisch 1,6 V und aus Bild 5.3 für die GaP-LED eine Durchlaßspannung von typisch 2 V ab (siehe auch Tafel 3.1).

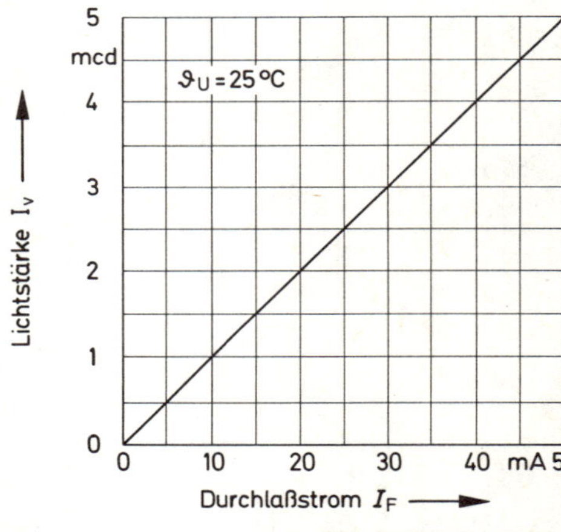

Bild 5.4 Abhängigkeit der Lichtstärke vom Durchlaßstrom für die rote GaAsP-LED FK 510 von Osram

Will man die Lichtstärken mehrerer LED für einen bestimmten Durchlaßstrom miteinander vergleichen, so machen es einem die Hersteller mit ihren Datenblättern nicht immer ganz einfach. Mitunter liegt die **Abhängigkeit der Lichtstärke vom Durchlaßstrom** direkt als Diagramm vor. Größtenteils wird aber nur die relative Lichtstärke – bezogen auf einen I_F-Wert von 10 oder 20 mA – als Funktion des Durchlaßstromes dargestellt. Bild 5.4 zeigt den bekannten linearen

<table>
<tr><th rowspan="2">Typ</th><th rowspan="2">Material</th><th rowspan="2">Farbe</th><th rowspan="2">I_F</th><th colspan="2">I_v</th><th rowspan="2">$I_{v\,rel} = f\,(I_F)$</th></tr>
<tr><th>min.</th><th>typ.</th></tr>
<tr><td>FLV 450</td><td>GaP</td><td>gelb</td><td>20 mA</td><td>1,6 mcd</td><td>3,2 mcd</td><td>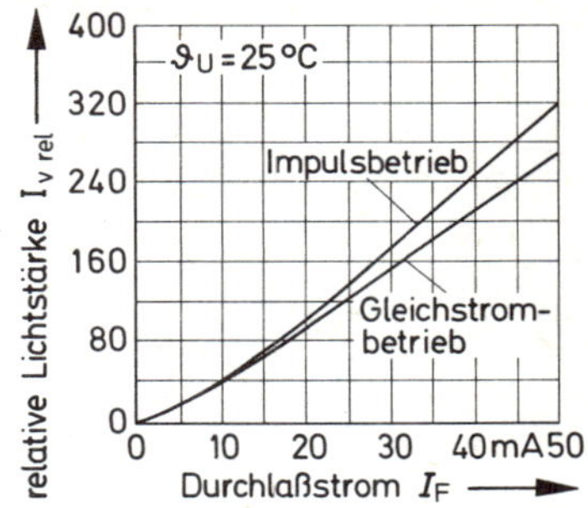</td></tr>
<tr><td>FLV 350</td><td>GaP</td><td>grün</td><td>20 mA</td><td>1,6 mcd</td><td>3,2 mcd</td><td>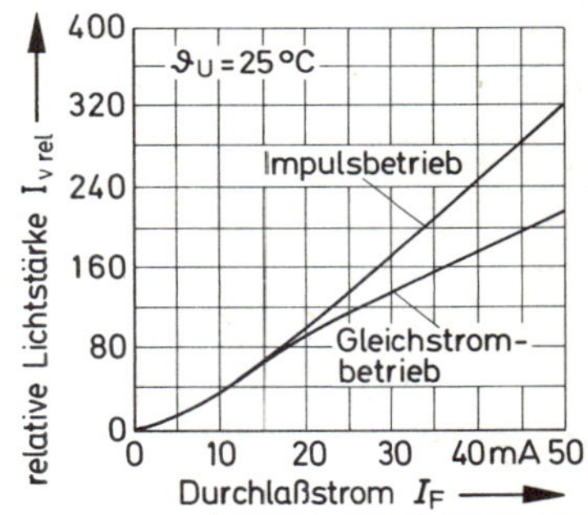</td></tr>
<tr><td>FLV 250</td><td>GaP</td><td>rot</td><td>10 mA</td><td>1,2 mcd</td><td>3,0 mcd</td><td>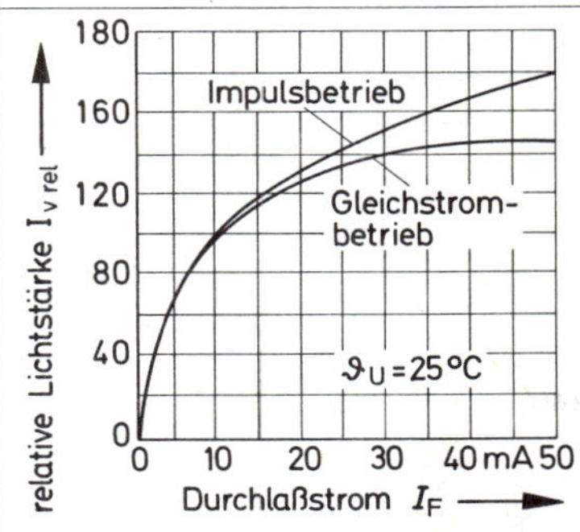</td></tr>
</table>

Bild 5.5 Relative Lichtstärke als Funktion des Durchlaßstroms bei Gleichstrombetrieb und Impulsbetrieb für drei GaP-LED von Fairchild Semiconductor

Zusammenhang zwischen der Lichtstärke I_v und dem Durchlaßstrom I_F für eine rote GaAsP-LED, so daß sich die Lichtstärke unmittelbar in mcd ablesen läßt. Hingegen müssen bei den Diagrammen von Bild 5.5 – sie beziehen sich auf GaP-LED – die Werte aus den Tabellen der charakteristischen Daten zu Hilfe gezogen werden. Sie sind in diesem Falle mit angegeben. Die gewünschte absolute Lichtstärke erhält man also durch Multiplizieren des aus dem Diagramm abgelesenen relativen Lichtstärkewertes mit dem Bezugslichtstärkewert aus der Tabelle.

Abgesehen von dem bei roten GaP-LED typischen nichtlinearen Zusammenhang (Sättigungs-

Parameter	Wert bzw. Bereich	Einheit	Bedingung
I_F	bis 100	mA	$\vartheta_U = 25\,°C$
I_{FM}	bis 5	A	$t_p = 1\,\mu s$, $k = 0{,}1\%$
P_{tot}	bis 200	mW	$\vartheta_U = 25\,°C$
$U_{R\,min}$	3 bzw. 5	V	$\vartheta_U = 25\,°C$
TK_{UF}	−1,5 bis −3	mV/°C	ϑ_j-Bereich
TK_I	−1,25 bis −2	%/°C	$\vartheta_U < 0\,°C$
	−0,6 bis −1,25		$\vartheta_U > 0\,°C$
TK_P	−1 bis −3	mW/°C	$\vartheta_U > 25\,°C$
TK_λ	0,05 bis 0,3	nm/°C	ϑ_j-Bereich

t_p = Impulsdauer, k = Tastverhältnis

Tafel 5.3 Grenz- und Kennwerte bzw. deren Bereiche von Lumineszenzdioden für Anzeigezwekke

erscheinungen) zwischen Lichtstärke und Durchlaßstrom und dem praktisch linearen Verlauf $I_v = f(I_F)$ bei gelben und grünen GaP-LED verdeutlichen die Kennlinien von Bild 5.5 auch den **„Lichtstärkegewinn" bei Impulsbetrieb. Ursache hierfür ist die geringere Erwärmung des Halbleitersystems bei Impulsbetrieb.** Mit rotleuchtenden GaP-Dioden wird zwar ein hoher Wirkungsgrad erreicht, aber bei Impulsbetrieb mit höheren Strömen setzt die Sättigung der Lichtstärke eine natürliche Grenze. Rote GaP-LED sind daher für diese Betriebsart weniger geeignet [129]. Soll jedoch Leistung — etwa bei batteriegespeisten Geräten — eingespart werden, so kann auch bei roten GaP-Dioden der Impulsbetrieb in Betracht gezogen werden [19].
Tafel 5.3 faßt einige — vom Entwickler **beim Schaltungsentwurf zu beachtende — Grenz- und Kennwerte** bzw. deren Bereiche zusammen. Dabei sei auch nochmals auf Tafel 3.1 verwiesen. Zu den Werten für die Sperrspannung in Tafel 5.3 ist noch zu bemerken, daß sie das absolute Minimum darstellen. Sie sind typabhängig in den Datenblättern zu finden. Bei *worst-case*-Berechnungen müssen sie durchaus berücksichtigt werden. *Typische* U_R-Werte liegen bei einigen 10 V.

Die relativen **Emissionsspektren** von grün- und rotleuchtenden LED gibt Bild 5.10 wieder. Emissionsspektren gehören in der Regel zu den Bauelementespezifikationen. Von besonderem Interesse sind dabei die **Wellenlänge beim Spitzenwert der Emission** λ_p und die spektrale Halbwertsbreite $\Delta\lambda$. Stets sind aber hierzu auch Angaben unter den Kennwerten der Leuchtdioden gemacht. Die **spektrale Halbwertsbreite** ergibt sich aus der Differenz der Wellenlängen, bei denen die spektrale Emission 50% der maximalen Emission beträgt. Für $\Delta\lambda$ muß mit einigen 10 nm gerechnet werden. λ_p ist streng materialabhängig.

Noch einige Worte zur **Lebensdauer** von Lumineszenzdioden [81, 193]. Der Wert für die Lebensdauer von LED gibt an, **nach welcher Zeit die Lichtleistung auf die Hälfte des Anfangswertes abgeklungen ist.** Im Gegensatz hierzu bedeuten die Lebensdauerangaben bei Glühlampen den *Ausfall* des Bauelementes. Für GaAsP-LED wurden Lebensdauerwerte (50%-Wert) bei 25 °C Betriebstemperatur zwischen 10^5 und 10^6 h ermittelt. Mit zunehmender Temperatur werden — wie Bild 5.6 zeigt — diese Werte kleiner. Man liest für 25 °C und I_F = 20 mA eine Halbwertslebensdauer von $250 \cdot 10^3$ h ab. Bei intermittierendem Betrieb kann dieser Wert mit dem Reziprokwert des Tastverhältnisses multipliziert werden. Wichtig ist nochmals der Hinweis, daß die LED nach dieser Zeit noch nicht vollständig ausgefallen ist!

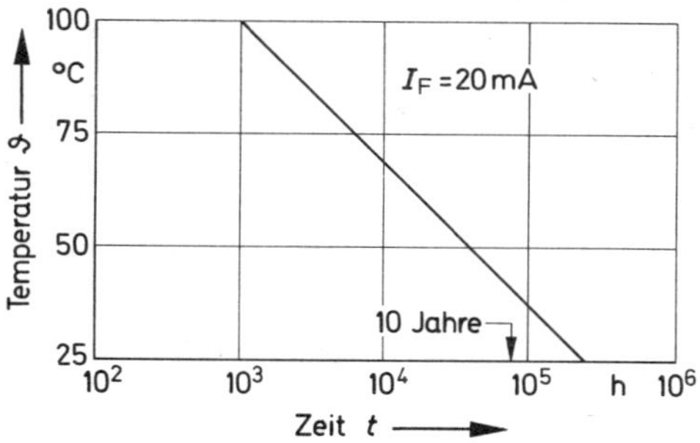

Bild 5.6 Aufgrund von Temperaturbelastungsversuchen ermittelte Lebensdauer (Halbwertzeit) von LED in Abhängigkeit von der Betriebstemperatur [81]

Sie kann vielmehr für die meisten Anwendungen weiterhin verwendet werden.
Die hohe Lebensdauer von LED hat eine vergleichsweise hohe Zuverlässigkeit wie bei anderen diskreten oder integrierten Halbleiterbauelementen zur Folge. Damit können Leuchtdioden in gedruckte Schaltungen eingelötet werden. Zu erwartende Totalausfälle — etwa infolge schlechter Bond-Verbindungen oder Gehäusefehler — liegen in der gleichen Größenordnung wie bei Transistoren, integrierten Schaltungen oder Hybridschaltungen.

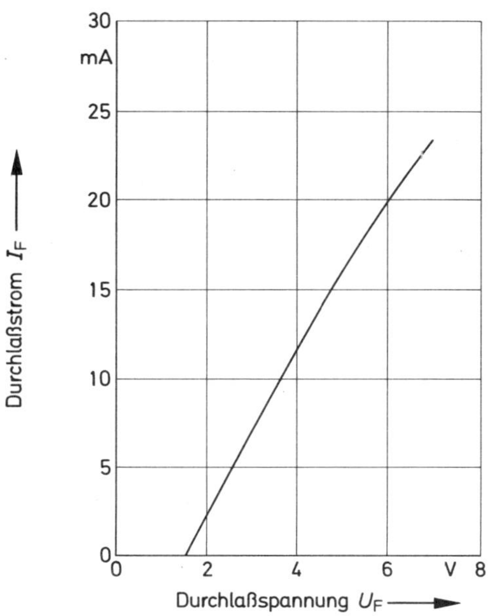

Bild 5.7 Durchlaßkennlinie der „Resistor"-*LED 5082-4860 von* Hewlett-Packard

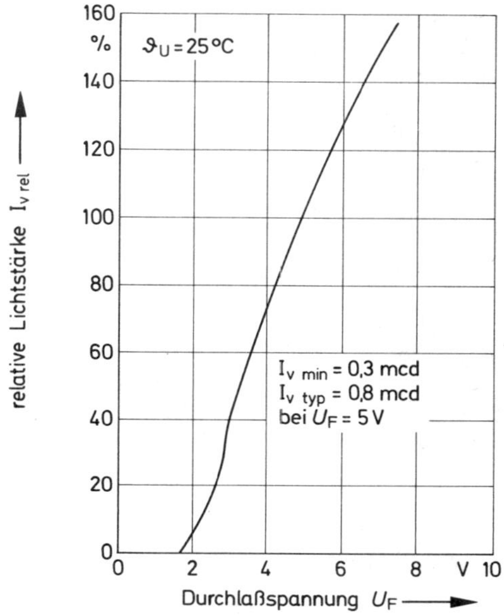

Bild 5.8 Relative Lichtstärke — bezogen auf I_v bei U_F = 5 V — als Funktion der Durchlaßspannung (Speisespannung) für die „Resistor"-*LED 5082-4860 von* Hewlett-Packard

LED mit Strombegrenzungswiderstand

Leuchtdioden mit eingebautem Strombegrenzungswiderstand können *direkt* an einer Speisespannung von 5 V (z.B. Typ 5082-4860 oder Typ CQY 40/5 V) oder 12 V (z.B. Typ CQY 40/12 V) als **Indikatorlampe** betrieben werden. Die typische Kennlinie einer solchen TTL-kompatiblen „*Resistor*-LED" zeigt Bild 5.7. An der Abszisse wurde die Bezeichnung Durchlaßspannung beibehalten. Sie bezieht sich auf die Gesamtheit aus LED und Vorwiderstand. Für eine Durchlaßspannung (sprich Speisespannung) von 5 V liest man einen Durchlaßstrom von 16 mA ab. Zweckmäßigerweise wird bei diesen Leuchtdioden die (relative) **Lichtstärke in Abhängigkeit von der Durchlaßspannung** angegeben, siehe Bild 5.8. Für die Abhängigkeit der relativen Lichtstärke von der Gehäusetemperatur ergibt sich in halblogarithmischer Darstellung eine Gerade. Sie ist in Bild 5.9 wiedergegeben.

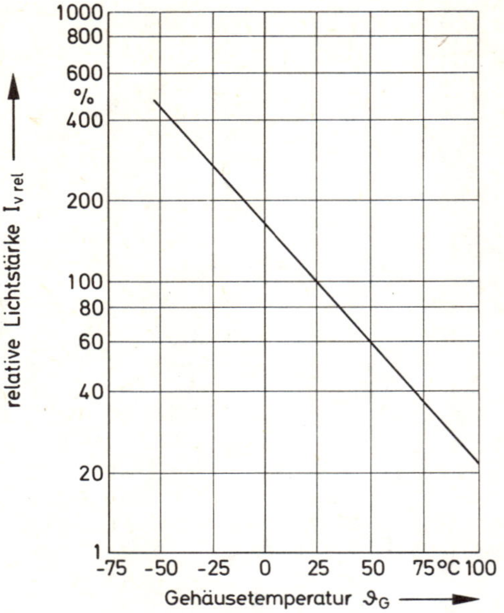

Bild 5.9 Relative Lichtstärke — bezogen auf I_v *bei* $\vartheta_G = 25\ °C$ *— als Funktion der Gehäusetemperatur für die* „Resistor"-*LED 5082-4860 von* Hewlett-Packard

Zweifarbige LED

Bei **zweifarbigen LED** befinden sich in einem Gehäuse **zwei antiparallel geschaltete LED-Chips mit verschiedenfarbiger Lichtemission.** Je nachdem, welche der beiden LED in Durchlaßrichtung gepolt ist, wird beispielsweise grünes oder rotes Licht abgestrahlt. Die Emissionsspektren einer solchen „*Tristate*-Lampe" mit je einer grünleuchtenden GaP-LED und rotleuchtenden GaAsP-LED zeigt Bild 5.10.

Bei der Schaltungsdimensionierung — hierauf wird noch eingegangen — sind die unterschiedlichen Grenz- und Kennwerte der beiden LED zu berücksichtigen. Die Durchlaßkennlinien von Bild 5.11 sind deshalb um einige typische Werte ergänzt. Die Kennlinien selbst gehen jeweils nur bis zu den maximal zulässigen Durchlaßströmen. Welche Lichtstärken zu erwarten sind und wie die Lichtstärken mit steigender Temperatur abnehmen, verdeutlichen die Bilder 5.12 bzw. 5.13.

Die Grenzwerte der **Sperrspannungen** bzw. Durchbruchspannungen der beiden LED **brauchen nicht berücksichtigt zu werden.** Die nicht stromführende Diode ist in Sperrichtung nur der Durchlaßspannung der stromführenden Diode ausgesetzt.

LED mit Zenerdiode

Die Kombination einer rotleuchtenden **GaAsP-Lumineszenzdiode mit einer parallelgeschalteten Zenerdiode** in einem gemeinsamen Gehäuse bringt **zwei Vorteile** mit sich:

- □ Begrenzen der Speisespannung auf die Arbeitsspannung U_Z der Zenerdiode bei einer Unterbrechung der LED;
- □ Begrenzen von Impulsen in Sperrichtung der LED, die diese sonst zerstören könnten.

Typische Werte für U_Z liegen bei 3 V für I_Z = 5 mA. Diese Zenerspannung ist jedoch wegen der parallel geschalteten Leuchtdiode nicht meßbar. Ebenfalls einer Messung nicht zugänglich ist die Durchbruchspannung der Leuchtdiode, da ja die Zenerdiode parallel geschaltet ist.

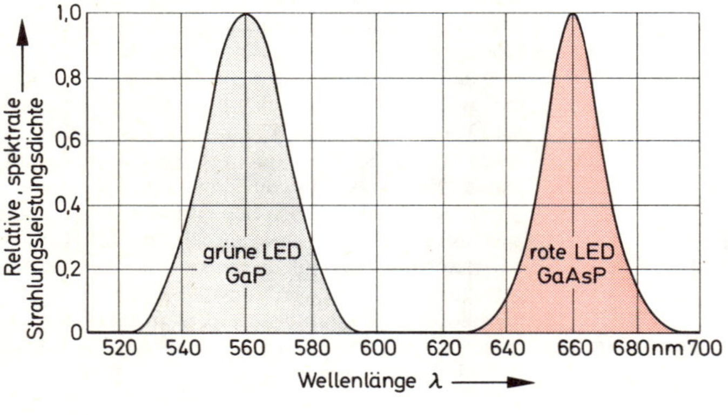

Bild 5.10 Emissionsspektren der Rot/Grün-LED MV 5491 von Monsanto

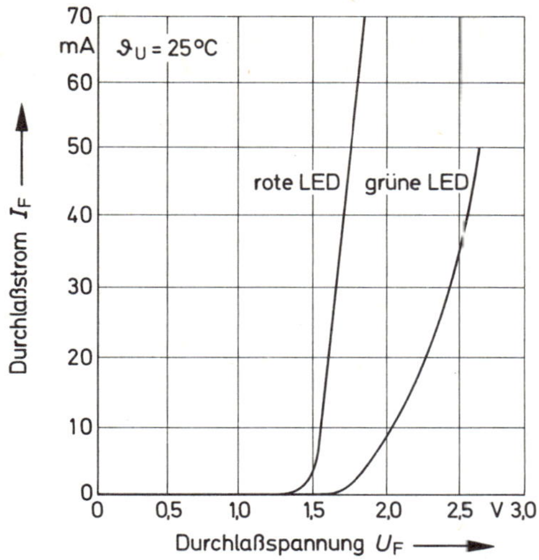

Parameter	Bedingung	Grün	Rot	Einheit
P_{tot}		200		mW
TK_P	$\vartheta_U > 25\,°C$	-1,66	-2,66	mW/°C
$U_{F\,max}$	$I_F = 20\,mA$	3,5	1,8	V
TK_{UF}		-3,0	-1,5	mV/°C
R_D		50	5	Ω

Bild 5.11 Durchlaßkennlinien und typische Kennwerte der Rot/Grün-LED MV 5491 von Monsanto

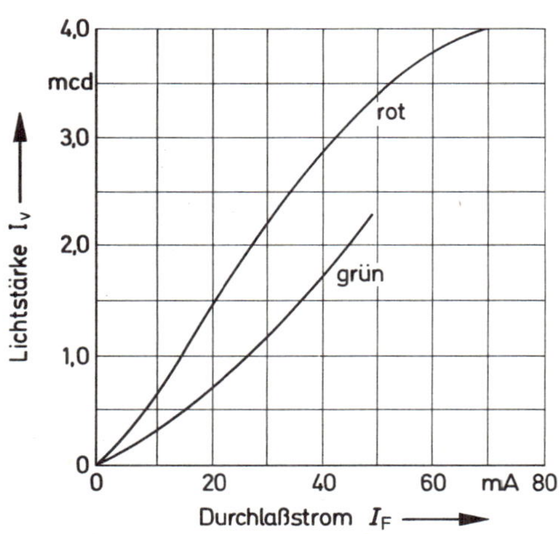

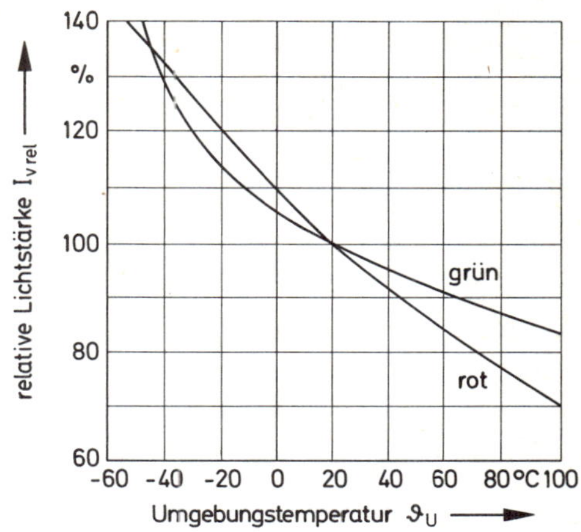

Bild 5.13 Relative Lichtstärke als Funktion der Umgebungstemperatur für die Rot/Grün-LED MV 5491 von Monsanto

Die Grenzwerte für den LED-Durchlaßstrom I_F und den Zenerdioden-Arbeitsstrom I_Z entsprechen einander (z.B. 100 mA).

Konstantstrom-LED

Konstantstrom-LED vereinen in einem Gehäuse eine **Leuchtdiode** (z.B. GaAsP-LED) und eine **integrierte Schaltung** (IC), die den **Durchlaßstrom der Leuchtdiode über einen weiten Speisespannungsbereich** (z.B. 4,5 V bis 11 V, 12,5 V oder 16 V) **konstant** hält. Bild 5.14 zeigt die Kennlinie einer typischen Konstantstrom-LED, die ohne zusätzlichen externen Vorwiderstand *direkt* an Speisespannungen bis 12,5 V betrieben werden kann. Da der Durchlaßstrom über einen weiten Durchlaßspannungsbereich (sprich Speisespannungsbereich) konstant bleibt, ändert sich die Lichtstärke in diesem Bereich ebenfalls nicht, siehe Bild 5.15. Konstantstrom-LED sind deshalb überall dort von Nutzen, wo **trotz stark schwankender Speisespannung** eine **gleichbleibende Lichtstärke** gewünscht wird.
Bei der Schaltungsauslegung ist darauf zu achten, daß eventuell in Sperrichtung auftretende Impulse die in Tafel 5.3 angegebenen Sperrspannungswerte — also z.B. 3 V — nicht überschreiten.

Bild 5.12 Lichtstärke als Funktion des Durchlaßstroms für die Rot/Grün-LED MV 5491 von Monsanto

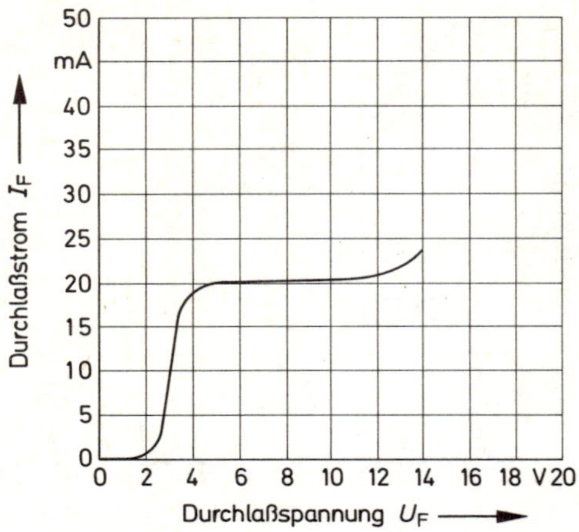

Bild 5.14 Durchlaßkennlinie der Konstantstrom-LED RLC-200 von Litronix

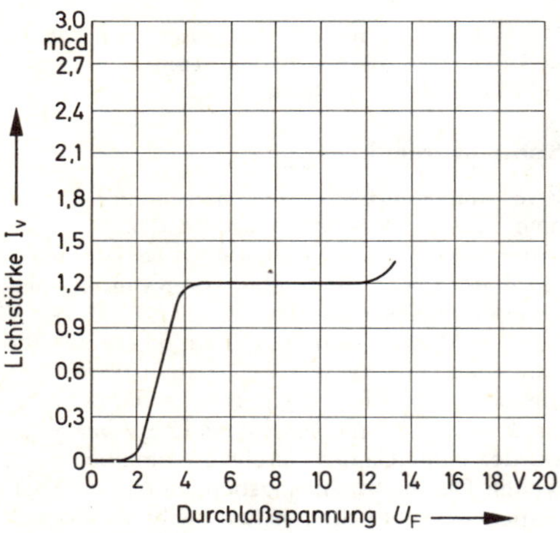

Bild 5.15 Lichtstärke in Abhängigkeit von der Durchlaßspannung (Speisespannung) für die Konstantstrom-LED RLC-200 von Litronix

Dreifarbige LED

Mehrfarbige Leuchtdioden in einem Gehäuse lassen sich grundsätzlich dadurch realisieren, daß für jede Strahlungsfarbe ein besonderes Halbleiterelement genommen wird. Inzwischen ist es aber gelungen, auf der Basis von GaP eine **Lumineszenzdiode mit zwei pn-Übergängen** herzustellen, die wahlweise rotes, grünes oder als Mischfarbe gelbes Licht emittiert. Der eine pn-Übergang strahlt Grünlicht, der andere pn-Übergang Rotlicht ab. Über **drei Anschlußdrähte** lassen sich die beiden Halbleitersysteme **getrennt ansteuern.** Fließt durch beide pn-Übergänge Strom, so kann durch Verändern des Verhältnisses der Teilströme jeder beliebige Farbton von grüngelb über gelb bis rotgelb erzeugt werden. Mit dieser Lumineszenzdiode sind also einerseits maximal **vier Schaltzustände** (rot — gelb — grün — aus) darstellbar. Andererseits ist sie aber auch als **Farbanaloganzeige** geeignet.

Wechselstrom-LED

Wechselstrom-LED bestehen aus **zwei antiparallel geschalteten Lumineszenzdioden.** Sie können mit einem entsprechenden Vorwiderstand als **Netzkontrollampe** verwendet werden. Die Bilder 5.16 und 5.17 zeigen die Durchlaßkennlinie bzw. die Lichtstärke in Abhängigkeit vom Durchlaßstrom für die rote „bipolare" LED MV 5094 von *Monsanto,* einem typischen Vertreter unter dieser LED-Kategorie.
Jede LED verträgt bei 25 °C Arbeitstemperatur einen maximalen Durchlaßstrom von 70 mA (Effektivwert bzw. Gleichstromwert). Bei 100 °C darf der Durchlaßstrom 5 mA nicht überschreiten.

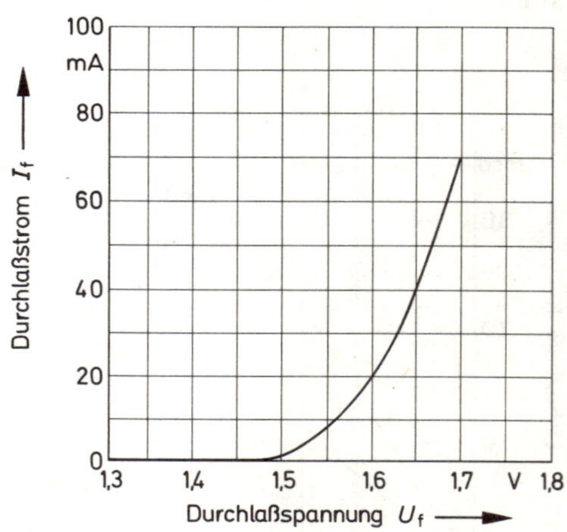

Bild 5.16 Durchlaßkennlinie der roten Wechselstrom-LED MV 5094 von Monsanto

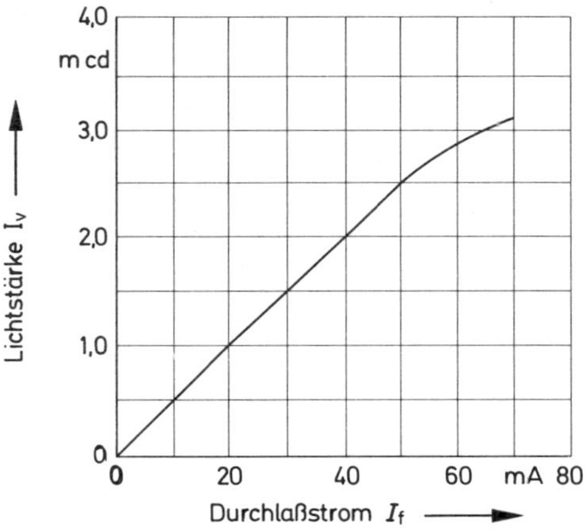

Bild 5.17 Lichtstärke als Funktion des Durchlaßstroms für die rote Wechselstrom-LED MV 5094 von Monsanto

5.1.2. Gehäuseformen, Abstrahlcharakteristiken

Unabhängig von der Wellenlänge des abgestrahlten Lichtes gibt es Lumineszenzdioden in den unterschiedlichsten Gehäuseformen bzw -ausführungen *(Kunststoff, Metall-Kunststoff, Keramik-Kunststoff)* mit *klarer* oder *diffuser* Linse, mit *axialer* oder *seitlicher* Abstrahlung, in Einfach- oder Mehrfachanordnungen [18, 26, 52, 53, 87]. Dabei hängt die räumliche Ausbreitung des Lichtes entscheidend von der Gehäuseform und der Lage des LED-Chips im Gehäuse ab. Im folgenden wird auf die angeschnittenen Punkte näher eingegangen.

Gehäuseformen

Das **Gehäuse** einer Leuchtdiode hat im wesentlichen **zwei Funktionen:**

1. **Schützen** des Halbleiterkristalls **vor Umwelteinflüssen,**
2. **Ergänzen** des Halbleiterkristalls **zu einem optischen System.**

Dabei ergeben sich je nach Anwendungsfall u.a. folgende Anforderungen, die unmittelbar die Gehäusekonstruktion beeinflussen:

- □ hohe Packungsdichte (zeilenförmige Anordnungen),
- □ direktes Einlöten in gedruckte Leiterplatten,
- □ Montage in Frontplatten,
- □ punktförmige Lichtquelle (hohe axiale Lichtstärke),
- □ flächenhafte Lichtquelle,
- □ diffuse Lichtquelle,
- □ breiter Sichtwinkel,
- □ hoher Kontrast zur Umgebung.

Naturgemäß widersprechen einige der Anforderungen einander, so daß sie nicht gleichzeitig realisiert werden können. Die Folge ist eine Vielzahl unterschiedlicher Gehäuseformen. Typisch für alle Leuchtdiodengehäuse ist jedoch, daß sie an der Lichtaustrittseite *linsenförmig* ausgebildet sind. Bild 5.18 zeigt nun die Formen und Abmessungen gängiger **Leuchtdiodengehäuse** in Vollplastikausführung (a bis e) sowie mit Keramiksockel und Epoxydharzlinse (f). Zu erwähnen sind noch Leuchtdiodengehäuse, die auf einem TO-18-Sockel basieren und ebenfalls eine Epoxydharzlinse haben. Am häufigsten werden aber

- □ das **große zylindrische bzw. konische Kunststoffgehäuse** mit rund **5 mm** Durchmesser (Bilder 5.18d und c),
- □ das **mittlere konische bzw. zylindrische Kunststoffgehäuse** mit rund **3 mm** Durchmesser (Bilder 5.18b und a) und
- □ das **Miniaturkunststoffgehäuse** mit 1/10-**Zoll**-Rastermaß (Bild 5.18e)

verwendet.

Während die große Gehäuseform vorwiegend für Frontplatteneinbau vorgesehen ist, eignet sich das 3-mm-Gehäuse sowohl für Frontplattenmontage als auch zum direkten Einlöten in gedruckte Schaltungen. Die Anschlüsse gibt es gerade oder abgewinkelt. Bild 5.19 zeigt, wie einfach eine zylindrische Leuchtdiode mit einem **Kunststoffclip** in einer Frontplatte befestigt werden kann. Die gleiche Montageart gilt natürlich auch für die konischen Kunststoffgehäuse. Die Anschlüsse der Leuchtdioden sind teilweise so ausgebildet, daß sie gelötet, gewrapt oder gesteckt (Buchsenstekker, Aufsteckschuh, Steckfassung) werden können.

Das Miniaturkunststoffgehäuse ist ausschließlich in gedruckten Schaltungen einsetzbar. Besonders interessant sind **zeilenförmige Anordnungen** von bis zu 10 solcher Leuchtdioden in einer gemeinsamen Kunststoffumhüllung zum Aufbau von relativ großen Anzeigeeinheiten (siehe auch Bild 8.13).

Der grundsätzliche Aufbau einer Leuchtdiode im Kunststoffgehäuse geht aus Bild 5.20 hervor. Das GaAsP- bzw. GaP-LED-Chip ist katodenseitig auf die Stirnseite der einen Anschlußfahne auflegiert und über ein dünnes Golddrähtchen mit dem

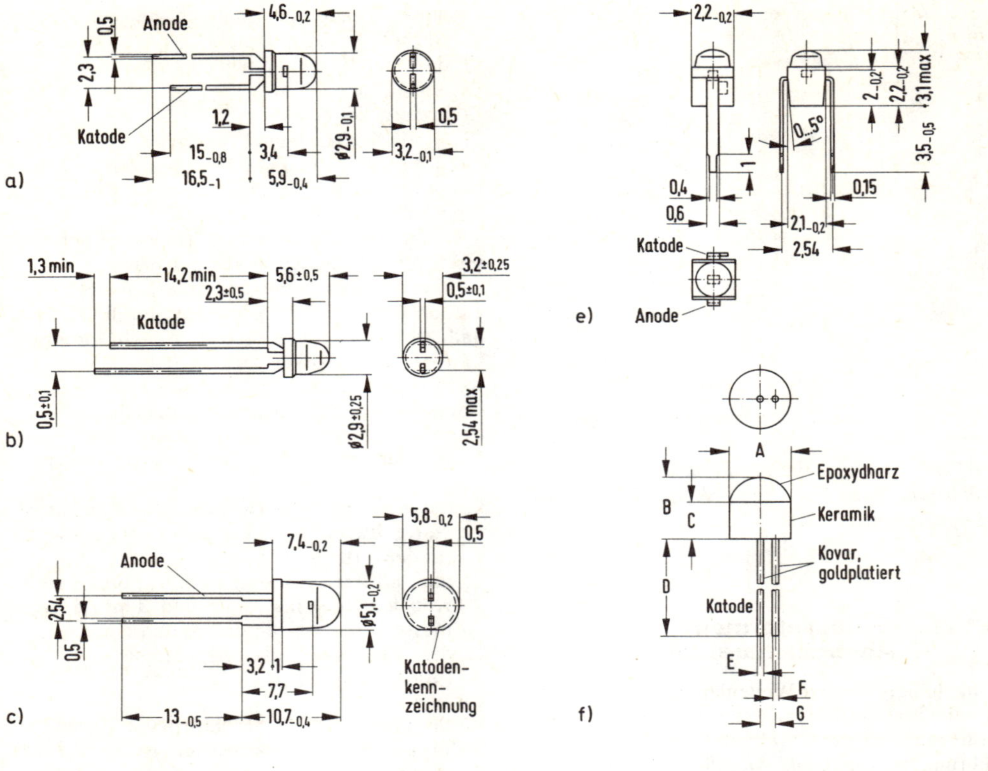

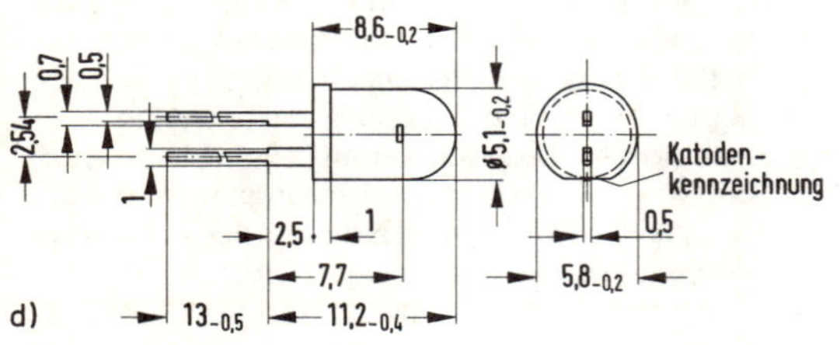

zu Bild f	min.	typ.	max.
A	2.94	3.05	3.20
B	2.43	3.20	3.97
C	1.92	2.05	2.18
D	14.08	14.34	15.36
E	.38	.46	.54
F	.23	.31	.38
G	.69	.79	.90

Bild 5.18 Gehäuseformen und -abmessungen gängiger Leuchtdioden

anderen Anschluß verbunden. Von den zum Umhüllen von optoelektronischen Bauelementen z.Z. verwendeten Methoden (Casting-Technik, Transfer-Moldingtechnik und Spritzgußtechnik) hat sich bei Leuchtdioden in Vollplastikausführung vor allem die **Spritzgußtechnik** bewährt. Unter Verwendung hochwertiger lichtdurchlässiger Thermoplaste können mit dieser Technik Halbleitersysteme und Kontakte blasenfrei und mechanisch stabil umhüllt werden.

Dabei ist jedoch der Hinweis wichtig, daß beim Einlöten solcher Leuchtdioden die in den Datenblättern angegebene **maximal zulässige Löttemperatur und Lötzeit** sowie der vorgeschriebene minimale Abstand zwischen Gehäuse und Lötstelle einzuhalten sind. Andernfalls kann ein Aufschmelzen des Thermoplastes zum Zerstören der Leuchtdiode führen.

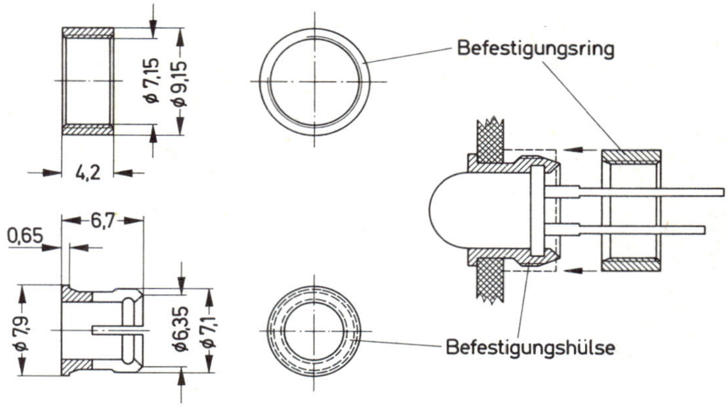

Bild 5.19 Montagezubehör zum Befestigen einer Leuchtdiode mit Kunststoffgehäuse in einer Frontplatte

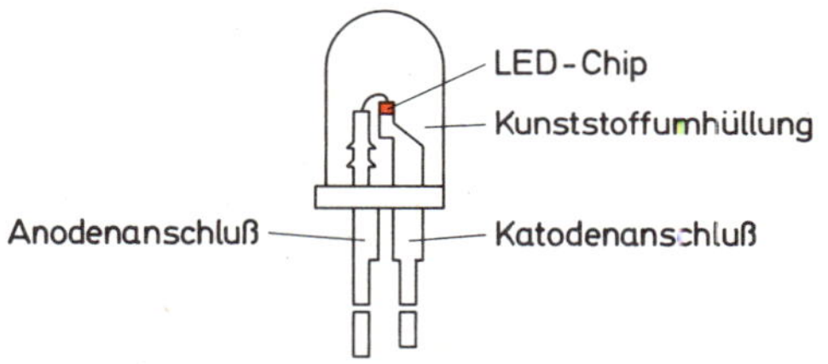

Bild 5.20 Aufbau einer Leuchtdiode für Anzeigezwecke im linsenförmigen Kunststoffgehäuse

Abstrahlcharakteristik

> Die **Abstrahlcharakteristik** einer Leuchtdiode gibt an, wie sich die Lichtstärke in Abhängigkeit von der Beobachtungsrichtung (Sichtwinkel), bezogen auf die Gehäuseachse, ändert.

Man stellt dabei den funktionellen Zusammenhang zwischen (relativer) Lichtstärke und Sichtwinkel entweder in kartesischen Koordinaten oder Polarkoordinaten dar. Bild 5.21 gibt beide Darstellungsarten wieder. Da die Abstrahlcharakteristiken achsensymmetrisch sind, genügt an sich die Angabe des Lichtstärkeverlaufs für den Winkelbereich 0° bis 90°, siehe Bild 5.21a und Bild 5.22. Allerdings ist eine halbe „Lichtkeule", wie sie Bild 5.22 zeigt, nicht so anschaulich.
Liegt die Abstrahlcharakteristik nicht vor, so ist aber auf jeden Fall in den Leuchtdioden-Datenblättern der **Öffnungswinkel** 2α zu finden.

> Unter dem **Öffnungswinkel** versteht man die Summe der ebenen Winkel, um die ein Senderbauelement (in diesem Falle die Leuchtdiode) nach *beiden* Seiten aus der optischen Achse gedreht werden kann, bis das **elektrische Ausgangssignal** eines gegenüberstehenden linearen Empfängerbauelementes auf die **Hälfte des Maximalwertes** abgeklungen ist.

Bild 5.21 Abstrahlcharakteristik in kartesischen Koordinaten (a) und Polarkoordinaten (b) für die GaAsP-LED mit roter diffuser Epoxydharzlinse FLV 199 von Fairchild Semiconductor *(Das Gehäuse dieser LED zeigt Bild 5.18f)*

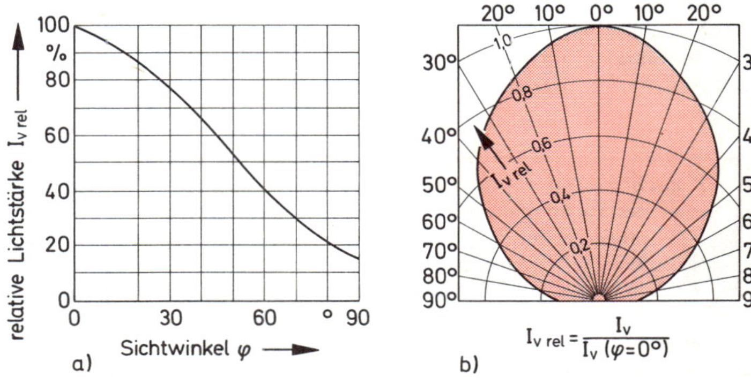

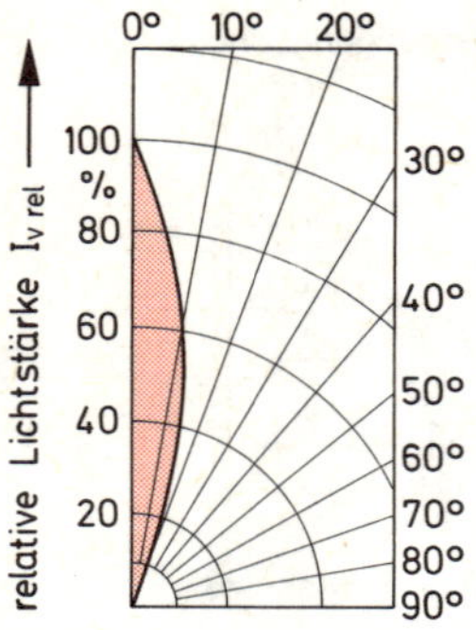

Bild 5.22 Abstrahlcharakteristik für die GaAsP-LED mit rotem Kunststoffgehäuse FK 510 von Osram *(das Gehäuse dieser LED zeigt Bild 5.18d). Der Öffnungswinkel beträgt 24° (±12°)*

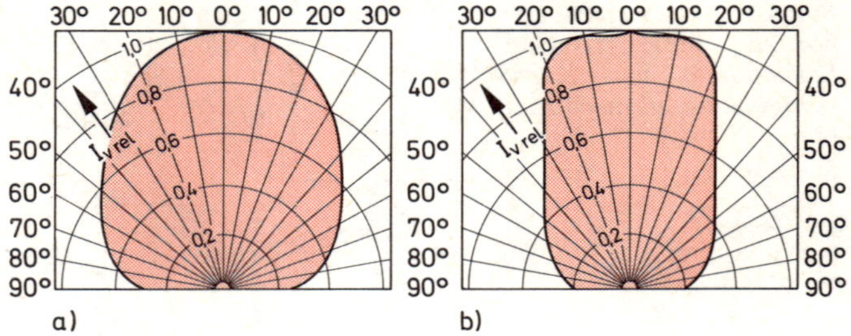

Bild 5.23 Abstrahlcharakteristiken für Leuchtdioden mit Kunststoffgehäuse aus rot diffusem bzw. weiß diffusem (a) und glasklarem (b) Material (das Gehäuse dieser LED zeigt Bild 5.18b)

Hinweis: Manche Hersteller geben für die 50%-Grenze der Lichtstärke I_v nur den Halbwinkel des Öffnungskegels an. **Beim Vergleich der Öffnungswinkel unterschiedlicher Leuchtdioden ist also unbedingt auf die gewählten Definitionen zu achten!**

Die Krümmung der Gehäuseoberfläche bzw. Linse, die Lage des LED-Chips zu dieser Krümmung bzw. Linse und die optische Beschaffenheit des Gehäuse- bzw. Linsenmaterials bestimmen die Form der Abstrahlcharakteristik und damit die Größe des Öffnungswinkels. Folgende **optische Eigenschaften des Gehäuse- bzw. Linsenmaterials** stehen zur Auswahl:

- ☐ glasklar (wasserklar),
- ☐ weiß diffus (klar diffus),
- ☐ farbig klar,
- ☐ farbig diffus.

Bei den **diffusen Ausführungen** wird der Kunststoffmasse ein **Licht streuendes Medium,** z.B. Quarzmehl, beigemischt. **Farbige Gehäuse- bzw. Linsenmaterialien** enthalten **transparente Farbstoffe** in der Farbe des leuchtenden LED-Chips.

Bild 5.23 unterstreicht das bisher Gesagte. Die Abstrahlcharakteristik a gilt typisch für Leuchtdioden mit rot diffusen Linsen (z.B. 5082-4480 von *Hewlett-Packard* oder LD 30 B von *Siemens*) und mit weiß diffusen Linsen (z.B. 5082-4483 von *Hewlett-Packard*). Der Öffnungswinkel beträgt rund 120°. Die Abstrahlcharakteristik b ist hingegen für Leuchtdioden mit glasklarem Gehäuse (z.B. 5082-4486 von *Hewlett-Packard* oder LD 30 C von *Siemens*) typisch. Für den Öffnungswinkel liest man zwischen den 50%-Punkten einen Wert von 80° ab.

Bild 5.24 gibt die **Abstrahlcharakteristiken von Leuchtdioden mit 2 LED-Chips** wieder. Man erkennt deutlich die beiden „Höcker" in der Lichtkeule. Außerdem ist die Lage der LED-Chips im Gehäuse angegeben. Die der Gehäuseoberfläche näher liegenden LED-Chips (b) führen zu einem etwas größeren Öffnungswinkel.

Generell stehen Öffnungswinkel und Lichtstärke in einem festen Verhältnis. Leuchtdioden mit schmalem Öffnungswinkel haben eine entsprechend höhere Lichtstärke als vergleichbare Leuchtdioden mit breitem Öffnungswinkel.

In Tafel 5.4 sind **in Abhängigkeit von 3 Öff-**

Leuchtdioden mit diffusen Linsen (Kunststoffgehäusen) sind vom Menschen besser erkennbar, da im Gegensatz zu den klaren Linsen ihr Öffnungswinkel größer ist. **Klares Linsen- bzw. Gehäusematerial** gibt den Leuchtdioden den Charakter einer **punktförmigen Lichtquelle.** Mit **eingefärbten Materialien** läßt sich der **Kontrast** zwischen dem **leuchtenden** und dem **nicht leuchtenden** Zustand der LED **wesentlich erhöhen.** Soll jedoch im **Aus-Zustand** die **Linsenfarbe** der Leuchtdiode **nicht erkennbar** sein, müssen **glasklare oder weiß diffuse Kunststoffe** genommen werden.

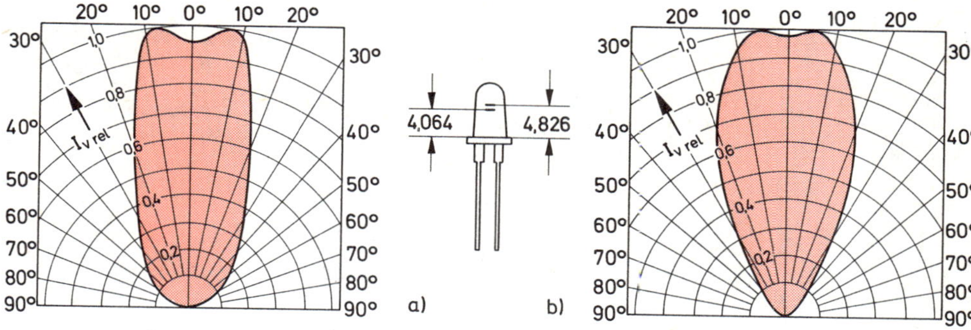

Bild 5.24 Abstrahlcharakteristiken der Rot/Grün-LED MV 5491 (a) und der roten Wechselstrom-LED MV 5094 (b) von Monsanto

nungswinkelbereichen die Leuchtdioden in die Kategorien *„Beleuchtungslampe“, „Lichtstarke Anzeigelampe“* und *„Weitwinkel-Anzeigelampe“* eingeteilt. Naturgemäß sind die Übergänge von einer Kategorie zur anderen fließend.

Insgesamt gesehen sollten bei der **Auswahl von Leuchtdioden** vor allem folgende **Kenngrößen** verglichen werden:

1. Der Quotient aus Lichtstärke I_v und Durchlaßstrom I_F bzw. der Differenzenquotient $\Delta I_v/\Delta I_F$ [med/mA].
Eine eindeutigere Beurteilung würde der Quotient aus dem Lichtstrom Φ_v und dem Durchlaßstrom I_F bzw. der Differenzenquotient $\Delta\Phi_v/\Delta I_F$ [mlm/mA] ergeben **(Aussage über die „Güte“ einer LED).** In den allermeisten Datenblättern fehlen aber die Φ_v-Angaben. Man müßte sie erst mit Hilfe der Abstrahlcharakteristik ermitteln (siehe auch Abschnitte 5.2.1 und 5.2.3).
2. Die Abstrahlcharakteristik bzw. der Öffnungswinkel 2α **(Aussage über die „Geometrie“ einer LED).**
3. Die Leuchtdichte L_v [cd/m²] bei frontaler (axialer) Betrachtung, d.h. der Quotient aus der axialen Lichtstärke I_{v0} und der sichtbar emittierenden LED-Fläche **(Aussage über „das“, was vom menschlichen Auge wahrgenommen wird;** die Lichtstärke [cd] selbst kann nicht „gesehen“ werden).
4. Die Sichtwinkelabhängigkeit der Leuchtdichte.

Tafel 5.4 Einteilung der Leuchtdioden in Abhängigkeit vom Abstrahlwinkel

Abstrahlwinkel	Kategorie	Anwendung bzw. Eigenschaften	Typische Abstrahlcharakteristiken
10° bis 40°	Beleuchtungslampe	Hintergrundbeleuchtung, sehr hohe Lichtstärke	siehe Bild 5.22
40° bis 90°	lichtstarke Anzeigelampe	Signalleuchte, direkte Betrachtung, Sichtwinkel durch Gerätekonstruktion eingeschränkt, hohe Lichtstärke	siehe Bilder 5.23b und 5.24
90° bis 180°	Weitwinkel-Anzeigelampe	Signalleuchte, extrem großer Sichtwinkel, mittlere Lichtstärke	siehe Bilder 5.21 und 5.23a

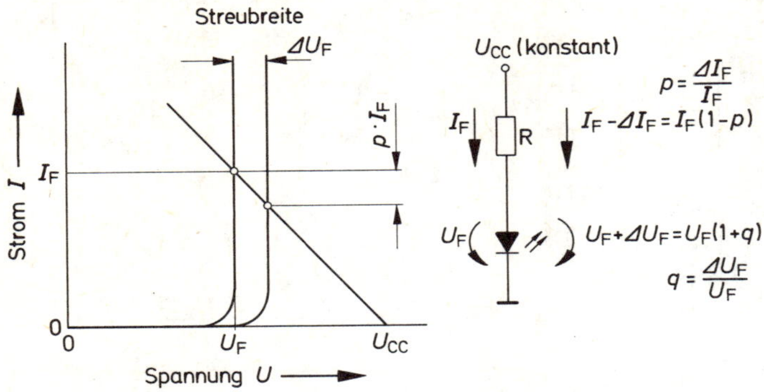

Bild 5.25 Lumineszenzdiode mit Stromeinprägung über einen Vorwiderstand bei konstanter Versorgungsspannung

5.1.3. Ansteuerschaltungen

Wie schon erwähnt, haben Lumineszenzdioden eine Durchlaßkennlinie, die der Durchbruchcharakteristik von Zenerdioden sehr ähnelt. Das bedeutet, daß **ein stabiler Arbeitspunkt nur mit Stromeinprägung** eingestellt werden kann. Außerdem liegt die Sperrspannung unter der von Siliziumdioden, so daß je nach Einsatzart besondere Schutzmaßnahmen erforderlich sind. **Lumineszenzdioden lassen sich mit Gleichspannung oder mit Wechselspannung (Halbwellenbetrieb) betreiben und über Schalter (Relaiskontakte) oder Transistoren (integrierte Schaltungen) ansteuern.**

5.1.3.1. Grundschaltungen

Lumineszenzdioden können als Anzeigelampen sehr unterschiedlichen Betriebsbedingungen unterliegen. Besonders schädlich sind dabei **in Sperrichtung auftretende Störspitzen** *(spikes)* entsprechend hoher Amplitude auf der Versorgungsspannung. Werden die LED in *symmetrische* Fassungen gesteckt, so besteht obendrein die Gefahr, daß eine falsche Polung zum Zerstören des Bauelementes führt. Diese Eventualitäten müssen also schaltungsmäßig berücksichtigt werden. Da bei gegebenem Durchlaßstrom die **maximalen LED-Durchlaßspannungen immerhin zwischen 20% und 40% über den typischen Werten** liegen, ergeben sich auch hier bestimmte Probleme beim Dimensionieren der strombegrenzenden Elemente.

5.1.3.1.1. Gleichspannungsbetrieb

Am einfachsten läßt sich der Arbeitspunkt einer Lumineszenzdiode mit einem Vorwiderstand stabilisieren, wenn eine konstante Versorgungsspannung vorhanden ist. Geht man von der Grundschaltung des Bildes 5.25 aus, so ergibt sich aus

$$U_{CC} = I_F \cdot R + U_F \qquad (5.1)$$

der Vorwiderstand R zu

$$R = \frac{U_{CC} - U_F}{I_F} \qquad (5.2)$$

Die Arbeitspunktwerte U_F und I_F müssen dabei den Datenblättern bzw. Kennlinien der betreffenden LED entnommen werden. Für die Belastbarkeit des Vorwiderstandes gilt

$$P_R = I_F^2 \cdot R \qquad (5.3)$$

Wie hoch müssen nun die Versorgungsspannung U_{CC} und der Vorwiderstand R mindestens sein, damit trotz der Streubreite der LED-Durchlaßspannung ΔU_F die Durchlaßstromabweichung ΔI_F (und damit die Lichtstärkeabweichung ΔI_v) einen vorgegebenen Wert nicht überschreitet? Ausgehend von dem Ansatz

$$U_{CC} = (I_F - \Delta I_F) \cdot R + U_F + \Delta U_F \qquad (5.4)$$

erhält man

$$\frac{U_{CC} - U_F}{I_F} = R - \frac{\Delta I_F}{I_F} \cdot R + \frac{\Delta U_F}{I_F} \qquad (5.5)$$

Bezeichnet man die **zulässige relative Durchlaßstromänderung** $\Delta I_F/I_F$ mit p und berücksichtigt man Gleichung (5.2), so folgt

$$R = R - p \cdot R + \frac{\Delta U_F}{I_F} \qquad (5.6)$$

und als Ergebnis

$$R = \frac{\Delta U_F}{p \cdot I_F} \qquad (5.7)$$

Setzt man Gleichung (5.7) in Gleichung (5.1) ein,

so bekommt man schließlich den **Mindestwert der Versorgungsspannung** zu

$$U_{\mathrm{CC\,min}} = \frac{\Delta U_\mathrm{F}}{p} + U_\mathrm{F} \qquad (5.8)$$

Führt man die **relative Durchlaßspannungsänderung**

$$q = \frac{\Delta U_\mathrm{F}}{U_\mathrm{F}} \qquad (5.9)$$

ein, so wird aus Gleichung (5.8) die einfache Beziehung

$$U_{\mathrm{CC\,min}} = U_\mathrm{F} \cdot \left(1 + \frac{q}{p}\right) \qquad (5.10)$$

Beispiel 1

Welche Mindestversorgungsspannung und welcher Vorwiderstand sind erforderlich, wenn für den LED-Arbeitspunkt $U_\mathrm{F} = 1{,}6$ V/$I_\mathrm{F} = 20$ mA die relative Durchlaßspannungsänderung $q = 25\%$ eine relative Durchlaßstromänderung p von nicht mehr als 10% zur Folge haben soll?

Mit den gegebenen Werten erhält man unmittelbar aus Gleichung (5.10)

$$U_{\mathrm{CC\,min}} = 1{,}6\ \mathrm{V} \cdot \left(1 + \frac{0{,}25}{0{,}1}\right) = 5{,}6\ \mathrm{V}$$

Gleichung (5.9) nach ΔU_F umgeformt und in Gleichung (5.7) eingesetzt, ergibt

$$R = \frac{q \cdot U_\mathrm{F}}{p \cdot I_\mathrm{F}} \qquad (5.11)$$

Damit errechnet sich der erforderliche Vorwiderstand zu

$$R = \frac{0{,}25 \cdot 1{,}6\ \mathrm{V}}{0{,}10 \cdot 20\ \mathrm{mA}} = 200\ \Omega$$

Den Wert für die Belastbarkeit liefert Gleichung (5.3):

$$P_\mathrm{R} = (20\ \mathrm{mA})^2 \cdot 200\ \Omega = 80\ \mathrm{mW}$$

Es genügt also ein 1/10-W-Widerstand.

Berücksichtigen des Sperrverhaltens

Tafel 5.3 zeigt, daß an Lumineszenzdioden je nach Typ nicht mehr als 3 V bzw. 5 V Sperrspannung anliegen dürfen. Besteht also die Gefahr des falschen Polens oder treten auf der Versorgungsspannungsleitung Spannungsspitzen in Sperrichtung auf, so müssen besondere **Schutzmaßnahmen** getroffen werden. Bild 5.26 gibt eine Übersicht über hierfür **geeignete Schaltungen.**

Liegt der Wert der zulässigen Versorgungsspannung U_CC unterhalb des Sperrspannungswertes $U_{\mathrm{R\,zul}}$, so kann auch bei falscher Polung der LED kein zu hoher Sperrstrom fließen. Es genügt also die Schaltung gemäß Bild 5.26a.

Was geschieht aber, wenn auf der Versorgungsspannungsleitung der Schaltung von Bild 5.26a positive oder negative Störspannungsspitzen U_spike vorhanden sind? **Positive Spannungsspitzen kurzer Dauer schaden der LED nicht,** da sie extrem hohe Durchlaßspitzenströme verträgt (siehe Tafel 5.3). Negative Spannungsspitzen vermindern zunächst den LED-Durchlaßstrom. Wird aber

$$|U_\mathrm{CC} - U_\mathrm{spike}| > |U_{\mathrm{R\,zul}}|$$

so kommt die LED in den Sperrbereich. Hohe Sperrströme, die zum Zerstören der LED führen, können die Folge sein. **Zum Schutz gegen negative Spannungsspitzen muß deshalb eine Silizium-Diode in Reihe** (siehe Bild 5.26b) **oder antiparallel** (siehe Bild 5.26c) **zur LED geschaltet werden.**

Bei den Schaltungen der Bilder 5.26a bis c kann U_CC eine Gleichspannung oder eine pulsierende Gleichspannung (Halbwellen oder Vollwellen) sein. Voraussetzung ist jedoch, daß die Bedingung

$$|U_\mathrm{CC}| \leqq |U_{\mathrm{R\,zul}}|$$

eingehalten wird.

Mit den Schaltungsvarianten der Bilder 5.26d und e sind die LED auch für den Fall

$$|U_\mathrm{CC}| > |U_{\mathrm{R\,zul}}|$$

zuverlässig geschützt.

Der Spannungsteiler von Bild 5.26d muß einerseits so dimensioniert sein, daß im Leerlauf (LED nicht vorhanden oder versehentlich in Sperrichtung betrieben) die Spannung über dem Widerstand R_2 nicht größer als $U_{\mathrm{R\,zul}}$ wird. Andererseits muß bei Belastung (LED wird in Durchlaßrichtung betrieben) der gewünschte LED-Durchlaßstrom I_F aufgebracht werden können.

Für den *Leerlauffall* gilt

$$U_{\mathrm{R\,zul}} = \frac{U_\mathrm{CC}}{R_1 + R_2} \cdot R_2 \qquad (5.12)$$

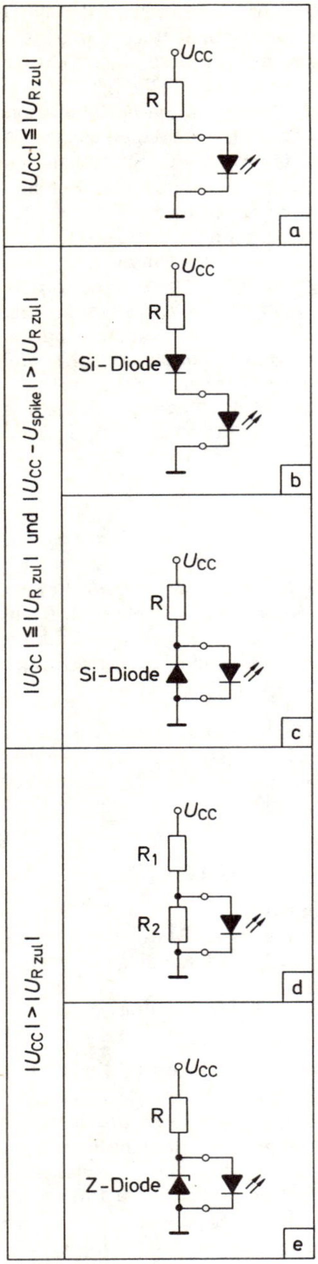

Bild 5.26 Übersicht über Schaltungen zum Schutz von Lumineszenzdioden gegen zu hohe Sperrspannungen

Dem *Belastungsfall* entspricht der Ansatz

$$\frac{U_{CC} - U_F}{R_1} = \frac{U_F}{R_2} + I_F \qquad (5.13)$$

Durch Umformen der Gleichung (5.13) erhält man

$$U_{CC} \cdot \frac{R_2}{R_1 + R_2} - U_F = I_F \cdot R_1 \cdot \frac{R_2}{R_1 + R_2} \qquad (5.14)$$

Unter Berücksichtigung von Gleichung (5.12) ergibt sich aus Gleichung (5.14)

$$U_{R\,zul} - U_F = I_F \cdot R_1 \cdot \frac{U_{R\,zul}}{U_{CC}} \qquad (5.15)$$

und schließlich

$$R_1 = \frac{U_{R\,zul} - U_F}{I_F} \cdot \frac{U_{CC}}{U_{R\,zul}} \qquad (5.16)$$

Gleichung (5.16) in Gleichung (5.12) eingesetzt und nach R_2 umgeformt führt zu

$$R_2 = \frac{U_{R\,zul} - U_F}{I_F} \cdot \frac{U_{CC}}{U_{CC} - U_{R\,zul}} \qquad (5.17)$$

Beispiel 2

Wie muß der Spannungsteiler von Bild 5.26d dimensioniert werden, wenn $U_{CC} = 60$ V, $U_{R\,zul} = 5$ V, $U_F = 1{,}6$ V und $I_F = 10$ mA gegeben sind?

Mit den Gleichungen (5.16) bzw. (5.17) erhält man

$$R_1 = \frac{5\text{ V} - 1{,}6\text{ V}}{10\text{ mA}} \cdot \frac{60\text{ V}}{5\text{ V}} = 4{,}08\text{ k}\Omega$$

und

$$R_2 = \frac{5\text{ V} - 1{,}6\text{ V}}{10\text{ mA}} \cdot \frac{60\text{ V}}{60\text{ V} - 5\text{ V}} = 371\ \Omega$$

Standardwerte sind 3,9 kΩ und 360 Ω.
Entsprechend dem Spannungsteilerverhältnis schützt die Schaltung von Bild 5.26d auch vor negativen Spannungsspitzen $> |U_{CC}|$.

Gegen negative Spannungsspitzen hoher Amplitude und gegen falsche Polung der LED schützt die Schaltung von Bild 5.26e, wenn folgende Bedingungen eingehalten werden:

$$U_{FZ} < U_{R\,zul}$$

und

$$U_{F\,max} < U_Z < U_{R\,zul}$$

U_Z ist die Durchbruchspannung und U_{FZ} die Durchlaßspannung der Zenerdiode. $U_{F\,max}$ verkörpert die maximal mögliche Durchlaßspannung der LED infolge Exemplarstreuungen. Treten negative Spannungsspitzen mit einer Amplitude

$$|U_{spike}| > |U_{CC}|$$

auf, so kommt die Zenerdiode in Durchlaßrichtung. Damit beträgt die Sperrspannung über der LED nicht mehr als 1 V.
Die Schaltungen der Bilder 5.26d und e können auch mit pulsierender Gleichspannung betrieben werden. Selbst Wechselstrombetrieb ist möglich. Bei Bild 5.26d bleibt die Polung der LED ohne Einfluß.

Reihenschalten von LED

Lumineszenzdioden können bei entsprechend hoher Versorgungsspannung in beliebiger Anzahl in Reihe geschaltet werden. Aus Bild 5.27 folgt sofort

$$U_{CC} = n \cdot U_F + I_F \cdot R + U_{FD} \quad (5.18)$$

Dabei ist n die Anzahl der LED. Die Siliziumdiode (U_{FD}) kann entfallen, wenn keine negativen Spannungsspitzen auftreten.

Parallelschalten von LED

Wegen der Streubreite ihrer Durchlaßkennlinie lassen sich Lumineszenzdioden nicht direkt parallel schalten. Beim Betrieb mehrerer LED an einer Versorgungsspannung muß deshalb jeder LED ein Vorwiderstand zur Strombegrenzung zugeordnet werden.

Sollen die LED aus einer gemeinsamen Konstantstromquelle gespeist werden, so sind ebenfalls **zum Scheren der Durchlaßkennlinien Vorwiderstände** erforderlich.

Aus Bild 5.28 liest man ab

$$I = I_{F1} + I_{F2} + \cdots + I_{Fn} \quad (5.19)$$

und

$$I_{F1} \cdot R + U_{F1} = I_{F2} \cdot R + U_{F2} = \cdots = I_{Fn} \cdot R + U_{Fn} \quad (5.20)$$

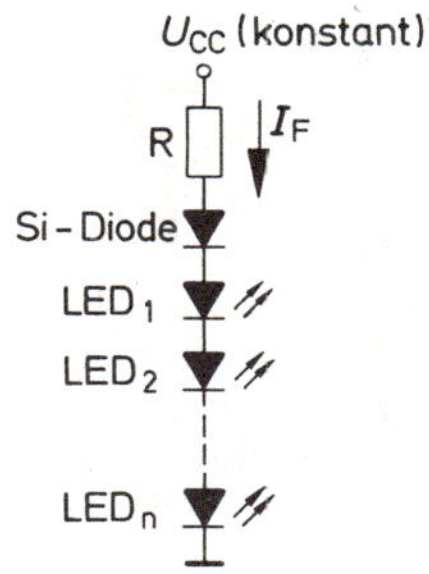

Bild 5.27 Reihenschaltung von n Lumineszenzdioden mit Stromeinprägung über einen Vorwiderstand bei konstanter Versorgungsspannung

Durch Kombinieren der Gleichungen (5.19) und (5.20) erhält man

$$I = I_{F1} + \frac{I_{F1} \cdot R + U_{F1} - U_{F2}}{R} + \cdots + \frac{I_{F1} \cdot R + U_{F1} - U_{Fn}}{R} \quad (5.21)$$

Der ungünstigste Fall liegt vor, wenn

$$U_{F1} - U_{F2} = \cdots = U_{F1} - U_{Fn} = \Delta U_F \quad (5.22)$$

ist. Somit läßt sich Gleichung (5.21) vereinfachen zu

$$I = I_{F1} + (n-1) \cdot \frac{I_{F1} \cdot R + \Delta U_F}{R} \quad (5.23)$$

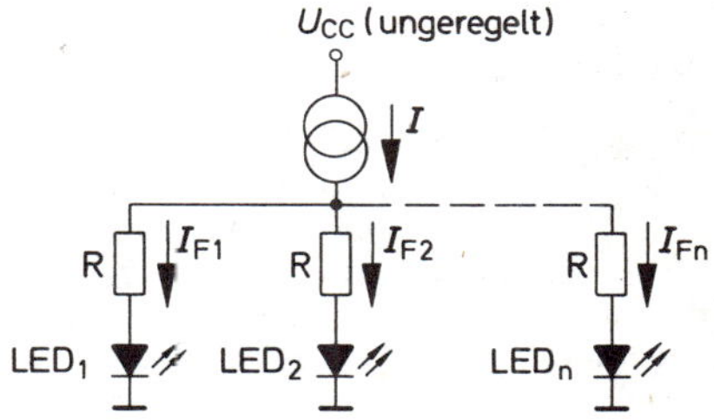

Bild 5.28 Parallelbetrieb von n Lumineszenzdioden an einer gemeinsamen Konstantstromquelle. Die Vorwiderstände R scheren die Durchlaßkennlinien der LED

Nach I_{F1} umgeformt liefert Gleichung (5.23)

$$I_{F1} = \frac{I}{n} - \frac{(n-1) \cdot \Delta U_F}{n \cdot R} \qquad (5.24)$$

$$I_{F1} = I_{F1\,soll} - \Delta I_F \qquad (5.25)$$

Die beim Parallelschalten von n LED mit jeweiligem Vorwiderstand R auftretende **maximale Durchlaßstromabweichung ΔI_F** beträgt für eine gegebene Streubreite ΔU_F demnach

$$\Delta I_F = \frac{(n-1) \cdot \Delta U_F}{n \cdot R} \qquad (5.26)$$

Beispiel 3

Wie groß müssen die Vorwiderstände von 4 parallelgeschalteten LED gewählt werden, wenn die Konstantstromquelle 80 mA liefert und bei einer Streubreite $\Delta U_F = 0{,}5$ V die relative Durchlaßstromänderung $\Delta I_F / I_F$ nicht mehr als 5% betragen soll?

$$\text{Mit } I_F = \frac{I}{n} = \frac{80\text{ mA}}{4} = 20\text{ mA und}$$

$$\frac{\Delta I_F}{I_F} = 0{,}05 \text{ erhält man}$$

$$\Delta I_F = 20\text{ mA} \cdot 0{,}05 = 1\text{ mA}.$$

Gleichung (5.26) nach R umgeformt ergibt

$$R = \frac{(n-1) \cdot \Delta U_F}{n \cdot \Delta I_F} \qquad (5.27)$$

Die Vorwiderstände müssen demnach einen Wert von

$$R = \frac{(4-1) \cdot 0{,}5\text{ V}}{4 \cdot 1\text{ mA}} = 375\ \Omega$$

haben.

Antiparallelschalten von LED

Hier soll nur von **antiparallel geschalteten LED** die Rede sein, die **unterschiedliche Farben** (z.B. Grün und Rot) haben. Wie schon erwähnt, lassen sich dann mit diesen LED-Anordnungen **drei Schaltzustände** signalisieren. Besonders günstig ist es, wenn **beide LED in einem gemeinsamen Gehäuse** vereint sind.

Den folgenden Berechnungen ist die **Rot/Grün-LED** MV 5491 von *Monsanto* zugrunde gelegt. Da die antiparallel geschalteten GaP- und GaAsP-LED **unterschiedliche Kennlinien** haben (siehe Bild 5.11), müssen beim Dimensionie-

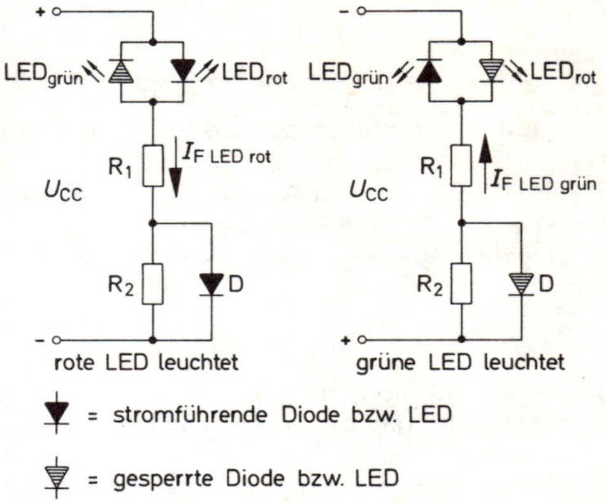

Bild 5.29 Rot/Grün-LED mit Widerstands-Dioden-Netzwerk für $I_{F\,LEDrot} > I_{F\,LEDgrün}$

ren der Strombegrenzungswiderstände **zwei Fälle** betrachtet werden:

1. $I_{F\,LEDrot} > I_{F\,LEDgrün}$
2. $I_{F\,LEDrot} \leqq I_{F\,LEDgrün}$

Für den ersten Fall zeigt Bild 5.29 eine geeignete Schaltung. **Je nach Polarität der Versorgungsspannung U_{CC} leuchtet die rote oder die grüne LED.** Damit ergeben sich die Strombegrenzungswiderstände R_1 und R_2 aus folgenden Ansätzen.

Rote LED leuchtet:

$$U_{CC} = U_{F\,LEDrot} + I_{F\,LEDrot} \cdot R_1 + U_{F\,D} \qquad (5.28)$$

$$R_1 = \frac{U_{CC} - U_{F\,LEDrot} - U_{F\,D}}{I_{F\,LEDrot}} \qquad (5.29)$$

Grüne LED leuchtet:

$$U_{CC} = U_{F\,LEDgrün} + I_{F\,LEDgrün} \cdot (R_1 + R_2) \qquad (5.30)$$

$$R_2 = \frac{U_{CC} - U_{F\,LEDgrün}}{I_{F\,LEDgrün}} - R_1 \qquad (5.31)$$

Unter Berücksichtigung von Gleichung (5.29) erhält man R_2 zu

$$R_2 = \frac{U_{CC} - U_{F\,LEDgrün}}{I_{F\,LEDgrün}} - \frac{U_{CC} - U_{F\,LEDrot} - U_{F\,D}}{I_{F\,LEDrot}} \qquad (5.32)$$

Beispiel 4

> Welche Werte müssen die Widerstände in der Schaltung von Bild 5.29 bei $U_{CC} = \pm 5$ V und $U_{FD} = 0{,}7$ V haben, wenn bei der Rot/Grün-LED MV 5491 die maximal zulässigen Durchlaßströme fließen sollen?

Aus Bild 5.11 liest man als typische Werte $U_{F\,LEDrot} = 1{,}85$ V bei $I_{F\,LEDrot} = 70$ mA und $U_{F\,LEDgrün} = 2{,}65$ V bei $I_{F\,LEDgrün} = 50$ mA ab. Gleichung (5.29) liefert den Wert für den Widerstand R_1

$$R_1 = \frac{5\text{ V} - 1{,}85\text{ V} - 0{,}7\text{ V}}{70\text{ mA}} = 35\ \Omega$$

Aus Gleichung (5.31) ergibt sich R_2 zu

$$R_2 = \frac{5\text{ V} - 2{,}65\text{ V}}{50\text{ mA}} - 35\ \Omega = 12\ \Omega$$

Für den zweiten in Betracht gezogenen Fall zeigt Bild 5.30 die passende Schaltung. Die Widerstände R_3 und R_4 errechnen sich wie folgt.

Grüne LED leuchtet:

$$U_{CC} = U_{F\,LEDgrün} + I_{F\,LEDgrün} \cdot R_3 - U_{FD} \qquad (5.33)$$

$$R_3 = \frac{U_{CC} - U_{F\,LEDgrün} - U_{FD}}{I_{F\,LEDgrün}} \qquad (5.34)$$

Rote LED leuchtet:

$$U_{CC} = U_{F\,LEDrot} + I_{F\,LEDrot} \cdot (R_3 + R_4) \qquad (5.35)$$

$$R_4 = \frac{U_{CC} - U_{F\,LEDrot}}{I_{F\,LEDrot}} - R_3 \qquad (5.36)$$

Beispiel 5

> Welche Werte müssen die Widerstände in der Schaltung von Bild 5.30 bei $U_{CC} = \pm 5$ V und $U_{FD} = 0{,}7$ V haben, wenn bei der Rot/Grün-LED MV 5491 Lichtstärken von 2 mcd erreicht werden sollen?

Aus Bild 5.12 liest man als typische Werte $I_{F\,LEDgrün} = 45$ mA bei $I_v = 2$ mcd und $I_{F\,LEDrot} = 27$ mA bei $I_v = 2$ mcd ab. Geht man mit den Stromwerten in Bild 5.11, so erhält man die

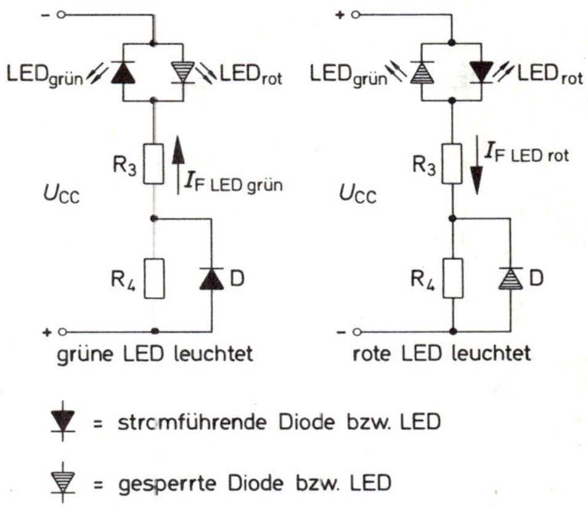

Bild 5.30 Rot/Grün-LED mit Widerstands-Dioden-Netzwerk für $I_{F\,LEDrot} \leqq I_{F\,LEDgrün}$

dazugehörigen Durchlaßspannungen: $U_{F\,LEDgrün} = 2{,}6$ V und $U_{F\,LEDrot} = 1{,}65$ V. Mit den ermittelten Werten liefern die Gleichungen (5.34) und 5.36) die gesuchten Widerstände

$$R_3 = \frac{5\text{ V} - 2{,}6\text{ V} - 0{,}7\text{ V}}{45\text{ mA}} = 38\ \Omega$$

$$R_4 = \frac{5\text{ V} - 1{,}65\text{ V}}{27\text{ mA}} - 38\ \Omega = 86\ \Omega$$

5.1.3.1.2. *Wechselspannungsbetrieb*

> **Lumineszenzdioden lassen sich über einen Vorwiderstand auch an Wechselspannungsquellen anschließen.** Der damit verbundene Halbwellenbetrieb stört das menschliche Auge nicht.

Übersteigt der Spitzenwert der Wechselspannung die zulässige Sperrspannung der LED, so muß mit zusätzlichen Bauelementen ein **Betrieb in Sperrichtung verhindert werden.** Hierzu schaltet man entweder eine den Spitzenwert der Wechselspannung sperrende Siliziumdiode **in Reihe zur LED** (siehe Bild 5.31a) oder eine die Spannung in der Sperrphase begrenzende Diode **antiparallel zur LED** (siehe Bilder 5.31b und c). Dabei kann für die „antiparallele" Diode eine Siliziumdiode oder ebenfalls eine Leuchtdiode genommen werden.

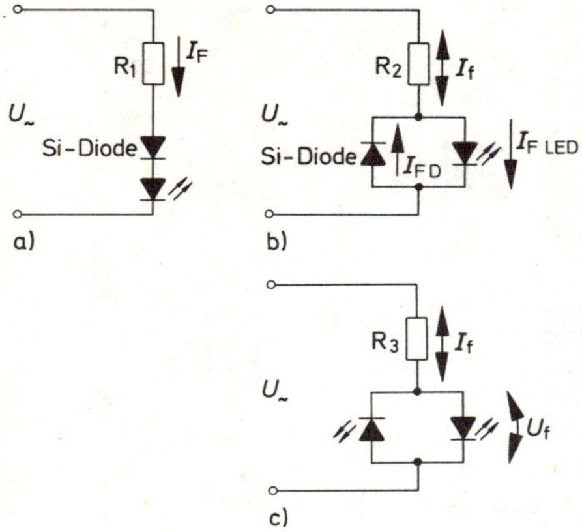

Bild 5.31 Schaltungsvarianten für den Wechselspannungsbetrieb von Lumineszenzdioden

Für Bild 5.31a ergibt sich der Vorwiderstand R_1 zu

$$R_1 = \frac{U_\sim - U_{FD} - U_{F\,LED}}{2 \cdot I_F} \quad (5.37)$$

Der Faktor 2 im Nenner ist durch den Halbwellenbetrieb bedingt.
Die Belastbarkeit von R_1 folgt aus

$$P_{R1} = \frac{(2 \cdot I_F)^2}{2} \cdot R \quad (5.38)$$

Beispiel 1

> Welcher Vorwiderstand muß bei der Schaltung von Bild 5.31a gewählt werden, wenn eine GaAsP-LED mit $I_F = 20$ mA an einer Wechselspannung von 48 V betrieben werden soll?

Für $U_{FD} + U_{F\,LED}$ kann mit rund 2,5 V gerechnet werden, so daß Gleichung (5.37) liefert

$$R_1 = \frac{48\text{ V} - 2{,}5\text{ V}}{2 \cdot 20\text{ mA}} = 1{,}14\text{ k}\Omega$$

Mit Gleichung (5.38) bekommt man

$$P_{R1} = \frac{(2 \cdot 20\text{ mA})^2}{2} \cdot 1{,}14\text{ k}\Omega = 910\text{ mW}$$

Gewählt: 1,1 kΩ, 1 W.

Für den Vorwiderstand R_2 der Schaltung von Bild 5.31b gilt folgende Beziehung

$$R_2 = \frac{U_\sim - U_{F\,LED}}{2 \cdot I_{F\,LED}} \quad (5.39)$$

Die Belastbarkeit errechnet sich aus

$$P_{R2} = I_f^2 \cdot R_2 \quad (5.40)$$

Beispiel 2

> Welcher Vorwiderstand muß bei der Schaltung von Bild 5.31b gewählt werden, wenn eine GaP-LED mit $I_F = 20$ mA an einer Netzspannung von 220 V betrieben werden soll?

Da die Durchlaßspannung der GaP-LED gegenüber der Netzspannung vernachlässigt werden kann, vereinfacht sich Gleichung (5.39) zu

$$R_2 \approx \frac{U_\sim}{2 \cdot I_{F\,LED}} = \frac{220\text{ V}}{2 \cdot 20\text{ mA}} = 5{,}5\text{ k}\Omega$$

Da durch den Widerstand R_2 auch während der negativen Halbwelle Strom fließt, hat I_f in Gleichung (5.40) einen Wert von 40 mA. Somit muß der Widerstand R_2 eine Verlustleistung von

$$P_{R2} = (40\text{ mA})^2 \cdot 5{,}5\text{ k}\Omega = 8{,}8\text{ W}$$

aushalten. Gewählt: 5,1 kΩ, 10 W.

Schließlich liest man für den Vorwiderstand R_3 aus Bild 5.31c ab

$$R_3 = \frac{U_\sim - U_f}{I_f} \quad (5.41)$$

Die Verlustleistung errechnet sich aus

$$P_{R3} = I_f^2 \cdot R_3 \quad (5.42)$$

Beispiel 3

> Welcher Vorwiderstand muß für die bipolare LED MV 5094 bei $I_f = 70$ mA gewählt werden, wenn sie an einer Wechselspannung von 24 V betrieben werden soll?

Aus Bild 5.16 liest man für $I_f = 70$ mA eine typische Durchlaßspannung U_f von 1,7 V ab. Mit diesen Werten erhält man aus Gleichung (5.41)

$$R_3 = \frac{24\ \text{V} - 1{,}7\ \text{V}}{70\ \text{mA}} = 320\ \Omega$$

Die erforderliche Belastbarkeit des Widerstandes R_3 liefert Gleichung (5.42)

$$P_{R3} = (70\ \text{mA})^2 \cdot 320\ \Omega = 1{,}57\ \text{W}$$

Gewählt: 330 Ω, 2 W.

Die durchgerechneten Beispiele zeigen, daß besonders bei **Netzbetrieb mit recht hohen Verlustleistungen für die Vorwiderstände** gerechnet werden muß. Es ist deshalb für eine möglichst niedrige Verlustleistung **günstiger,** den ohmschen Vorwiderstand zu verringern und zusätzlich einen entsprechenden **Kondensator einzufügen.** Bild 5.32 zeigt ein dimensioniertes Beispiel für 220 V und 110 V Netzspannung [87].
Übrigens kann die Schaltung von Bild 5.31b auch als **Indikator für Hf-Spannungen bis zu einigen 10 MHz** verwendet werden.

Reihen- und Parallelschalten von LED

Bild 5.33 zeigt wie mehrere LED in Reihen- bzw. Parallelschaltung (Antiparallelschaltung) an einer gemeinsamen Wechselspannungsquelle betrieben werden können. Bei der reinen Reihenschaltung (Bild 5.33a) ist wieder eine Siliziumdiode erforderlich. Sie schützt die LED vor einer unzulässigen Beanspruchung in Sperrichtung. Bei den Schaltungsvarianten b und c in Bild 5.33 entfällt die Siliziumdiode. Variante c ist am günstigsten, da nur *ein* Widerstand benötigt wird.
Zum Berechnen der erforderlichen Vorwiderstände müssen sinngemäß die Gleichungen (5.37), (5.38), (5.41) und (5.42) angewandt werden.

5.1.3.2. Ansteuern mit Transistoren

Transistoren (oder integrierte Transistoranordnungen) können im Zusammenhang mit Leuchtdioden **als Schalter oder zum Stromeinprägen mit hoher Konstanz** verwendet werden.

In Bild 5.34 sind die 4 grundsätzlich möglichen Schaltungsvarianten mit Emitter- bzw. Kollektorstufen gegenübergestellt, wenn die **Transistoren**

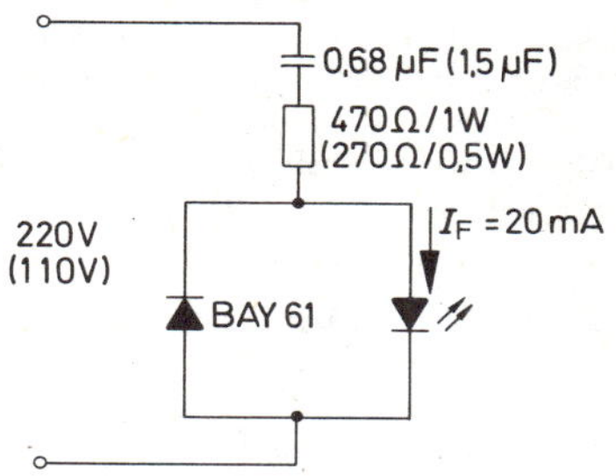

Bild 5.32 Netzspannungsbetrieb einer Lumineszenzdiode mit kapazitivem Spannungsteiler [87]

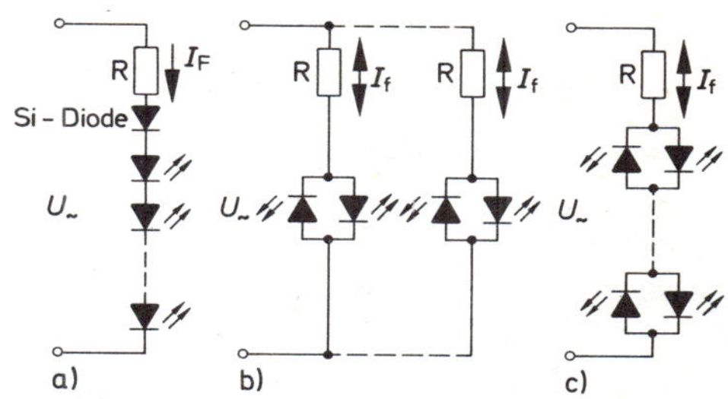

Bild 5.33 Wechselspannungsbetrieb mehrerer Lumineszenzdioden in Reihen- bzw. Parallelschaltung

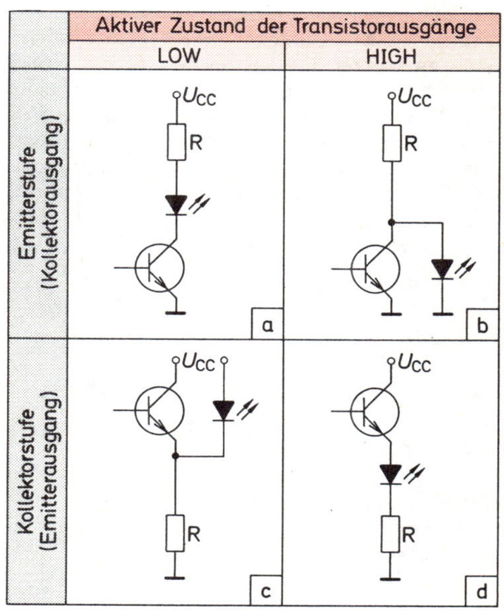

Bild 5.34 Ansteuerschaltungen mit gesättigten Emitter- bzw. Kollektorstufen für LED

als Schalter fungieren. „Aktiver Zustand“ der Transistorausgänge heißt, daß entweder bei dem logischen Pegel Low oder bei dem logischen Pegel High Strom durch die LED fließt. Die erforderlichen Widerstände lassen sich mit den folgenden Gleichungen berechnen:

Emitterstufe, *aktiver Zustand* **Low**

$$R = \frac{U_{CC} - U_F - U_{CEsat}}{I_F} \quad (5.43)$$

Emitterstufe, *aktiver Zustand* **High**

$$R = \frac{U_{CC} - U_F}{I_F} \quad (5.44)$$

Kollektorstufe, *aktiver Zustand* **Low**

$$R = \frac{U_{CC} - U_F}{I_F} \quad (5.45)$$

Kollektorstufe, *aktiver Zustand* **High**

$$R = \frac{U_{CC} - U_F - U_{CEsat}}{I_F} \quad (5.46)$$

An der Basis der Transistoren müssen dann die entsprechenden Pegel anstehen, um die Transistoren in den gesättigten bzw. gesperrten Zustand zu bringen.
Natürlich ist es auch möglich, **die Transistoren im linearen Gebiet der Kennlinien zu betreiben.** Allerdings sind dann besondere Maßnahmen zum **Stabilisieren der Arbeitspunkte** erforderlich. Als Beispiel sei die Variante d in Bild 5.34 herausgegriffen. Steuert man die Basis des Treibertransistors mit der konstanten Spannung (oder Impulsspannung) U_{BB} an, so ergibt sich der Emitterwiderstand R zu

$$R = \frac{U_{BB} - U_{BE} - U_F}{I_F} \quad (5.47)$$

Für $R = 0$ muß

$$U_{BB} = U_{BE} + U_F \quad (5.48)$$

sein.
Das vollständige Schaltbild einer **Ansteuerschaltung für Stromeinprägung mit Emitterstromstabilisierung** gibt Bild 5.35 wieder. Aus

$$I_{E2} = I_{B2} + I_F \quad (5.49)$$

und

$$I_{E2} = I_{B1} + \frac{U_{BE1}}{R_{E2}} \quad (5.50)$$

erhält man

$$I_{B2} + I_F = I_{B1} + \frac{U_{BE1}}{R_{E2}} \quad (5.51)$$

Für den LED-Durchlaßstrom I_F gilt demnach

$$I_F = \frac{U_{BE1}}{R_{E2}} + I_{B1} - I_{B2} \quad (5.52)$$

Da $I_{B1} - I_{B2}$ gegenüber $\frac{U_{BE1}}{R_{E2}}$ zu vernachlässigen ist

$$\left(\frac{U_{BE1}}{R_{E2}} \gg I_{B1} - I_{B2}\right),$$

folgt I_F der einfachen Beziehung

$$I_F = \frac{U_{BE1}}{R_{E2}} \quad (5.53)$$

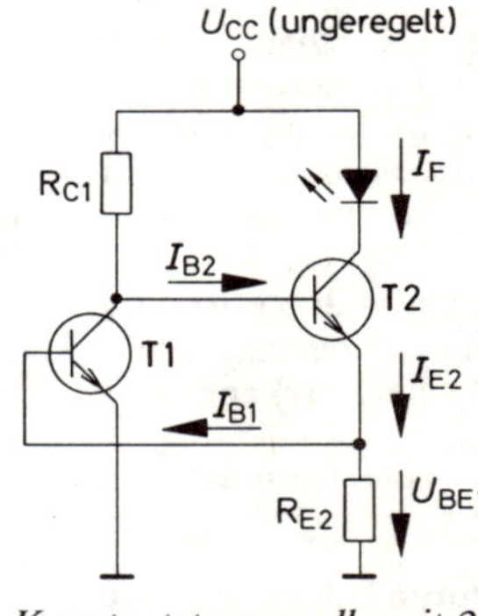

Bild 5.35 Konstantstromquelle mit 2 Transistoren für eine LED [6]

Ebenfalls mit Stromeinprägung durch Emitterstromstabilisierung wird die LED in der Schaltung von Bild 5.36 betrieben. Als **„Referenzspannung“** wird jedoch nicht die Basis-Emitter-Spannung eines Transistors genommen, sondern die **Durchlaßspannung von 2 Siliziumdioden.** Der Emitterwiderstand R_E ergibt sich aus

$$2 \cdot U_{FD} = U_{BE} + I_E \cdot R_E \quad (5.54)$$

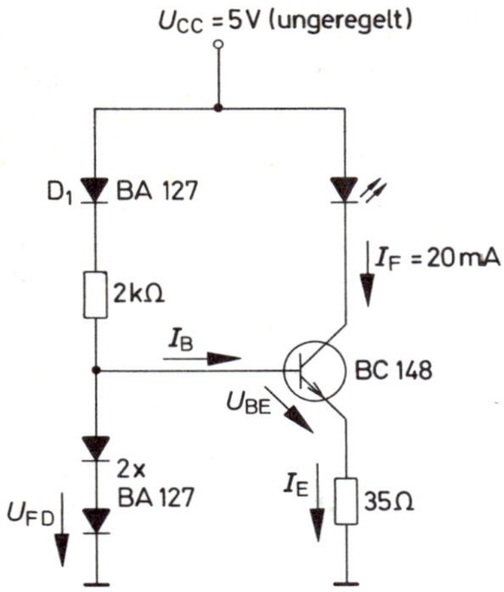

Bild 5.36 Konstantstromquelle mit Emitterstromstabilisierung für eine LED [87]

und

$$I_B + I_F = I_E \tag{5.55}$$

mit

$$I_F \approx I_E \tag{5.56}$$

zu

$$R_E = \frac{2 \cdot U_{FD} - U_{BE}}{I_F} \tag{5.57}$$

Beispiel

Welchen Wert hat der Emitterwiderstand R_E für $U_{FD} = U_{BE} = 0{,}7$ V und $I_F = 20$ mA?

Gleichung (5.57) liefert

$$R_E = \frac{2 \cdot 0{,}7\ \mathrm{V} - 0{,}7\ \mathrm{V}}{20\ \mathrm{mA}} = 35\ \Omega$$

Bild 5.36 zeigt die vollständig dimensionierte Schaltung. Die Diode D_1 dient der Kompensation von Temperatureinflüssen.

Wie die Gleichungen (5.53) bzw. (5.57) verdeutlichen, hängt bei den Konstantstromquellen der Bilder 5.35 und 5.36 der LED-Durchlaßstrom spannungsseitig nur von den Basis-Emitter-Spannungen bzw. Dioden-Durchlaßspannungen ab. Wegen der hohen Konstanz dieser Spannungen bei Stromänderungen braucht also die **Versorgungsspannung U_{CC} nicht geregelt** zu sein.

Mit **stabilisiertem Basisstrom** arbeitet die LED-Konstantstromquelle von Bild 5.37. Die in Reihe zur Zenerdiode geschaltete Siliziumdiode dient zur Temperaturkompensation der Schaltung. Aus Bild 5.37 liest man ab

$$U_Z + U_{FD} = I_B \cdot R_2 + U_{BE} \tag{5.58}$$

$$U_{CC} = U_Z + U_{FD} + R_1 \cdot I \tag{5.59}$$

$$I = I_Z + I_B + I_F \tag{5.60}$$

Ferner gilt

$$I_F = B \cdot I_B \tag{5.61}$$

B ist die Stromverstärkung des Transistors. Durch Kombinieren der Gleichungen (5.58) und (5.61) erhält man den **eingeprägten LED-Durchlaßstrom** zu

$$I_F = \frac{U_Z + U_{FD} - U_{BE}}{R_2} \cdot B \tag{5.62}$$

Der Vorwiderstand R_1 ergibt sich aus den Gleichungen (5.58), (5.59) und (5.61) zu

$$R_1 = \frac{U_{CC} - U_Z - U_{FD}}{I_F \cdot \left(1 + \frac{1}{B}\right) + I_Z} \tag{5.63}$$

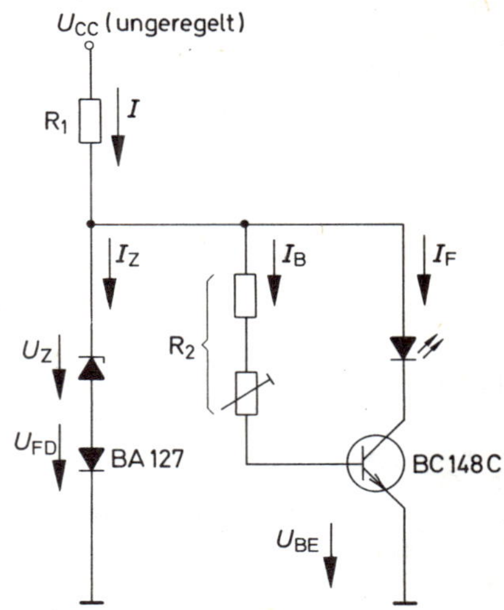

Bild 5.37 Konstantstromquelle mit Basisstromstabilisierung für eine LED [87]

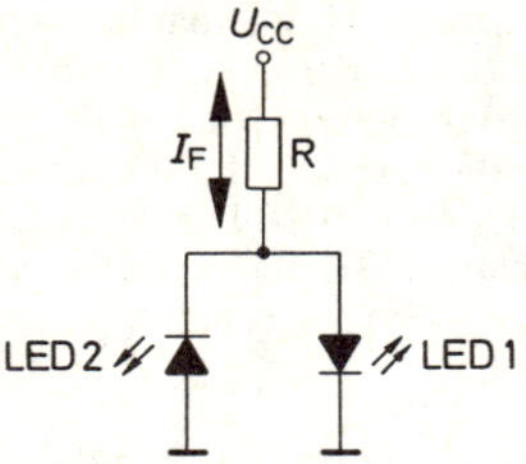

$$R = \frac{U_{CC} - U_F}{I_F}$$

U_{CC}	LED 1	LED 2
+	ein	aus
-	aus	ein

Bild 5.38 Polaritätsprüfschaltung mit 2 LED

Auch bei dieser Schaltung ist die Versorgungsspannung U_{CC} aus der den LED-Durchlaßstrom bestimmenden Gleichung (5.62) eliminiert. U_{CC} kann ungeregelt sein. Die Konstanz des Basisstroms und damit des LED-Durchlaßstroms (Kollektorstroms) folgt aus der Beziehung

$$U_Z + U_{FD} - U_{BE} = \text{konst.} \qquad (5.64)$$

Mit dem einstellbaren Basiswiderstand R_2 können exemplarbedingte Streuungen der Stromverstärkung B ausgeglichen werden.

5.1.4. Anwendungen für Leuchtdioden

Die folgenden Schaltungsbeispiele können nur einen **Überblick über die vielfältigen Einsatzmöglichkeiten von Leuchtdioden und Leuchtdioden-Anordnungen** vermitteln. Weitere Anregungen findet der Leser u.a. in [5, 6, 58, 87, 146, 155, 173, 179, 192 und 198].

Polaritätsanzeige

Mit **zwei antiparallel geschalteten Leuchtdioden** läßt sich sehr einfach die **Polarität einer Gleichspannung** überwachen. Bild 5.38 zeigt die entsprechende Schaltung, wobei auch auf die Bilder 5.29 und 5.30 verwiesen wird. Als Lade/Entlade-Kontrolle für Kfz-Akkumulatoren eingesetzt, signalisieren die beiden LED, ob der Akkumulator geladen (z.B. grüne LED leuchtet) oder entladen (z.B. rote LED leuchtet) wird.
Bild 5.39 gibt eine Anordnung von **5 LED und 2 Siliziumdioden** wieder, mit der unmittelbar die Polarität einer Gleichspannungsquelle ($>$ 8 V) in **Form eines Plus- oder Minuszeichens** angezeigt werden kann. Die eingezeichneten Pfeile für die Stromflußrichtung verdeutlichen die Arbeitsweise.

Spannungsüberwachung

Zum Überwachen einer Versorgungsspannung in den Grenzen zwischen 4,7 und 5,9 V dient die Schaltung von Bild 5.40. Oberhalb 4.7 V emittiert die LED 1 Licht, dessen Helligkeit bis 5,9 V zunimmt. Bei 5,9 V verlischt LED 1, und LED 2 beginnt zu leuchten.

TTL-Pegel-Anzeige

Die Schaltungskonfigurationen des Bildes 5.41 signalisieren die logischen Pegel High bzw. Low am Ausgang von TTL-Schaltungen. Die Tabellen geben in Abhängigkeit vom LED-Durchlaßstrom den Vorwiderstand und die Ausgangsspannung bzw. das *Fan-out* (Ausgangsverzweigung) an.

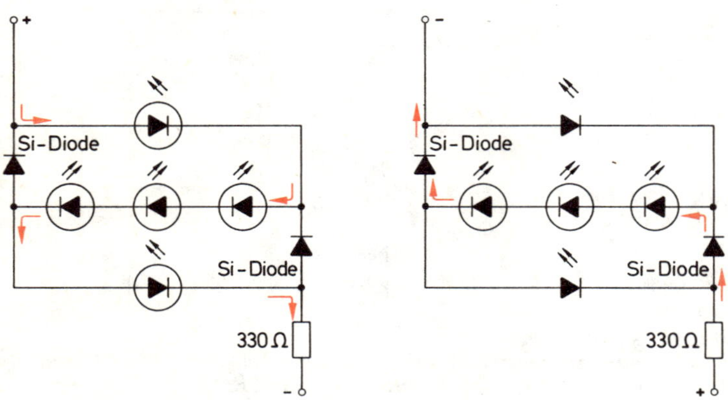

Bild 5.39 Polaritätsanzeige für Spannungsquellen > 8 V [198]

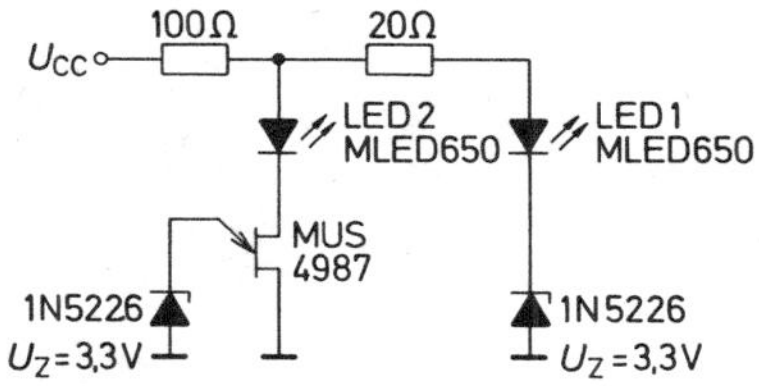

U_{CC}	LED 1	LED 2
U_{CC} < 4,7V	aus	aus
4,7V ≦ U_{CC} < 5,9V	ein	aus
U_{CC} ≧ 5,9V	aus	ein

Bild 5.40 Spannungsüberwachungsschaltung für 4,7 V ≦ U_{CC} < 5,9 V [155]

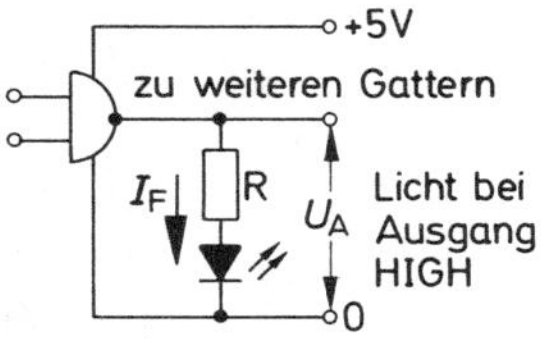

I_F [mA]	0,3	0,5	1,0	1,5
R [kΩ]	6,9	3,9	1,7	1,3
U_A [V]	3,62	3,6	3,5	3,46

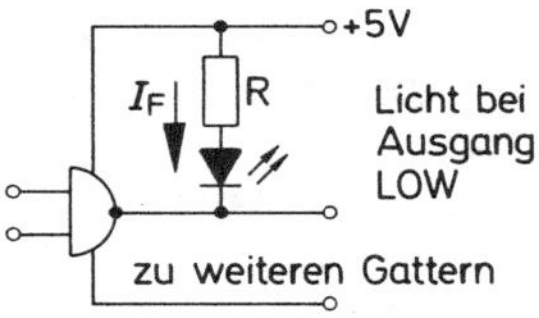

I_F [mA]	0,5	1,0	2,0	4	6	10
R [kΩ]	6,5	3,2	1,6	0,8	0,51	0,3
Fan-out	9	9	8	7	6	3

Bild 5.41 TTL-Gatter mit LED zur Anzeige der logischen Pegel HIGH und LOW

Weitere Tabellen für DTL- und ECL-Schaltungen sind unter [189] zu finden. MOS-Pegel-Indikatoren werden in [157] beschrieben.

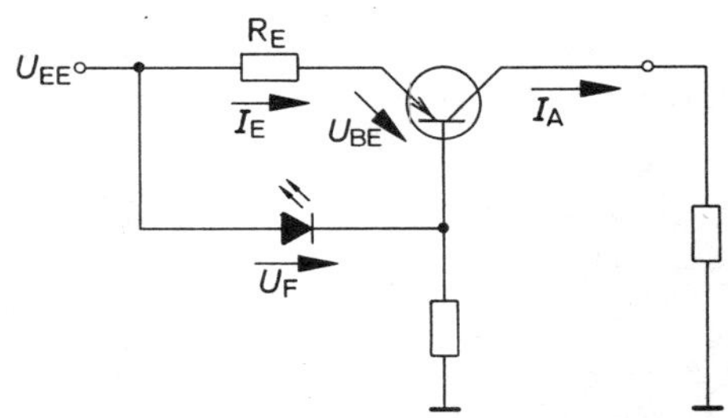

Bild 5.42 Stromstabilisierungsschaltung mit einer LED als Referenzspannungsquelle

Strom- und Spannungsstabilisierung

Bei den Schaltungen der Bilder 5.42 und 5.43 werden der **niedrige differentielle Durchlaßwiderstand** R_D und der **geringe Temperaturkoeffizient der Durchlaßspannung** TK_{UF} (siehe Tafel 5.3 und Bild 5.11) von Leuchtdioden ausgenutzt. Sie dienen als **Referenzelement zur Strom- bzw. Spannungsstabilisierung.** Die Lichtemission der LED ist dabei von untergeordneter Bedeutung. Für den stabilisierten Ausgangsstrom I_A von Bild 5.42 erhält man aus

$$U_F = I_E \cdot R_E + U_{BE} \tag{5.65}$$

und

$$I_E \approx I_A \tag{5.66}$$

die Beziehung

$$I_A = \frac{U_F - U_{BE}}{R_E} \tag{5.67}$$

Die stabilisierte Ausgangsspannung U_A von Bild 5.43 wird durch die Differenz aus der LED-

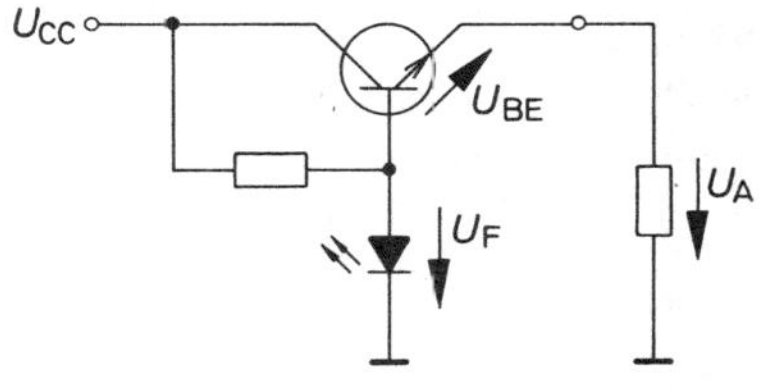

Bild 5.43 Spannungsstabilisierungsschaltung mit einer LED als Referenzspannungsquelle

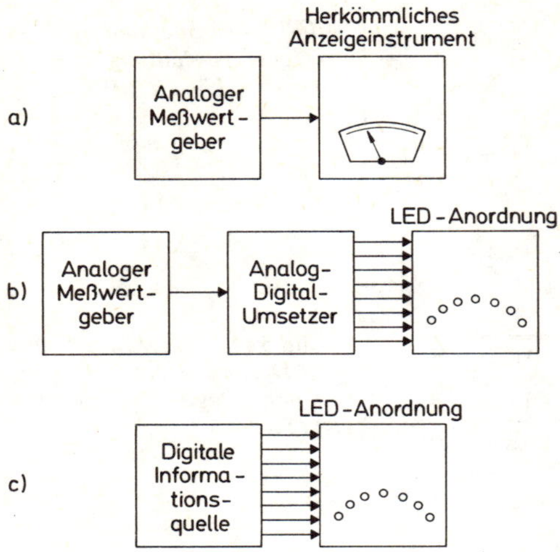

Bild 5.44 Blockschaltbilder möglicher Informationsquellen für analoge Anzeigen

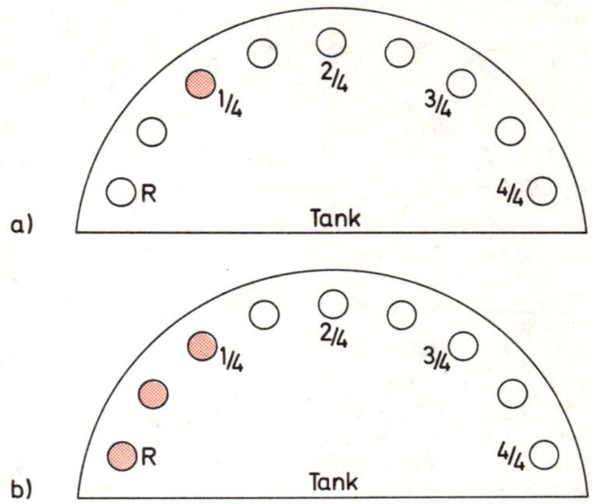

Bild 5.45 Halbkreisförmige Anordnungen von LED als Kfz-Kraftstoffvorratsanzeige. Der Nullpunkt befindet sich links. a: Den Zustand „1/4 voll" zeigt eine leuchtende LED an; b: den Zustand „1/4 voll" zeigt eine Reihe *leuchtender LED an*

Durchlaßspannung und der Basis-Emitter-Spannung des Transistors bestimmt

$$U_{\mathrm{A}} = U_{\mathrm{F}} - U_{\mathrm{BE}} \tag{5.68}$$

Anzeige analoger Meßwerte

Herkömmliche analoge Anzeigeinstrumente erhalten das Eingangssignal von einem analogen Meßwertgeber (siehe Bild 5.44a). Ersetzt man ein solches Instrument mit einer LED-Anordnung, so muß wegen der binären Natur (Lichtemission oder keine Lichtemission) der LED ein Analog-Digital-Umsetzer (ADU) zwischen Meßwertgeber und LED-Anordnung eingefügt werden (siehe Bild 5.44b). Der ADU setzt beispielsweise den Analogwert in einen BCD-Kode um. Liegt die anzuzeigende Größe bereits in digitaler Form — etwa von einem Digitalrechner — vor, so kann der ADU entfallen (siehe Bild 5.44c).

LED-Meßwertanzeigeeinheiten bieten gegenüber üblichen Zeigerinstrumenten oder mechanischen Indikatoren **wesentliche Vorteile:**

- ☐ keine bewegten Teile,
- ☐ schock- und vibrationsfest,
- ☐ keine empfindlichen Elektroden,
- ☐ lageunabhängig,
- ☐ kein Nachjustieren,
- ☐ kein Parallaxenfehler (150° Betrachtungswinkel),
- ☐ hoher Kontrast im Dunkeln und bei direkter Sonnenbestrahlung,
- ☐ geringer Platzbedarf.

Die Bilder 5.45 bis 5.47 zeigen Beispiele dafür, wie diskrete LED aneinandergereiht werden können. Dabei sind **grundsätzlich zwei Betriebsweisen** möglich:

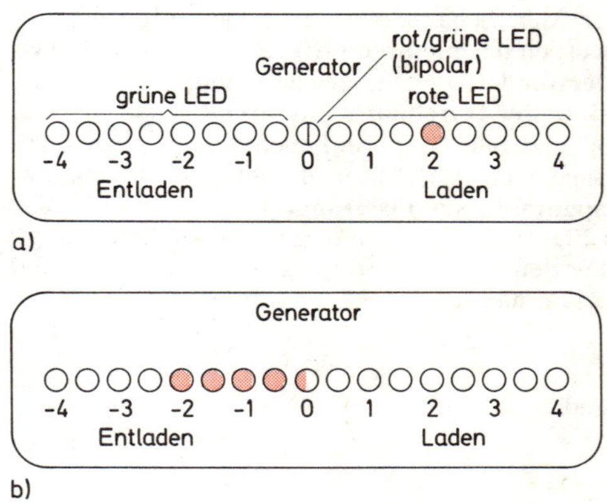

Bild 5.46 Geradlinige Anordnungen von LED als Kfz-Ladekontrollanzeige. Der Nullpunkt befindet sich in der Mitte. a: Den Zustand „Laden mit 2 A" zeigt eine leuchtende LED an; b: den Zustand „Entladen mit 2 A" zeigt eine Reihe *leuchtender LED an*

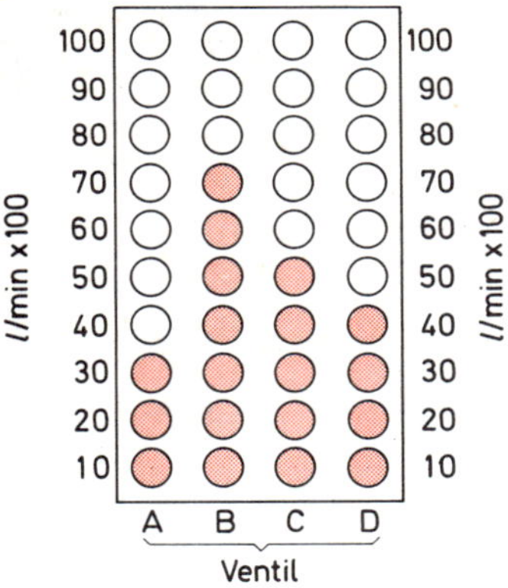

Bild 5.47 LED-Anordnung zur Anzeige von Durchflußgeschwindigkeiten

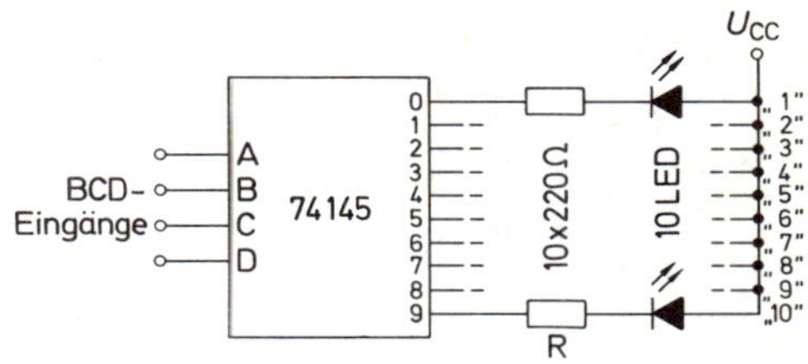

$$R = \frac{U_{CC} - U_F}{I_F} = \frac{5\,V - 1{,}65\,V}{0{,}015\,A} = 220\,\Omega$$

Bild 5.48 Schaltung mit dem BCD-Dezimal-Dekodierer/Treiber Typ 74145 zum Ansteuern von 10 LED, wobei eine *leuchtende LED den Meßwert anzeigt*

1. *eine* leuchtende LED signalisiert den Meßwert (siehe Bilder 5.45a und 5.46a)
2. eine *Reihe* leuchtender LED verkörpert — von Null an beginnend — die Meßgröße (siehe Bilder 5.45b, 5.46b und 5.47).

Das gilt unabhängig davon, ob sich der Nullpunkt am Rand oder in der Mitte der LED-Anordnung befindet.

Die erwähnten prinzipiellen LED-Anordnungen, lassen sich sehr einfach mit Standard-TTL-Schaltungen betreiben. **Liegt der digitalisierte Analogwert etwa im BCD-Kode vor,** so bietet sich zum Ansteuern der LED der BCD-Dezimal-Dekodierer Typ 74145 (z.B. SN 74145 von *TI* oder MIC 74145 von *Intermetall*) an. Dieser Dekodierer/Treiber setzt eine BCD-Information in einen 1-aus-10-Kode um. Lediglich 10 der 16 möglichen Eingangs-Bitkombinationen führen zum Markieren eines der zehn Ausgänge mit Low. Die maximale Belastung (hineinfließender Strom) beträgt je Ausgang 16 mA. Bei den verbleibenden 6 Bitkombinationen verharren *alle* Ausgänge im High-Zustand.

Die Schaltung von Bild 5.48 eignet sich zum Ansteuern von LED-Anordnungen gemäß Bild 5.45a, wenn nur *eine* leuchtende LED den Meßwert anzeigen soll.

Bilden die LED eine „Skala" mit mittigem Nullpunkt (siehe Bild 5.46a) und soll ebenfalls nur *eine* LED den Meßwert signalisieren, so gilt im Prinzip die Treiberschaltung von Bild 5.49. Hierbei sind die vier parallelen BCD-Eingänge mit zwei Dekodierer/Treibern des Typs 74145 und einem Transistorinverter verbunden.

Soll eine *Reihe* von LED den Meßwert anzeigen — die Bilder 5.45b und 5.47 verdeutlichen das — so müssen zwischen die Ausgänge der Dekodierer/Treiber nichtinvertierende Schaltverstärker (z.B. Typ 7417) eingefügt werden. Damit wird erreicht, daß alle LED, die „unterhalb" der dem Meßwert entsprechenden LED liegen, ebenfalls Strom führen. Bild 5.50 gibt eine für diese Betriebsart geeignete Schaltung wieder.

Generell lassen sich die aufgeführten Prinzipien auch auf analoge Anzeigen mit einer erheblich größeren Anzahl von LED (z.B. > 100) ausdehnen [58]. **Außerdem können LED-Anordnungen pulsförmig im Multiplexbetrieb angesteuert werden.** Mit dieser Technik vereinfacht und verringert sich oftmals der Schaltungsaufwand. Bei einer niedrigen Abtastfrequenz in der Größenordnung von einigen Hz kann die Aufmerksamkeit des Bedienungspersonals auf eine bestimmte LED-Reihe gelenkt werden. Das ist besonders vorteilhaft im Gefahrenfall beim Erreichen eines Grenzwertes oder wenn aus einer Vielzahl von Anzeigen zu einem gegebenen Zeitpunkt unbedingt der richtige Indikator abgelesen werden muß.

Bei den bisherigen Ansteuerschaltungen für LED-Anordnungen lag die Eingangsinformation stets in digitaler Form vor, es galt also das Blockschaltbild gemäß Bild 5.44c. Dem Blockschaltbild 5.44b entspricht dagegen funktionell die Schaltung von Bild 5.51: **Die analoge Eingangsgröße wird einem (speziellen) Analog-Digital-Umsetzer zugeführt, der seinerseits die LED-Anordnung ansteuert.** Der für geringe

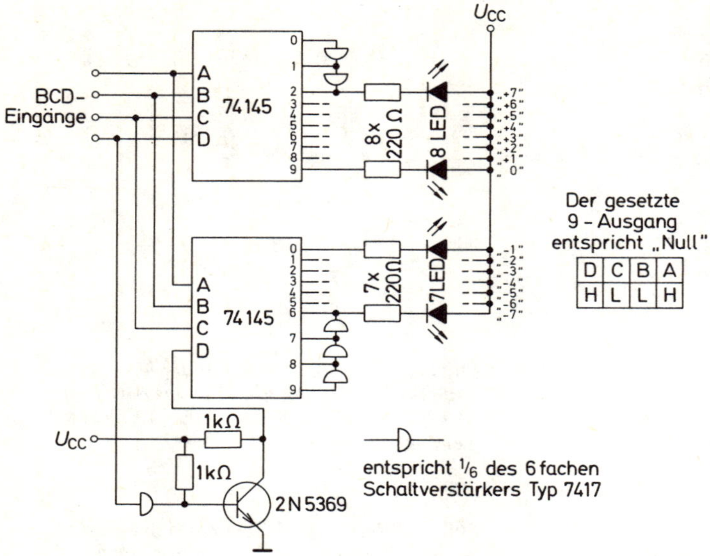

Bild 5.49 Treiberschaltung für eine LED-Anordnung mit dem „Nullpunkt" in der Mitte, bei der eine leuchtende LED den Meßwert anzeigt

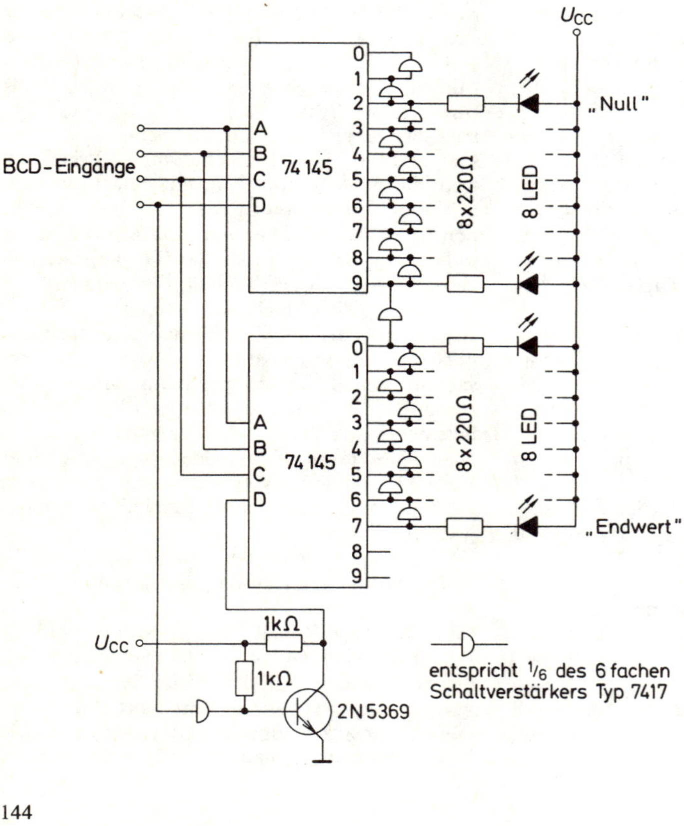

Bild 5.50 Treiberschaltung für eine LED-Anordnung, bei der eine Reihe leuchtender LED den Meßwert anzeigt („Thermometertyp")

Bild 5.51 Ansteuerschaltung für eine LED-Anordnung als „Balkendiagramm"-Anzeigeeinheit

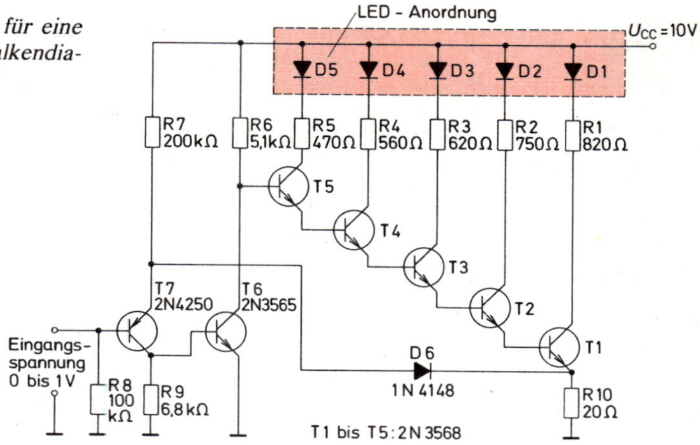

Auflösung (fünf bis zehn „Punkte") geeigneten Schaltung liegt folgendes Prinzip zugrunde: Steigt das Eingangssignal von Null beginnend bis auf 1 V an, so kommen nacheinander die Transistoren T_1 bis T_5 in die Sättigung. Die sich einstellenden Kollektorströme bringen dann die LED D_1 bis D_5 aufeinanderfolgend zum Leuchten, so daß sich proportional der Eingangsamplitude ein „Leuchtbalken" ergibt. Jeder hinzukommende, durchgeschaltete Transistor erhöht mit seinem Emitterstrom den Strom durch R_{10}. Die Transistoren T_6 und T_7, die Diode D_6 sowie die dazugehörenden Widerstände bilden einen rückgekoppelten Verstärker, der bewirkt, daß die Spannung über dem Widerstand R_{10} gleich der Eingangsspannung ist.

Damit ergibt sich ein *linearer* „Ausschlag" an der LED-Anordnung. Für $R_{10} = 20\,\Omega$ und einen Durchlaßstrom von 10 mA je LED beträgt die Auflösung 200 mV, so daß für 5 LED der Meßwertbereich 1 V überstreicht. Die Diode D_6 kompensiert die U_{BE}-Offset-Spannung des Transistors T_6. Die Widerstände R_1 bis R_5 begrenzen die LED-Durchlaßströme.

Beispielsweise errechnet sich der Widerstand R_3 aus folgender Beziehung

$$U_{CC} = U_{F\,D3} + I_3 \cdot R_3 + U_{CEsat\,T3} + U_{BE\,T2} + U_{BE\,T1} + I_{10} \cdot R_{10} \qquad (5.69)$$

$$R_3 = \frac{U_{CC} - U_{F\,D3} - U_{CEsat\,T3} - U_{BE\,T2} - U_{BE\,T1} - I_{10} \cdot R_{10}}{I_3} \qquad (5.70)$$

Da U_{CEsat} bei 10 mA Kollektorstrom vernachlässigt werden kann, ergibt sich

$$R_3 = \frac{10\,\text{V} - 1{,}6\,\text{V} - 0{,}75\,\text{V} - 0{,}75\,\text{V} - 30\,\text{mA} \cdot 20\,\Omega}{10\ \text{mA}} = 630\ \Omega$$

Der nächste Standardwert ist 620 Ω.

Mit **„Balkendiagramm"-Anzeigeeinheiten** kann man beispielsweise auf einen Blick die Temperaturprofile von Glühöfen oder Motorverbrennungsräumen erfassen. Ebenso vorteilhaft sind diese Leuchtbalken zum Überwachen von Durchflußraten etwa bei Pipelines (siehe Bild 5.47), Eisenbahnstreckenabschnitten oder Autobahnen, zur Anzeige von Frequenzspektren und zum Darstellen des Materialflusses bei Montagebändern.

Markieren von Kamerafilmen

Die Verwendung von LED zum Filmmarkieren (siehe Bild 5.52) geht weit über das hinaus, was man an sich von einer „Anzeigeleuchte" erwarten würde. Ursachen hierfür sind u.a. die im ns-

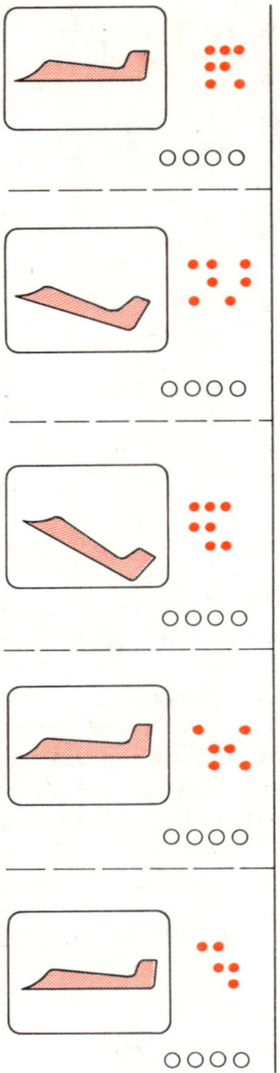

Bild 5.52 Mit LED-Anordnungen (Mittenabstand der LED etwa 100 µm) lassen sich auf Kamerafilmen beispielsweise Kodierungen oder Zeitmarken anbringen

Bereich liegenden Anstiegs- und Abfallzeiten der Lichtemission, die möglichen extrem geringen mechanischen Abmessungen und der trägheitslose Impulsbetrieb. Beim Einschalten muß keine „Anheizzeit" berücksichtigt werden, und beim Abschalten gibt es kein „Nachglühen". Bild 5.53 zeigt den Aufbau einer zum fotografischen Markieren von Kamerafilmen geeigneten **zeilenförmigen LED-Anordnung.** Die 48 monolithisch integrierten roten LED haben einen Mittenabstand von nur 127 µm. Dabei stellt dieser Abstand noch keine untere Grenze dar. Die LED sind einzeln adressierbar. Bild 5.54 gibt die entsprechende Ansteuerschaltung für die 48 LED wieder. Jeder LED ist eine Inverterstufe mit zusätzlichem externen Widerstand zugeordnet. Durch die LED fließt Strom, wenn die Inverterausgänge High-Pegel haben.

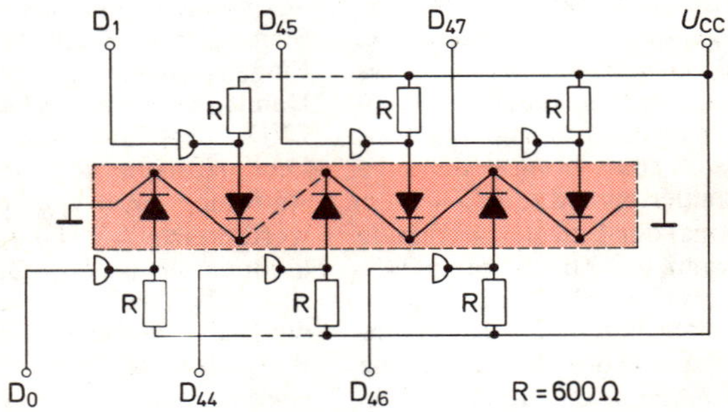

Bild 5.54 Ansteuerschaltung für die LED-Anordnung MKA 1

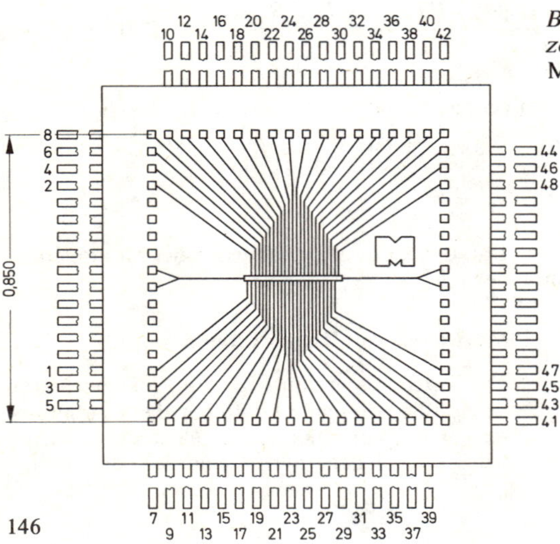

Bild 5.53 Aufbau der monolithisch integrierten zeilenförmigen LED-Anordnung MKA 1 von Monsanto

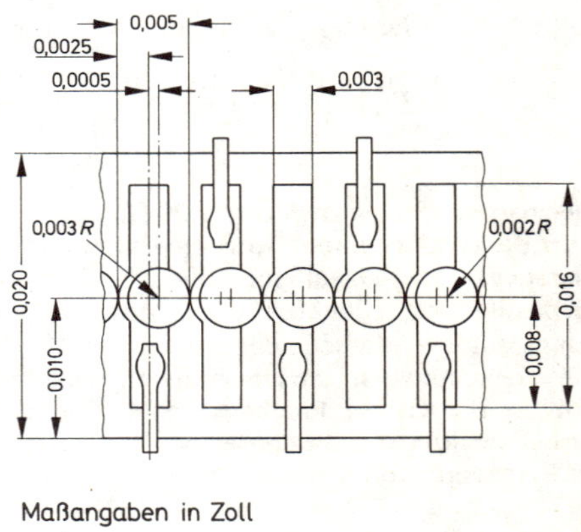

Maßangaben in Zoll

5.2. Infrarotemitter

Infrarote Strahlung emittierende Lumineszenzdioden (IR-LED) lassen sich mit Vorteil als „Lichtquelle" überall dort einsetzen, wo bisher Glühlampen verwendet wurden: in *Lochstreifenlesern, Lochkartenlesern, Winkelkodierern, Lichtschranken (Einbruchsicherungen), Reflexlichtschranken, Abtasteinrichtungen.* **Als Strahlungsempfänger kommen beispielsweise Silizium-Fotodetektoren in Frage, deren spektrale Empfindlichkeit das Emissionsspektrum von IR-LED einschließt.** Bild 5.55 verdeutlicht den Sachverhalt. Ferner lassen sich mit IR-Emittern und -Detektoren Funktionsgruppen im Signalpfad galvanisch voneinander isolieren, Fernsteuerungen (optische Signalübertragung) bzw. **optische Datenverbindungen** aufbauen oder „Gleichstrom-Transformatoren" realisieren (Optokoppler). **Je nach Anwendung werden die IR-LED mit Dauerstrom betrieben, gepulst oder moduliert.** Ob weitere optische Elemente, wie Linsen oder Glasfaseroptiken, benötigt werden, hängt ebenfalls von der Anwendung ab.

Im folgenden werden anhand typischer Kennlinien und Abstrahlcharakteristiken die wesentlichen Eigenschaften von IR-LED aufgezeigt sowie einfache Ansteuerschaltungen angegeben.

5.2.1. Kennwerte und Kennlinien

Die Gründe, **IR-LED anstelle von Glühlampen einzusetzen,** sind offensichtlich:

- □ hohe Zuverlässigkeit und Lebensdauer (> 200 · 10^3 h im Gegensatz zu Glühlampen mit etwa 5 · 10^3 h);
- □ geringe Betriebsspannungen (einige V möglich);
- □ kurze Ansprechzeiten (zwischen einigen ns und einigen 100 ns);
- □ ausgezeichnete Modulierbarkeit (bis zu Frequenzen von etwa 100 MHz);
- □ ideale spektrale Anpassung an Siliziumdetektoren;
- □ IR-Strahlung wird vom menschlichen Auge nicht wahrgenommen (wichtig für Sicherungssysteme);
- □ robuster und kleiner Aufbau;
- □ Lageunabhängigkeit;
- □ große Schock- und Vibrationsfestigkeit.

Schon diese wenigen Punkte verdeutlichen, daß die IR-LED dem Schaltungsentwickler eine Reihe interessanter Eigenschaften bieten, die es sich lohnt, auszunutzen. Mit welchen **elektrischen und strahlungstechnischen Parametern** dabei zu „rechnen" ist, vermittelt Tafel 5.5.

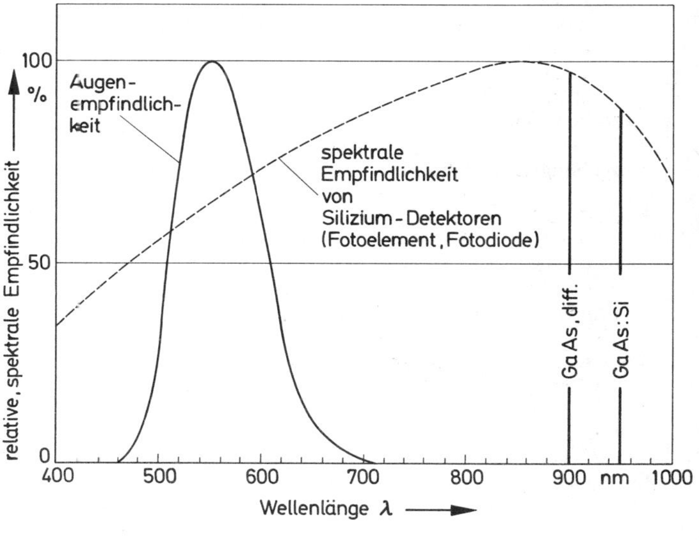

Bild 5.55 Wellenlängen von Infrarot-LED sowie relative spektrale Empfindlichkeit von Silizium-Fotodetektoren und des menschlichen Auges

Tafel 5.5 Alphabetische Zusammenstellung der in IR-LED-Datenblättern verwendeten elektrischen und strahlungstechnischen Parameter

Parameter	Kurzzeichen
Abfallzeit der Emission	t_f
Anstiegszeit der Emission	t_r
Differentieller Durchlaßwiderstand	r_f
Durchbruchspannung	$U_{(BR)}$
Durchlaßspannung	U_F
Durchlaßspitzenstrom	I_{FM}
Durchlaßstoßstrom	I_{FS}
Durchlaßstrom	I_F
Gehäusetemperatur	ϑ_G
Halber Öffnungswinkel	α
Lagertemperatur	ϑ_S
Spektrale Halbwertsbreite	$\Delta\lambda$
Sperrschichtkapazität	C_j
Sperrschichttemperatur	ϑ_j
Sperrspannung	U_R
Sperrstrom	I_R
Strahldichte	L_e
Strahlstärke	I_e
Strahlungsleistung, Strahlungsfluß	Φ_e
Temperaturkoeffizient der Durchlaßspannung	TK_{UF}
Temperaturkoeffizient der Strahlungsleistung	TK_{Φ_e}
Temperaturkoeffizient der Verlustleistung	TK_P
Temperaturkoeffizient der Wellenlänge	TK_λ
Umgebungstemperatur	ϑ_U
Verlustleistung	P_{tot}
Wärmewiderstand, Sperrschicht zum Gehäuse	R_{thJG}
Wärmewiderstand, Sperrschicht zur Umgebung	R_{thJU}
Wellenlänge beim Spitzenwert der Emission	λ_p
Wellenlänge der emittierten Strahlung	λ

Man beachte: I „gerade" = Strahlstärke
I „kursiv" = Strom

Durchlaßverhalten

IR-LED haben Durchlaßkennlinien, die mit derjenigen üblicher Silizium-Dioden durchaus vergleichbar sind. Bei gleichem Durchlaßstrom liegen aber die Durchlaßspannungswerte von IR-LED geringfügig (bei höheren Durchlaßströmen) oder bis etwa zum Faktor 2 (bei niedrigen Durchlaßströmen) über denen von Silizium-Dioden. Die IR-LED-Kennlinien verlaufen also wesentlich steiler, d.h., der **differentielle Durchlaßwiderstand** r_f ist bedeutend geringer. Typische Werte für r_f sind 1 bis 2 Ω bei I_F = 100 mA und 0,2 Ω bei I_F = 1 A. **Ein stabiler Arbeitspunkt kann also nur mit einem eingeprägten Strom erreicht werden.**
Auch der **Temperaturkoeffizient der Durchlaßspannung** TK_{UF} hat bei GaAs-Dioden niedrigere Werte als bei Si-Dioden. Der Temperaturkoeffizient hängt vom Durchlaßstrom ab. Die gemittelten Werte liegen für den TK_{UF} von GaAs-Dioden zwischen −1,2 mV/°C und −1,8 mV/°C.
Bild 5.56 zeigt in halblogarithmischer Darstellung

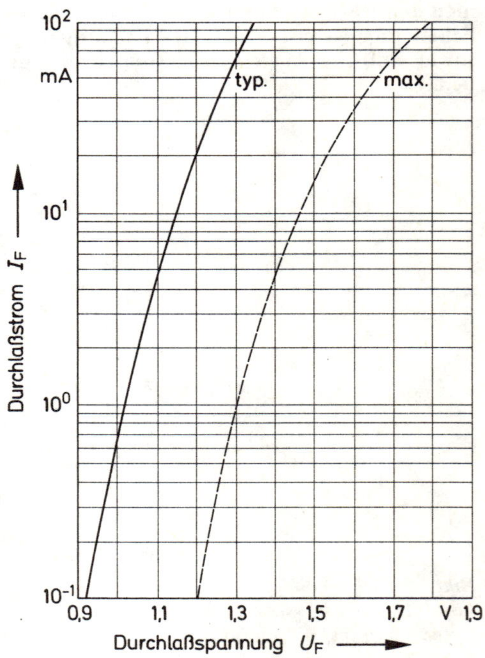

Bild 5.56 Durchlaßkennlinie der IR-LED CQY 18 von Siemens

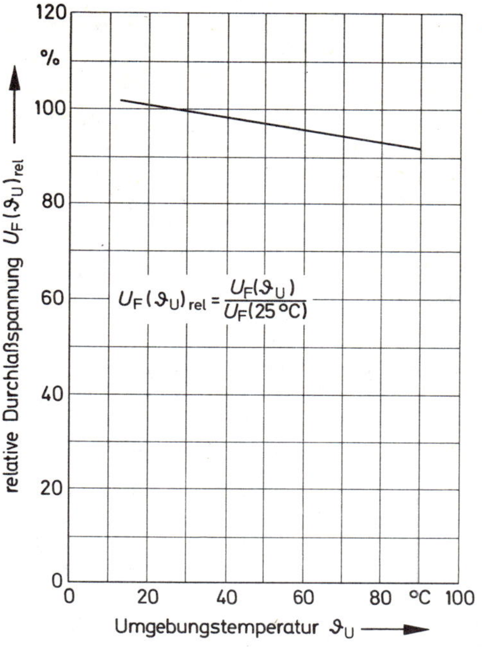

Bild 5.57 Temperaturabhängigkeit der Durchlaßspannung für die IR-LED CQY 18 von Siemens

den **Durchlaßkennlinienverlauf** für eine typische IR-LED. Außerdem ist diesem Diagramm die **Streubreite der Durchlaßspannung** zu entnehmen. Die erwähnte Temperaturabhängigkeit der Durchlaßspannung gibt Bild 5.57 wieder.

Sperrverhalten

IR-LED vertragen in Sperrichtung nur einige V. Als absolute Grenzwerte sind in den Datenblättern je nach Typ für die Sperrspannung 2, 3 bzw. 5 V angegeben. Entsprechende Werte gelten für die Durchbruchspannung bei $I_R = 100\ \mu A$. Wenn erforderlich, muß also mit entsprechenden Schaltungsmaßnahmen **unbedingt ein Betrieb in Sperrichtung verhindert werden.**

Abgestrahlte Leistung

Die Strahlungsleistung Φ_e ist ein Maß für die „Güte" einer IR-LED.
Beim **Vergleich** der Φ_e-Werte mehrerer LED muß darauf geachtet werden, **für welche Durchlaßströme und Abstrahlwinkel** diese Werte gelten. Einfacher ist der Vergleich, wenn die abgestrahlte Leistung in Abhängigkeit vom Durchlaßstrom als Diagramm vorliegt (siehe Bild 5.58). Oftmals findet man aber in den Datenblättern nur die relative Strahlungsleistung, bezogen etwa auf $I_F = 50$ mA oder 100 mA, über dem Durchlaßstrom aufgetragen. Die gewünschte absolute Strahlungsleistung erhält man also erst durch Multiplizieren des aus dem Diagramm abgelesenen relativen Leistungswertes mit dem Bezugswert.

IR-LED zeigen im „normalen" Betriebsbereich einen linearen Zusammenhang zwischen der Strahlungsleistung und dem Durchlaßstrom. Dieser lineare Bereich ist in Bild 5.58 eingezeichnet. Außerhalb dieses Bereiches müssen Nichtlinearitäten in Kauf genommen werden. Bei niedrigen Durchlaßströmen liegt die Ursache in nicht zur Strahlung beitragenden Stromanteilen. Bei sehr hohen Durchlaßströmen erwärmt sich das Halbleitersystem so stark, daß die Strahlungsleistung asymptotisch einem Grenzwert zustrebt. Geht man jedoch vom Gleichstrombetrieb zum

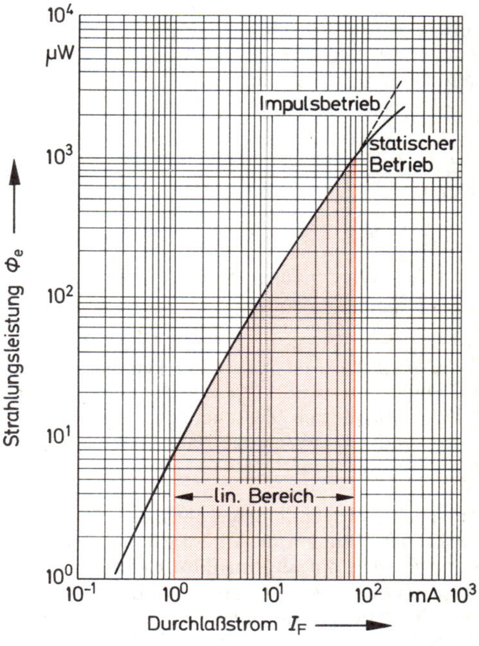

Bild 5.58 Strahlungsleistung einer typischen IR-LED in Abhängigkeit vom Durchlaßstrom [125]

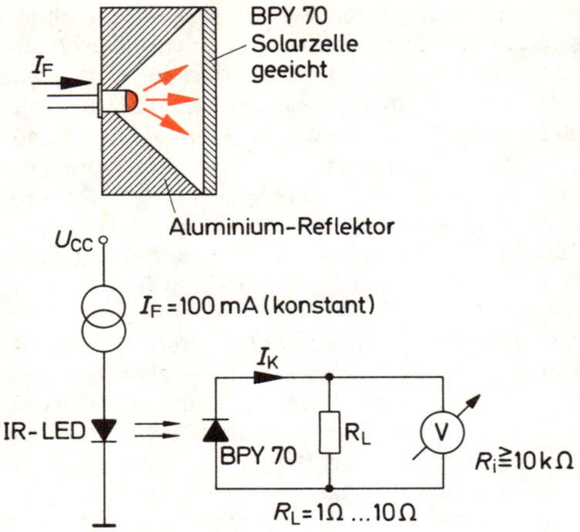

Bild 5.59 Meßanordnung für die gesamte von einer IR-LED ausgehende Strahlungsleistung (Strahlungsfluß) [129]

Impulsbetrieb über, so läßt sich der Linearitätsbereich auch auf höhere Durchlaßströme ausdehnen. Dabei dürfen natürlich die zu den höheren Durchlaßströmen gehörenden zeitlichen Bedingungen nicht außer Acht gelassen werden. Typische Datenblattangaben sind:

$$I_{FM} = 200\ \text{mA bei}\ \frac{t_p}{T} = 0{,}5,\ t_p \leqq 10\ \text{ms}$$

oder

$$I_{FS} = 2{,}5\ \text{A bei}\ t_p \leqq 10\ \mu\text{s}.$$

T ist die Periodendauer, t_p die Impulsdauer.

Für den linearen Bereich der Kurve $\Phi_e = f(I_F)$ ist je nach LED-Typ bei einer Temperatur von 25 °C mit Steigungen, d.h. $\Delta\Phi_e/\Delta I_F$-Werten zwischen typisch 5 µW/mA und 200 µW/mA zu rechnen.

Entscheidend beeinflußt werden dabei diese Werte von der Temperatur. **Mit zunehmender Temperatur wird die abgestrahlte Leistung geringer.** Das bedeutet andererseits, daß mit entsprechender Kühlung der Wirkungsgrad und damit die Strahlungsleistung von IR-LED beträchtlich gesteigert werden können. Für den **Temperaturkoeffizienten der Strahlungsleistung** $TK_{\Phi e}$ gelten bei fest eingeprägtem Durchlaßstrom Werte zwischen −0,5%/°C und −1%/°C.

In erster Näherung kann man für überschlägige Rechnungen auch von folgender **„Daumenregel“** ausgehen, wenn die Strahlungsleistung bei 25 °C als Bezugswert genommen wird: bei Erniedrigen der Temperatur um 80 °C verdoppelt und bei Erhöhen der Temperatur um 80 °C halbiert sich die abgestrahlte Leistung.

Bild 5.59 zeigt eine **Meßanordnung,** mit der die *gesamte* von einer IR-LED ausgehende Strahlungsleistung (Strahlungsfluß) Φ_e erfaßt werden kann. Die mit eingeprägtem Durchlaßstrom betriebene IR-LED befindet sich in einem konkaven kegelförmigen Reflektor. Als Strahlungsempfänger dient ein geeichtes Silizium-Fotoelement (z.B. Solarzelle BPY 70 von *AEG-Telefunken*). Arbeitet die Solarzelle im Kurzschlußbetrieb ($R_L \leqq 10\ \Omega$), so ergibt sich ein **linearer Zusammenhang zwischen der Bestrahlungsstärke und dem Fotostrom.** Es muß jedoch darauf geachtet werden, daß Temperatureinflüsse ausgeschaltet sind. Das läßt sich mit konstanter Raumtemperatur und Vermeiden von Eigenerwärmung der Sperrschicht des Meßobjektes erreichen. Ein Impulsbetrieb ist daher am günstigsten.
In Tafel 5.6 sind u.a. die **Strahlungsleistungs- und Schaltzeitbereiche von IR-LED** unterschiedlicher Herstellungstechnologie zusammengefaßt.
Bei zeilenförmigen IR-LED-Anordnungen, wie sie etwa in Abtasteinrichtungen für Lochstreifen verwendet werden, ist der sogenannte **Matchingfaktor** m von Interesse. Er gibt das Verhältnis aus dem niedrigsten und höchsten gemessenen Strahlungsleistungswert der Einzelelemente einer IR-LED-Zeile an. Typische Werte für m liegen zwischen 0,5 und 1,0.
Lumineszenzdioden „altern“. Mit zunehmender Betriebsdauer verringert sich die abgestrahlte Leistung. Bild 5.60 zeigt eine solche Lebensdauerkurve von IR-LED. Der Wert für die **Lebensdauer** gibt an, nach welcher Zeit – Dauerstrichbetrieb vorausgesetzt – die **Strahlungsleistung auf die Hälfte des Anfangswertes** abgefallen ist. Typische Lebensdauerwerte betragen etwa 10^5 h. Sie gelten dann für eine Umgebungstemperatur $\vartheta_U = 25\ °C$ und einen Durchlaßstrom $I_F = 100$ mA. Im Gegensatz hierzu bedeuten die Lebensdauerangaben bei Glühlampen den *Totalausfall* des Bauelementes.

Tafel 5.6 Übersicht über Wellenlängen-, Strahlungsleistungs- und Schaltzeitbereiche von IR-LED unterschiedlicher Herstellungstechnologie [129]

Material	GaAlAs : Zn	GaAs : Zn	GaAs : Si
Wellenlängenbereich λ_p	890 nm	910 nm	910···1005 nm
Leistungsbereich Φ_e[1]	2···10 mW	0,7···2 mW	4···10 mW
Schaltzeitbereich t_f, t_r	10···1 ns	50···1 ns	500···200 ns

[1] bei I_F = 100 mA

Strahlstärke

Bedeuten

Φ_{e2} die Strahlungsleistung am Strahlungsdetektor,

A_2 die strahlungsempfindliche Fläche des Strahlungsdetektors und

r der Abstand zwischen der IR-LED und dem Strahlungsdetektor,

so ergibt sich die Strahlstärke I_e der IR-LED zu

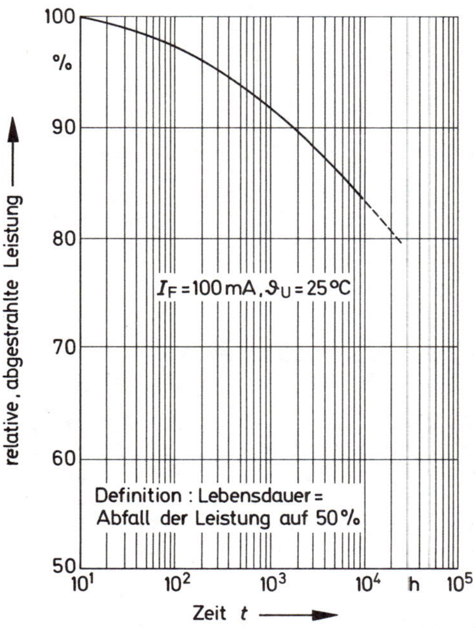

Bild 5.60 Typische Lebensdauerkurve (Strahlungsleistung als Funktion der Betriebsdauer) für eine IR-LED [125]

$$I_e = \frac{\Phi_{e2}}{A_2/r^2} \tag{5.71}$$

A_2/r^2 wird als **Raumwinkel** ω bezeichnet.

> Damit ist die **Strahlstärke** einer IR-LED als der **Quotient** aus der von ihr in einer bestimmten Richtung ausgehenden **Strahlungsleistung** und dem **durchstrahlten Raumwinkel** definiert. Die Einheit der Strahlstärke ist W/sr (Watt/Steradiant).

Aus dem bisher Gesagten folgt unmittelbar die **Meßanordnung zum Bestimmen der axialen Strahlstärke,** wie sie im Prinzip Bild 5.61 zeigt. Mit diesem Meßaufbau wird aber nur ein enger axialer Strahl (ω = 0,01 sr) der emittierten Strahlungsleistung erfaßt. Die gewünschte axiale Strahlstärke I_{e0} erhält man durch Umrechnen der gemessenen Strahlungsleistung auf den Raumwinkel ω = 1 sr. Diese Meßmethode ($I_e(\omega) \rightarrow I_{e0}$) gilt für alle $\omega \leqq 1$ sr.
Die **Temperaturabhängigkeit der (relativen) Strahlstärke** gibt Bild 5.62 für eine typische IR-LED wieder. Man erhält in diesem Falle einen TK-Wert von rund −0,6%/° C. Auf die erreichbaren absoluten I_e-Werte und die Richtungsabhängigkeit der Strahlstärke wird im nächsten Abschnitt näher eingegangen.

Spektrale Verteilung

IR-LED emittieren elektromagnetische Strahlung im Bereich des nahen Infrarots (IR-A, 780 nm bis 1,4 µm). Die Wellenlänge beim Spitzenwert der Emission λ_p hängt dabei von dem verwendeten Halbleitermaterial (siehe auch Tafel 5.6), dem Durchlaßstrom und der Temperatur ab.

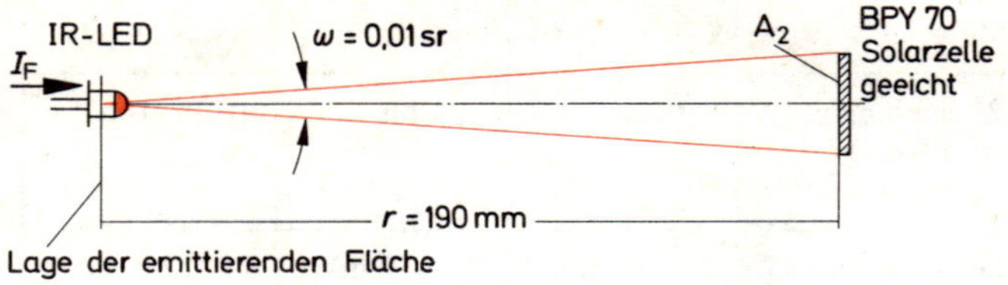

Bild 5.61 Meßanordnung zum Bestimmen der axialen Strahlstärke einer IR-LED [129]

Die spektrale Verteilung **(Emissionsspektrum)** einer GaAs-IR-LED mit λ_p = 925 nm zeigt Bild 5.63.
Der **Temperaturkoeffizient der Wellenlänge** TK_λ beträgt rund −0,3 nm/°C.
Für die **spektrale Halbwertsbreite** $\Delta\lambda$ ergeben sich Werte zwischen 35 nm und 80 nm. Beim Ausmessen der Strahlungsleistung oder Strahlstärke von IR-LED müssen deshalb die spektrale Empfindlichkeitskurve des Fotodetektors und die Emissionsspektren der IR-LED unterschiedlicher Herstellungstechnologie in Einklang gebracht werden.

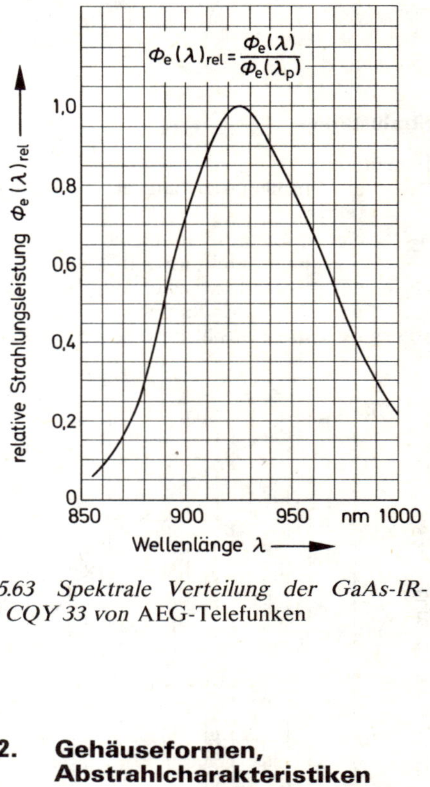

Bild 5.63 Spektrale Verteilung der GaAs-IR-LED CQY 33 von AEG-Telefunken

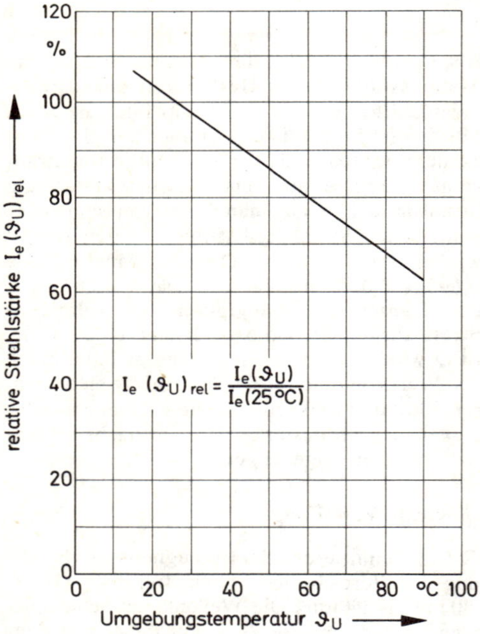

Bild 5.62 Temperaturabhängigkeit der Strahlstärke für die IR-LED CQY 18 von Siemens

5.2.2. Gehäuseformen, Abstrahlcharakteristiken

Die **räumliche Ausbreitung der IR-Strahlung** hängt entscheidend von der **Gehäuseform an der Strahlungsaustrittsseite** (Linse, Planfenster, Gehäusekrümmung bei Kunststoffgehäusen) und der **Lage der emittierenden Fläche im Gehäuse** ab. Hohe Werte für die Strahlstärke deuten beispielsweise auf eine stark fokussierende Linse hin. Die Abstrahlcharakteristik hat die Form einer schmalen Keule. IR-LED mit niedrigen I_e-Werten können dagegen eine Abstrahlcharakteristik haben, die der *Lambert*schen Verteilung sehr nahe kommt.

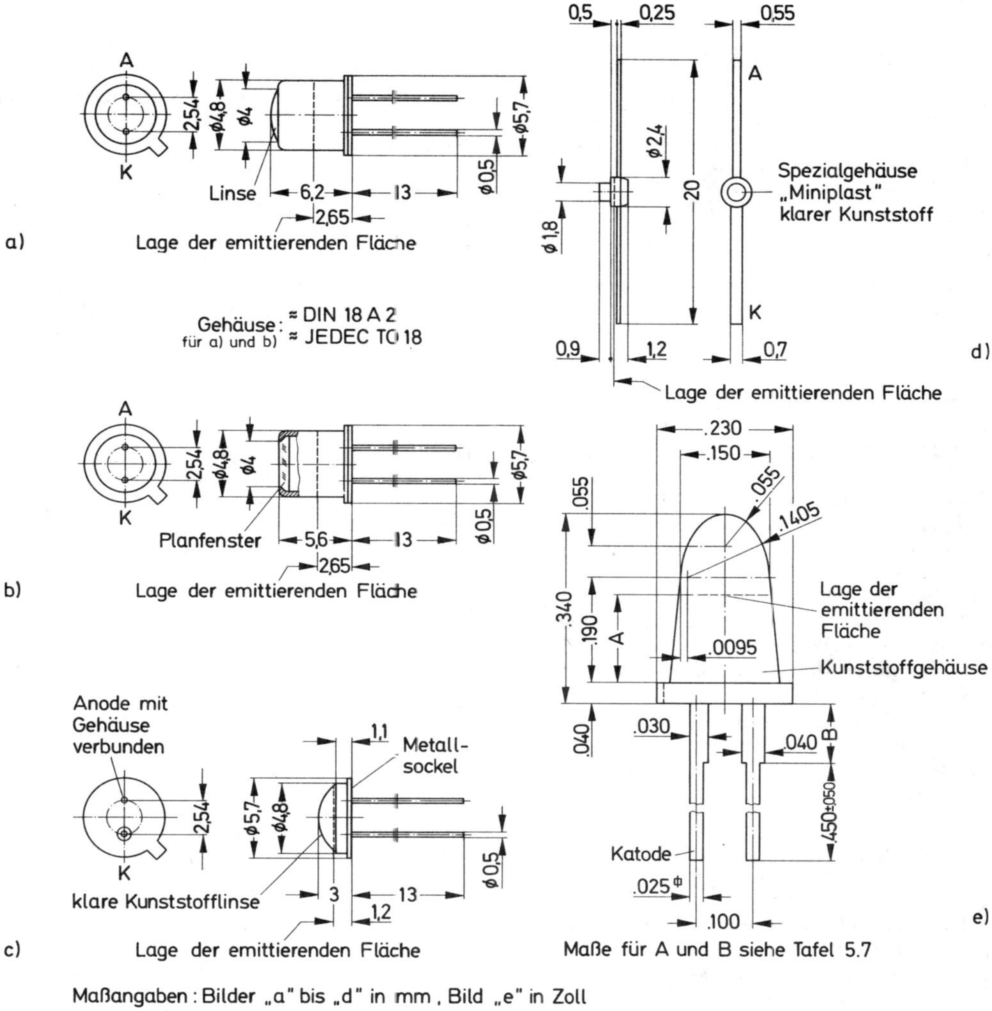

Bild 5.64 Gehäuseformen und -abmessungen gängiger IR-LED

Gehäuseformen

Die für IR-LED verwendeten Gehäuse erscheinen in ihren Abmessungen und äußerlichen Formen recht unterschiedlich. Dennoch sind im wesentlichen **5 Konstruktionsmerkmale** zu erkennen:

1. hermetisches Gehäuse mit Linse,
2. hermetisches Gehäuse mit Planfenster,
3. Metallsockel mit Kunststofflinse,
4. Kunststoffgehäuse mit planer Austrittsoberfläche,
5. Kunststoffgehäuse mit gekrümmter Austrittsoberfläche.

Bild 5.64 zeigt in der gleichen Reihenfolge, jedoch mit a bis e gekennzeichnet, 5 typische Gehäuse gängiger IR-LED, die die genannten Konstruktionsmerkmale aufweisen. Obwohl es eine Reihe anderer LED-Gehäuse gibt, die in Form und Abmessungen von denen der Bilder 5.64a bis e abweichen, lassen sie sich doch stets in diese 5 Kategorien einordnen. Beispielsweise wird das „Miniplastgehäuse" von Bild 5.64d anstelle der

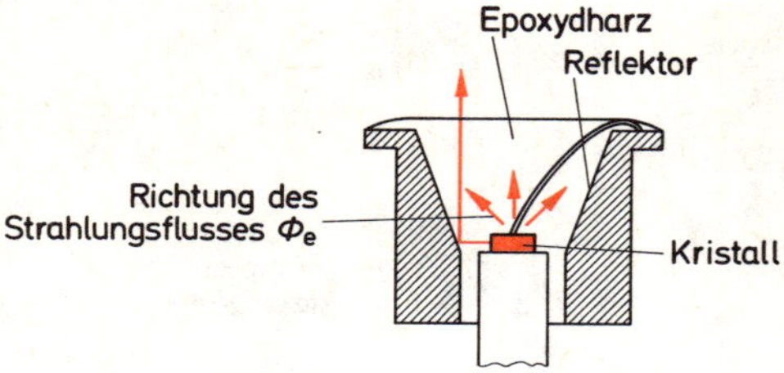

Bild 5.65 Schematischer Schnitt durch eine IR-LED im Gehäuse OP-10 (Typ RCA-SG 1002)

planen Austrittsoberfläche auch mit einer angegossenen Frontlinse hergestellt. Dieses Gehäuse fällt dann unter die Kategorie 5. Das Gehäuse der IR-LED von Bild 5.65 gehört in Kategorie 3. Bei **Mehrfachanordnungen von IR-LED,** z.B. zehnteiligen GaAs-LED-Zeilen für Lochstreifenleser, werden Kunststoffgehäuse (Kategorien 4 und 5) bevorzugt.
IR-LED mit Gehäusen der Bilder 5.64a, b, c und e haben **maximal zulässige Verlustleistungen** P_{tot} zwischen 150 mW und 200 mW bei $\vartheta_U = 25\,°C$. Der **Temperaturkoeffizient der Verlustleistung** TK_P beträgt dann für $\vartheta_U > 25\,°C$ rund -2 mW/°C. 80 mW können bei $\vartheta_U = 25\,°C$ mit dem Kunststoff-Miniaturgehäuse von Bild 5.64d abgeführt werden. Oberhalb 25 °C gilt ein TK_P-Wert von -1 mW/°C.

Abstrahlcharakteristiken

> Die **Abstrahlcharakteristik** (Richtcharakteristik) einer IR-LED gibt die **Richtungsabhängigkeit der Strahlstärke** wieder. Dabei werden in der Regel nicht die *absoluten,* sondern die auf die axiale Strahlstärke bezogenen *relativen* Strahlstärkewerte über den Abstrahlwinkeln aufgetragen.

Zum Darstellen der Abstrahlcharakteristiken benutzt man sowohl **rechtwinklige Koordinaten** als auch Polarkoordinaten. Im folgenden wird ausschließlich die **anschaulichere Polarkoordinatendarstellung** verwendet, wie sie beispielsweise Bild 5.66 zeigt. **Die Strahlstärke in Richtung der Hauptstrahlungsachse (Gehäuseachse) hat dabei den Wert 1.** Da in den meisten IR-LED-Datenblättern der absolute Wert dieser axialen Strahlstärke angegeben ist, lassen sich ohne weiteres auch für andere Abstrahlwinkel die zugehörigen Strahlstärkewerte ermitteln.
Eine die „Form" der Abstrahlcharakteristik einer IR-LED kennzeichnende Größe ist der **Öffnungswinkel** 2α.

> Der **Öffnungswinkel** einer IR-LED wird definiert als die Summe der ebenen Winkel, um die die IR-LED nach *beiden* Seiten aus der optischen Achse gedreht werden kann, bis das **elektrische Ausgangssignal** eines gegenüberstehenden linearen Empfängerelementes auf die **Hälfte des axialen Wertes** abgefallen ist.

Der Öffnungswinkel gibt also den Winkel innerhalb der 50%-Werte der Strahlstärke an, siehe Bild 5.66.
Hinweis: *Die Terminologie für den Öffnungswinkel ist noch nicht einheitlich.*

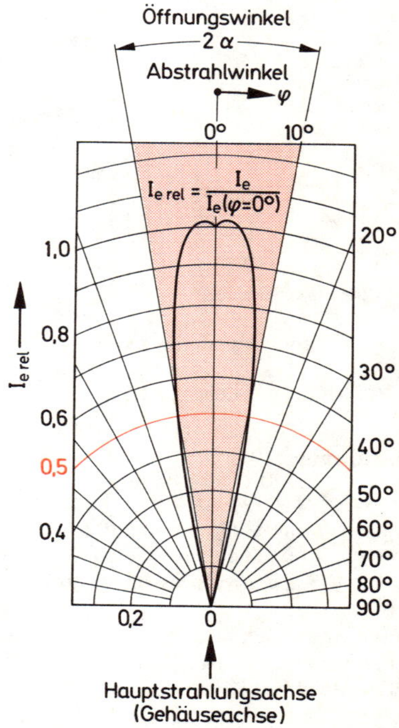

Bild 5.66 Abstrahlcharakteristik einer IR-LED mit 20° Öffnungswinkel (CQY 34 von AEG-Telefunken*)*

Typ	Maß A[1] [Zoll]	Maß B[1] [Zoll]	Öffnungswinkel 2α [°]	Strahlstärke[2,3] I_e [mW/sr]	Strahlungsleistung[2,4] Φ_e [mW]
ME 7121	0,190	0,100	30	10,8	3
ME 7122	0,175	0,115	20	26,4	3
ME 7123	0,160	0,130	12	105,6	3
ME 7124	0,145	0,145	8	243,6	3

[1] siehe Bild 5.64. [2] bei $I_F = 50$ mA. [3] bei $\varphi = 0°$. [4] innerhalb 2α.

Tafel 5.7 Zusammenhang zwischen Öffnungswinkel und axialer Strahlstärke für 4 IR-LED von *Monsanto*

Außerdem wird von einigen Herstellern nur der *halbe* Öffnungswinkel angegeben. U.a. sind in den Datenblättern für den Öffnungswinkel die Begriffe *„Abstrahlwinkel"* und *„emission beam angle between half-power points"* oder für den halben Öffnungswinkel der Ausdruck *„half angle"* zu finden. **Beim Vergleich der Öffnungswinkel verschiedener IR-LED ist also unbedingt auf die gewählten Definitionen zu achten.**

Ähnlich verwirrend sind die Winkelangaben bei den Werten für die abgestrahlte Leistung. So werden beispielsweise mit Φ_e und Φ_{etot} die gesamte abgebbare Strahlungsleistung bei $\varphi = 90°$ **(Definition des Abstrahlwinkels φ** siehe Bild 5.65), mit Φ_e aber auch die Strahlungsleistung bei $\varphi = 30°$ bezeichnet. Andere Hersteller beziehen die abgestrahlte Leistung ROP *(radiated output power)* auf den Öffnungskegel mit dem *halben* Öffnungswinkel α. Auch hier ist also bei Vergleichen Vorsicht geboten. In vielen Fällen wird man deshalb auf Umrechnungen, die zu *vergleichbaren* Werten führen, nicht verzichten können.

Welche **typischen Abstrahlcharakteristiken bzw. Öffnungswinkel** für IR-LED mit den in Bild 5.64 wiedergegebenen Gehäuse zu erwarten sind, vermitteln die Bilder 5.66, 5.67, 5.68, 5.72a und Tafel 5.7.

IR-LED mit Linsengehäuse gemäß Bild 5.64a haben **schmale Öffnungswinkel** und damit Abstrahlcharakteristiken in einer Form wie sie Bild 5.66 zeigt. Die „Höcker" links und rechts neben der Hauptstrahlungsachse rühren übrigens von der in der *Mitte* des LED-Kristalls befindlichen Kontaktierung her. Sie müssen also nicht immer vorhanden sein! Die Abstrahlcharakteristik von Bild 5.72a gehört zu dem **Gehäuse mit Planfenster** Bild 5.64b. Der Öffnungswinkel beträgt 80°.

Die **halbkugelförmige Linse** des Gehäuses Bild 5.64c führt zu einem **sehr großen Öffnungswinkel** von rund 160° und damit zu einer Abstrahlcharakteristik wie sie Bild 5.67 wiedergibt.

Bild 5.68 zeigt für das Miniatur-Kunststoffgehäuse von Bild 5.64d wie eine Blende die Abstrahlcharakteristik verändert. **Mit und ohne Blende** liest man aber einen Öffnungswinkel von 80° ab. Allerdings verringert sich für $I_F = 50$ mA die nutzbare Strahlungsleistung auf typisch 0,5 mW *mit* Blende gegenüber 2 mW *ohne* Blende.

Die in Tafel 5.7 aufgeführten IR-LED haben Kunststoffgehäuse von Bild 5.64e. Man erkennt, wie die **Lage der emittierenden Fläche** im

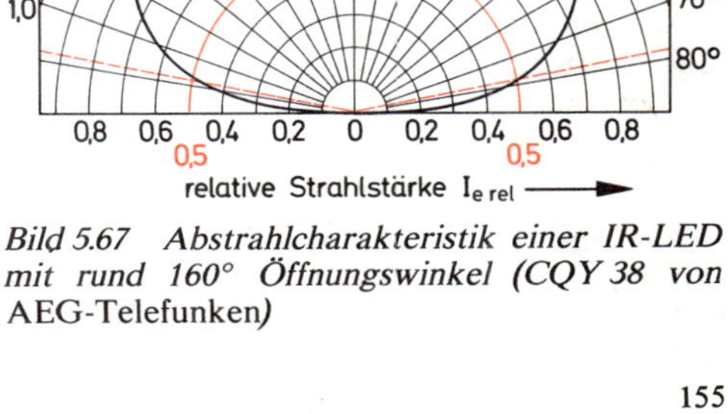

Bild 5.67 Abstrahlcharakteristik einer IR-LED mit rund 160° Öffnungswinkel (CQY 38 von AEG-Telefunken*)*

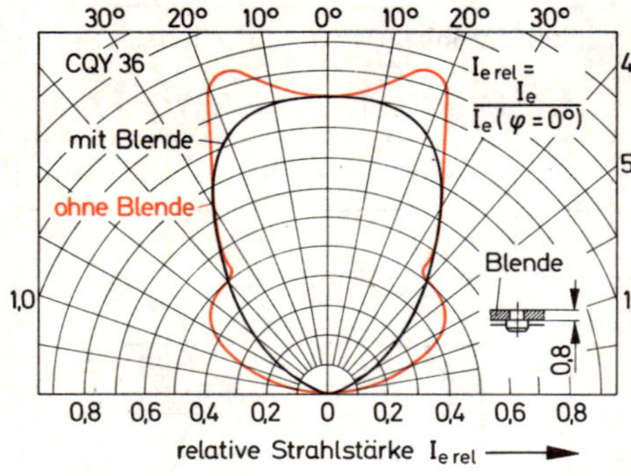

Bild 5.68 Einfluß einer Blende auf die Abstrahlcharakteristik der IR-LED CQY 36 von AEG-Telefunken

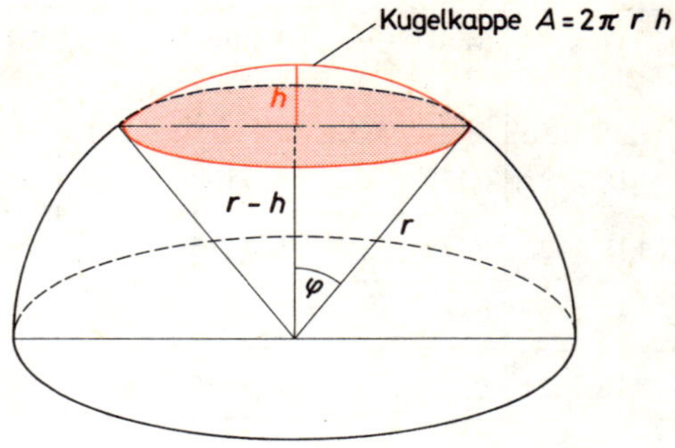

Bild 5.69 Abstrahlkegel mit Kugelkappe

Gehäuse den **Öffnungswinkel beeinflußt.** Da die in den Öffnungskegel mit dem Öffnungswinkel 2α abgestrahlte Leistung bei allen 4 IR-LED gleich groß ist, wächst die axiale Strahlstärke mit kleiner werdendem Öffnungswinkel an. Hierauf wird im nächsten Abschnitt noch näher eingegangen.

IR-LED mit schmalem Öffnungswinkel erfordern im Zusammenhang mit Strahlungsdetektoren ein besonders **sorgfältiges Justieren** der Hauptstrahlungsachse auf die optische Achse (Richtung maximaler Empfindlichkeit) des Strahlungsempfängers. **Bei IR-LED mit breitem Öffnungswinkel ist die Gefahr des „Schielens" weniger gegeben.**

5.2.3. Zusammenhang zwischen Strahlstärke, Strahlungsleistung und Abstrahlwinkel

Da im allgemeinen Fall die Strahlstärke in einem zu betrachtenden Abstrahlwinkelbereich als nicht konstant angesehen werden kann, muß die Gleichung (5.71) als Differentialquotient geschrieben werden

$$I_e = \frac{d\Phi_e}{d\omega} \qquad (5.72)$$

Zunächst gilt es, das Differential des Raumwinkels mit dem Differential des Abstrahlwinkels zu ersetzen. Unter Zugrundelegen von Bild 5.69 läßt sich zwischen dem Abstrahlwinkel φ und dem **Raumwinkel** ω folgender Zusammenhang ableiten. ω **ist definiert als das Verhältnis aus der vom Abstrahlkegel abgegrenzten Kugeloberfläche (Kugelkappe) und dem Quadrat des Kugelradius**

$$\omega = \frac{\text{Kugelkappe}}{r^2} = \frac{2\,\pi \cdot r \cdot h}{r^2} \qquad (5.73)$$

Aus

$$\cos\varphi = \frac{r - h}{r} \qquad (5.74)$$

erhält man

$$h = r(1 - \cos\varphi) \qquad (5.75)$$

Gleichung (5.75) in Gleichung (5.73) eingesetzt, ergibt die gesuchte Beziehung

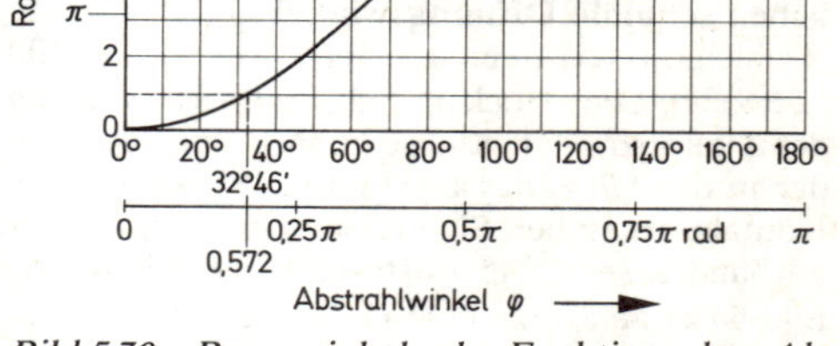

Bild 5.70 Raumwinkel als Funktion des Abstrahlwinkels

$$\omega = 2 \cdot \pi \cdot (1 - \cos\varphi) \qquad (5.76)$$

bzw. $$d\omega = 2 \cdot \pi \cdot \sin\varphi \cdot d\varphi, \qquad (5.77)$$

so daß anstelle Gleichung (5.72) geschrieben werden kann

$$I_e = \frac{d\Phi_e}{2 \cdot \pi \cdot \sin\varphi \cdot d\varphi} \qquad (5.78)$$

Will man nun für eine **gegebene Abstrahlcharakteristik** $I_e(\varphi)$ die in einen bestimmten **Abstrahlkegel emittierte Leistung** berechnen, so muß das **Integral**

$$\Phi_e = 2 \cdot \pi \int_0^{\varphi_1} I_e(\varphi) \cdot \sin\varphi \cdot d\varphi \qquad (5.79)$$

gelöst werden. Folgende Möglichkeiten bieten sich an:

1. *Geschlossenes Lösen des Integrals,* wenn $I_e(\varphi)$ exakt (z.B. mit $I_e(\varphi) = I_{e0} \cdot \cos\varphi$, gilt für den *Lambert*strahler) oder näherungsweise (z.B. mit $I_e(\varphi) = I_{e0} \cdot \cos^n\varphi$) mathematisch beschreibbar ist.
   Oder man nimmt Schmiegparabeln geeigneter Ordnung.
2. *Grafisches Lösen des Integrals,* wenn für $I_e(\varphi)$ keine geeignete Näherung gefunden werden kann bzw. der mathematische Aufwand zu hoch wird.

Hier soll einer **grafischen Methode** der Vorzug gegeben werden, die von folgender Überlegung ausgeht. Gelingt es, die Funktion $I_e(\varphi) \cdot \sin\varphi$ – siehe Gleichung (5.79) – *direkt* aus der Abstrahlcharakteristik zu entnehmen, so beschränkt sich das **Integrieren** nur auf ein **„Auszählen von Flächeneinheiten“.** In der Tat läßt sich, wie Bild 5.71 zeigt, $I_e(\varphi) \cdot \sin\varphi$ bzw. $I_{erel} \cdot \sin\varphi$ direkt aus der Polarkoordinatendarstellung der Abstrahlcharakteristik ablesen. Man braucht also nur diese Werte über dem Abstrahlwinkel aufzutragen und die Fläche zwischen der sich ergebenden Kurve und der Abszisse zu bestimmen. Diese Fläche ist der gesuchten Strahlung direkt proportional.

Beispiel 1

Wie hoch ist die gesamte Strahlungsleistung einer IR-LED, deren Abstrahlcharakteristik in Bild 5.72a gegeben ist, wenn die axiale Strahlstärke $I_e(\varphi = 0°) = 1{,}2$ mW/sr beträgt?

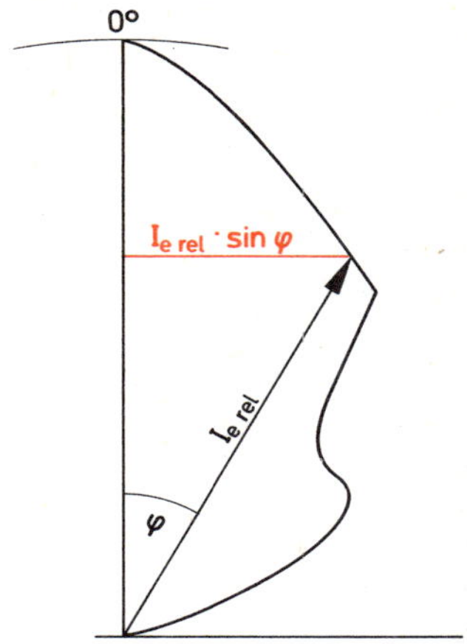

Bild 5.71 Ausschnitt aus einer Abstrahlcharakteristik

Bild 5.72b zeigt die aus der Abstrahlcharakteristik gewonnene Kurve $I_{erel} \cdot \sin\varphi = f(\varphi)$.
Praktischer Hinweis: Am einfachsten und genauesten erhält man die Kurve $I_{erel} \cdot \sin\varphi = f(\varphi)$, wenn man die Abstrahlcharakteristik auf Millimeterpapier klebt und die Strecken $I_{erel} \cdot \sin\varphi$ mit dem Lineal von „oben“ nach „unten“ überträgt.
Die Dimension und den Wert einer **Flächeneinheit** (FE) erhält man zu

$$1\ \text{FE} = \underbrace{\frac{1}{55{,}8}}_{\text{Maßstabsfaktor}} \cdot \frac{\pi}{2}\ \text{rad} \cdot 1{,}2\ \frac{\text{mW}}{\text{sr}}$$

Der Maßstabsfaktor hängt von den auf den Koordinaten φ und $I_{erel} \cdot \sin\varphi$ gewählten Längeneinheiten ab.
Da in obiger Flächeneinheit rad und sr vorkommen, muß sr durch rad ersetzt werden. Aus Bild 5.70 liest man ab

$$1\ \text{sr} \triangleq 0{,}572\ \text{rad},$$

so daß sich schließlich ergibt

$$1\ \text{FE} = \frac{1}{55{,}8} \cdot \frac{\pi}{2} \cdot \frac{1{,}2}{0{,}572}\ \text{mW}$$

In den Integrationsgrenzen $\varphi = 0°$ bis $\varphi = 71{,}5°$ zählt man für die „Fläche“ in Bild 5.72b 12,1 FE aus.
Für Gleichung (5.79) lautet demnach das numerische Ergebnis

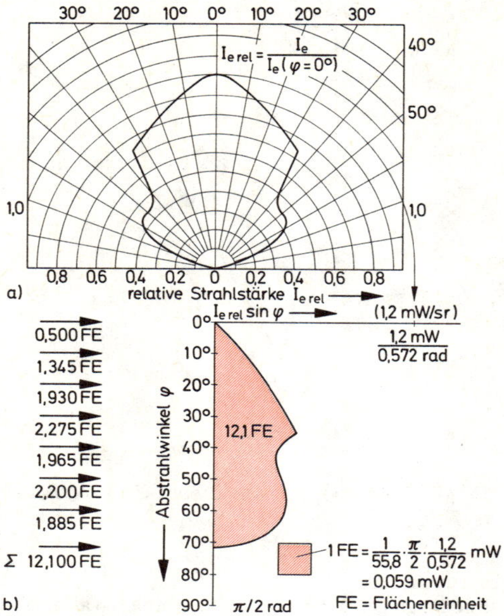

Bild 5.72 Abstrahlcharakteristik der IR-LED CQY 33 von AEG-Telefunken *(a) und grafisches Integrieren der Funktion* $I_{erel} \cdot \sin \varphi$ *(b)*

$$\Phi_e = 2\pi \cdot 12{,}1\ \text{FE}$$

$$\Phi_e = 2\pi \cdot 12{,}1 \cdot \frac{1}{55{,}8} \cdot \frac{\pi}{2} \cdot \frac{1{,}2}{0{,}572}\ \text{mW}$$

$$\Phi_e = 4{,}45\ \text{mW}$$

Die gesamte von dieser IR-LED emittierte Strahlungsleistung beträgt also 4,45 mW. Im Datenblatt ist für die CQY 33 $\Phi_e = 4{,}5$ mW angegeben. Die gewählte grafische Methode ist also recht genau!

Beispiel 2

Wie ändert sich für die IR-LED von Beispiel 1 die Strahlungsleistung mit dem Abstrahlwinkel?

In Bild 5.72b sind links die von 10° zu 10° ausgezählten FE aufgeführt. Damit bekommt man

$$\Phi_e(\varphi = 10°) = 2\pi \cdot 0{,}5 \cdot 0{,}059\ \text{mW} = 0{,}184\ \text{mW}$$

$$\Phi_e(\varphi = 20°) = 2\pi \cdot (0{,}5 + 1{,}345) \cdot 0{,}059\ \text{mW} = 0{,}679\ \text{mW}$$

usw.

Das Ergebnis der Rechnung zeigt Bild 5.73 als Diagramm. Wie zu erwarten war, ist bei einem Abstrahlwinkel $\varphi = 40°$ (entspricht dem **Öffnungswinkel** $2\alpha = 80°$) die **abgestrahlte Leistung** auf die **Hälfte** des maximal möglichen Wertes abgefallen. Es sei nochmals darauf hingewiesen, wie wichtig es ist, **bei Strahlungsleistungsvergleichen den angegebenen Abstrahlwinkel zu beachten!**

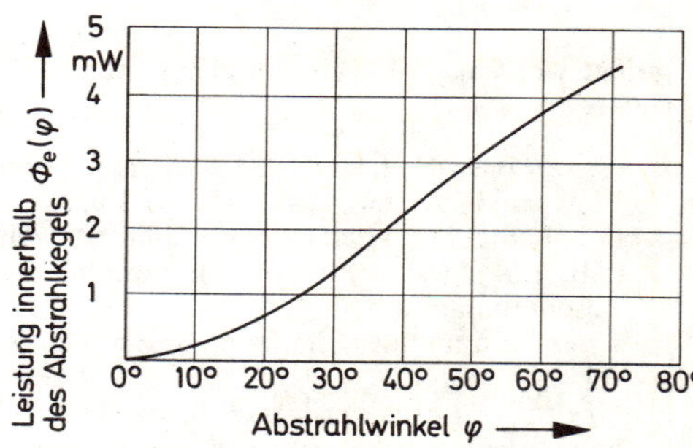

Bild 5.73 Abgestrahlte Leistung als Funktion des Abstrahlwinkels (siehe Beispiel 2, Kap. 5.2.3)

Beispiel 3

Wie groß ist bei einer IR-LED mit einer Abstrahlcharakteristik, wie sie Bild 5.72a zeigt, die axiale Strahlstärke, wenn die Strahlungsleistung bei $\varphi = 30°$ mit 5 mW angegeben ist?

Aus Bild 5.72b liest man innerhalb der Integrationsgrenzen $0° \leqq \varphi \leqq 30°$ eine Fläche von

$$0{,}500\ \text{FE} + 1{,}345\ \text{FE} + 1{,}930\ \text{FE} = 3{,}775\ \text{FE}$$

ab.

Diese Fläche muß dann 5 mW entsprechen

$$\Phi_e(\varphi = 30°) = 2\pi \cdot 3{,}775\ \text{FE} = 5\ \text{mW}$$

Hieraus erhält man

$$1\ \text{FE} = \frac{5}{2\pi \cdot 3{,}775}\ \text{mW} = 0{,}211\ \text{mW}$$

Andererseits ergibt sich 1 FE bei dem gewählten Maßstab aus Bild 5.72b zu

$$1\ \text{FE} = \frac{1}{55{,}8} \cdot \frac{\pi}{2}\ \text{rad} \cdot \frac{I_{e0}\ \text{mW}}{0{,}572\ \text{rad}}$$

Durch Gleichsetzen der FE-Werte folgt

$$0{,}211\ \text{mW} = \frac{1}{55{,}8} \cdot \frac{\pi}{2}\ \text{rad} \cdot \frac{I_{e0}\ \text{mW}}{0{,}572\ \text{rad}}$$

und als Ergebnis

$$I_{e0} = 4{,}29\ \text{mW/sr}$$

Die axiale Strahlstärke beträgt also rund 4,3 mW/sr.

Auch für **geringe Abstrahlwinkel** φ läßt sich das beschriebene Verfahren anwenden. Da jedoch dann die auszuzählenden Flächen sehr klein werden können, kann man sich mit **numerischer Interpolation** helfen.
Ebenfalls anwendbar ist diese **grafische Integrationsmethode,** wenn etwa im Bereich $10° \leqq \varphi \leqq 30°$ integriert werden soll, d.h. innerhalb 10° und außerhalb 30° **die IR-LED oder das Empfängerbauelement konzentrisch abgedeckt sind.**

Zu **falschen Ergebnissen** führt das Verfahren, wenn die **Abstrahlcharakteristik nicht rotationssymmetrisch** ist und wenn sich die optischen Achsen von IR-LED und Strahlungsempfänger nicht decken **(Schielen der Bauelemente).**

5.2.4. Ansteuerschaltungen

IR-LED können wegen ihres geringen differentiellen Durchlaßwiderstandes nicht direkt, sondern nur über ein strombegrenzendes Element an der Versorgungsspannung betrieben werden. Im einfachsten Falle kann das strombegrenzende Element ein Widerstand sein. Zur Stromeinprägung eignen sich aber auch Transistoren. Das ist um so mehr erforderlich, wenn beispielsweise die emittierte Strahlung moduliert werden soll oder wenn eine von Versorgungsspannungsschwankungen unbeeinflußte Strahlungsleistung benötigt wird. Bild 5.74 zeigt einige typische Ansteuerschaltungen für **IR-LED mit Stromeinprägung über Vorwiderstand bzw. Transistoren.** Für Bild 5.74a ergibt sich der Durchlaßstrom I_F zu

$$I_F = \frac{U_{CC} - U_F}{R} \tag{5.80}$$

Wegen der Mindestwerte für R und U_{CC} bei gegebener Durchlaßspannungsstreubreite ΔU_F und zulässiger Durchlaßstromabweichung ΔI_F wird auf die Gleichungen (5.7) und (5.10) verwiesen.
Diese Gleichungen gelten sinngemäß auch für die Schaltung von Bild 5.74b, bei der der Transistor nur als Schalter fungiert. Der Durchlaßstrom läßt sich aus

$$I_F = \frac{U_{CC} - U_F - U_{CEsat}}{R} \tag{5.81}$$

bestimmen.

Bild 5.74c gilt beispielhaft für den Fall, daß der Treibertransistor von einem logischen Gatter angesteuert wird.

Aus
$$U_{CC} = I_B \cdot R_B + U_{BE} + I_E \cdot R_E \tag{5.82}$$
$$I_E = I_B + I_F \text{ und} \tag{5.83}$$
$$I_F = B \cdot I_B \tag{5.84}$$
erhält man
$$I_F = \frac{U_{CC} - U_{BE}}{R_B + R_E \cdot (1 + B)} \cdot B \tag{5.85}$$

B ist die Stromverstärkung des Transistors.

Keinen Einfluß auf den Durchlaßstrom hat die Versorgungsspannung U_{CC} bei der **Konstantstrom-Schaltung** von Bild 5.74d.

Die Gleichungen
$$U_{BB} = U_{BE} + I_E \cdot R_E \tag{5.86}$$
$$I_E = I_B + I_F \text{ und} \tag{5.87}$$
$$I_F = B \cdot I_B \tag{5.88}$$
liefern
$$I_F = \frac{U_{BB} - U_{BE}}{R_E \cdot (1 + B)} \cdot B \tag{5.89}$$

Die konstante Spannung U_{BB} kann z.B. mit einer Zenerdiode erzeugt werden.

Beispiel

Wie muß die Schaltung von Bild 5.75 dimensioniert werden, wenn als Strahlungsquelle für einen Lochstreifenleser die zehnteilige IR-LED-Zeile V 131 P von *AEG-Telefunken* genommen werden soll? $U_{CC} = 24$ V, $U_F = 1{,}2$ V, $I_F = 20$ mA, $U_{BE} = 0{,}7$ V.

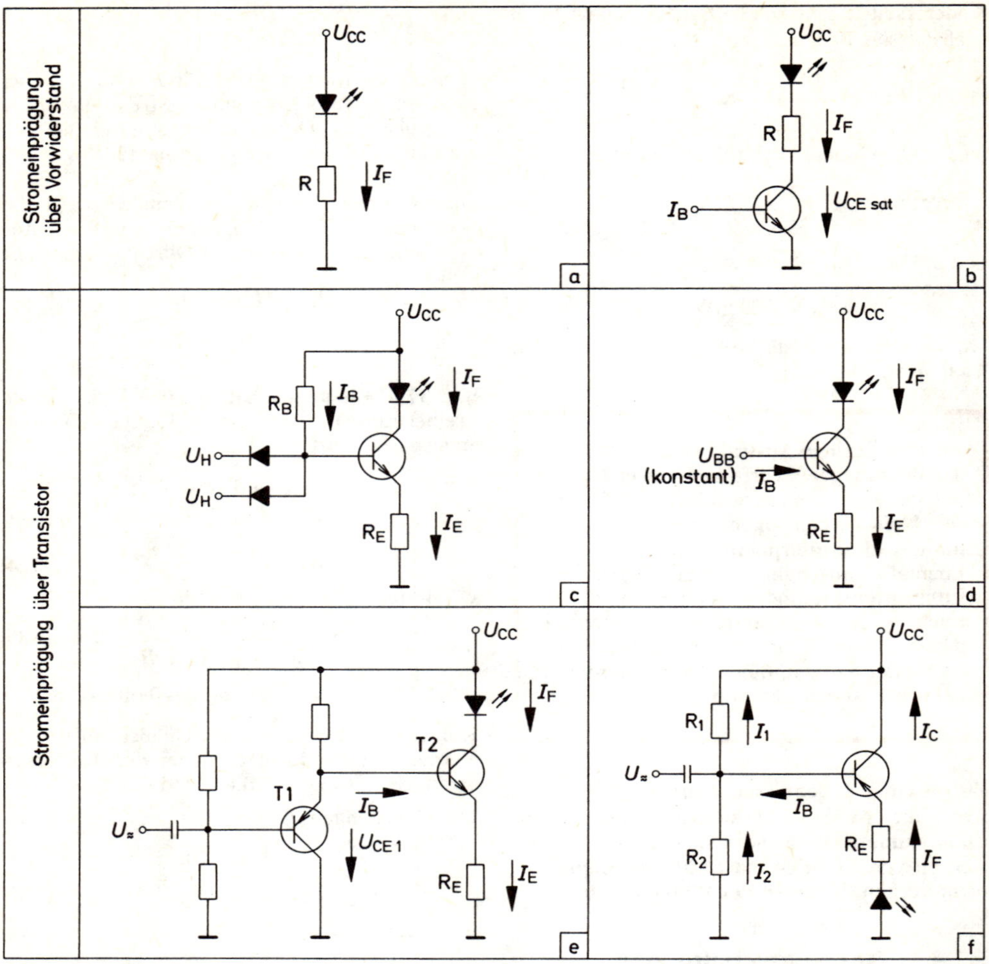

Bild 5.74 Übersicht über Ansteuerschaltungen für IR-LED

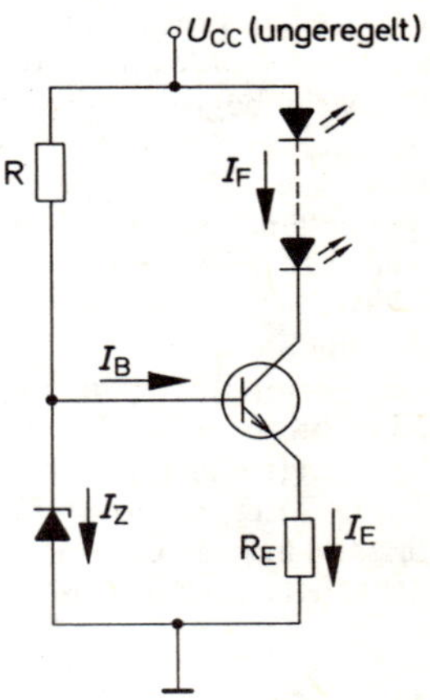

Bild 5.75 Konstantstromschaltung zum Betreiben von IR-LED als Strahlungsquellen in Lochstreifen- und Lochkartenlesern

Die 10 in Serie geschalteten IR-LED des Bauelementes V 131 P benötigen eine Gesamtdurchlaßspannung von 12 V. Teilt man die verbleibenden 12 V je zur Hälfte auf den Transistor und den Emitterwiderstand auf, so ergibt sich für $B \gg 1$ und $U_{BB} = U_Z$ aus Gleichung (5.89)

$$I_F \cdot R_E = U_Z - U_{BE} = 6\ \text{V}$$

Hieraus erhält man

$$R_E = \frac{6\ \text{V}}{20\ \text{mA}} = 300\ \Omega$$

und

$$U_Z = 6\ \text{V} + 0{,}7\ \text{V} = 6{,}7\ \text{V}$$

Bei vernachlässigbarem Basisstrom errechnet sich der Widerstand R in Bild 5.75 zu

$$R = \frac{U_{CC} - U_Z}{I_Z}$$

Für $I_Z = 20$ mA wird

$$R = \frac{24\ \text{V} - 6{,}7\ \text{V}}{20\ \text{mA}} = 865\ \Omega$$

Gewählte Werte:

$$R_E = 300\ \Omega, \quad R = 820\ \Omega,$$
$$U_Z = 6{,}8\ \text{V}.$$

Solche hohen Versorgungsspannungen wie in diesem Beispiel lassen sich vermeiden, wenn die IR-LED über Scherungswiderstände parallelgeschaltet und ebenfalls aus einer (in diesem Falle 10mal „stärkeren") Stromquelle gespeist werden. Siehe auch Bild 5.28 und Gleichung (5.26).

Mit den Schaltungen e und f in Bild 5.74 kann die **emittierte IR-Strahlung moduliert** werden. Für die Schaltung e ergibt sich der Arbeitspunkt der IR-LED aus

$$U_{CE1} = U_{BE2} + I_E \cdot R_E \qquad (5.90)$$

$$I_E = I_B + I_F \qquad (5.91)$$

und

$$I_F = B \cdot I_B \qquad (5.92)$$

zu

$$I_F = \frac{U_{CE1} - U_{BE2}}{R_E \cdot (1 + B)} \cdot B \qquad (5.93)$$

Entsprechend findet man den Arbeitspunkt der IR-LED in Schaltung f aus

$$I_1 = I_2 + I_B \qquad (5.94)$$

$$I_Z \cdot R_2 = U_{BE} + I_F \cdot R_E + U_F \qquad (5.95)$$

$$U_{CC} = I_1 \cdot R_1 + I_2 \cdot R_2 \qquad (5.96)$$

$$I_F = I_B + I_C \quad \text{und} \qquad (5.97)$$

$$I_C = B \cdot I_B \qquad (5.98)$$

zu

$$I_F = \frac{U_{CC} \cdot \dfrac{R_2}{R_1 + R_2} - U_{BE} - U_F}{\dfrac{R_1 \cdot R_2}{R_1 + R_2} + R_E \cdot (1 + B)} \cdot (1 + B) \qquad (5.99)$$

Da teilweise bei den IR-LED die Anode mit dem Gehäuse verbunden ist, kann bei der Schaltung f durch *direkte* Montage auf masseführenden Kühlkörpern eine gute Wärmeabführung erreicht werden.

Bild 5.76b zeigt eine einfache Schaltung, mit der sich die **Temperaturabhängigkeit der emittierten Strahlung von IR-LED verringern bzw. eliminieren** läßt. Bekanntlich nimmt die Durchlaßspannung U_F der IR-LED mit steigender Temperatur ab. Damit erhöhen sich in der Schaltung b von Bild 5.76 der Gesamtstrom I_v und der Durchlaßstrom I_F. Der Strom I_p durch den Parallelwiderstand wird entsprechend kleiner.

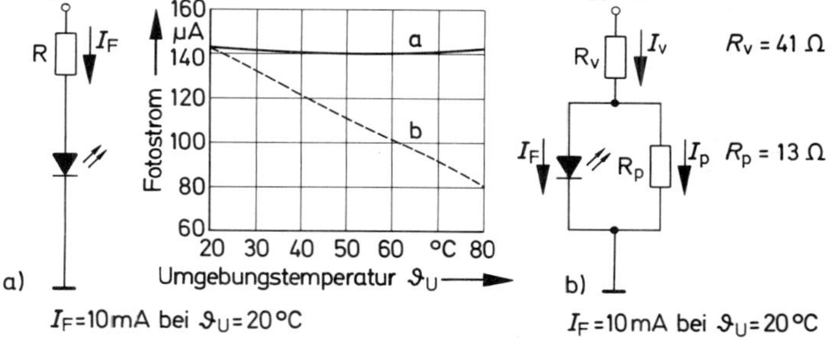

Bild 5.76 Temperaturgang der Strahlungsemission einer IR-LED (CQY 17 von Siemens*) ohne (a) und mit (b) Temperaturkompensation [199]*

Sind die Widerstände R_v und R_p optimal dimensioniert, so erhöht sich in dem Maße der LED-Durchlaßstrom wie mit wachsender Temperatur der Leistungswirkungsgrad abnimmt [199]. Als optimal gilt

$$R_p = \frac{1}{\dfrac{1}{\mathrm{I_e} \cdot (\mathrm{d}U_F/\mathrm{d}\vartheta_U)/I_F \cdot (\mathrm{dI_e}/\mathrm{d}\vartheta_U) - r_f} - \dfrac{1}{R_v}} \tag{5.100}$$

$\mathrm{I_e}$ ist die Strahlstärke und r_f der differentielle Widerstand der IR-LED.

Im Diagramm von Bild 5.76 verkörpert der Fotostrom eines Strahlungsempfängers die Strahlungsemission der IR-LED. Der Unterschied zwischen kompensierter und nicht kompensierter Schaltung ist deutlich erkennbar. Die gemeinsame Temperaturkompensation mehrerer in Reihe geschalteter IR-LED ist noch wirksamer [199]. I_v und I_p sind dann entsprechend niedriger.

6. Optoelektronische Koppelelemente

Im technischen (deutschen und angelsächsischen) Schrifttum verwenden die Hersteller unterschiedliche Bezeichnungen für die **optoelektronischen Koppelelemente.** Man findet u.a.:

Optokoppler, Optoisolatoren, OCI (optically coupled isolator), optically coupled pair, optoelectronic coupler, optical isolator, opto-isolator, optical coupler, photon-coupler.

6.1. Allgemeine Betrachtungen

6.1.1. Definition

Optoelektronische Koppelelemente sind photonengekoppelte Bauelemente, in denen ein auf den Eingang gegebenes elektrisches Signal in Strahlungsenergie umgewandelt und durch ein isolierendes Medium hindurch auf einen Detektor übertragen wird, der die optische Information wieder in ein elektrisches Signal rückverwandelt.
Sie sollen im weiteren Text immer **Optokoppler** genannt werden.

Vom Prinzip her ist der **Optokoppler** also eine Art Miniaturlichtschranke. In seiner Grundausführung sind in einem gemeinsamen Gehäuse (Metallgehäuse oder Kunststoffummantelung) eine **Strahlungsquelle (Sender, Emitter)** und ein **Strahlungsempfänger (Detektor, Sensor)** untergebracht, die über ein optisches Medium miteinander gekoppelt sind. Als Strahlungsdurchlässiges, elektrisch (galvanisch) isolierendes Medium kommen u.a. in Frage: *Gasstrecke, Glas, Epoxydharz, Lichtfaser* oder auch (bei offenen Typen) *Luft.*
Somit sind Eingang und Ausgang galvanisch voneinander getrennt (Größenbereich des Isolationswiderstandes $10^{11}\ \Omega$), so daß **elektrische Signale rückwirkungsfrei übertragen** werden können. Um dabei ein günstiges **Übertragungsverhältnis (Wirkungsgrad, Koppelfaktor)** zu erreichen, müssen Emissionsspektren des Senders (siehe 5.2.1) und spektrale Empfindlichkeit des Empfängers (siehe 4.1.1.2) aufeinander abgestimmt sein.

Als **Sender** wären denkbar:
Glühlämpchen, Glimmröhren, strahlungsemittierende Dioden (LED).

Als **Empfänger** kämen in Frage:
alle fotoempfindlichen Halbleiterbauelemente wie *Fotowiderstände, Fotodioden (-elemente), Fototransistoren, Fotothyristoren.*

Kopplerkombinationen mit Glühlämpchen und Fotowiderstand oder mit Glimmröhren und Fotowiderstand wurden angeboten, bevor es Koppler mit Sperrschichthalbleiterelementen gab. Sie werden z.T. zwar auch heute noch gehandelt, sind aber relativ „langsam", verglichen zu den modernen Halbleiter-Optokopplern. Da ihre Dimensionierung sehr unproblematisch und von geringem Interesse ist, soll hier nicht weiter auf sie eingegangen werden.

Die heutzutage auf dem Markt angebotenen **modernen Optokoppler** enthalten fast ausschließlich eine **GaAs-Lumineszenzdiode** (Infrarot-LED, $\lambda \approx 900$ nm) als **Sender** und einen **Siliziumdetektor** (gute spektrale Übereinstimmung) als **Empfänger.** (Einige wenige Kopplertypen enthalten eine GaAsP-LED mit $\lambda \approx 660$ nm als Sender.) Wir wollen uns deshalb ausschließlich mit *solchen* Koppelelementen befassen.

Die für den Entwickler wichtigsten Sender/Empfänger-Kombinationen dieser Art sind in Tafel 6.1 zusammengefaßt und werden im folgenden näher betrachtet.

Grundsätzlich kann man davon ausgehen, daß Optokoppler, im geschlossenen Gehäuse fixiert, vom Anwender keinerlei optische Kenntnisse mehr erfordern. Für ihn sind sie *rein elektronische*

Kombination Sender/Empfänger	Schaltbild-Symbole	Typische Grenzfrequenz (50%-Wert) [MHz]	Typische Anstiegs- und Abfallzeit t_r, t_f [µs]	Typischer *CTR*-Wert [%]
LED/Fotodiode (LED/Fotoelement)	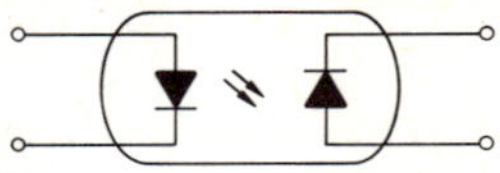	1...10	0,01...0,05	0,01...0,2
LED/Fototransistor ohne externen Basisanschluß (mit externem Basisanschluß)	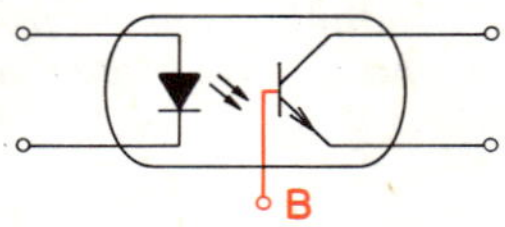	0,01...0,5	0,2...20	10...100
LED/Fotodarlington ohne externen Basisanschluß (mit externem Basisanschluß)	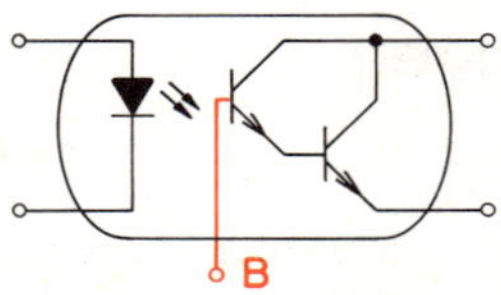	0,001...0,01	10...100	20...500
LED/Fotodiode Transistor monolithisch integriert	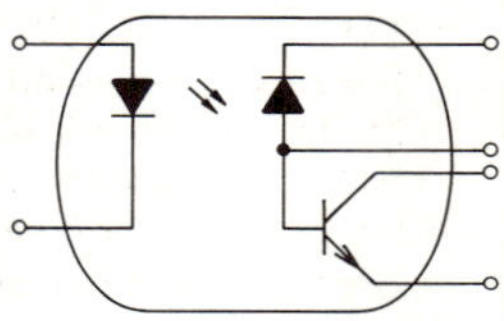	≦5	0,1...0,4	7 15
LED/Fotogatter ohne Torsteuereingang (mit Torsteuereingang)	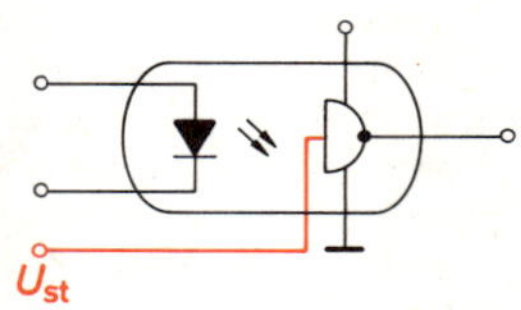	0,1...20	0,01...0,03	—
LED/Fotothyristor	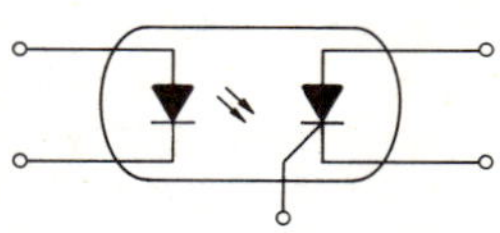	—	t_r = 0,5	—

Tafel 6.1 Die wichtigsten optoelektronischen Koppelelemente mit zugehörigen Schaltungssymbolen und typischen Eigenschaften

Bauelemente, deren elektrische Kennwerte, Charakteristika und Grenzen er allerdings kennen muß, will er sie optimal in der Schaltung einsetzen.

6.1.2. Anwendungsbereich

Ihrer Natur nach eignen sich Optokoppler hervorragend zum Lösen solcher Aufgaben, bei denen das widerstandsmäßige Anpassen von Geräte- bzw. Baugruppenschnittstellen Probleme aufwirft und/oder System- bzw. Schaltungsteile potentialmäßig (galvanisch) voneinander entkoppelt sein müssen. Störungen in elektronischen Interfaceschaltungen, die ihre Ursache in Erdungsschleifen (Brummschleifen), Störimpulsen und gemeinsamen Impedanzen haben, werden mit dem Optokoppler vermieden. Grundsätzlich können mit ihm sowohl pulsförmige als auch lineare Signale (einschließlich Gleichspannungen) übertragen werden, wobei das günstigste Übertragungsverhältnis (Ausgangs- zu Eingangsstrom) bei $f = 0$ erreicht wird, so daß beim Optokoppler die Bandbreite mit der Grenzfrequenz zahlenwertmäßig gleichzusetzen ist (siehe Kap. 6.2.5).

Aus der Vielzahl möglicher Anwendungen seien die folgenden herausgegriffen:

- □ Ersatz für Impulstransformatoren,
- □ Ersatz für Reedrelais und Hg-benetzte Relais,
- □ potentialgetrennte Digitalein- und -ausgaben in Prozeßrechnersystemen,
- □ schnelle digitale und analoge Leitungsempfänger mit Potentialtrennung,
- □ Zusammenschalten von Systemteilen mit getrennten Netzgeräten (Umgehen von Erdungsproblemen bzw. Vermeiden von Schleifenbildungen),
- □ potentialmäßiges Trennen von Signalquelle und Verstärkereingang,
- □ galvanisch getrennte Rückkopplungspfade,
- □ Steuerung (Regelung) von Hochspannungsnetzgeräten,
- □ Isolation logischer Schaltungen von Hochspannungsschaltspitzen,
- □ Isolation logischer Schaltungen von am Netz betriebenen Leistungsstufen (Triacs), beispielsweise für Stellglieder,
- □ Ansteuern eines an Hochspannung liegenden Gitters einer Katodenstrahlröhre,
- □ Isolation eines Patienten von elektromedizinischen Überwachungsgeräten,
- □ Anpassung integrierter Schaltungen unterschiedlicher Technologie.

In welchen Eigenschaften sich der Optokoppler beispielsweise von Trennrelais, Impulstransformatoren und Differentialleitungstreibern/Empfängern, die er in vielen Anwendungsfällen als besser geeignetes Bauelement ersetzen kann, unterscheidet, zeigt in qualitativer Bewertung Tafel 6.2.

Für welche Art von Einsatzmöglichkeiten welcher Typ von Optokoppler geeignet ist, hängt im wesentlichen von der Art des Detektors ab:

Bei Anwendungen, die eine **hohe obere Grenzfrequenz** oder Übertragungsbandbreite (kurze Ansprechzeit) erfordern, können Koppler mit **Fotodiode** eingesetzt werden; nachteilig aber ist deren geringe Empfindlichkeit.

Erfordert die Anwendung eher eine **größere Empfindlichkeit** und kann dafür auf eine hohe Grenzfrequenz verzichtet werden, wird man sich für einen **Fototransistor** als Detektor entscheiden.

Und **noch höhere Empfindlichkeiten** bringt ein **Fotodarlingtontransistor,** der aber wiederum *noch* „langsamer" ist.

Für bestimmte Ein- und Ausschaltfunktionen schließlich eignen sich Koppler mit **Fotothyristor.** Ist der Thyristor einmal eingeschaltet, geht die Steuerfunktion verloren, bis er wieder ausgeschaltet wird. Er eignet sich somit **nicht für analoge Signalübertragung,** ansonsten aber kann man mit diesem von allen Koppelelementen die (relativ) höchsten Ströme schalten.

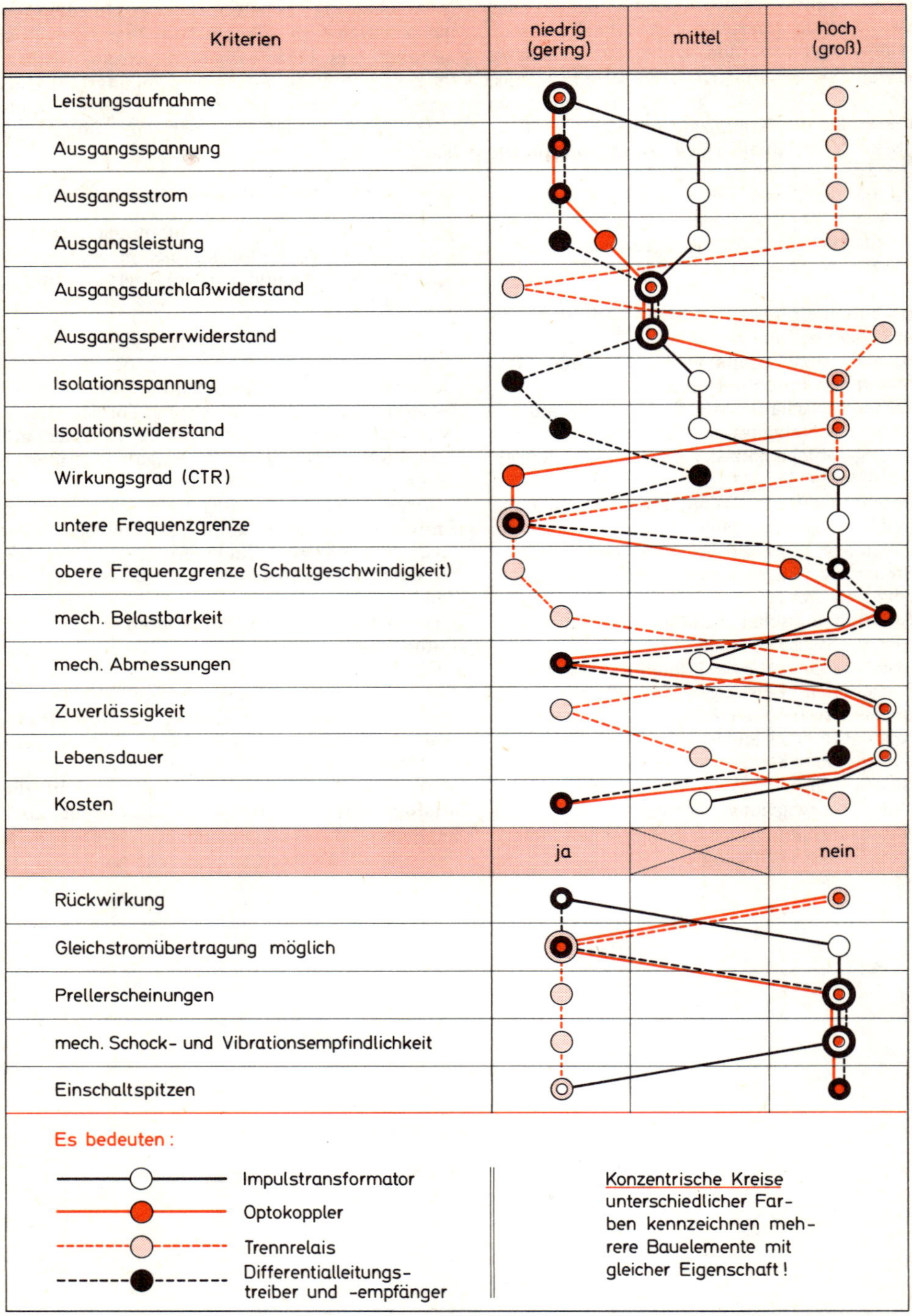

Tafel 6.2 Qualitative Bewertung (Nominales Wertprofil) von Optokopplern, Trennrelais, Impulstransformatoren sowie Differentialleitungstreibern/Empfängern

6.2. Gemeinsame Kennwerte von Optokopplern

Will man einen Optokoppler in einer Schaltung einsetzen, dann muß man seine Übertragungseigenschaften kennen. Diese Übertragungseigenschaften lassen sich nach bestimmten Kriterien bewerten, die ihrer Definition nach als **Kennwerte** willkürlich einteilbar sind in solche Größen, die für spezifische Kopplertypen charakteristisch erscheinen, und in solche, die man allen Kopplertypen gemeinsam zuordnen kann.

6.2.1. Gleichstrom-Übertragungsverhältnis

Ein in diesem Zusammenhang wichtiger, gleichzeitig aber problematischer „gemeinsamer" Kennwert (nicht definiert für Koppler mit Fotothyristor) ist das **Gleichstrom-Übertragungsverhältnis.** Es wird mitunter auch **Wirkungsgrad** des Kopplers oder **Koppelfaktor** genannt. In den Datenblättern findet man es oft auch in abgekürzter Form als **CTR** *(current transfer ratio)* angegeben. Ähnlich dem Stromverstärkungsfaktor beim Transistor ist es definiert als

$$CTR = \frac{\text{Ausgangsstrom}}{\text{Eingangsstrom}} \qquad (6.1)$$

Es wird entweder als Dezimalzahl angegeben oder (mit 100 multipliziert) in %, wobei der in der Meßschaltung verwendete Eingangsstrom (Durchlaßstrom I_F der LED) Bezugswert ist.
Problematisch stellt sich dieser Kennwert insofern dar, als sein in den Datenblättern spezifizierter Wert in Abhängigkeit von vielen Variablen etwa in den Grenzen 20% bis 100% schwanken kann. Solche Variable sind z.B. die Temperatur (je nach Kopplerkombination zwischen 10 und 35% im spezifiziertem Temperaturbereich), der LED-Steuerstrom I_F (manche Firmen geben eine Temperaturabhängigkeit des *CTR*-Wertes für hohe und für niedrige Ströme an) und die Betriebsspannung der Ausgangsseite. Weichen die tatsächlichen Betriebsbedingungen von den in den Datenblättern jeweils angegebenen Meßbedingungen ab, sollte also die Änderung des *CTR*-Wertes beachtet werden. Auch sollte man nicht übersehen, daß beispielsweise Kopplertypen mit unter gleichen Meßbedingungen spezifiziertem *Nominalwert* bei anderen Temperaturen, Strömen und Betriebsspannungen sehr stark im *CTR*-Wert (und damit im verfügbaren Ausgangsstrom) voneinander abweichen können, und zwar sowohl bei Kopplern innerhalb der gleichen Gruppe als auch bei „identisch" spezifizierten Kopplern unterschiedlicher Hersteller.
Es empfiehlt sich deshalb immer, die Koppler für den vorgesehenen Betriebstemperaturbereich (praktische Werte liegen im Mittel eher bei 60 °C, als bei 25 °C) und sonstige vorgegebene Betriebswerte selbst durchzumessen, wenn entsprechende Angaben in den Datenblättern fehlen.
Auch **Fertigungstoleranzen** der optischen Übertragungsstrecke im Koppler sowie relativ große Ungleichmäßigkeiten bezüglich der optischen Strahlungsleistung verschiedener Emitter gleichen Typs führen oft zu einem **Streubereich** des *CTR*-Wertes von etwa 1 : 5 zwischen Minimal- und Maximalwert. (*Siemens* teilt deshalb beispielsweise Optokoppler mit sonst gleichen technischen Daten entsprechend dem *CTR*-Streubereich in einzelne Gruppen ein, innerhalb denen die Streubreite des Übertragungsverhältnisses ±33% beträgt.)
Für viele Anwendungen (Digitalbereich) mag das unerheblich sein (sofern man die Schaltbedingungen einhält und die „worst-case"-Bedingungen beachtet!), bei anderen dagegen (Linearbereich) könnte eine solche Streubreite zu Problemen führen, so daß dann mit selektierten Bauelementen gearbeitet werden muß.

6.2.2. Spannungsfestigkeit

Einen anderen wichtigen Kennwert, der allen Kopplertypen gemeinsam ist, stellt die **Spannungsfestigkeit** U_{is} zwischen Eingang und Ausgang dar (auch **„Prüfspannung für Isolation"** oder **„Isolationsspannung"** genannt; engl.: *breakdown voltage)*. Bei diesem von der Bauform abhängigen Kennwert sollte nicht übersehen werden, daß seine Spezifizierung in den Datenblättern uneinheitlich ist: er wird mitunter als *Wechselspannungsgröße* (Maximal- oder Effektivwert), meist aber als *Gleichspannungsgröße* zwischen dem Emitter und irgendeinem Detektoranschluß gegeben, bei der noch kein Durchschlag auftritt. Ist die Definition in den Datenblättern unklar, sollte man die angegebene **Isolationsspannung** sicherheitshalber als **Gleichspannung** werten. In der Schaltung darf dann der Potentialunterschied zwischen den zu koppelnden Kreisen den Isolationsspannungswert U_{is}

nicht überschreiten; bei anliegenden Wechselspannungen muß also immer die Bedingung

$$\hat{u} = U'_{\mathrm{eff}} \cdot \sqrt{2} \leqq U_{\mathrm{is}} \qquad (6.2)$$

erfüllt sein.

6.2.3. Die Senderdiode

Alle modernen **Optokoppler** sind fast ausschließlich mit der gleichen Art **Strahlungsquelle** aufgebaut, nämlich einer **GaAs-Lumineszenzdiode** (in Ausnahmefällen GaAsP-LED). Die Betrachtungen für die Eingangsseite eines Optokopplers sind deshalb für alle Kopplertypen prinzipiell die gleichen. Und bezüglich der Dioden-Kennwerte (Durchlaßstrom und -spannung, Sperrspannung, Verlustleistung) gelten die Ausführungen unter 5.2.

Beaufschlagt man die GaAs-Diode in Durchlaßrichtung mit einem Strom der oft im Größenbereich von etwa 10 bis 100 mA liegt, so emittiert die Diode ein schmalbandiges Spektrum, dessen Maximum bei etwa 900 nm (nahes Infrarot) liegt. Damit der Durchlaßstrom den zulässigen Höchstwert und damit die maximal zulässige Verlustleistung nicht überschreitet, ist es für den Anwender meist erforderlich, mit der **Eingangsdiode** einen **Widerstand in Reihe** zu schalten (Bild 6.1), der nach der Gleichung

$$R = \frac{U_{\mathrm{e}} - U_{\mathrm{F}}}{I_{\mathrm{F}}} \qquad (6.3)$$

errechnet werden kann, wobei

U_{e} = angelegte Eingangsspannung (Maximalwert)

U_{F} = Durchlaßspannung der LED (Flußspannung)

I_{F} = Durchlaßstrom der LED (dessen gewählte Größe den Arbeitspunkt des Kopplers bestimmt!)

Für die meisten Anwendungen genügt es somit, die Abhängigkeit

$$U_{\mathrm{F}} = f(I_{\mathrm{F}})$$

zu kennen, die in den Datenblättern fast immer angegeben ist. Einen typischen Zusammenhang dieser Art zeigt Bild 6.2, aus dem ersichtlich wird, daß man bei der **Durchlaßspannung** mit einer gewissen **Streubreite** zu rechnen hat. (Es wird in der Regel ein typischer Wert und der festgelegte Maximalwert = Grenzdiode angegeben, während man auf Angabe des Minimalwertes verzichtet, da dieser nur wenig unter dem typischen Wert liegt.)

Da sich die Kurven fast immer auf eine Umgebungstemperatur von 25 °C beziehen, geben manche Hersteller zusätzlich noch die Änderung der Durchlaßspannung U_{F} in Abhängigkeit von der Temperatur an (meist im deutschen Schrifttum), während in anderen Datenblättern von vornherein Kennlinienfelder mit der Temperatur als Parameter zu finden sind (meist im angelsächsischen Schrifttum).

Ein entsprechend Bild 6.1 vorgeschalteter Widerstand begrenzt nun nicht nur (bei bekannter maximaler Eingangsspannung) den Durchlaßstrom der Diode auf einen zulässigen Höchstwert, sondern vermindert auch den in Rechnung zu setzenden „Streubereich“, der infolge Exemplarstreuung und Temperaturabhängigkeit u.U. relativ groß sein kann. Das wird in Bild 6.3 deutlich, in welchem $I_{\mathrm{F}} = f(U_{\mathrm{e}})$ für zwei verschiedene Vorwiderstände (50 Ω und 250 Ω), bezogen auf eine typ. Diodenkennlinie mit einer Streubreite der Durchlaßspannung von rd. 0,4 V (zulässiger Durchlaßstrom als Bezugswert), aufgetragen wurde. Je größer der gewählte Vorwiderstand ist, desto geringer wird der Streubereich und auch die Stromänderung ΔI_{F} bei einer Spannungsänderung ΔU_{e} am Eingang.

Dabei kann natürlich dieser Widerstand nicht beliebig gewählt werden. Er hängt vielmehr vom Arbeitspunkt ab (sich einstellender I_{F}-Wert bei gegebener Eingangsspannung U_{e}), der nach dem geforderten Laststrom bei minimalem *CTR* des Kopplers zu wählen ist. Beispielsweise würde für einen Laststrom $I_{\mathrm{C}} = 2$ mA und $(CTR)_{\mathrm{min}} = 0{,}25$ ein Diodenstrom

$$I_{\mathrm{F}} = I_{\mathrm{C}}/CTR = 2\ \mathrm{mA}/0{,}25 = 8\ \mathrm{mA}$$

erforderlich sein.

Entsprechend den bisherigen Betrachtungen kann also eine Schaltung mit Vorwiderstand in erster Näherung als einfachste Möglichkeit einer in Grenzen „stromkonstanten“ Senderschaltung in Betracht gezogen werden. Wie über diese Grundbetrachtungen hinaus die Eingangsschal-

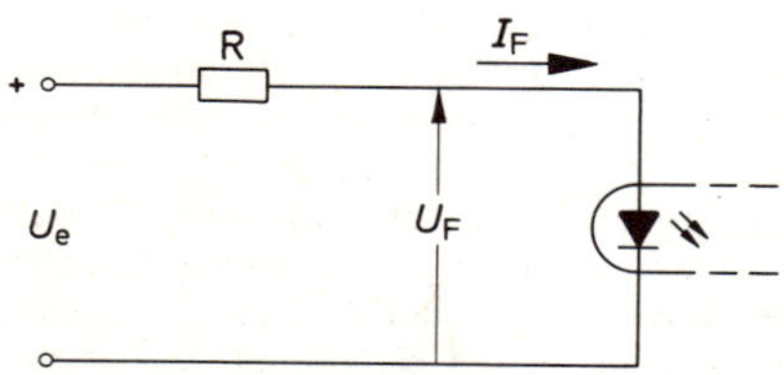

Bild 6.1 Einfache LED-Eingangsschaltung bei Koppelelementen

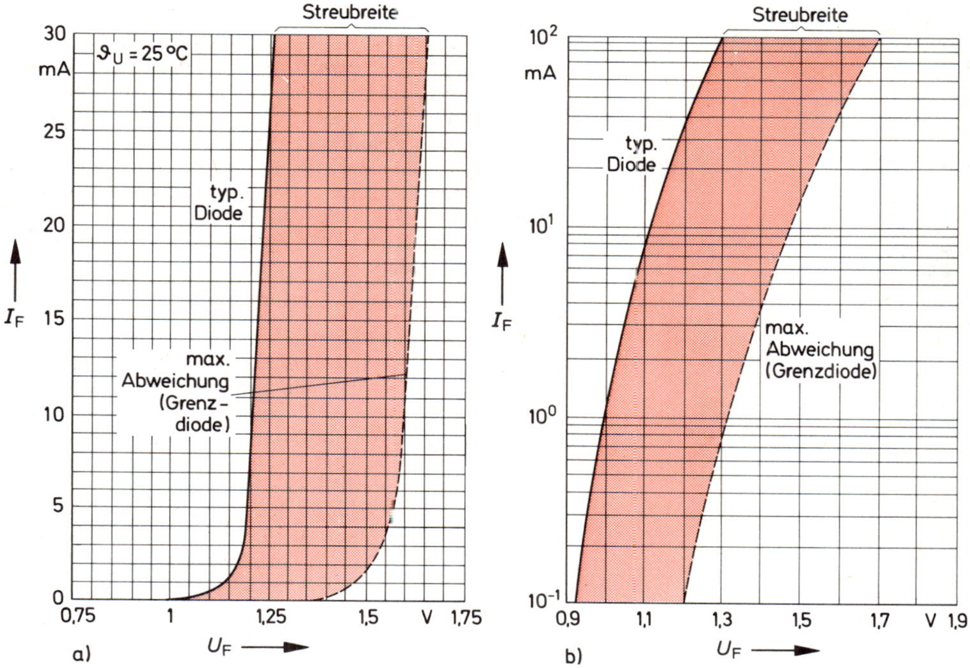

Bild 6.2 Durchlaßspannung $U_F = f(I_F)$
a) typische Kennliniendarstellung bei linearem Auftragen des Durchlaßstromes (z.B. Valvo *Typ CNY 22);*
b) typische Kennliniendarstellung bei logarithmischem Maßstab für den Durchlaßstrom (z.B. Siemens *Typ CNY 17)*

Bild 6.3 Einfluß eines Vorwiderstandes auf die Eingangskennlinie (Diodenkennlinie) eines Optokopplers

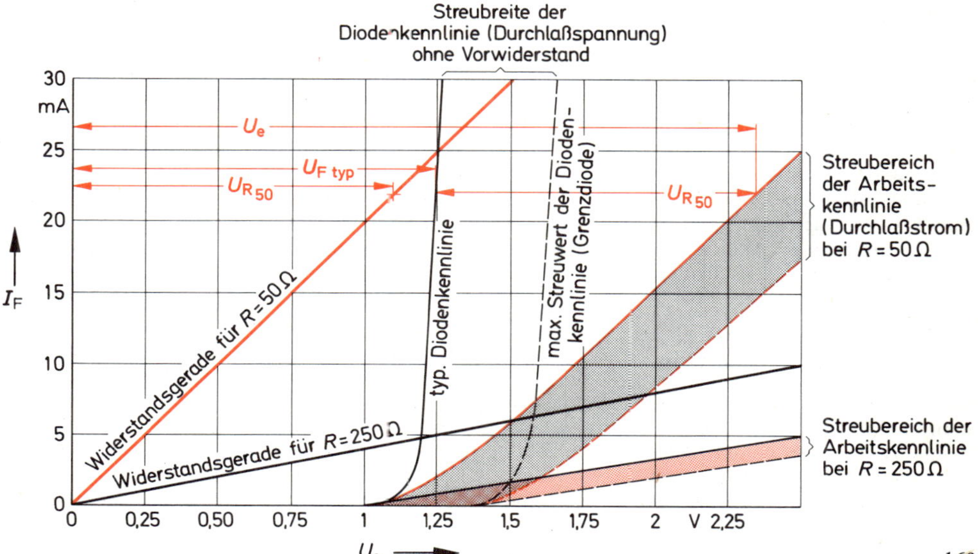

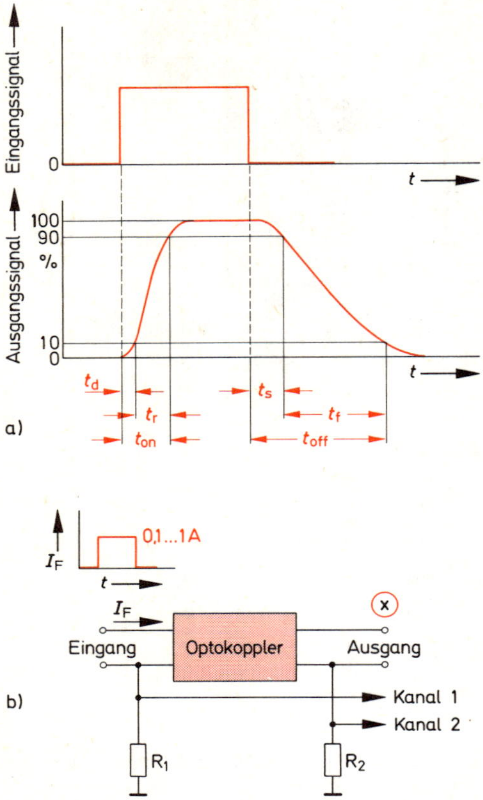

Bild 6.4 Zuordnung von Ausgangs- zu Eingangssignal bei Optokopplern
a) Definition der gebräuchlichen Schaltzeiten
b) Meßschaltung zum Bestimmen der Schaltzeiten

tung aufzubauen ist, hängt vom jeweiligen Einsatzzweck des Optokopplers ab, wobei man grundsätzlich zwischen digitalen und analogen Anwendungen unterscheiden kann. Näheres darüber ist im Kapitel 6.3 nachzulesen.

6.2.4. Schaltzeiten bei Koppelelementen

Bevor auf die Schaltungstechnik der Koppelelemente eingegangen wird, sind noch einige Bemerkungen zum Beurteilen des Signalverhaltens optoelektronischer Koppler notwendig. Im Allgemeinen erscheint nämlich das **Ausgangssignal** eines Optokopplers in seinem zeitlichen Verlauf gegenüber dem **Eingangssignal** verzögert und verformt. Um diese Verhältnisse eindeutig charakterisieren zu können, wurden für Koppelelemente **Schaltzeiten** definiert, wie sie auch von anderen Übertragungsgliedern her bekannt sind. Man findet sie normalerweise in den Datenblättern der Bauelementehersteller als Kenngrößen angegeben. Ihre Zuordnung ist Bild 6.4a zu entnehmen.

Darin bedeuten:

t_d = **Verzögerungszeit** *(delay time),*
= Zeit, die zwischen dem Anlegen eines Eingangssignals und dem Erreichen der 10%-Marke des Ausgangssignalendwertes vergeht;

t_r = **Anstiegszeit** *(rise time),*
= Zeit, die das Ausgangssignal braucht, um von 10% auf 90% seines Endwertes anzusteigen;

t_s = **Speicherzeit** *(storage time)*
= Zeit zwischen dem Abschalten eines Eingangssignals und dem Erreichen der 90%-Marke des Ausgangssignalendwertes;

t_f = **Abfallzeit** *(fall time),*
= Zeit, die das Ausgangssignal braucht, um von 90% auf 10% seines vollen Wertes abzusinken;

t_{on} = **Einschaltzeit** *(turn-on time)*
= Gesamtzeit $t_d + t_r$;

t_{off} = **Ausschaltzeit** *(turn-off time)*
= Gesamtzeit $t_s + t_f$

Diese Definitionen gelten gleichermaßen sowohl für positive als auch für negative Ausgangssignale. Es kann also beispielsweise die Festlegung „von 10% auf 90% des Endwertes" entweder „von einem positiven zu einem positiveren" oder „von einem negativen zu einem negativeren" Momentanwert bedeuten.

Man kann diese Schaltzeiten für einen gegebenen Optokoppler mit einem Zweistrahloszillografen auch selbst ermitteln oder nachprüfen. Die entsprechende Meßschaltung dazu zeigt Bild 6.4b. Der Punkt „X" des Optokopplerausgangs liegt dabei an einer positiven Betriebsspannung, wenn der Detektor ein Fototransistor oder eine Fotodiode ist, dagegen wird er mit Masse verbunden (keine Betriebsspannung), wenn der Detektor als Fotoelement arbeiten soll. Der Widerstand R_1 liegt üblicherweise im Größenbereich von 50 Ω und R_2 bei 50 bis 100 Ω (1 kΩ bei Fotoelementbetrieb), was etwa dem (bezüglich der Schaltzeiten) optimalen Betriebsfall bei reiner Widerstandsbelastung entsprechen würde. Genaue Meßbedingungen sind in den Datenblättern meist angegeben. Man sollte dabei aber nicht übersehen, daß die **tatsächlichen Schaltzeiten** in hohem Maße von der jeweils verwendeten Ausgangsschaltung (siehe Kap. 6.3.2) mit bestimmt werden, so daß man in der praktischen Schaltung die „optimalen Datenblatt-Schaltzeiten" meist nicht erreicht.

6.2.5. Grenzfrequenz oder Übertragungsbandbreite

In den Datenblättern für Optokoppler spezifizieren unterschiedliche Hersteller auch diese Kenngrößen nicht einheitlich. Man achte deshalb bei allen Frequenzangaben auf die jeweils zugehörigen Fußnoten. So wird mitunter von deutschen Herstellern die Grenzfrequenz f_g (bei spezifiziertem U_{CE}, I_c und R_L) angegeben als diejenige Frequenz, bei der die Ausgangsspannung oder der Ausgangsstrom des Kopplers auf das 0,707fache (3 dB Abfall) des für $f = 1$ kHz geltenden Wertes gesunken ist.

Dagegen findet man bei amerikanischen Herstellern meist die Übertragungsbandbreite *(Bandwidth, Collector)* angegeben als diejenige Frequenz (bei spezifiziertem U_{CE}, I_F und R_L), bei der der (Wechselstrom-)*CTR*-Wert auf die Hälfte (also um 6 dB) des bei Gleichstrom geltenden Wertes abgesunken ist. Bandbreite und Grenzfrequenz stimmen zahlenwertmäßig also nur dann überein, wenn sie auf den gleichen Amplitudenabfall (3 db oder 6 dB) bezogen sind.

Übrigens sollte der Schaltungsentwickler darauf achten, daß auch diese Frequenzgrenzen in der Regel nicht unter „worst-case"-Bedingungen, sondern im Gegenteil bei günstigsten Verhältnissen für Kleinsignalverstärkung gemessen wurden.

6.3. Schaltungstechnik bei Koppelelementen

6.3.1. Senderschaltungen

Bereits oben wurde darauf hingewiesen, daß alle Optokoppler eine LED als Eingang haben, die in Durchlaßrichtung betrieben wird. Das bedeutet für die Senderschaltung, daß unmittelbar **keine Spannungssteuerung,** sondern nur eine **Stromsteuerung** möglich ist, was eine **lineare Großsignalübertragung** von vornherein ausschließt (U_F kann nur in engen Grenzen linear verändert werden). Das bedeutet andererseits aber auch eine **hohe Störspannungsfestigkeit** für Optokoppler, da Störspannungsquellen in der Regel hohe Innenwiderstände haben, die keinen wirksamen Strom durch die LED treiben können.
Damit verbleiben zwei grundsätzliche Möglichkeiten der Ansteuerung:

a) die **Großsignalverarbeitung** ohne Linearitätsforderungen, wie sie für digitale Signalübertragung hinreichend ist,

b) die **Kleinsignalverarbeitung** für das lineare Übertragen analoger Signale.

Für die unterschiedlichen Anwendungsfälle läßt sich eine ganze Reihe von **Senderschaltungen** konzipieren, deren wichtigste im folgenden betrachtet werden.

6.3.1.1. Senderschaltungen für digitale Anwendungen

In der Digitaltechnik kommt es nicht auf eine lineare Signalübertragung an, sondern auf ein genügend schnelles und störungsfreies Umschalten von Low- auf High-Potential oder umgekehrt, wobei die entsprechenden Schaltbedingungen der verwendeten Gatter einzuhalten sind.

Bei Digitalübertragungen spielt also das (nichtlineare) Großsignalverhalten des Optokopplers eine Rolle; die Signalamplituden liegen im Bereich > 10% bis 100% der Speisespannung. Im Gegensatz zur Analogübertragung ist hier kein Vorstrom (kein Arbeitspunkt) erforderlich.
Die heutzutage am häufigsten verwendeten Logikschaltungen entstammen der DTL-Serie 930 und der TTL-Familie 7400. Gatter dieser Serien sollen deshalb als Dimensionierungsbeispiele für geeignete Steuerschaltungen gewählt werden. Sinngemäß lassen sich diese Betrachtungen dann auch auf andere Logikfamilien anwenden.
Zum **Ansteuern der Senderdiode** eines Optokopplers **mit DTL- oder TTL-Gattern** gibt es mehrere Möglichkeiten, deren gebräuchlichsten in Bild 6.5 zusammengefaßt sind.

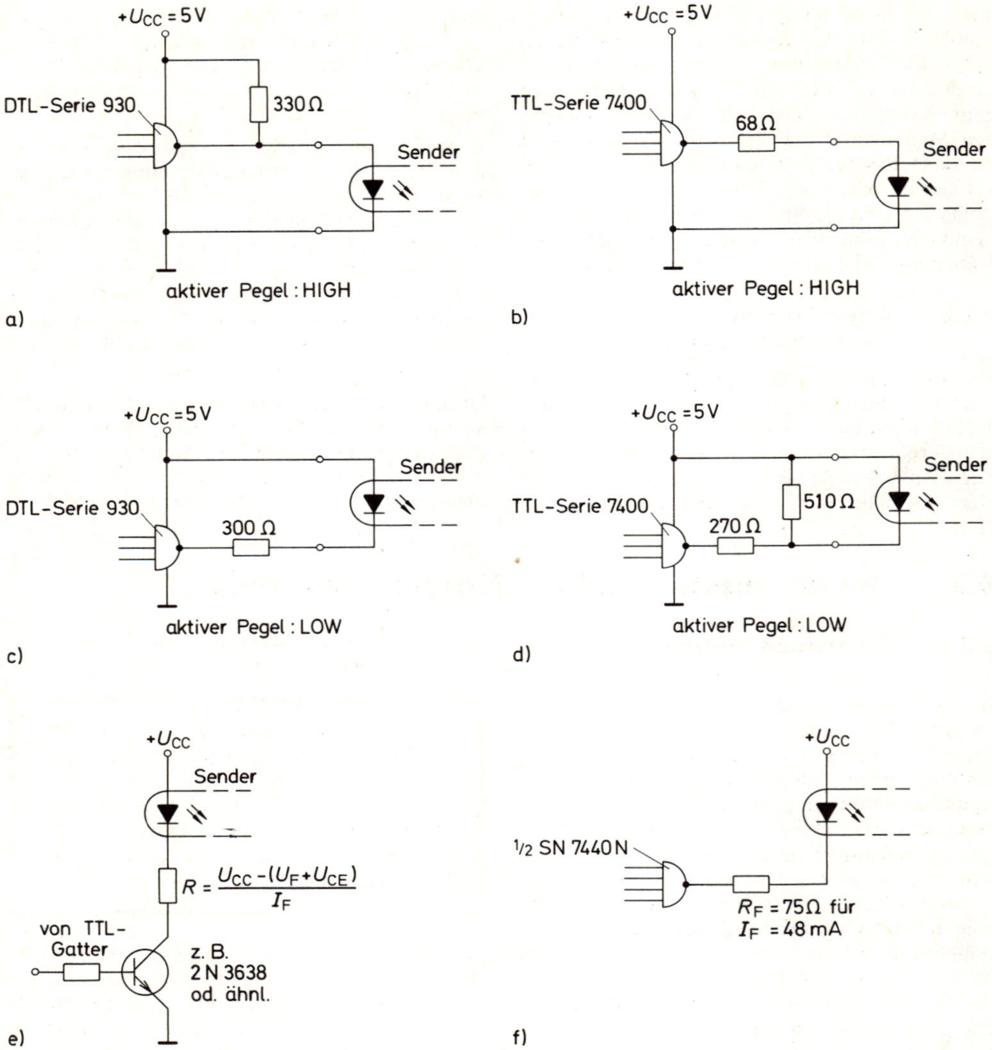

Bild 6.5 Typische digitale Ansteuerschaltungen (DTL und TTL) für Optokoppler. In den Schaltungen a bis d fließt ein Durchlaßstrom von jeweils $I_F = 10$ mA in die Senderdiode hinein. Die Schaltungen e und f eignen sich für höhere Diodenströme. (Der als aktiver Zustand angegebene Pegel HIGH oder LOW bezieht sich jeweils auf den Ausgangszustand des Gatters, bei dem die LED aktiviert wird)

Das Dimensionieren solcher Steuerschaltungen erfordert einige grundsätzliche Betrachtungen: Den beiden Logikzuständen „1" und „0" kann man beispielsweise die Steuerbedingungen „Strom durch LED" und „kein Strom durch LED" zuordnen, wobei die Höhe des Steuerstromes vom gewünschten Ausgangsstrom des Optokopplers und seinem Übertragungsverhältnis abhängt. Außerdem kommt es darauf an, ob ein Strom durch die LED fließen soll, wenn der Ausgangspegel des steuernden Gatters Low oder wenn er High

(entgegengesetzte Logik) ist. Maßgebend für das Dimensionieren sind also die Kennwerte der zu steuernden LED auf der einen und die Parameter des steuernden Gatters auf der anderen Seite.
Die wichtigsten Kennwerte der LED des Optokopplers sind in diesem Zusammenhang:

a) der maximal zulässige Durchlaßdauerstrom $I_{F\,max}$ (Minderungsfaktor bei höherer als spezifizierter Bezugstemperatur beachten!);
b) der wirksame Durchlaßwiderstand R_D, der sich für den gewünschten Steuerstrom I_F einstellt ($R_D = U_F/I_F$ aus Kennlinie $I_F = f(U_F)$; nicht zu verwechseln mit dem dynamischen Widerstand $\Delta U_F/\Delta I_F$, der dann wirksam wird, wenn man um einen Arbeitspunkt herum aussteuert);
c) die minimale Schwellenspannung, die überschritten werden muß, damit überhaupt ein nenneswerter Strom I_F fließen kann (aus Kennlinie $I_F = f(U_F)$; sie ist für GaAs-LED in der Regel > 1 V (bei $\vartheta_U = 25\,°C$) bzw. $> 0{,}9$ V (bei $\vartheta_U = 70\,°C$).

Für das steuernde Gatter ist der jeweilige innere Aufbau der Ausgangsstufe wichtig, der in Bild 6.6 für DTL- und TTL-Schaltungen angedeutet ist. Sie unterscheiden sich im wesentlichen darin, daß für gesperrten Ausgangstransistor T_1 beim DTL-Gatter die Versorgungsspannung U_{cc} über den Kollektorwiderstand R_L (6 kΩ bzw. 2 kΩ) an den Punkt A geführt ist, während beim TTL-Gatter eine *Pull-up*-Strecke aus Transistor, Diode und Widerstand wirksam wird, die die Versorgungsspannung niederohmig (max. 290 Ω) mit dem Ausgang A verbindet.
Will man nun beispielsweise einen Optokoppler mit einem solchen Gatter ansteuern, dann muß man zwischen zwei Möglichkeiten der Ansteuerung unterscheiden:

a) die LED soll aktiviert werden, wenn der Ausgangspegel des Gatters High ist (*current-sourcing mode* ≙ stromabgebendem Gatter);
b) die LED soll aktiviert werden, wenn der Ausgangspegel des Gatters Low ist (*current-sinking mode* ≙ stromaufnehmendem Gatter).

Im ersten Fall wäre der jeweilige Ausgangstransistor T_1 des Gatters gesperrt. Damit bestünde (für praktische Zwecke der LED-Ansteuerung genügend genau) keine Verbindung zwischen den Punkten A und M. Die Versorgungsspannung U_{cc} würde über den Kollektorwiderstand R_L bzw. die *Pull-up*-Strecke am Ausgang A wirksam werden. Im zweiten Fall wäre der Transistor T_1 durchgesteuert und damit Punkt A über die niederohmige Kollektor-Emitter-Strecke (max. 37,5 Ω bei DTL, max. 25 Ω bei TTL) zum Massepotential M verbunden.
Diese Überlegungen genügen vorerst, um für alle typischen Anwendungsfälle ein Zahlenbeispiel durchrechnen zu können.

Allerdings sei gleich anfangs darauf hingewiesen, daß möglichst nur in Ausnahmefällen mit aktivem Pegel High angesteuert werden sollte, da — vom Steuergatter her gesehen — die Schaltung **mit aktivem Pegel Low** wesentlich **stabiler** arbeitet bei minimaler Verlustleistung [231].

Für die folgenden Zahlenbeispiele sei der Einfachheit halber angenommen, daß in jedem Fall ein Steuerstrom von $I_F = 10$ mA gewünscht wird, was für die meisten Optokoppler einen wirksamen Durchlaßwiderstand der LED in der Größenordnung von 140 Ω ergibt. Die genauen Werte lassen sich aus den Kennlinien ermitteln. So folgt beispielsweise aus Bild 6.2 für den *Valvo*-Koppler CNY 22 ein Widerstand von $R_D = 120\,\Omega$ (typ. Diode) bzw. $R_{D\,max} = 160\,\Omega$ (Grenzdiode). Beim *Siemens*-Koppler CNY 17 erhält man für die typ. Diode $R_D = 112\,\Omega$ und für die Grenzdiode $R_{D\,max} = 148\,\Omega$.
Außerdem kann man für die Steuergatter beider Logikfamilien jeweils eine Betriebsspannung von $U_{cc} = 5$ V voraussetzen.

Beispiel 1

Die LED soll mit einem Standard-DTL-Gatter bei Ausgangspegel High aktiviert werden.

Das erfordert ein Anschließen der LED zwischen den Punkten A und M (Bild 6.6a), damit ein Stromfluß von U_{cc} nach Masse zustande kommt (Transistor T_1 gesperrt). Um den erforderlichen Steuerstrom $I_F = 10$ mA zu erreichen, muß dem Kollektorwiderstand R_L ein geeigneter Widerstand R parallel geschaltet werden, der sich unter Vernachlässigung des Transistorsperrwiderstandes aus der Bedingung

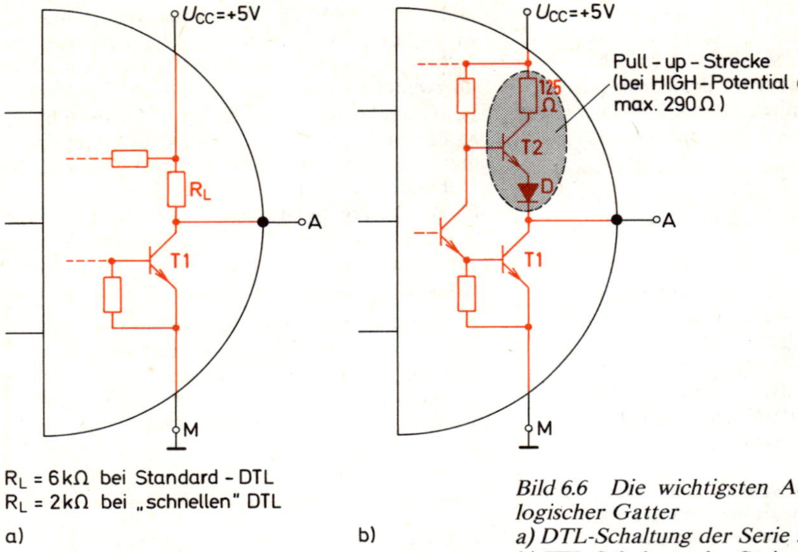

Bild 6.6 Die wichtigsten Ausgangsschaltungen logischer Gatter
a) DTL-Schaltung der Serie 930
b) TTL-Schaltung der Serie 7400

$$R_D + R_L || R = \frac{U_{CC}}{I_F}$$

ergibt zu

$$R = \frac{R_L \cdot \left(\frac{U_{cc}}{I_F} - R_D\right)}{R_L - \frac{U_{cc}}{I_F} + R_D} \qquad (6.4)$$

Für die Zahlenwerte $R_L = 6\,k\Omega$, $U_{cc} = 5\,V$, $I_F = 10\,mA$ und $R_D = 160\,\Omega$ (Grenzdiode) erhält man

$$R = \frac{6000\,\Omega \cdot \left(\frac{5\,V}{10^{-2}\,A} - 160\,\Omega\right)}{6000\,\Omega - \frac{5\,V}{10^{-2}\,A} + 160\,\Omega}$$

$$R = 360\,\Omega$$

Man müßte also aus der Normreihe einen Widerstand von 330 Ω wählen, um mit Sicherheit mindestens $I_F = 10\,mA$ zu erreichen (Schaltung a in Bild 6.5). Für die „typische" Diode des *Siemens*-kopplers ergäbe sich bei dieser Dimensionierung ein $I_F = 11{,}8\,mA$.

Für Anwendungen, die höhere Geschwindigkeiten erfordern, könnte man die etwas schnellere DTL-Serie mit 2 kΩ Kollektorwiderstand einsetzen. Dann müßte der parallel zu schaltende Widerstand R gemäß Gl. (6.4) geändert werden auf

$$R = \frac{2000 \cdot (500 - 160)}{2000 - 500 + 160} = 409\,\Omega$$

Als genormter Widerstandswert käme also beispielsweise 390 Ω in Frage.

Bei den bisherigen Überlegungen wurde nur der Schaltzustand High in Betracht gezogen. Was geschieht aber nun, wenn die Schaltung in Bild 6.5a am Gatterausgang auf Low umschaltet?

Dann wird der Ausgangstransistor des Gatters durchgesteuert, und am Ausgang, d.h. hier über der LED, könnte im ungünstigsten Fall eine maximale Spannung von $U_{0L} = 0{,}45\,V$ (Sättigungsspannung) auftreten, die weit unter der Schwellenspannung der LED liegt, so daß $I_F = 0$ wird. Allerdings fließt durch den Ausgangstransistor selbst, von der Versorgungsspannung U_{cc} über die Widerstandsstrecke $R_L||R + R_{CE}$ nach Masse, ein Strom I_{CL}, der immer kleiner sein muß als der maximal zulässige Ausgangsstrom (untere Grenze innerhalb der DTL-Familie $I_{0\,max} = 30\,mA$). Nimmt man für das gewählte Zahlenbeispiel den ungünstigsten Fall mit $R_{CE} = 0$ an, dann errechnet sich I_{CL} zu

$$I_{CL} \approx \frac{U_{cc}}{R_L || R} = \frac{5\,V}{312\,\Omega} = 16\,mA,$$

eine durchaus zulässige Größenordnung.

Beispiel 2

> Die LED soll mit einem TTL-Gatter bei Ausgangspegel High aktiviert werden.

Sie muß dann aus gleichen Gründen auch hier zwischen den Punkten A und M (Bild 6.6b) angeschlossen werden. Da die *Pull-up*-Strecke bei High-Potential aber im Höchstfall einen Widerstand von 290 Ω darstellt, entfällt für $I_F = 10$ mA der in Beispiel 1 notwendige Parallelwiderstand (zwischen U_{cc}-Anschluß und A).
Statt dessen wird u.U. ein mit der LED in Reihe geschalteter Widerstand R_v notwendig, wie in Bild 6.5 b ersichtlich.
Dieser Widerstand errechnet sich aus der Beziehung

$$R_v \approx \frac{U_{cc}}{I_F} - (R_{\text{Pull-up}} + R_D) \qquad (6.5)$$

Somit erhält man bei $U_{cc} = 5$ V, $I_F = 10$ mA und $R_D = 160\ \Omega$ (Grenzdiode von CNY 22)

$$R_v = 500\ \Omega - (290\ \Omega + 160\ \Omega) = 50\ \Omega$$

(der in Bild 6.6b angegebene Widerstandswert von 68 Ω bezieht sich auf einen typischen *Pull-up*-Widerstand von 270 Ω).
Schaltet das Gatter auf Ausgangssignal Low, dann liegt auch hier im Höchstfall eine Spannung von $U_{0L} = 0{,}4$ V an der LED, so daß $I_F = 0$ wird.

Betrachtungen zur Belastung des Ausgangstransistors entfallen, da der *Pull-up*-Strecke hier kein zusätzlicher Widerstand parallel geschaltet wurde.

Beispiel 3

> Die LED soll mit einem Standard-DTL-Gatter bei Ausgangspegel Low aktiviert werden.

Schaltet man die LED mit einem Reihenwiderstand R_v zwischen die Anschlußpunkte U_{cc} und A (Bild 6.6a), dann fließt über die niederohmige Kollektor-Emitter-Strecke von T_1 ein Strom durch die LED nach Masse. Der notwendige Widerstand R_v ergibt sich aus der Überlegung, daß an der Reihenschaltung von R_v und LED die Spannung $U_{cc} - U_{0L}$ wirksam wird, so daß

$$I_F \approx \frac{U_{cc} - U_{0L}}{R_v + R_D} \qquad (6.6)$$

$$\text{oder } R_v \approx \frac{U_{cc} - U_{0L}}{I_F} - R_D \qquad (6.7)$$

Mit $U_{cc} = 5$ V, $U_{0L\,max} = 0{,}45$ V (maximale DTL-Ausgangsspannung bei Low-Zustand), $I_F = 10$ mA und $R_{D\,max} = 160\ \Omega$, wird

$$R_v \approx \frac{4{,}55\ \text{V}}{10^{-2}} - 160\ \Omega = 295\ \Omega$$

Gewählt wird also $R_v = 300\ \Omega$ (siehe Bild 6.5c). Das gleiche gilt dann auch für „schnelle" DTL-Schaltungen mit 2 kΩ Kollektorwiderstand.
Der durch den Ausganstransistor fließende Kollektorstrom im Low-Zustand ergibt sich im ungünstigsten Fall, d.h. für $R_{CE} = 0$ zu

$$I_{CL} \approx \frac{U_{cc}}{R_L || (R_v + R_D)} \qquad (6.8)$$

und daraus mit den gewählten Zahlenwerten für Standard-DTL

$$I_{CL} \approx \frac{5\ \text{V}}{6000\ \Omega || (300 + 160)\Omega} = 11{,}7\ \text{mA}$$

und für „schnelle" DTL

$$I_{CL} \approx \frac{5\ \text{V}}{2000\ \Omega || 460\ \Omega} = 13{,}4\ \text{mA}$$

Auch hier ist also die Bedingung $I_{CL} < I_{0\,max}$ erfüllt.
Schaltet nun das Gatter am Ausgang auf High, dann wird die Kollektor-Emitter-Strecke von T_1 hochohmig, so daß praktisch kein Strom mehr nach Masse fließen kann, womit $I_F = 0$.

Beispiel 4

> Die LED soll mit einem TTL-Gatter bei Ausgangspegel Low aktiviert werden.

In dieser Steuerschaltung unterscheidet sich das TTL-Gatter bezüglich der LED-Ansteuerung faktisch nicht von einer DTL-Schaltung (lediglich die $U_{0L\,max}$-Werte sind um den vernachlässigbaren Betrag von 50 mV verschieden voneinander, so daß die Schaltung aus Beispiel 3 (Bild 6.5c) auch für TTL-Gatter verwendet werden kann. Zwar wird in gängigen Applikationsberichten *(Litronix, Texas Instruments)* auch die Schaltung (d) in Bild 6.5 empfohlen, mit der man ebenfalls ca. 10 mA durch die LED erreicht. Die Notwendigkeit eines Parallelwiderstandes zur LED ist aber nicht so recht einzusehen, da er die Schaltung nur unnötig verteuert.

Zum Ansteuern mit TTL-Pegeln bei höheren Diodenströmen kann man dem Gatter einen Transistor gemäß Schaltungsversion (e) in Bild 6.5 nachschalten Den gleichen Effekt erzielt man auch mit einem TTL-Leistungsgatter entsprechend Schaltung (f).

Will man mit der Schaltung (e) beispielsweise einen Diodenstrom $I_F = 200$ mA erreichen (vorausgesetzt der Koppler läßt diesen Strom zu), und entnimmt man den Datenblättern $U_F + U_{CE} \approx 2$ V, dann muß für $U_{cc} = 5$ V der erforderliche Widerstand

$$R = \frac{5\,\text{V} - 2\,\text{V}}{200\,\text{mA}} = 15\,\Omega$$

werden.

Die Schaltzeiten des Optokopplers werden in der Regel vom Detektorteil bestimmt, weil die sehr geringen Werte von Sperrschichtkapazität und Durchlaßwiderstand der LED eine Grenzfrequenz ergeben, die wesentlich höher liegt (Größenbereich 50 MHz) als die des Detektorteils (einige kHz bis maximal 10 MHz).

Auf Schaltzeitbetrachtungen kann man deshalb bei **Senderschaltungen** verzichten.

6.3.1.2. Senderschaltungen für analoge Signalübertragung

Da beim Optokoppler der Eingang immer aus einer (niederohmigen) LED besteht, ist, wie bereits erwähnt, nur eine Stromsteuerung möglich und somit eine **lineare Großsignalübertragung** von vornherein ausgeschlossen.
Beim **linearen Übertragen analoger Signale** handelt es sich deshalb immer um sogen. **Kleinsignalübertragung,** bei der die maximalen Spannungshübe am Optokopplereingang je nach akzeptierbarem Klirrfaktor bei etwa 1 bis 10% der jeweiligen **Arbeitspunktspannung** liegen dürften.

Damit eine **lineare Kleinsignalübertragung** möglich wird, muß man der Diode einen **Vorstrom** (Gleichstrom) in Durchlaßrichtung **aufprägen** (gewöhnlich 5 mA bis etwa 20 mA) und diesen dann mit dem Analogsignal **modulieren,** d.h. um diesen **Arbeitspunkt** herum aussteuern.

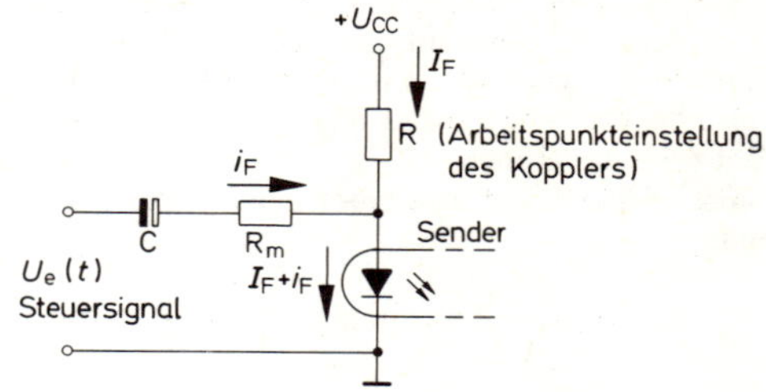

Bild 6.7 Sendergrundschaltung zum direkten Modulieren einer LED

Als **Senderschaltung** bieten sich für diesen Zweck verschiedene Möglichkeiten an, die je nach gewünschtem Klirrfaktor und/oder Fremdspannungsabstand sehr unterschiedlichen Aufwand erfordern können.
Die einfachste **Modulationsschaltung** zeigt Bild 6.7. Der erforderliche Vorstrom **(Arbeitspunkt)** wird mit dem Widerstand R eingestellt (er kann beispielsweise aus einem festen und einem veränderlichen Widerstand in Serie bestehen, mit dem sich auf minimalen Klirrfaktor abgleichen läßt; das **Festlegen des optimalen Arbeitspunktes** wird nämlich bei allen Kopplerschaltungen in der Regel **auf der Senderseite** vorgenommen, weil bei Einstellungen auf der Empfängerseite meist Spannungsfrequenzgang und Aussteuerfähigkeit ungünstig beeinflußt werden).
Für die Grobeinstellung errechnet sich R zu

$$R \approx \frac{U_{cc} - U_F}{I_F} \tag{6.9}$$

Da man modulationsseitig nur mit Stromsteuerung arbeiten kann – will man den Klirrfaktor möglichst gering halten – sollte der Widerstand R_m sehr groß sein gegenüber dem dynamischen Innenwiderstand der LED (mindestens 100mal so groß). Dann wird der Eingangswiderstand des

Modulationseinganges $R_e \approx R_m$ und damit der der Senderdiode aufgeprägte Modulationsstrom

$$i_F \approx \frac{u_e}{R_m} \qquad (6.10)$$

Diese Schaltung wird von den Herstellern beispielsweise als Meßschaltung benutzt, um den Ausgangsstrom in Abhängigkeit von der Frequenz aufzutragen.
Bessere Ergebnisse einer **linearen Modulation** der Senderdiode können mit einem **Differenzverstärker** erreicht werden (Bild 6.8). Da sich bei einem solchen Verstärker die Differenzspannung zwischen den beiden Kollektoren der Transistoren T_1 und T_2 direkt proportional zur Eingangsspannung u_e ändert, wird der Modulationsstrom i_F durch die Diode unmittelbar von dieser Spannungsdifferenz bestimmt.
Oft werden als Senderschaltungen auch stromgegengekoppelte Transistorverstärker in Emitterschaltung eingesetzt, wobei die LED entweder in der Kollektorleitung (Bild 6.9a) oder in der Emitterleitung (Bild 6.9b) liegen kann. Für solche Schaltungen gelten bezüglich Emitter- und Kollektorstrom (und damit für den Diodenstrom $I_F + i_F$) wie auch für alle anderen Parameter die gleichen Beziehungen, die auch für normale Verstärkerschaltungen dieser Art Gültigkeit haben, da der Innenwiderstand der LED in Durchlaßrichtung vernachlässigt werden kann. In den Schaltungen 6.9 liegen von den Eingangsklemmen her gesehen die Widerstände R_1, R_2 des Basisspannungsteilers dem (normalerweise sehr hohen) Transistoreingangswiderstand ($r_e \approx h_{21e} \cdot R_E$) parallel, was den wirksamen Gesamteingangswiderstand r_e' (der den steuernden Generator belastet entsprechend $r_e' \approx r_e \frac{R_1 \cdot R_2}{R_1 + R_2}$)

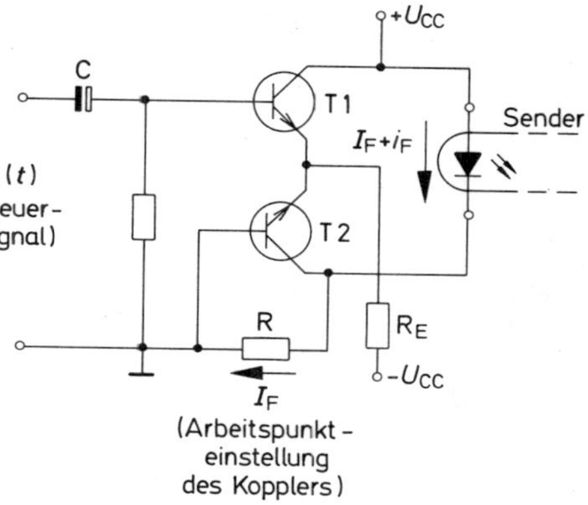

Bild 6.8 Lineare Modulationsschaltung mit Differenzverstärker

auf einen Wert im Größenbereich einiger 10 kΩ oder weniger reduziert.

Solange der Innenwiderstand R_g des steuernden Generators sehr klein ist, genügt eine solche Schaltung. Bei relativ großem R_g kann es aber notwendig werden, in der Senderschaltung den Eingangswiderstand der Verstärkerstufe zu erhöhen. Das läßt sich beispielsweise mit dem sogen. *Bootstrapping* erreichen, bei dem der Spannungsteilerpunkt des Basisspannungsteilers wechselstrommäßig (d.h. über einen Kondensator) mit dem Emitter verbunden wird, während man die Basis über einen zusätzlichen Widerstand R_3 an den Spannungsteilerpunkt legt. Eine entsprechende Schaltung zeigt Bild 6.10. Darin liegen

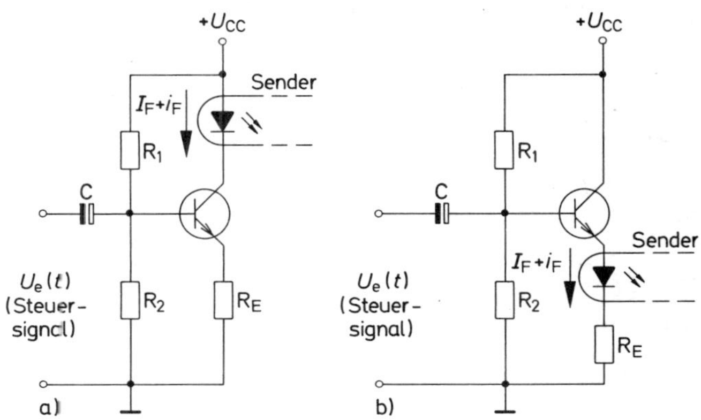

Bild 6.9 Modulationsschaltung mit einer stromgegengekoppelten Verstärkerstufe in Emitterschaltung
a) LED in die Kollektorleitung geschaltet
b) LED in die Emitterleitung geschaltet

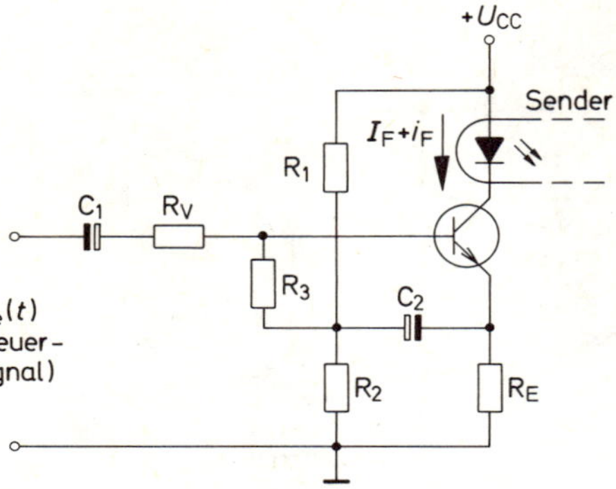

Bild 6.10 Modulationsschaltung mit hohem Eingangswiderstand, der durch Bootstrapping *erreicht wird*

wechselstrommäßig R_1 und R_2 parallel zum Emitterwiderstand R_E, während R_3 parallel zur Basis-Emitter-Strecke liegt, so daß er wie dessen Widerstand infolge der Gegenkopplung heraufransformiert wird auf einen Widerstandswert $\left(R'_3 = \frac{R_3}{1-k}\right.$ mit k etwas kleiner als 1, z.B. 0,95), der erheblich größer ist als der Eingangswiderstand des Transistors, so daß der wirksame Gesamteingangswiderstand r'_e bei dieser Schaltung im wesentlichen vom Eingangswiderstand r_e des Transistors in Emitterschaltung bestimmt wird. Den Modulationsstrom i_F durch die LED erhält man in Näherung als

$$i_F \approx \frac{u_e}{R_E} \qquad (6.11)$$

(*Siemens* gibt für eine solche Senderschaltung mit ihrem Optokoppler CNY 17 bei einer Betriebsspannung von $U_{cc} = 6$ V beispielsweise folgende Bemessungswerte an [20]: $C_1 = 1\ \mu$F, $C_2 = 10\ \mu$F, $R_V = 1$ kΩ, $R_1 = R_2 = 10$ kΩ, $R_3 = 3{,}3$ kΩ und $R_E = 100\ \Omega + 1\ \text{k}\Omega_{(\text{variabel})}$ zum Einstellen des Arbeitspunktes. Daraus resultiert ein wirksamer Eingangswiderstand von $r'_e \approx 50$ kΩ).

Mit mehrstufigen Verstärkern, bei deren Dimensionierung man ebenfalls wie beim Aufbau üblicher Verstärkerschaltungen verfahren kann, lassen sich Senderschaltungen mit noch höherem Eingangswiderstand und entsprechend größerer Verstärkung konzipieren, so daß für alle Anwendungsbereiche linearer Übertragung die bekannten Verfahren der Verstärkertechnik ausreichen.

6.3.2. Empfängerschaltungen

Wie bereits erwähnt, bestimmt die Art des **Detektors** beim **Koppelelement** im wesentlichen den Einsatzbereich, für den der jeweils verfügbare Optokoppler geeignet ist. Die in diesem Zusammenhang gebräuchlichsten, von verschiedenen Halbleiterherstellern angebotenen **Kopplertypen** sind in Tafel 6.1 zusammengefaßt. Will man davon jene Detektorkombinationen, die auch für analoge Anwendungen geeignet sind, nach bestimmten Einsatzkriterien ordnen, bieten sich unterschiedliche Möglichkeiten an, von denen die Ordnungskriterien „obere Grenzfrequenz“ und „Gleichstrom-Übertragungsverhältnis“ (*CTR*-Wert) die für den Praktiker wohl wichtigsten sein dürften. Abhängig ist die **Grenzfrequenz** immer von der Ansprechzeit (wirksame Kapazitäten) des verwendeten Detektors und seiner externen Beschaltung, außerdem von der Ansprechschwelle der LED und in geringerem Maße auch (meist vernachlässigbar) von der Koppelkapazität zwischen Sender und Empfänger. Mittelbar sind aber auch gewünschter **CTR-Wert** und erreichbare Grenzfrequenz aneinander gekoppelt, d.h., mit einer **hohen Grenzfrequenz** geht im allgemeinen ein **geringer CTR-Wert** einher und umgekehrt.

Aus dieser Sicht bieten sich dem Schaltungsentwickler (zusätzliche Verstärkerelemente nicht in Betracht gezogen) zwei Grundtypen von Optokopplern an:

a) die Kopplerkombination LED/Fotodiode für sehr hohe Grenzfrequenzen (MHz-Bereich, aber kleines *CTR*),
b) die Kombination LED/Fototransistor für hohe *CTR*-Werte (niedrige Grenzfrequenz im kHz-Bereich).

Eine Kompromißmöglichkeit zwischen beiden Typen bieten Optokoppler, bei denen die Basis des Fototransistors einen seperaten Anschluß hat. Damit läßt sich nämlich der Detektor wahlweise als Fotodiode schalten (Emitter bleibt offen → hohe Grenzfrequenz) oder als Fototransistor (hoher *CTR*-Wert). Außerdem sind Kompromißlösungen zwischen beiden Extremwerten einstellbar (Grenzfrequenzen bei einigen 100 kHz), wenn man einen geeigneten Widerstand zwischen herausgeführte Basis und Emitter des Fototransistors schaltet.

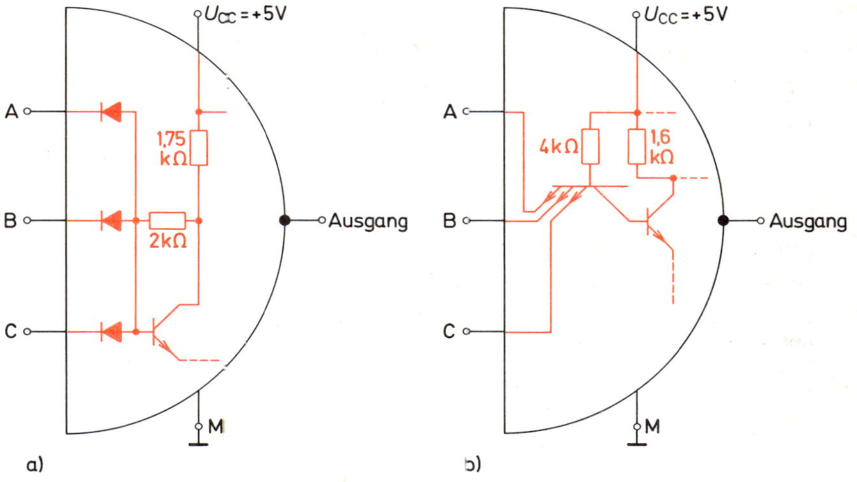

Bild 6.11 Die wichtigsten Eingangsschaltungen logischer Gatter
a) DTL-Schaltung der Serie 930
b) TTL-Schaltung der Serie 7400

Diese für den Schaltungsentwickler wichtigen Varianten werden im folgenden ausführlich behandelt.
Zunächst aber muß noch auf ein anderes Problem der Empfängerschaltungen eingegangen werden, das, unabhängig vom Detektortyp (ausgenommen Fotothyristor), für alle Arten von Optokopplern von Belang ist: auf die Bedingungen, die das Ausgangssignal eines Optokopplers erfüllen muß, wenn man damit DTL/TTL-Schaltungen ansteuern will.

6.3.2.1. Bedingungen für DTL/TTL-Kompatibilität von Optokopplerausgangssignalen

Will man mit einem Optokoppler DTL/TTL-Schaltungen ansteuern[1], müssen die steuernden Impulse bestimmte **statische** und **dynamische Bedingungen** erfüllen. Da hier die gängigen Nand-Gatter in DTL/TTL-Technik betrachtet werden sollen, seien zuerst noch einmal die logischen Funktionen solcher Gatter rekapituliert:

a) Low-Zustand am Ausgang tritt dann ein, wenn **alle Eingänge** High-Potential haben (oder offen bleiben);
b) High-Zustand am Ausgang tritt dann ein, wenn mindestens **ein Eingang** mit Low-Potential angesteuert wird.

Dabei ist die Amplitude des Gatter-Ausgangssignals unabhängig von der **absoluten** Größe des Eingangssignals; sie ist nur abhängig davon, ob das jeweilige Eingangssignal eine bestimmte **Eingangsschwellspannung unter- bzw. überschritten hat.** Die statischen Größen (zulässige Spannungen und Ströme) ergeben sich aus dem inneren Aufbau der jeweiligen Eingangsstufe des logischen Gatters (für DTL und TTL siehe Bild 6.11), und zwar erfordern die genannten Schaltungen das Einhalten folgender Bedingungen:
Als Low-Signal (bei DTL mit U_F, bei TTL als U_{IL} bezeichnet) sind am Gattereingang zulässig

für DTL $U_F \leqq 1{,}1$ V
(nicht mit dem U_F der LED verwechseln!)
Für TTL $U_{IL} \leqq 0{,}8$ V

Für High-Signale (bei DTL mit U_R, bei TTL mit U_{IH} bezeichnet) gelten die Grenzen

bei DTL $U_R \geqq 1{,}9$ V (max. U_{cc})
bei TTL $U_{IH} \geqq 2{,}0$ V (max. U_{cc}).

Amplituden, die zwischen diesen Pegeln auftreten (zwischen 1,1 V und 1,9 V bei DTL bzw. zwischen 0,8 V und 2,0 V bei TTL), sind als Eingangssignal am Gatter **unzulässig.**
Neben den genannten Steuerpegeln stellt jeder Eingang einer Gatterschaltung für die steuernde Quelle außerdem eine **Belastung** dar, d.h., im jeweiligen Schaltzustand muß die Steuerquelle in der Lage sein, einen bestimmten Maximalstrom

[1] Auch hier sollen als „Musterbeispiel" nur die am häufigsten in der Praxis verwendeten DTL- und TTL-Nand-Gatter der 930er- bzw. 7400er-Serie betrachtet werden. Für andere Logikschaltungen sind die Ansteuerbedingungen, den Daten dieser Schaltungen entsprechend, sinngemäß abzuwandeln.

abzugeben (Quellenstrom) bzw. aufzunehmen (Sinkstrom), nämlich:
bei Gattereingang High fließt **in das Gatter hinein** ein maximaler Strom von

$$I_{\mathrm{IH\,max}} = 40\ \mu\mathrm{A} \quad \text{bei TTL}$$
$$\text{und} \quad I_{\mathrm{R}} \doteq 5\ \mu\mathrm{A} \quad \text{bei DTL.}$$

Bei Gattereingang Low fließt **aus dem Eingang heraus** ein maximaler Strom von

$$-I_{\mathrm{IL\,max}} = 1{,}6\ \mathrm{mA} \quad \text{bei TTL}$$
$$\text{und} \quad -I_{\mathrm{F}} = 1{,}4\ \mathrm{mA} \quad \text{bei DTL}$$

(nicht mit dem I_{F} der LED verwechseln!)

Wie die Zahlenangaben zeigen, liegen alle zulässigen Grenzwerte der DTL-Schaltungen **innerhalb** der für TTL-Schaltungen gültigen Grenzbereiche. Man kann deshalb davon ausgehen, daß sich alle Steuerschaltungen, mit denen man eine TTL-Logik ansteuern kann, gleichzeitig auch für DTL-Schaltungen eignen. Bezüglich der **Steuerpegel** braucht man also die Steuerschaltung nur für TTL-Kompatibilität auszulegen.
Gleichermaßen wichtig wie die statischen Grenzwerte sind für das einwandfreie Arbeiten anzusteuernder Gatter auch bestimmte **dynamische Bedingungen,** auf deren Einhalten zumal dann zu achten ist, wenn solche Gatter von systemfremden Quellen (z.B. Optokopplern) gesteuert werden sollen. Leider wird das in manchen veröffentlichten Applikationsberichten geflissentlich übersehen, so daß der Benutzer solcher Schaltungen dann u.U. in arge Schwierigkeiten geraten kann.
Besonders **kritische Parameter** sind in diesem Zusammenhang die **Anstiegs- und Abfallzeiten** ($t_{\mathrm{r}}, t_{\mathrm{f}}$) **der Eingangssignale,** da das Gatter bei zu geringer Flankensteilheit des ansteuernden Signals beim Durchsteuern des aktiven Bereichs (Bereich zwischen den beiden Schaltpunkten) in Selbsterregung geraten **kann** (wegen des bei solchen Gattern hohen Produktes „Bandbreite mal Verstärkung").
Für praktische Zwecke seien im folgenden nur die Grenzen für TTL-Gatter angegeben, da deren dynamische Anforderungen die DTL-Gatter mit einschließen.
Für die hier betrachteten Gatter, die keine dynamischen Elemente wie Flipflops u.ä. enthalten, werden von einigen Herstellern als zulässige Anstiegs- und Abfallzeiten im allgemeinen

$$t_{\mathrm{r}}, t_{\mathrm{f}} \leqq 1\ \mu\mathrm{s}$$

angegeben. An anderer Stelle dagegen findet man wesentlich „schärfere" Forderungen für TTL-Schaltungen, die besagen, daß die Flankensteilheit der Steuerimpulse

$$S_{\mathrm{tr,tf}} \geqq 5\ \mathrm{mV/ns}$$

sein muß, **will man mit Sicherheit einer Schwinggefahr aus dem Wege gehen.** Da Anstiegs- und Abfallzeit als Zeitspanne zwischen 10% und 90% der minimalen High-Signalamplitude definiert sind, lassen sich daraus als zulässige Werte ermitteln

$$t_{\mathrm{r}}, t_{\mathrm{f}} \leqq \frac{0{,}8 \cdot U_{\mathrm{IH\,min}}}{S_{\mathrm{tr,tf}}} \tag{6.12}$$

für $U_{\mathrm{IH}} = 2$ V demnach

$$t_{\mathrm{r}}, t_{\mathrm{f}} \leqq \frac{0{,}8 \cdot 2\ \mathrm{V}}{5 \cdot 10^{-3}\ \mathrm{V/s}} = 320\ \mathrm{ns}$$

Wenn immer also 320 ns **unter**schritten werden, befindet man sich, auch für ungünstigste Betriebsbedingungen, im „sicheren" Bereich.
(Für andere TTL-Schaltungen als die genannten Gatter gelten u.U. noch wesentlich kürzere Anstiegs- und Abfallzeiten als Forderungen für steuernde Impulse; so z.B. für Master-Slave-Flipflops und MSI-Schaltungen wie Zähler und Schieberegister $t_{\mathrm{r}}, t_{\mathrm{f}} \leqq 100$ ns, oder für Flankengetriggerte Flipflops $t_{\mathrm{r}}, t_{\mathrm{f}} \leqq 50$ ns.)
Die **Verzögerungszeiten der DTL/TTL-Gatter** liegen zwischen etwa 5 ns und 30 ns bei TTL-Schaltungen und um etwa den Faktor 2,5 höher bei DTL-Schaltungen. Will man die Schaltgeschwindigkeiten dieser Gatter voll ausnutzen, müssen auch die Verzögerungszeiten der steuernden Impulse entsprechend niedrig liegen.

Wenn immer also die vom Optokoppler gelieferten Impulse in der Amplitude zu gering und/oder bezüglich der Impulsflanke nicht steil genug sind, um DTL/TTL-Kompatibilität zu gewährleisten, muß zwischen Optokoppler und zu steuerndes Gatter ein **Impulsformer** geschaltet werden.

6.3.2.2. Empfängerschaltungen mit Fotodiode

> Die höchsten Grenzfrequenzen und maximal möglichen Impulsfolgefrequenzen bei Optokopplern ohne (integrierte oder externe) Zusatzschaltungen lassen sich mit einer **Fotodiode als Empfänger** erreichen.

Dabei gibt es für den Schaltungsentwickler grundsätzlich zwei Möglichkeiten:

a) Verwendung einer **Kombination LED/Fotodiode.** Koppler dieser Art sind gewöhnlich mit einer pin-Fotodiode aufgebaut (Anstiegs- und Abfallzeiten im ns-Bereich) und ermöglichen Grenzfrequenzen bis nahe 10 MHz. Sie werden allerdings nur von wenigen Herstellern (z.B. *Monsanto, Hewlett-Packardt, Optron)* angeboten;

b) Verwendung einer **Kombination LED/Fototransistor** *mit herausgeführter Basis,* bei der man den **Transistor als Diode** schaltet (Verwendung der Basis-Kollektor-Strecke, Emitter bleibt unbeschaltet!). Die erreichbare Grenzfrequenz vermindert sich dabei gegenüber der pin-Fotodiodenkombination um einige MHz wegen der größeren Sensorkapazität (Zeitkonstante des Ausgangskreises $= R_L \cdot C_{cb}$).

Die **hohe Grenzfrequenz** bei beiden Kopplervarianten wird mit einem **sehr geringen Gleichstrom-Übertragungsverhältnis** (typ. 0,1 bis 0,2%) erkauft, so daß in jedem Fall eine breitbandige Verstärkung des Ausgangssignals notwendig wird, entweder mit einem externen Transistorverstärker oder mit einer Verstärkerstufe auf dem gleichen Chip (siehe unter 6.3.2.5).

6.3.2.2.1. Fotodioden- oder Fotoelementbetrieb

Fotodioden und **Fotoelemente** sind physikalisch gesehen gleiche Bauelemente, nämlich Halbleiter mit einem pn-Übergang. Sie unterscheiden sich im Prinzip nur durch ihre **voneinander abweichende äußere Beschaltung,** so daß man auch die unter 6.3.2.2a und b beschriebenen Kopplerkombinationen entweder im **Dioden-** oder im **Elementbetrieb** einsetzen kann:

Wird der **pn-Übergang des Fotoempfängers in Sperrichtung** betrieben (Lastwiderstand R_L in Reihe mit der Diode, positives Potential an der n-Schicht bzw. an der Katode, siehe Bild 6.12), dann

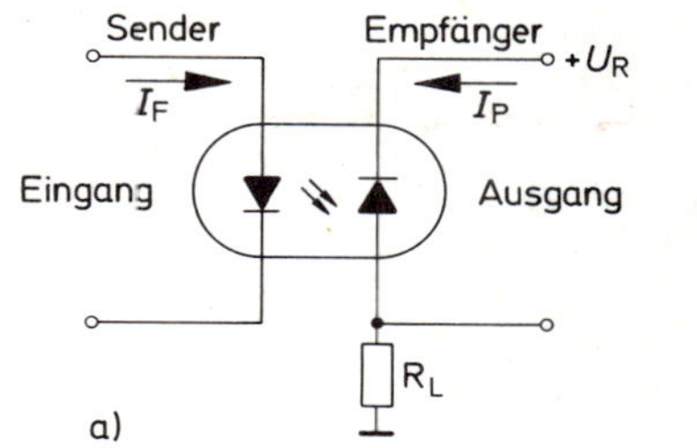

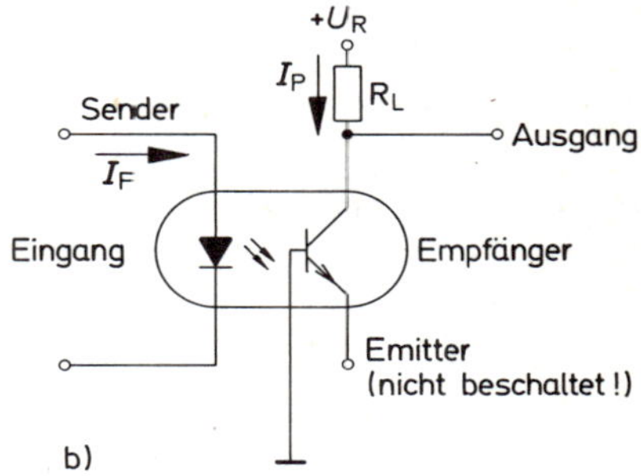

Bild 6.12 Optokopplerschaltungen, bei denen der Detektor im Diodenbetrieb arbeiten soll, erfordern eine Betriebsspannung U_R (Sperrspannung), die an der Reihenschaltung von Diode und Belastungswiderstand liegt
a) Kombination LED/Fotodiode
b) Kombination LED/Fototransistor, bei der die Basis-Kollektor-Sperrschicht als Diode eingesetzt wird

liegt **Diodenbetrieb** vor. (Während also die Senderdiode des Optokopplers in **Durchlaßrichtung** betrieben wird, arbeitet die Empfängerdiode immer in **Sperrichtung,** d.h., der Sperrstrom ändert sich in Abhängigkeit vom Strahlungsfluß.)

Arbeitet man dagegen ohne Vorspannung und **schließt den pn-Übergang mit dem Lastwiderstand R_L ab** (parallel zur Diode, siehe Bild 6.13), dann erhält man **Elementbetrieb,** d.h., bei Bestrahlung der Diode (Strom durch LED) fließt ein Fotostrom I_p, der einen Spannungsabfall $U_p = I_p \cdot R_L$ am Lastwiderstand zur Folge hat.

Die charakteristischen Kennlinien beider Betriebsarten zeigt Bild 6.14, in dem das prinzipielle **Kennlinienfeld eines fotoempfindlichen pn-Übergangs** dargestellt ist. Mit dem Strahlungsfluß Φ als Parameter erhält man im 3. Quadranten

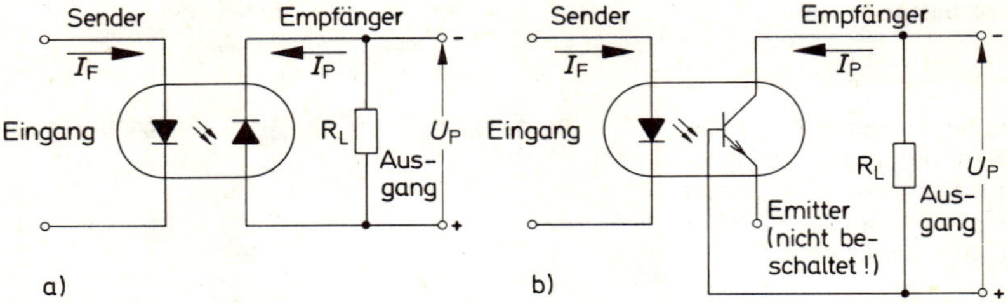

Bild 6.13 Schaltet man den Lastwiderstand ohne Vorspannung parallel zur Ausgangsdiode, dann arbeitet der Optokoppler im Fotoelementbetrieb
a) Kombination LED/Fotodiode
b) Kombination LED/Fototransistor, mit Basis/Kollektor-Sperrschicht als Diode geschaltet

Bild 6.14 Typisches (statisches) Kennlinienfeld eines fotoempfindlichen pn-Übergangs mit dem Strahlungsfluß Φ als Parameter

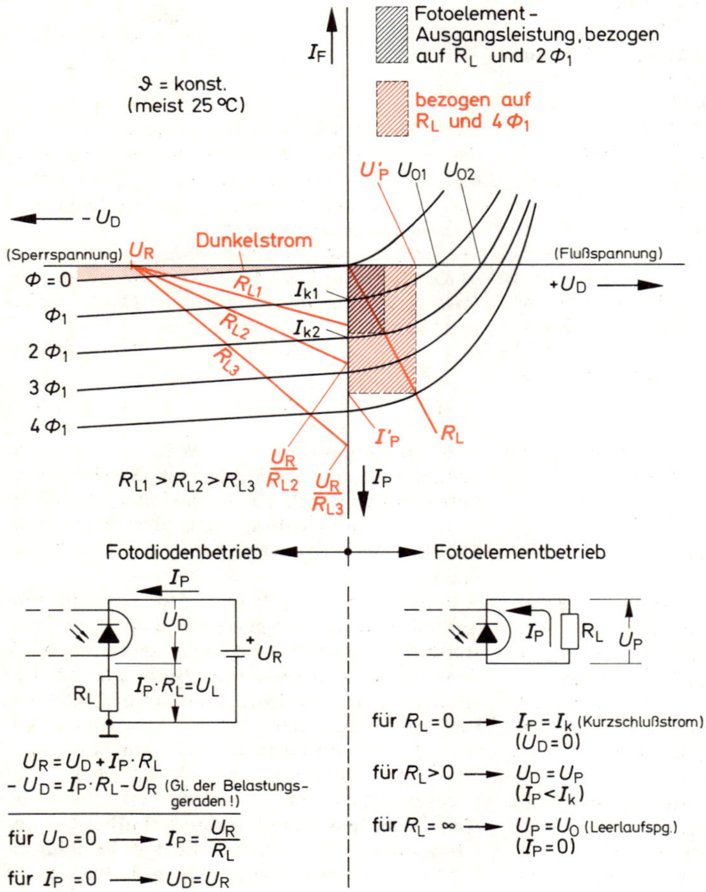

den Strom-Spannungs-Zusammenhang in Sperrrichtung. Darin zeigt sich, daß der Kurzschlußstrom I_K (Schnittpunkte der Kennlinien mit der Ordinate: $U = 0$) dem Strahlungsfluß Φ (und damit beim Fotokoppler *in grober Näherung* auch dem Durchlaßstrom I_F der LED) proportional ist. Betreibt man den pn-Übergang gemäß Bild 6.14 als **Fotodiode** (im 3. Quadranten des Kennlinienfeldes), so erkennt man an der Lage der drei unterschiedlichen Belastungsgeraden (gleiche Spannung U_R gewählt!), daß selbst bei hohem Arbeitswiderstand R_L in guter Näherung noch Proportionalität zwischen Φ und dem Spannungsabfall über dem Widerstand gegeben ist, so daß man einen relativ großen Arbeitswiderstand verwenden kann.

Die Kennlinien im 4. Quadranten kennzeichnen den Betriebszustand als **Fotoelement.** Die Schnittpunkte der Kennlinien mit der Abszisse entsprechen der Leerlaufspannung U_0 ($R_L = \infty$, $I = 0$), die nicht proportional, sondern logarithmisch mit dem Strahlungsfluß Φ steigt. Dabei ist die abgegebene **Leistung des Fotoelements** bei einem bestimmten Strahlungsfluß Φ und gegebener Widerstandsgerade R_L der jeweils zugehörigen schraffierten Fläche proportional. Will man also bei gegebenem Strahlungsfluß Φ eine maximale Ausgangsleistung erreichen, dann muß der Arbeitswiderstand R_L so gewählt werden, daß die schraffierte Fläche ein Maximum wird. (Man spricht in diesem Fall von **Anpassung!**)

Bezogen auf die optoelektronischen Koppelelemente als Ganzes gelten qualitativ die gleichen Betrachtungen. Nur ist dann als Parameterwert nicht der Strahlungsfluß Φ, sondern der Durchlaßstrom I_F der Senderdiode aufgetragen. Auch findet man in den Datenblättern nicht den in Bild 6.14 gewählten „normalen Verlauf" der Diodenkennlinien, sondern eine an die Transistorausgangskennlinien angelehnte Darstellungsform gemäß Bild 6.15, ganz einfach deshalb, weil beim Optokoppler **LED/Fotodiode** das Arbeiten im Sperrbereich der Ausgangsdiode den „Normalbetriebsfall" darstellt. Die hier im Kennlinienfeld eingetragenen roten Widerstands- bzw. Belastungsgeraden kennzeichnen die zu Bild 6.14 analogen Betriebszustände.

Der Verlauf der **Übertragungskennlinien** (Ausgangsspannung U_L als Funktion des Eingangsstromes I_F) hängt von der Größe des jeweiligen Arbeitswiderstandes ab. Man ermittelt die Übertragungskennlinie für einen gewählten Lastwiderstand R_L auf gleiche Weise aus den Schnittpunkten der Belastungsgeraden mit dem statischen Kennlinienfeld (hier $I_{p(stat.)} = f(U_D)$, das mit den Schnittpunkten der Belastungsgeraden zu $I_{p(dyn.)}$ führt bzw. zu $I_{p(dyn.)} \cdot R_L = U_L = f(I_F)$) wie man es vom Ermitteln der Steuerkennlinie einer normalen Transistorverstärkerstufe her gewohnt ist.

Die Anstiegszeit der Ausgangssignalspannung im Fotoelementbetrieb hängt (neben der Sperrschichtkapazität) im wesentlichen von der Größe des Arbeitswiderstandes ab, wobei man (überschlägige Rechnung!) zwei Grenzfälle unterscheiden kann (siehe auch Kap. 4.2.2):

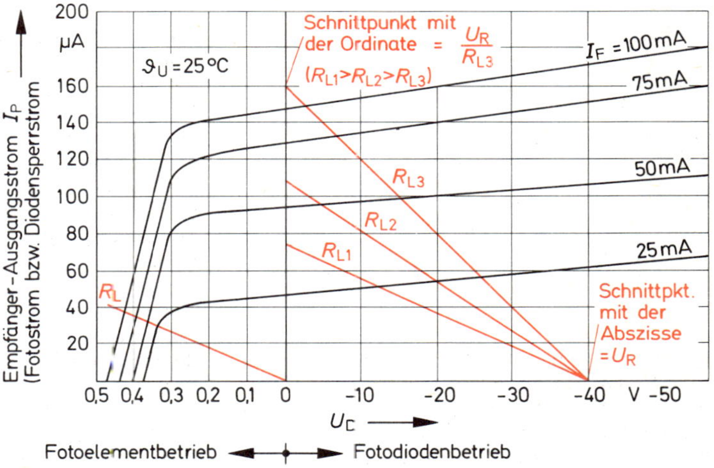

Bild 6.15 Typisches (statisches) Kennlinienfeld einer Optokopplerkombination LED/Fotodiode mit dem Eingangsstrom (LED-Durchlaßstrom I_F) als Parameter (Optokoppler MCD 1 von Monsanto*)*

a) Beim Arbeiten in der Nähe des Kurzschlußbetriebes steigt die Spannung etwa mit der Zeitkonstanten

$$\tau_r = R_L \cdot C_j \qquad (6.13)$$

an, entsprechend der Aufladung eines Kondensators über einen Widerstand bei konstanter Quellenspannung.
(C_j = Sperrschichtkapazität des Fotoelements, die bei Si-Fotoelementen, wie sie in Optokopplern verwendet werden, etwa 100 pF je mm^2 lichtempfindlicher Fläche beträgt);
b) Beim Arbeiten in der Nähe des Leerlaufbetriebes (= Aufladen eines Kondensators mit eingeprägtem, konstantem Strom) folgt die Anstiegszeit t_r des Ausgangssignals U_p der Funktion

$$t_r = \frac{U_p \cdot C_j}{I_K} \qquad (6.14)$$

Der **Abfall der Signalausgangsspannung** folgt in beiden Fällen der Zeitkonstanten $\tau_f = R \cdot C_j$ (vgl. Kap. 4.2.2). Die Koppelkapazität zwischen Sender und Empfänger ist in der Regel < 1 pF, so daß ihr Einfluß in diesem Zusammenhang vernachlässigt werden kann.
Zur **Anwendung beider Betriebsarten** läßt sich folgendes sagen:

Der **Diodenbetrieb** kommt vor allem für **schnelle Digitalschaltungen** in Frage.

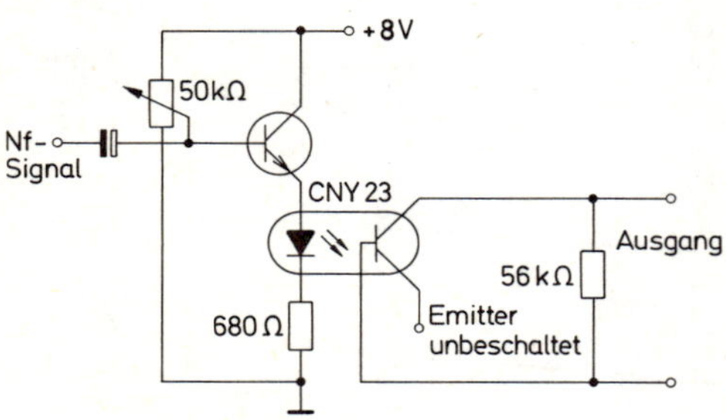

Bild 6.16 Verzerrungsarme Optokopplerschaltung (Valvo) im Fotoelementbetrieb zum Übertragen analoger Signale (der 50-kΩ-Einstellwiderstand ermöglicht das Abgleichen des Arbeitspunktes auf minimalen Klirrfaktor)

Schaltungen zur analogen Signalübertragung im üblichen Frequenzbereich lassen sich wirtschaftlich meist besser mit einer Kombination LED/Fototransistor realisieren.

Der **Elementbetrieb** ist im wesentlichen für analoge Signalübertragungen dort von Vorteil, wo eine externe Spannungsversorgung für den Optokoppler nicht verfügbar ist.

Das wäre beispielsweise dann gegeben, wenn man das Tonsignal aus einem Fernsehgerät auskoppeln will, um damit direkt auf den Eingang eines Tonbandgerätes oder eines Kassettenrekorders zu gehen. Eine verzerrungsarme Schaltung dieser Art mit dem *Valvo*-Optokoppler CNY 23 gibt Bild 6.16 wieder. Mit ihr erhält man eine Ausgangsspannung von rd. 100 mV_{eff} bei einer Modulationsspannung von etwa 1 V am (Verstärker-)Eingang. Als 3-dB-Grenzfrequenz werden für diese Schaltung 27 kHz angegeben [102].

6.3.2.2.2. Ansteuerung von DTL/TTL mit Fotodiodenausgang des Optokopplers

Soll die Fotodiode eine TTL- oder DTL-Schaltung treiben, müssen die Strom- und vor allem die Spannungsverhältnisse dieser Logikschaltungen im High- bzw. Low-Zustand, wie sie in Kap. 6.3.2.1 dargelegt wurden, beachtet werden. Während der Fotodiodenausgang die dynamischen Erfordernisse in vielen Fällen erfüllen könnte, sind die statischen nur bei externer Verstärkung erreichbar.
Prinzipiell eignen sich deshalb **Optokoppler mit Fotodiodenausgang nicht** zum **direkten Ansteuern** von Nand-Gattern. Man muß also immer geeignete Koppelstufen (Verstärkerschaltungen, Impulsformer) dazwischenschalten. Einige solcher Koppelstufen mit dem *Monsanto*-Optokoppler MCD 2 nebst zugehöriger Schaltzeiten [169] sind in Tafel 6.3 zusammengefaßt (sie eignen sich prinzipiell auch für andere Kopplertypen mit Diodenausgang, wenn man die jeweiligen Betriebswerte beachtet):
In Schaltung (a) wird ein direkt gekoppelter Verstärker verwendet. Hat das steuernde Nand-Gatter Low-Potential am Ausgang, wird die LED des Optokopplers aktiviert. Die Empfängerdiode steuert damit T_1 durch, womit T_2 in die Sättigung gelangt, was zu Low-Potential am Ausgang führt. Als Ausgangstransistor kann man in dieser Schaltung praktisch jeden „schnellen" Schalttransistor

Schaltung	Schaltzeichen			
	t_r	t_f	t_d	t_s
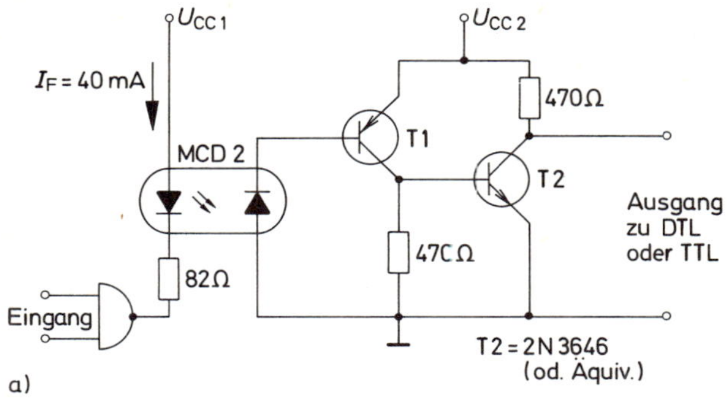 a)	50 ns	30 ns	200 ns	140 ns
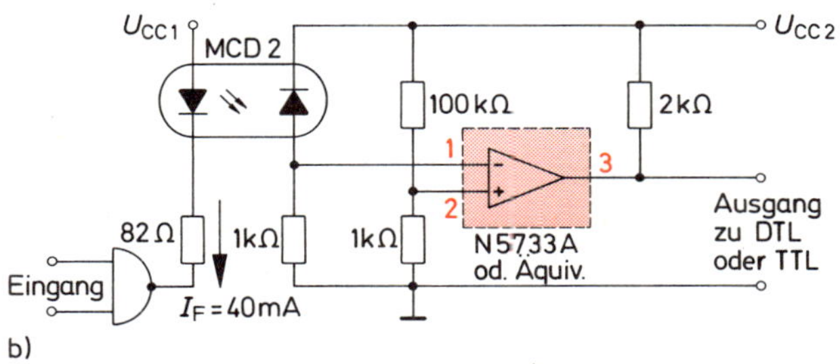 b)	20 ns	40 ns	100 ns	150 ns
Gleiche Schaltung wie b), aber Videoverstärker N 5733 A ersetzt mit Analog-Komparator NE 526 A (od. Äquiv.) 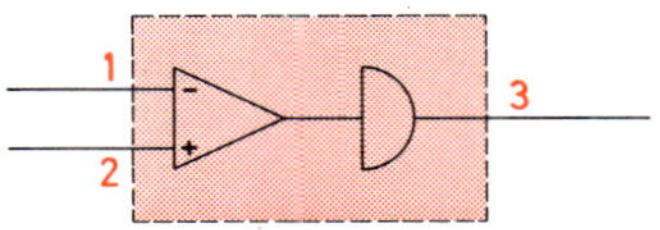 c)	20 ns	20 ns	120 ns	100 ns

Tafel 6.3 Interfaceschaltungen für Optokoppler mit Diodenausgang
a) Koppelschaltung Optokoppler MCD 2 *(Monsanto)* auf DTL- oder TTL-NAND-Gatter
b) MCD 2-Auskopplung über Differential-Breitband-Videoverstärker
c) MCD 2-Auskopplung über Analog-Komparator

(siehe „dynamische Ansteuerbedingungen") verwenden, der bei gewähltem U_{cc2} und R_L die Bedingung $U_{CE\,sat} \leqq 0{,}8$ V erfüllt und einen Mindestlaststrom von 1,6 mA aufnehmen kann. Bei gesperrtem Transistor T_2 liegt nahezu volles U_{cc2}-Potential als High-Pegel am Ausgang.

In Schaltung (b) arbeitet der Optokopplerausgang auf einen Differential-Breitbandverstärker, der typisch 3,5 mA Laststrom (Sinkstrom) aufnehmen kann.

Litronix gibt für ihren Optokoppler ILT-1 eine Schaltung im Fotodiodenbetrieb gemäß Bild 6.17 als Koppelstufe zu TTL-Schaltungen an. Der darin verwendete integrierte Komparatorverstärker LM 306 ermöglicht mit dieser Beschaltung Betriebsfrequenzen von mindestens 10 MHz [97].

Ähnlich (wenn auch etwas „langsamer", aber

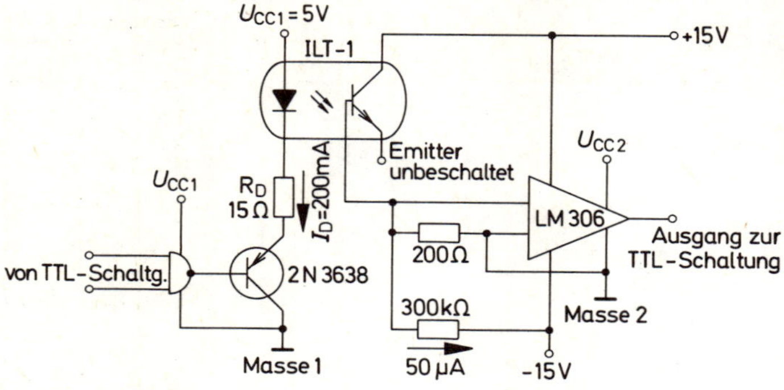

*Bild 6.17 TTL-Interfaceschaltung mit dem ILT-1 (*Litronix*) im Fotodiodenbetrieb für Grenzfrequenzen um 10 MHz*

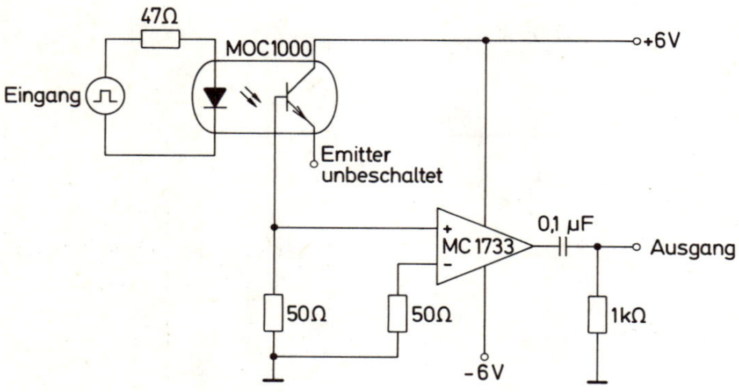

*Bild 6.18 Interfaceschaltung für kurze Anstiegszeiten mit dem Optokoppler MOC 1000 in Fotodiodenbetrieb (*Motorola*)*

preiswerter) aufgebaut ist die Schaltung in Bild 6.18 mit dem *Motorola*-Optokoppler MOC 1000.

Im hier verwendeten Fotodiodenbetrieb mit dem Breitbandverstärker MC 1733 als Interfaceschaltung werden bei einem CTR-Wert von 20% (bezogen auf das Ausgangssignal am 1-kΩ-Widerstand) Anstiegszeiten von $t_r \approx 100$ ns erreicht [227].

Im übrigen gelten für das **Dimensionieren solcher Koppelschaltungen** alle bereits in Kapitel 4 angestellten Betrachtungen über Empfängerschaltungen. Es wird dann lediglich die steuernde Größe E (Bestrahlungs- bzw. Beleuchtungsstärke) mit dem beim Optokoppler steuernden Strom I_F der LED ersetzt, den man bei gegebenem *CTR*-Wert aus dem gewünschten Ausgangsstrom der Fotodiode nach Gl. (6.1) ermittelt.

6.3.2.3. Empfängerschaltungen mit Fototransistor

Wird von vornherein ein größeres Gleichstrom-Übertragungsverhältnis als es die Kombination LED/Fotodiode ermöglicht, gewünscht, kann man eine **Kombination LED/Fototransistor** verwenden (*CTR* um etwa 2 Größenordnungen höher), sofern Grenzfrequenzen im Bereich einiger kHz bis einiger 100 kHz für den jeweiligen Anwendungszweck ausreichen. Grundsätzlich kann der Entwickler dabei zwischen zwei Kopplervarianten wählen, nämlich zwischen Optokopplern mit Fototransistor **ohne externen Basisanschluß** und solchen **mit herausgeführtem Basisanschluß,** die ihm noch zusätzliche Möglichkeiten in der Wahl der Grenzfrequenzen bieten.

6.3.2.3.1. Fototransistor ohne externen Basisanschluß (bzw. ohne beschaltete Basis) als Empfängerelement

Der **Fototransistor im Optokoppler** verhält sich im Prinzip, d.h. bezüglich seiner Ausgangskennlinien, wie ein **normaler Transistor,** nur daß der Basisstrom statt durch Elektronenzufuhr aus einer Spannungsquelle durch auftreffende Photonen ausgelöst wird, deren Intensität eine Funktion des Durchlaßstromes der Senderdiode ist.

Mit steigender Strahlungsintensität (steigender Steuerstrom I_F durch die LED) erhält man einen in erster Näherung proportionalen Anstieg des Basisstromes im Fototransistor, was zu einer ebensolchen, aber um den Stromverstärkungsfaktor erhöhten Änderung des Kollektorstromes im Fototransistor führt.

Ansatzpunkt für das Dimensionieren einer Fototransistor-Ausgangsschaltung ist demnach das Ausgangskennlinienfeld $I_C = f(U_{CE})$ mit dem Steuerstrom I_F als Parameter, aus dem man mit Hilfe der Belastungsgeraden für einen gegebenen Lastwiderstand R_L die zugehörige Steuerkennlinie wie bei einer normalen Transistorverstärkerstufe ermitteln (oder bei Verwendung als Schalttransistor die entsprechenden Schaltpunkte festlegen) kann.

Ein typisches Ausgangskennlinienfeld dieser Art zeigt Bild 6.19. Die darin rot eingezeichnete Verlustleistungshyperbel bezieht sich auf den zulässigen Dauerstrom durch die LED. Oberhalb dieser Kennlinie (gestrichelte Kurve) darf nur mit Pulsbetrieb der Eingangsdiode noch gearbeitet werden.

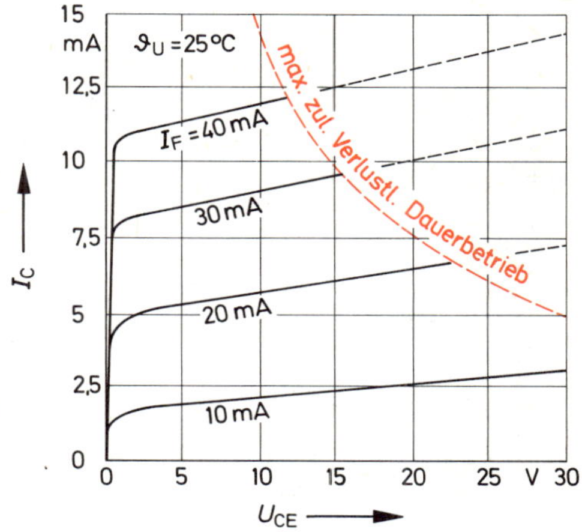

*Bild 6.19 Typisches Ausgangskennlinienfeld $I_c = f(U_{CE})$ für einen Optokoppler mit Fototransistor bei unbeschalteter Basis (*Texas Instruments, *Typ TIL 112)*

DTL/TTL-Ansteuerung

Die **Schaltzeiten** (Anstiegs- bzw. Abfallzeit) für die Kombination LED/Fototransistor (ohne extern beschaltete Basis) liegen für die Grundschaltung im günstigsten Fall bei (theoretischen) 2 bis 3 µs, was im Vergleich zu guten Schalttransistoren schon relativ langsam erscheint. Das ist vor allem auf die bei Fototransistoren notwendigerweise recht große Basis-Kollektor-Fläche (um annehmbare Fotoempfindlichkeiten zu bekommen) und die daraus resultierende große Kollektor-Basis-Kapazität zurückzuführen. Sie und der Belastungswiderstand R_L bestimmen im wesentlichen die Schaltzeit (oder Bandbreite) dieser Kopplerkombination, denn beim Ein- und Ausschalten des Fototransistors muß die Kapazität über den Belastungswiderstand jeweils aufgeladen bzw. entladen werden. Da für den Empfängerteil des Kopplers der Spannungshub in Fototransistorschaltung um den Faktor β größer ist (wegen des um $\beta = \Delta I_c / \Delta I_B$ höheren Stromes) als bei der gleichen Anordnung in Fotodiodenschaltung (Emitter unbeschaltet), muß auch für die Anstiegszeit der Ausgangsspannung mit dem β-fachen Wert gerechnet werden [115].

Die wirksame Kapazität (Miller-Kapazität) erscheint also, bezogen auf C_{cb}, um diesen Faktor vergrößert (Miller-Effekt), womit sich dann auch die wirksame Ausgangszeitkonstante entsprechend vervielfacht. Hinzu kommt eine wegen der größeren Basisfläche erhöhte Ladungsspeicherzeit (größere Ausräumdauer beim Umschalten), so daß sich schließlich als wirksame Ausgangszeitkonstante für die Fototransistorkombination die Beziehung

$$\tau = 2{,}2 \cdot \beta \cdot R_L \cdot C_{cb} \qquad (6.15)$$

ergibt (Koppelkapazität vernachlässigt, eventuelle Lastkapazitäten addieren sich als Parallelschaltung zu C_{cb}).

Anstiegs- und Abfallzeit des Fotokoppler-Ausgangssignals errechnen sich nach [183] mit dem τ aus Gl. (6.15) zu

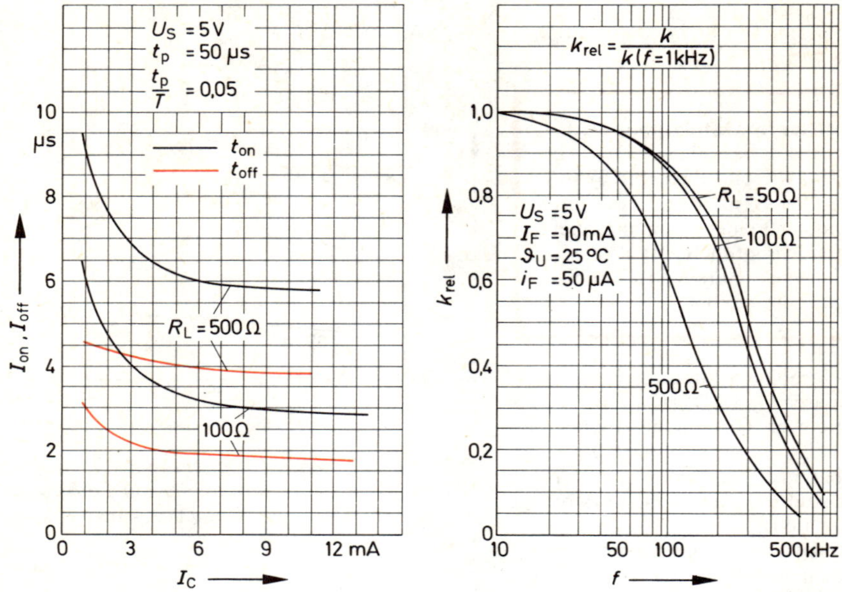

Bild 6.20 Lastabhängigkeit der Schaltzeiten und des Koppelfaktors k (≙ Stromübertragungsverhältnis CTR) beim Koppelelement CNY 21 (AEG-Telefunken); *mit steigendem Belastungswiderstand (Parameter) erhöhen sich deutlich die Schaltzeiten und verringert sich entsprechend die Grenzfrequenz (Frequenz bei k_{rel} = 0,707)*

$$t_r, t_f = \sqrt{\frac{\beta^2}{4 \cdot f_T^2} + \tau^2} \qquad (6.16)$$

mit

β = Stromverstärkung des Fototransistors
f_T = Transitfrequenz des Fototransistors (= Frequenz, bei der die Stromverstärkung in Emitterschaltung gleich eins wird)
C_{cb} = Kollektor-Basis-Kapazität

Da β und f_T stromabhängig und C_{cb} spannungsabhängig sind, müßte man bei Großsignalansteuerung (Digitalbetrieb) über die beim Aussteuern durchlaufenen Kennlinienabschnitte integrieren. Meist genügt für praktische Zwecke aber das Einsetzen eines Mittelwertes.

Aus diesen Betrachtungen geht hervor, daß die **Schaltzeiten** in erheblichem Maße auch **eine Funktion der äußeren Beschaltung** sind. Je größer beispielsweise der Lastwiderstand R_L ist, um so länger werden die Schaltzeiten und um so niedriger liegt die jeweilige Grenzfrequenz. In den Datenblättern wird diese Lastabhängigkeit für einige diskrete Widerstandswerte (Lastwiderstand als Parameter) meist angegeben. Entsprechende Zusammenhänge für das Koppelelement CNY 21 von *AEG-Telefunken* zeigt beispielsweise Bild 6.20.

Die günstigsten Schaltzeiten erhält man also, wenn der Lastwiderstand R_L und damit die wirksame Zeitkonstante möglichst klein gehalten wird.

Betrachtet man unter diesem Gesichtspunkt die in den Datenblättern angegebenen Schaltzeiten, die meist im Größenbereich von 2 bis 5 µs liegen, dann stellt man fest, daß sie immer **unter günstigsten Bedingungen** gemessen wurden, meist mit einem Belastungswiderstand von R_L = 100 Ω. Daraus erkennt man aber:

Ein **direktes Ansteuern** von DTL/TTL-Gattern ($R_L \gg$ 100 Ω) mit einer Kombination LED/Fototransistor **ist nicht ratsam,** da fast alle Optokoppler dieser Art zwar die *statischen*, nicht aber die *dynamischen* Ansteuerbedingungen (siehe Kap. 6.3.2.1) erfüllen würden. Das Gatter könnte dann u.U. beim Durchsteuern in Selbsterregung geraten.

Nichtsdestotrotz findet man in Applikationsberichten und anderen Veröffentlichungen immer wieder „direktgekoppelte Ansteuerschaltungen für DTL/TTL", bei denen der Ausgang des Kopplers direkt auf den Eingang des Gatters und über einen Ziehwiderstand an U_{cc} geschaltet ist, wobei der Ziehwiderstand meist im Bereich von 10 kΩ liegt. Für den Optokoppler ergibt dies einen wirksamen Lastwiderstand von rd. 2,5 kΩ, was meist zu Schaltzeiten > 10 µs führt. Die dynamischen Forderungen der genannten Gatter können damit auch nicht annähernd erfüllt werden. Solche Schaltungen sollte man deshalb besser gar nicht erst in Betracht ziehen.

Dennoch kann man mit einem Fototransistorausgang DTL/TTL-Schaltungen ansteuern, wenn man zwischen Koppler und Gatter eine entsprechende **Impulsformerstufe** schaltet, für die sich mehrere Möglichkeiten bieten. Eine solche Möglichkeit wäre beispielsweise das Zwischenschalten eines integrierten **Schmitt-Triggers** wie SN 7413, SN 7432 oder SN 49113, die bei fast beliebiger Flankensteilheit des Eingangsimpulses (bis zu 1 V/s) TTL-kompatible Ausgangssignale liefern.

Zwei Schaltungen dieser Art zeigt Bild 6.21. Schaltungsversion (a) gibt einen in bezug auf den Optokopplerausgang **nicht invertierten** Ausgangsimpuls ab, während er bei Schaltung (b) als **invertiertes** Signal erscheint [221]. Bei den üblichen *CTR*-Werten gängiger Optokoppler muß die Eingangsdiode in beiden Schaltungen mit etwa $I_F = 20$ mA betrieben werden, um ein genügend großes Triggersignal zu erzeugen.

Dort, wo es unwirtschaftlich erscheint, einen integrierten Schmitt-Trigger einzusetzen, kann man auch den Fototransistor als Eingangsstufe eines mit diskreten Komponenten aufgebauten Schmitt-Triggers verwenden, wie es Bild 6.22 zeigt [221]. Hier würde die positive Rückkopplung über die beiden Emitter vom Fototransistor und von T_1 erreicht, wobei am Ausgang wiederum ein TTL-kompatibles, nicht invertiertes Signal verfügbar ist.

(Ausführliche Dimensionierungshinweise für solche Kippschaltungen finden sich u.a. in [7]).

> Man sollte allerdings nicht übersehen, daß die maximalen Impulsfolgefrequenzen, die sich mit einer Fototransistor-Grundschaltung erreichen lassen, nur bei etwa 3 kHz liegen. Für höhere Impulsfrequenzen müssen zusätzliche Maßnahmen ergriffen werden.

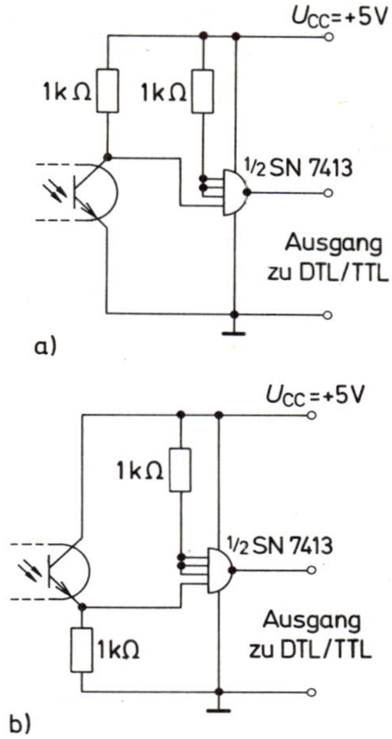

Bild 6.21 Das Ankoppeln eines integrierten Schmitt-Triggers (1/2 SN 7413) an den Ausgang einer Kombination LED/Fototransistor gewährleistet TTL-kompatible Ausgangssignale [221]
a) Schaltung für nichtinvertierten Ausgangsimpuls
b) Schaltung für invertierten Ausgangsimpuls

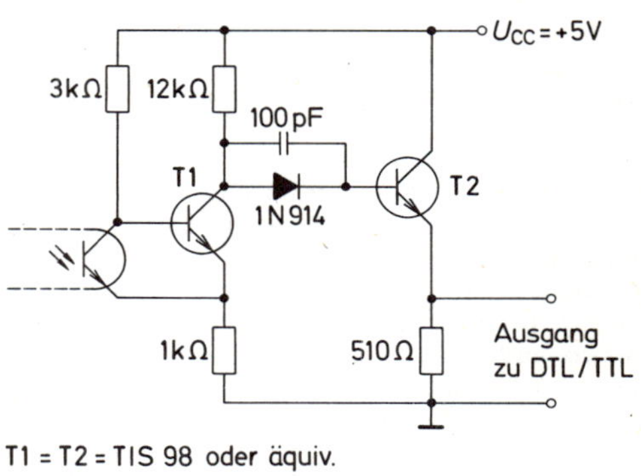

T1 = T2 = TIS 98 oder äquiv.

Bild 6.22 Mit diskreten Bauelementen aufgebauter Schmitt-Trigger als Ausgangsschaltung eines Optokopplers zur Impulsformung [221]

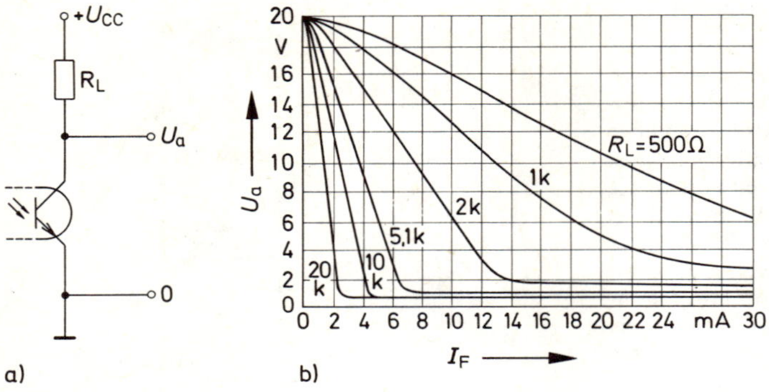

Bild 6.23 Als Grundschaltung eines Optokoppler-Analogverstärkers genügt bereits ein einfacher Emitterverstärker für die meisten Ansprüche im Nf-Bereich
a) Grundschaltung eines Emitterverstärkers
*b) Typische Übertragungskennlinien [229] für unterschiedliche Belastungswiderstände (*Monsanto-*Optokoppler MCT 2, U_{cc} = 20 V, CTR = 75% typ.)*

So kann man z.B. mit einem zusätzlichen Transistor zwischen Lastwiderstand und Fototransistor bereits Anstiegs- und Abfallzeiten im Größenbereich von 500 ns erreichen und durch Überkompensieren der Kollektor-Basis-Kapazität (was allerdings einen herausgeführten Basisanschluß erfordert) sogar bis herunter zu etwa 100 ns. Es gilt dann in diesem Zusammenhang auch für Ausgangsschaltungen von Koppelelementen alles das, was über die Zeitkonstantenverringerung bei Fototransistoren in Kap. 4.3.1.2 dargelegt wurde.
Darüber hinaus hat man aber auch noch weitere, kopplerspezifische Möglichkeiten, die Grenzfrequenz zu erhöhen (die Schaltzeiten zu vermindern). Näheres dazu ist in Kap. 6.3.2.3.2 nachzulesen.

Analoge Signalübertragung

Während Optokoppler im Bereich der Datenübertragung immer mehr an Popularität gewinnen, macht der Entwickler von der **linearen Übertragungscharakteristik** der Kombination **LED/Fototransistor** zu Unrecht noch relativ wenig Gebrauch. Vielleicht nur, weil er damit noch nicht in genügendem Maße vertraut ist. Es sollen deshalb im folgenden die **Grundprinzipien der Analogübertragung** mit Optokoppler erörtert werden.
Da der Optokoppler, wie eingangs erwähnt, nur eine Stromsteuerung zuläßt, ist es bei einer **analogen Signalübertragung** sinnvoll, als **Übertragungskennlinien** (funktioneller Zusammenhang zwischen Ausgangs- und Eingangsgröße) die Ausgangsspannung U_a in Abhängigkeit vom LED-Steuerstrom I_F aufzutragen. Anhand dieser Kennlinien kann man dann einen geeigneten Arbeitspunkt (konstanter Vorstrom durch LED) wählen. Solche Vorströme liegen oft im Bereich 5 bis 20 mA. Dem Vorstrom läßt sich dann — etwa mit einem Differenzverstärker oder einer anderen geeigneten Senderschaltung (siehe Kap. 6.3.1.2) — das modulierende Signal überlagern.
Die einfachste **Empfängerschaltung** (die für Tonfrequenzübertragungen meist ausreicht) erhält man mit einem Belastungswiderstand R_L in der Kollektorleitung des Fototransistors (Emitterverstärker), wie sie Bild 6.23 mit dem zugehörigen Kennlinienfeld $U_a = f(I_F)$ für verschiedene Belastungswiderstände R_L zeigt. Praktisch jede Belastungskurve dieses Kennlinienfeldes hat einen hinreichend linearen Bereich, in dessen Mitte man den jeweiligen Arbeitspunkt legen kann. Dabei muß man aber wegen der bei Optokopplern relativ großen Fertigungstoleranzen des *CTR*-Wertes (siehe Kap. 6.2.1) bedenken, daß für

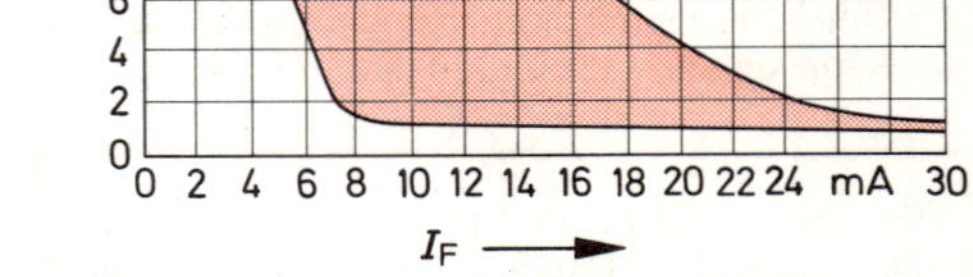

*Bild 6.24 Mögliche Streubreite der Übertragungskennlinie eines Optokopplers aufgrund von Fertigungstoleranzen innerhalb der gleichen Gruppe [229] (*Monsanto-*Optokoppler MCT 2, U_{cc} = 20 V, CTR = 75% typ.)*

beliebige Koppler gleichen Typs mit **Abweichungen der Übertragungskennlinie** innerhalb eines gewissen Bereiches zu rechnen ist.
Für den Optokoppler MCT 2 *(Monsanto)* zeigt beispielsweise Bild 6.24 bei einem Belastungswiderstand von $R_L = 2\,k\Omega$ den möglichen Streubereich innerhalb einer Gruppe [229].

> Grundsätzlich gilt dabei aber für alle Empfängerschaltungen, daß sich die *CTR*-Streuungen innerhalb einer Gruppe dann am wenigsten auswirken, wenn man (immer unter Beachtung der zulässigen Grenzwerte) den Belastungswiderstand R_L möglichst klein und die Versorgungsspannung U_{cc} möglichst groß wählt. Unter Umständen muß man, wenn ein sehr enger Steuerbereich erforderlich ist, mit selektierten Bauelementen arbeiten.

Andererseits zeigt der Optokoppler mit Fototransistor aber ein **günstiges Temperaturverhalten,** d.h., die relative Änderung des Ausgangsstromes bleibt in einem weiten Temperaturbereich vernachlässigbar gering (Bild 6.25). Das kommt ganz einfach daher, weil die Strahlungsleistung der LED einen negativen Temperaturkoeffizienten aufweist, während das β des Fototransistors einen positiven Temperaturkoeffizienten hat, so daß diese gegenläufigen Änderungen sich weitgehend kompensieren.
Mit einer Empfängergrundschaltung nach Bild 6.23a gibt *Hauenstein* [20] für den *Siemens*-Optokoppler CNY 17 folgende Meßwerte an:
Bei $U_{cc} = 12\,V$ und $R_L = 1\,k\Omega$ sowie einem optimalen Arbeitspunkt von $I_F = 5\,mA$ eine obere 3-dB-Grenzfrequenz von 56 kHz (Ausgangsspannung 0,5 V) bzw. 30 kHz bei 1 dB Verstärkungsabfall. Der Klirrfaktor wurde für Ausgangsspannungen bis zu 2,5 V mit < 1% gemessen.
Selbstverständlich kann man den Fototransistor auch in **Kollektorschaltung** (Emitterfolger, Bild 6.26a) verwenden. Solange dabei kein Basisanschluß vorhanden ist oder von einer externen Basisverbindung kein Gebrauch gemacht wird, ergeben sich dann zur Emitterschaltung spiegelsymmetrische Übertragungskennlinien (siehe Bilder 6.26b und 6.27).

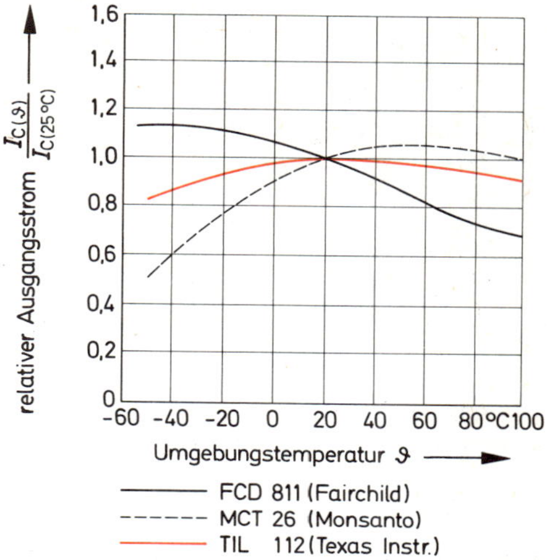

Bild 6.25 Relative Änderung des Fototransistor-Ausgangsstromes als Funktion der Umgebungstemperatur für verschiedene Optokopplertypen (Meßbedingungen: $I_F = 10\,mA$ und $U_{CE} = 10\,V$ bzw. $U_{CE} = 5\,V$ beim TIL 112)

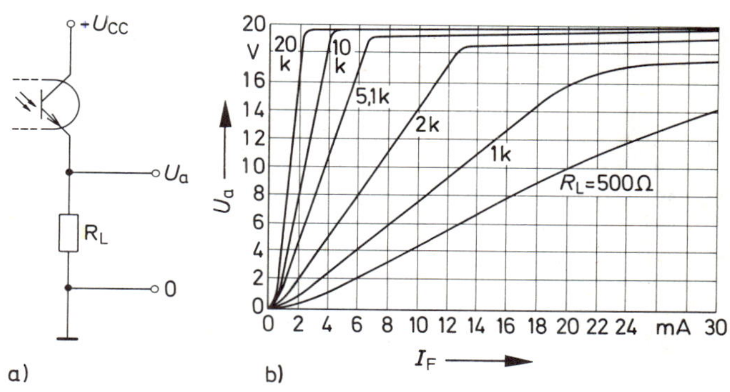

Bild 6.26 Kollektorschaltung eines Optokoppler-Analogverstärkers [229]
a) Grundschaltung
b) Typische Übertragungskennlinien (MCT 2, $U_{cc} = 20\,V$, $CTR = 75\%$ typ.)

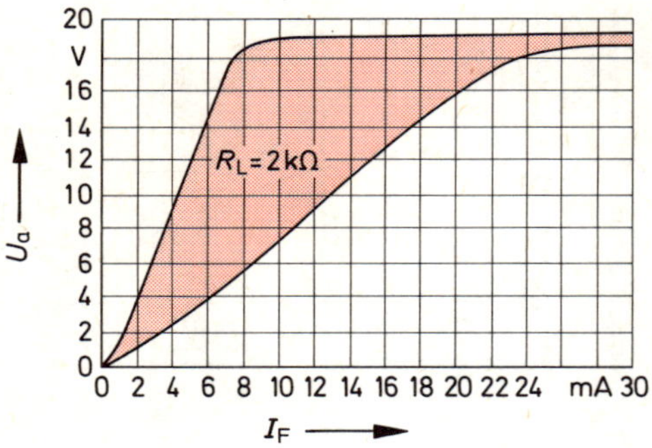

Bild 6.27 Mögliche Streubreite der Übertragungskennlinien für die Schaltung in Bild 6.24

Eine solche Kollektorschaltung wurde von *Pfäuti* [108] mit dem *Monsanto*-Optokoppler MCT-2E für verschiedene Belastungswiderstände bei $U_{cc} = 15$ V und einem Arbeitspunkt von $I_F \approx 3{,}5$ mA durchgemessen, bezüglich erreichbarer Grenzfrequenz und sie beeinflussender Parameter.

In Bild 6.28 sind die ermittelten Meßwerte für den *CTR*-Amplitudengang dargestellt. Es zeigt sich ein Abfall von ca. 20 dB/Dekade, was etwa dem Verhalten eines einfachen RC-Parallelgliedes entspricht. Bei Belastungswiderständen R_L zwischen 47 Ω und 1 kΩ liest man 3-dB-Grenzfrequenzen zwischen etwa 120 kHz und 18 kHz bzw. 6-dB-Grenzfrequenzen zwischen 230 kHz und 30 kHz ab. Der **Belastungswiderstand** muß also **für eine große Bandbreite möglichst klein** gewählt werden.

> Die Forderung für hohe Grenzfrequenzen (große Bandbreite) lautet somit:
>
> $R_L \rightarrow 0$

Die unter obigen Meßbedingungen ermittelte 6-dB-Grenzfrequenz (Bandbreite) für $R_L = 100\,\Omega$ beträgt 160 kHz. Demgegenüber wird im Datenblatt für den MCT-2E bei $I_C = 2$ mA, $U_{cc} = 10$ V und $R_L = 100\,\Omega$ eine 6-dB-Grenzfrequenz von typ. 300 kHz, also um etwa einen Faktor 2 günstiger, angegeben.

Dieser Faktor 2 dürfte dem Schaltungsentwickler einen realistischen Anhaltspunkt geben: Er sollte diese Meßergebnisse als Hinweis dafür werten, daß die in den Datenblättern aufgeführten Grenzfrequenzen unter in der praktischen Schaltung meist nicht realisierbaren günstigsten Bedingungen gemessen wurden.

Über die Grundschaltung hinausgehende **Verstärkerschaltungen für Analogsignale** können den Gepflogenheiten der normalen Transistorverstärkertechnik entsprechend dimensioniert werden, wobei zum Erreichen hoher Grenzfrequenzen immer **Stromverstärkerstufen mit niedrigem Eingangswiderstand** erforderlich sind (siehe oben).

Die einfachste Lösung zum Erhöhen der Grenzfrequenz stellt ein npn-Transistor in Basisschaltung dar. Bild 6.29 zeigt zwei Möglichkeiten, die sich nur in der Phasenlage des Ausgangssignals unterscheiden. Da man bei der Basisschaltung für Belastungswiderstände $R_L < 10\,k\Omega$ mit Eingangswiderständen von einigen 10 Ω rechnen kann, sind für solche Schaltungen je nach Dimensionierung Grenzfrequenzen in der Nähe von 100 kHz zu erwarten. Man kann bei solchen Schaltungen natürlich auch mit **einer** Betriebsspannungsquelle arbeiten und das notwendige negative Emitterpotential über einen Spannungsteiler gewinnen. Die in Bild 6.30 abgebildete **Kaskodeschaltung** ist im Prinzip nichts anderes, als eine solche Basisschaltung.

Für diese mit einem *Siemens*-Optokoppler CNY 17 aufgebaute Schaltung erhält man [20] eine 3-dB-Grenzfrequenz von nahezu 100 kHz, bei einem (senderseitig optimal eingestelltem) Arbeitspunkt von $I_F = 5$ mA. Der Klirrfaktor

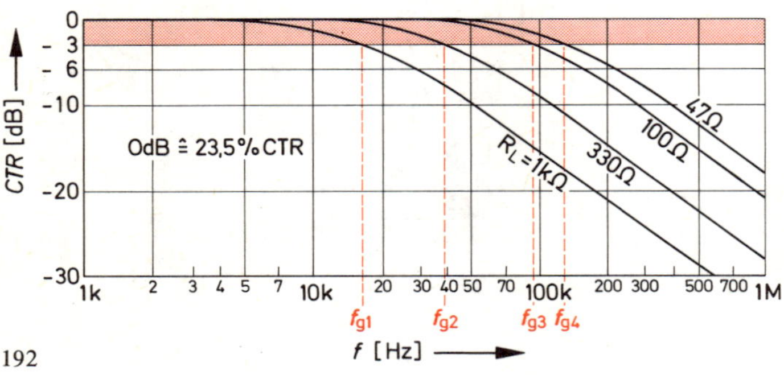

Bild 6.28 Frequenzgang des CTR-Wertes für eine Kollektorschaltung gemäß Bild 6.26a ($U_{cc} = 15$ V, Monsanto-*Koppler MCT-2 E)*

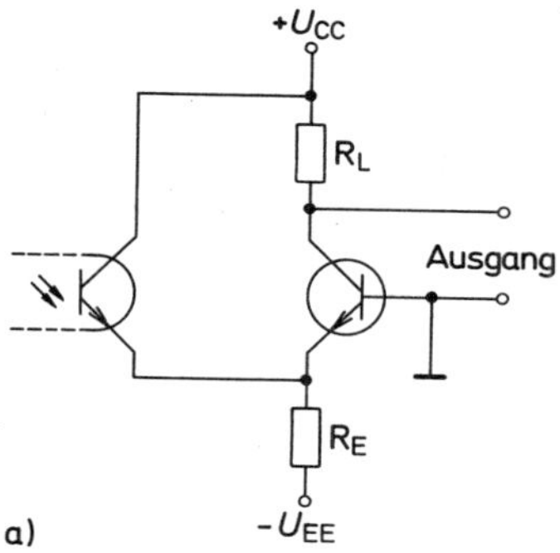

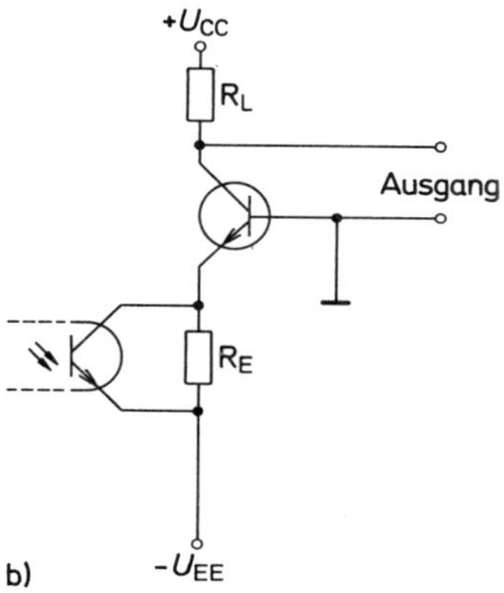

Bild 6.29 Ein Transistor in Basisschaltung als Ausgangsverstärker eines optoelektronischen Kopplers der Kombination LED/Fototransistor erhöht die Grenzfrequenz ohne die Ausgangsspannung zu vermindern; das Ausgangssignal von (b) ist gegenüber dem von (a) um 180° in der Phase gedreht

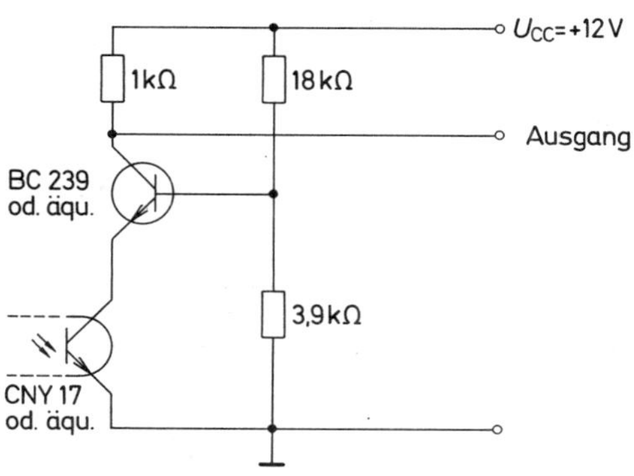

Bild 6.30 Empfänger-Kaskodeschaltung zum Erhöhen der Grenzfrequenz [20]

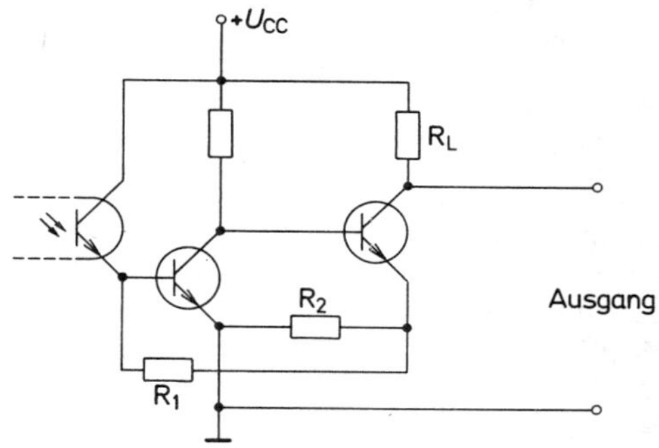

Bild 6.31 Gegengekoppelter Ausgangsverstärker als Ausgangsstufe für einen Optokoppler

wurde, da eine linearisierende Gegenkopplung fehlt, bei 1,9 V Ausgangsspannung zu 1% und bei 2,5 V zu 3% gemessen.
Litronix [116] gibt als weitere Möglichkeit eine gegengekoppelte Verstärkerschaltung gemäß Bild 6.31 an, deren (am Optokopplerausgang wirksamer) Eingangswiderstand sich näherungsweise zu

$$R_e \approx \frac{R_1}{1 + \frac{U_{cc} - 2U_{BE}}{0{,}026}} \qquad (6.17)$$

errechnet.
R_e, R_1 in Ω und U_{cc}, U_{BE} in V (U_{BE} bezogen auf Ausgangstransistor).
Die Stromverstärkung hat dabei einen Wert von

$$\frac{I_{aus}}{I_{ein}} = 1 + \frac{R_1}{R_2} \qquad (6.18)$$

Für $U_{cc} = 5$ V; $R_1 = 900\,\Omega$; $R_2 = 100\,\Omega$ und $U_{BE} = 0{,}64$ V erhält man eine Stromverstärkung von 10 und einen Eingangswiderstand von 6,3 Ω, was für diese Schaltung Grenzfrequenzen > 100 kHz erwarten läßt.
Diese Reihe von Beispielen ließe sich beliebig fortsetzen (weitere Möglichkeiten siehe auch Kap. 4.3). Es gelten in diesem Fall, wie gesagt, alle Regeln der „normalen“ Transistorverstärkertechnik.

6.3.2.3.2. Fototransistor mit externem Basisanschluß als Empfängerelement

Optokoppler mit herausgeführtem Basisanschluß bieten gegenüber Kopplern ohne externen Zugang zur Basis eine Reihe schaltungstechnischer Vorteile:

a) Man kann den Empfänger solcher Koppler auch in Diodenschaltung betreiben (auf diese Möglichkeit wurde bereits in Kap. 6.3.2.2 eingegangen);
b) Man kann durch Einfügen eines Widerstandes zwischen Basis und Emitter den Fototransistorausgang „schneller" machen;
c) Man kann den Basisanschluß für Rückkopplungszwecke, beispielsweise zum Linearisieren der Kennlinie (Verminderung des Klirrfaktors) nutzen;
d) Man kann über den Basisanschluß ein zweites Steuersignal einspeisen.

Fototransistor mit Widerstand zwischen Basis und Emitter

Für die Grundschaltung der Kombination LED/Fototransistor erreicht man nur mit sehr kleinen Belastungswiderständen Grenzfrequenzen im Bereich von 100 kHz, weil wegen des technologischen Aufbaus die wirksame Ausgangszeitkonstante des Fototransistors relativ groß ist (multiplikative Wirkung des Miller-Effekts und lange Ladungsspeicherzeit). Kleine Lastwiderstände bringen andererseits aber nur geringe Spannungsverstärkungen, so daß man beispielsweise zusätzliche Verstärkerstufen einsetzen muß, um die Grenzfrequenz der Schaltung bei genügender Spannungsverstärkung zu erhöhen.
Eine andere Möglichkeit, die Grenzfrequenz zu erhöhen (Schaltzeiten zu verkürzen), stellt das Einfügen eines Widerstandes R_{BE} zwischen Basis und Emitter des Fototransistors dar, siehe Bild 6.32. Ein solcher Widerstand läßt die gespeicherten Ladungsträger aus der gesättigten Basiszone gegen Masse abfließen und verkürzt damit sowohl die Speicherzeit t_s als auch die Abfallzeit t_f,

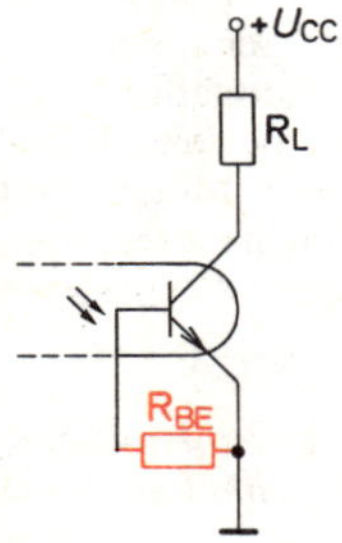

Bild 6.32 Das Einfügen eines Widerstandes zwischen Basis und Emitter des Fototransistors erhöht die Grenzfrequenz (Schaltgeschwindigkeit)

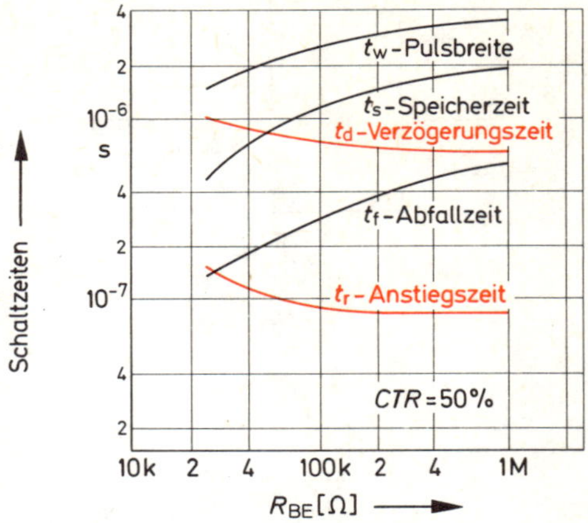

Bild 6.33 Einfluß des Basis-Emitter-Widerstandes auf die Schaltzeiten (I_F = 40 mA, U_{cc} = 5 V, Monsanto-*Koppler MCT 2)*

insgesamt also die Ausschaltzeit des Impulses ($t_{aus} = t_s + t_f$). Typische Werte für dieses Verhalten zeigt Bild 6.33. Darin ist auch ersichtlich, daß für die Einschaltflanke (t_d und t_r) kaum eine Änderung eintritt. Bei dem gemessenen Optokoppler MCT-2 erkennt man im Gegenteil sogar ein leichtes Ansteigen von t_r und t_d für R_{BE}-Werte unterhalb etwa 150 kΩ, das aber gegenüber der Schaltzeitverkürzung bei der Ausschaltflanke viel weniger ins Gewicht fällt.
Das geringfügige Ansteigen der Einschaltzeiten kommt ganz einfach dadurch zustande, daß, neben den gespeicherten Ladungsträgern, auch ein Teil des in der Basis-Kollektor-Sperrschicht erzeugten Fotostromes ständig über den als Nebenschluß wirkenden Basis-Emitter-Widerstand abfließt (Erreichen des Sättigungszustandes und Überschreiten der Einschaltschwelle dauern länger).
Während also auf der einen Seite wegen der schnelleren Ladungsausräumung die Grenzfrequenz des Fototransistorausganges nach höheren Werten hin verschoben wird, nimmt der *CTR*-Wert wegen der Nebenschlußwirkung von R_{BE} ab (typischer Zusammenhang bei großem Steuerstrom I_F in Bild 6.34 [169].
Man muß demzufolge, um mit R_{BE} gleichen Ausgangsstrom zu erhalten wie ohne R_{BE}, den LED-Steuerstrom I_F entsprechend erhöhen. Den Zusammenhang zwischen relativem Übertragungsverhältnis CTR_{rel} (bezogen auf $R_{BE} = \infty$),

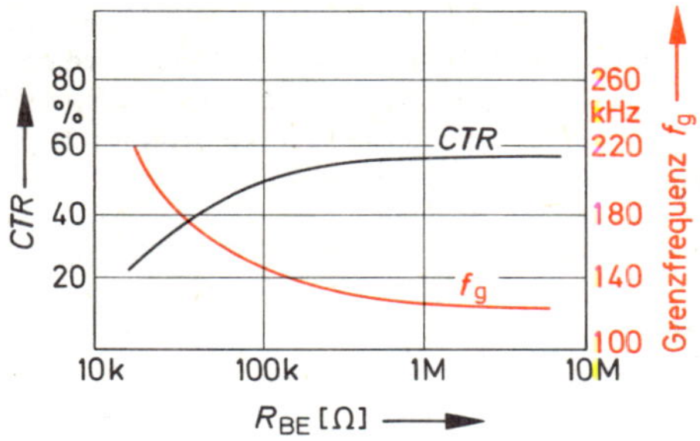

Bild 6.34 Typischer Zusammenhang zwischen Grenzfrequenz und CTR-Wert in Abhängigkeit vom Basis-Emitter-Widerstand einer Fototransistorschaltung

Steuerstrom I_F und Basis-Emitter-Widerstand R_{BE} zeigt Bild 6.35 für einen typischen Optokoppler.

Arbeitet man außerdem noch mit LED-Treiberstromimpulsen kürzerer Impulsdauer, dann verringert sich die insgesamt in der Basiszone gespeicherte Ladung zusätzlich, so daß die Schaltung auch dadurch noch etwas schneller wird.
Aus diesen Betrachtungen erkennt man, daß eine ganze Reihe von Parametern die Schaltzeiten (Grenzfrequenz) der Fototransistorschaltung beeinflußt, und zwar so, daß einige Größen sich jeweils wechselseitig ändern müssen, um einen optimalen Betrieb zu gewährleisten.

Will man die bei vorgegebenem LED-Treiberstrompegel **maximal mögliche Impulsfrequenz** f_{max} für die Schaltung erreichen, müssen sich LED-Impulsdauer T_{ein}, Ausgangsabfallzeit t_f, Ausgangsanstiegszeit t_r und Laufzeit t_p so zueinander verhalten [116], daß mit bestmöglicher Näherung die Bedingung

$$T_{ein} : t_f : t_r : t_p = 1{,}5 : 1 : 1 : 1 \quad (6.19)$$

erfüllt ist.

Bei niedrigen Strömen stimmen die Impulsbreiten von Ein- und Ausgangsimpuls überein, bei höheren Strömen dagegen wird T_{aus} nach etwas längeren Zeiten hin verschoben.

Am Beispiel des Optokopplers Iso-Lit 1 *(Litronix)* sind in Bild 6.36 für die Grundschaltung (Bild 6.32) die jeweils optimalen Werte für T_{ein}, R_{BE} und R_L

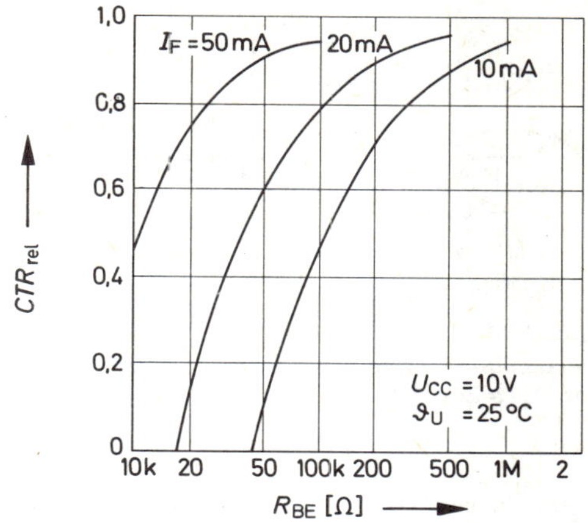

Bild 6.35 Abhängigkeit des relativen Übertragungsverhältnisses als Funktion des Basis-Emitter-Widerstandes für verschiedene LED-Steuerströme I_F (Monsanto-Koppler MCT 2)

in Abhängigkeit vom LED-Impulsstrom angegeben. Die sich aus diesen Werten ergebende Ausgangsimpulsdauer T_{aus} und die maximal mögliche Impulsfrequenz f_{max} lassen sich dann aus

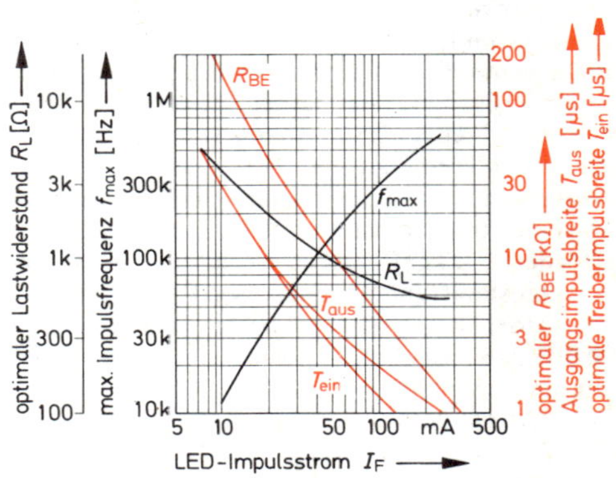

Bild 6.36 Aus diesem Diagramm können für die Grundschaltung Bild 6.32 die optimalen Werte von Basis-Emitter-Widerstand R_{BE}, Lastwiderstand R_L, LED-Impulsdauer T_{ein} und die daraus resultierende Ausgangsimpulsdauer T_{aus} sowie die maximale Impulsfolgefrequenz f_{max} in Abhängigkeit vom steuernden LED-Impulsstrom ermittelt werden (Litronix-Optokoppler Iso-Lit 1, bei CTR = 0,25)

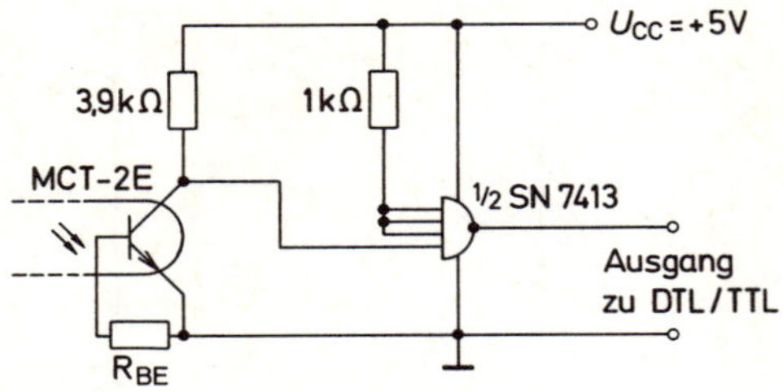

Bild 6.37 Eine sättigende *Fototransistor-Emitterschaltung ermöglicht Impulsfolgefrequenzen bis etwa 25···35 kHz*

dem gleichen Diagramm ablesen. Die Schaltzeiten t_r, t_f und t_p können in diesem Fall überschlagsmäßig mit $2/3 \cdot T_{ein}$ angesetzt werden [226], [97].

Wählt man beispielsweise den LED-Impulsstrom zu 200 mA (für Impulsbetrieb beim Iso-Lit 1 noch zulässig) und verwendet man die dazugehörigen optimalen R_{BE}- und R_L-Werte (R_{BE} = 1,8 kΩ, R_L = 560 Ω), so steigt die maximale Impulsfolgefrequenz der Schaltung auf f_{max} = 500 kHz. Andere Optokoppler verhalten sich ganz analog zum gewählten Beispiel, wenn es die Grenzwerte des Bauelementes zulassen, den LED-Impulsstrom entsprechend hoch zu wählen.

Trotz der relativ „hohen" Grenzfrequenz, die eine solche Grundschaltung mit Basis-Emitter-Widerstand ermöglicht, ist damit in der Regel noch keine DTL/TTL-Kompatibilität erreicht. Man muß auch hier, und zumal dann, wenn die zulässigen LED-Treiberströme bei relativ niedrigen Größenordnungen liegen, zur Flankenregeneration einen Impulsformer nachschalten. Außerdem erfordert DTL/TTL-Kompatibilität in einen Schaltzustand immer einen gesättigten Steuertransistor, was von vornherein die zulässige Größe des Basis-Emitter-Widerstandes nach unten hin begrenzt.

Eine sättigende Emitterschaltung (Bild 6.37) mit dem *Monsanto*-Optokoppler MCT-2E, der bei 70 °C nur einen LED-Dauerstrom von 20 mA zuläßt, hat *Pfäuti* [108] untersucht.

Er stellte für einen LED-Impulsstrom von 20 mA ein optimales Frequenzverhalten bei R_{BE} = 100···180 kΩ fest. Die maximal erreichbare Impulsfolgefrequenz am Triggereingang wird für 4-V-High-Pegel mit rd. 25 kHz und für 3-V-High-Pegel mit rd. 35 kHz angegeben. Die theoretische Anstiegszeit des am Schmitt-Trigger-Eingang anliegenden Impulses beträgt 27 µs, die Abfallzeit 11 µs. Mit anderer Dimensionierung ließen sich zwar günstigere Zeiten erreichen, jedoch würde der Fototransistor dann nicht mehr sättigen (Grenze liegt mit dem gewählten R_L bei $R_{BE} \geqq$ 68 kΩ), was zum Ansteuern des 7413 aber unumgänglich notwendig ist. Der Schmitt-Trigger selbst liefert schließlich DTL/TTL-kompatible Impulse mit Ein- und Ausschaltzeiten von etwa 30 ns.

Der Vorteil dieser Schaltung gegenüber jener ohne R_{BE} (Bild 6.21) besteht also in einem **Ansteigen der maximalen Impulsfolgefrequenz** um etwa eine Zehnerpotenz.

Damit sind aber die Möglichkeiten einer Frequenzsteigerung noch nicht erschöpft. Für die Grundschaltung wurde ja gezeigt, daß man mit einem geeigneten Widerstand zwischen Basis und Emitter des Fototransistors etwa Frequenzen bis zu 500 kHz erreichen müßte, während in Schaltung 6.37 maximal 25 (35) kHz (Tastverhältnis 1 : 1) gemessen wurden.

Der Grund dafür dürfte bei dieser Schaltung — abgesehen von den Spannungsforderungen — vor allem in der notwendigen Übersteuerung des Fototransistors (Sättigung) liegen. Beim übersteuerten (gesättigten) Transistor ist nämlich die Anzahl der in der Basiszone gespeicherten Ladungsträger beträchtlich höher als im nicht übersteuerten Transistor (und beim Fototransistor wegen der extrem großen Basiszone gegenüber einem normalen Schalttransistor nochmals um einiges erhöht). Da diese „überzähligen" Ladungsträger beim Ausschaltvorgang erst ausgeräumt werden müssen, vergeht eine geraume Zeit (Speicherzeit), bevor die Kollektordiode wieder zu sperren beginnt; die maximal mögliche Impulsfolgefrequenz wird dadurch entsprechend begrenzt.

Würde man also mit einem ungesättigten Fototransistor arbeiten können, müßte sich die maxi-

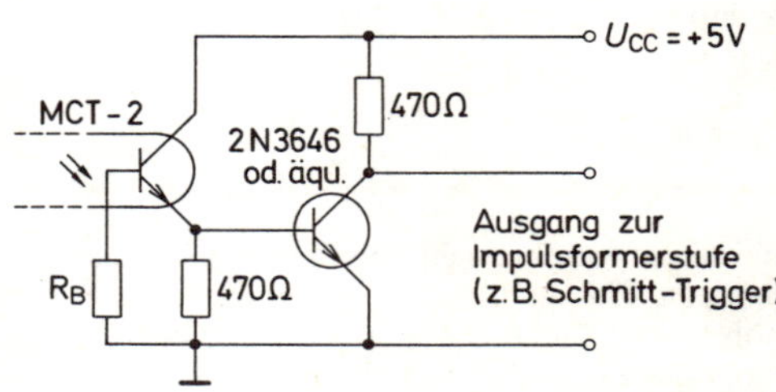

Bild 6.38 Eine nichtsättigende *Fototransistor-Kollektorschaltung ermöglicht Impulsfolgefrequenzen bis 500 kHz*

mal mögliche Impulsfolgefrequenz der Schaltung erhöhen lassen. In der Tat ist das auch möglich, wenn man das für TTL-Schaltungen bzw. für den Schmitt-Trigger 7413 geforderte Arbeiten im Sättigungsbereich sozusagen vom Fototransistor auf einen nachgeschalteten Schalttransistor „verlagert", der, seiner wesentlich kleineren Basiszone wegen, ein schnelleres Schalten ermöglicht. *Monsanto* hat im Datenblatt zu seinem Optokoppler MCT-2 eine solche Schaltung angegeben mit der auch die in Bild 6.33 registrierten Schaltzeiten gemessen wurden. In dieser Schaltung wird der Fototransistor als (nichtsättigender) Emitterfolger (Kollektorschaltung) betrieben, der dann seinerseits einen „schnellen" Schalttransistor in Emitterschaltung in die (für die Schmitt-Trigger-Ansteuerung erwünschte) Sättigung steuert. R_B wirkt hier als Ausräumwiderstand für die Ladungen in der Basiszone des Fototransistors, während der untere 470-Ω-Widerstand zum einen Lastwiderstand für den Fototransistor ist, zum anderen aber gleichzeitig beim Umschalten das Ausräumen der Basisladung des Schalttransistors beschleunigt.

Eine bei gleichen Widerstandswerten mit dem Optokoppler MCT-2 E und einem Schalttransistor BC 183 C aufgebaute Schaltung hat ebenfalls *Pfäuti* [108] untersucht. Der günstigste Wert für die maximale Impulsfolgefrequenz ergab sich nach seinen Messungen (I_F = 20 mA, *CTR* = 15%) bei R_B = 270 kΩ zu f_{max} = 500 kHz. Der (statisch DTL/TTL-kompatible) Ausgangsimpuls hat dabei eine Anstiegszeit von t_r = 260 ns und eine Abfallzeit von t_f = 460 ns, ist also auch dynamisch schon nahezu TTL-kompatibel. Gegenüber der gesättigten Fototransistorschaltung in Bild 6.37 ist diese Schaltung also etwa 20mal, gegenüber der Schaltung ohne Basis-Emitter-Widerstand sogar rd. 200mal, schneller.

Will man noch höhere Impulsfolgefrequenzen erreichen, muß man zum Fotodiodenbetrieb übergehen.

Rückkopplungsmöglichkeiten über Basisanschluß

Der externe Basisanschluß läßt sich sowohl im linearen als auch im digitalen Bereich für Rückkopplungszwecke nutzen. So hat *Hauenstein* [20] beispielsweise gezeigt, daß mit einer einfachen Gegenkopplung vom Kollektor zur Basis des Fototransistors (Bild 6.39) gegenüber der Grundschaltung in Bild 6.23 ein Verschieben der Grenzfrequenz bis nahezu 100 kHz erreicht wird. Allerdings verringert sich mit dieser sehr einfachen

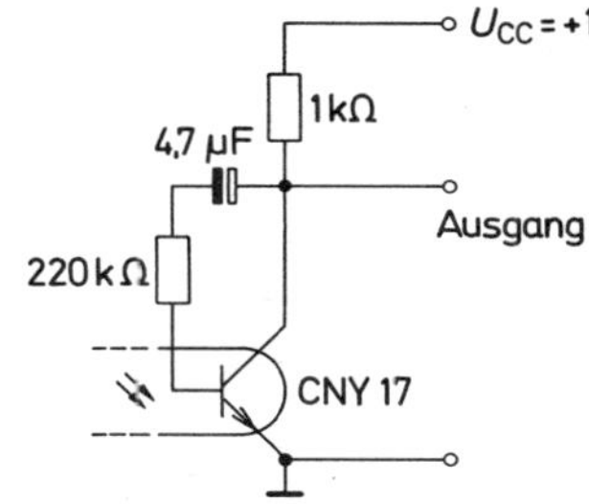

Bild 6.39 Eine lineare Empfängerschaltung mit einfacher Gegenkopplung ermöglicht Grenzfrequenzen (3 dB) bis etwa 100 kHz bei geringer Aussteuerung [20]

Maßnahme nicht nur das Übertragungsverhältnis (auf ca. 36%), sondern auch die Aussteuerfähigkeit; man erhält bereits bei 1 V Ausgangsspannung einen Klirrfaktor von rd. 2%. Bessere Ergebnisse erzielte er mit einer Schaltung gemäß Bild 6.40, bei der vom Ausgang eines zweistufigen Verstärkers her auf die Basis des Fototransistors gegengekoppelt wird. Hier ergab sich, bei einem Ausgangswiderstand von 70 Ω, eine 3-dB-Grenzfrequenz von 140 kHz, mit einem Klirrfaktor von 1% bei immerhin etwa 3,5 V Ausgangsspannung.

Einen **Impulsverstärker** mit Basis-Emitter-Widerstand zum schnelleren Ausräumen der Basisladung des Fototransistors und einer zusätzlichen

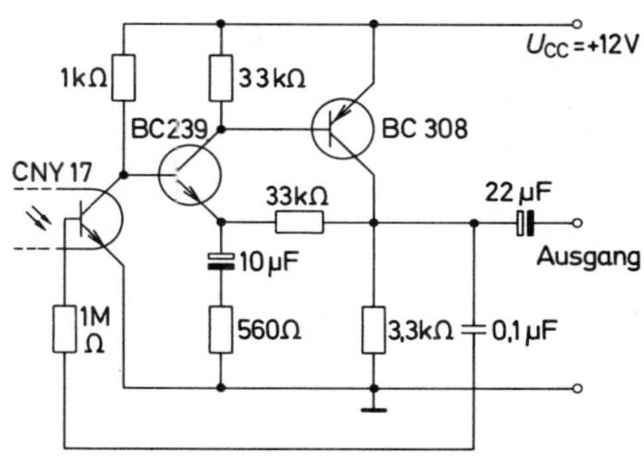

Bild 6.40 Bei einer Gegenkopplung über zwei zusätzliche Verstärkerstufen kann man eine lineare Empfängerschaltung mit 140 kHz Grenzfrequenz (3 dB) bei relativ großer Aussteuerung (u_a = 2,35 V bei i_F = 1 mA) erreichen [20]

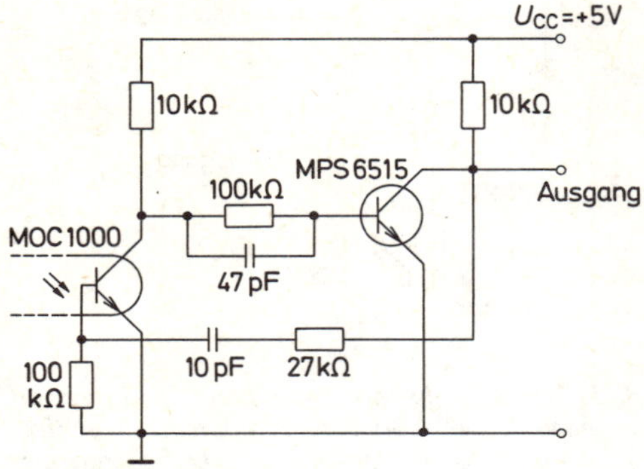

Bild 6.41 Dieser Impulsverstärker liefert Ausgangsimpulse mit Anstiegszeiten von t_r ≈ 500 ns

Gegenkopplung vom Ausgang einer zweiten Verstärkerstufe auf die Basis des Fototransistors gibt *Motorola* [227] an (Bild 6.41). Bei einer Ausgangsamplitude von 5 V (I_F = 15 mA) wird eine Impulsanstiegszeit von $t_r \approx$ 500 ns erreicht.

Wie man von dem Basisanschluß Gebrauch machen kann, um mit einem weiteren Transistor einen diskreten Schmitt-Trigger aufzubauen (positive Rückkopplung vom Kollektor des T_2 auf die Basis des Fototransistors) zeigt *Texas Instruments* [221] mit der Schaltung in Bild 6.42. Der veränderliche Widerstand begrenzt den Basisstrom und läßt sich so einstellen, daß kein Ausgangssignal vorhanden ist, solange kein Steuersignal am LED-Eingang ansteht. Das Ausgangssignal ist nicht invertiert und DTL/TTL-kompatibel.

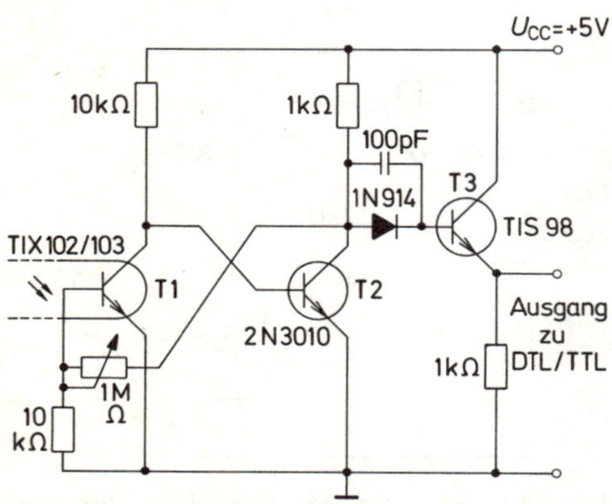

Bild 6.42 Bei diesem, mit diskreten Bauelementen aufgebautem, Schmitt-Trigger wird vom externen Basisanschluß des Fototransistors Gebrauch gemacht

Lineare Torschaltungen

Der Basisanschluß läßt sich auch zum Einspeisen eines **zweiten Steuersignals** benutzen, womit ein solcher Optokoppler zum Aufbau linearer Torschaltungen geeignet ist.

Lineare Torschaltungen sind elektronische Schalter, die das unverzerrte Weitergeben eines Signals innerhalb einer definierten Zeitdauer ermöglichen, wobei die „Zeitdauer" in der Regel von einem steuernden Rechteckimpuls (oder einer Impulsfolge) bestimmt wird.

Die Funktion einer linearen Torschaltung kann also kurz beschrieben werden als das Öffnen und Schließen eines Signalweges für einen vorgegebenen Zeitraum. Dabei ist zwischen Eingangs- und Ausgangssignal ein linearer Zusammenhang gegeben, mit eventuell gleichzeitiger Verstärkung oder Umkehr des Signals.

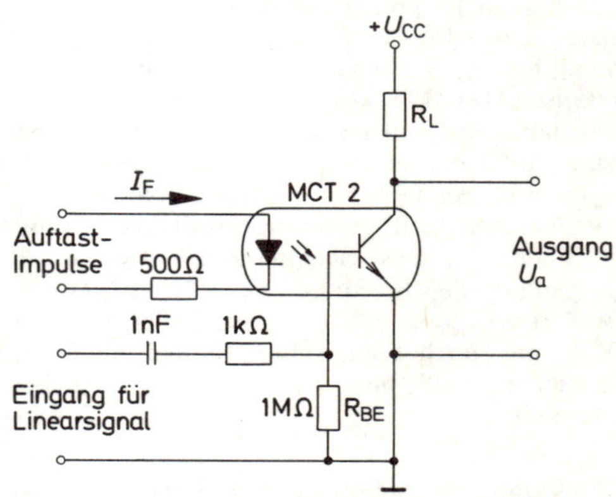

Bild 6.43 Prototyp einer linearen Torschaltung mit Optokoppler (Monsanto)

Den Schaltungsaufbau einer solchen Torschaltung [228] zeigt Bild 6.43. Mit dem Basis-Emitter-Widerstand R_{BE} läßt sich die Eingangsempfindlichkeit und die Schaltschwelle des Fototransistors einstellen. Den Einfluß dieses Widerstandes auf den Kollektorstrom kann man Bild 6.44

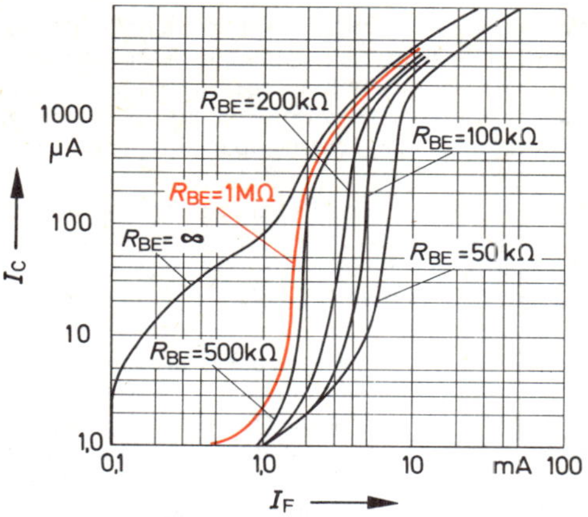

Bild 6.44 Einfluß des Basis-Emitter-Widerstandes R_{BE} auf die Übertragungscharakteristik der Optokopplerschaltung in Bild 6.43 [228]

entnehmen. Die Abhängigkeit der Ausgangsspannungsamplitude $u_{2(SS)}$ (Spitze—Spitze) vom jeweils eingestellten Gleichstromwert des LED-Durchlaßstromes I_F (Wechselspannungssignal von 50 mV_{SS} am „Linearsignal-Eingang"), ist in Bild 6.45 aufgetragen. Darin erkennt man, daß der optimale Arbeitspunkt bei I_F = 6 mA liegt. Bei größeren LED-Strömen geht der Verstärker in

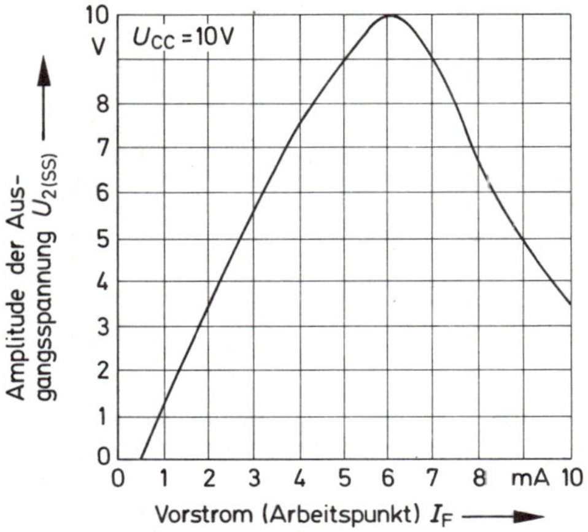

Bild 6.45 Abhängigkeit des Wechselspannungsausgangssignals der Schaltung Bild 6.43 vom eingestellten Vorstrom I_F [228]

die Sättigung über (Klemmeffekt). Unterhalb 6 mA läßt er nur einen Teil des Eingangssignals durch.

Das Verhalten der Torschaltung bei gepulstem LED-Eingang zeigen die Oszillogramme in Bild 6.46. Für $I_F = 0$ wird auch das Ausgangssignal Null. Das Öffnen und Schließen geschieht dabei mit einer gewissen Zeitverzögerung, die vor allem von der Miller-Kapazität des Fototransistors und den äußerem RC-Komponenten verursacht wird. Der im Oszillogramm dargestellte Spannungsverlauf von u_1 entspricht der über dem 500-Ω-Widerstand des LED-Einganges gemessenen I_F-proportionalen Spannung. U_2 ist die Ausgangsspannung der Torschaltung, deren Nullinie entsprechend dem steuernden Impulssignal verschoben ist.

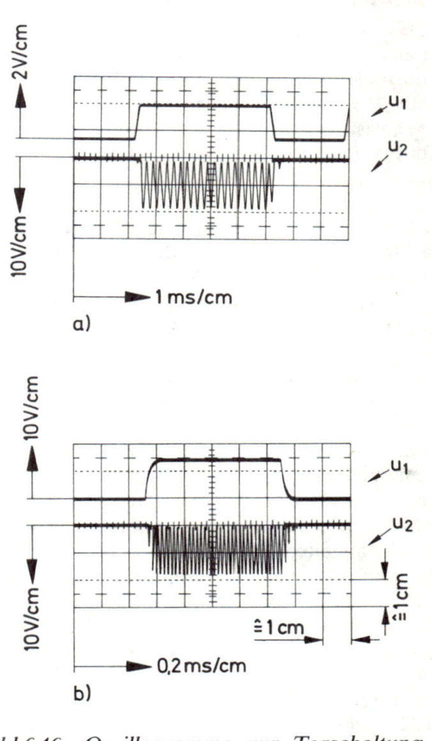

Bild 6.46 Oszillogramme zur Torschaltung in Bild 6.43; die u_1-Impulse sind über den 500-Ω-Widerstand des LED-Eingangs gemessen, die u_2-Verläufe entsprechen dem Ausgangssignal
a) R_L = 10 kΩ, U_{cc} = 20 V, f_s = 4 kHz
b) R_L = 1 kΩ, U_{cc} = 20 V, f_s = 35 kHz

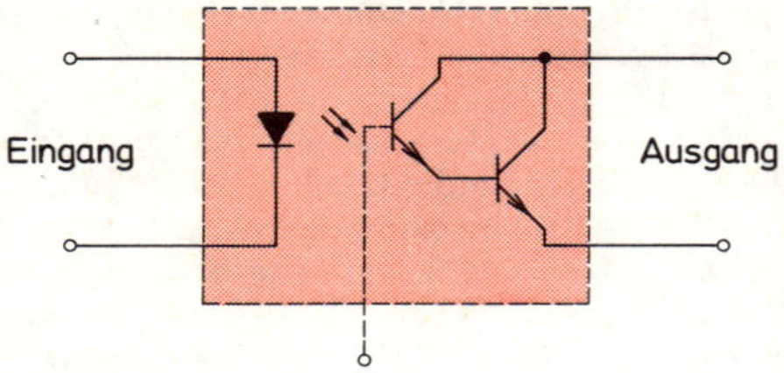

Bild 6.47 Optokoppler mit Fotodarlingtonausgang; der gestrichelte Anschluß deutet darauf hin, daß auch hier Bauelemente mit externer Basiszuführung angeboten werden

6.3.2.4. Empfängerschaltungen mit Fotodarlingtontransistor

Der Optokoppler mit Fotodarlingtonausgang ist im Grunde nichts anderes als ein normaler Optokoppler mit Fototransistorausgang, dem (im Innern) ein weiterer npn-Transistor in Darlingtonschaltung zugeordnet ist (Bild 6.47).

Gegenüber dem Fototransistorausgang hat die Darlingtonstufe den Vorteil der größeren Stromverstärkung, denn der *CTR*-Wert wird in dieser Schaltung um das Produkt der β-Werte der beiden Transistoren erhöht. Praktische Werte liegen etwa zwischen 20% und 500%. Allerdings wird die höhere „Empfindlichkeit" dieses Bauelementes mit einer größeren „Trägheit", also einer geringeren Grenzfrequenz und längeren Schaltzeiten, erkauft, da sich ja der **Miller-Effekt** ebenfalls mit dem Produkt der β-Werte vergrößert. Man muß deshalb mit **Grenzfrequenzen** rechnen, die um **etwa eine Zehnerpotenz niedriger** (Schaltzeiten um eine Zehnerpotenz höher) liegen als bei jenen mit Fototransistorausgang.

Auch hier gibt es aber Bauelemente, bei denen die Basis des Fototransistors der Darlingtonstufe nach außen geführt ist, was dann die gleichen Möglichkeiten zum Erhöhen der Grenzfrequenz (Schaltgeschwindigkeit) bietet, wie in Kap. 6.3.2.3.2 für die Fototransistorversionen beschrieben.

Darlington-Optokoppler werden (unter bestimmten Voraussetzungen) dort eingesetzt, wo mit höheren Belastungswerten und/oder mit höheren Umgebungstemperaturen zu rechnen ist, und zwar dann, wenn die um eine Zehnerpotenz niedrigere Grenzfrequenz ohne Belang bleibt und wenn außerdem die Umgebungstemperatur innerhalb der Betriebsdauer als einigermaßen konstant vorausgesetzt werden kann (es sei denn, Stromschwankungen nach oben hin spielen keine Rolle).

Mit dem Steigen der Temperatur ist nämlich beim Darlington eine wesentlich größere β-Erhöhung verbunden als beim Transistor, was für jenen höhere *CTR*-Werte bei höheren Temperaturen ergibt. Ein gewünschter hoher Ausgangsstrom bei höheren Umgebungstemperaturen ist also mit dem Fotodarlington einfacher zu erreichen als mit dem Fototransistor. Zwei typische Kurven (Bild 6.48), die den Arbeitstemperaturbereich gängiger Optokoppler eingrenzen (−55 °C bis +100 °C) verdeutlichen diesen Sachverhalt.

Anwendungsmöglichkeiten bieten sich vor allem in der Steuerungs- und Regelungstechnik, wo man mit niedrigen Impulsfolgefrequenzen arbeitet (Taktsteuerungen, Trennen der Niedervolt-Steuerlogik von hohen Schaltspitzen auf der

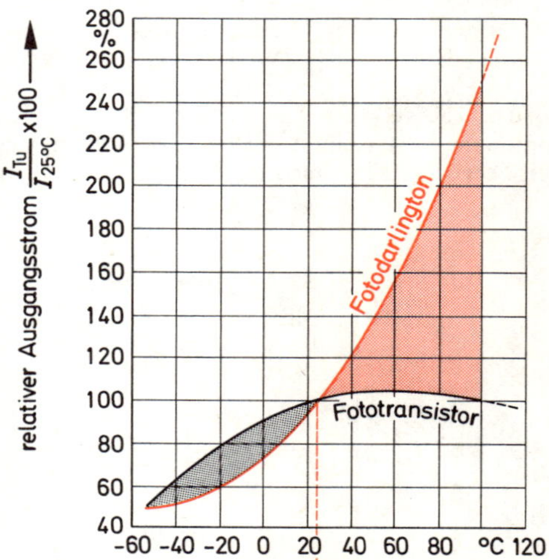

Bild 6.48 Vergleich der Temperaturabhängigkeit des relativen Ausgangsstromes für einen typischen Optokoppler mit Fototransistorausgang (MCT 2 E) und einen solchen mit Fotodarlington (MCA 231, beide Monsanto*); die LED-Steuerströme sind so gewählt, daß sich mit $R_L = 100\,\Omega$ bei der Bezugstemperatur (25 °C) für beide Typen der gleiche Ausgangsstrom ergibt*

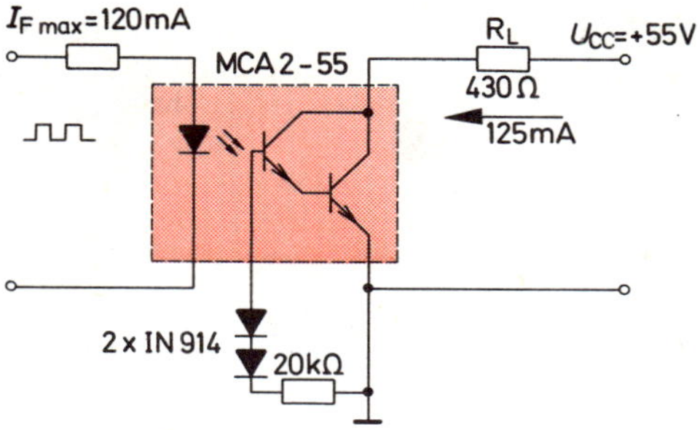

*Bild 6.49 Impulsübertrager mit Darlington-Optokoppler (*Monsanto*); die „Schließ"zeiten liegen bei 38 μs, die „Öffnungs"zeiten bei 13 μs*

Netzseite, Ersatz von elektromechanischen Relais niedriger Ausgangsleistung usw.).
Ein Schaltbeispiel zum Übertragen einer Taktimpulsfolge mit f_{max} = 5 kHz auf eine 400-Ω-Last zeigt Bild 6.49. Hier wurde der externe Basisanschluß beschaltet, um kürzere „Öffnungs"-zeiten zu bekommen. Das Nachbilden eines elektromagnetischen Umschaltrelais mit zwei Darlington-Optokopplern veranschaulicht Bild 6.50. Für maximalen Laststrom von 125 mA muß I_F = 50 mA werden.

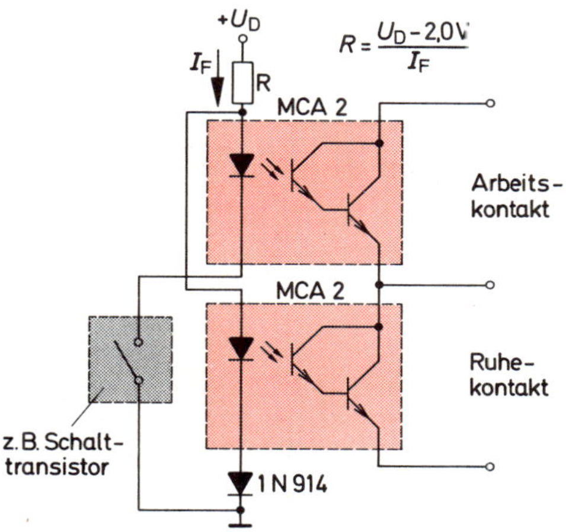

*Bild 6.50 Aufbau eines elektronischen Relais mit Umschaltkontakt aus zwei Darlington-Optokopplern (*Monsanto*)*

6.3.2.4.1. Ansteuerung von DTL/TTL mit Fotodarlingtonausgang des Optokopplers

Fotodarlingtonschaltungen sind sehr langsame Schalter mit Impulsanstiegs- und -abfallzeiten, die etwa im Bereich 10 μs bis 100 μs liegen. Das schließt von vornherein ein **direktes** Ankoppeln an DTL/TTL-Gatter aus. Als Interface ist deshalb immer ein Impulsformer, z.B. ein Schmitt-Trigger, erforderlich.

Das Ankoppeln eines Schmitt-Triggers ist aber nun einer der Anwendungsfälle, bei denen die große Temperaturabhängigkeit des Übertragungsverhältnisses beim Fotodarlington einige Probleme aufwirft. Auf diese Abhängigkeit muß deshalb sorgfältig geachtet werden.
Am Beispiel des *Monsanto*-Darlingtonkopplers MCA 231 sei untersucht, welche Möglichkeiten der Ankopplung [186] eines Optokopplers mit

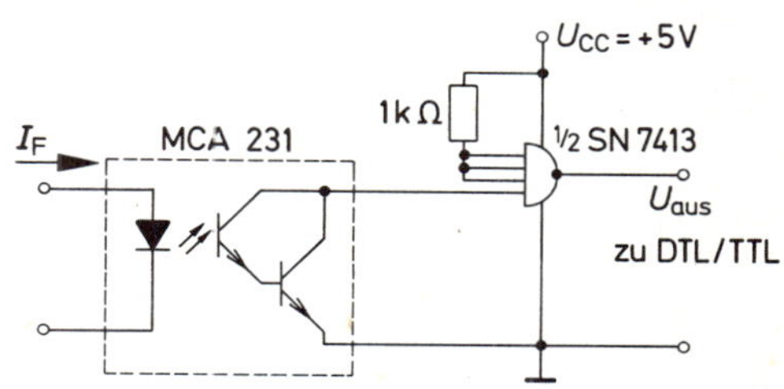

Bild 6.51 Einfachste Möglichkeit einen Schmitt-Trigger an eine Darlingtonausgangsstufe anzukoppeln

(temperaturabhängigem) Darlington-Ausgang an einen Schmitt-Trigger existieren:
Als einfachste Möglichkeit käme das direkte Ankoppeln eines integrierten Schmitt-Triggers SN 7413 gemäß Bild 6.51 in Frage. Ein externer Pull-up-Widerstand erübrigt sich hier, weil die Ausgangswerte des MCA 231 den Eingangsforderungen des 7413 genügen. Den Zusammenhang zwischen LED-Steuerstrom I_F und Ausgangsspannung U_{aus} am Schmitt-Trigger erhält man, wenn man dem I_C/U_{CE}-Kennlinienfeld des MCA 231 die Eingangscharakteristik des Schmitt-Triggers überlagert. Diesem Zusammenhang entspricht nach [186] die Charakteristik in

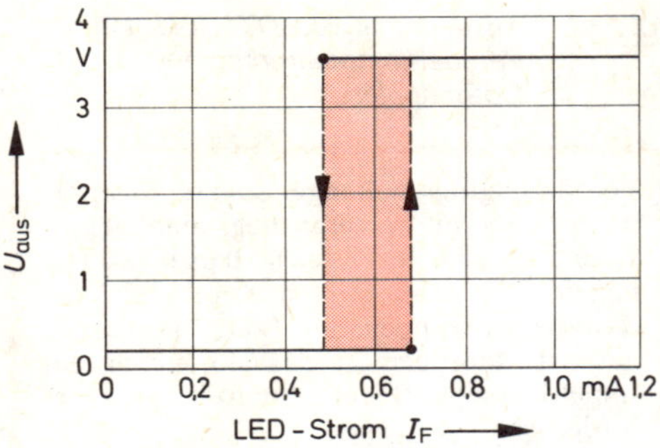

Bild 6.52 Steuercharakteristik der Schaltung in Bild 6.51

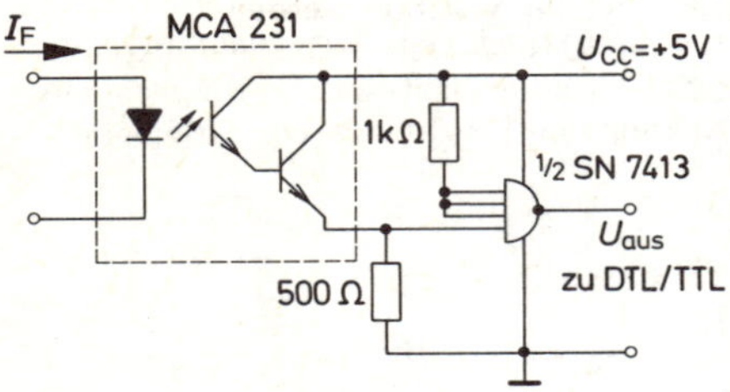

Bild 6.53 Das Ankoppeln des Schmitt-Triggers in Emitterfolgeschaltung der Darlingtonausgangsstufe bringt einen größeren Hysteresebereich der Steuercharakteristik und damit eine bessere Temperaturstabilität

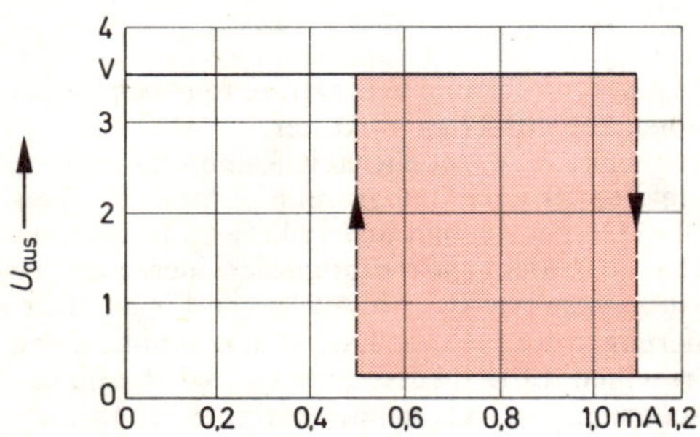

Bild 6.54 Steuercharakteristik zur Schaltung in Bild 6.53

Bild 6.52, die eine sehr geringe Stromhysterese aufweist. Das könnte aber bei der in Bild 6.48 ersichtlichen großen Temperaturabhängigkeit des Fotodarlington zu Stabilitätsproblemen führen, wenn die Umgebungstemperatur großen Schwankungen unterworfen ist.

Diesem Temperaturproblem kann man mit der Schaltung in Bild 6.53 aus dem Wege gehen, die einen viel breiteren Hysteresebereich (Bild 6.54) hat. Dabei sollte nicht übersehen werden, daß hier die Logikfunktion gegenüber der in Schaltung 6.51 invertiert ist.

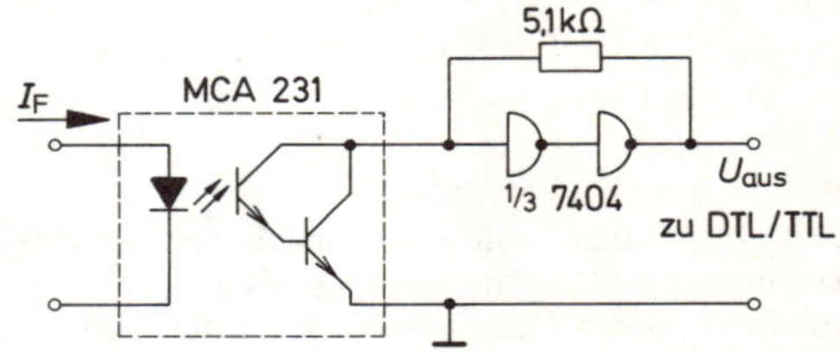

Bild 6.55 Zwei Hex-Inverter in Reihenschaltung und eine ohmsche Rückkopplung über beide Stufen, sind eine einfache Möglichkeit, DTL/TTL-Kompatibilität zu erreichen

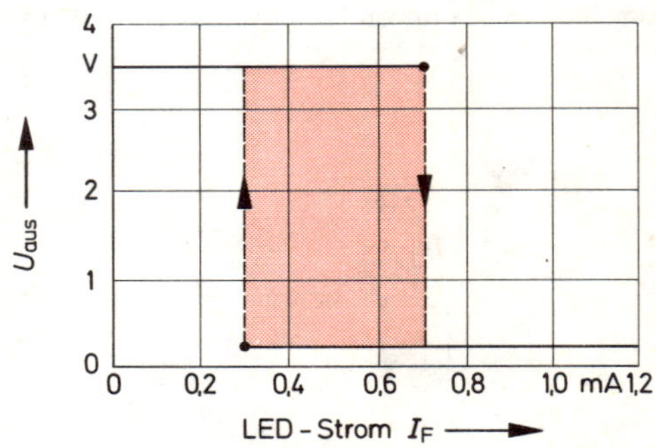

Bild 6.56 Steuercharakteristik zur Schaltung in Bild 6.55

Statt eines Schmitt-Triggers kann nach [186] auch die extrem einfache Schaltung zweier in Reihe geschalteter Hex-Inverter mit ohmscher Rückkopplung (Bild 6.55) TTL-Kompatibilität und Stabilität über einen weiten Temperaturbereich gewährleisten. Die zugehörige Übertragungscharakteristik zeigt Bild 6.56. Ihre Hysterese läßt sich mit dem Widerstandswert des Rückkopplungswiderstandes in der Breite verändern.

6.3.2.5. Optokoppler mit monolithisch integrierten Ausgangsschaltungen

Die bisher behandelten Optokopplertypen haben entweder eine große Bandbreite (kurze Schaltzeiten) und geringe Verstärkung (Fotodiodenausgang) oder aber (Fototransistor- und Fotodarlingtonausgang) eine genügend große Verstärkung und dafür eine niedrige Grenzfrequenz (relativ lange Schaltzeiten). Wie man bei solchen Kopplern mit externen Maßnahmen im Analog- oder Digitalbetrieb höhere Grenzfrequenzen bzw. kürzere Schaltzeiten erreichen kann, wurde in den vorangegangenen Kapiteln gezeigt.
Nun bieten darüber hinaus aber auch verschiedene Firmen *(Texas Instruments, Hewlett Packard, Monsanto)* Optokoppler an, bei denen Verstärkerschaltungen oder/und Logikgatter als **Ausgangskonfigurationen auf einem Chip** integriert wurden. Solche Schaltungen lassen von der Technologie her ein optimales Dimensionieren bezüglich Millerkapazitäten, Verstärkungsgrad, Temperaturkompensation u.a. zu, so daß man auf diese Weise kompakte Bauelemente mit einem besonders günstigem Bandbreite-Verstärkungsprodukt erhält. Da auch solche Koppler für den Praktiker von großem Interesse sind, soll auf einige dieser Schaltungen im folgenden kurz eingegangen werden.
Eine Kombination GaAsP-LED/(Fotodiode plus Verstärkertransistor) enthält die Serie 5082-4350 von *Hewlett Packard* (Prinzipschaltung siehe Bild 6.57). Diese Kombination kann sowohl für Analog- als auch für Digitalbetrieb eingesetzt werden. Zwei Betriebsmöglichkeiten für **analoge Anwendungen** nebst zugehöriger Frequenzcharakteristika für unterschiedliche Lastwiderstände zeigt Bild 6.58.
Hohe Grenzfrequenzen erhält man in der rot eingezeichneten Betriebsschaltung, bei der die Fotodiode durch den Lastwiderstand R_{L1} vom Kollektor des Verstärkerstransistors getrennt ist.

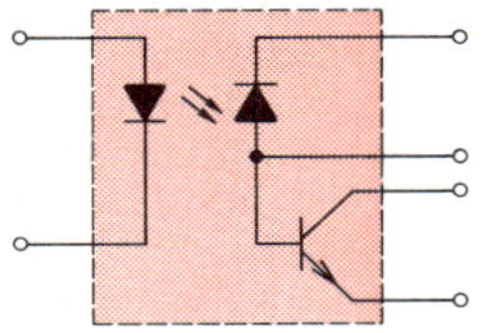

*Bild 6.57 Prinzipschaltung des Optokopplers 5082-4350 mit monolithisch integriertem Ausgangsverstärker (*Hewlett Packard*)*

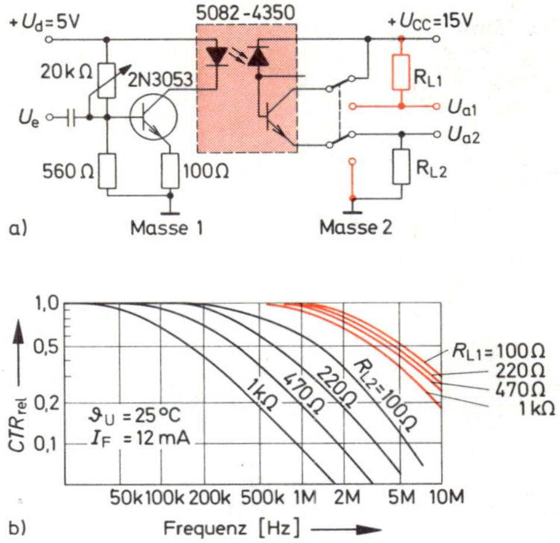

Bild 6.58 Zwei Betriebsmöglichkeiten bieten sich für den analogen Anwendungsfall des 5082—4350
a) Analogverstärkerschaltung
b) zugehörige Frequenzcharakteristika für die beiden Betriebsfälle

Die 3-dB-Grenzfrequenz beträgt bei dieser Schaltung im günstigsten Fall (kleiner Lastwiderstand) 4 MHz, die Paarlaufzeit ist mit 225 ns angegeben [232].
Eine höhere Verstärkung bei geringerer Bandbreite erzielt man, wenn die Ausgangsschaltung als Fototransistorstufe betrieben wird (schwarz ausgedruckte Schalterstellung mit Lastwiderstand R_{L2}). Die 3-dB-Grenzfrequenz liegt dann bei 500 kHz, die Paarlaufzeit bei 1 µs. In der Eingangsschaltung dient der 20-kΩ-Widerstand zum Einstellen des Arbeitspunktes, der auf minimalen Klirrfaktor abzugleichen ist.
Bei Digitalbetrieb kann man die üblichen Senderschaltungen (Bild 5.6, Kap. 6.3.1.1) verwenden. Die Ausgangsschaltung zur Ankopplung an DTL/TTL besteht aus einem einzigen Widerstand gemäß der Meßschaltung in Bild 6.59, die auch bei hohen Belastungswiderständen (siehe Schaltzeitentabelle) noch dynamische DTL/TTL-Kompatibilität gewährleistet (t_r, t_f = 270 ns), Ähnliche Eigenschaften hat der Optokoppler TIXL 105 von *Texas Instruments,* der mit einer GaAs-LED als Eingangsstufe und einer integrierten Sensorstufe aus Fotodiode und gegengekoppeltem Verstärker aufgebaut ist (t_r = 200 ns, t_f = 100 ns typ., bei U_{cc} = 6 V, I_F = 10 mA).

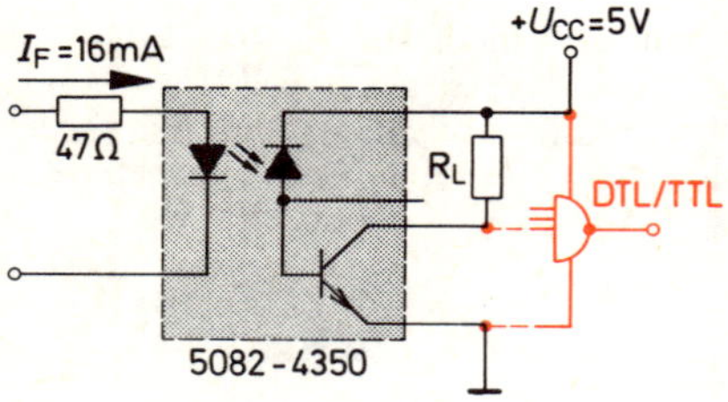

R_L [Ω]	t_d [ns]	t_r [ns]	t_s [ns]	t_f [ns]
100	150	150	5	170
220	150	180	10	190
470	150	200	20	210
1000	150	270	30	270

Zeiten ohne Gatter gemessen

Bild 6.59 Digitalbetrieb des 5082-4350; Meßschaltung mit zugehörigen Schaltzeiten (Hewlett-Packard)

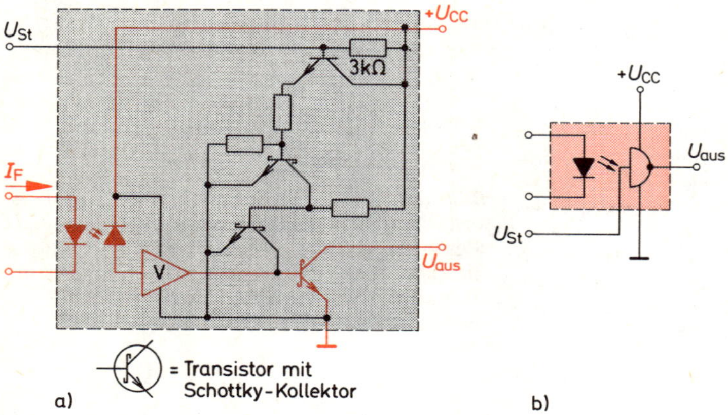

Bild 6.60 Optoelektronisches Gatter mit monolithisch integrierter Ausgangsstufe
a) prinzipieller Schaltungsaufbau
b) Schaltungssymbol

Als **optoelektronisches Gatter** kann man den Optokoppler Typ 5082-4360 von *Hewlett Pakkard* bezeichnen. Der Eingang ist der gleiche wie auch beim 4350. Die (monolithisch integrierte) Ausgangsschaltung besteht aus einer Fotodiode als Empfänger, einem Linearverstärker hoher Verstärkung, der einen Ausgangstransistor mit offenem Schottky-Kollektor[1] ansteuert (siehe Schaltbild 6.60a, rote Linienführung). Dazu kommen (schwarze Linienführung) Zusatzschaltungen zur Temperatur-, Strom- und Spannungsstabilisierung sowie ein seperater Steuereingang (U_{St}), der eine DTL/TTL-kompatible Torsteuerung des Ausgangssignals ermöglicht. Mit Low-Potential an diesem Steuereingang nimmt der Ausgang immer High-Potential an, unabhängig vom jeweiligen Steuerzustand der LED. Das Schaltbild eines solchen Optokopplers zeigt Bild 6.60b.

Mit $I_{F\,min} = 5$ mA und $U_{cc} = 5$ V hat die DTL/TTL-kompatible Schaltung ein Fan-out von $N = 8$ ($I_{sink} = 13$ mA max.), und zwar im garantierten Temperaturbereich von 0 bis 70 °C. Anstiegs- und Abfallzeit der Ausgangsimpulse werden bei einem Lastwiderstand von $R_L = 350\,\Omega$ (siehe Bild 6.61) und einer angenommenen Kapazität von 15 pF gegen Masse ($I_F = 7{,}5$ mA) mit typ. 25 ns angegeben. Die Grenzfrequenz beträgt (abhängig von der Belastung) maximal 10 MHz (Übertragungsgeschwindigkeit max. 20 M bit/s, Paarlaufzeit 60 ns). Auch hier sind die üblichen Eingangsschaltungen für Logikbetrieb (Kap. 6.3.1.1) einsetzbar.

Ähnliche Charakteristika wie das HP 5082-4360 haben auch die **optoelektronischen Gatter** der Serie MCL 600/610 und der Serie MCL 601/611 von *Monsanto*. Sie verwenden aber in der monolithisch integrierten Ausgangsstufe eine etwas

[1] Ersetzt man bei einem Schalttransistor den Kollektor-Basis-pn-Übergang mit einer Metall-Halbleiter-Schottky-Barriere (Schottky-Kollektorbarrierentransistor), so werden bei Übersteuerung keine Ladungen in der Basiszone gespeichert (Verminderung der Schaltzeiten). Man kann so die Vorteile des gesättigten Transistorschalters (konstantes Ausgangssignal auch bei Parameterstreuung) mit denen des ungesättigten (Schaltzeiten um etwa eine Größenordnung geringer) verbinden.

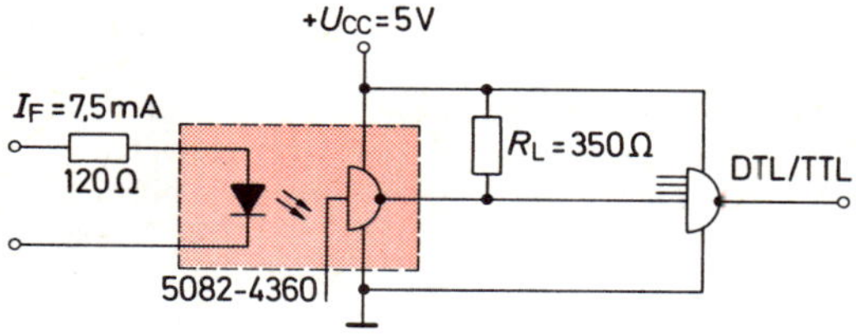

Bild 6.61 Ankopplung einer DTL- oder TTL-Schaltung an das optoelektronische Gatter 5082-4360 (Hewlett-Packard)

andere Konzeption und haben geringere Übertragungsgeschwindigkeiten.
Bild 6.62 zeigt den entsprechenden Schaltungsaufbau. Gemeinsame Schaltungsteile beider Serien sind die GaAs-LED am Eingang, die auf eine „schnelle" Fotodiode arbeiten. Das dort erzeugte Signal wird mit einem Differentialkomperator verstärkt, der seinerseits einen Schmitt-Trigger ansteuert, um damit großen Störabstand und TTL-kompatible Flankensteilheit zu gewinnen. Als Ausgangsstufe ist bei der Serie MCL 601/611 ein Ausgangstransistor mit offenem Kollektor vorgesehen (schwarze Linienführung), bei der Serie MCL 600/610 dagegen kommt eine zusätzliche Pull-up-Strecke (roter Schaltungsteil) dazu, die ähnlich der Ausgangsschaltung eines TTL-Gatters der 7400er Serie aufgebaut ist (vgl. Kap. 6.3.1.1, Bild 6.6). Die Übertragungsgeschwindigkeit beträgt bei den Typen 600 und 601 mindestens 10^5 bit/s ($I_F = 1$ mA) und bei den Typen 610 und 611 mindestens 10^6 bit/s ($I_F = 10$ mA). Die typischen Anstiegs- und Abfallzeiten werden für alle Typen bei einem Lastwiderstand von 280 Ω und einer Lastkapazität von 25 pF mit 10 ns angegeben.

Das Schaltungssymbol für diese Schaltungen würde dem in Bild 6.60 entsprechen. *Monsanto* verwendet ein eigenes Symbol (siehe Bild 6.62 b), das aber nicht den hierzulande üblichen Normen entspricht.
Zur Ansteuerung mit DTL/TTL-Gattern eignen sich wiederum die in Kap. 6.3.1.1 angegebenen Senderschaltungen. Die Ausgangssignale sind direkt DTL/TTL-kompatibel.
Wegen des eingebauten Schmitt-Triggers können die optoelektronischen *Monsanto*-Gatter auch mit Impulsen geringer Flankensteilheit angesteuert werden, ohne daß sich die angegebenen Anstiegs- und Abfallzeiten der Ausgangsimpulse ändern. Sie eignen sich deshalb auch ausgezeichnet dazu, Sinusschwingungen in Rechteckschwingungen umzuwandeln, beispielsweise, um aus der Netzfrequenz Steuerimpulse für Digitaluhren zu gewinnen. Eine Schaltung dieser Art zeigt Bild 6.63. Die antiparallel zur Eingangs-LED geschaltete Diode dient als Klemmdiode für die negativen Halbwellen und verhindert ein Überschreiten der zulässigen LED-Sperrspannung, die wie bei allen GaAs-LED nur etwa 3 V beträgt.

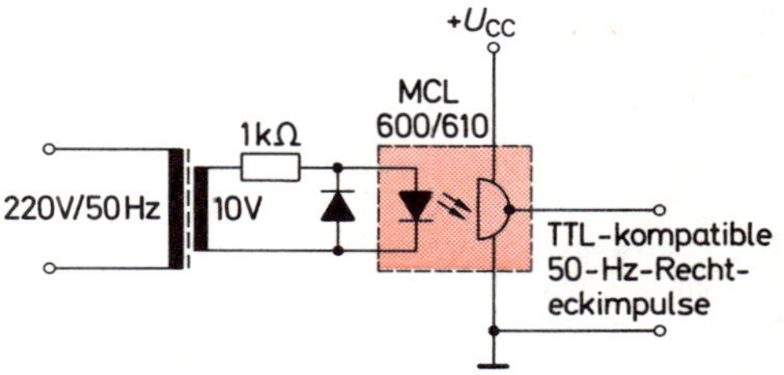

Bild 6.63 Umwandlung von Sinusschwingungen in TTL-kompatible Rechteckimpulse

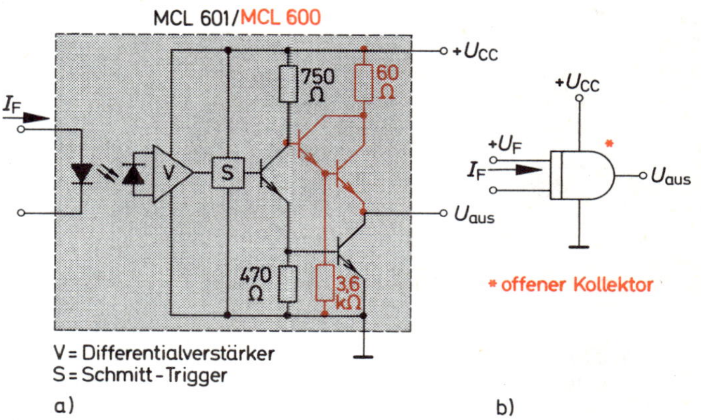

Bild 6.62 Optoelektronisches Gatter mit Schmitt-Trigger in der monolithisch integrierten Ausgangsstufe (Monsanto)
a) Schaltungsaufbau
schwarz: offener Kollektorausgang (MCL 601/611)
schwarz + rot: TTL-Ausgang mit Pull-up-Strecke (MCL 600/610)
b) firmeneigenes (nichtstandardisiertes) Schaltungssymbol

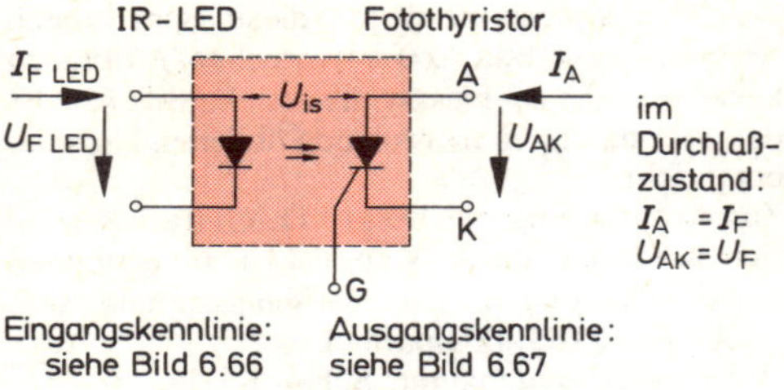

Bild 6.64 Ein- bzw. Ausgangsgrößen (Ströme und Spannungen) bei einem Optokoppler mit Thyristorausgang

6.3.2.6. Optokoppler mit Thyristorausgang

Galvanisch voneinander getrennt vereinigen **Optokoppler mit Thyristorausgang** in einem lichtundurchlässigen Gehäuse eine planare GaAs-Diode (IR-LED) und eine mit dieser in *optischem* Kontakt befindliche planare pnpn-Fotothyristor-Triode. Eingangsseitig sind aus dem Gehäuse der Anoden- sowie Katodenanschluß der IR-LED und ausgangsseitig der Anodenanschluß A, der Katodenanschluß K sowie der Gateanschluß G des Fotothyristors herausgeführt, siehe Bild 6.64. Als Gehäuse werden sowohl Metallgehäuse (z.B. TO-77-Gehäuse mit 5 Anschlüssen) als auch 6polige Dual-in-line-Kunststoffgehäuse mit 5 belegten Anschlüssen verwendet.

Bei **Dual-Optokopplern,** sie bestehen aus zwei unabhängigen LED-Fotothyristor-Anordnungen, wird das DIL-Gehäuse bevorzugt. Von den 12 Anschlüssen (kompatibel mit 14poligen DIL-Gehäusen) sind dann 10 belegt. Mit 8 Anschlüssen kommen die Optokoppler aus, die zwar 2 getrennt ansteuerbare LED, aber 2 mit ihren Anoden und Katoden antiparallel geschalteten Fotothyristoren beinhalten. Wie Bild 6.65 zeigt, sind die Gates beider Thyristoren einzeln zugänglich.

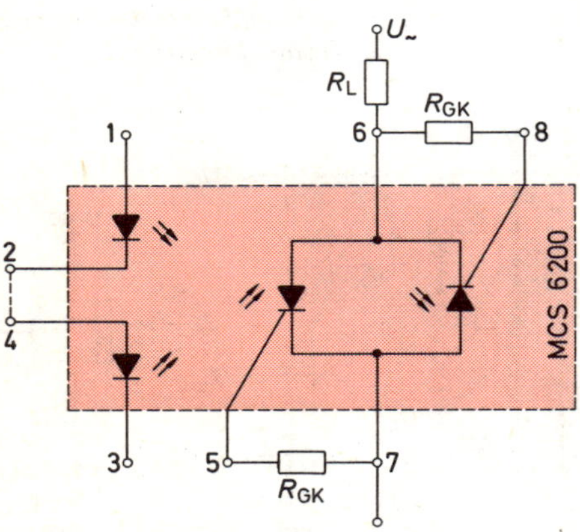

Bild 6.65 Optokoppler mit zwei antiparallel geschalteten Fotothyristoren (Typ MCS 6200 von Monsanto*)*

Der Abstand zwischen der IR-LED und dem Fotothyristor beträgt einige mm. Er bestimmt u.a. die bei Dauerbetrieb zwischen Eingang und Ausgang des Optokopplers maximal zulässige Spannung, die sogenannte **Isolierspannung** U_{is}. Typische Werte für U_{is} sind 1 kV, 1,5 kV und 2,5 kV Gleichspannung.

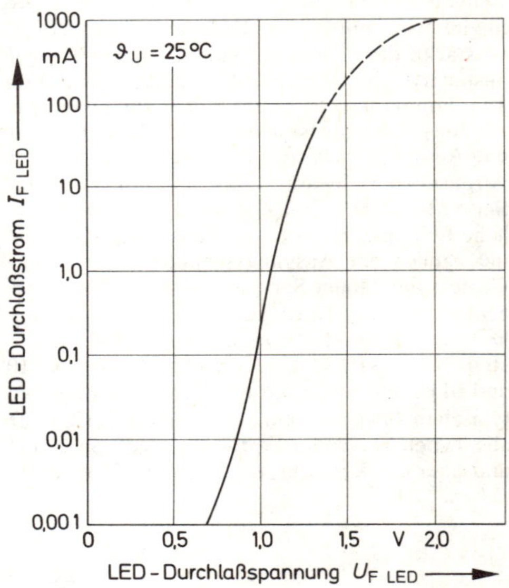

Bild 6.66 Typische Eingangskennlinie eines Optokopplers mit Thyristorausgang = Durchlaßkennlinie der GaAs-LED (Typ H 10 C 1 von General Electric*)*

Eingangs- und Ausgangskennlinien

Das Sperr- und Durchlaßverhalten von Fotothyristoren bzw. IR-LED wurde bereits generell in den Kapiteln 4. bzw. 5. behandelt. Es wird deshalb auf die entsprechenden Abschnitte verwiesen.

Die Bilder 6.66 und 6.67 geben lediglich die ein- und ausgangsseitigen **Durchlaßkennlinien** eines Optokopplers mit Thyristorausgang wieder.

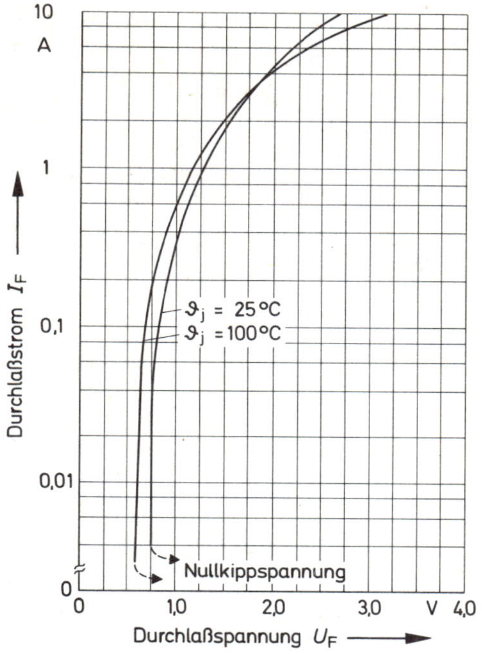

Bild 6.67 Typische Ausgangskennlinie eines „gezündeten" Optokopplers mit Thyristorausgang = Durchlaßkennlinie des Thyristors (Typ H 10 C 1 von General Electric*)*

Im Gegensatz zu den vorangegangenen Optokopplern besteht bei Optokopplern mit Thyristorausgang **kein linearer Zusammenhang zwischen Eingangsstrom** (LED-Durchlaßstrom $I_{F\,LED}$) und **Ausgangsstrom** (Fotothyristor-Anodenstrom I_A bzw. -Durchlaßstrom I_F). Hat der LED-Durchlaßstrom einen bestimmten Wert, den sogenannten **Zünd-LED-Durchlaßstrom** $I_{FT\,LED}$ (Index T = *trigger*), erreicht, so zündet der Fotothyristor. Er kippt vom hochohmigen Blockierzustand in den niederohmigen Durchlaßzustand. Der dann fließende Anodenstrom (Durchlaßstrom) des Fotothyristors kann vom LED-Durchlaßstrom nicht mehr beeinflußt werden. Er wird von der externen Beschaltung und der Speisespannung bestimmt.

> Für Optokoppler mit Thyristorausgang ist deshalb die Angabe eines Wertes für das *Stromübertragungsverhältnis CTR* nicht sinnvoll.

Wie bereits erwähnt, läßt sich die **Ansprechempfindlichkeit** (Zündbestrahlungsstärke) von Fotothyristoren mit einem Ableitwiderstand zwischen Gate und Katode beeinflussen. Die Zündbestrahlungsstärke verhält sich etwa umgekehrt proportional zu diesem Widerstand. Da die Strahlungsleistung von IR-LED im Bereich von 1 mA bis knapp unter 100 mA linear mit dem Durchlaßstrom ansteigt, muß sich auch zwischen dem **Zünd-LED-Durchlaßstrom** $I_{FT\,LED}$ und dem **Gate-Katoden-Widerstand** R_{GK} ein etwa **umgekehrt proportionaler Zusammenhang** ergeben. Bild 6.68 verdeutlicht den Sachverhalt.

> Je nach Schaltungsauslegung und Typ kann also bei Optokopplern mit Thyristorausgang für den **Zünd-LED-Durchlaßstrom** mit Werten zwischen **einigen mA** und **einigen 10 mA** gerechnet werden.

Bild 6.68 zeigt außerdem die Temperaturabhängigkeit des Zünd-LED-Durchlaßstroms. Mit wachsender Temperatur sinkt die Strahlungsleistung einer IR-LED (bei konstantem Durchlaßstrom) und die Zündbestrahlungsstärke eines Fotothyristors. Da aber die Zündbestrahlungsstärkeabnahme überwiegt, ist bei **höheren Temperaturen** ein **geringerer Zünd-LED-Durchlaßstrom** — gleicher R_{GK}-Widerstand vorausgesetzt — erforderlich.

Ein Blick auf die Bilder 6.66 und 6.67 zeigt, daß mit Eingangsströmen von einigen 10 mA durchaus Ausgangsströme bis zu einigen A geschaltet werden können. **Optokoppler mit Thyristorausgang haben die höchsten Ausgangsströme** unter den Optokopplern.

Eine Grenze setzt allerdings u.a. die durch die Gehäuseart gegebene Abfuhr der Verlustwärme. Bei einer Umgebungstemperatur von 25 °C kann für die DIL-Gehäuse mit einer maximal zulässigen **Thyristorverlustleistung** von rund 200 mW und für das TO-77-Gehäuse von rund 400 mW gerechnet werden. Wird das Gehäuse auf 25 °C gehalten, so verdoppeln sich etwa diese Werte. Bild 6.69 zeigt die Abhängigkeit der zulässigen **Umgebungs-** bzw. **Gehäusetemperatur** vom **arithmetischen Mittelwert des höchstzulässigen Dauerdurchlaßstroms.** Bedingt durch die Schaltverluste (Verluste beim Ein- und Ausschalten) liegen die Kurven für Halbwellenstrom (Stromflußwinkel Θ = 180°) unter denen für Gleichstrom. Die **Durchlaßverlustleistung** in Abhängigkeit vom arithmetischen Mittelwert des

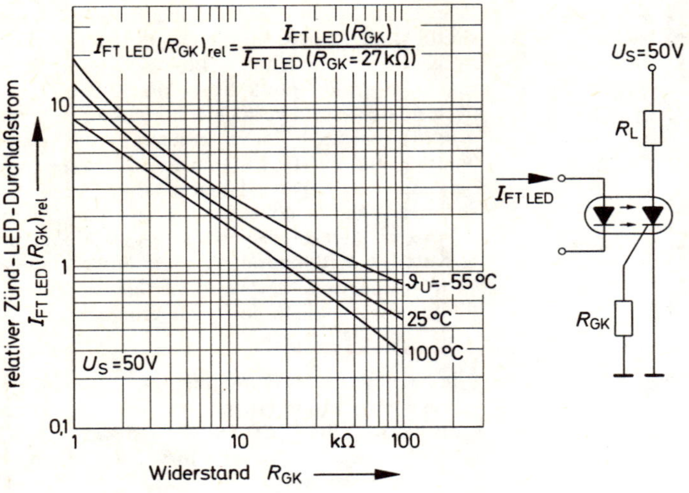

Bild 6.68 Relativer Zünd-LED-Durchlaßstrom in Abhängigkeit vom Gate-Katoden-Widerstand für den Optokoppler H 10 C 1 von General Electric. *Die Umgebungstemperatur ist Parameter. Für R_{GK} = 27 kΩ und ϑ_U = 25 °C gilt $I_{FT\,LED}$ = 15 mA typ. und 50 mA max.*

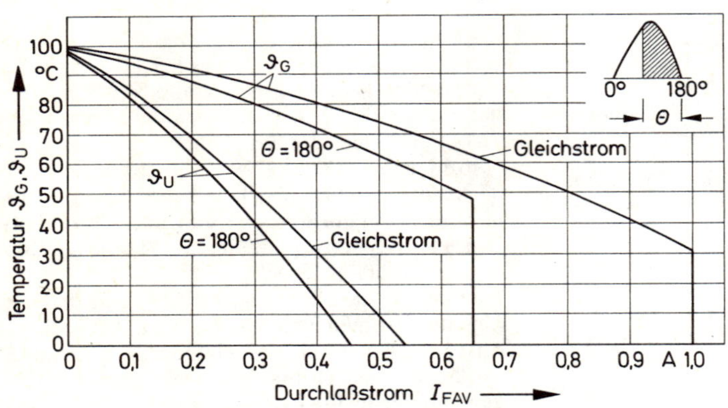

Bild 6.69 Zulässige Umgebungs- bzw. Gehäusetemperatur in Abhängigkeit vom arithmetischen Mittelwert des höchstzulässigen Dauerdurchlaßstroms für den Optokoppler H 10 C 1 von General Electric

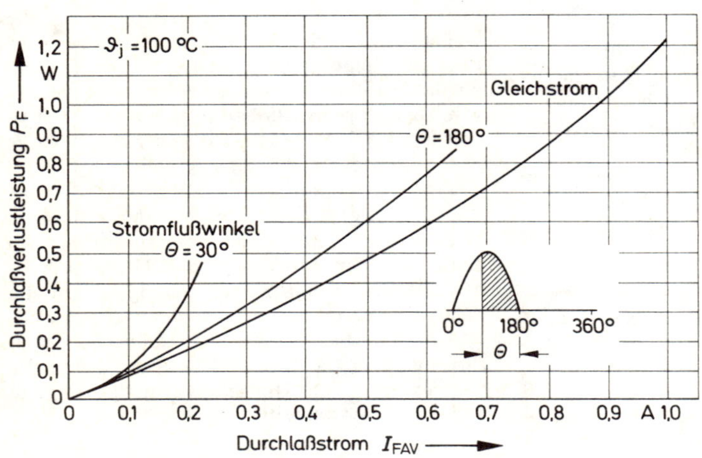

Bild 6.70 Durchlaßverluste in Abhängigkeit vom arithmetischen Mittelwert des Durchlaßstroms für den Optokoppler H 10 C 1 von General Electric

Durchlaßstromes gibt Bild 6.70 wieder. Der **Stromflußwinkel** ist Parameter. Bei gleichem Durchlaßstrom steigen also die Durchlaßwerte mit kleiner werdendem Stromflußwinkel. Zu jedem Stromflußwinkel gehört ein maximal zulässiger mittlerer Durchlaßstrom, da der **Durchlaßspitzenstrom** des Fotothyristors nicht überschritten werden darf.

Der zum Aufrechterhalten des Durchlaßzustandes erforderliche Mindestdurchlaßstrom **(Haltestrom I_H)** verringert sich mit zunehmendem Gate-Katoden-Widerstand R_{GK} und steigender Temperatur. Bei $\vartheta_U = 25\ °C$ verhält sich I_H etwa umgekehrt proportional zu R_{GK}. Typische Werte sind $I_H = 1$ mA bei $R_{GK} = 1\ k\Omega$ bzw. $I_H = 0{,}1$ mA bei $R_{GK} = 20\ k\Omega$.

Zeitliches Verhalten

Die in Bild 6.68 dargestellte Abhängigkeit des Zünd-LED-Durchlaßstroms vom Gate-Katoden-Widerstand gilt unter der Voraussetzung, daß der LED-Durchlaßstrom etwa 1 ms lang fließt. Es herrschen also *quasistatische* Eingangsstrombedingungen. Ein **Verkürzen der LED-Durchlaßstromdauer** ist möglich, wenn die Amplitude des **Zünd-LED-Durchlaßstroms** entsprechend **erhöht** wird. Bild 6.71 zeigt für einen typischen Optokoppler, daß der Zünd-LED-Durchlaßstrom bei einer Impulsbreite $t_p = 10\ \mu s$ gegenüber dem *quasistatischen* Betriebsfall etwa *verdoppelt* bis *verdreifacht* werden muß.

Fließt durch die IR-LED ein Durchlaßstrom $I_{F\,LED} > I_{FT\,LED}$, so läßt sich die **Einschaltzeit des Fotothyristors verringern.** Die Einschaltzeit t_{ein} setzt sich aus der Verzögerungszeit t_d und der

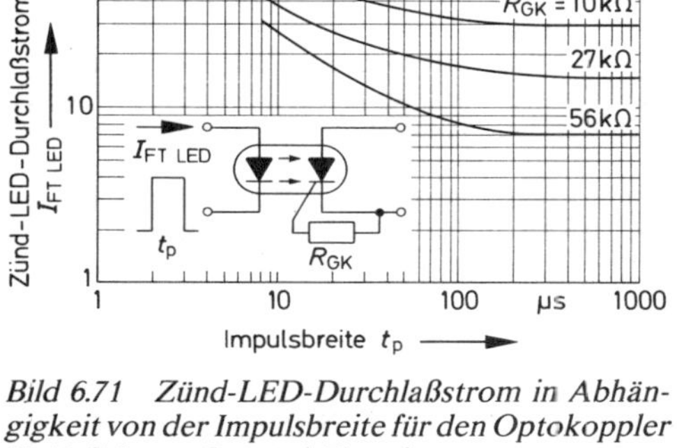

Bild 6.71 Zünd-LED-Durchlaßstrom in Abhängigkeit von der Impulsbreite für den Optokoppler H 10 C 1 von General Electric

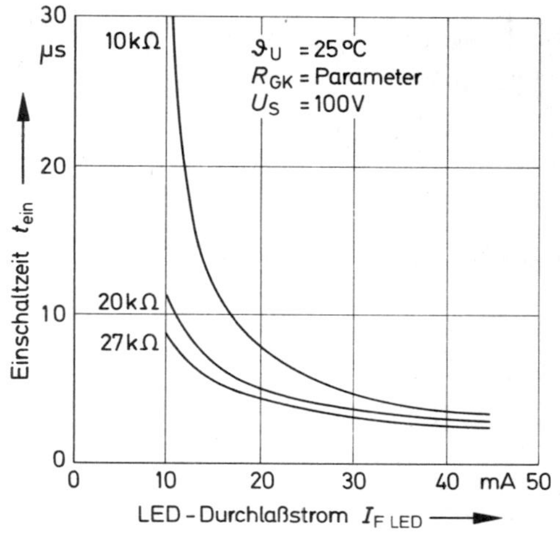

Bild 6.72 Einschaltzeit in Abhängigkeit vom LED-Durchlaßstrom für den Optokoppler HCS 2400 von Monsanto

Anstiegszeit t_r zusammen. In Bild 6.72 ist die Einschaltzeit als Funktion des LED-Durchlaßstroms mit dem Gate-Katoden-Widerstand als Parameter für einen typischen Optokoppler dargestellt. Bei diesem Optokoppler wird der Zünd-LED-Durchlaßstrom für $R_{GK} = 27\ k\Omega$ und $U_S = 100$ V mit 5 mA typ. angegeben. Die Einschaltzeit beträgt dann etwa 30 µs. Aus Bild 6.72 liest man ab, daß bei $I_{F\,LED} = 30$ mA zum Einschalten des Fotothyristors nur noch rund 3 µs benötigt werden. Die **Anstiegszeit** t_r liegt unter 500 ns.

Der Fotothyristor des Optokopplers kann auch bei $I_{F\,LED} = 0$ zünden, wenn die Anstiegsgeschwindigkeit der Spannung (Wechselspannung) in Schaltrichtung (du_D/dt) einen bestimmten Wert, die sogenannte **kritische Spannungsanstiegsgeschwindigkeit** $(du_D/dt)_{krit.}$, überschreitet *(Rate-Effekt)*. Bei $(du_D/dt)_{krit.}$ schaltet also der Fotothyristor noch nicht vom gesperrten in den leitenden Zustand. Die kritische Spannungsanstiegsgeschwindigkeit wird definiert als die Steilheit einer Geraden durch die Punkte $t = 0, U = 0$ und $t = \tau, U = 0{,}632 \cdot U_D$. Für **Netzfrequenzanwendungen** genügen Optokopplertypen mit $(du_D/dt)_{krit.} < 20\ V/\mu s$. Bild 6.73 verdeutlicht, daß mit abnehmender positiver Sperrspannung U_D höhere $(du_D/dt)_{krit.}$-Werte zulässig sind. Schaltet man parallel zum Gate-Katoden-Widerstand einen Kondensator, so kann wieder mit höheren

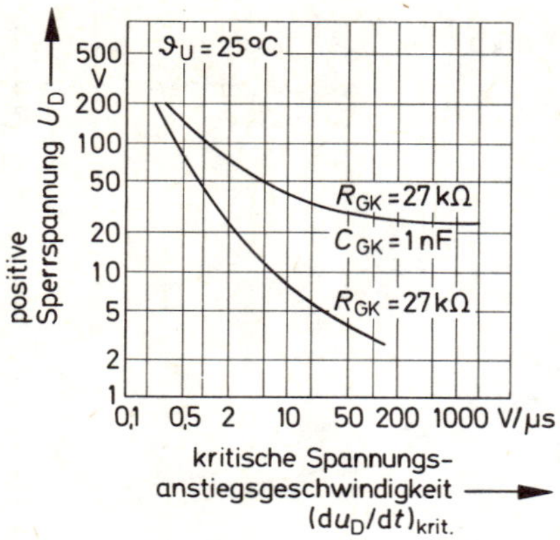

Bild 6.73 Positive Sperrspannung in Abhängigkeit von der kritischen Spannungsanstiegsgeschwindigkeit für den Optokoppler MCS 2 von Monsanto

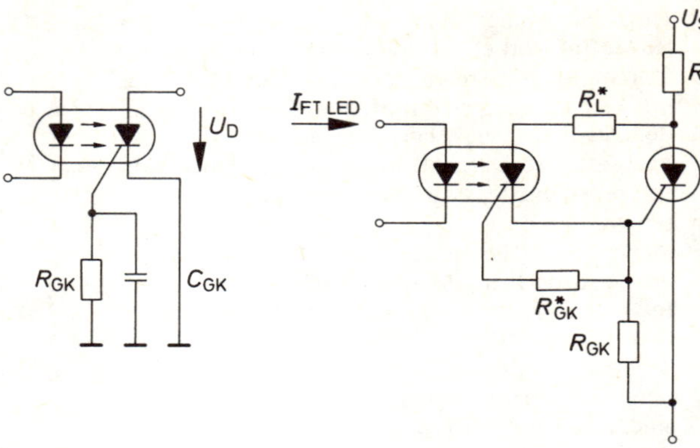

Bild 6.74 Optokoppler als Zündstufe für einen Thyristor. Durch den Thyristor fließt Strom, wenn der Fotothyristor gezündet hat

Sperrspannungen (Speisespannungen) gearbeitet werden. Der **Kondensator C_{GK} verzögert** den **Spannungsanstieg** an der **Gate-Katoden-Sperrschicht.** Schmale, beispielsweise durch den Nulldurchgang (du_D/dt) der Speisewechselspannung hervorgerufene, Impulse reichen also nicht aus, um den zum Zünden des Fotothyristors erforderlichen Spannungsabfall über R_{GK} zu bekommen. Sie werden von C_{GK} integriert. Erst ein **Fotostrom** kann den Kondensator auf die „Zündspannung" aufladen.

Zur Zeit übliche Optokoppler haben Fotothyristoren, die **positive Sperrspannungen** von 200 V, 400 V bzw. 600 V aushalten.

Grundschaltungen

Über Optokoppler mit Thyristorausgang lassen sich sehr einfach **Hochleistungsthyristoren** von **logischen Schaltungen** her **ansteuern.**

In der Anordnung von Bild 6.74 wirkt der **Fotothyristor des Optokopplers als Gateverstärker,** um den normalen Thyristor zu zünden. Die Speisespannung U_S kann eine Gleich- oder Wechselspannung sein.

Bei **Gleichspannung** ist ein **Löschen** nur mit zusätzlichem Schaltungsaufwand möglich (siehe Bilder 4.87 und 4.88). Bei **Wechselspannungsbetrieb** wird gegen Ende jeder positiven Halbwelle der **Haltestrom unterschritten.** Die Thyristoren schalten also ab, wenn kein LED-Durchlaßstrom mehr fließt.

Diese **Kombination aus Optokoppler und Thyristor** verhält sich demnach wie ein **Optokoppler mit hoher Ausgangsleistung.** Dabei ist der Fotothyristor der vollen Speisespannung des Leistungsthyristors ausgesetzt. Analog zur Relaisterminologie würde man von einem *Relais mit Arbeitskontakt* sprechen.

Das entgegengesetzte Verhalten, nämlich das eines *Relais mit Ruhekontakt,* zeigt die Schaltung von Bild 6.75. Durch den Thyristor fließt nur Strom, wenn sich der Fotothyristor im Sperrzustand befindet. Zündet jedoch der Fotothyristor bei $I_{F\,LED} = I_{FT\,LED}$, so wird der Thyristor beim Nulldurchgang der Speisewechselspannung gesperrt.

Wie sich **Triacs**[1] **mit Optokopplern ansteuern** lassen, gibt Bild 6.76 wieder. Der Brückengleichrichter liefert die zum Betreiben des Fotothyristors erforderliche Gleichspannung. Der Kondensator C_{GK} verringert die „du/dt-Empfindlichkeit" des Fotothyristors. Mit dem Widerstand R_L wird der Durchlaßstrom des Fotothyristors begrenzt. R_G leitet den Reststrom des Triacs ab.

Mit dem in Bild 6.65 wiedergegebenen Optokoppler lassen sich die beiden **antiparallel geschalteten Fotothyristoren** sowohl einzeln als

[1] Ein Triac *(triode alternating current switch)* ist eine bidirektionale Thyristor-Triode, die in Vorwärts- und Rückwärtsrichtung einen Blockier- und Durchlaßbereich aufweist. Ein Triac kann also mit einem positiven oder negativen Steuerstrom am Gate gezündet werden.

auch gemeinsam ansteuern. Sind die beiden IR-LED in Reihe geschaltet (Brücke zwischen den Anschlüssen 2 und 4), so fungiert die Anordnung als **„Wechselstromrelais“:** es fließt während der positiven *und* negativen Halbwellen Strom durch den Lastwiderstand R_L. Die beiden Fotothyristoren verhalten sich also wie *ein „Fototriac“*. Bei separatem Ansteuern der IR-LED kann der Zeitpunkt bestimmt werden, wann Strom in positiver *oder* negativer Richtung durch R_L fließen soll.
Weitere Schaltungen und Anwendungen für Optokoppler mit Thyristorausgang werden in [99, 185, 212, 213, 224, 230 und 233] angegeben.

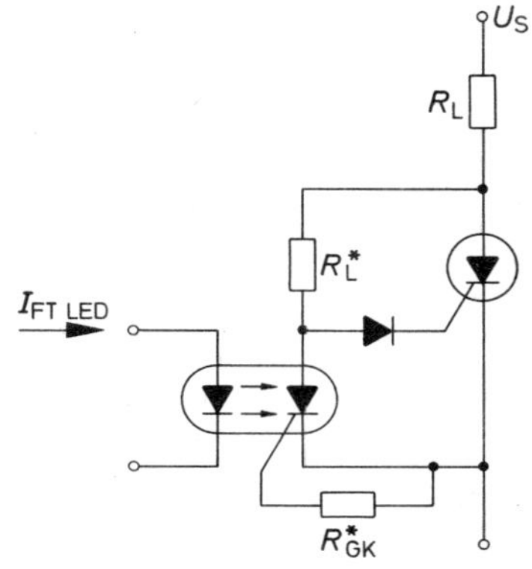

Bild 6.75 Optokoppler als Löschstufe für einen Thyristor. Durch den Thyristor fließt kein Strom, wenn der Fotothyristor gezündet hat

Bild 6.76 Optokoppler als Zündstufe für einen Triac

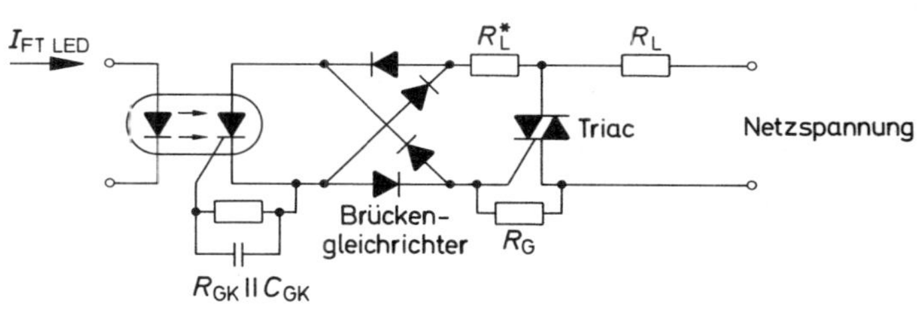

7. Halbleiter-Lichtschranken

Ganz allgemein versteht man unter einer **Lichtschranke**[1] eine Anordnung aus **Strahlungsquelle** und **Strahlungsempfänger**, die in einigem Abstand voneinander so angebracht sind, daß die vom Sender emittierte (meist gebündelte) Strahlung durch äußeren Einfluß unterbrochen oder geschwächt werden kann. Dieser Vorgang ruft ein entsprechendes Detektorsignal hervor, das dann für Zähl-, Schalt- oder Steuervorgänge weiterverarbeitbar ist. Dabei können sich Sender und Empfänger entweder direkt gegenüber stehen, oder sie sind nebeneinander so angeordnet, daß ein reflektierendes Medium den emittierten Strahl auf die Empfängerfläche zurückwirft (Reflexlichtschranke).

Dieser Definition entsprechend ist die Lichtschranke eine Art offener Optokoppler, so daß bezüglich der Weiterverarbeitung des **Ausgangssignals** alles das Gültigkeit hat, was in Kap. 6.3.2 zum Optokoppler (vor allem auch bezüglich der Ansteuerung von DTL/TTL-Schaltungen) ausgeführt wurde.

Bezüglich der **Eingangsschaltung** unterscheidet sich die Lichtschranke vom Optokoppler darin, daß bei ihr nicht *elektrisch*, sondern *optisch* gesteuert wird. Während man beim Optokoppler also den Eingangsstrom der Strahlungsquelle verändert (ein- und ausschaltet oder moduliert), wird bei der Lichtschranke die optische Strahlung zwischen Sender und Empfänger beeinflußt (unterbrochen, reflektiert, gedämpft). Der Eingangsstrom des Senders bleibt bei der Lichtschranke also in der Regel konstant, was aber nicht notwendigerweise Gleichstrombetrieb bedeuten muß. Vielmehr wird eine LED im Lichtschrankenbetrieb oft zur Lebensdauererhöhung oder, um den Einfluß von Streulicht zu vermindern, mit gepulstem Strom betrieben (vgl. Kap. 5.2).

Da bei der Lichtschranke also die optischen Gegebenheiten, im Gegensatz zum Optokoppler, nicht von vornherein festliegen, muß sie der Schaltungsentwickler beim Dimensionieren der Schaltung in seine Überlegungen mit einbeziehen. Wichtige Gesichtspunkte in diesem Zusammenhang sind:

- ☐ Wahl des geeigneten Strahlungsdiagrammes,
- ☐ Justieren der optischen Achsen von Sender und Empfänger zueinander,
- ☐ eventuelles Verwenden zusätzlicher Blenden oder optischer Zusatzlinsen,
- ☐ Beachten des optimalen Abstandes zwischen Sender und Empfänger.

Oft wird in den Datenbüchern für geeignete Lichtschrankenpaarungen von LED und Fototransistor die Abhängigkeit des Kollektorhellstromes I_{ca} (bei I_F = konst.) vom Abstand Emitter—Detektor angegeben. Ein Beispiel dafür zeigt Bild 7.1. Solche Diagramme gelten natürlich nur, solange keine zusätzlichen optischen Linsen oder Blenden verwendet werden. Setzt man z.B. Sammellinsen vor Sender und Empfänger ein, lassen sich Entfernungen im Meterbereich (u.U. bis zu einigen 100 m) überbrücken, wobei die normalen Gesetze der Optik für das Errechnen der Übertragungseigenschaften gelten.

Die **Anwendungsmöglichkeiten** für Lichtschranken sind vielfältiger Natur. Man setzt sie beispielsweise ein als Alarmeinrichtungen (Schutz von Gebäuden und Gebäudeteilen), Türöffner (bei Fahrstühlen, in Supermärkten), Schutzvorrichtungen an Maschinen („Lichtvorhang"), für alle Arten von Zähl- und Sortiereinrichtungen (Zählen von Fertigungsteilen, Tabletten, Flüssigkeitstropfen, Sortieren von Fertigungsteilen unterschiedlicher Oberflächengüte u.a.), zum Überwachen von Fäden, Bändern und Bahnen in der Textil- und Papierindustrie (Feststellen von Fadenrissen, Knoten, Laufmaschen, Löchern), für Kantenführungen (von Papier- oder Stoffbahnen usw.), als Füllstandsmelder, Trübungsmesser, Endschalter (Feststellen von Bandanfängen und

[1] Exakterweise müßte man eigentlich „Strahlungsschranke" sagen, da in vielen Anwendungen GaAs-LED als Sender eingesetzt werden, die ja nicht im sichtbaren Bereich emittieren. Da sich jedoch der Begriff „Licht"-schranke auch für solche mit Infrarotstrahlung arbeitende Anordnungen eingebürgert hat, wollen wir diesen Ausdruck im folgenden ebenfalls beibehalten.

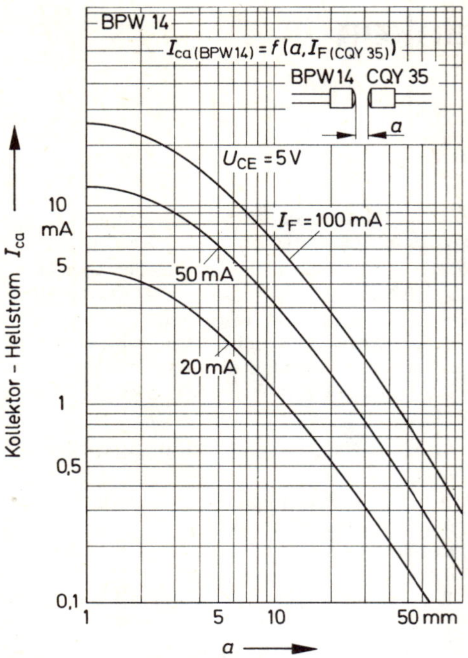

Bild 7.1 Typisches Beispiel für den Zusammenhang zwischen Kollektorhellstrom I_{ca} und dem gegenseitigen Abstand a einer Lichtschrankenkombination LED/Fototransistor für verschiedene LED-Steuerströme I_F (Si-Fototransistor BPW 14 gepaart mit Lumineszenzdiode CQY 35, AEG-Telefunken*)*

-enden), zum Kontrollieren von Bandschleifen (Durchhang) und für vieles andere mehr. Auch das Abtasten von Filmen, binär kodierten Scheiben, Lochkarten und Lochstreifen gehört im Grunde hierher.

Den prinzipiellen Aufbau einer Lichtschranke, mit der beliebige Objekte gezählt werden können, sofern sie den IR-Strahl der LED unterbrechen (oder genügend dämpfen) zeigt Bild 7.2. Für das Dimensionieren der Eingangsschaltung solcher Anordnungen gelten die Betrachtungen in Kap. 5.2, für das Dimensionieren der Ausgangsschaltungen je nach gewünschter Weiterverarbeitung alles das, was in den Kapiteln 4.2, 4.3 und 6.3.2 dargelegt wurde.

Zusätzlich dazu seien hier noch einige spezielle Industrieschaltungen für Lichtschranken dieser Art angegeben:

Eine schnelle Lichtschranke aus LED und Fotodiode, die Schaltzeiten im µs-Bereich ermöglicht, wird beispielsweise von *Siemens* beschrieben [179], siehe Bild 7.3. Über den Transistor BCY 58 wird der Durchlaßstrom der LED (hier 70 mA) mit einem Steuersignal gepulst, um so die Lebensdauer der Lumineszenzdiode zu erhöhen. Mit der angegebenen Dimensionierung erhält man eine Ausgangsspannung von etwa 200 mV, wobei die Anstiegszeiten vom Arbeitswiderstand der Fotodiode und der Grenzfrequenz des Operationsverstärkers abhängen. Der (rot eingezeichnete) Kondensator C, der die Schaltzeiten ebenfalls beeinflußt (siehe Tabelle), dient der Unterdrückung von Schwingneigungen. Der angegebene Abstand von $a = 20$ mm zwischen Sender und Empfänger kann bei Verwendung geeigneter optischer Linsen wesentlich größer werden. (Das Gehäuse der Fotodiode BPX 65 hat ein planes Lichteintrittsfenster, das den Strahlengang optischer Linsensysteme unbeeinflußt läßt.)

Eine weniger aufwendige Schaltung, die für relativ langsame „Zähl"- oder Schaltvorgänge im Lichtschrankenbetrieb geeignet ist, wird ebenfalls von *Siemens* [179] angegeben (siehe Bild 7.4). Die mit dem Transistor BCY 58 zu einem monostabilen Multivibrator ergänzte Schaltung spricht innerhalb 50 ms an (Relais schaltet beim Unterbrechen des Strahlenganges). Die Abfallzeit des Relais variiert mit der gewählten Beleuchtungsstärke zwischen 0,4 s und 1,8 s. Für die Wiederbe-

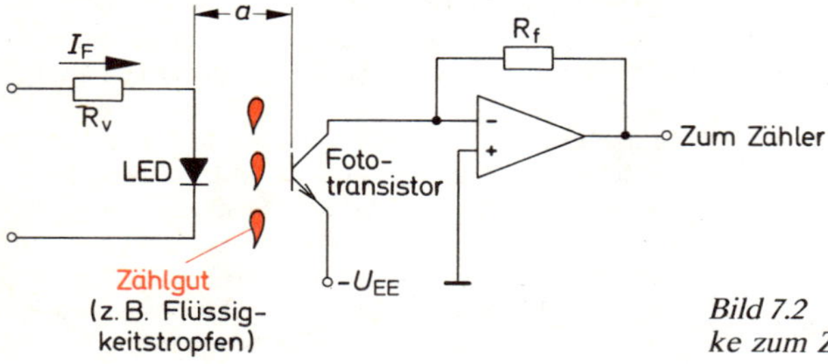

Bild 7.2 Prinzipieller Aufbau einer Lichtschranke zum Zählen beliebiger Objekte

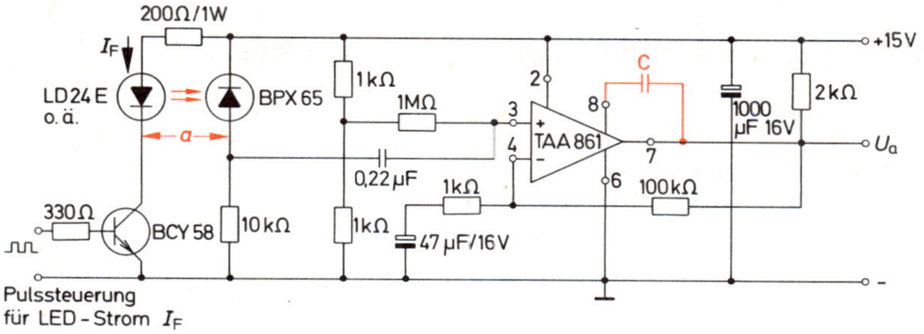

Anstiegszeit t_r
(Verstärker + Fotodiode)
bei a = 20 mm

C [pF]	t_r [µs]
47	5
16	1
8	0,6
5	0,4

Bild 7.3 „Schnelle" Lichtschranke mit LED und Fotodiode für Zählaufgaben im µs-Bereich (Siemens *[179]*)

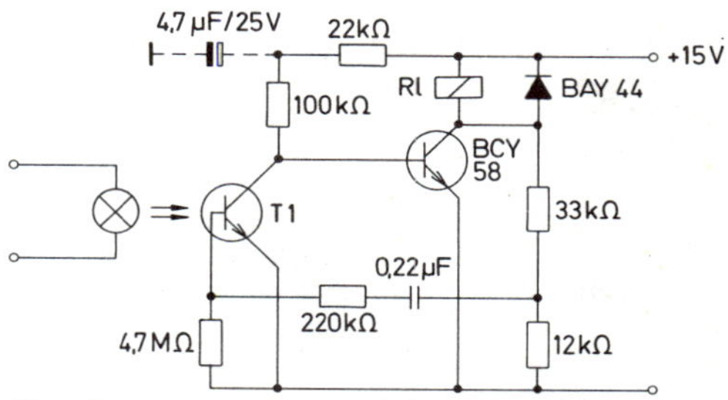

T1 = Fototransistor BPY 62, BPX 38 oder BPX 43
Rl = Kammrelais 890 Ω

Bild 7.4 „Langsame" Lichtschranke mit Fototransistor zum Ansteuern eines Zählrelais; die Ansprechzeit ist < 50 ms, die Abfallzeit 0,4 bis 1,8 s und die Wiederbereitschaftszeit ca. 2 s (Siemens *[179]*)

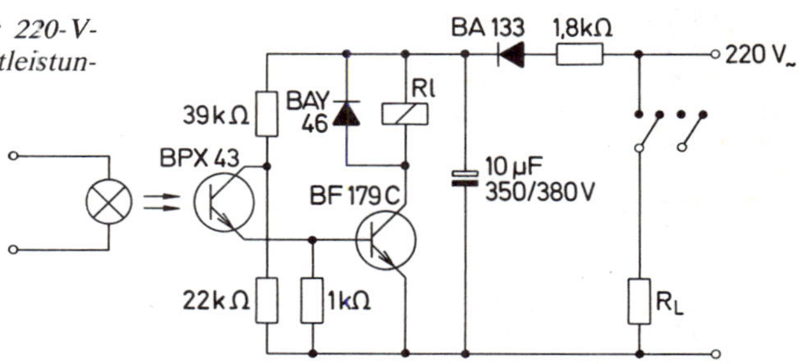

Bild 7.5 Robuste Lichtschranke für 220-V-Wechselspannungsbetrieb und Schaltleistungen bis zu 10 kW (Siemens *[180]*)

reitschaftszeit werden 2 s angegeben. Eine Optik ist für die Lichtschranke normalerweise nicht erforderlich (Ansprechempfindlichkeit < 100 lx). Zum Überbrücken größerer Entfernungen können mit den Fototransistortypen BPY 62 und BPX 38 (Planfenster) aber auch optische Linsen eingesetzt werden.

Eine sehr einfache Lichtschranke, die am 220-V-Wechselspannungsnetz betrieben werden kann, zeigt Bild 7.4. Das in dieser Schaltung angesteuerte Relais kann auch schon mit Beleuchtungsstärken von 200 lx aktiviert werden. Es sind dabei Relais mit Schaltleistungen bis zu 10 kW einsetzbar. Die Diode BAY 46 dient als Freilaufdiode beim Schalten des Relais (Kurzschließen des Induktionsstromes).

7.1. Sonderformen von Halbleiter-Lichtschranken

Neben den Lichtschranken, die man aus seperatem Sender und Empfänger aufbauen kann, gibt es auch Sonderformen von **Kleinlichtschranken,** bei denen Emitter und Detektor einander fest zugeordnet sind. Solche Sonderformen von Halbleiter-Lichtschranken sind z.B. der **Reflexkopf** und die **Gabellichtschranke,** die im Rahmen der Automatisierungstechnik für viele Überwachungs- und Schaltaufgaben einsetzbar sind.

7.1.1. Der Reflexkopf

Der **Reflexkopf** besteht aus einem *Infrarotemitter* und einem *Fotoempfänger* (z.B. Fotodarlington wie beim *Monsanto*- Reflexkopf MCA 7), deren strahlende und empfangende (nach außen hin offene) Fläche innerhalb eines Gehäuseblocks in einem definierten Winkel zueinander angeordnet sind (siehe Bild 7.6). Bewegt sich in einem bestimmten Entfernungsbereich eine reflektierende Fläche vorbei oder ändert sich der Reflexionsgrad einer solchen Fläche, dann löst der von der LED erzeugte und vom Meßobjekt zum Empfängerteil reflektierte Strahl ein entsprechendes Signal aus, das z.B. als Schaltimpuls elektronisch weiterverarbeitet werden kann. Auf diese Weise lassen sich Markierungen abtasten (z.B. auf Motorwellen zur Drehzahlbestimmung, auf Bändern zum Auslösen bestimmter Steuervorgänge), aber auch, wie bei einer „normalen" Lichtschranke, Teile zählen, Materialfehler an Fabrikationsbahnen feststellen, Endschalter betätigen und anderes mehr.

Da der (auch im sichtbaren Strahlungsbereich empfindliche) Sensor des Reflexkopfes nach außen hin offen ist, muß er von eventuellem Umgebungslicht abgeschirmt werden. Das direkt auftretende Licht würde nämlich den Fotoempfänger übersteuern (Sättigung), so daß seine Ansprechempfindlichkeit gegenüber der LED-Strahlung verlorenging. Abhilfe kann beispielsweise mit einem Infrarotfilter als Abschirmung geschaffen werden.

In welchem Maße der Ausgangsstrom der Darlingtonstufe vom Abstand Meßobjekt/Sensorfläche abhängt, zeigt Bild 7.7 am Beispiel des *Monsanto*- Reflexkopfes MCA 7. Der CTR-Wert dieses Kopplers beträgt für eine weiße Reflexionsfläche in 1 cm Abstand typ. 2%. Die maximale Empfindlichkeit für eine weiße Fläche (90% Reflexionsgrad) erhält man bei 1 mm Abstand. Bild 7.8 zeigt für die Grundschaltung (Emitterschaltung) diese Empfindlichkeit bei verschiedenen Lastwiderständen R_L als Funktion des LED-Steuerstromes I_F. Gegenüber geschwärztem Papier ergibt sich ein mittleres Kontrastverhältnis von etwa 1 : 10, was die Verwendung eines Schwellwertschalters, z.B. eines Schmitt-Triggers zum Weiterverarbeiten der Signale ermöglicht (Ankopplung an DTL/TTL siehe Kap. 6.3.2.4).

Der Entwickler sollte dabei aber keinesfalls übersehen, daß die in diesem Fall angegebenen Kurven nur **Anhaltswerte** sein können. Im Gegensatz zu Optokopplern im lichtundurchlässigen Gehäuse beeinflußt hier ja eine ganze Reihe zusätzlicher Faktoren wie *Reflexionsgrad des Meßobjektes, Abstand zur Meßfläche, Lichtverhältnisse der Umgebung* u.a. das jeweilige Meßergebnis. Der Entwickler sollte deshalb bei solchen Kleinlichtschranken die Lastkennlinien für seinen spezifischen Anwendungsfall **immer** selbst ermitteln.

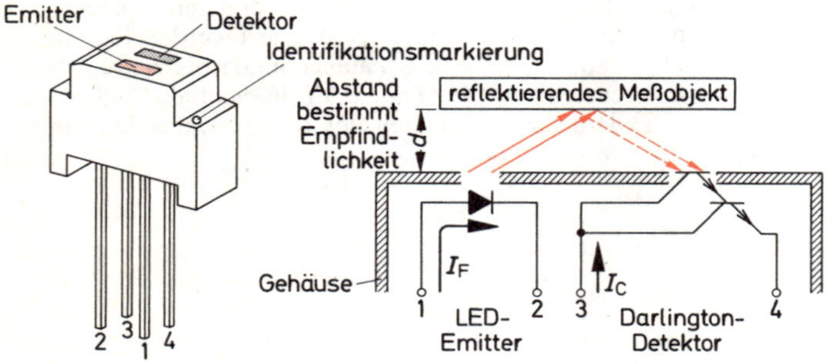

Bild 7.6 Mechanischer und funktioneller Aufbau eines typischen Reflexkopfes

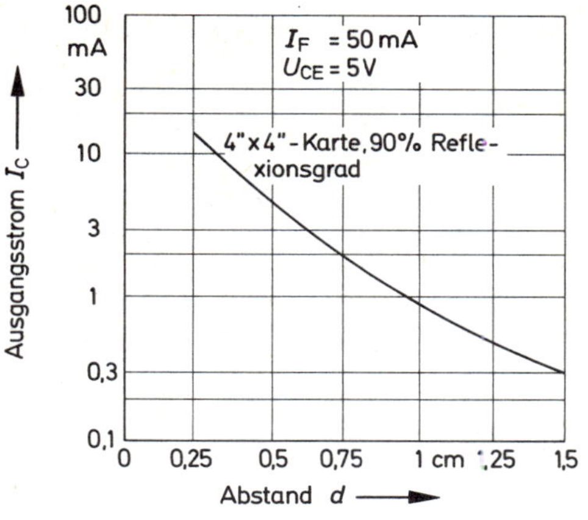

Bild 7.7 Funktion des Ausgangsstromes vom Abstand Meßobjekt/Sensorfläche für den Monsanto-*Reflexkopf MCA 7*

7.1.2. Die Gabellichtschranke

Die **Gabellichtschranke** ist elektrisch mit den gleichen Elementen aufgebaut wie der Reflexkopf. Eine typische mechanische Anordnung dieser Art zeigt Bild 7.9. Der feste Abstand zwischen Sender (LED) und Empfänger (Fotodarlington) beträgt wenige Millimeter, bei der *Monsanto*-Gabellichtschranke MCA 8 z.B. etwa 3 mm. Im Meßschlitz dieses „Optokopplers" können entweder scheibenförmige Meßobjekte oder Materialkanten fortbewegt werden (rotierender oder linearer Bewegungsablauf). Man kann auf diese Weise Drehwinkel, Geschwindigkeiten, Positionen messen oder Teilchen zählen, Kantenmarkierungen (oder Löcher) „lesen", Kantenfehler feststellen und vieles andere mehr. Auch dieser Koppler wird vom Umgebungslicht beeinträchtigt, aber bei weitem nicht in dem Maße wie der Reflexkopf, da der Sensor bei der Gabellichtschranke in gewissem Maße schon abgeschirmt

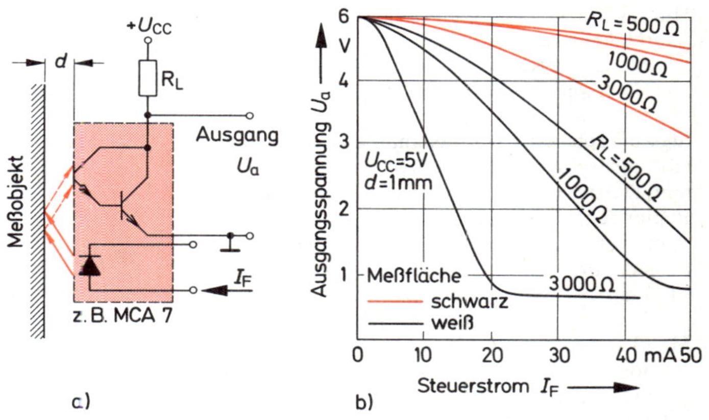

Bild 7.8 Übertragungseigenschaften eines Reflexkopfes
a) Emittergrundschaltung
*b) zugehörige Übertragungscharakteristika für verschiedene Reflexionsflächen und Belastungswiderstände (*Monsanto-*Koppler MCA 7)*

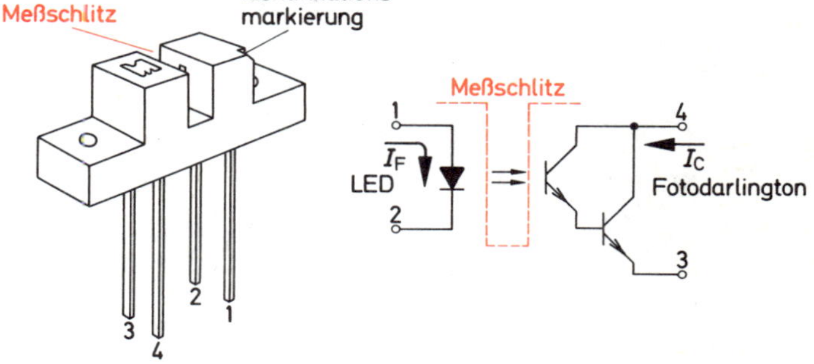

Bild 7.9 Mechanischer und funktioneller Aufbau einer typischen Gabellichtschranke

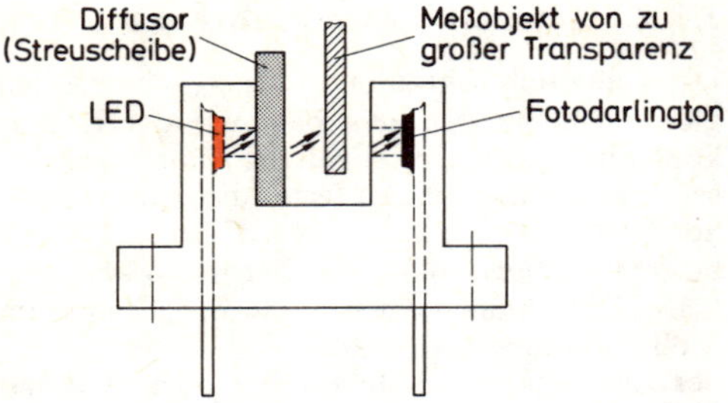

Bild 7.10 Ein Diffusor (z. B. ein Blatt Papier) vor der Austrittsöffnung der LED-Strahlung kann das Aus/Ein-Signalverhältnis bei reflexionsarmen Meßobjekten verbessern

ist. So kann der MCA 8 ohne weiteres bei normaler Raumbeleuchtung eingesetzt werden, solange man dafür sorgt, daß kein gerichteter Lichtstrahl auf den Sensor fällt.

Schwierigkeiten könnten sich aber in anderer Hinsicht dort ergeben, wo der Transmissionsgrad (Durchlässigkeit) des Objektes für die LED-Strahlung so groß ist, daß für Meß- oder Steuerzwecke (Fabrikationsfehler feststellen, Lochstreifen lesen u.a.) kein genügend großes Ein/Aus-Signalverhältnis mehr zustande käme, um einen störungsfreien Schaltvorgang auslösen zu können. Das wäre beispielsweise bei jedem dünnen Papier der Fall (Kontrastverhältnis bzw. Ein/Aus-Signalverhältnis im Bereich 1,5 : 1). Dem kann aber dadurch abgeholfen werden, daß man der LED ein „Streufilter" vorsetzt (Bild 7.10), das die Strahlungsintensität und -bündelung herabsetzt. Man kann dazu entweder ganz einfach ein anderes normales Blatt Papier verwenden (Verbesserung auf 5 : 1) oder aber einen speziellen Diffusor aus Plexiglas (Verbesserung auf > 15 : 1).

Eine typische Emitterschaltung dieses Kopplers zeigt Bild 7.11, mit der zugehörigen Übertragungscharakteristik des MCA 8 für verschiedene Belastungswiderstände. Die Grenzfrequenz liegt hier bei etwa 1 kHz, was für die meisten mechanischen Bewegungsabläufe ausreicht. Es gibt aber auch Gabellichtschranken für größere Bandbreite, beispielsweise den Monsantokoppler MCA 81 mit 5facher Grenzfrequenz, der aber dafür auch nur 20% der Empfindlichkeit des MCA 8 hat.

In industriellen Anwendungen, bei denen es nicht auf die galvanische Trennung von Ein- und Ausgangskreis ankommt, kann man für LED und Darlingtonstufe auch die gleiche Versorgungsspannung verwenden. Bild 7.12 gibt eine solche Möglichkeit an. Sie zeigt, daß man dann bei einer **Fernanzeige** oder **Fernsteuerung** statt vier oder fünf nur noch drei Leitungen zum Meßort braucht. Die Größe des Widerstandes R_D richtet sich dabei nach dem gewünschten Steuerstrom I_F, entsprechend

$$R_D \approx \frac{U_{cc} - U_F}{I_F} \tag{7.1}$$

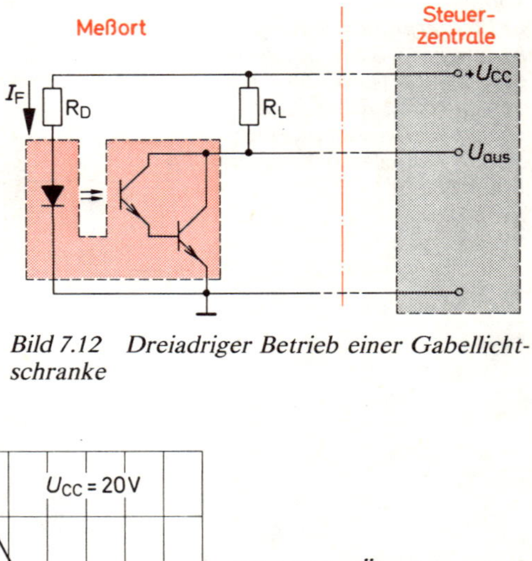

Bild 7.12 Dreiadriger Betrieb einer Gabellichtschranke

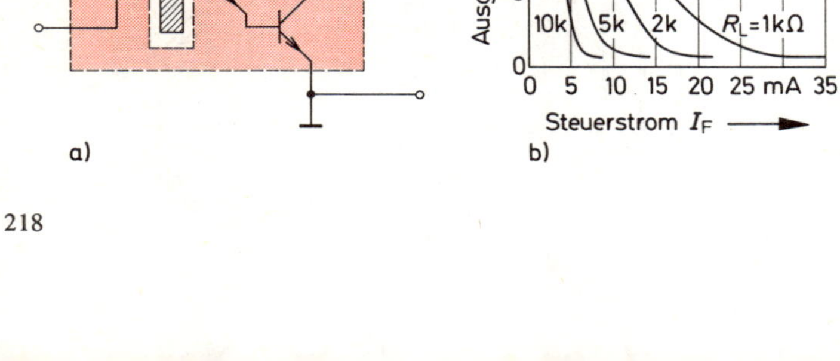

Bild 7.11 Übertragungseigenschaften einer Gabellichtschranke
a) Emittergrundschaltung
*b) zugehörige Übertragungscharakteristik für verschiedene Belastungswiderstände (*Monsanto-*Koppler MCA 8)*

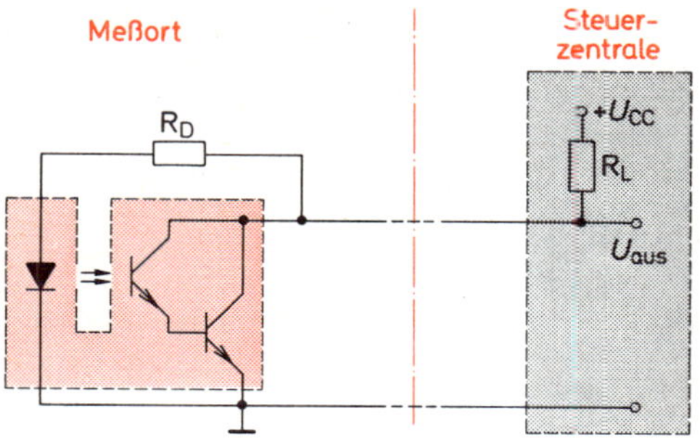

Bild 7.13 Zweiadriger Betrieb einer Gabellichtschranke

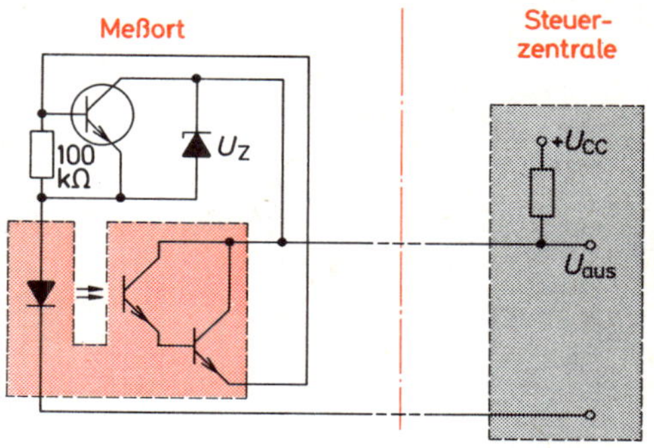

Bild 7.14 Zweiadriger Betrieb einer Gabellichtschranke mit zusätzlichem Stromverstärker

(falls man den Leitungswiderstand vernachlässigen kann). R_L bestimmt die Belastungsgerade und hängt von der jeweils gewünschten Empfindlichkeit ab (siehe Bild 7.11 b).
Man kann aber u.U. auch mit einer zweiadrigen Leitung zum Meßort auskommen, wenn man eine Schaltung nach Bild 7.13 wählt. Mit $U_{cc} = 20$ V und $R_L = R_D = 1$ kΩ (Leitungswiderstand vernachlässigt) erhält man für den MCA 8 ein $\Delta U_{aus} = 2$ V, wenn die LED-Strahlung unterbrochen wird [230].
Wo es notwendig erscheint, läßt sich auch eine solche „zweiadrige" Steuerschaltung mit einer zusätzlichen Stromverstärkerstufe aufbauen (Bild 7.14). Schaltet man außerdem eine Z-Diode parallel zur Verstärkerstufe (von der Versorgungsspannung aus über R_L in Reihe mit der LED), so wird der Steuerstrom I_F auch dann aufrecht erhalten, wenn die LED-Strahlung von einem Meßobjekt unterbrochen ist. Als Signalamplitude erhält man bei dieser Schaltung etwa die Spannung U_Z. Auch hier ist wiederum DTL/TTL-Kompatibilität über eine Impulsformerstufe (Kap. 6.3.2.4) zu erreichen.
Im übrigen werden Kleinlichtschranken auch in der Kombination **LED/Fototransistor** als **Reflexkopf** (z.B. *Texas Instruments* Typ TIL 139, *Optron* OPB 125, *Fairchild* FPA 103 · · · 105) oder als **Gabellichtschranke** (z.B. *Texas Instruments* Typ TIL 138, *Optron* OPB 120/242/243 oder *General Electric* H 13-A-1) angeboten. Sie sind naturgemäß „schneller" und dafür weniger empfindlich als jene mit Fotodarlingtonausgang. Schaltungstechnisch braucht man dabei nur das in den Kapiteln 6.3.2.3.1 und 6.3.2.4.2 Gesagte zu berücksichtigen.

7.2. Zeilenanordnungen als optische Lochstreifen-(Lochkarten-)Leser

Kombiniert man Fototransistorzeilen (siehe Kap. 4.3.4) mit im gleichen Rastermaß angeordneten GaAs-LED-Zeilen, so erhält man optische Lochstreifen-(Lochkarten-)Leser, die in ihren Grundelementen nichts anderes darstellen als Miniaturlichtschranken in Halbleitertechnik. Bei solchen Anordnungen ist ganz besonders darauf zu achten, daß sie in ihren optischen Achsen exakt aufeinander ausgerichtet sind, und zwar sowohl in vertikaler als auch in horizontaler Richtung. Darüber hinaus kommt es auf ein möglichst hohes Signalverhältnis zwischen den beiden Schaltzuständen „Loch" und „kein Loch" an, wobei für ein problemloses Arbeiten immer ein Signalstromverhältnis von mindestens 50 : 1 angestrebt werden sollte [163]. Zu den Faktoren, die dieses Verhältnis beeinflussen, die der Schaltungsentwickler also besonders beachten muß, gehören:

- □ der Abstand zwischen LED- und Fototransistorzeile,
- □ die optoelektronischen Parameter von Emitter und Empfänger,

	Schaltung für LOW-Signal am Gatter bei bestrahltem Fototransistor	Schaltung für HIGH-Signal am Gatter bei bestrahltem Fototransistor
Ansteuerschaltung für TTL-Logik	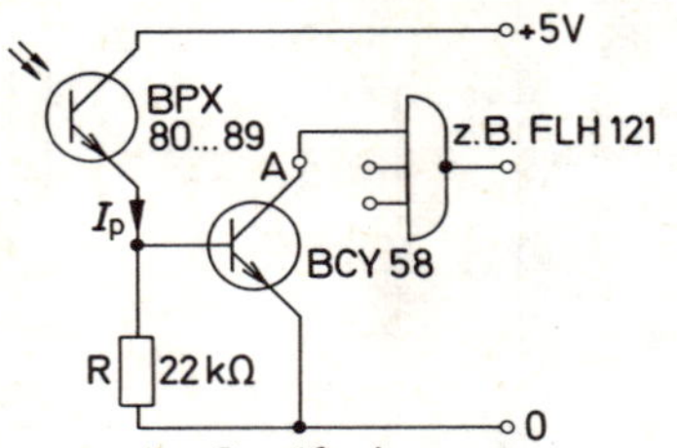 $A_L: I_P > 40\ \mu A$ $A_H: I_P < 20\ \mu A$	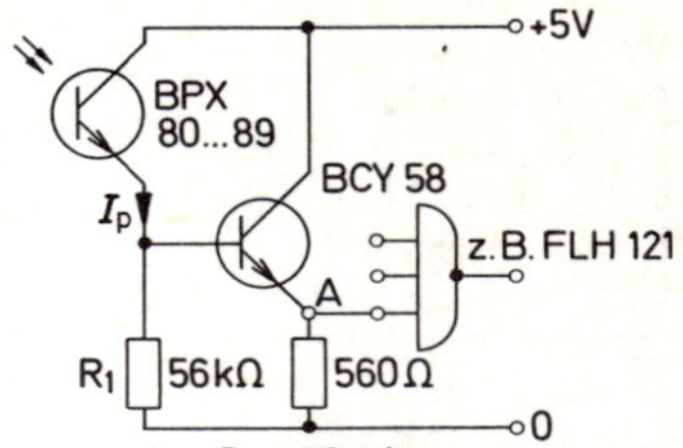 $A_L: I_P < 20\ \mu A$ $A_H: I_P > 70\ \mu A$
Ansteuerschaltung für LSL-Logik	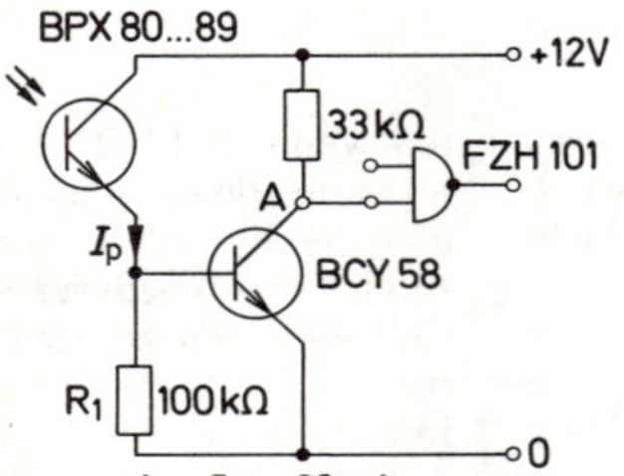 $A_L: I_P > 20\ \mu A$ $A_H: I_P < 20\ \mu A$	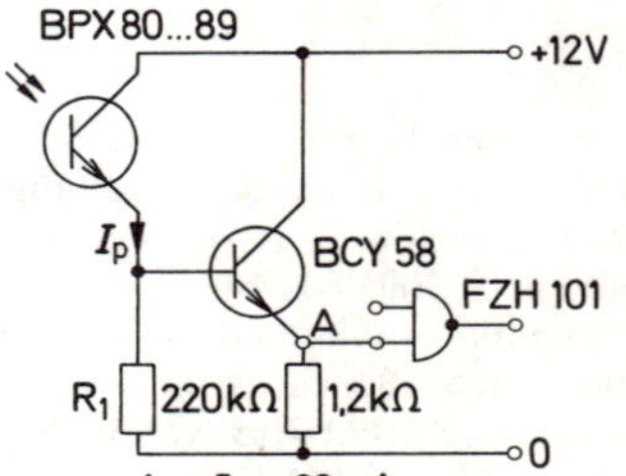 $A_L: I_P < 23\ \mu A$ $A_H: I_P > 100\ \mu A$
Ansteuerschaltung für ECL-Logik	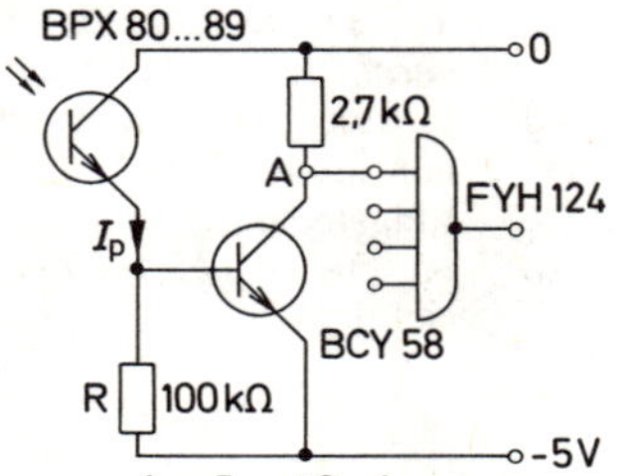 $A_L: I_P > 10\ \mu A$ $A_H: I_P < 10\ \mu A$	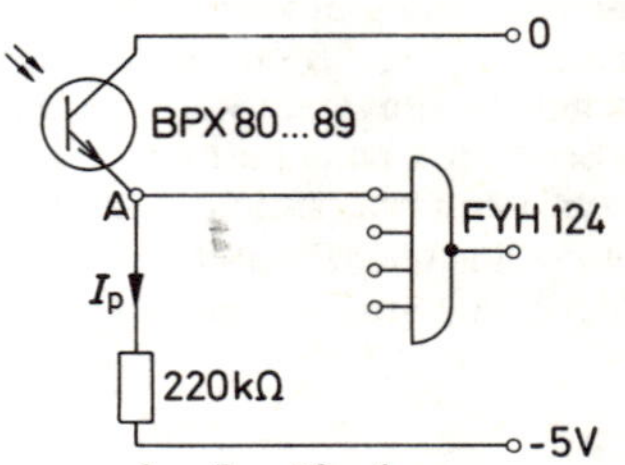 $A_L: I_P < 16\ \mu A$ $A_H: I_P > 18\ \mu A$
Ansteuerschaltung für MOS-Logik	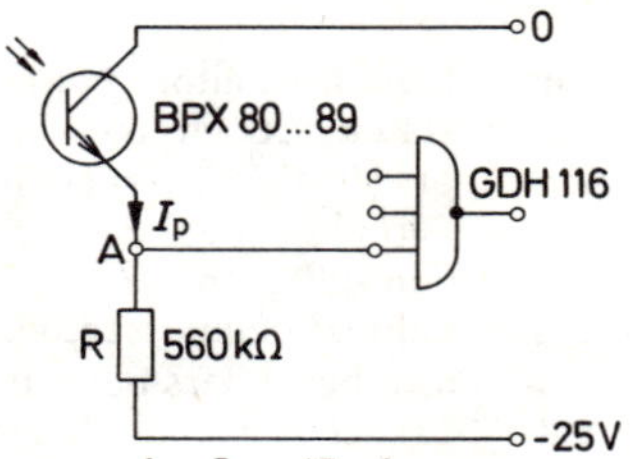 $A_H: I_P > 45\ \mu A$ $A_L: I_P < 30\ \mu A$	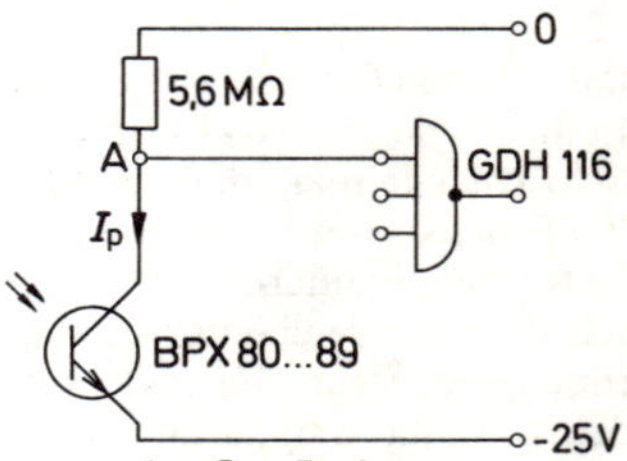 $A_H: I_P < 5\ \mu A$ $A_L: I_P > 7\ \mu A$

Tafel 7.1 Fototransistorzeilen-Ansteuerschaltungen für Logikbausteine in TTL-, LSL-, ECL- und MOS-Technik (*Siemens* **[179]**)

Bild 7.15 Typische Kennlinien für kompatible Zeilenanordnungen (Sender CQY 39, Empfänger BPW 19, AEG-Telefunken*)*
a) Kollektorhellstrom des Fototransistors in Abhängigkeit vom Steuerstrom der LED bei konstantem Abstand beider,
b) Kollektorhellstrom des Fototransistors in Abhängigkeit vom Abstand LED/-Fototransistor bei konstantem Steuerstrom der LED

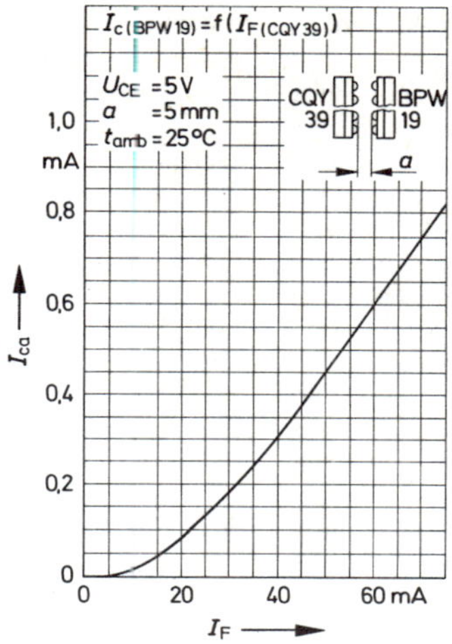

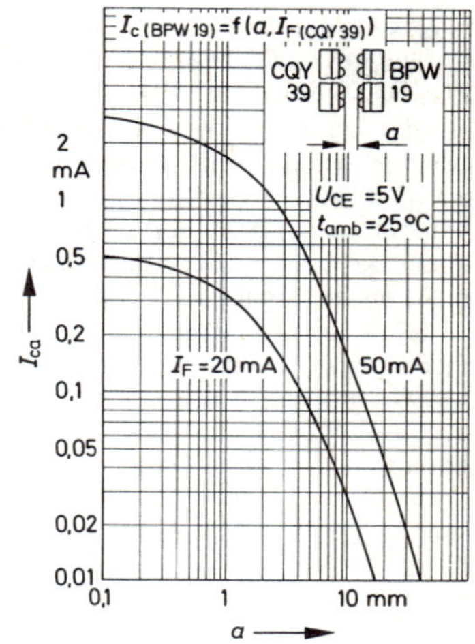

- die Streifen- oder Kartenführung zwischen der Lichtschrankenanordnung,
- die Strahlungsdurchlässigkeit (Dämpfungsgrad) des Informationsträgermaterials,
- die Richtcharakteristika von Sender und Empfänger und damit zusammenhängendes optisches Übersprechen,
- das Verwenden von Blenden oder Lichtröhren zwischen beiden Systemen.

In manchen Datenblättern werden für geeignete Zuordnungen von Sender und Emitterzeilen bereits wichtige Parameter in Kennlinienform angegeben. So ist beispielsweise in Bild 7.15 der typische Zusammenhang zwischen Kollektorhellstrom des einzelnen Fototransistors der Zeile vom Steuerstrom I_F der einzelnen LED bei konstantem Abstand einerseits und in Abhängigkeit vom Abstand bei konstantem Steuerstrom I_F an-

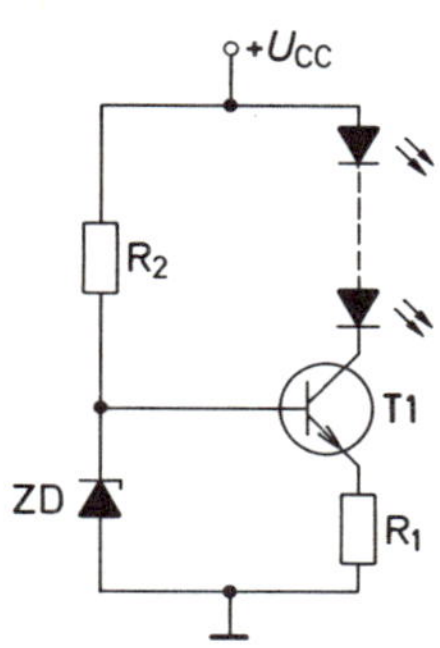

Bild 7.16 Beispiel einer stromkonstanten Seriensteuerung von LED-Zeilen

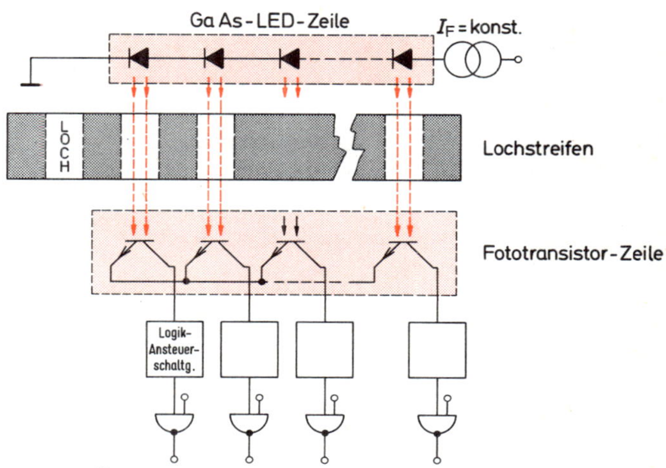

Bild 7.17 Typische Grundschaltung einer optischen Lochstreifen-(Lochkarten-)Leseeinrichtung mit Serienschaltung der LED

dererseits am Beispiel der kompatiblen Zeilenanordnungen CQY 39 und BPW 19 gegeben.
Zum **Ansteuern der LED** innerhalb der Zeile gibt es verschiedene Möglichkeiten (siehe Kap. 5.2.4). Grundsätzlich könnte man sie entweder in Parallel- oder in Reihenschaltung betreiben. Meist wird jedoch die Seriensteuerung mit Konstantstromquelle bevorzugt. Diese Betriebsweise ist nämlich nicht nur einfacher im Aufbau (nur zwei externe Anschlüsse pro Zeilenanordnung, kein extra Strombegrenzungswiderstand für jede einzelne LED), sondern gewährleistet auch gleichen Strom durch alle LED, womit die Abstrahlungsbedingungen je LED gleichmäßiger werden. Das Prinzipschaltbild einer stromkonstanten Seriensteuerung zeigt Bild 7.16. Eine typische Anwendung dieser Art ist in Bild 7.17 skizziert. Wie dabei im einzelnen die Logikansteuerschaltungen aussehen müssen, hängt von der jeweiligen Art der verwendeten Logikbausteine ab. Im Prinzip gelten auch dafür die Ausführungen in Kap. 6.3.2.3. Darüber hinaus sind in Tafel 7.1 verschiedene Ansteuerschaltungen für gebräuchliche Logikbausteine angegeben [179], die zwar für die *Siemens*-Fototransistorzeilen BPX 80 bis BPX 89 konzipiert wurden, welche in gleicher Weise aber auch auf andere Zeilenanordnungen anwendbar sind. Mit dem jeweiligen Widerstand R muß die Empfindlichkeit so eingestellt werden, daß bei den jeweils vorliegenden Einsatzverhältnissen (Abstand zwischen Sender und Empfänger u.a.) die für Punkt A angegebenen Low- und High-Werte garantiert sind.

8. LED-Anzeigeeinheiten

Numerische und **alphanumerische Anzeigeeinheiten** sind ein notwendiges Kommunikationsmittel zwischen Mensch und Maschine. Seit 1968 gibt es Anzeigeeinheiten, deren Symbole in einer Ebene aus **lichtemittierenden Dioden** (LED) geformt werden. Es dauerte aber einige Jahre, bis vernünftige Preise eine breite Anwendung ermöglichten. Das ist inzwischen geschehen.
Die **Vorteile von LED-Anzeigeeinheiten** gegenüber anderen Anzeigesystemen sind unumstritten:

- □ hohe Zuverlässigkeit und Lebensdauer (einige 10 Jahre);
- □ Strom- und Spannungskompatibilität mit integrierten Standardschaltungen;
- □ beim Multiplexbetrieb sind keine zusätzlichen Entkoppeldioden für die auf einen „Bus“ geschalteten LED-Anzeigeeinheiten erforderlich;
- □ kein Parallaxenfehler, da sich alle Symbole in einer Ebene befinden (typisch 150° Betrachtungswinkel);
- □ hoher Kontrast im Dunkeln und bei direkter Sonnenbestrahlung;
- □ infolge des hohen Kontrastes scheinbare Vergrößerung der Symbolabmessungen (um etwa 50%);
- □ leichte (trägheitslose) Modulierbarkeit des abgestrahlten Lichtes (kein „Nachglühen“);
- □ der Wirkungsgrad (Lichtstärke/Stromeinheit) von GaAsP wächst mit steigendem Durchlaß-(Spitzen-)Strom, damit ist die „Helligkeit“ getasteter Anzeigeeinheiten — bei gleichem mittleren Strom — höher als die kontinuierlich betriebener;
- □ geringer Platzbedarf (flache Bauweise);
- □ leichte Aneinanderreihbarkeit;
- □ Lageunabhängigkeit;
- □ große Schock- und Vibrationsfestigkeit;

Allerdings dürfen die folgenden — wenn auch kaum gravierenden — Nachteile nicht übersehen werden:

- □ relativ hoher Strombedarf;
- □ infolge des monochromatischen Lichtes können keine Filter zum Ändern der Symbolfarbe verwendet werden;
- □ das menschliche Auge ermüdet bei *rotem* Licht schneller und verliert mit zunehmendem Alter die Fähigkeit, auf rot scharf einzustellen;
- □ die Symbolhöhen beschränken sich auf den Bereich von einigen mm bis einige cm.

In diesem Kapitel werden die wesentlichen **Eigenschaften der Halbleiteranzeigen** und ihre **Ansteuerverfahren** behandelt.

8.1. Parameter von LED-Anzeigeeinheiten

Ohne zunächst quantitative Angaben zu machen, verdeutlichen die Tafeln 8.1 und 8.2 die bei der **Auswahl von LED-Anzeigeeinheiten** zu beachtenden *mechanischen, grafischen, topologischen, optischen, technologischen, funktionellen, elektrischen* und *strahlungstechnischen* Parameter.
Hierbei ist der Hinweis wichtig, daß nicht alle in der Tafel 8.2 angegebenen Parameter von den jeweiligen Herstellern spezifiziert werden!

Tafel 8.1 Charakteristische Parameter von LED-Anzeigeeinheiten

Gruppenzuordnung	Auswahlkriterien
mechanisch	Zeichenhöhe Zeichenneigung Zeichenanzahl Gehäuseart Gehäuseabmessungen Gewicht
grafisch	Numerische Zeichen Hexadezimale Zeichen Alphanumerische Zeichen Überlaufzeichen Polaritätszeichen
topologisch	Matrix-Konfiguration Segment-Konfiguration Dezimalpunkt, links Dezimalpunkt, rechts Dezimalpunkt, links und rechts Dezimalpunkt, Mitte Doppelpunkt, links Doppelpunkt, rechts
optisch	Farbe (Lichtwellenlänge) Einfärbung Filter Lichtleiter Linse

Gruppenzuordnung	Auswahlkriterien
technologisch	Material Gemeinsame Anoden Gemeinsame Katoden Monolithtechnik Hybridtechnik Reflektortechnik
funktionell	Ohne interne Logik Eingangsspeicher Zähler Dekodierer Zeichengenerator Treiberstufen Multiplexbetrieb IC-Kompatibilität
elektrisch	siehe Tafel 8.2
strahlungstechnisch	siehe Tafel 8.2

Tafel 8.3 Übersicht über die bei Halbleiteranzeigeeinheiten zum Darstellen von Symbolen verwendeten matrix- und segmentförmigen LED-Anordnungen

Symboltyp	Numerisch	Hexadezimal	Alphanumerisch	Polarität	Polarität, Überlauf
Matrix-Konfiguration	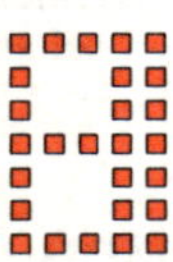	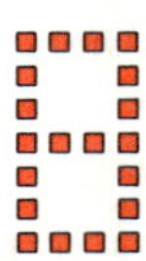	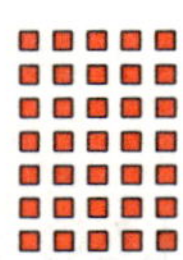	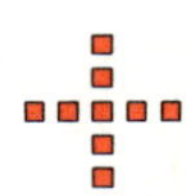	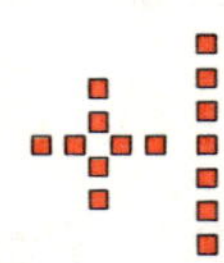
Raster	5 x 7	4 x 7	5 x 7	5 x 5	(5x7)
LED-Anzahl	27	20	35	9	15
Anschlußanzahl	19	14	12	3	5
Segment-Konfiguration	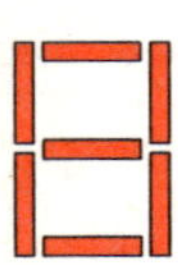	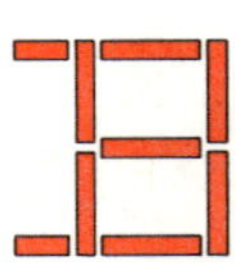			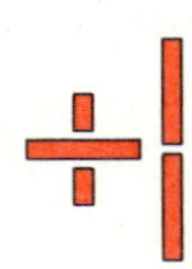
LED-Anzahl (typ.)	14	16	26	2	8
Anschlußanzahl (min.)	8	9	15	4	5

Tafel 8.2 Alphabetische Zusammenstellung der in Datenblättern von LED-Anzeigeeinheiten ohne interne Logik verwendeten Begriffe (elektrische und strahlungstechnische Parameter)

Parameter	Kurzzeichen
Abfallzeit der Emission Anstiegszeit der Emission	t_f t_r
Betrachtungswinkel	Θ
Differentieller Durchlaßwiderstand Durchlaßspannung (Flußspannung) Durchlaßspitzenstrom Durchlaßstrom	r_F U_F I_{FM} I_F
Gehäusetemperatur Gesamtdurchlaßstrom Gesamtverlustleistung	ϑ_G $I_{F\,tot}$ P_{tot}
Halbwertsbreite der emittierten Strahlung	$\Delta\lambda$
Impulsdauer Impulsverlustleistung	t_p P_I
Lagertemperatur Leuchtdichte Lichtstärke Lichtstärkekategorie der Anzeigeeinheit Lichtstärkeunterschied von LED zu LED Lichtstärkeunterschied von Segment zu Segment	ϑ_S L I (kein Kurz- zeichen) $\Delta\mathrm{I}_{LED}$ $\Delta\mathrm{I}_{SEG}$
Sperrschichtkapazität Sperrspannung Sperrstrom Spitzenlichtstärke	C_j U_R I_R I_p
Temperaturkoeffizient der Durchlaßspannung Temperaturkoeffizient der Lichtstärke Temperaturkoeffizient der Verlustleistung Temperaturkoeffizient der Wellenlänge	TK_{UF} TK_I TK_P TK_λ
Umgebungstemperatur	ϑ_U
Wärmewiderstand zwischen Sperrschicht und ruhender umgebender Luft Wellenlänge beim Spitzenwert der Emission Wellenlänge der emittierten Strahlung	$R_{th\,JU}$ λ_p λ

Anmerkung:

Als zusätzliche Kurzzeichen-Indizes werden verwendet und bedeuten:

DP ≙ „je Dezimalpunkt"
LED ≙ „je LED" (Licht emittierende Diode)
SEG ≙ „je Segment"

Beispiel:

$I_{F\,SEG}$ = Durchlaßstrom **je Segment**

Man beachte außerdem:

I „gerade" = Lichtstärke
I „kursiv" = Strom

Bild 8.1 Zeichenvorrat (46 von 64 möglichen Symbolen bei 6-Bit-Kode) für eine alphanumerische LED-Anzeigeeinheit mit 5 × 7-Raster [202]

8.2. Symboldarstellung bei LED-Anzeigeeinheiten

Ziffern, Buchstaben und **Sonderzeichen** lassen sich grundsätzlich aus einzelnen **„Punkten“** oder **„Segmenten“** zusammensetzen. Für Halbleiteranzeigeeinheiten haben sich dabei als günstigster Kompromiß zwischen Aufwand und Lesbarkeit Konfigurationen mit **matrixförmig** bzw. **segmentförmig angeordneten LED** herausgebildet, wie sie Tafel 8.3 zeigt.

Die **größte Anzahl von darstellbaren Symbolen** ergibt sich bei der **Matrixkonfiguration im 5 × 7-Raster** mit 35 LED. Eine Auswahl aus der bei der Verwendung eines 6-bit-Kodes möglichen 64 Symbolen gibt Bild 8.1 wieder.
Eine **Sonderform der alphanumerischen Anzeige** ist die **hexadezimale Anzeige:** das teilweise mit 20 LED besetzte 4 × 7-Raster dient zum Anzeigen der Ziffern 0 bis 9 und der Buchstaben A bis F, siehe Bild 8.2. Mit hexadezimalen Anzeigeeinheiten lassen sich **leicht ablesbar binärkodierte Informationen darstellen.** Jeweils 4 bit sind zu einem hexadezimalen Zeichen zusammengefaßt. Bild 8.3 verdeutlicht den Sachverhalt: Anzeige des Inhalts eines 16-bit-Registers mit 16 diskreten LED bzw. mit einer 4stelligen hexadezimalen Anzeigeeinheit.
Ferner werden **numerische Anzeigeeinheiten in**

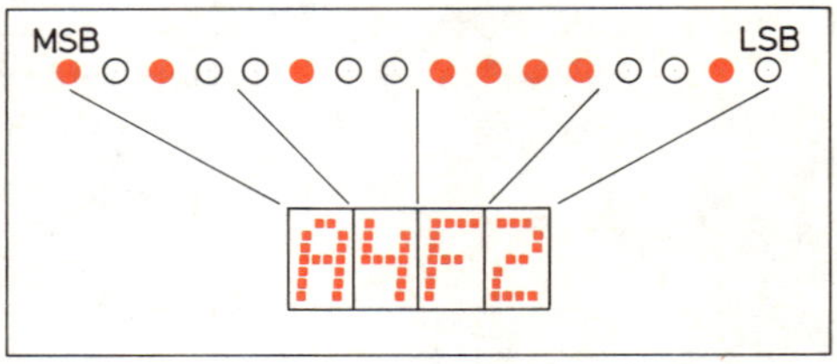

Bild 8.3 Anzeige des Inhalts eines 16-Bit-Registers mit 16 diskreten LED und mit einer 4stelligen hexadezimalen LED-Anzeige

Matrix-Konfiguration angeboten, die — ebenfalls nur teilweise besetzt, jedoch mit dem 5 × 7-Raster — lediglich die Ziffern 0 bis 9 abbilden. Allerdings haben diese Ziffern (siehe Bild 8.4) ein **gefälligeres Aussehen,** so daß der erhöhte Aufwand von 27 LED (vgl. Tafel 8.3) in Kauf genommen werden kann.
Schließlich gibt es **Überlauf- und Polaritätsanzeigen,** die die Symbole + und – mit 9 bzw. 8 LED und die Ziffer 1 mit 7 LED bilden.

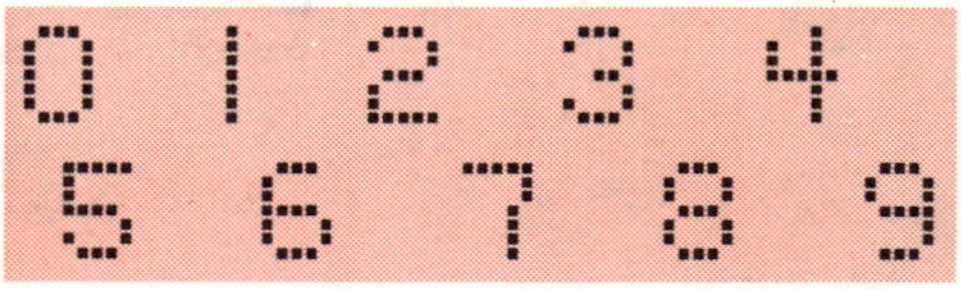

Bild 8.4 Zeichenvorrat für eine numerische LED-Anzeigeeinheit mit teilweise besetztem 5 × 7-Raster [66]

Bild 8.2 Zeichenvorrat für eine hexadezimale LED-Anzeigeeinheit mit teilweise besetztem 4 × 7-Raster [121]

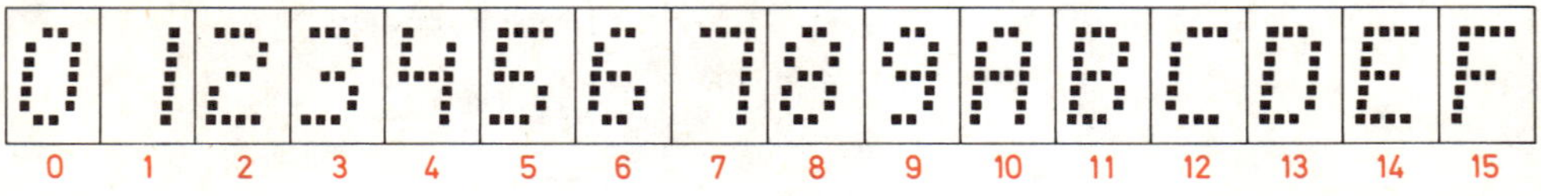

Mit sieben Segmenten lassen sich die Ziffern 0 bis 9 sowie die großen Buchstaben A, C, E, F, H, J, L, P, S und U darstellen (siehe Bild 8.5). Die Symbole haben zwar ein etwas eckiges Aussehen, aber das Ansteuern dieser Anzeigeeinheiten ist — wie noch gezeigt wird — sehr einfach. Normalerweise werden jedoch nur die Ziffern 0 bis 9 ausgenutzt. Darüber hinaus kann man diesen **numerischen Symboltyp** auch als **hexadezimale Anzeige** verwenden. Die erforderlichen 16 hexadezimalen Ziffern sind in Bild 8.6 wiedergegeben. Als „Schönheitsfehler" sind dabei die Zeichen 11 und 13 zu betrachten, die nur als „kleine" Buchstaben aus den Segmenten geformt werden können.

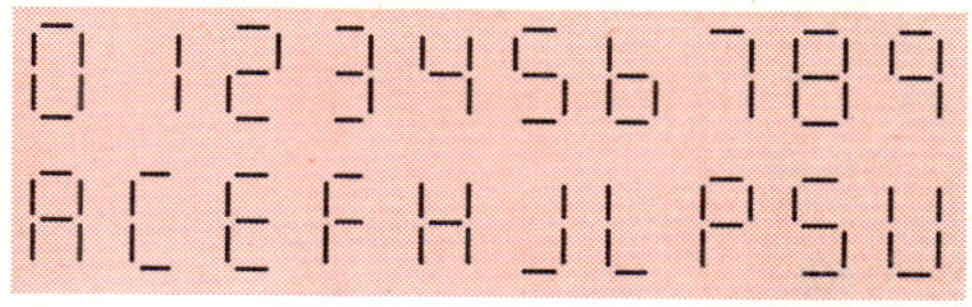

Bild 8.5 Darstellung von Ziffern und großen Buchstaben mit einer 7-Segment-LED-Anzeigeeinheit [4]

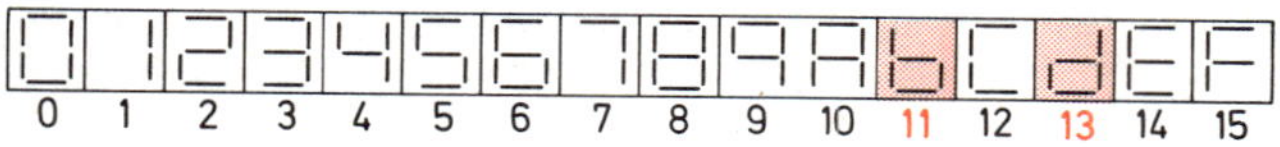

Bild 8.6 Zeichenvorrat für eine hexadezimale 7-Segment-LED-Anzeigeeinheit

Diesen Nachteil vermeidet die ebenfalls in Tafel 8.3 aufgeführte **„echte" hexadezimale Anzeigeeinheit mit Segmentkonfiguration:** zwei zusätzliche Halbsegmente ergänzen die in Form einer 8 angeordneten Segmente der numerischen Grundausführung so, daß auch die Zeichen 11 und 13 als große Buchstaben erscheinen (siehe Bild 8.7).

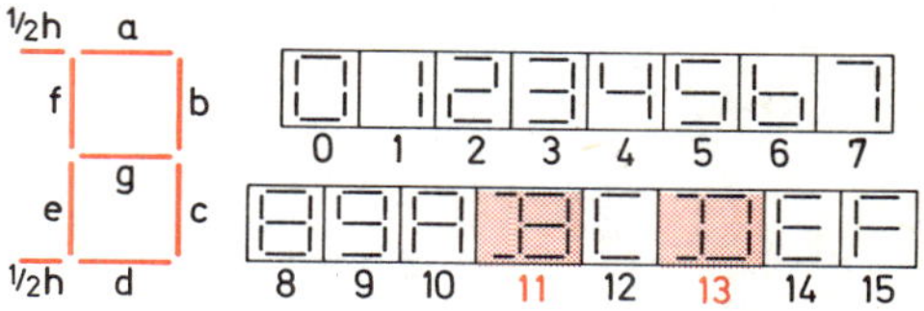

Bild 8.7 Zeichenvorrat für eine hexadezimale „8"-Segment-LED-Anzeigeeinheit

Das gesamte Alphabet und die Ziffern 0 bis 9 bilden die **14-Segment-Anzeigeeinheiten** ab. Die recht ansehnliche Form der Symbole verdeutlicht Bild 8.8. Ebenfalls mögliche Sonderzeichen sind nicht aufgeführt.

Die Symbole der **Überlauf- und Polaritätsanzeigen mit Segmentkonfiguration** entsprechen im wesentlichen in ihrem Aussehen denjenigen mit Matrixkonfiguration (siehe Bilder 8.9 und 8.10).

Nicht dargestellt ist in Tafel 8.3 die Lage von **Dezimal- und Doppelpunkten.** Hierüber geben für typische Anordnungen von Dezimalpunkten die Bilder 8.9 bis 8.12 Auskunft. Die räumliche Lage von zwei Dezimalpunkten oder einem Doppelpunkt läßt sich leicht vorstellen. Wird ein Doppelpunkt benötigt und stehen nur 7-Segment-Anzeigeeinheiten mit einem rechten Dezimalpunkt zur Verfügung, so kann eine Einheit um 180° gedreht werden: den Doppelpunkt bilden dann der rechte untere und der linke obere Dezimalpunkt der aneinandergereihten 7-Segment-Anzeigeeinheiten.

Bild 8.8 Darstellung von Ziffern und großen Buchstaben mit einer 14-Segment-LED-Anzeigeeinheit

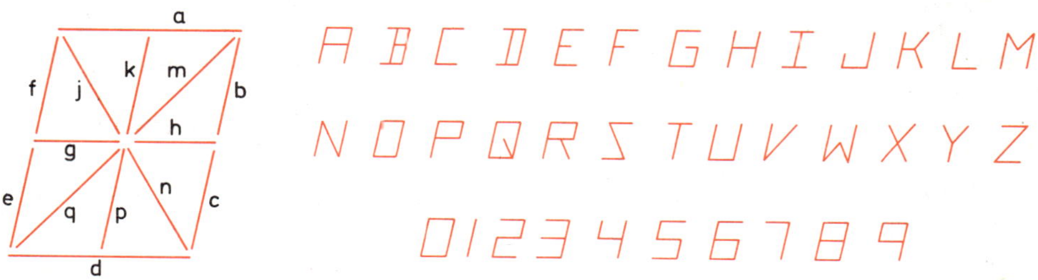

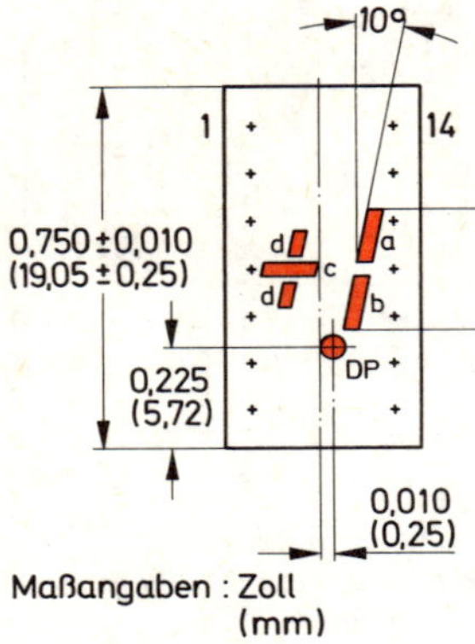

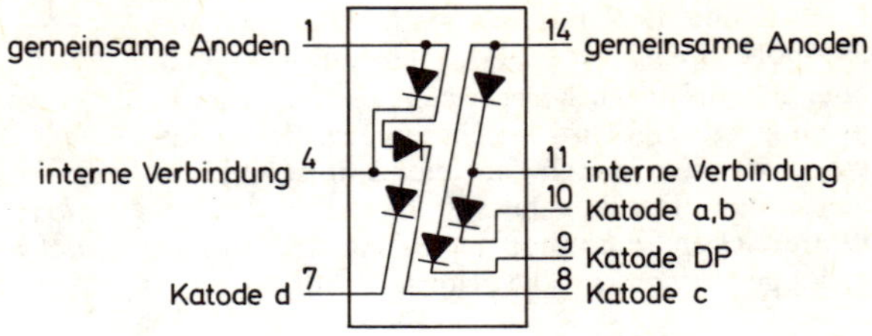

Bild 8.9 Polaritäts- und Überlaufanzeige mit linkem Dezimalpunkt in Segment-Konfiguration (Typ 5082-7732 von Hewlett-Packard*)*

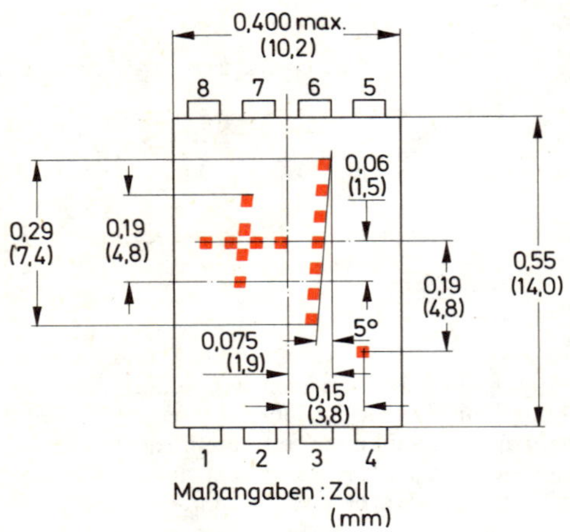

Bild 8.10 Polaritäts- und Überlaufanzeige mit rechtem Dezimalpunkt in Matrix-Konfiguration (Typ 5082-7304 von Hewlett-Packard*)*

Typische Zeichenhöhen für integrierte LED-Anzeigeeinheiten liegen zwischen 2,5 mm und 15 mm, wobei im unteren Bereich ausschließlich und im oberen Bereich vorwiegend **7-Segment-Anzeigeeinheiten** anzutreffen sind.
Mit diskreten LED aufgebaute Anzeigeeinheiten werden in Zeichenhöhen von einigen 10 mm angeboten.

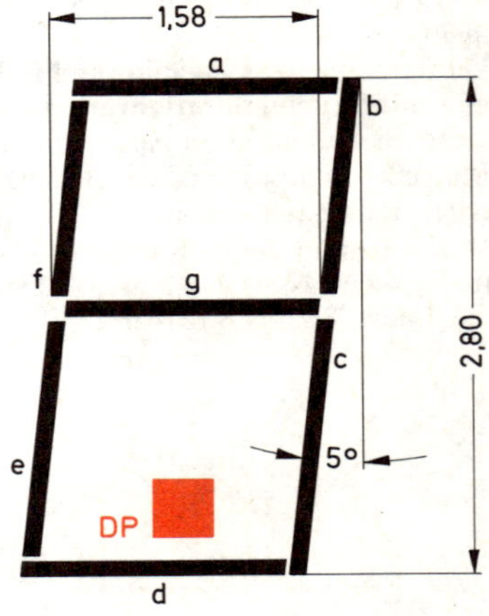

Bild 8.11 7-Segment-Konfiguration mit mittigem Dezimalpunkt (z.B. Typ 5082-7404 von Hewlett-Packard*)*

Die Symbole der Anzeigeeinheiten sind bezüglich der Vertikalen entweder nicht oder um 5° (siehe Bilder 8.10 und 8.11) bzw. 10° (siehe Bilder 8.8 und 8.9) geneigt.

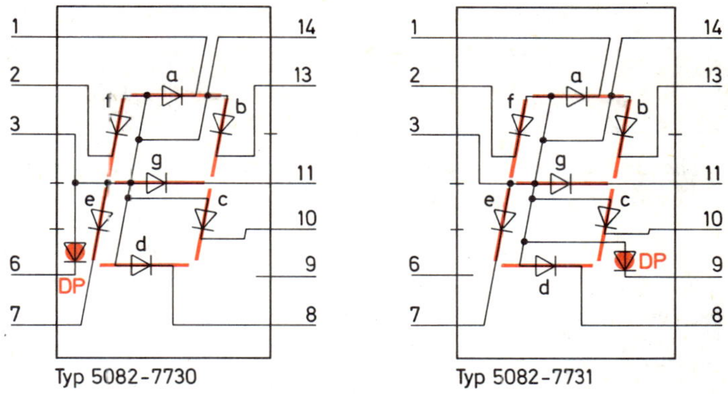

Bild 8.12 7-Segment-LED-Anzeigeeinheiten mit linkem bzw. rechtem Dezimalpunkt von Hewlett-Packard

8.3. Aufbau von LED-Anzeigeeinheiten

Derzeit am Markt erhältliche LED-Anzeigeeinheiten werden im wesentlichen aus *Gallium-Arsenid-Phosphid (GaAsP) und Gallium-Phosphid* (GaP) hergestellt. Hinzu kommen noch LED aus *Gallium-Arsenid* (GaAs), die mit einer Leuchtsubstanz *(seltene Erden)* überzogen sind, so daß sie sichtbares Licht abstrahlen. Schließlich wurden bereits blaues und blau-grünes Licht aussendende *Gallium-Nitrid*-LED (GaN) experimentiell erprobt.

Auf die grundsätzlichen Unterschiede zwischen den einzelnen Technologien und auf die erreichbaren Farben des abgestrahlten Lichtes wurde bereits im Kapitel 3.2.1 eingegangen. Die einzelnen LED, aus denen sich die Symbole einer Anzeigeeinheit zusammensetzen, werden entweder monolithisch auf *einem* Kristallplättchen integriert **(Monolithtechnik)** oder „einzeln" gefertigt und anschließend auf Keramikplättchen montiert **(Hybridtechnik).** Das gilt sowohl für die **Punkt-LED** der **Matrix-Anzeigeeinheiten** als auch für die **Segment-LED** der **Segment-Anzeigeeinheiten.** Die Segment-LED können dabei aus mehreren parallelgeschalteten und/oder in Reihe geschalteten LED bestehen.

Die **Monolithtechnik** ist in der Regel bei LED-Anzeigeeinheiten bis zu 5 mm Zeichenhöhe anzutreffen. Zwischen 5 und 20 mm Zeichenhöhe wird die **Hybridtechnik** bevorzugt. Für noch größere Zeichenhöhen wendet man eine weitere Technik an: mehrere diskrete mit einer gemeinsamen Kunststoffumhüllung versehene LED bilden eine **Diodenzeile.** Aus diesen Diodenzeilen lassen sich dann die gewünschten Anzeigeeinheiten aufbauen. Bild 8.13 zeigt die Abmessungen einer solchen **LED-Zeile.**

Bei den hybrid gefertigten Anzeigeeinheiten werden die **Anschlüsse** und **Verbindungsleitungen zwischen den LED** in Dick- oder Dünnfilmtechnik auf das Keramiksubstrat aufgebracht. Gold- bzw. Aluminiumdrähte verbinden die dem Substrat abgewandten LED-Anschlüsse untereinander und mit den Substratanschlüssen. Monolithisch integrierte LED-Anordnungen werden — wie bei dieser Technik üblich — auf dem Kristall mit aufgedampften Aluminiumleiterbahnen kontaktiert und auf vorgestanzte Grundplatten montiert. Im nächsten Arbeitsgang werden die exakt positionierten Kristalle mit den Grundplattenanschlüssen verbunden.

Zum **Schutz gegen Umwelteinflüsse** werden die LED-Anordnungen entweder in **Metallgehäuse**

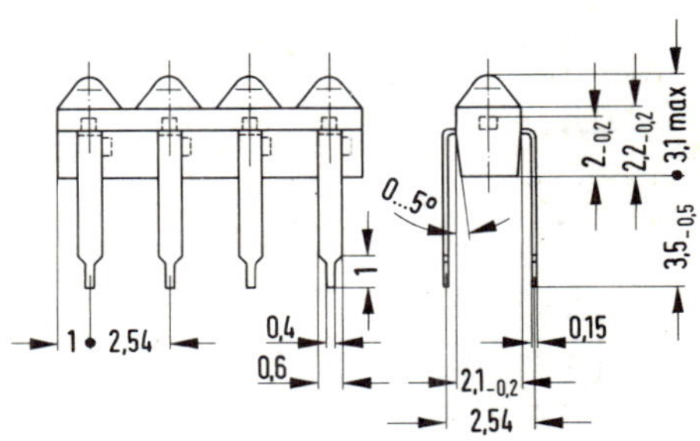

Bild 8.13 GaAsP-LED-Zeile im 1/10-Zoll-Raster (Typ LD 464 von Siemens*)*

Bild 8.14 Schematischer Schnitt durch ein LED-Segment mit aufgespritztem Kunststoff

mit Fenster eingebaut (Bild 8.20) oder mit **Epoxydharz** umhüllt (Bild 8.14). Zur **Kontrastverbesserung** ist der Kunststoff häufig *rot* gefärbt. Wie bei den meisten integrierten Schaltungen, so haben sich auch hier Gehäuse mit zweireihigen Stiftanordnungen (*Dual-in-line*-Gehäuse) wegen der einfacheren Leitungsführung auf gedruckten Schaltungen durchgesetzt. Häufig sind bis zu fünf Zeichen in einem 14poligen *Dual-in-line*-Gehäuse vereinigt. Eine vierstellige **7-Segment-Anzeigeeinheit mit Kugellinsen** zeigt Bild 8.15. Diese Einheiten lassen sich dann wiederum *lückenlos* aneinanderreihen.

Zu den LED-Anzeigeeinheiten ohne Linse und mit aufgespritzter Kugellinse kommen noch solche mit einer über allen Anzeigeeinheiten montierten Zylinderlinse und mit einer über den aufgespritzten Kugellinsen angebrachten Zylinderlinse hinzu. Bei dieser Ausführung vergrößert sich beispielsweise die Zeichenhöhe nochmals etwa um den Faktor 1,4 (Zeichenhöhe auf dem Kristall: ≈ 1,5 mm, mit Kugellinse: ≈ 2 mm, mit Kugellinse **und** Zylinderlinse: ≈ 2,7 mm) [165].

Zu einer **optischen Vergrößerung der Segmente** führt die vorwiegend bei GaP-Anzeigeeinheiten angewandte **Reflektortechnik:** je Segment ist eine LED am „Boden" einer **Reflektorwanne** angeordnet. Besonders vorteilhaft wirkt sich dabei aus, daß der GaP-Kristall das Licht nach allen Seiten und nicht nur von der Oberfläche abstrahlt (siehe Bild 6.16). Dadurch erscheint etwa ein emittierendes Segment bei LED-Chipabmessungen von 355 µm × 355 µm mit den Abmessungen 3800 µm × 635 µm [81].

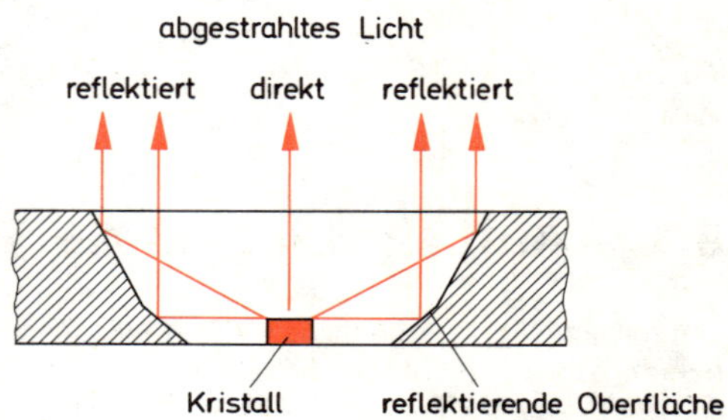

Bild 8.16 Schematischer Schnitt durch Kristall und Reflektorwanne einer 7-Segment-GaP-LED-Anzeigeeinheit [81]

Mit den Reflektoren ergibt sich ein hoher Kontrast zwischen den Segmenten und deren Umgebung, der noch gesteigert wird durch eingefärbte Plastikflächen über den Reflektoren und ein im

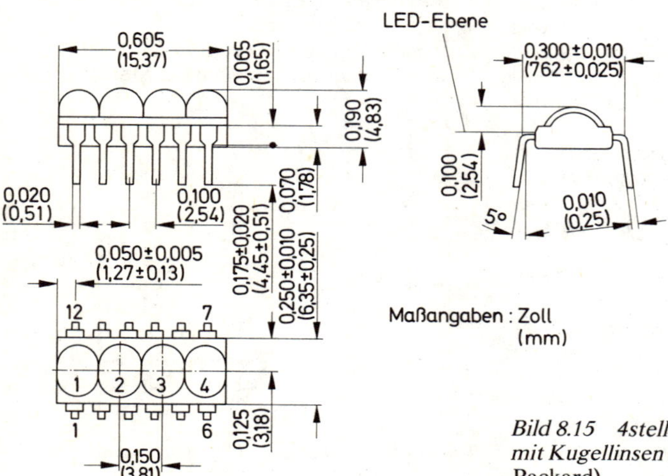

Bild 8.15 4stellige 7-Segment-Anzeigeeinheit mit Kugellinsen (z.B. Typ 5082-7404 von Hewlett-Packard)

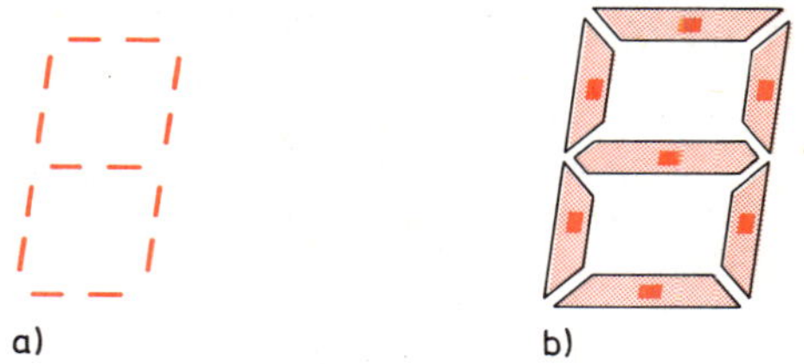

Bild 8.17 Segmentformen für 7-Segment-Anzeigeeinheiten mit zwei in Serie geschalteten LED-Chips je Segment (a) bzw. mit einem LED-Chip je Segment in Lichtleitertechnik (b)

übrigen schwarzes Kunststoffgehäuse. Die Segmente von roten GaAsP-LED-Anzeigeeinheiten mit Symbolhöhen von etwa 7 mm bestehen in der Regel (Kostengründe) aus zwei Teilsegmenten, so daß die Segmente an sich etwa wie in Bild 8.17a aussehen.

Noch kostengünstiger ist jedoch die zuerst bei GaP-7-Segment-Anzeigeeinheiten angewandte **Lichtleitertechnik:** je Segment wird nur noch *eine* LED benötigt, die das aus lichtleitendem Material geformte Segment gleichmäßig ausleuchtet. Bild 8.17b verdeutlicht den Sachverhalt schematisch. Es lassen sich leicht Symbolhöhen von 8 mm erreichen. Bedeutsam sind die erheblich **verringerte Verlustleistung** sowie die **erhöhte Zuverlässigkeit,** da im Gegensatz zu den Anzeigeeinheiten mit Teilsegmenten nur die *halbe* Anzahl LED-Chips kontaktiert werden muß.

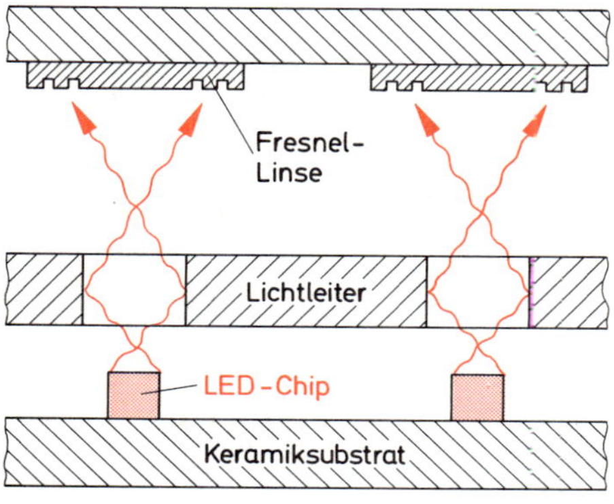

Bild 8.18 Schematischer Schnitt durch eine 7-Segment-Anzeigeeinheit mit Lichtleiter und Fresnel-*Linse aus gepreßtem Kunststoff*

Eine aus drei Teilen gebildete **Lichtleiterkonstruktion** gibt Bild 8.18 wieder: das von dem LED-Chip abgestrahlte Licht wird von dem reflektorähnlichen Lichtleiter gesammelt und dem lichtstreuenden Kunststoffsegment (*Fresnel*-Linse) zugeführt.

Bei einer anderen Technik werden die **balkenförmigen Segmente** (Bild 8.19) **um die LED-Chips gespritzt.** Da die Lichtverluste infolge Brechung beim Übergang von GaAsP zu Kunststoff geringer sind als beim Übergang von GaAsP zu Luft, genügen bereits etwa 5 mA LED-Durchlaßstrom (üblicherweise sind es etwa 10 bis 20 mA), um die Segmente gut sichbar auszuleuchten.

Übrigens wird vom menschlichen Auge das diffuse Licht der breiten Kunststoffsegmente angenehmer empfunden als das strahlende Licht der schmalen LED-Segmente ohne Lichtleiter.

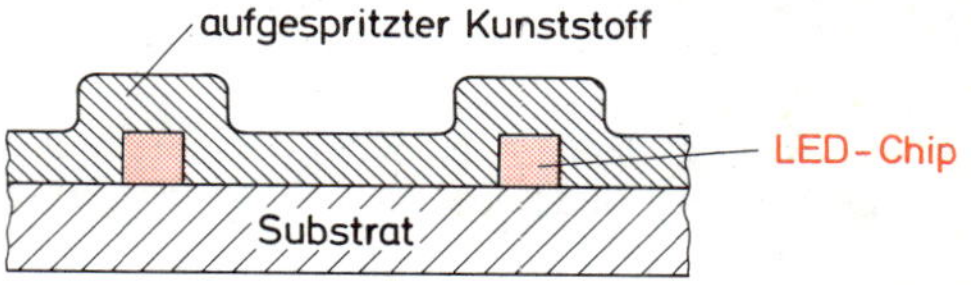

Bild 8.19 Schematischer Schnitt durch eine 7-Segment-Anzeigeeinheit mit balkenförmig umspritzen LED-Chips

Zu erwähnen bleibt noch, daß auch Halbleiteranzeigen angeboten werden, die mehrere Anzeigeeinheiten (einschließlich Ansteuerlogik) auf einer gedruckten Schaltung vereinen oder bei denen sich die LED-Anordnung und eine entsprechende **Ansteuerlogik** (Eingangsspeicher, Zähler, Dekodierer, Zeichengenerator und/oder Treiberstufen) in *einem* gemeinsamen Gehäuse befinden. Hierauf wird noch eingegangen.

8.4. LED-Anzeigeeinheiten mit Matrixkonfiguration

Numerische LED-Anzeigeeinheiten (z.B. Serie 5082-7000 von *Hewlett-Packard)* und hexadezimale (z.B. Typ TIL 311 von *Texas Instruments* oder Typ 5082-7300 von *Hewlett-Packard)* mit matrixförmig angeordneten Leuchtdioden stehen dem Anwender ausschließlich mit integrierter Ansteuerlogik zur Verfügung. Sie werden deshalb im folgenden jeweils in ihrer Gesamtheit beschrieben. Bei alphanumerischen sowie bei Polaritäts- und Überlauf-Anzeigeeinheiten muß der Entwickler dagegen die Ansteuerlogik selbst entwerfen. Die entsprechenden Abschnitte sind aus diesem Grunde weiter unterteilt in Kennlinien bzw. Ansteuerverfahren.

8.4.1. Numerische Anzeigeeinheiten

Numerische LED-Anzeigeeinheiten mit teilweise besetztem 5 × 7-Raster gehörten zu den ersten Halbleiteranzeigeeinheiten mit integrierter Logik. Typische Vertreter dieser Kategorie sind die roten GaAsP-LED-Anzeigeeinheiten 5082-7000 (einstellig) und 5082-7001 (dreistellig) von *Hewlett-Packard.* Die Form der darstellbaren Ziffern zeigt Bild 8.4. Die Ziffernhöhe beträgt knapp 7 mm. Man erkennt, daß von den 35 Positionen des **Rasters** nur 27 mit LED besetzt sind. Hinzu kommt noch eine LED außerhalb der LED-Matrix als Dezimalpunkt.

Der gesamte Aufbau der Anzeigeeinheit für eine Ziffer mit Dezimalpunkt ergibt sich aus Bild 8.20. Auf dem Keramiksubstrat befindet sich ein in Dünnfilmtechnik aufgebrachtes Muster von Anschlüssen und Verbindungsleitungen. Die acht großflächigen Anschlüsse am Rande des Substrates bilden die Eingänge der Einheit. Die kleinflächigen Anschlüsse nehmen die LED auf. Über 25,4 µm dicke Aluminiumdrähte sind die Anoden der LED miteinander verbunden und an die schmale rechteckige Fläche im unteren Viertel des Substrates geführt.

Zu erkennen ist weiterhin, daß die 27 LED zu 18 Gruppen zusammengefaßt sind. Die entsprechenden 18 **Treiberleitungen** kommen von einer integrierten Schaltung, die ebenfalls ihren Platz auf dem Keramiksubstrat hat. Diese **integrierte Schaltung** stellt einen **Zuordner mit strombe-**

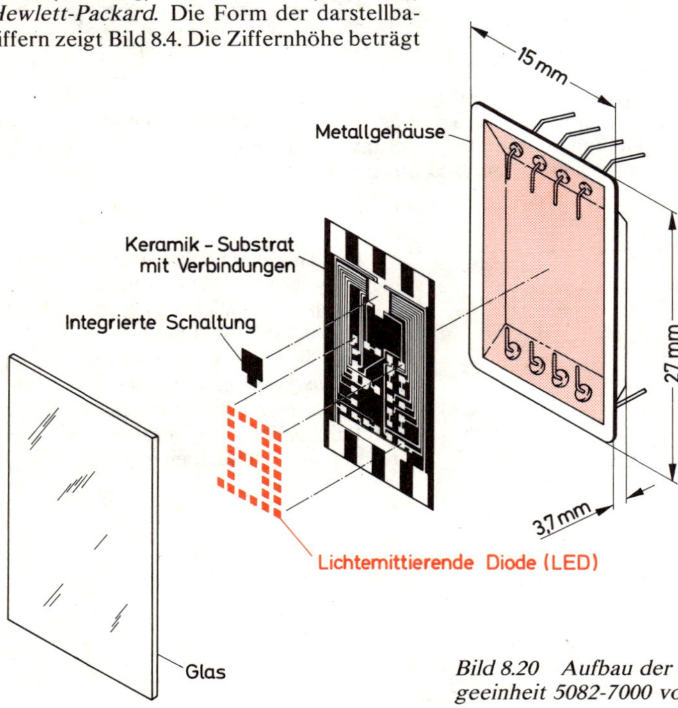

Bild 8.20 Aufbau der numerischen LED-Anzeigeeinheit 5082-7000 von Hewlett-Packard *[202]*

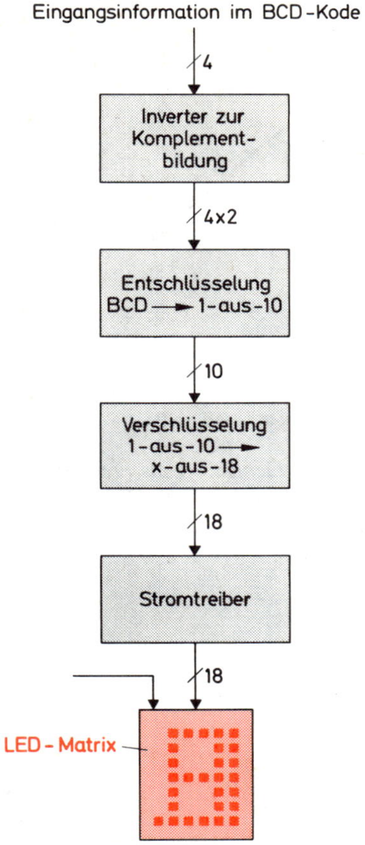

Bild 8.21 Blockschaltbild der numerischen LED-Anzeigeeinheit von Bild 8.20

grenzenden Ausgangstreibern dar, der dem BCD-Kode am Eingang einen x-aus-18-Kode zum Generieren der Ziffern zuordnet (Bild 8.21). Der **Dezimalpunkt** muß von einem getrennten **externen Treiber** angesteuert werden.

Um den Wärmewiderstand zwischen dem Substrat und dem Gehäuse niedrig zu halten, ist das Substrat auf der Rückseite metallisiert und mit dem Gehäuse verlötet. Das Gehäuse hat Glas-Metall-Durchführungen für die Anschlüsse. An der Frontseite schließt ein mit Kunstharz eingekittetes Fenster die Einheit hermetisch ab.

Im einzelnen haben die 8 Anschlüsse die folgenden Funktionen: Ein Anschluß führt dem integrierten Zuordner die Logikbetriebsspannung U_{CC} (5 V bei 30 mA) zu. Über einen weiteren Anschluß wird die LED-Matrix mit einer der gewünschten Lichtstärke entsprechenden Betriebsspannung U_{LED} versorgt. Diese Spannung braucht nicht geregelt und geglättet zu sein. Die Abhängigkeit der Lichtstärke I_{LED} je LED von der Betriebsspannung U_{LED} zeigt Bild 8.22. Welchen Betriebsstrom die LED-Matrix benötigt, ist aus Bild 8.23 zu entnehmen. Beim Festlegen der LED-Betriebsspannung ist zu beachten, daß die Lichtstärke mit zunehmender Temperatur abnimmt (Bild 8.24). Zum Ansteuern der vier **BCD-Eingangsleitungen** sind übliche TTL-Pegel (L = 0 bis 0,6 V, H = 2,8 bis 5 V[1]) bei einem Strombedarf von $\leqq$ 2 mA erforderlich. Die entsprechende **Wahrheitstabelle** zeigt Tafel 8.4. Die **Dezimalpunktleitung** benötigt einen Strom von 10 mA bei 1,6 V. Schließlich ist noch eine gemeinsame Masseleitung für die Signal- und Spannungsquellen vorhanden.

Der **Zuordner** hat keine Speichereigenschaften. Nach dem Anstehen des **Bitmusters** am Eingang leuchten die LED innerhalb 1 µs auf. Zum Schutz der Anzeigeeinheit gegen Überspannungen müssen externe Maßnahmen vorgesehen werden. Die Verlustleistung liegt je nach Bitmuster und LED-Betriebsspannung zwischen 0,25 und 1 W.

[1] Mit „Low“ (L) und „High“ (H) werden nach DIN 41785, Blatt 4, die beiden möglichen Bereiche der binären elektrischen Größen bezeichnet. Dabei liegen die Werte des L-Bereiches näher bei $-\infty$ und die Werte des H-Bereiches näher bei $+\infty$.

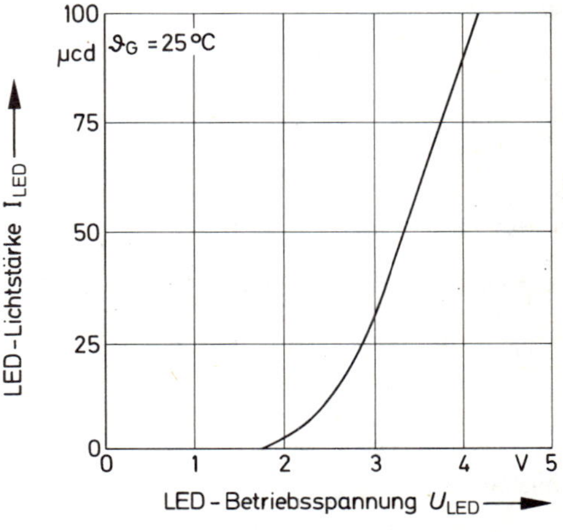

Bild 8.22 Abhängigkeit der Lichtstärke I_{LED} von der LED-Betriebsspannung U_{LED} für die LED der Anzeigeeinheit von Bild 8.20

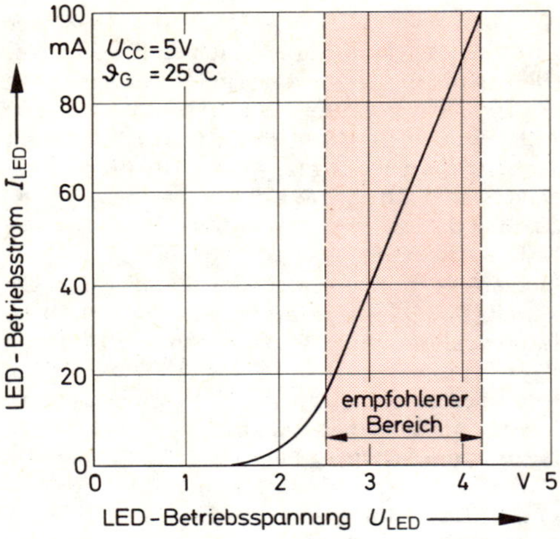

Bild 8.23 Betriebsstrom als Funktion der Betriebsspannung für die LED-Matrix der Anzeigeeinheit von Bild 8.20 beim Anzeigen der Ziffer 8

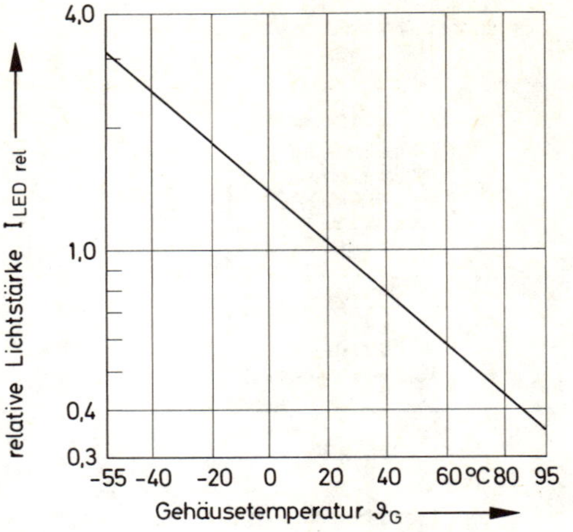

Bild 8.24 Relative Lichtstärke als Funktion der Gehäusetemperatur bei konstantem Durchlaßstrom $I_{F\ LED}$ für die Anzeigeeinheit von Bild 8.20

Bild 8.25 Blockschaltbild von hexadezimalen LED-Anzeigeeinheiten mit interner Ansteuerlogik

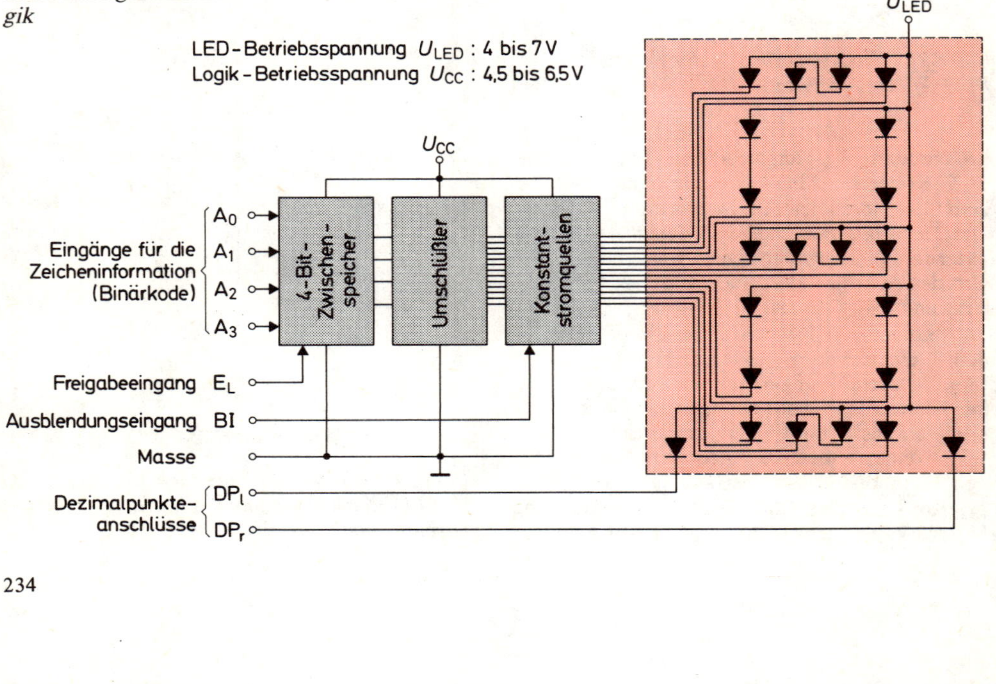

BCD-Eingänge				Anzeige
A_3	A_2	A_1	A_0	
H	H	H	H	0
H	H	H	L	1
H	H	L	H	2
H	H	L	L	3
H	L	H	H	4
H	L	H	L	5
H	L	L	H	6
H	L	L	L	7
L	H	H	H	8
L	H	H	L	9
L	H	L	H	BLANK
L	H	L	L	BLANK
L	L	H	H	BLANK
L	L	H	L	BLANK
L	L	L	H	BLANK
L	L	L	L	BLANK

BLANK : keine Anzeige

Tafel 8.4 Wahrheitstabelle für die BCD-Eingänge der numerischen LED-Anzeigeeinheit 5082-7000 von *Hewlett-Packard*

Eingänge								Anzeige
A_3	A_2	A_1	A_0	E_L	BI	DP_l	DP_r	
X	X	X	X	H	X			BEST.
X	X	X	X	X	H			BLANK
L	L	L	L	L	L			0
L	L	L	H	L	L			1
L	L	H	L	L	L			2
L	L	H	H	L	L			3
L	H	L	L	L	L			4
L	H	L	H	L	L			5
L	H	H	L	L	L			6
L	H	H	H	L	L			7
H	L	L	L	L	L			8
H	L	L	H	L	L			9
H	L	H	L	L	L			A
H	L	H	H	L	L			B
H	H	L	L	L	L			C
H	H	L	H	L	L			D
H	H	H	L	L	L			E
H	H	H	H	L	L			F
						L	H	.
						H	L	.

H : Hoher Pegel
L : Niedriger Pegel
X : H- oder L-Pegel

BEST. : Beständige Anzeige
BLANK : Keine Anzeige

Tafel 8.5 Wahrheitstabelle für die Eingänge von hexadezimalen LED-Anzeigeeinheiten mit interner Ansteuerlogik

8.4.2. Hexadezimale Anzeigeeinheiten

Bild 8.25 zeigt das typische Blockschaltbild von **hexadezimalen LED-Anzeigeeinheiten mit interner Ansteuerlogik.** Diese Anzeigeeinheiten vereinen in einem *Dual-in-line-*Gehäuse (z.B. 14polig) ein *TTL-MSI-Chip,* eine *LED-Matrix* mit teilweise besetztem 4 × 7-Raster und je nach Typ auch eine *Dezimalpunkt-LED.* Auf dem **TTL-MSI-Chip** sind ein *4-bit-Eingangsspeicher,* ein *Umschlüßler* für Binärkode in einen x-aus-13-Kode und 13 *Konstantstromtreiber* für je etwa 5 mA Ausgangsstrom integriert. Die Katoden der Dezimalpunkt-LED sind getrennt herausgeführt.

Die möglichen **Eingangsbitmuster** und die dazugehörenden Symbole sind in Tafel 8.5 zusammengefaßt. Bild 8.2 zeigt die Form der 16 rund 7 mm hohen hexadezimalen Ziffern.

Hat der **Freigabeeingang** E_L *(latch enable input)* L-Potential, so wird das an den Eingängen A_0 bis A_3 ($A_0 = 2^0$, $A_1 = 2^1$, $A_2 = 2^2$, $A_3 = 2^3$) anstehende Bitmuster in den 4-bit-Speicher übernommen. Liegt dagegen am Freigabeeingang ein H-Signal an, so bleiben die Signale an den **Eingängen für die Zeicheninformation** A_0 bis A_3 und am **Ausblendungseingang** BI *(blanking input)* ohne Einfluß auf die Anzeige: das im 4-bit-Zwischenspeicher gespeicherte Bitmuster bestimmt das angezeigte Zeichen. Andererseits läßt sich mit einem H-Signal an Eingang BI die Anzeige zum Verlöschen bringen, und zwar unabhängig davon, welche Bitmuster an den Eingängen A_0 bis A_3 und E_L anstehen. Bei einem L-Signal am Ausblendungseingang werden die Ausgangstreiber nicht gesperrt. Somit kann man am Anschluß BI mit einer **Helligkeitsmodulation** eingreifen. Die **Dezimalpunktanschlüsse** DP_l und DP_r müssen mit externen strombegrenzenden Treibern angesteuert werden.

In der Regel sind die Anschlüsse für die Logik-Betriebsspannung U_{CC} und die LED-Betriebsspannung U_{LED} getrennt herausgeführt, so daß für U_{LED} auch eine ungeregelte Spannungsquelle verwendet werden kann. In dem angegebenen U_{LED}-Bereich sind die LED-Durchlaßströme nahezu unabhängig von der LED-Betriebsspannung. Vom Nennwert (5 mA) abweichende LED-Durchlaßströme lassen sich jedoch durch die Höhe der Logik-Betriebsspannung U_{CC} festlegen. Die damit verbundene Änderung der Lichtstärke verdeutlicht Bild 8.26.

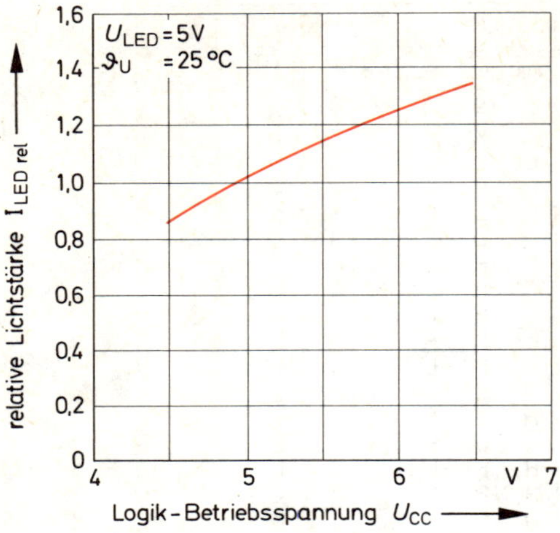

Bild 8.26 Relative Lichtstärke als Funktion der Logik-Betriebsspannung für die LED der Anzeigeeinheit 745-0007 von Dialight Corp.

Für die Gesamtverlustleistung üblicher am Markt erhältlicher hexadezimaler LED-Anzeigeeinheiten muß mit maximal 1 W gerechnet werden. **Mehrere Anzeigeeinheiten lassen sich zu mehrstelligen Ziffernanzeigen aneinanderreihen.** Je nachdem, ob die binärkodierte Zeicheninformation **zeichenseriell** oder **zeichenparallel** zur Verfügung steht, kommt entweder die Schaltungskonfiguration von Bild 8.27 oder diejenige von Bild 8.28 in Frage. Bei **zeichenserieller Informationseingabe** aktiviert der getaktete Zeichenzähler 1-aus-*n nacheinander* die Freigabeeingänge der einzelnen Anzeigeeinheiten, so daß die jeweils anstehende Zeicheninformation in den 4-bit-Zwischenspeicher der aktivierten Anzeigeeinheit übernommen wird. Bei **zeichenparalleler Informationseingabe** haben zum Zeitpunkt der Informationsübernahme die Freigabeeingänge aller Anzeigeeinheiten *gleichzeitig* L-Pegel. Danach kann die gemeinsame Freigabeleitung wieder den H-Pegel annehmen. Soll jedoch die Anzeige *unmittelbar* einer Änderung des Eingangsbitmusters folgen, so brauchen nur die

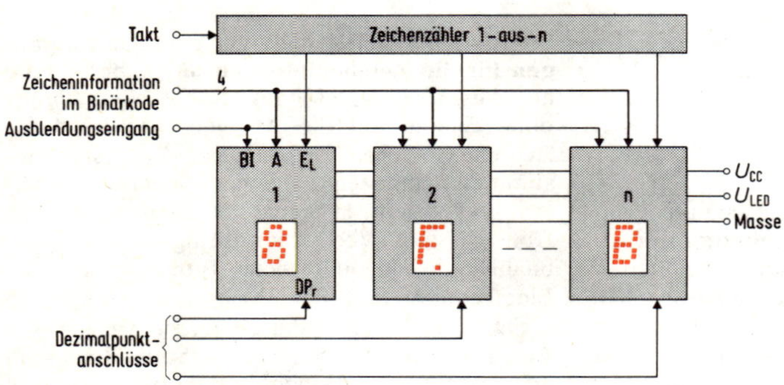

Bild 8.27 Schaltungskonfiguration für eine mehrstellige hexadezimale Ziffernanzeige mit zeichenserieller Informationseingabe

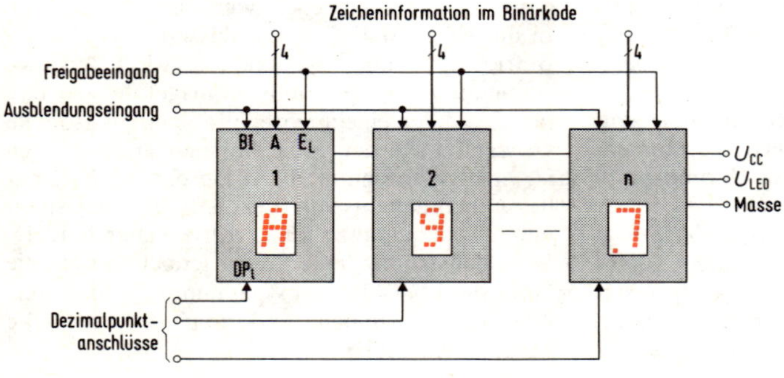

Bild 8.28 Schaltungskonfiguration für eine mehrstellige hexadezimale Ziffernanzeige mit zeichenparalleler Informationseingabe

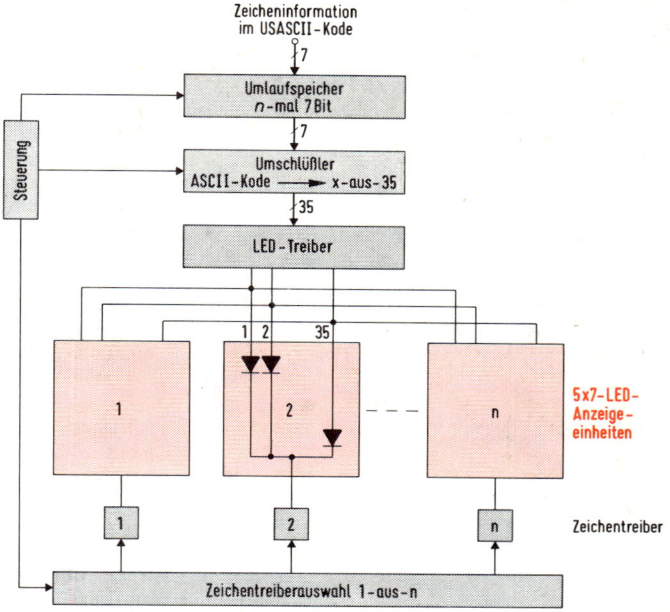

Bild 8.29 Blockschaltbild einer im Zeitmultiplex betriebenen alphanumerischen Anzeige mit monolithisch integrierten 5 × 7-LED-Anzeigeeinheiten

Freigabeeingänge fest an Masse (= L-Pegel) gelegt zu werden.

Wie schon erwähnt, kann am Ausblendungseingang mit einer im Tastverhältnis veränderlichen Pulsfolge *(Impulsbreitenmodulation)* die **Lichtstärke** der angezeigten Ziffern über mehrere Größenordnungen hinweg **variiert** werden. Bei einer Wiederholfrequenz > 100 Hz erscheint die Anzeige flimmerfrei. Da es auch Anzeigeeinheiten gibt, bei denen die Information für einen linken oder rechten Dezimalpunkt zwischengespeichert wird, wirkt die Helligkeitsänderung somit ebenfalls hierauf ein. Ist jedoch kein Dezimalpunktzwischenspeicher und/oder kein Ausblendungseingang vorhanden, so kann über einen in die LED-Betriebsspannungszuführung eingefügten Schalttransistor die Betriebsspannung der *gesamten* LED-Matrix — also einschließlich Dezimalpunkt — gepulst und damit die (relative) Lichtstärke über einen größeren als in Bild 8.26 angegebenen Bereich beeinflußt werden.

8.4.3. Alphanumerische Anzeigeeinheiten

Alphanumerische LED-Anzeigeeinheiten mit Matrixkonfiguration formen die Ziffern, Buchstaben und Sonderzeichen aus 35 LED. Sie werden sowohl in Monolith- als auch in Hybridtechnik hergestellt. Dabei sind grundsätzlich zwei **„Verdrahtungsarten“** der LED möglich:

Entweder sind die *35 Anodenanschlüsse* und *ein gemeinsamer Katodenanschluß* — also insgesamt 35 + 1 = **36 Anschlüsse** — oder die *jeweils reihenweise miteinander verbundenen Katoden- und Anodenanschlüsse* der Leuchtdioden — also insgesamt 5 + 7 = **12 Anschlüsse** — herausgeführt.

Die erste Methode bietet sich insbesondere für **monolithisch integrierte LED-Matrizen** an, da bei diesen technologiebedingt die Katoden der Leuchtdioden über das Substrat miteinander verbunden sind. Nachteilig ist jedoch die hohe Anzahl externer Anschlüsse.

Wie man mehrere dieser LED-Anzeigeeinheiten im **Zeitmultiplex** betreiben kann, verdeutlicht Bild 8.29. Werden der Umlaufspeicher und die Zeichentreiberauswahl 1-aus-*n* mit entsprechend aufeinander abgestimmten Frequenzen getaktet, so erscheint dem menschlichen Auge ein stehendes flimmerfreies Bild der gewünschten alphanumerischen Zeichenkombination.

Da die Kosten für die Ansteuerschaltung den größten Anteil an den Gesamtkosten einer alphanumerischen Anzeige ausmachen, haben sich in der Praxis **5 × 7-LED-Anzeigeeinheiten** durchgesetzt, bei denen die Dioden nach der erwähnten zweiten Methode verdrahtet sind: Die nun mögliche **XY-Adressierung** der LED **bietet kostengünstigere Schaltungsvarianten.** Die folgenden Ausführungen beschränken sich deshalb auf diesen Typ.

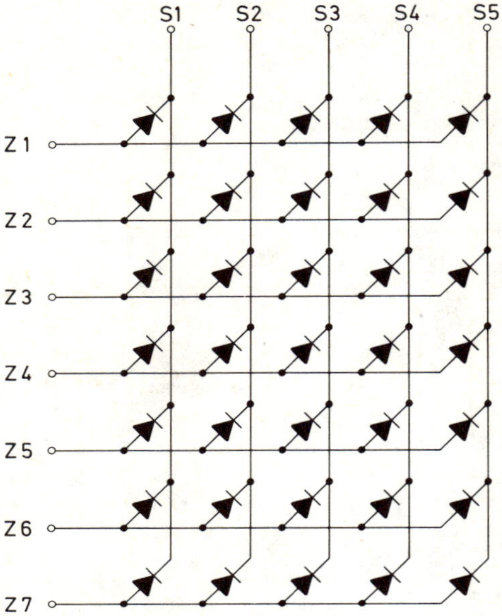

Bild 8.30 Schaltbild einer alphanumerischen LED-Anzeigeeinheit im 5 × 7-Raster mit gemeinsamen Katoden bei den Spalten (S 1 bis S 5) und gemeinsamen Anoden bei den Zeilen (Z 1 bis Z 7) = Konfiguration SCC/ZCA

8.4.3.1. Kennwerte und Kennlinien

Bei üblichen **alphanumerischen Anzeigeeinheiten** mit im 5 × 7-Raster angeordneten LED sind die **Katoden und Anoden** der Leuchtdioden jeweils **reihenweise miteinander verbunden** und herausgeführt. Entweder bilden die gemeinsamen Katoden die Spalten- und die gemeinsamen Anoden die Zeilenanschlüsse (z.B. GaAsP-Anzeigeeinheiten-Serie 5082-7100 von *Hewlett-Packard*) oder die gemeinsamen Katoden die Zeilen- und die gemeinsamen Anoden die Spaltenanschlüsse (z.B. GaAsP-Anzeigeeinheiten TIL 305 von *Texas Instruments,* 1704 von *Industrial Electronics Engineers,* 745-0005 von *Dialight* und MAN 2 von *Monsanto*). Es ergeben sich somit **grundsätzlich zwei Schaltungskonfigurationen:**

a) Konfiguration SCC/ZCA: Spalten mit gemeinsamen Katoden, Zeilen mit gemeinsamen Anoden,
b) Konfiguration ZCC/SCA: Zeilen mit gemeinsamen Katoden, Spalten mit gemeinsamen Anoden.

Dabei bedeuten S = Spalten, Z = Zeilen, CC = *Common Cathode* und CA = *Common Anode.* Die Bilder 8.30 und 8.42 verdeutlichen das Gesagte.

Typische Zeichenhöhen bei gängigen 5 × 7-Anzeigeeinheiten sind 6,85 mm, 7,62 mm und 8,90 mm. Es gibt sie 1-, 3-, 4- und 5stellig in *Dual-in-line*-Gehäusen, wobei lediglich 7 Zeilenanschlüsse und 5, 15, 20 bzw. 25 Spaltenanschlüsse vorhanden sind.

Die **Durchlaßkennlinie** einer typischen roten alphanumerischen Anzeigeeinheit der Konfiguration ZCC/SCA zeigt Bild 8.31 in halblogarithmischer Darstellung. Man erkennt, daß der (mittlere) Durchlaßstrom je LED den Wert von 20 mA nicht überschreiten darf. Für $I_{F\,LED} = 10$ mA beträgt $U_{F\,LED} = 1{,}6$ V typ. (bei *Worst-case*-Berechnungen muß allerdings $U_{F\,LED}$ mit minimal 1,5 V und maximal 2 V eingesetzt werden).

Da alphanumerische Anzeigeeinheiten in der Regel **impulsförmig** betrieben werden, ist der maximal zulässige **Durchlaßspitzenstrom** von Interesse. Er ist in den Datenblättern durchweg mit 100 mA je LED angegeben. Als Bedingungen werden *nur* Impulsbreite $t_p < 1$ ms oder Impulsbreite $t_p \leqq 50$ µs *und* Tastverhältnis $k = 0{,}20$ genannt. Den Zusammenhang zwischen **relativer Lichtstärke** und Durchlaß-(Spitzen-)Strom gibt Bild 8.32 wieder. Absolut kann für $I_{F\,LED} = 10$ mA eine Lichtstärke I_{LED} von typisch 110 µcd erwartet werden.

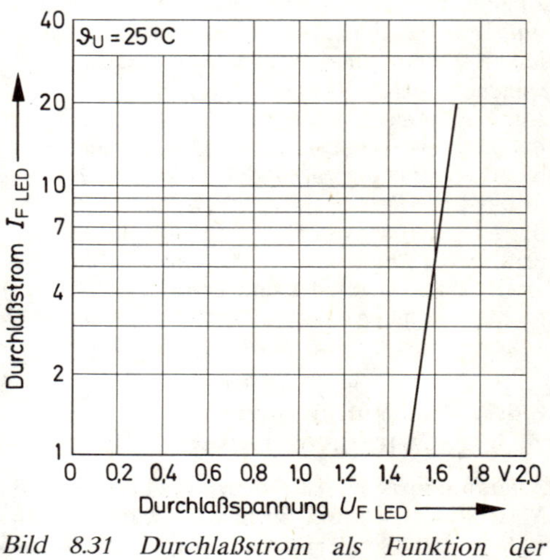

Bild 8.31 Durchlaßstrom als Funktion der Durchlaßspannung für die LED der roten alphanumerischen GaAsP-Anzeigeeinheit TIL 305 von Texas Instruments

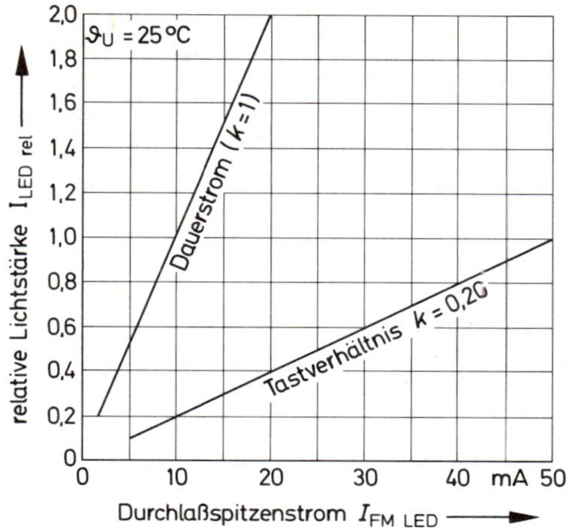

Bild 8.32 Mittlere relative Lichtstärke (bezogen auf $I_{FM\ LED}$ = 10 mA) als Funktion des Durchlaßspitzenstroms für die LED der roten alphanumerischen GaAsP-Anzeigeeinheit TIL 305 von Texas Instruments

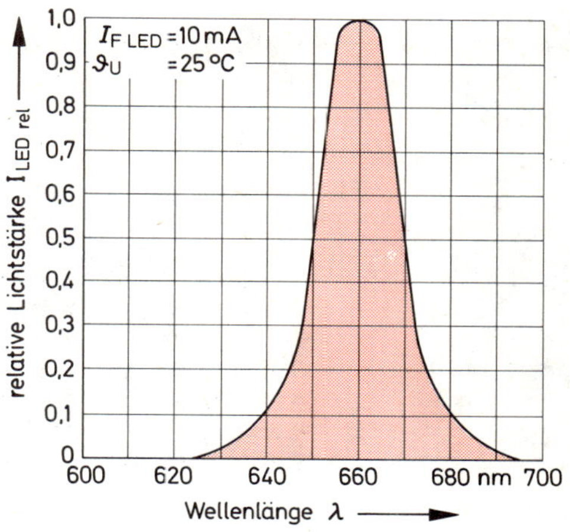

Bild 8.33 Emissionsspektrum (relativ) für die LED der roten alphanumerischen GaAsP-Anzeigeeinheit TIL 305 von Texas Instruments

Das Emissionsspektrum[1] der roten GaAsP-Anzeigeeinheit TIL 305 von *Texas Instruments* ist in Bild 8.33 dargestellt. Daraus läßt sich die Emissionsspitze λ_p zu 660 nm und die Halbwertsbreite der emittierten Strahlung $\Delta\lambda$ zu 20 nm ablesen. Wie die Lichtstärke mit zunehmender Temperatur abnimmt, erkennt man aus Bild 8.34.

Beim **Entwurf von Ansteuerschaltungen** für die erwähnten alphanumerischen Anzeigeeinheiten muß schließlich darauf geachtet werden, daß die **Grenzwerte** für die *Sperrspannung* ($U_{R\ LED\text{-}max}$ = 3 V), die *Gesamtverlustleistung* (P_{totmax} = 750 mW), den *Gesamtdurchlaßstrom* ($I_{F\ totmax}$ = 400 mA) und den *Umgebungstemperaturbereich* (0 °C ≦ ϑ_U ≦ 70 °C) nicht überschritten werden.

Oberhalb 25 °C Gehäusetemperatur verringert sich die zulässige Gesamtverlustleistung um rund 10 mW/°C.

8.4.3.2. Ansteuerverfahren

5 × 7-Anzeigeeinheiten mit XY-Adressierung, d.h. mit den Konfigurationen SCC/ZCA und ZCC/SCA, lassen sich mit einem **periodischen Abtastverfahren** ansteuern, wie es im Prinzip aus der Fernsehtechnik bekannt ist: Die alphanumerischen Symbole werden aus *nacheinander* aufleuchtenden Punkten zusammengesetzt. Auf Bild

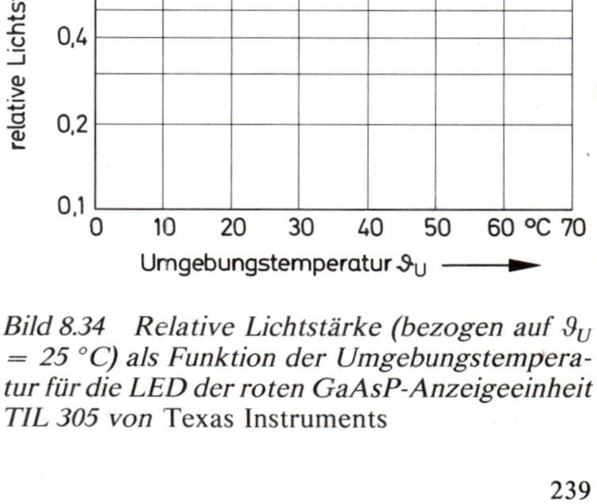

Bild 8.34 Relative Lichtstärke (bezogen auf ϑ_U = 25 °C) als Funktion der Umgebungstemperatur für die LED der roten GaAsP-Anzeigeeinheit TIL 305 von Texas Instruments

[1] Die spektrale Lichtstärkeverteilung wird gemessen mit einer Solar-Zelle und mit Filtern, die die Augenempfindlichkeitskurve nach CIE *(International Commission on Illumination)* annähern.

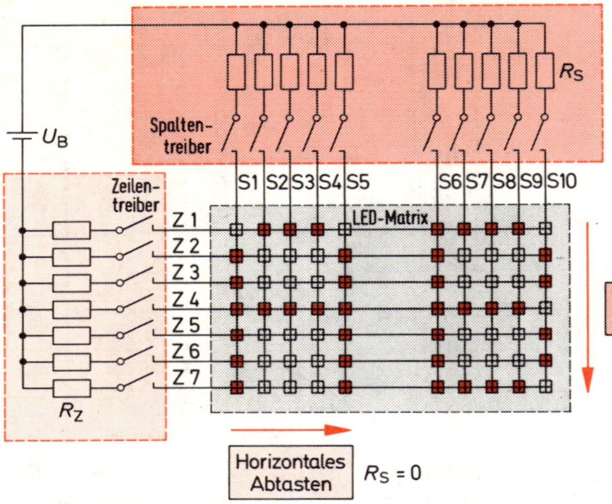

Bild 8.35 Schematische Darstellung einer LED-Matrix mit XY-Adressierung über Zeilen- bzw. Spaltentreiber und Definition des horizontalen und vertikalen Abtastens

8.35 bezogen heißt das, daß die zum Darstellen eines alphanumerischen Symbols erforderlichen LED dann aufleuchten, wenn die mit den betreffenden LED korrespondierenden Zeilen- und Spaltentreiber durchgeschaltet sind. Beispielsweise emittieren die in der obersten Zeile markierten LED Licht, wenn die Treiber für die Spalten S 3 bis S 5 und S 6 bis S 9 sowie die Zeile Z 1 Strom führen. Sollen dagegen etwa die in der äußersten linken Spalte markierten LED gleichzeitig leuchten, so müssen die Treiber für die Spalte S 1 und die Zeilen Z 2 bis Z 7 ausgewählt sein.

Damit sind die **beiden grundsätzlichen Arten,** der **zum Ansteuern alphanumerischer Matrix-Anzeigeeinheiten** angewandten Abtasttechnik bereits im Prinzip erklärt:

entweder sind zu einem *gegebenen Zeitpunkt mehrere Spalten* und *eine Zeile* **(zeilenweises** oder **vertikales Abtasten)** oder *eine Spalte* und *mehrere Zeilen* **(spaltenweises** oder **horizontales Abtasten)** durchgeschaltet. Dabei schreitet das vertikale Abtasten von *oben* beginnend und das horizontale Abtasten von *links* beginnend durch die gesamte mehrstellige LED-Matrix fort (siehe Bild 8.35).

Liegt die Abtastfrequenz in der Größenordnung von 100 Hz, so empfindet das menschliche Auge ein stehendes, flimmerfreies Bild der angezeigten Symbole.

Beide Ansteuerarten benötigen im wesentlichen vier **Funktionsgruppen:**

1. einen **Pufferspeicher,** der die anzuzeigende Information zwischenspeichert,
2. ein **Steuerwerk,** das den zeitlichen Ablauf aller Vorgänge innerhalb der gesamten Schaltung steuert,
3. einen **Zeichengenerator** (ROM = *Read Only Memory* = Festwertspeicher), der die erforderlichen Bitmuster zur Verfügung stellt, und
4. **Spalten- bzw. Zeilentreiber,** die den zum Betreiben der LED notwendigen Strom liefern.

Beim **Vertikalabtastverfahren** ist außerdem ein **Ausgangsspeicher** erforderlich, der die seriell vom Zeichengenerator kommenden Informationen in eine Parallelinformation umwandelt.

In den folgenden beiden Abschnitten werden das **Horizontalabtastverfahren** und das **Vertikalabtastverfahren** sowie die dazugehörenden **Ansteuerschaltungen** näher erklärt.

8.4.3.2.1. Horizontalabtastverfahren

Bild 8.36 demonstriert nochmals anhand des Buchstabens „H“, wie beim **horizontalen** oder **spaltenweisen Abtasten** in fünf Schritten das gewünschte Zeichen entsteht. Man erkennt, daß für jedes Zeichen nacheinander fünf Bitmuster

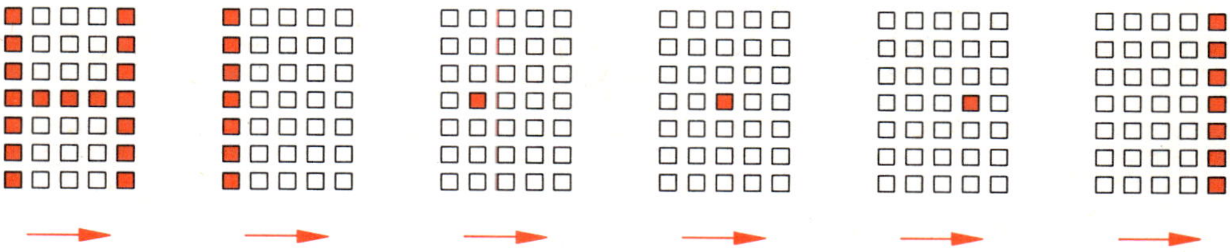

Bild 8.36 Entstehen des Buchstabens „H" beim Horizontalabtastverfahren [204]

mit je 7 bit zum Ansteuern der Zeilentreiber benötigt werden. Solche Bitmuster liefern zeitlich in Serie beispielsweise der statische 2240-Bit-MOS-ROM MCM 1131 L von *Motorola*, dessen Blockschaltung Bild 8.37 zeigt, oder der MOS-Festwertspeicher GDR 101-2700 von *Siemens*, wenn die Zeicheninformation im ASCII-Kode[1] vorliegt.

Die **Anschlüsse des Festwertspeichers** in Bild 8.37 haben folgende **Funktionen:**

Eingänge für die Zeicheninformation

Über die Eingänge I_1 bis I_6 wird mit einem entsprechenden Bitmuster im Binärkode das gewünschte Zeichen ausgewählt (adressiert). Der Anschluß I_7 dient als Freigabeeingang für die Adressenentschlüsselung. Er kann natürlich auch mit einem statischen Signal aktiviert werden. In Tafel 8.6 sind die 64 im USASCII-Kode festgelegten Bitmuster und alphanumerischen Zeichen wiedergegeben. Bei diesem Kode hat I_7 immer den logischen Wert „1".

Eingänge für die Spaltenauswahl

Da aus der Festwertspeichermatrix 35 bit parallel ausgelesen werden, jedoch nur 7 bit an den

[1] ASCII = *American Standard Code for Information Interchange.*

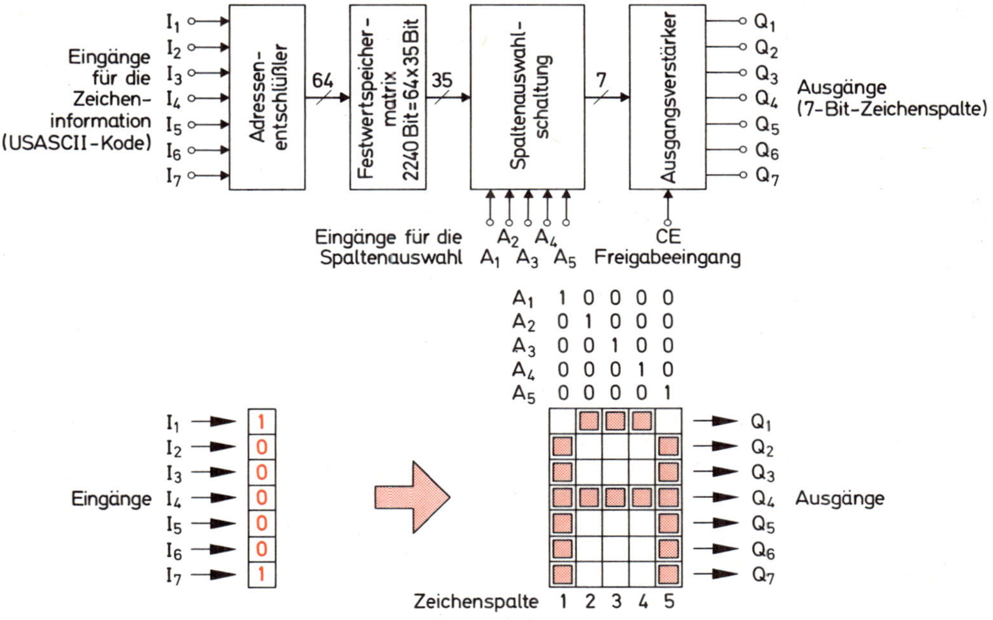

Bild 8.37 Blockschaltbild des TTL-kompatiblen statischen 2240-Bit-MOS-ROM für USASCII-Kode mit horizontalem (spaltenweisem) Abtasten Typ MCM 1131 L von Motorola

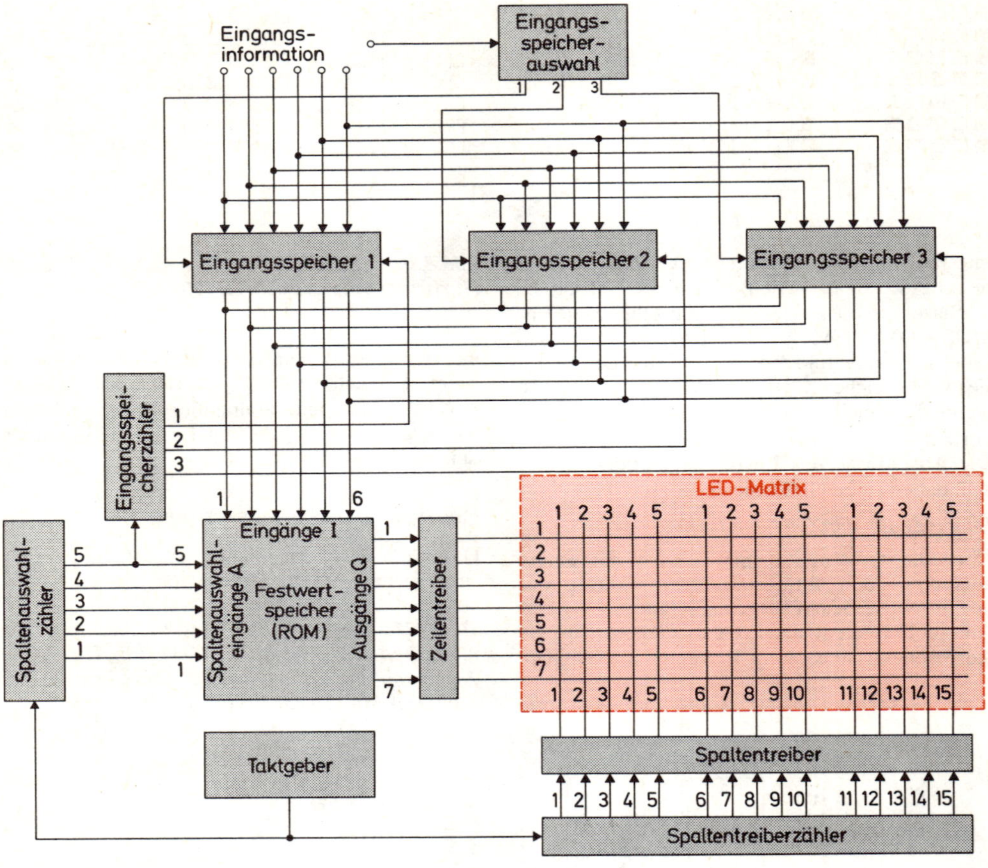

Bild 8.38 Blockschaltbild der Ansteuerelektronik zum horizontalen Abtasten einer 3stelligen alphanumerischen LED-Anzeigeeinheit im 5 × 7-Raster

Ausgängen anstehen dürfen, dienen die Eingänge A_1 bis A_5 zur Auswahl der benötigten 7-bit-Zeichenspalte. Dabei ist zu einem gegebenen Zeitpunkt jeweils nur *einer* der fünf Eingänge aktiviert (1-aus-5-Kode).

Freigabeeingang

Mit dem Eingang CE (CE = *chip enable*) werden die Ausgangsverstärker freigegeben.

Ausgänge

An den Ausgängen Q_1 bis Q_7 erscheinen *nacheinander* die zu einem Zeichen gehörenden fünf Spaltenbitmuster mit je 7 bit. Liegen der Eingang I_7, einer der Spaltenauswahleingänge und der Eingang CE auf „1"-Potential, so beträgt die **Zugriffszeit** (Zeitintervall zwischen dem Anstehen der Eingangsinformation und dem Erscheinen der Ausgangsinformation) maximal 500 ns.

Anhand des Bildes 8.38 soll nun das Prinzip des Horizontalabtastverfahrens schaltungsmäßig erläutert werden. Aus Gründen der Übersichtlichkeit sind dabei die Eingänge I_7 und CE beim Festwertspeicher nicht dargestellt.

Mit Hilfe der Eingangsspeicherauswahl werden zunächst die **bitparallel,** aber **zeichenseriell** anstehenden **Eingangsinformationen** in die **Eingangsspeicher** 1 bis 3 übertragen. Zu Beginn des sich nun anschließenden **Abfragezyklus** befinden sich der **Eingangsspeicherzähler,** der **Spaltenauswahlzähler** und der **Spaltentreiberzähler** in ihrer Grundstellung, d.h., es sind jeweils die

Ausgänge 1 markiert. Damit steht an den Eingängen I des Festwertspeichers das Bitmuster des Zeichens 1 an und an den Ausgängen Q des Festwertspeichers erscheint — ausgewählt über den aktivierten Spaltenauswahleingang A_1 — die erste 7-bit-Zeichenspalte des ersten Zeichens. Da auch der erste Spaltentreiber eingeschaltet ist, können jetzt die entsprechenden Leuchtdioden der *ersten* **LED-Matrixspalte** aufleuchten. Nach einem vorgegebenen Zeitintervall schaltet der **Taktgeber** den **Spaltenauswahlzähler** und den **Spaltentreiberzähler** einen Schritt weiter: die LED der *zweiten* Spalte führen Strom. Nachdem auch die *fünfte* Spalte des ersten Zeichens aktiviert wurde, schaltet der Eingangsspeicherzähler einen Schritt weiter: die Ausgänge des Eingangsspeichers 2 sind jetzt mit den Eingängen I des Festwertspeichers verbunden und das Zeichen 2 (Spalten 6 bis 10) der LED-Matrix wird in derselben Weise, wie oben beschrieben, dargestellt. Schließlich folgt die Anzeige des Zeichens 3 (Spalten 11 bis 15). Hat der Spaltentreiberzähler die Stellung 15 erreicht, beginnt der gesamte Abfragezyklus von neuem.
Auf die beim Horizontalabtastverfahren zu beachtenden Zeitbedingungen und erforderlichen LED-Ströme wird in dem Abschnitt 8.4.3.4.1 eingegangen.

8.4.3.2.2. Vertikalabtastverfahren

Wie beim **vertikalen** oder **zeilenweisen Abtasten** das gewünschte Zeichen entsteht, zeigt Bild 8.39 anhand des Buchstabens „H". Zum Ansteuern der Spaltentreiber werden nacheinander 7 Bitmuster mit je 5 bit benötigt. Solche Bitmuster liefern zeitlich in Serie beispielsweise der statische 2240-Bit-MOS-ROM MCM 1122 L von *Motorola,* dessen Blockschaltbild in Bild 8.40 wiedergegeben ist, oder der MOS-Festwertspeicher GDR 101-2500 von *Siemens,* wenn die Zeicheninformation im ASCII-Kode vorliegt.
Die **Anschlüsse des Festwertspeichers** von Bild 8.40 haben folgende **Funktionen:**

Eingänge für die Zeicheninformation

Über die Eingänge I_1 bis I_6 wird das gewünschte Zeichen adressiert und über den Eingang I_7 die Adressenentschlüsselung freigegeben. Der Zeichenvorrat für den USASCII-Kode ist in Tafel 8.6 zusammengefaßt.

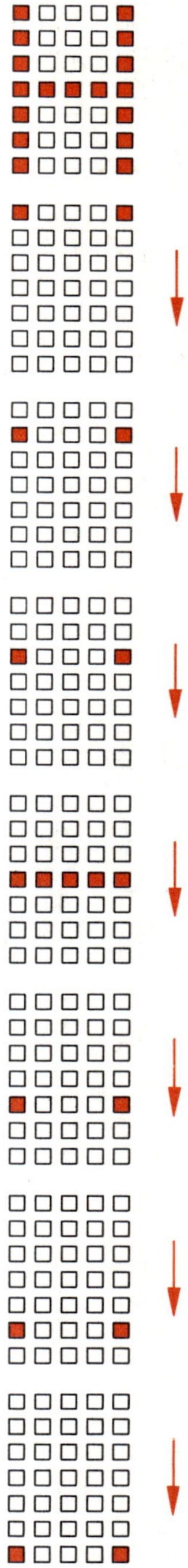

Bild 8.39 Entstehen des Buchstabens „H" beim Vertikalabtastverfahren [204]

Tafel 8.6 Eingangsbitmuster (I_1 bis I_7) im USASCII-Kode für einen 2240-Bit-Festwertspeicher und Wiedergabe der 64 möglichen alphanumerischen Zeichen im 5 × 7-Raster

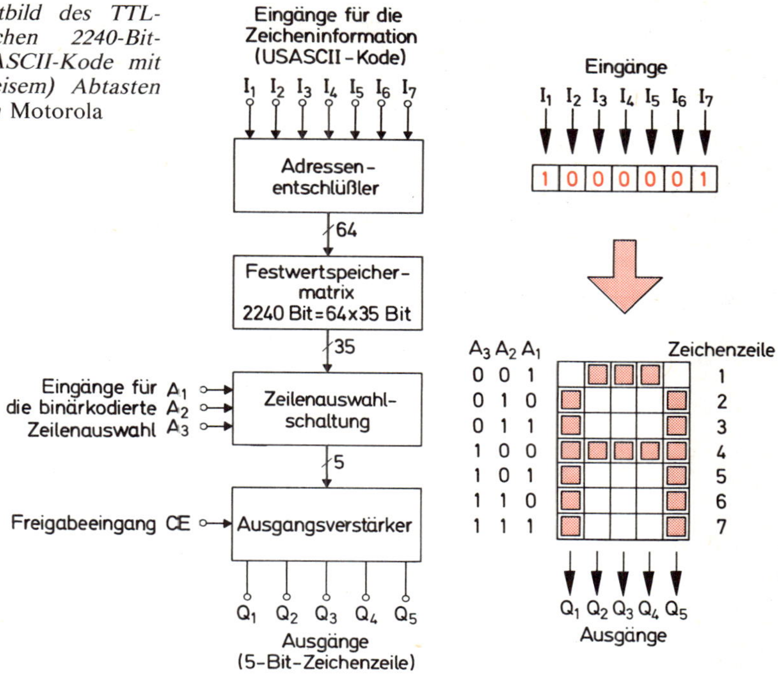

Bild 8.40 Blockschaltbild des TTL-kompatiblen statischen 2240-Bit-MOS-ROM für USASCII-Kode mit vertikalem (zeilenweisem) Abtasten Typ MCM 1122L von Motorola

Eingänge für die Zeilenauswahl

Da aus der Festwertspeichermatrix 35 bit parallel ausgegeben werden, jedoch nur 5 bit an den Ausgängen anstehen dürfen, dienen die Eingänge A_1 bis A_3 zur Auswahl der benötigten 5-bit-Zeichenzeile. Um externe Anschlüsse zu sparen, ist die 1-aus-7-Auswahl binär kodiert: zu *jedem* der 7 Bitmuster gehört *eine* 5-bit-Zeichenzeile.

Freigabeeingang

Mit dem Eingang CE (CE = *chip enable*) werden die Ausgangsverstärker freigegeben.

Ausgänge

An den Ausgängen Q_1 bis Q_5 erscheinen *nacheinander* die zu einem Zeichen gehörenden sieben Zeilenbitmuster mit je 5 bit.
Liegen die Eingänge I_7 und CE auf „1"-Potential und steht eine der sieben Bitkombinationen an den Zeilenauswahleingängen an, so beträgt die **Zugriffszeit** maximal 700 ns.

Wie sich der beschriebene **Festwertspeicher** in die **Ansteuerelektronik zum vertikalen Abtasten** von 5 alphanumerischen Anzeigeeinheiten einfügt, zeigt Bild 8.41. Aus Gründen der Übersichtlichkeit wurden dabei die Eingänge I_7 und CE beim Festwertspeicher fortgelassen.

Zunächst werden wie beim Horizontalabtastverfahren mit Hilfe der Eingangsspeicherauswahl die bitparallel aber zeichenseriell anstehenden Eingangsinformationen in die Eingangsspeicher 1 bis 5 übertragen. Zu Beginn des sich nun anschließenden **Abfragezyklus** haben die Ausgänge ES_1, A_1 und AS_1 der Steuerschaltung „1"-Potential: die Ausgänge des Eingangsspeichers 1 sind mit den Eingängen I des Festwertspeichers verbunden und an den Ausgängen Q des Festwertspeichers erscheint die erste 5-bit-Zeichenzeile des ersten Zeichens, die in den Ausgangsspeicher 1 übertragen wird. Im nächsten Schritt sind die Leitungen ES_2 und AS_2 markiert, so daß auch die erste 5-bit-Zeichenzeile des zweiten Zeichens im Ausgangsspeicher (2) steht. Dieser Vorgang wiederholt sich entsprechend für die ersten Zeilen des dritten, vierten und fünften Zeichens. Da auch der Ausgang 1 der Zeilenauswahl markiert ist, können die entsprechenden LED in den ersten Zeilen aller fünf Anzeigeeinheiten aufleuchten. Nach einer vorgegebenen Leuchtdauer werden die Zeilenauswahleingänge des Festwertspeichers und die

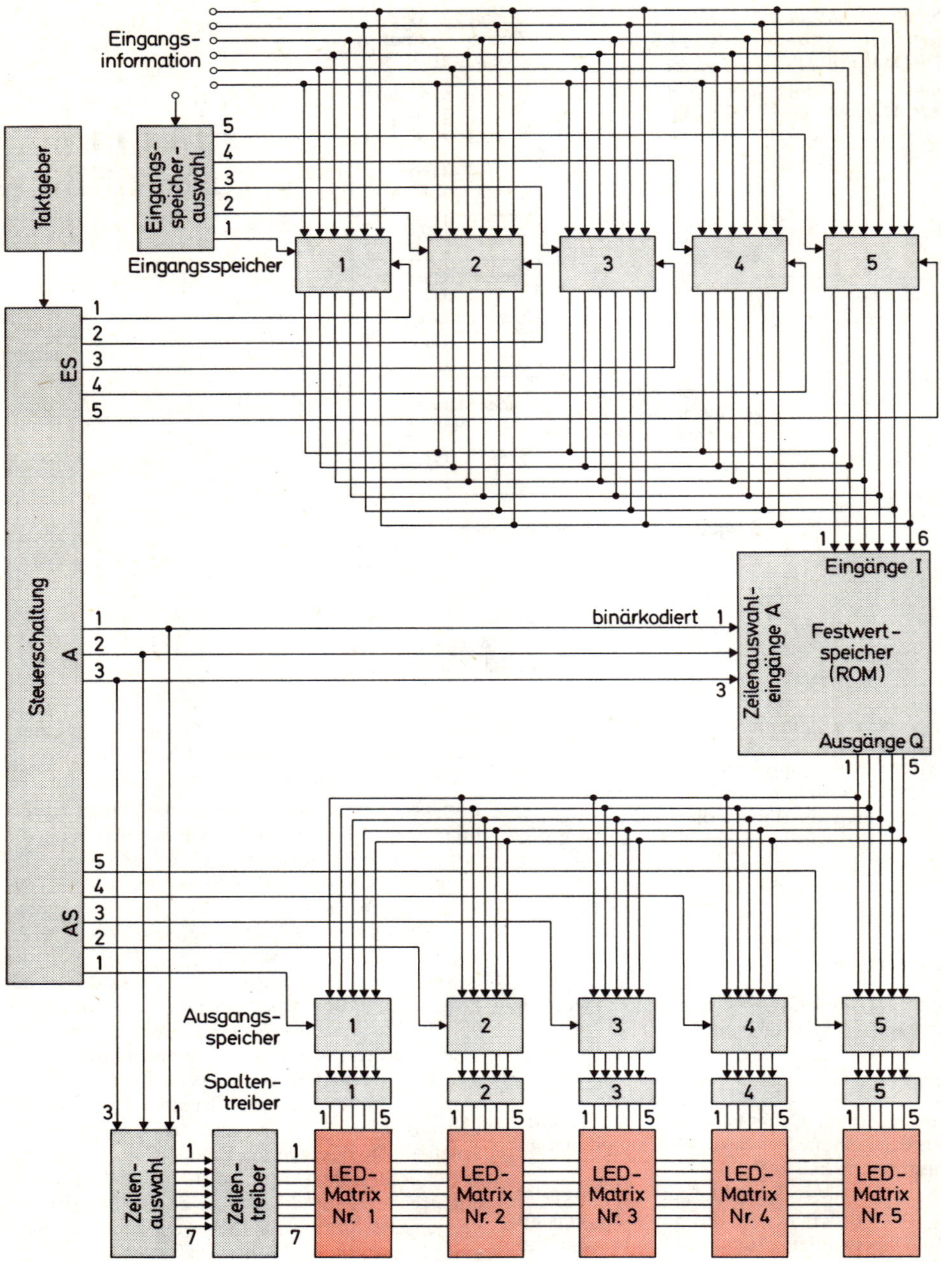

Bild 8.41 Blockschaltbild der Ansteuerelektronik zum vertikalen Abtasten von 5 alphanumerischen LED-Anzeigeeinheiten im 5 × 7-Raster

Bild 8.42 Treiberschaltungen für das horizontale Abtasten einer alphanumerischen LED-Anzeigeeinheit im 5 × 7-Raster der Konfiguration ZCC/SCA, d.h. mit gemeinsamen Katoden bei den Zeilen- (Z 1 bis Z 7) und gemeinsamen Anoden bei den Spaltenanschlüssen (S 1 bis S 5) sowie linkem Dezimalpunkt (DP)

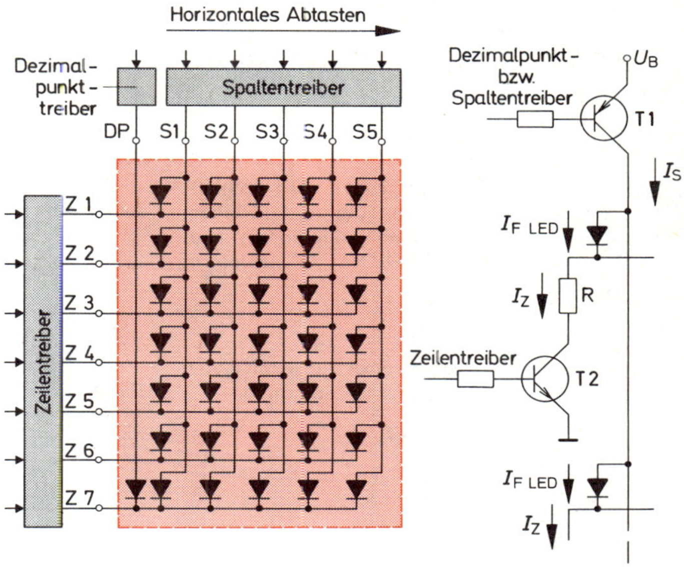

Eingänge der Zeilenauswahl mit dem Bitmuster 010 angesprochen: durch fortschreitendes Markieren werden nun die zweiten 5-bit-Zeilen der Zeichen 1 bis 5 in die Ausgangsspeicher 1 bis 5 geladen, so daß auch die zweiten Zeilen aller fünf Anzeigeeinheiten aufleuchten können. Nach dem Darstellen der siebten Zeile (Bitmuster auf den Leitungen $A_1, A_2, A_3 = 111$) beginnt der gesamte Abfragezyklus von neuem.
Auf die beim Vertikalabtastverfahren zu beachtenden Zeitbedingungen und erforderlichen LED-Ströme wird im Abschnitt 8.4.3.4.2 eingegangen.

8.4.3.3. Treiberschaltungen

In den folgenden beiden Abschnitten werden im Prinzip die **Treiberschaltungen** für das horizontale und vertikale Abtasten von **5 × 7-Anzeigeeinheiten** erläutert. Dabei wurde willkürlich für das **horizontale Abtasten** eine Anzeigeeinheit der Konfiguration ZCC/SCA und für das **vertikale Abtasten** eine Anzeigeeinheit der Konfiguration SCC/ZCA gewählt.

8.4.3.3.1. Grundschaltung für horizontales Abtasten

Beim **Horizontalabtastverfahren** sind zu einem gegebenen Zeitpunkt *ein* **Spaltentreiber** und eine *unterschiedliche Anzahl* (minimal 0, maximal 7) **Zeilentreiber** aktiviert. Das bedeutet, daß die Begrenzung der LED-Durchlaßströme auf die gewünschte Höhe in die **Zeilentreiber** gelegt werden muß. Die Spaltentreiber fungieren dann lediglich als Schalter (siehe auch Bild 8.35).

Die sich damit ergebende Grundschaltung zeigt Bild 8.42.
Aus den folgenden Betrachtungen erhält man die strommäßige Belastung der Transistoren T_1 und T_2 sowie den Wert der Strombegrenzungswiderstände. Sind
U_B die Betriebsspannung,
U_{CE1} und U_{CE2} die Kollektor-Emitter-Spannungen der Transistoren T_1 bzw. T_2,
U_{FLED} die LED-Durchlaßspannung,
I_{FLED} der LED-Durchlaßstrom,
I_S der Spaltenstrom,
I_Z der Zeilenstrom,
z die Anzahl der stromführenden LED und
R_Z der Strombegrenzungswiderstand je Zeilentreiber

so gelten die Beziehungen

$$U_B = U_{CE1} + U_{F\,LED} + I_Z \cdot R_Z + U_{CE2} \quad (8.1)$$

und

$$I_S = z \cdot I_Z, \quad (0 \leqq z \leqq 7) \quad (8.2)$$

Da der Zeilenstrom mit dem LED-Durchlaßstrom identisch ist, braucht der Zeilentreibertransistor T_2 lediglich einen Kollektorstrom in Höhe des gewählten LED-Durchlaßstroms zu vertragen:

$$I_Z = I_{F\,LED} \quad (8.3)$$

Dagegen muß der Spaltentreibertransistor T_1 den Strom für maximal 7 LED schalten können:

$$I_{S\max} = 7 \cdot I_{F\,LED} \quad (8.4)$$

Aus den Gleichungen (8.1) und (8.3) errechnen sich die Strombegrenzungswiderstände zu

$$R_Z = \frac{U_B - U_{CE1} - U_{F\,LED} - U_{CE2}}{I_{F\,LED}} \quad (8.5)$$

Welche Werte hierbei für $I_{F\,LED}$ eingesetzt werden können bzw. müssen, geht aus dem Abschnitt 8.4.3.4.1 hervor.

8.4.3.3.2. Grundschaltung für vertikales Abtasten

> Beim **Vertikalabtastverfahren** sind zu einem gegebenen Zeitpunkt *ein* **Zeilentreiber** und eine *unterschiedliche Anzahl* **Spaltentreiber** aktiviert. Das bedeutet, daß die Begrenzung der LED-Durchlaßströme auf die gewünschte Höhe in die **Spaltentreiber** gelegt werden muß. Die Zeilentreiber fungieren dann lediglich als Schalter (siehe auch Bild 8.35).

Die Grundschaltung von Bild 8.43 erfüllt diese Anforderungen. Auch hier sollen wie beim vorangegangenen Abschnitt die Spalten- und Zeilenströme und der Wert der Strombegrenzungswiderstände ermittelt werden.
Mit den dort definierten Größen läßt sich aus Bild 8.43 ablesen

$$U_B = U_{CE1} + I_S \cdot R_S + U_{F\,LED} + U_{CE2} \quad (8.6)$$

und

$$I_Z = s \cdot I_S \quad (0 \leqq s \leqq 5 \cdot n_A) \quad (8.7)$$

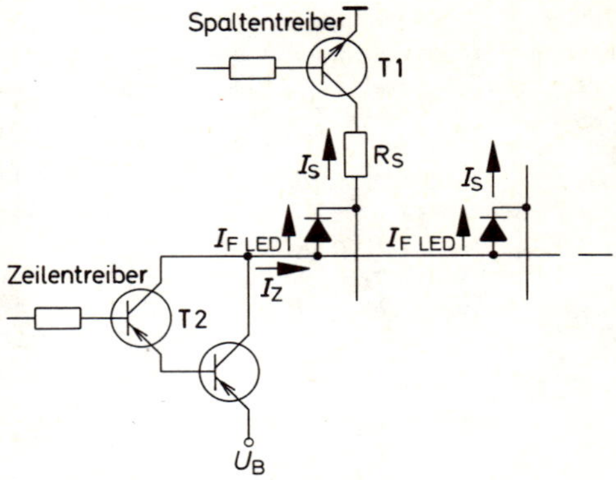

Bild 8.43 Treiberschaltungen für das vertikale Abtasten von alphanumerischen LED-Anzeigeeinheiten im 5 × 7-Raster der Konfiguration SCC/ZCA (siehe Bild 8.30)

mit
n_A = Anzahl der Anzeigeeinheiten im Anzeigefeld,
s = Anzahl der stromführenden LED und
R_S = Strombegrenzungswiderstand je Spaltentreiber.

Da der Spaltenstrom mit dem LED-Durchlaßstrom identisch ist, braucht der Spaltentreibertransistor T_1 nur für einen Kollektorstrom in Höhe des gewählten LED-Durchlaßstromes dimensioniert zu sein:

$$I_S = I_{F\,LED} \quad (8.8)$$

Dagegen muß der Zeilentreibertransistor T_2 den Strom für maximal $5 \cdot n_A$ LED schalten können:

$$I_{Z\max} = 5 \cdot n_A \cdot I_{F\,LED} \quad (8.9)$$

Aus den Gleichungen (8.6) und (8.8) ergeben sich die Strombegrenzungswiderstände zu

$$R_S = \frac{U_B - U_{CE1} - U_{F\,LED} - U_{CE2}}{I_{F\,LED}} \quad (8.10)$$

Mit welchen Werten für $I_{F\,LED}$ beim Vertikalabtastverfahren gerechnet werden muß, verdeutlicht der Abschnitt 8.4.3.4.2.

8.4.3.4. Zeitbedingungen und Strombilanz

In den vorangegangenen und in den folgenden beiden Abschnitten ist $I_{F\,LED}$ der durch die LED fließende Pulsstrom. Führt man das Tastverhält-

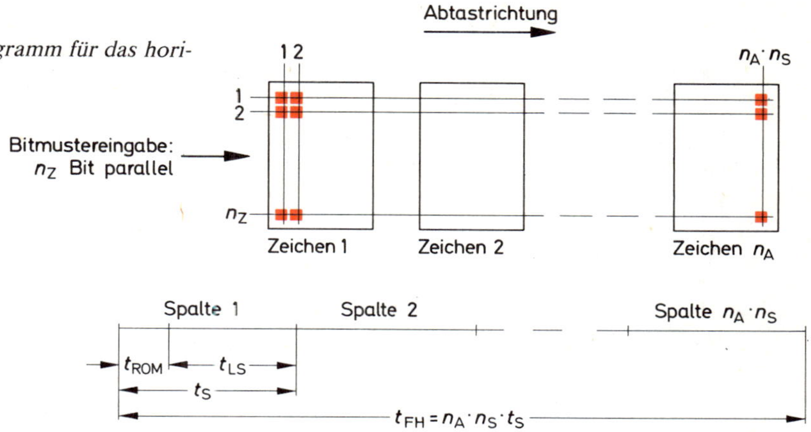

Bild 8.44 Zeitdiagramm für das horizontale Abtasten

nis k (Verhältnis von Impulsdauer zu Periodendauer) ein, so erhält man aus dem Produkt von $I_{F\,LED}$ und k den für die benötigte Leuchtdichte bzw. Lichtstärke maßgebenden mittleren LED-Durchlaßstrom I_{FAV} (AV = *average*):

$$I_{F\,LED} \cdot k = I_{FAV} \tag{8.11}$$

Da in den Datenblättern alphanumerischer 5 × 7-Anzeigeeinheiten der maximal zulässige Durchlaßspitzenstrom $I_{FM\,LED}$ mit 100 mA angegeben ist, darf $I_{F\,LED}$ nicht größer als $I_{FM\,LED}$, d.h. 100 mA, sein.

Andererseits entnimmt man den Datenblättern bei einem mittleren LED-Durchlaßstrom von 5 mA für die Leuchtdichte bzw. Lichtstärke folgende typische Werte:

L_{LED} = 150 fL = 514 cd/m² und
I_{LED} = 55 µcd.

Diese lichttechnischen Werte sind völlig ausreichend: das menschliche Auge mittelt sie aus den bei Pulsbetrieb zu den Durchlaßspitzenströmen gehörenden Spitzenwerten der Leuchtdichte bzw. Lichtstärke.
Unter Berücksichtigung der genannten Werte für den LED-Durchlaßspitzenstrom und den anzustrebenden mittleren LED-Durchlaßstrom werden in den nächsten zwei Abschnitten die Zeit- und Strom-Verhältnisse für beide Abtastverfahren berechnet und die daraus resultierenden praktischen Grenzen abgesteckt.

8.4.3.4.1. Verhältnisse beim horizontalen Abtasten

Die im folgenden verwendeten Symbole bedeuten:

n_A	Anzahl der Anzeigeeinheiten im Anzeigefeld
n_S	Spaltenanzahl je Anzeigeeinheit
n_Z	Zeilenanzahl je Anzeigeeinheit
t_{FH}	Zykluszeit des Anzeigefeldes bei horizontalem Abtasten
f_S	Spaltenabtastfrequenz
t_{ROM}	Zykluszeit des Festwertspeichers
t_{LS}	Spaltenleuchtdauer
t_S	Spaltenzykluszeit
k_S	Spaltentastverhältnis
k_{FH}	Anzeigefeldtastverhältnis bei horizontalem Abtasten

Zum leichteren Verständnis der Zusammenhänge zwischen den definierten Größen sei generell auf Bild 8.44 hingewiesen.
Da beim **Horizontalabtastverfahren** das zum Ansteuern der Zeilen benötigte Bitmuster nur n_Z bit lang ist und aus dem Festwertspeicher direkt ohne Zwischenspeichern entnommen wird, kann die **Zykluszeit** des Festwertspeichers t_{ROM} gegenüber der **Spaltenleuchtdauer** t_{LS} vernachlässigt werden. Somit ergibt sich das **Spaltentastverhältnis** k_S als Verhältnis von **Spaltenleuchtdauer** t_{LS} und **Spaltenzykluszeit** t_S zu

$$k_S = \frac{t_{LS}}{t_S} = \frac{t_{LS}}{t_{ROM} + t_{LS}} \approx 1 \tag{8.12}$$

Ferner gilt für die **Zykluszeit des Anzeigefeldes**

$$t_{FH} = n_A \cdot n_S \cdot t_S \tag{8.13}$$

$$t_{FH} \approx n_A \cdot n_S \cdot t_{LS} \tag{8.14}$$

Hieraus folgt unmittelbar für das **Anzeigefeldtastverhältnis**

$$k_{FH} = \frac{t_{LS}}{t_{FH}} \approx \frac{1}{n_A \cdot n_S} \quad (8.15)$$

Zwischen der **Spaltenabtastfrequenz** f_S und der **Zykluszeit** t_{FH} **des Anzeigefeldes bei horizontalem Abtasten** besteht die Beziehung

$$f_S = \frac{1}{t_{FH}} \quad (8.16)$$

so daß sich hiermit und unter Beachtung von Gleichung (8.14) die **Spaltenleuchtdauer** zu

$$t_{LS} \approx \frac{1}{n_A \cdot n_S \cdot f_S} \quad (8.17)$$

ergibt.

Wie errechnet sich nun für ein Anzeigefeld bei horizontalem Abtasten der zu wählende LED-Durchlaßstrom?

Ersetzt man in Gleichung (8.11) k mit k_{FH} und berücksichtigt man Gleichung (8.15), so folgt sofort

$$I_{F\,LED} \cdot k_{FH} = I_{FAV} \quad (8.18)$$

$$\text{bzw.} \quad I_{F\,LED} \approx n_A \cdot n_S \cdot I_{FAV} \quad (8.19)$$

Mit den folgenden Beispielen sollen die **Grenzen des Horizontalabtastverfahrens** verdeutlicht werden.

Beispiel 1

> Wieviele Anzeigeeinheiten mit $n_S = 5$ und $n_Z = 7$ können horizontal abgetastet werden, wenn der LED-Durchlaßstrom $I_{F\,LED}$ einen Wert von 100 mA nicht überschreiten soll und der mittlere LED-Durchlaßstrom I_{FAV} mit 5 mA angenommen wird?

Aus Gleichung (8.19) erhält man

$$n_A \approx \frac{I_{F\,LED}}{n_S \cdot I_{FAV}}$$

$$n_A = \frac{100\text{ mA}}{5 \cdot 5\text{ mA}} = 4$$

Es lassen sich also maximal 4 Zeichen anzeigen.

Beispiel 2

> Wie lange leuchten die LED einer Spalte, wenn die Spaltenabtastfrequenz eines 4stelligen 5 × 7-Anzeigefeldes 100 Hz betragen soll?

Die Spaltenleuchtdauer ergibt sich aus Gleichung (8.17) zu

$$t_{LS} \approx \frac{1}{n_A \cdot n_S \cdot f_S}$$

$$t_{LS} = \frac{1}{4 \cdot 5 \cdot 100\text{ s}^{-1}} = 0{,}5\text{ ms}$$

Bei einer Anzeigefeldzykluszeit $t_{FH} = 10$ ms (siehe Gleichung (8.16)) beträgt die Spaltenleuchtdauer $t_{LS} = 0{,}5$ ms.

Beispiel 3

> Wie hoch sind die Zeilen- und Spaltenströme für ein 4stelliges 5 × 7-Anzeigefeld bei $I_{FAV} = 5$ mA und $k_{FH} = 0{,}05$?

Mit den gegebenen Werten errechnet sich $I_{F\,LED}$ aus Gleichung (8.19) zu

$$I_{F\,LED} \approx n_A \cdot n_S \cdot I_{FAV}$$

$$I_{F\,LED} = 4 \cdot 5 \cdot 5\text{ mA} = 100\text{ mA}$$

Setzt man diesen Wert in die Gleichungen (8.3) bzw. (8.4) ein, so erhält man

$$I_Z = I_{F\,LED}$$

$$I_Z = 100\text{ mA}$$

und

$$I_{S\,max} = 7 \cdot I_{F\,LED}$$

$$I_{S\,max} = 7 \cdot 100\text{ mA} = 700\text{ mA}$$

Der Zeilentreiber muß also den LED-Durchlaßstrom auf 100 mA begrenzen und der Spaltentreiber einen Strom von maximal 700 mA schalten können.

Zusammenfassung

Beim Horizontalabtastverfahren ergibt sich bereits mit einem 4stelligen Anzeigefeld eine obere Grenze, da die Durchlaßströme der

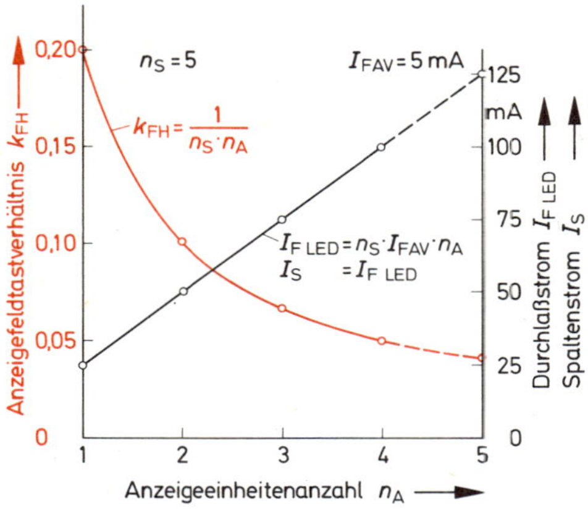

Bild 8.45 Graphische Darstellung der Gleichungen (8.15) und (8.19) für $n_S = 5$ und $I_{FAV} = 5$ mA

Leuchtdioden den Wert von 100 mA nicht übersteigen dürfen. Dabei wird von einem zu erreichenden mittleren LED-Durchlaßstrom von 5 mA ausgegangen. Bild 8.45 veranschaulicht den Sachverhalt: das mit zunehmender Anzeigeeinheitenanzahl abnehmende Anzeigefeldtastverhältnis hat zwangsläufig höhere LED-Durchlaßströme zur Folge. Für Anzeigefelder mit mehr als vier Stellen bietet sich deshalb — wie im nächsten Abschnitt gezeigt wird — das allerdings etwas aufwendigere Vertikalabtastverfahren an.

8.4.3.4.2. Verhältnisse beim vertikalen Abtasten

Die gegenüber dem vorangegangenen Abschnitt neu hinzukommenden Symbole bedeuten:

t_{FV}	Zykluszeit des Anzeigefeldes bei vertikalem Abtasten
f_Z	Zeilenabtastfrequenz
t_P	Pufferspeicherladezeit
t_{LZ}	Zeilenleuchtdauer
t_Z	Zeilenzykluszeit
k_Z	Zeilentastverhältnis
k_{FV}	Anzeigefeldtastverhältnis bei vertikalem Abtasten

Zum leichteren Verständnis der Zusammenhänge zwischen den definierten Größen sei generell auf Bild 8.46 verwiesen.

Wie bereits erwähnt, muß beim Vertikalabtastverfahren ein aus $n_A \cdot n_S$ Flipflops bestehender **Pufferspeicher** vor dem Aktivieren der jeweiligen LED-Zeile mit einem Bitmuster geladen werden. Die hierzu benötigte Zeit ergibt sich in erster Näherung zu

$$t_P = n_A \cdot t_{ROM} \tag{8.20}$$

Da sich ferner die **Zykluszeit des Anzeigefeldes** aus den **Zykluszeiten der Zeilen** zusammensetzt, gilt

$$t_{FV} = n_Z \cdot t_Z = n_Z \cdot (t_P + t_{LZ}) \tag{8.21}$$

Hieraus folgt für die **Leuchtdauer einer Zeile**

$$t_{LZ} = \frac{t_{FV}}{n_Z} - t_P \tag{8.22}$$

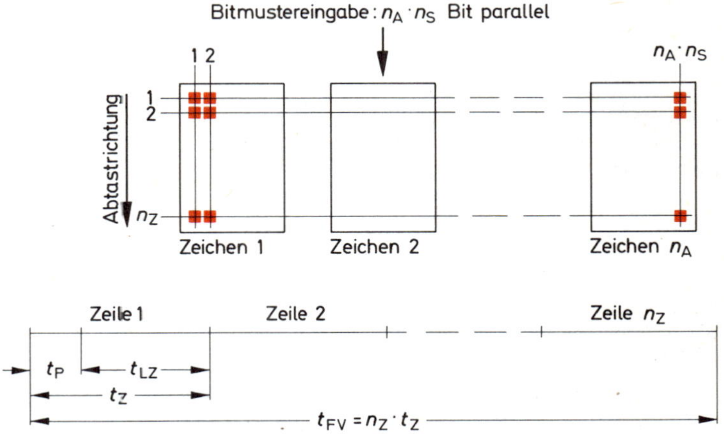

Bild 8.46 Zeitdiagramm für das vertikale Abtasten

Das Verhältnis von Zeilenleuchtdauer t_{LZ} zu Zeilenzykluszeit t_Z soll mit **Zeilentastverhältnis** k_Z bezeichnet werden:

$$k_Z = \frac{t_{LZ}}{t_Z} = \frac{t_{LZ}}{t_P + t_{LZ}} \qquad (8.23)$$

Einsetzen der Gleichungen (8.20 und (8.22) in Gleichung (8.23) führt zu

$$k_Z = 1 - \frac{n_A \cdot t_{ROM}}{t_{FV}} \cdot n_Z \qquad (8.24)$$

Mit

$$f_Z = \frac{1}{t_{FV}} \qquad (8.25)$$

erhält man schließlich für das **Zeilentastverhältnis** die Beziehung

$$k_Z = 1 - n_Z \cdot f_Z \cdot n_A \cdot t_{ROM} \qquad (8.26)$$

Demgemäß ist das **Anzeigefeldtastverhältnis** k_{FV} als Verhältnis von Zeilenleuchtdauer t_{LZ} zu Anzeigefeldzyklusdauer t_{FV} definiert:

$$k_{FV} = \frac{t_{LZ}}{t_{FV}} = \frac{t_{LZ}}{n_Z \cdot (t_P + t_{LZ})} \qquad (8.27)$$

Unter Beachtung von Gleichung (8.23) folgt

$$k_{FV} = \frac{k_Z}{n_Z} \qquad (8.28)$$

Gleichung (8.26) in Gleichung (8.28) eingesetzt ergibt für **das Anzeigefeldtastverhältnis**

$$k_{FV} = \frac{1 - n_Z \cdot f_Z \cdot n_A \cdot t_{ROM}}{n_Z} \qquad (8.29)$$

Berücksichtigt man die Gleichungen (8.20) und (8.25), so erhält man mit Gleichung (8.22) für die **Zeilenleuchtdauer** den Ausdruck

$$t_{LZ} = \frac{1 - n_Z \cdot f_Z \cdot n_A \cdot t_{ROM}}{n_Z \cdot f_Z} \qquad (8.30)$$

Der beim vertikalen Abtasten eines Anzeigefeldes zu wählende **LED-Durchlaßstrom** läßt sich aus der Kombination der Gleichungen (8.11) und (8.29) bestimmen, wobei $k = k_{FV}$ gesetzt wird:

$$I_{F\,LED} \cdot k_{FV} = I_{FAV} \qquad (8.31)$$

bzw.

$$I_{F\,LED} = \frac{n_Z}{1 - n_Z \cdot f_Z \cdot n_A \cdot t_{ROM}} \cdot I_{FAV} \qquad (8.32)$$

Für $n_Z \cdot f_Z \cdot n_A \cdot t_{ROM} \ll 1$ vereinfacht sich Gleichung (8.32) zu

$$I_{F\,LED} \approx n_Z \cdot I_{FAV} \qquad (8.33)$$

Die folgenden Beispiele mögen die **Grenzen des Vertikalabtastverfahrens** verdeutlichen.

Beispiel 1

> Wieviele Anzeigeeinheiten mit $n_S = 5$ und $n_Z = 7$ können horizontal abgetastet werden, wenn $t_{ROM} = 1\ \mu s$, $f_Z = 200$ Hz und $k_Z = 0{,}90$ sein sollen?

Gleichung 8.26 liefert

$$n_A = \frac{1 - k_Z}{n_Z \cdot f_Z \cdot t_{ROM}}$$

$$n_A = \frac{1 - 0{,}9}{7 \cdot 200\ s^{-1} \cdot 10^{-6}\ s} = 71{,}4$$

Es lassen sich also maximal 71 Zeichen in einem Anzeigefeld darstellen.

Beispiel 2

> Wie lange leuchten die LED einer Zeile, wenn für ein 10stelliges 5 × 7-Anzeigefeld die ROM-Zykluszeit 1 µs und die Zeilenabtastfrequenz 200 Hz betragen sollen?

Die Zeilenleuchtdauer ergibt sich aus Gleichung (8.30) zu

$$t_{LZ} = \frac{1 - n_Z \cdot f_Z \cdot n_A \cdot t_{ROM}}{n_Z \cdot f_Z}$$

$$t_{LZ} = \frac{1 - 7 \cdot 200\ s^{-1} \cdot 10 \cdot 10^{-6}\ s}{7 \cdot 200\ s^{-1}} = 0{,}691\ ms$$

Bei einer Anzeigefeldzykluszeit $t_{FV} = 5$ ms (siehe Gleichung (8.25)) beträgt die Zeilenleuchtdauer $t_{LZ} = 0{,}691$ ms.

Beispiel 3

> Wie hoch sind die Spalten- und Zeilenströme für ein 10stelliges 5 × 7-Anzeigefeld bei $I_{FAV} = 5$ mA und $k_Z = 0{,}90$?

Da hier das Zeilentastverhältnis k_Z vorgegeben ist, muß man die Gleichungen (8.26) und (8.32) kombinieren, um auf

$$I_{F\,LED} = \frac{n_Z}{k_Z} \cdot I_{FAV} \qquad (8.34)$$

zu kommen. Mit den obigen Werten errechnet sich

$$I_{F\,LED} = \frac{7}{0{,}9} \cdot 5 \text{ mA} = 38{,}88 \text{ mA}$$

Setzt man diesen Wert in die Gleichungen (8.8) bzw. (8.9) ein, so erhält man

$$I_S = I_{F\,LED}$$
$$I_S = 38{,}88 \text{ mA}$$

und

$$I_{Zmax} = 5 \cdot n_A \cdot I_{F\,LED}$$
$$I_{Zmax} = 5 \cdot 10 \cdot 38{,}88 \text{ mA} = 1{,}944 \text{ A}$$

Der Spaltentreiber muß also den LED-Durchlaßstrom auf 38.88 mA begrenzen und der Zeilentreiber einen Strom von maximal 1,944 A schalten können.

Beispiel 4

> Wie ändern sich für ein Anzeigefeld mit 5 × 7-Anzeigeeinheiten das Anzeigefeldtastverhältnis, der LED-Durchlaßstrom und der maximale Zeilenstrom in Abhängigkeit von der Anzeigeeinheitenanzahl, wenn die Festwertspeicherzykluszeit mit 1 µs, die Zeilenabtastfrequenz mit 200 Hz und der mittlere LED-Durchlaßstrom mit 5 mA gegeben sind?

Mit den gegebenen Werten erhält man aus Gleichung (8.29)

$$k_{FV} = \frac{1 - n_Z \cdot f_Z \cdot n_A \cdot t_{ROM}}{n_Z}$$

$$k_{FV} = \frac{1 - 7 \cdot 200 \text{ s}^{-1} \cdot n_A \cdot 10^{-6} \text{ s}}{7}$$

$$k_{FV} = \frac{1 - 1{,}4 \cdot 10^{-3} \cdot n_A}{7}$$

aus Gleichung (8.32)

$$I_{F\,LED} = \frac{n_Z}{1 - n_Z \cdot f_Z \cdot n_A \cdot t_{ROM}} \cdot I_{FAV}$$

$$I_{F\,LED} = \frac{7}{1 - 7 \cdot 200 \text{ s}^{-1} \cdot n_A \cdot 10^{-6} \text{ s}} \cdot 5 \text{ mA}$$

$$I_{F\,LED} = \frac{35}{1 - 1{,}4 \cdot 10^{-3} \cdot n_A} \text{ [mA]}$$

und aus Gleichung (8.9)

$$I_{Zmax} = 5 \cdot n_A \cdot I_{F\,LED}$$

$$I_{Zmax} = 5 \cdot n_A \cdot \frac{35}{1 - 1{,}4 \cdot 10^{-3} \cdot n_A} \text{ [mA]}$$

$$I_{Zmax} = \frac{175 \cdot n_A}{1 - 1{,}4 \cdot 10^{-3} \cdot n_A} \text{ [mA]}$$

In Bild 8.47 sind k_{FV}, $I_{F\,LED}$ und I_{Zmax} für $1 \leqq n_A \leqq 15$ grafisch dargestellt. Man erkennt, daß k_{FV} und $I_{F\,LED}$ in dem gewählten n_A-Bereich praktisch konstant bleiben. Hingegen steigt I_{Zmax} für $n_A = 15$ immerhin auf 2,681 A an!
Reiht man die Anzeigeeinheiten aneinander (siehe Bild 8.41), so muß man beachten, daß der Strom durch die *Anschlüsse* der Anzeigeeinheiten 2 A nicht übersteigen sollte. Die Leiterbahnen der gedruckten Schaltungen müssen also demgemäß angeordnet werden. Andererseits ist bei der Wahl der Zeilentreibertransistoren zu entscheiden, ob Transistoren mit entsprechend hohen Kollektorströmen genommen werden oder ob es günstiger ist, die Anzeigeeinheiten beispielsweise in Zehnergruppen aufzuteilen und jede Gruppe mit eigenen Zeilentreibern zu versehen.

Beispiel 5

> In welchen Grenzen läßt sich die relative Lichtstärke eines 10stelligen 5 × 7-Anzeigefeldes verändern, wenn die Zeilenabtastfrequenz $f_Z = 200$ Hz und der LED-Durchlaßstrom $I_{F\,LED} = 35{,}5$ mA betragen sollen? Die relative Lichtstärke soll bei dem mittleren Durchlaßstrom $I_{FAV} = 5$ mA den Wert 1 haben.

Aus Gleichung (8.32) erhält man

$$I_{FAV} = \frac{1 - n_Z \cdot f_Z \cdot n_A \cdot t_{ROM}}{n_Z} \cdot I_{F\,LED}$$

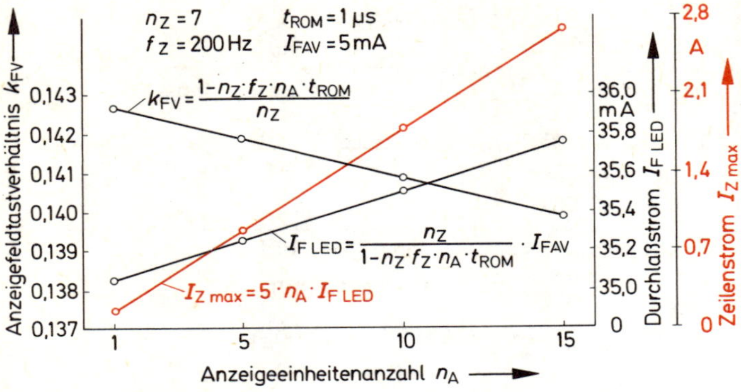

Bild 8.47 Anzeigefeldtastverhältnis, Durchlaßstrom und maximaler Zeilenstrom als Funktion der Anzeigeeinheitenanzahl (siehe Beispiel 4, Kap. 8.4.3.2)

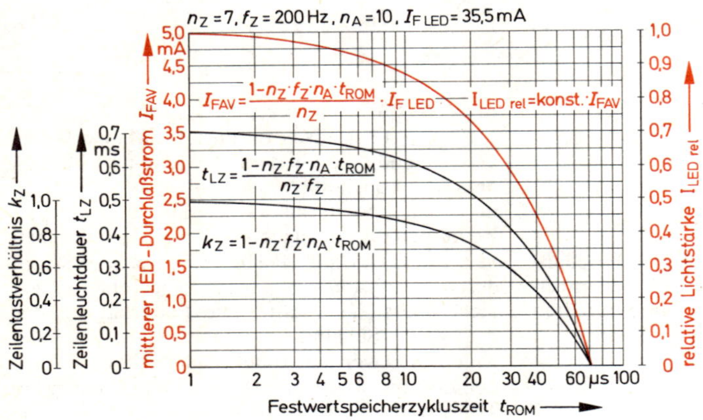

Bild 8.48 Zeilentastverhältnis, Zeilenleuchtdauer, mittlerer LED-Durchlaßstrom und relative Lichtstärke als Funktion der Festwertspeicherzykluszeit (siehe Beispiel 5, Kap. 8.4.3.4.2)

Mit den gegebenen Werten und $t_{ROM} = 1\,\mu s$ errechnet sich

$$I_{FAV} = \frac{1 - 7 \cdot 200\,s^{-1} \cdot 10 \cdot 10^{-6}\,s}{7} \cdot 35{,}5\,mA$$

$$I_{FAV} = 5\,mA$$

Die Lichtstärke der LED des Anzeigefeldes läßt sich erniedrigen, wenn die Zykluszeit des Festwertspeichers t_{ROM} „künstlich" vergrößert wird oder, anders ausgedrückt, wenn das Zeilentastverhältnis k_Z verringert wird. Die sich damit ergebende Abnahme des mittleren LED-Durchlaßstromes ist in Bild 8.48 dargestellt: Aus Gleichung (8.32) folgt

$$I_{FAV} = \frac{1 - n_Z \cdot f_Z \cdot n_A \cdot t_{ROM}}{n_Z} \cdot I_{F\,LED}$$

$$I_{FAV} = \frac{1 - 7 \cdot 200\,s^{-1} \cdot 10 \cdot t_{ROM}\,[s]}{7} \times$$
$$\times\ 35{,}5\,[mA]$$

$$I_{FAV} = \frac{1 - 14 \cdot 10^{-3} \cdot t_{ROM}}{7} \times$$
$$\times\ 35{,}5\,[mA],\ (t_{ROM}\text{ in }\mu s)$$

Außerdem ist eine relative Werteskala für die dem mittleren LED-Durchlaßstrom proportionale Lichtstärke angetragen.
Den Kurven für das Zeilentastverhältnis und die Zeilenleuchtdauer liegen die Gleichungen (8.26) und (8.30) zugrunde:

$$k_Z = 1 - n_Z \cdot f_Z \cdot n_A \cdot t_{ROM}$$
$$k_Z = 1 - 7 \cdot 200\,s^{-1} \cdot 10 \cdot t_{ROM}\,[s]$$
$$k_Z = 1 - 14 \cdot 10^{-3} \cdot t_{ROM},\ (t_{ROM}\text{ in }\mu s)$$

und

$$t_{LZ} = \frac{1 - n_Z \cdot f_Z \cdot n_A \cdot t_{ROM}}{n_Z \cdot f_Z}$$

$$t_{LZ} = \frac{1 - 7 \cdot 200\ s^{-1} \cdot 10 \cdot t_{ROM}\ [s]}{7 \cdot 200\ s^{-1}}$$

$$t_{LZ} = \frac{1 - 14 \cdot 10^{-3} \cdot t_{ROM}}{1{,}4}\ [ms],\ (t_{ROM}\ \text{in}\ \mu s)$$

Bild 8.48 ist zu entnehmen, daß k_Z, t_{LZ}, I_{FAV} und I_{LEDrel} bei $t_{ROM} = 1\ \mu s$ ihren Höchstwert haben und bei $t_{ROM} = 71{,}4\ \mu s$ auf den Wert 0 abgesunken sind. Verlängert man also mit entsprechenden Schaltungsmaßnahmen die Pufferspeicherladezeit $t_P = n_A \cdot t_{ROM}$, so läßt sich die Lichtstärke des Anzeigefeldes bis auf Null verringern.

Zusammenfassung

Beim **Vertikalabtastverfahren** sind folgende Vorteile hervorzuheben:

- □ Mit ihm lassen sich Anzeigefelder mit mehr als vier 5 × 7-Anzeigeeinheiten betreiben;
- □ Unabhängig von der Länge des Anzeigefeldes kann der Durchlaßstrom je LED auf rund 35 mA begrenzt werden;
- □ Praktisch unabhängig von der Länge des Anzeigefeldes beträgt das Anzeigefeldtastverhältnis rund 14%;
- □ Das Zeilentastverhältnis hat normalerweise Werte, die oberhalb 90% liegen;
- □ Die Lichtstärke der Leuchtdioden läßt sich sehr einfach durch Verändern des Zeilentastverhältnisses beeinflussen;
- □ Die maximale Länge eines Anzeigefeldes hängt im wesentlichen von der Pufferspeicherladezeit, d.h. von den Schalt- und Zykluszeiten der verwendeten diskreten und integrierten Halbleiterbauelemente ab. Es lassen sich durchaus (auch mehrzeilige) Anzeigefelder mit 100 Anzeigeeinheiten aus einem ROM mit Bitmustern versorgen.

Allerdings sind bei Anzeigefeldern mit mehr als 10 Anzeigeeinheiten folgende Gegebenheiten zu berücksichtigen:

- □ Der Strom durch die Anschlüsse der Anzeigeeinheiten sollte 2 A nicht übersteigen.
- □ Der von den Zeilentreibertransistoren zu schaltende Strom beträgt über 2 A.
- □ Durch Aufteilen des Anzeigefeldes in 10er-Gruppen kann der von den Zeilentreibertransistoren zu schaltende Strom unter 2 A gehalten werden.

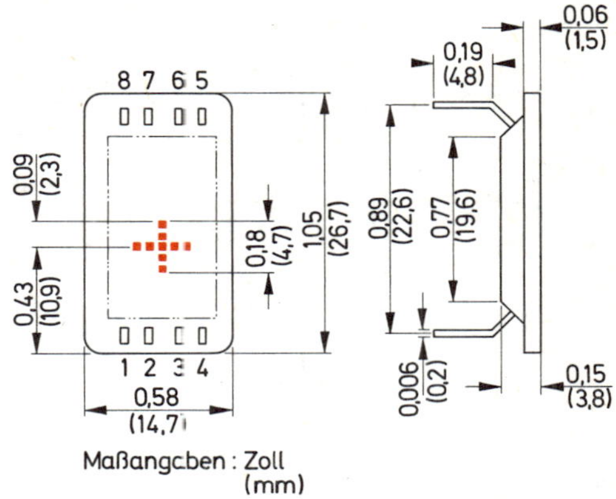

Bild 8.49 Front- und Seitenansicht der Polaritätsanzeigeeinheit in Matrixkonfiguration mit interner Ansteuerlogik Typ 5082-7018 von Hewlett-Packard

8.4.4. Polaritäts- und Überlaufanzeigeeinheiten

Zwei Vertreter der am Markt erhältlichen **Polaritäts- und Überlaufanzeigen in Matrixkonfiguration** sind die Typen 5082-7018 (siehe Bild 8.49) und 5082-7304 (siehe Bild 8.10) von *Hewlett-Packard.*

Die Polaritätsanzeigeeinheit 5082-7018 hat integrierte LED-Treiber und entspricht in ihrem Aufbau demjenigen von Bild 8.20. Zum Ansteuern der zwei Signaleingänge werden übliche TTL-Pegel benötigt, wobei beim Minuszeichen *ein* Eingang und beim Pluszeichen *zwei* Eingänge High-Potential haben müssen. Die gewünschte Lichtstärke der Leuchtdioden läßt sich mit der LED-Betriebsspannung U_{LED} einstellen. Sie beträgt für $U_{LED} = 4{,}2$ V typisch 100 µcd und für $U_{LED} = 3{,}5$ V typisch 50 µcd.

Bei der Polaritäts- und Überlaufanzeigeeinheit 5082-7304 müssen die LED-Durchlaßströme für das Polaritätszeichen, die Eins und den Dezimalpunkt (DP) mit externen Widerständen begrenzt werden. Wie die insgesamt 16 Leuchtdioden angesteuert werden und welche Schaltzustände der Treibertransistoren möglich sind, zeigt Bild 8.50. Die erforderlichen fünf Strombegrenzungswiderstände lassen sich mit den folgenden Gleichungen berechnen:

$$R_{11} = \frac{U_{LED} - U_{F\,LED} - U_{CE1}}{I_{F\,LED}} \qquad (8.35)$$

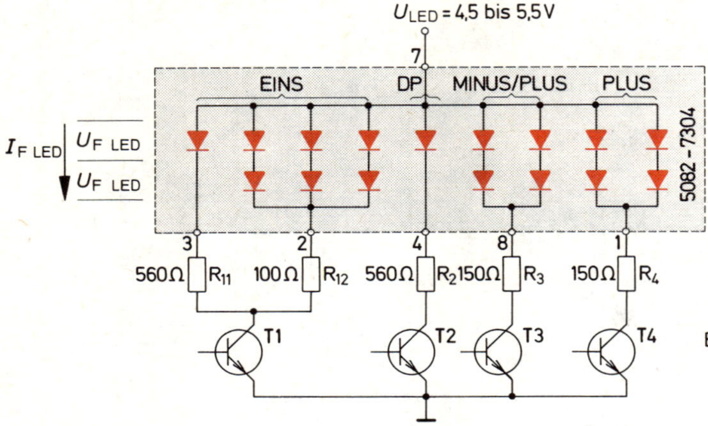

T1	T2	T3	T4	Anzeige
1	X	X	X	EINS
X	1	X	X	DP
X	X	1	0	MINUS
X	X	1	1	PLUS
0	0	0	0	BLANK

1: gesättigt
0: gesperrt
X: gesättigt oder gesperrt
BLANK: keine Anzeige

Bild 8.50 Ansteuerung der Polaritäts- und Überlaufanzeigeeinheit mit rechtem Dezimalpunkt in Matrixkonfiguration Typ 5082-7304 von Hewlett-Packard

$$R_{12} = \frac{U_{\text{LED}} - 2 \cdot U_{\text{F LED}} - U_{\text{CE1}}}{3 \cdot I_{\text{F LED}}} \quad (8.36)$$

$$R_2 = \frac{U_{\text{LED}} - U_{\text{F LED}} - U_{\text{CE2}}}{I_{\text{F LED}}} \quad (8.37)$$

$$R_3 = \frac{U_{\text{LED}} - 2 \cdot U_{\text{F LED}} - U_{\text{CE3}}}{2 \cdot I_{\text{F LED}}} \quad (8.38)$$

$$R_4 = \frac{U_{\text{LED}} - 2 \cdot U_{\text{F LED}} - U_{\text{CE4}}}{2 \cdot I_{\text{F LED}}} \quad (8.39)$$

Die vom Hersteller empfohlenen Widerstandswerte sind in Bild 8.50 angegeben. Dabei beträgt der LED-Durchlaßstrom $I_{\text{F LED}}$ etwa 5 mA.

8.5. LED-Anzeigeeinheiten mit Segmentkonfiguration

8.5.1. Numerische Anzeigeeinheiten

Numerische LED-Anzeigeeinheiten mit segmentförmig angeordneten Leuchtdioden gibt es sowohl *ohne* als auch *mit* **interner Ansteuerlogik.** Im folgenden werden zunächst die Kennwerte und Kennlinien von 7-Segment-Anzeigeeinheiten ohne interne Ansteuerlogik behandelt. Welche Funktionen bei den 7-Segment-Anzeigeeinheiten mit interner Ansteuerlogik realisiert sind, wird im nächsten Abschnitt gezeigt. Es folgen dann Abschnitte über Ansteuerverfahren, Treiberschaltungen sowie den erforderlichen Strombedarf und die zu beachtenden zeitlichen Bedingungen beim Betrieb von Anzeigefeldern.

8.5.1.1. Kennwerte und Kennlinien

Die **Leuchtbalken** von Segment-Anzeigeeinheiten bestehen schaltungstechnisch aus *einer* LED oder aus *zwei* in Reihe geschalteten LED. Diese Leuchtdioden können wiederum aus *mehreren parallelgeschalteten* LED aufgebaut sein. Sie „verhalten" sich aber in ihrer I_F-U_F-Kennlinie wie *eine* Diode.

Die Kennlinie der **Segmentdioden** einer typischen roten GaAsP-Anzeigeeinheit zeigt Bild 8.51. Diese Kennlinie entspricht also durchaus der Kennlinie einer üblichen Halbleiterdiode, allerdings mit einer niedrigeren Sperrspannung und einer höheren Durchlaßspannung. Unterhalb der Kniespannung fließt nur ein geringer Durchlaßstrom. Oberhalb des Knies steigt der Strom linear mit der Durchlaßspannung an.

In den Datenblättern der Anzeigeeinheiten werden u.a. sowohl die maximal zulässigen **Durchlaßdauerströme** I_F (bzw. mittleren Durchlaßströme I_{FAV}) als auch die maximal zulässigen **Durchlaßspitzenströme** I_{FM} angegeben. Hierbei dürfen bestimmte zeitliche Bedingungen — *Impulsdauer* (t_p), *Impulsfolgefrequenz* (f_p) und/oder *Tastverhältnis* (k) — nicht außer acht gelassen werden.

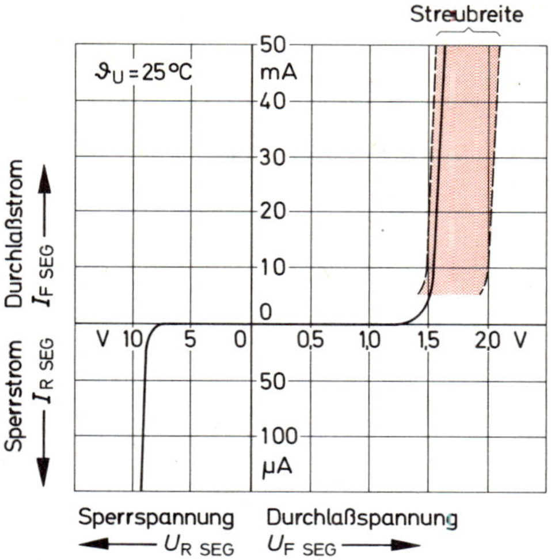

Bild 8.51 Sperrkennlinie und Durchlaßkennlinie für jedes Segment der roten GaAsP-Anzeigeeinheit GL-91AR von Sharp *(Typ CC) mit 2,8 mm Zeichenhöhe*

Beispielsweise gelten für die Durchlaßströme der Anzeigeeinheit von Bild 8.51 folgende Werte: $I_{F\,SEG} = I_{FAV\,SEG} \leqq 15$ mA und $I_{FM\,SEG} = 50$ mA bei $k = 0{,}125$ sowie $t_p = 0{,}5$ ms. Die Durchlaßkennlinie einer GaAsP-Anzeigeeinheitenserie mit $I_{F\,SEG} = I_{FAV\,SEG} \leqq 25$ mA und $I_{FM\,SEG} = 150$ mA bei $t_p \leqq 0{,}5$ ms zeigt Bild 8.52. Für Durchlaßspitzenströme bis 250 mA bei $t_p < 1$ ms und mittlere Durchlaßströme bis 25 mA ist die Anzeigeeinheit FND 70 ausgelegt (siehe Bild 8.53).

Die bisher genannten Werte gelten sämtlich für $\vartheta_U = 25\,°C$ bzw. $\vartheta_j = 25\,°C$. Bei höheren Umgebungstemperaturen als 25 °C muß der **Temperaturkoeffizient des maximal zulässigen mittleren Durchlaßstroms** TK_{IF} berücksichtigt werden: Bild 8.54 verdeutlicht für die Anzeigeeinheit FND 70 die lineare Abnahme von $I_{FAV\,SEG}$ im Umgebungstemperaturbereich $25\,°C \leqq \vartheta_U \leqq 85\,°C$. TK_{IF} beträgt dabei $-0{,}29$ mA/°C. In der gleichen Größenordnung liegen die Temperaturkoeffizienten für die anderen erwähnten Anzeigeeinheiten (5082-7730: $TK_{IF} = -0{,}25$ mA/°C, GL-91 AR: $TK_{IF} = -0{,}23$ mA/°C).

GaP-Dioden haben eine noch höhere Durchlaßspannung als GaAsP-Dioden. Bild 8.55 zeigt diesen Sachverhalt anhand der Durchlaßkennlinie für den Dezimalpunkt und die Segmente der grünen GaP-Anzeigeeinheit SLA-11 von *Opcoa.*

Bei dieser Anzeigeeinheit ist der Durchlaßdauerstrom auf maximal 50 mA begrenzt. Die Durchlaßspitzenströme können jedoch bei $f_p \geqq 100$ Hz und k bis 1/16 einige 100 mA betragen.

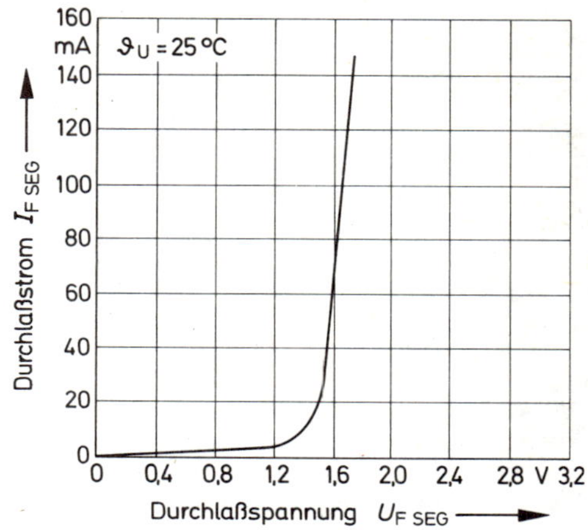

Bild 8.52 Durchlaßstrom als Funktion der Durchlaßspannung für jedes Segment der roten GaAsP-Anzeigeeinheit der Serie 5082-7730 von Hewlett-Packard *mit 7,62 mm Zeichenhöhe*

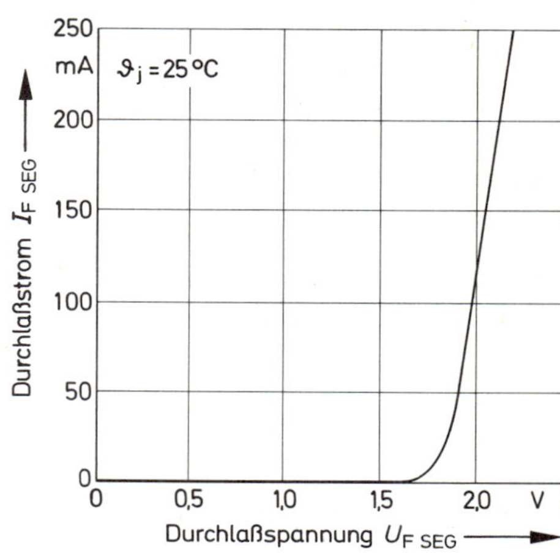

Bild 8.53 Durchlaßkennlinie für jedes Segment der roten GaAsP-Anzeigeeinheit FND 70 von Fairchild Semiconductor *mit 6,35 mm Zeichenhöhe*

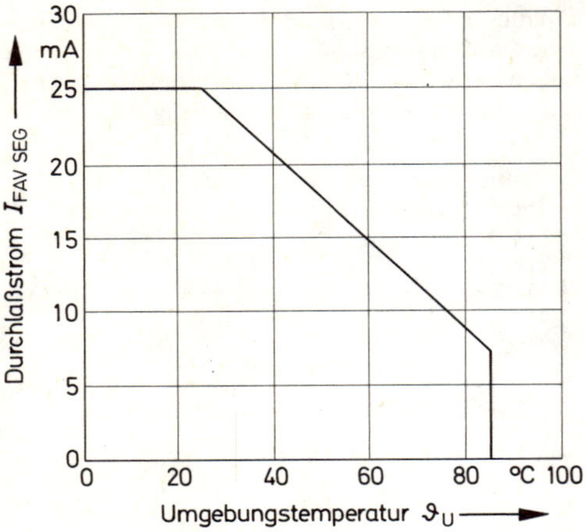

Bild 8.54 Temperaturabhängigkeit des maximal zulässigen mittleren Durchlaßstromes für jedes Segment der roten GaAsP-Anzeigeeinheit FND 70 von Fairchild Semiconductor

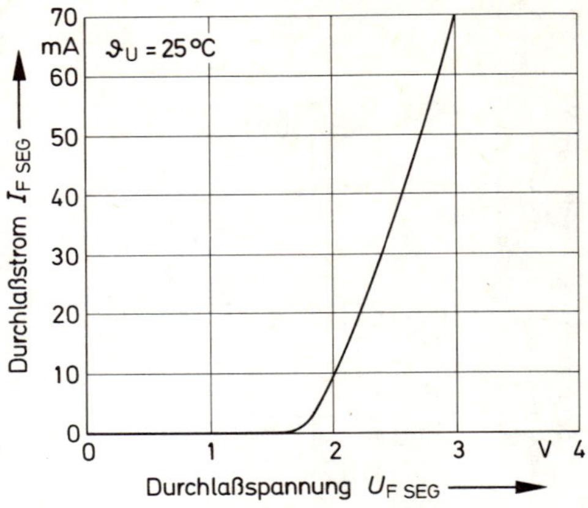

Bild 8.55 Duchlaßstrom als Funktion der Durchlaßspannung für den Dezimalpunkt und die Segmente der grünen GaP-Anzeigeeinheit Typ SLA-11 von Opcoa *mit 8,48 mm Zeichenhöhe*

Weitere Durchlaßkennlinien typischer 7-Segment-Anzeigeeinheiten, jedoch mit **zwei LED je Segment,** geben die Bilder 8.56 und 8.57 wieder. Man beachte auch hier die **höhere Durchlaßspannung bei den GaP-Anzeigeeinheiten.**

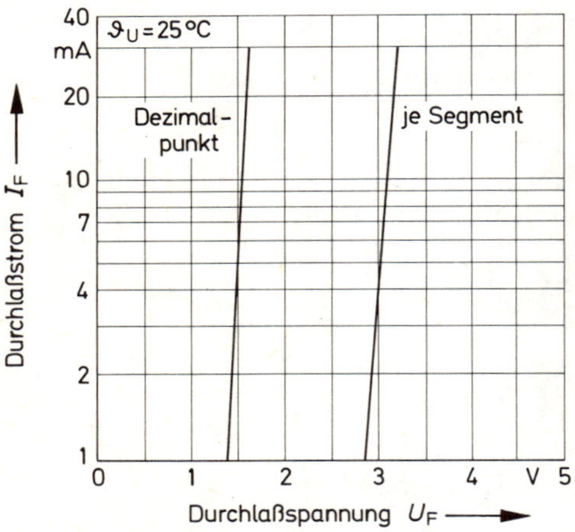

Bild 8.56 Durchlaßstrom als Funktion der Durchlaßspannung für den Dezimalpunkt und die Segmente der roten GaAsP-Anzeigeeinheit Typ 745-0006 von Dialight *mit 6,86 mm Zeichenhöhe*

Einerseits technologiebedingt und andererseits um externe Anschlüsse zu sparen, sind nicht alle Katoden bzw. Anoden der Segmentdioden herausgeführt. Vielmehr werden entweder sämtliche Katoden oder sämtliche Anoden zu *einem* Anschluß zusammengefaßt. Es ergeben sich somit **grundsätzlich zwei Schaltungskonfigurationen:**

a) **Konfiguration CC** (CC = *Common Cathode*), mit gemeinsamen Katoden und
b) **Konfiguration CA** (CA = *Common Anode*), mit gemeinsamen Anoden.

Tafel 8.7 faßt das bisher Gesagte zusammen.

Vorhandene Dezimalpunkt-LED werden wie Segment-LED behandelt (siehe Bild 8.12).

Monolithisch integrierte 7-Segment-Anzeigeeinheiten (z.B. Serie 5082-7400 von *Hewlett-Packard* oder Typ FND 10 von *Fairchild Semiconductor*) werden gegenwärtig mit der Konfiguration CC geliefert. In Hybridtechnik gefertigte Anzeigeeinheiten gibt es sowohl mit gemeinsamen Katoden als auch mit gemeinsamen Anoden. Allerdings wird hier die **Konfiguration CA bevorzugt, da das Ansteuern einfacher ist.** Die Tafeln 8.8 und 8.9 geben eine Übersicht über typische — nach Zeichenhöhe und Schaltungskonfiguration geordnete — ein- bzw. mehrstellige 7-Segment-LED-Anzeigeeinheiten *ohne* Ansteuerlogik. Man erkennt, daß erst ab etwa 5 mm Zeichenhöhe Anzeigeeinheiten sowohl mit ge-

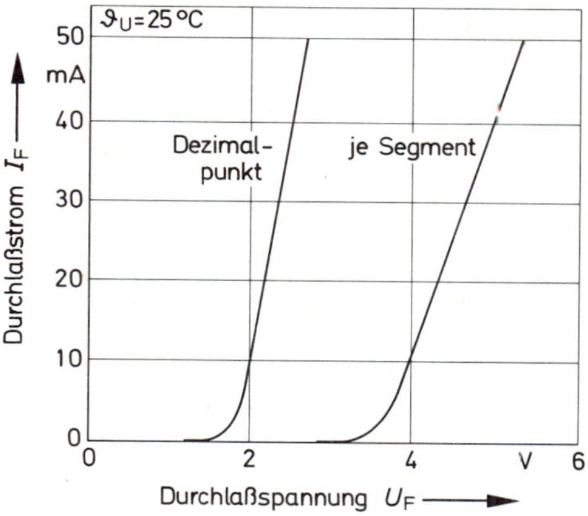

Bild 8.57 Durchlaßstrom als Funktion der Durchlaßspannung für den Dezimalpunkt und die Segmente der GaP-Anzeigeeinheiten Typ SLA-3 (rot), Typ SLA-13 (grün) und Typ SLA-23 (gelb) von Opcoa *mit 19,55 mm Zeichenhöhe*

gemeinsame Anoden: Typ CA gemeinsame Katoden: Typ CC		$U_{F\,SEG}$ (typ.) [V] GaP	$U_{F\,SEG}$ (typ.) [V] GaAsP
eine LED je Segment, gemeinsame Anoden	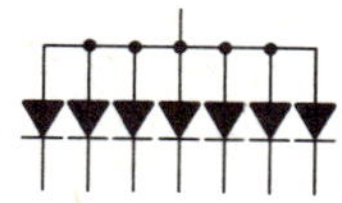	2,10	1,54
eine LED je Segment, gemeinsame Katoden	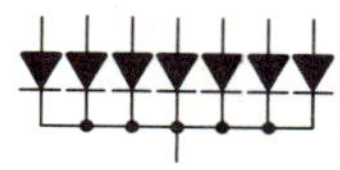	2,10	1,65
zwei LED je Segment, gemeinsame Anoden	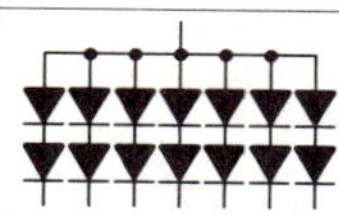	4,20	3,40

Tafel 8.7 Ersatzschaltungen und Segment-Durchlaßspannungen von 7-Segment-LED-Anzeigeeinheiten aus GaP und GaAsP [166]

Tafel 8.8 Übersicht über Zeichenhöhen von 7-Segment-LED-Anzeigeeinheiten mit gemeinsamen Katoden (Typ CC) bzw. gemeinsamen Anoden (Typ CA). CQY: *Siemens* **bzw.** *Valvo,* **DL:** *Litronix,* **FND:** *Fairchild Semiconductor,* **MAN:** *Monsanto,* **SLA:** *Opcoa,* **TIL:** *Texas Instruments,* **5082:** *Hewlett-Packard,* **745:** *Dialight Corp.*

7-Segment-LED-Anzeigeeinheiten vom Typ CC	Zeichenhöhe inch. (Zoll)	Zeichenhöhe mm	Zeichenhöhe mm	Zeichenhöhe inch. (Zoll)	7-Segment-LED-Anzeigeeinheiten vom Typ CA
TIL 301, TIL 310	0,100	2,54			
MAN 3, CQY 25	0,115	2,92			
FND 10	0,122	3,10			
MAN 3 M, CQY 21	0,127	3,22			
DL-4, MAN 4	0,190	4,83	4,83	0,190	DL-410
FND 70	0,250	6,35	6,35	0,250	DL-8
			6,45	0,254	TIL 302, TIL 303
			6,86	0,270	DL-10 A, MAN 1, MAN 5, MAN 7, MAN 8, MAN 10, 745-0006
MAN 54, MAN 74, MAN 84, 5082-7740	0,300	7,62	7,62	0,300	MAN 51, MAN 71, MAN 81, 5082-7730, 5082-7731
DL-702, DL-704	0,310	7,82	7,82	0,310	DL-707
			8,48	0,334	SLA-1, SLA-1R, SLA-1C, SLA-11, SLA-11R, SLA-11C
			10,92	0,430	5082-7750, 5082-7751
			15,24	0,600	DL-62, MAN 6, MAN 66
			15,50	0,610	DL-6
DL-750	0,630	16,00	16,00	0,630	DL-747
			19,55	0,770	SLA-3, SLA-13, SLA-23

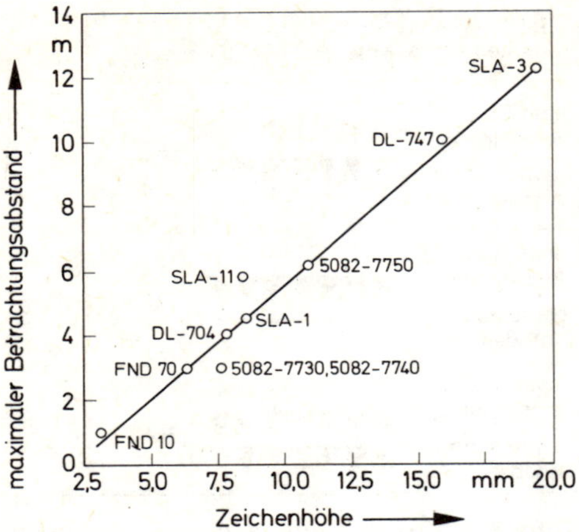

Bild 8.58 Maximal möglicher Betrachtungsabstand als Funktion der Zeichenhöhe für eine grüne und neun rote 7-Segment-LED-Anzeigeeinheiten

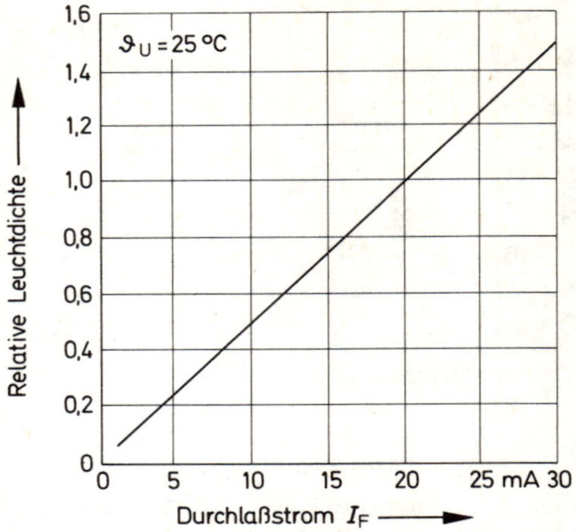

Bild 8.59 Relative Leuchtdichte als Funktion des Durchlaßstromes für die rote GaAsP-Anzeigeeinheit Typ 745-0006 von Dialight *(Leuchtdichte = Lichtstärke/Flächeneinheit)*

meinsamen Katoden als auch mit gemeinsamen Anoden gefertigt werden.

Unterhalb 5 mm Zeichenhöhe dominieren die Anzeigeeinheiten mit gemeinsamen Katoden, oberhalb 5 mm Zeichenhöhe die mit gemeinsamen Anoden.

Bild 8.55 vermittelt anhand einiger ausgewählter 7-Segment-Anzeigeeinheiten in Abhängigkeit von der Zeichenhöhe eine Vorstellung davon, welche **maximalen Betrachtungsabstände** zu erwarten sind. Man beachte dabei den möglichen größeren Betrachtungsabstand für die grüne Anzeigeeinheit Typ SLA-11 im Gegensatz zur roten Anzeigeeinheit Typ SLA-1.

7-Segment-LED-Anzeigefelder vom Typ CC					Zeichenhöhe	
2 stellig	3 stellig	4 stellig	5 stellig	6 stellig	inch.	mm
	DL-33MMB				0,085	2,16
				TIL 360	0,100	2,54
	DL-337				0,106	2,69
	5082-7402 5082-7412 5082-7403 5082-7413	DL-34 M 5082-7404 5082-7414	5082-7405 5082-7415		0,110	2,79
	DL-33				0,115	2,92
				FNA 21	0,122	3,10
		DL-34			0,125	3,17
	DL-33 B				0,160	4,06
DL-44	MKA-2	MKA-2A			0,190	4,83

Tafel 8.9 Übersicht über Zeichenhöhen von 7-Segment-LED-Anzeigefeldern mit gemeinsamen Katoden (Typ CC). DL: *Litronix,* **FNA:** *Fairchild Semiconductor,* **MKA:** *Monsanto,* **TIL:** *Texas Instruments,* **5082:** *Hewlett-Packard*

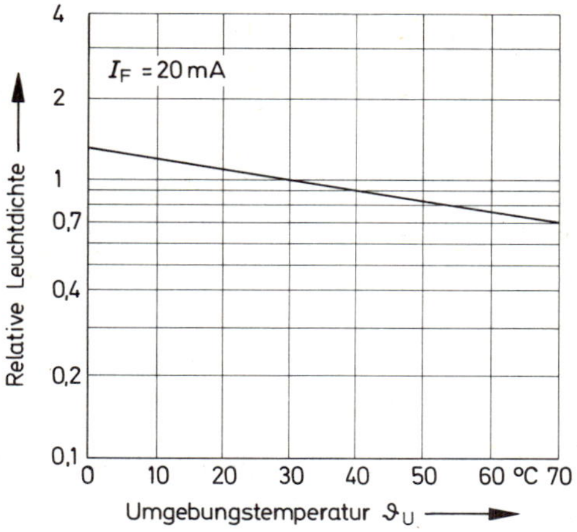

Bild 8.60 Relative Leuchtdichte als Funktion der Umgebungstemperatur für die rote GaAsP-Anzeigeeinheit Typ 745-0006 von Dialight *(Leuchtdichte = Lichtstärke/Flächeneinheit)*

Bei **GaAsP-Dioden** steigt die Leuchtdichte bzw. **Lichtstärke linear** mit zunehmendem Durchlaßstrom an. Bild 8.59 zeigt (bezogen auf $I_F = 20$ mA) den besagten linearen Zusammenhang für eine typische rote GaAsP-Anzeigeeinheit. Allerdings nimmt die Leuchtdichte bzw. Lichtstärke mit wachsender Umgebungstemperatur ab. Für den Temperaturkoeffizienten TK_I der Lichtstärke muß mit typisch $-1\%/°C$ gerechnet werden. Bild 8.60 unterstreicht das Gesagte. Die erreichbaren Lichtstärkewerte liegen für $\vartheta_U = 25$ °C und $I_F = 20$ mA bei minimal 100 µcd und typisch 250 µcd. Bild 8.61 hebt anhand einer üblichen Anzeigeeinheitenserie hervor, welche Grenzen der Durchlaßspitzenstrom und der maximal zulässige mittlere Durchlaßstrom den möglichen Lichtstärkewerten setzen.

Die Abhängigkeit der **Lichtstärke** vom **Betrachtungswinkel** ist Bild 8.62 zu entnehmen. Das Emissionsspektrum für rote GaAsP-LED zeigt Bild 8.63.

Den bereits erwähnten nichtlinearen Zusammenhang **(Sättigungserscheinungen)** zwischen Lichtstärke und Durchlaßstrom **für rote GaP-LED** verdeutlicht Bild 8.64.

Naturgemäß weichen für einen vorgegebenen Durchlaßstrom die Lichtstärkewerte der einzelnen Segmente sowohl innerhalb einer Anzeigeeinheit als auch zwischen den Anzeigeeinheiten voneinander ab. Die Hersteller garantieren deshalb einerseits, daß die **Lichtstärkeunterschiede von Segment zu Segment** für eine mittlere Segmentlichtstärke einen bestimmten Prozentsatz nicht überschreiten (typisch $\Delta I_{SEG} = \pm 15\%$). Andererseits selektieren und markieren

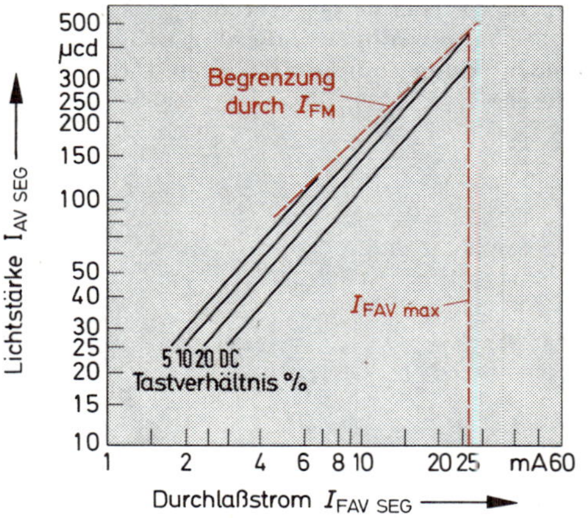

Bild 8.61 Zeitlicher Mittelwert der Lichtstärke als Funktion des mittleren Durchlaßstromes für jedes Segment der roten GaAsP-Anzeigeeinheitenserie 5082-7730 von Hewlett-Packard *mit 7,62 mm Zeichenhöhe*

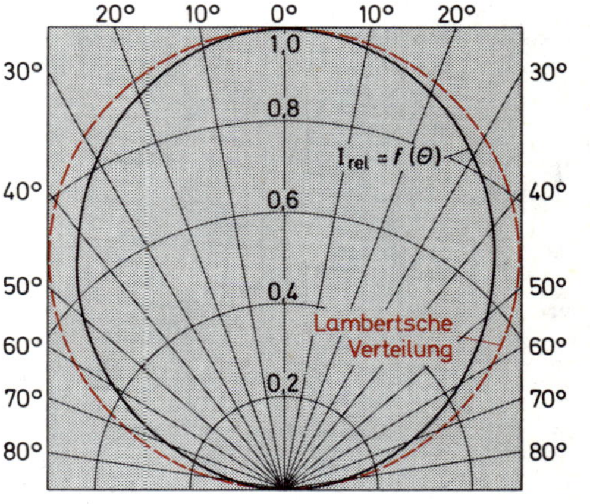

Bild 8.62 Abstrahlungscharakteristik (relative Lichtstärke als Funktion des Betrachtungswinkels) für die Anzeigeeinheiten der Serie 5082-7730 von Hewlett-Packard

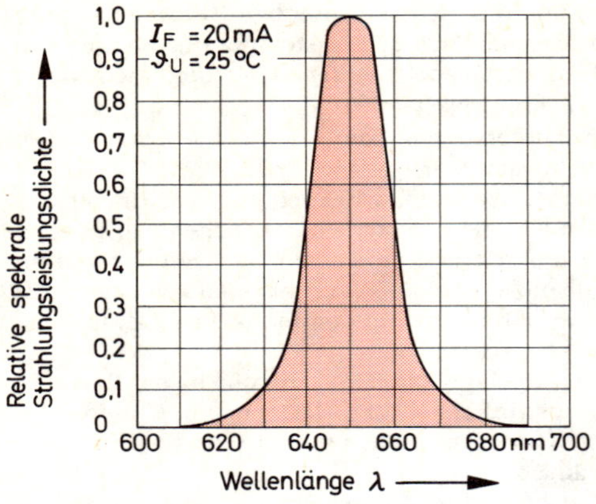

Bild 8.63 Emissionsspektrum (relativ) der roten GaAsP-Anzeigeeinheit Typ 745-0006 von Dialight *(Halbwertsbreite der emittierten Strahlung $\Delta\lambda$ = 20 nm)*

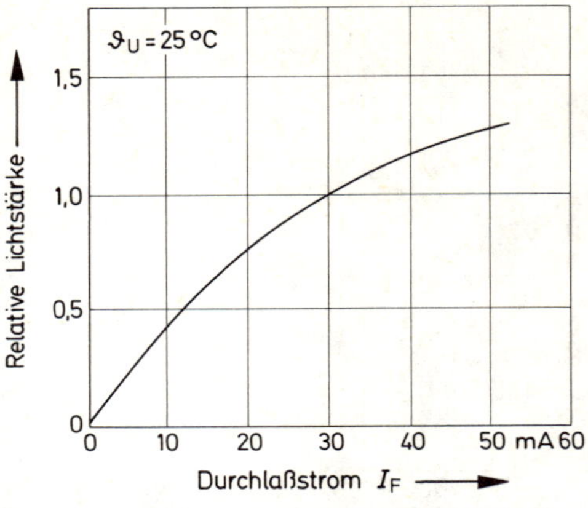

Bild 8.64 Relative Lichtstärke als Funktion des Durchlaßstromes für die rote GaP-Anzeigeeinheit Typ SLA-3 von Opcoa

sie die Anzeigeeinheiten nach **Lichtstärkekategorien** so, daß das menschliche Auge bei Anzeigefeldern einer Kategorie die **Lichtstärkeunterschiede von Anzeigeeinheit zu Anzeigeeinheit** nicht wahrnimmt. Hinzu kommen noch nach Lichtstärkekategorien ausgesuchte Anzeigeeinheiten, die entweder bei *Gleichstrombetrieb* (z.B. FND 10) oder bei *Impulsbetrieb* (Multiplexbetrieb) (z.B. FND 12) eine **gleichmäßigere Ausleuchtung** der Segmente haben.

Den Bildern 8.51 bis 8.53 ist zu entnehmen, wie steil der Durchlaßstrom mit der Durchlaßspannung ansteigt und welche Streubreite der Durchlaßspannung vorkommen kann. Um hierdurch mögliche Lichtstärkeunterschiede zwischen den Segmenten zu vermeiden, ist es deshalb zweckmäßig, die Segmentdioden nicht mit einer konstanten Spannung, sondern mit einem konstanten Strom zu betreiben.

Tafel 8.10 stellt zusammenfassend einige Kenn- und Grenzwerte von je einer grünen (GaP), einer gelben (GaP) und einer roten (GaAsP) 7-Segment-Anzeigeeinheit mit 7,62 mm Zeichenhöhe gegenüber. Hierbei sei insbesondere auf die bei der **Schaltungsdimensionierung** u.a. zu beachtenden **Temperaturkoeffizienten** (*TK*) hingewiesen.

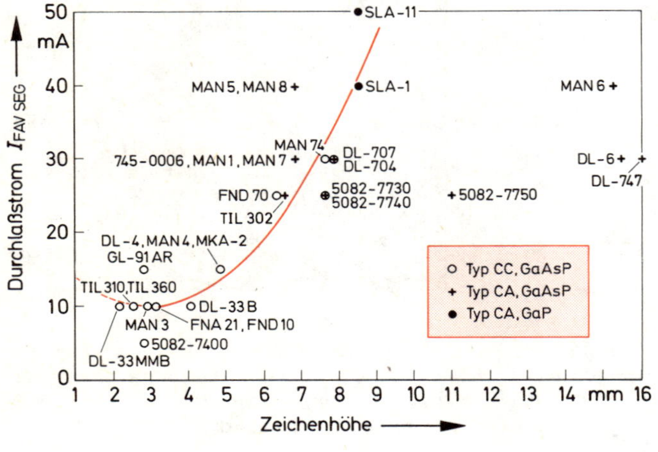

Bild 8.65 Grenzwert des mittleren Durchlaßstromes als Funktion der Zeichenhöhe für 7-Segment-LED-Anzeigeeinheiten

Parameter		Kenn- bzw. Grenzwert			Einheit
Anzeigeeinheit		MAN 51	MAN 81	MAN 71	
Typ		CA	CA	CA	
Material		GaP	GaP	GaAsP	
Farbe		grün	gelb	rot	
Zeichenhöhe		7,62	7,62	7,62	mm
P_{tot}	max.	700	700	700	mW
TK_P	max.	- 15,5	- 15,5	- 15,5	mW/°C
ϑ_U	min.	0	0	0	°C
	max.	70	70	70	
ϑ_S	min.	0	0	0	°C
	max.	70	70	70	
$I_{F\,tot}$	max.	240	240	240	mA
$I_{F\,SEG}$	max.	30	30	30	mA
$I_{F\,DP}$	max.	30	30	30	mA
Meßbedingung $I_{F\,SEG}$		5	5	5	mA
λ		565	590	650	nm
I_{SEG}	min.	50	50	50	µcd
	typ.	105	110	100	µcd
Meßbedingung $I_{F\,SEG}$		20	20	20	mA
λ		565	590	650	nm
I_{SEG}	min.	150	150	150	µcd
	typ.	320	340	300	µcd
ΔI_{SEG}	max.	± 50	± 50	± 50	%
λ_p	min.			630	nm
	typ.	565	590		nm
	max.			700	nm
TK_λ	max.	0,1	0,1	0,3	nm/°C
$\Delta\lambda$	typ.	40	40	20	nm
Meßbedingung $I_{F\,SEG}$		20	20	20	mA
$U_{F\,SEG}$	typ.	2,5	2,5	1,6	V
	max.	3,5	3,5	2,0	V
Meßbedingung $I_{F\,DP}$		20	20	20	mA
$U_{F\,DP}$	typ.	2,5	2,5	1,6	V
	max.	3,5	3,5	2,0	V
TK_{UF}	max.	- 1,5	- 1,5	- 2,0	mV/°C
Meßbedingung $I_{F\,SEG}$		20	20	100*	mA
$r_{F\,SEG}$	typ.	17	26	2	Ω
Meßbedingung $I_{F\,DP}$		20	20	100*	mA
$r_{F\,DP}$	typ.	17	26	2	Ω
Meßbedingung $U_{R\,SEG}$		0	0	0	V
$C_{j\,SEG}$	typ.	35	35	35	pF
Meßbedingung $U_{R\,DP}$		0	0	0	V
$C_{j\,DP}$	typ	35	35	35	pF
$U_{R\,SEG}$	max.	3	3	5	V
$U_{R\,DP}$	max.	3	3	5	V
Meßbedingung $U_{R\,SEG}$		3	3	5	V
$I_{R\,SEG}$	max.	100	100	100	µA
Meßbedingung $U_{R\,DP}$		3	3	5	V
$I_{R\,DP}$	max.	100	100	100	µA
$R_{th\,JW}$	max.	160	160	160	°C/W

* I_{FM}

Tafel 8.10 Elektrische und strahlungstechnische Kenn- bzw. Grenzwerte der 7-Segment-LED-Anzeigeeinheiten mit rechtem Dezimalpunkt MAN51, MAN71 und MAN81 von *Monsanto*

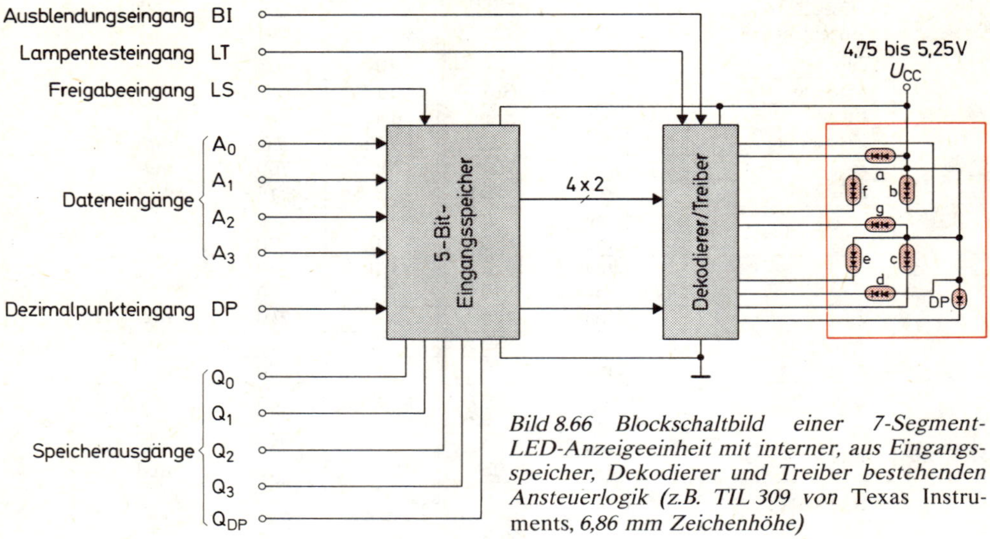

Bild 8.66 Blockschaltbild einer 7-Segment-LED-Anzeigeeinheit mit interner, aus Eingangsspeicher, Dekodierer und Treiber bestehenden Ansteuerlogik (z.B. TIL 309 von Texas Instruments, *6,86 mm Zeichenhöhe)*

Mit welchen Grenzwerten für den mittleren **Durchlaßstrom** (bzw. Durchlaßdauerstrom) in **Abhängigkeit von der Zeichenhöhe** gerechnet werden muß, veranschaulicht Bild 8.65.
Trotz der technologiebedingten Streuung der „Punkte" ist die an sich *quadratische* Abhängigkeit gut erkennbar.

8.5.1.2. Anzeigeeinheiten mit interner Ansteuerlogik

Typische am Markt erhältliche **7-Segment-Anzeigeeinheiten mit interner Ansteuerlogik** vereinen in einem 16poligen *Dual-in-line-* Gehäuse ein TTL-MSI-Chip und eine LED-Anzeige des Typs CA einschließlich linkem oder rechtem Dezimalpunkt. Die **DTL/TTL-kompatible MSI-Schaltung** enthält entweder

a) **Eingangsspeicher, Dekodierer** und **Treiber** (z.B. TIL 308 und TIL 309 von *Texas Instruments* oder 745-0008 von *Dialight Corp.*) oder
b) **BCD-Zähler, Zwischenspeicher, Dekodierer** und **Treiber** (z.B. TIL 306 und TIL 307 von *Texas Instruments* oder 745-0009 von *Dialight Corp.*).

Bild 8.66 zeigt für die Anzeigeeinheit TIL 309 das Blockschaltbild. Mit Hilfe von Tafel 8.11 läßt sich leicht klar machen, welchen Einfluß die Steuereingänge LT, BI und LS auf die Anzeige haben:

Im „normalen" Betrieb — die Anzeige folgt den an den Eingängen A_3 bis A_0 und DP anliegenden Bitmustern — haben der **Lampentesteingang** LT (*LED test input*) sowie der **Ausblendungseingang** BI (*blanking input*) H-Pegel und der **Freigabeeingang** LS (*latch strobe input*) L-Pegel. Liegt der Lampentesteingang auf L-Potential, so leuchten alle Segmente und der Dezimalpunkt auf. Die Anzeige verlischt, wenn bei LT hoher und bei BI niedriger Logikpegel anstehen.
Insgesamt 86 Gatter befinden sich auf dem MSI-Chip der Anzeigeeinheit TIL 307, deren Blockschaltung Bild 8.67 zeigt. Die Eingänge bzw. Ausgänge haben bei den angegebenen Pegeln folgende Funktionen:

Dezimalpunkteingang DP *(decimalpoint input)*
H: Dezimalpunkt leuchtet
L: Dezimalpunkt verlischt

Ausblendeingang BI *(blanking input)*
H: Anzeige verlischt, RBO geht auf L-Pegel
L: Normalbetrieb, Lichtstärkeänderung durch Impulsbreitenmodulation möglich

Übertragseingang zur Nullausblendung RBI *(ripple blanking input)*
L: Anzeige verlischt nur, wenn im 4-bit-Zwischenspeicher das Bitmuster LLLL steht; RBO geht auf L-Pegel
H: Anzeige leuchtet

Freigabeeingang LS *(latch strobe input)*
L: Bitmuster des Zählers wird in den Zwischenspeicher übernommen
H: Bitmuster im Zwischenspeicher bleibt erhalten (beständige Anzeige); der Zähler kann trotzdem weiterzählen
Rückstelleingang CL *(clear input)*
H: Normalbetrieb
L: Rückstellen und Halten des Zählers auf 0 (LLLL)
Zählerfreigabeeingang SCEI *(serial count enable input)*
L: Normalbetrieb; MC *kann* L-Pegel annehmen
H: Sperren des Zählers; MC geht auf H-Pegel
Zählerfreigabeeingang PCEI *(parallel count enable input)*
L: Normalbetrieb
H: Sperren des Zählers
Takteingang CK *(clock input)*
L → H: Erhöhen des Zählerstandes um einen Schritt, wenn SCEI und PCEI L-Pegel und CL H-Pegel haben (Normalbetrieb)
Übertragsausgang MC *(maximum count output)*
wird L: Zähler ist in Stellung 9 und SCEI hat L-Pegel
wird H: Zähler schaltet in Stellung 0
bleibt H: Zähler befindet sich in den Stellungen 1 bis 8
H: Übertrag gesperrt, wenn SCEI H-Pegel hat
Speicherausgänge Q_0 bis Q_3 *(latch outputs)*
L oder H: Das im Zwischenspeicher befindliche BCD-Zeichen steht für andere logische Verknüpfungen zur Verfügung (Q_0 = 1, Q_1 = 2, Q_2 = 4, Q_3 = 8)
Übertragsausgang zur Nullausblendung RBO *(ripple-blanking output)*
L: Signal für RBI der nächsten Dekade, wenn BI H-Pegel hat oder, wenn an RBI L-Pegel anliegt und im Zwischenspeicher eine 0 steht.
H: RBI der nächsten Dekade bleibt unbeeinflußt

Wie sich mit dieser Anzeigeeinheit **mehrstellige Anzeigefelder** aufbauen lassen, wird im Abschnitt „Ansteuerverfahren" behandelt.

Bei allen erwähnten Anzeigeeinheiten sind die Segmenttreiber für $I_{F\,LED}$ ≈ 15 mA und die Dezimalpunkttreiber für $I_{F\,DP}$ ≈ 7 mA ausgelegt, so daß sich für die Lichtstärke einer „8" (alle Segmente leuchten) typisch 1200 (min. 700) µcd

Eingänge								Ausgänge					Anzeige
LT	BI	LS	A_3	A_2	A_1	A_0	DP	Q_3	Q_2	Q_1	Q_0	Q_{DP}	
L	X	X	X	X	X	X	X	X	X	X	X	X	8.
H	H	H	X	X	X	X	X	beständig					BEST.
H	H	L	L	L	L	L	L	L	L	L	L	L	0
H	H	L	L	L	L	H	H	L	L	L	H	H	1.
H	H	L	L	L	H	L	L	L	L	H	L	L	2
H	H	L	L	L	H	H	H	L	L	H	H	H	3.
H	H	L	L	H	L	L	L	L	H	L	L	L	4
H	H	L	L	H	L	H	H	L	H	L	H	H	5.
H	H	L	L	H	H	L	L	L	H	H	L	L	6
H	H	L	L	H	H	H	H	L	H	H	H	H	7.
H	H	L	H	L	L	L	L	H	L	L	L	L	8
H	H	L	H	L	L	H	H	H	L	L	H	H	9.
H	H	L	H	L	H	L	L	H	L	H	L	L	A
H	H	L	H	L	H	H	H	H	L	H	H	H	-.
H	H	L	H	H	L	L	L	H	H	L	L	L	C
H	H	L	H	H	L	H	H	H	H	L	H	H	.
H	H	L	H	H	H	L	L	H	H	H	L	L	E
H	H	L	H	H	H	H	H	H	H	H	H	H	F.
H	L	X	X	X	X	X	X	X	X	X	X	X	BLANK

BEST. : Beständige Anzeige
BLANK : Keine Anzeige
H : Hoher Pegel
L : Niedriger Pegel
X : H- oder L-Pegel

Tafel 8.11 Funktionstabelle der 7-Segment-LED-Anzeigeeinheit mit rechtem Dezimalpunkt von Bild 8.66. Für den Dezimalpunkteingang DP wurde abwechselnd L- bzw. H-Pegel gewählt

und für die Lichtstärke eines Dezimalpunktes typisch 70 (min. 40) µcd ergeben. Führen alle Segmente Strom, so beträgt die Verlustleistung immerhin 850 mW.

8.5.1.3. Ansteuerverfahren

Da in der Regel Anzeigeeinheiten zu Anzeigefeldern zusammengefaßt werden, erhebt sich die Frage, wie sich solche mehrstelligen Anordnungen (am kostengünstigsten) ansteuern lassen. Ohne zunächst auf die schaltungsmäßige Realisierung im Detail einzugehen, stellt deshalb dieser

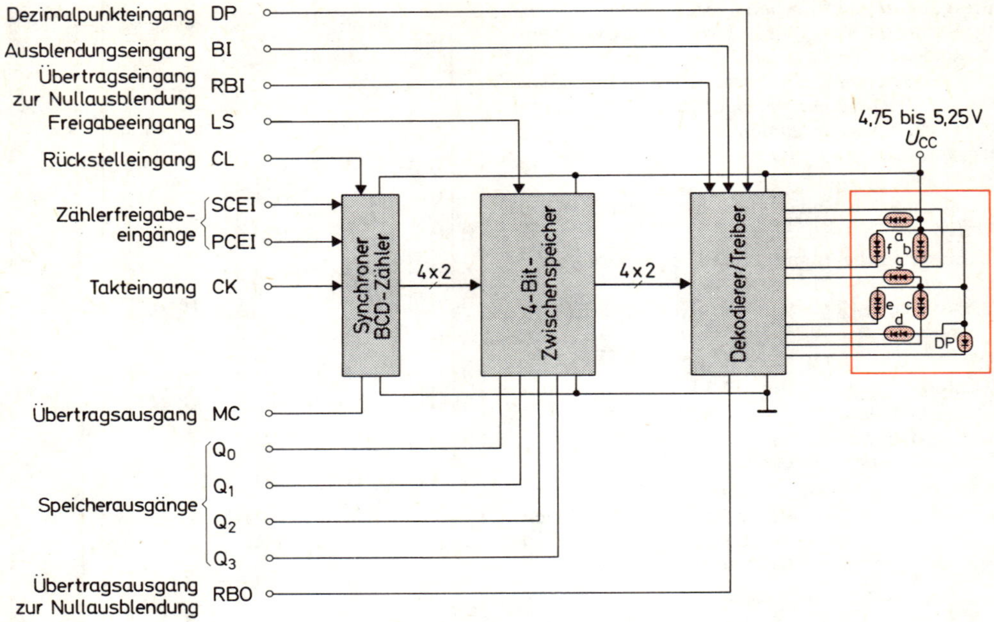

Bild 8.67 Blockschaltbild einer 7-Segment-LED-Anzeigeeinheit mit interner, aus BCD-Zähler, Zwischenspeicher, Dekodierer und Treiber bestehenden Ansteuerlogik (z.B. TIL 307 von Texas Instruments, *6,86 mm Zeichenhöhe)*

Tafel 8.12 Art und Anzahl der zum Betreiben eines *n*-stelligen 7-Segment-Anzeigefeldes benötigten Funktionsbausteine für sechs unterschiedliche Ansteuerverfahren

Informationseingabe	zeichenparallel, bitparallel			zeichenseriell, bitparallel		
Funktionsbaustein / Bild	8,68	8,69	8,70	8,71	8,72	8,73
Steuerung	-	ja	ja	ja	ja	ja
Eingangs- bzw. Zwischenspeicher	n · 4 Bit	n · 4 Bit	n · 7 Bit	n · 4 Bit	4 · n Bit	n · 7 Bit
Zeichenauswahl	-	1-aus-n	1-aus-n	1-aus-n*	1-aus-n**	1-aus-n***
Parallel-Serien-Wandler	-	-	-	-	-	7 Bit
BCD-7-Segment-Dekodierer	n	1	1	n	1	1
Segmenttreiber	n · 7	7	n · 7	n · 7	7	n · 7
Zeichentreiber	-	n	-	-	n	-
Zeichentreiberauswahl	-	1-aus-n	-	-	1-aus-n	-

* mit Eingangsspeicher realisiert

** mit Ringschieberegister realisiert

*** mit Schieberegister realisiert

Legende: Parallelbetrieb (8,68; 8,71) · Multiplexbetrieb (8,69; 8,72) · Gemischter Betrieb (8,70; 8,73)

Abschnitt **sechs unterschiedliche Ansteuerverfahren** gegenüber. Dabei wird stets davon ausgegangen, daß die **4 bit (BCD-Kode) eines Zeichens** *parallel* zur Verarbeitung anstehen. Ob aber die Zeichen selbst dem Anzeigefeld parallel oder seriell zugeführt werden, beeinflußt die Schaltungskonfiguration wesentlich.
Tafel 8.12 faßt für ein *n*-stelliges Anzeigefeld zusammen, welche und wieviele Funktionsbausteine bei *zeichenparalleler* und *zeichenserieller* Informationseingabe benötigt werden, wobei jeweils zwischen *Parallelbetrieb, Multiplexbetrieb* und *gemischtem Betrieb* unterschieden wird.

Parallelbetrieb heißt, daß alle 7-Segment-LED-Anzeigeeinheiten parallel, d.h. zum gleichen Zeitpunkt angesteuert werden. Beim **Multiplexbetrieb** geschieht das Ansteuern der Anzeigeeinheiten zyklisch sequentiell, da einige Funktionsbausteine gemeinsam benutzt werden. Der **gemischte Betrieb** vereinigt in sich Merkmale der beiden zuerst genannten Betriebsarten.

Welcher Schaltungsvariante in der Praxis der Vorzug gegeben werden soll, läßt sich nur nach genauer Kenntnis der Aufgabenstellung entscheiden. Hinzu kommt, daß der hohe Integrationsgrad und die Komplexität verfügbarer digitaler Schaltungen in erheblichem Maße mitbestimmend sind.

8.5.1.3.1. Zeichenparallele Informationseingabe

Die bei **zeichenparalleler Informationseingabe** in Abhängigkeit von der Betriebsart zu betrachtenden **Ansteuervarianten** zeigen die Bilder 8.68 bis 8.70. Typisch für den **Parallelbetrieb** ist (siehe Bild 8.68), daß *je* Anzeigeeinheit ein 4-bit-Eingangsspeicher, ein BCD-7-Segment-Dekodierer sowie sieben Segmenttreiber benötigt werden, und daß durch die Segmentdioden Gleichstrom fließt (DC-Betrieb). Dieser Ansteueraufwand ist bei bis zu 4stelligen Anzeigefeldern durchaus vertretbar.
Oberhalb dieser Stellenanzahl sollte der **Multiplexbetrieb** in Betracht gezogen werden, bei dem sich für das *gesamte* Anzeigefeld die Anzahl der BCD-7-Segment-Dekodierer und Segmenttreiber auf 1 bzw. 7 reduziert. Allerdings sind jetzt gegenüber dem Parallelbetrieb zusätzliche Funktionsbausteine erforderlich: *Taktgeber, Zeichenzähler, Zeichenauswahl, Zeichentreiber, Zeichentreiberauswahl.*

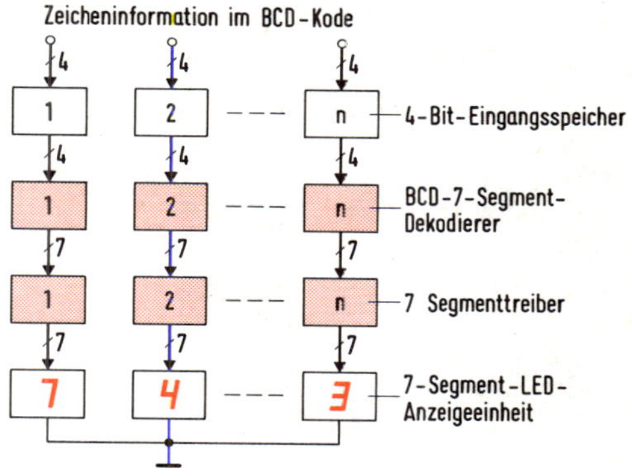

Bild 8.68 Prinzipschaltung für den Parallelbetrieb eines n-stelligen Anzeigefeldes bei zeichenparalleler Informationseingabe

Die Funktionsweise läßt sich leicht aus Bild 8.69 ableiten:
Angesteuert vom **Zeichenzähler** sorgen die **Zeichenauswahl** *(Eingangsmultiplexer)* bzw. die **Zeichentreiberauswahl** *(scan decoder)* dafür, daß einerseits die in den 4-bit-Eingangsspeichern stehenden Bitmuster *nacheinander* dem BCD-7-Segment-Dekodierer zugeführt werden. Korrespondierend damit bewirken sie andererseits, daß nacheinander die **Zeichentreiber** aktiviert werden. Zu einem gegebenen Zeitpunkt fließt also nur durch die Segmente *einer* Anzeigeeinheit — nämlich der ausgewählten — Strom (Impulsbetrieb der LED). Ist die **Abtastrate** genügend hoch, so erscheint dem menschlichen Auge ein stehendes Bild der angezeigten Ziffern.

Bereits jetzt sei darauf hingewiesen, daß der **Multiplexbetrieb** — gleiche Lichtstärke der Segmente vorausgesetzt — (viel) höhere Segmentdurchlaßströme als der Parallelbetrieb zur Folge hat. Um zu vermeiden, daß bei **Taktausfall** *(Impulsbetrieb wird zum Gleichstrombetrieb!)* die maximal zulässige mittlere Verlustleistung der Treiber und Anzeigeeinheiten überschritten wird, müssen deshalb entsprechende **Schutzmaßnahmen** vorgesehen werden.

Den eben genannten Nachteil vermeidet der **gemischte Betrieb** (siehe Bild 8.70): Zwar wird die Eingangsinformation im Zeitmultiplex auf den

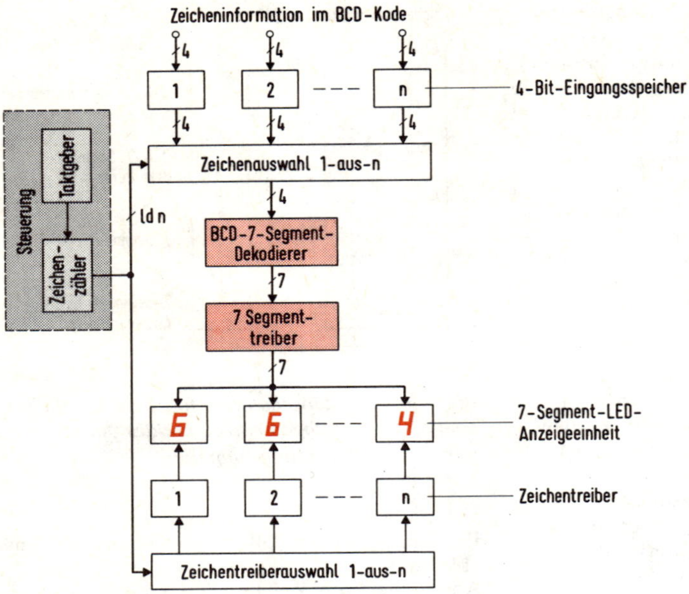

Bild 8.69 Prinzipschaltung für den Multiplexbetrieb eines n-stelligen Anzeigefeldes bei zeichenparalleler Informationseingabe

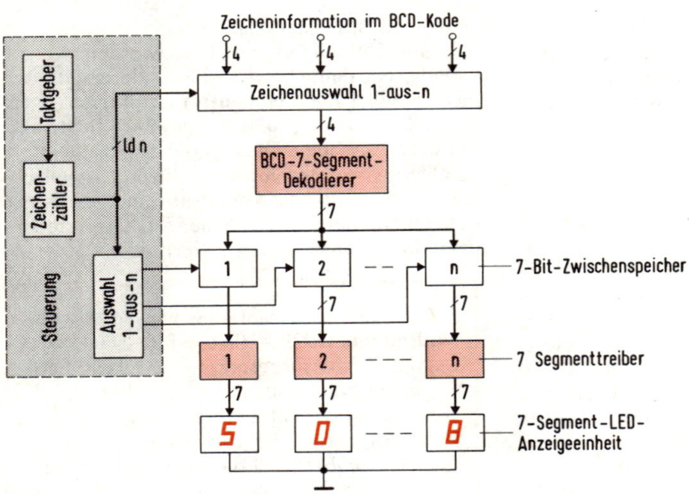

Bild 8.70 Prinzipschaltung für den gemischten Betrieb eines n-stelligen Anzeigefeldes bei zeichenparalleler Informationseingabe

BCD-7-Segment-Dekodierer geschaltet, aber nach dem Dekodierer sind für *jede* Anzeigeeinheit ein 7-bit-Zwischenspeicher und sieben Segmenttreiber vorhanden, so daß wieder – wie beim Parallelbetrieb – mit niedrigerem Durchlaßdauerstrom gerechnet werden kann [80].

In den Bildern 8.69 und 8.70 wurde als Zeichenzähler ein Binärzähler angenommen, so daß sich für $n = 8$ (ld 8 = ${}^2\log 8 = 3$) drei Leitungen zu den Auswahlschaltungen ergeben.

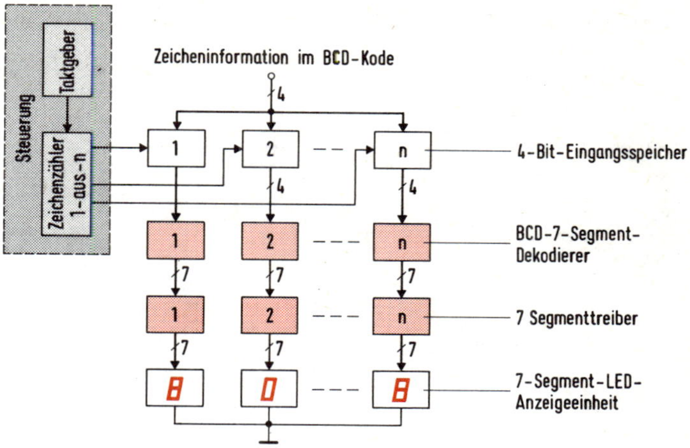

Bild 8.71 Prinzipschaltung für den Parallelbetrieb eines n-stelligen Anzeigefeldes bei zeichenserieller Informationseingabe

8.5.1.3.2. Zeichenserielle Informationseingabe

Die für die **zeichenserielle Informationseingabe** in Betracht gezogenen Konfigurationen zeigen die Bilder 8.71 bis 8.73. Beim **Parallelbetrieb** „verteilt" ein 1-aus-*n*-Zähler die sequentiell aber bitparallel ankommenden Zeicheninformationen auf die *n* 4-bit-Eingangsspeicher, so daß nach beendetem Einspeichern alle Anzeigeeinheiten *gleichzeitig* leuchten. Für **Aufwandsabschätzungen** ist der Hinweis wichtig, daß es TTL/MSI-Schaltungen gibt, die Zwischenspeicher, Dekodierer und Treiber für eine Anzeigeeinheit in einem 14poligen *Dual-in-line*-Gehäuse vereinen (z.B. 9368 und 9370 von *Fairchild Semiconductor*).

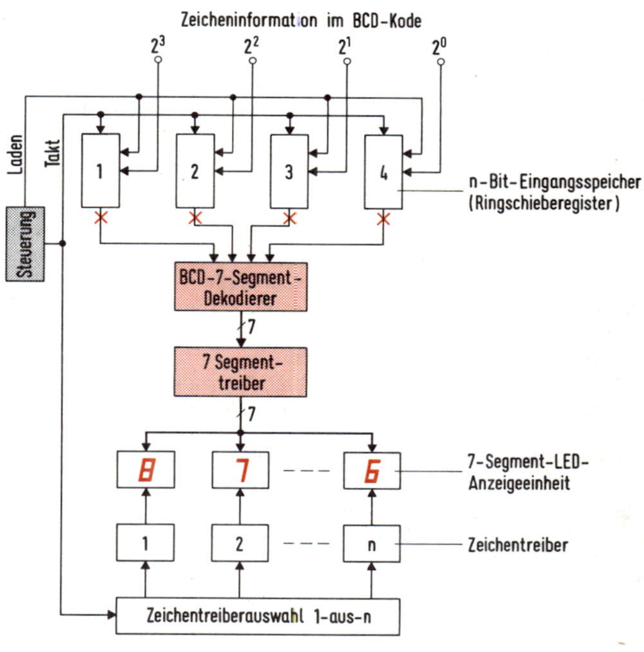

Bild 8.72 Prinzipschaltung für den Multiplexbetrieb eines n-stelligen Anzeigefeldes bei zeichenserieller Informationseingabe

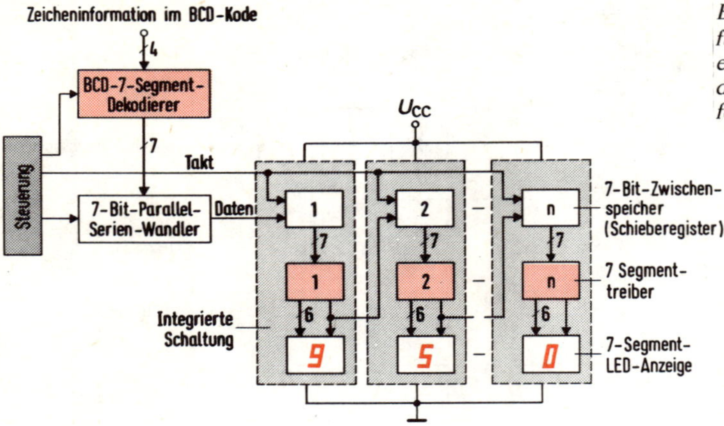

Bild 8.73 Prinzipschaltung für den gemischten Betrieb eines n-stelligen Anzeigefeldes bei zeichenserieller Informationseingabe

Wie beim Parallelbetrieb (vergleiche Bilder 8.68 und 8.71), ließe sich auch die **Multiplexanordnung** des Bildes 8.69 durch eingangsseitiges Hinzufügen eines 1-aus-*n*-Zeichenzählers für zeichenserielle Informationseingabe modifizieren. Bild 8.72 zeigt aber eine **kostengünstigere Lösung,** bei der die Zeicheninformationen in vier *n*-stelligen Schieberegistern gespeichert werden [85]. Die zu einem BCD-Zeichen gehörenden Bits stehen an *gleichen* Stellen in den Registern. Da es sich um Ringschieberegister handelt, erscheinen nach beendetem Laden die BCD-Bitmuster nacheinander an den Eingängen des BCD-7-Segment-Dekodierers.

Synchron hierzu aktiviert die Zeichentreiberauswahl – es handelt sich um ein **Ringschieberegister,** in dem *ein* Bit geschoben wird – den jeweils dazugehörenden Zeichentreiber.
Ohne Änderungen in der Steuerung vorzunehmen, läßt sich der **Eingangsspeicher** von Bild 8.72 auf einfache Weise **erweitern:** Für jede zusätzliche Zeicheninformation braucht nur an den mit rotem „X" markierten Stellen, ein 4-bit-Parallelschieberegister eingefügt zu werden.
Noch einfacher lassen sich in „beliebiger" Anzahl die Anzeigeeinheiten beim **gemischten Betrieb** aneinanderreihen. Wie bei zeichenserieller Informationseingabe ist jedem Segment eine Speicherzelle zugeordnet (siehe Bild 8.73), so daß der Impulsbetrieb entfällt. Allerdings formen diesmal die zu einer Anzeigeeinheit gehörenden Speicherzellen ein Schieberegister mit seriellem Eingang und parallelen Ausgängen. Auf das gesamte Anzeigefeld bezogen, ergeben *n* 7-bit-Schieberegister *ein* zusammenhängendes Schieberegister mit *n* · 7 bit, wobei jeweils der letzte der parallelen Ausgänge als Eingang für das nächste 7-bit-Register dient. Dieser modulare Aufbau ist wie geschaffen zur Integration [70, 89, 94]. So wurden bereits Anzeigeeinheiten realisiert, bei denen die Segment-LED direkt aus MOS-Schieberegistern – LED und MOS-Schaltungen befinden sich auf demselben Keramiksubstrat – mit Strom (Gleichstrombetrieb!) versorgt werden. Sehr günstig ist auch, daß nur noch 5 externe Anschlüsse für die gesamte Einheit erforderlich sind.

Zusammenfassung

Nur nach einer eingehenden Analyse der Aufgabenstellung läßt sich entscheiden, welches Ansteuerverfahren technisch und wirtschaftlich am günstigsten ist. Hierbei sollten u.a. folgende Punkte beachtet werden:
- □ Liegen die Zeicheninformationen in serieller oder paralleler Form vor?
- □ Anzahl der Anzeigeeinheiten?
- □ Verfügbare integrierte Schaltungen (MOS, MSI, LSI)?
- □ Kostenvergleich zwischen Dekodierer/Treibern und „Multiplexer" (Steuerung, Auswahlschaltungen);
- □ Sind z.B. Taktgeber und Umlaufspeicher im übrigen System bereits vorhanden?
- □ Gewünschte Lichtstärke?
- □ Vergleich der benötigten Segmentströme bei Gleichstrom- oder Impulsbetrieb;
- □ Ausgangsströme der integrierten Schaltungen?
- □ Welche Stromquelle (z.B. Batterie) steht zur Verfügung?

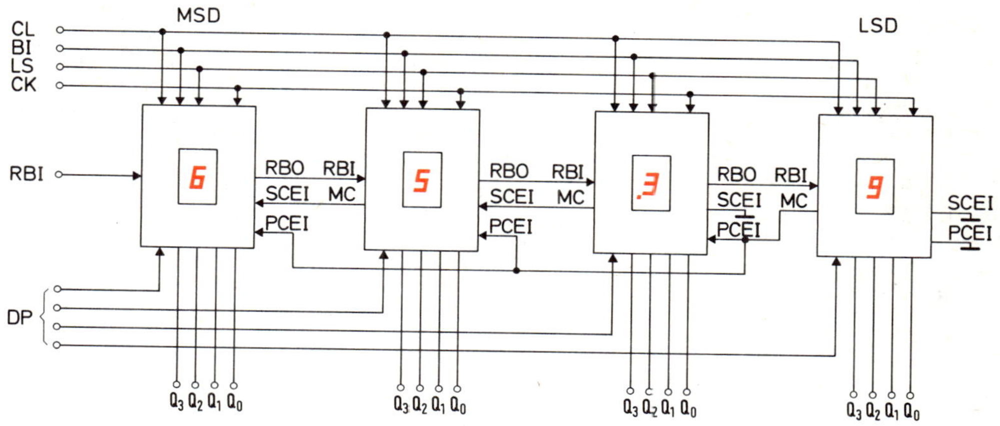

Bild 8.74 Schaltbild eines 4stelligen Anzeigefeldes aus Anzeigeeinheiten mit interner Logik (synchroner BCD-Zähler, Zwischenspeicher, Dekodierer/Treiber. MSD (most significant digit)*: Ziffer mit höchstem Stellenwert, LSD* (least significant digit)*: Ziffer mit niedrigstem Stellenwert*

- ☐ Zulässige Gesamtverlustleistung?
- ☐ Vorhandenes Einbauvolumen?
- ☐ Minimisierung der externen Verbindungen?

8.5.1.3.3. Anzeigeeinheiten mit interner Logik

Mit Anzeigeeinheiten, deren interne Logik aus Eingangsspeicher, Dekodierer und Treibern besteht (siehe Bild 8.66), lassen sich ohne großen zusätzlichen Aufwand für den Parallelbetrieb (siehe Bilder 8.68 und 8.71) geeignete **Anzeigefelder** aufbauen. Ob bei zeichenserieller Informationseingabe die Steuereingänge BI, LT und LS benutzt werden, hängt von der Aufgabenstellung ab. Bei der zeichenseriellen Informationseingabe müssen auf jeden Fall die Freigabeeingänge LS mit den Ausgängen des Zeichenzählers 1-aus-*n* verbunden sein (siehe Bild 8.71).

Das Schaltbild eines 4stelligen Anzeigefeldes mit Zählfunktion [121], d.h. unter Verwendung der Anzeigeeinheit von Bild 8.67, zeigt Bild 8.74. Die Schaltung hat folgende Eigenschaften:

- ☐ Synchrones Zählen (über Takteingang CK) mit Übertrag von der nächstniedrigen Stelle *(look-ahead counting);*
- ☐ Ausblenden der führenden Nullen (mit Übertragseingang zur Nullausblendung RBI);
- ☐ Ausblenden des gesamten Anzeigefeldes oder Lichtstärkemodulation (mit Ausblendungseingang BI);
- ☐ Paralleles Rückstellen des gesamten Zählers (Anzeigefeldes) auf Null (mit Rückstelleingang CL);
- ☐ Anzeige eines Zählergebnisses unabhängig vom darauffolgenden Zählvorgang (mit Freigabeeingang LS);
- ☐ Getrenntes Ansteuern der Dezimalpunkte (über Dezimalpunkteingänge DP);
- ☐ Parallele Ausgänge des Zählergebnisses (der Anzeige) für weitere logische Verknüpfungen (4mal Ausgänge O_3 bis Q_0).

Die Stellenanzahl des Anzeigefeldes läßt sich sehr einfach durch Einfügen weiterer Anzeigeeinheiten mit interner Logik — etwa nach der MSD-Einheit — erhöhen.

8.5.1.3.4. Dezimalpunkte

Wie bereits erwähnt, gibt es 7-Segment-LED-Anzeigeeinheiten mit mittigem (siehe Bild 8.11) oder linkem bzw. rechtem Dezimalpunkt (siehe Bild 8.12). Daß die Dezimalpunkt-LED auch beim Multiplexverfahren nicht anders als die Segmentdioden betrieben werden, verdeutlichen die Bilder 8.75 und 8.76.

Bei **Anzeigeeinheiten mit mittigem Dezimalpunkt** ist jedoch folgendes zu beachten: wird ein Dezimalpunkt angesteuert, so muß *gleichzeitig* an den Eingängen des Dekodierers *das* Bitmuster anstehen, das *keinen* der Segmenttreiber aktiviert. Dieses „Blank“-Bitmuster hängt vom verwendeten Dekodierer ab. Anstelle einer Ziffer leuchtet also der Dezimalpunkt.

Anders bei **Anzeigeeinheiten mit rechtem oder**

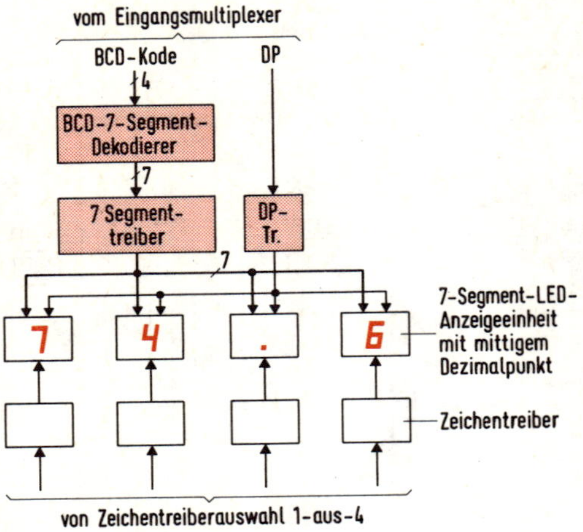

Bild 8.75 Ausschnitt aus der Ansteuerung eines 3stelligen Anzeigefeldes mit mittigen Dezimalpunkten für Multiplexbetrieb

linkem Dezimalpunkt: hier leuchten die anzuzeigende Ziffer *und* der Dezimalpunkt, wenn der entsprechende Zeichentreiber ausgewählt ist und die dazugehörenden 5 bit vom Eingangsmultiplexer durchgeschaltet sind.

Anzeigefelder mit mittigen Dezimalpunkten erfordern zwar eine Anzeigeeinheit mehr, lassen sich aber besser ablesen.

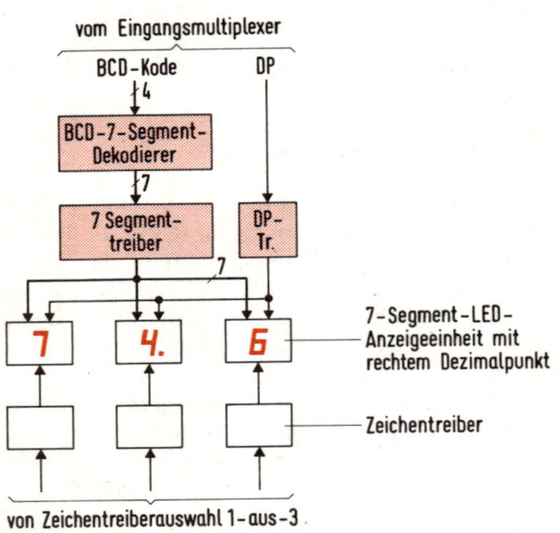

Bild 8.76 Ausschnitt aus der Ansteuerung eines 3stelligen Anzeigefeldes mit rechten Dezimalpunkten für Multiplexbetrieb

Ebenfalls leichter lassen sich Zahlen ablesen, bei denen die **führenden Nullen** und **bedeutungslosen Nullen** nach dem Dezimalpunkt ausgeblendet sind (z.B. 0025.4600 bzw. 25.46).

Bild 8.77 zeigt für den Parallelbetrieb anhand eines 6stelligen **Anzeigefeldes** mit *gleitendem* **Dezimalpunkt,** welcher zusätzliche Schaltungsaufwand benötigt wird [150]. Die Dezimalpunktauswahl markiert jeweils nur *eine* DP-Leitung mit High-Potential. Die übrigen vier Auswahlleitungen haben Low-Pegel. Wie sich ohne weiteres nachprüfen läßt, ist die Logik unter Verwendung der Dekodierer/Treiber-Eingänge RBI *(ripple blanking input* = Übertragseingang zur Nullausblendung) und der -Ausgänge RBO *(ripple blanking output* = Übertragsausgang zur Nullausblendung) so ausgelegt, daß zwar führende Nullen und Nullen hinter der letzten Ziffer nicht angezeigt werden, aber das „Ergebnis“ 0.0 dargestellt wird.

Hinweis: Die Funktionstabelle eines Dekodierer/Treibers gibt Tafel 8.14 wieder.

Durch Einfügen weiterer Dekodierer/Treiber, Anzeigeeinheiten und Gatter zwischen der vierten und fünften Stelle (erste Stelle = MSD) lassen sich nach dem aufgezeigten Schema auch Anzeigefelder mit mehr als sechs Dekaden realisieren.

8.5.1.4. Treiberschaltungen für Anzeigeeinheiten mit gemeinsamen Anoden

7-Segment-LED-Anzeigeeinheiten mit gemeinsamen Anoden (Typ CA) benötigen zum Ansteuern Treiber, deren Ausgangsstufen im Zustand Low aktiv sind und die einen genügend hohen *hineinfließenden* Strom vertragen. Wie ein Blick auf Tafel 8.13 zeigt, wird eine Vielzahl hierfür geeigneter integrierter Schaltungen von den Halbleiterherstellern angeboten, die nicht nur 7 Treiber beinhalten, sondern je nach Typ auch die Funktionen *Dekodieren, Zwischenspeichern* und/oder *Zählen* erfüllen. In jedem Falle sind aber die Funktionen **Dekodieren** und **Treiben** realisiert.

Aus Bild 8.78 erkennt man wie sich im *Prinzip* ein solcher **BCD-7-Segment-Dekodierer/Treiber** mit einer Anzeigeeinheit vom **Typ CA** zusammenschalten läßt. Die Ausgangstreiber a bis g *(Stromsenken)* sollen dabei die Segmentströme $I_{F\,SEG}$ auf den zulässigen bzw. gewünschten Wert begrenzen. An den Eingängen A_0 bis A_3 werden die im BCD-Kode verschlüsselten Dezimalziffern eingegeben. Die übrigen drei Steueranschlüsse haben folgende Funktionen:

Tafel 8.13 Übersicht über BCD-7-Segment-Umsetzer der Firmen *Dialight Corp., Fairchild Semiconductor, Intermetall, Monsanto, Motorola, National Semiconductor, Siemens, Signetics, Solid State Scientific Inc., Teledyne Semiconductor* **und** *Texas Instruments*

Funktion der BCD-7-Segment-Umsetzer	Ausgänge a bis g	Aktiver Zustand der Ausgänge a bis g: High	Low
Dekodieren: BCD → x-aus-7 Treiben: einige mA	offener Kollektorausgang	5449, 7449, SN 5449, SN 7449, 9359	
	Ausgang mit Kollektorwiderstand	5448, 7448, SN 5448, SN 7448, 9307, 9358, 704-1554, MSD 101, FLH 551, FLH 555, 8 TO 5	
Dekodieren: BCD → x-aus-7 Treiben: einige 10 mA	offener Kollektorausgang	8 TO 6	5446, 7446, SN 5446 A, SN 7446 A, SN 54 L 46, SN 74 L 46 5447, 7447, SN 5447 A, SN 7447 A, SN 54 L 47, SN 74 L 47, 9317, 704-1549, MSD 047, HiNIL 383, FLL 121, FLL 121 T, FLL 121 U, FLL 121 V, 8 TO 4
	Ausgang mit Emitterwiderstand	MSD 102	
Zwischenspeichern: 4 bit Dekodieren: BCD → x-aus-7 Treiben: einige mA	CMOS-Inverterausgang	MC 14543 AL, MC 14543 CL, MC 14543 CP	
Zwischenspeichern: 4 bit Dekodieren: BCD → x-aus-7 Treiben: einige 10 mA	offener Kollektorausgang		9370
	offener Emitterausgang	9369	
	CMOS-Inverter mit Emitterfolger	MC 14511 AL, MC 14511 CL, MC 14511 CP	
	offener Emitterausgang (Strombegrenzung)	9368	
Zählen: dezimal (BCD) Zwischenspeichern: 4 bit Dekodieren: BCD → x-aus-7 Treiben: einige 10 mA	offener Kollektorausgang		SN 54144, SN 74144, MC 54450, MC 74450
	offener Kollektorausgang (Konstantstrom)		SN 54143, SN 74143
	offener Emitterausgang	MC 4051 P, SCL 4425 A*, SCL 4433 A*	

* zählt mit Johnson-Zähler

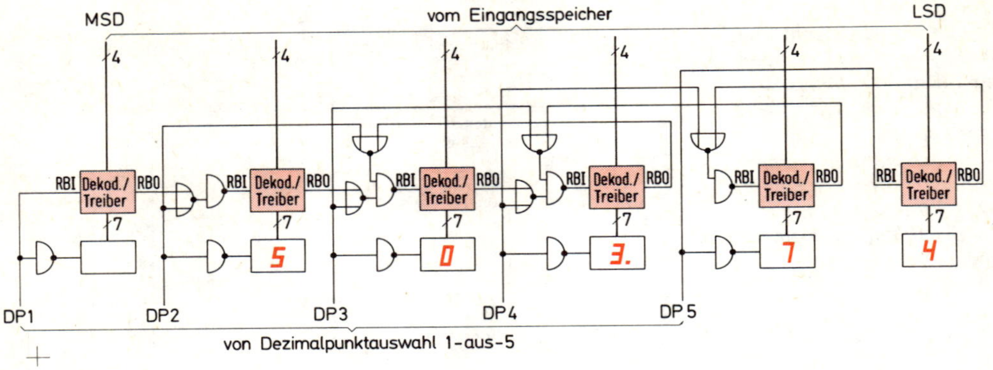

Bild 8.77 Ausschnitt aus der Ansteuerung eines 6stelligen Anzeigefeldes mit (rechtem) Gleitpunkt und Nullenausblendung für Parallelbetrieb

- □ mit dem Lampentesteingang LT können zu Kontrollzwecken alle Segmente zum Leuchten gebracht werden;
- □ Mit dem Übertragseingang zur Nullausblendung RBI läßt sich das Anzeigen der Ziffer „0" unterdrücken;

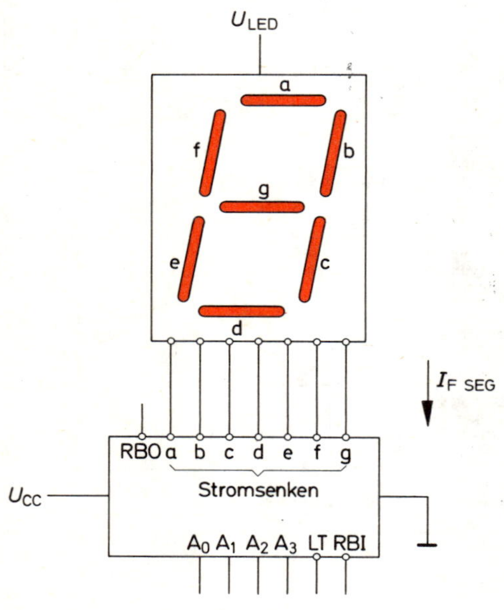

Bild 8.78 Prinzipschaltbild für das Ansteuern einer 7-Segment-Anzeigeeinheit des Typs CA mit einem BCD-7-Segment-Dekodierer/Treiber

- □ Der Anschluß RBO hat eine Doppelfunktion. Er dient als Eingang zum Beeinflussen der Segmentlichtstärke (periodisches Verdunkeln oder völliges Abschalten) und als Ausgang zum Ansteuern der Eingänge RBI benachbarter Dekodierer/Treiber, um nicht benötigte Nullen zu unterdrücken.

Tafel 8.14 faßt das Gesagte anhand der Funktionstabelle eines typischen Dekodier/Treibers zusammen. In Verbindung mit Bild 8.79 wird die Arbeitsweise dieses Dekodierers/Treibers noch deutlicher *(Hinweis:* Dieser Dekodierer/Treiber hat Treiberausgänge mit offenem Kollektor, die Segmentdurchlaßströme müssen also extern begrenzt werden).

Welche Ausgangsstufen bei den in Tafel 8.13 aufgeführten **TTL-Schaltungen** vorhanden sind, und welche zusätzlichen externen Bauelemente benötigt werden, zeigt im Detail Bild 8.80. Man beachte, daß jeweils nur eine der sieben Ausgangsstufen der Dekodierer/Treiber dargestellt ist.

Da die Durchlaßspannungen der Segmentdioden untereinander geringfügig differieren, können sich, wenn die LED gemeinsam an einer Spannungsquelle betrieben werden, unterschiedliche Helligkeiten der einzelnen Segmente einstellen. Um dies zu vermeiden, ist es zweckmäßig, zwischen den offenen Kollektorausgängen der Dekodierer/Treiber und den Katoden der Segment-LED einzelne **Strombegrenzungswiderstände** einzufügen (siehe Bild 8.80 a). Allerdings kommt man auch ohne Strombegrenzungswiderstände aus, wenn die LED-Katoden direkt mit den Kollektoren verbunden sind und die gemeinsamen Anoden über zwei in Reihe geschaltete Dioden an der Versorgungsspannung U_{CC} liegen (siehe Bild 8.80 b). Die Helligkeitsunterschiede zwischen den Segmenten sind dann vernachlässigbar klein [150].

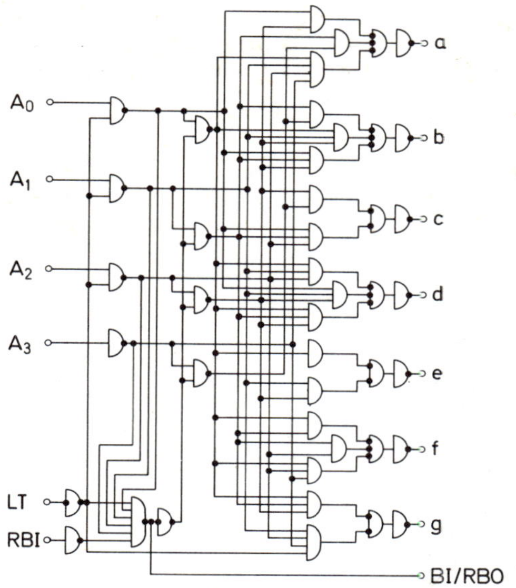

A_0, A_1, A_2, A_3 : Dateneingänge
LT : Lampentesteingang
RBI : Übertragseingang zur Nullausblendung
a, b, c, d, e, f, g : Segmentausgänge
BI/RBO : Ausblendungseingang oder Übertragsausgang zur Nullausblendung

Bild 8.79 Funktionsschaltbild des BCD-7-Segment-Dekodierer/Treibers MIC 7447 von Intermetall

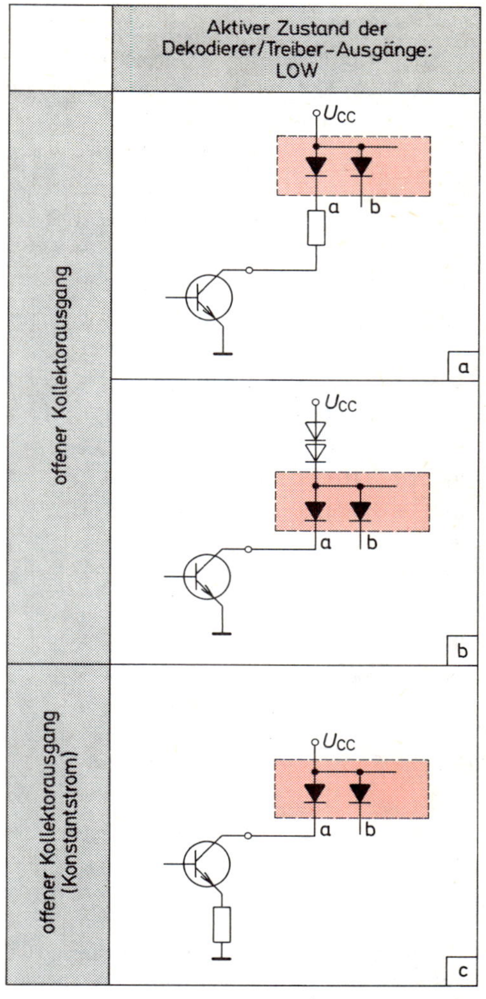

Bild 8.80 Übersicht über Segmenttreiberschaltungen für 7-Segment-LED-Anzeigeeinheiten des Typs CA

Die Ausgangskennlinie eines hierfür geeigneten Dekodierer/Treibers gibt Bild 8.81 wieder. Es handelt sich um den Typ 8 TO 4 von *Signetics*. Mit ihm können wie in Bild 8.80 (Schaltungsvarianten a und b) angegeben, u.a. die 7-Segment-LED-Anzeigeeinheiten Data Lit 10 von *Litronix*, MAN 1 von *Monsanto* oder SLA 1 von *Opcoa* angesteuert werden.

Ohne externe Widerstände lassen sich die BCD-7-Segment-Umsetzer SN 54143 bzw. SN 74143 mit den 7-Segment-Anzeigeeinheiten TIL 302 oder TIL 303 von *Texas Instruments* zusammenschalten. Die offenen Kollektorausgänge (siehe Bild 8.80, Schaltungsvariante c) liefern *konstante* Ströme.

Da in zunehmendem Maße in digitalen Systemen **MOS-Schaltungen** verwendet werden, sei erwähnt, daß auch mit CMOS-Invertern 7-Segment-Anzeigeeinheiten des Typs CA betrieben werden können. Hierbei sind, wie Bild 8.82 zeigt, Strombegrenzungswiderstände erforderlich. Mit welchen Ausgangsströmen gerechnet werden

Eingänge						Ausgänge								Anzeige
		BCD-Kode				Segmente							BI/	
LT	RBI	A_3	A_2	A_1	A_0	a	b	c	d	e	f	g	RBO	
L	X	X	X	X	X	L	L	L	L	L	L	L	H	8
H	L	L	L	L	L	H	H	H	H	H	H	H	L	BLANK
H	H	L	L	L	L	L	L	L	L	L	L	H	H	0
H	X	L	L	L	H	H	L	L	H	H	H	H	H	1
H	X	L	L	H	L	L	L	H	L	L	H	L	H	2
H	X	L	L	H	H	L	L	L	L	H	H	L	H	3
H	X	L	H	L	L	H	L	L	H	H	L	L	H	4
H	X	L	H	L	H	L	H	L	L	H	L	L	H	5
H	X	L	H	H	L	H	H	L	L	L	L	L	H	6
H	X	L	H	H	H	L	L	L	H	H	H	H	H	7
H	X	H	L	L	L	L	L	L	L	L	L	L	H	8
H	X	H	L	L	H	L	L	L	H	H	L	L	H	9
H	X	H	L	H	L	H	H	H	L	L	H	L	H	
H	X	H	L	H	H	H	H	L	L	H	H	L	H	
H	X	H	H	L	L	H	L	H	H	H	L	L	H	
H	X	H	H	L	H	L	H	H	L	H	L	L	H	
H	X	H	H	H	L	H	H	H	L	L	L	L	H	
H	X	H	H	H	H	H	H	H	H	H	H	H	H	BLANK
X	X	X	X	X	X	H	H	H	H	H	H	H	L*	BLANK

* BI/RBO als Eingang benutzt

BLANK : Keine Anzeige

	Eingänge	Ausgänge
H	Hoher Pegel	Aus-Zustand
L	Niedriger Pegel	Stromsenke
X	H- oder L- Pegel	——

Tafel 8.14 Funktionstabelle des BCD-7-Segment-Dekodierer/Treibers MIC 7447 von *Intermetall*

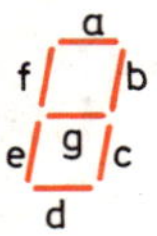

kann, verdeutlichen die Ausgangskennlinien Bild 8.83 der McMOS[1]-Schaltung *(low-power complementary* MOS) MC 14543 von *Motorola.* Für $U_{DD} \leqq 10$ V oder $I_{OL} = I_{Senke} \geqq 10$ mA sollten jedoch bipolare Transistoren als Verstärker zwischen die CMOS-Inverterausgänge und die Segmentkatoden eingefügt werden.

Eine weitere Schaltungsvariante gibt Bild 8.34 wieder: Diese Treiberstufe gehört zu der CMOS-Schaltung MC 14511 von *Motorola,* bei der CMOS-Elemente und npn-Transistoren auf einem Kristall monolithisch integriert sind. Da die Ausgänge dieser Schaltung im Zustand High aktiv sind, d.h. nur dann den nötigen Strom liefern können, müssen zum Betreiben von Anzeigeeinheiten des Typs CA Inverterstufen zwischen die Emitterausgänge und die Segmentkatoden geschaltet werden.

Für einen **Multiplexbetrieb** sind generell nichtlineare Elemente, wie Dioden, zum Entkoppeln der auf einen „Bus" geschalteten Einheiten notwendig. Diese **Entkoppeldioden** sind jedoch „automatisch" in Form der Segmentdioden in den LED-Anzeigeeinheiten vorhanden. Es ist deshalb ohne weiteres möglich, jeweils alle Segmentkatoden a, Segmentkatoden b usw. mehrerer Anzeigeeinheiten des **Typs CA** direkt miteinander zu verbinden und diese 7 „Busleitungen" an einem gemeinsamen BCD-7-Segment-Dekodierer/Treiber anzuschließen. Da die Segmentanoden jeder Anzeigeeinheit bereits zusammengefaßt sind, ergibt

[1] Handelsname von *Motorola Inc.*

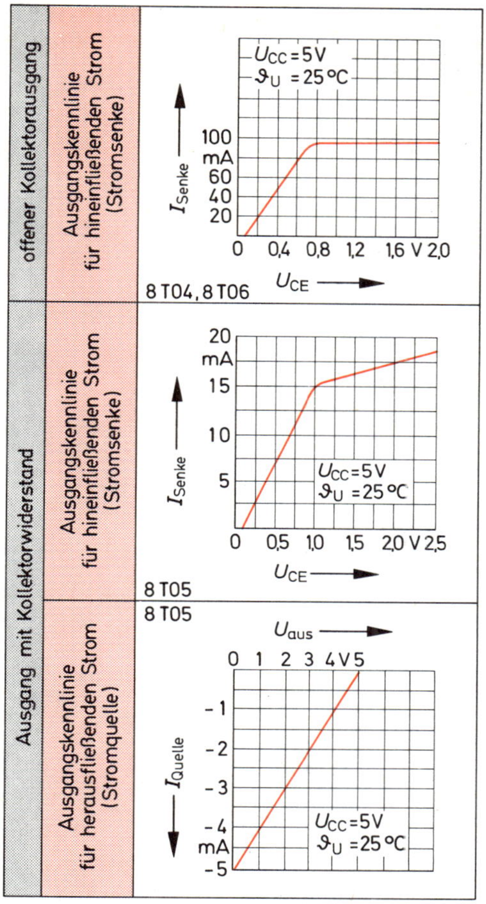

Bild 8.81 Typische Ausgangskennlinien der Ausgänge a bis g für die 7-Segment-Dekodierer/Treiber 8 TO 4, 8 TO 5 und 8 TO 6 von Signetics

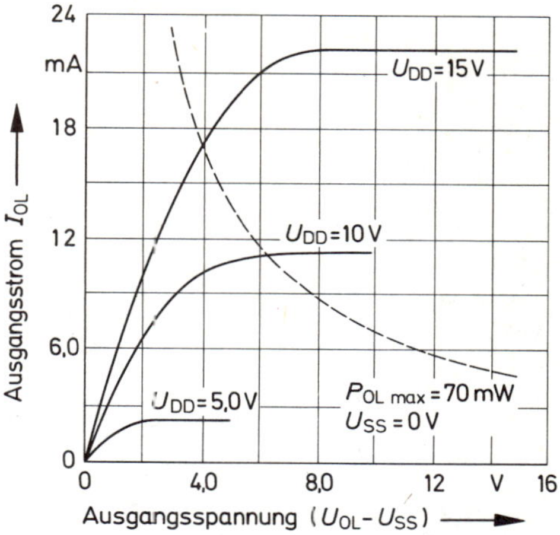

Bild 8.83 Ausgangskennlinien der CMOS-Schaltung MC 14543 von Motorola *für hineinfließenden Strom (Stromsenke)*

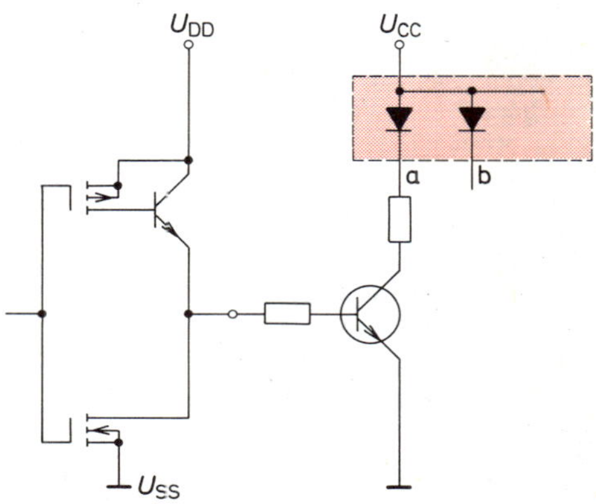

Bild 8.84 CMOS-Inverter mit Emitterfolger als Treiberstufe für 7-Segment-LED-Anzeigeeinheiten des Typs CA

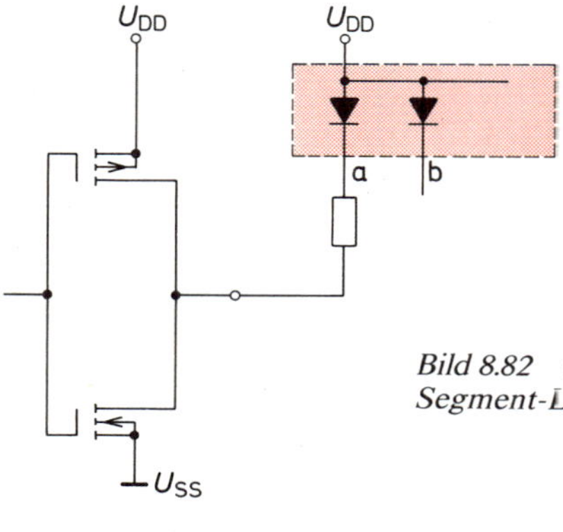

Bild 8.82 CMOS-Inverter als Treiberstufe für 7-Segment-LED-Anzeigeeinheiten des Typs CA

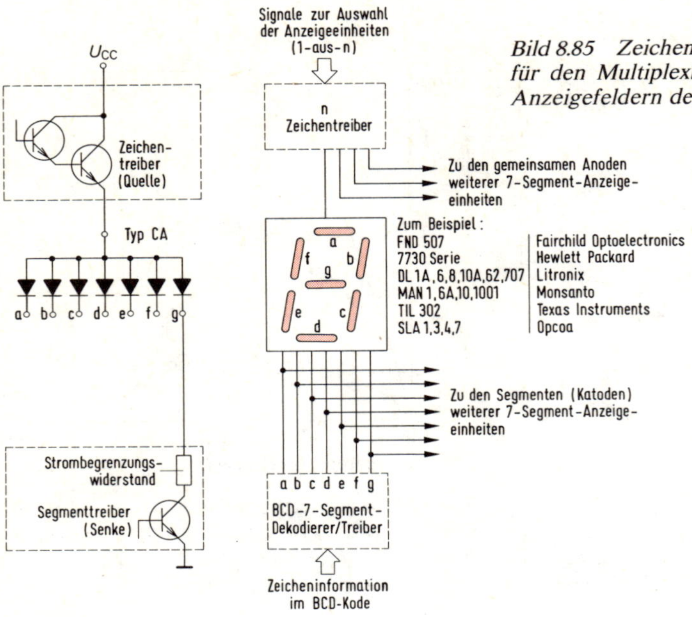

Bild 8.85 Zeichentreiber und Segmenttreiber für den Multiplexbetrieb von 7-Segment-LED-Anzeigefeldern des Typs CA

sich bei n Anzeigeeinheiten eine LED-Matrix mit n Anoden- und 7 Katodenanschlüssen. Jeder der n Anodenanschlüsse führt zu einem Zeichentreiber. Diese Zeichentreiber werden wiederum von der Zeichentreiberauswahl 1-aus-n angesteuert. Bild 8.85 veranschaulicht den Sachverhalt. Zur besseren Übersicht ist nur einer der n Zeichentreiber (Anodentreiber) und einer der 7 Segmenttreiber (Katodentreiber) dargestellt. Der als Zeichentreiberausgangsstufe *(Stromquelle)* gewählte Darlingtontransistor muß im Extremfall (alle Segmentdioden leuchten) den Summenstrom von 7 LED durchschalten können.

8.5.1.5. Treiberschaltungen für Anzeigeeinheiten mit gemeinsamen Katoden

Für 7-Segment-LED-Anzeigeeinheiten mit gemeinsamen Katoden müssen zum Ansteuern Dekodierer/Treiber zur Verfügung stehen, deren Ausgangsstufen im Zustand High aktiv sind und die einen genügend hohen herausfließenden Strom abgeben können. Das Prinzipschaltbild für das Ansteuern einer 7-Segment-Anzeigeeinheit des **Typs CC** mit einem **Dekodierer/Treiber** zeigt Bild 8.86.
Die Bedeutung der Anschlußbezeichnungen und die Funktionen der Ein- bzw. Ausgänge wurden bereits im vorangehenden Abschnitt erläutert. Es sei deshalb hierauf verwiesen.

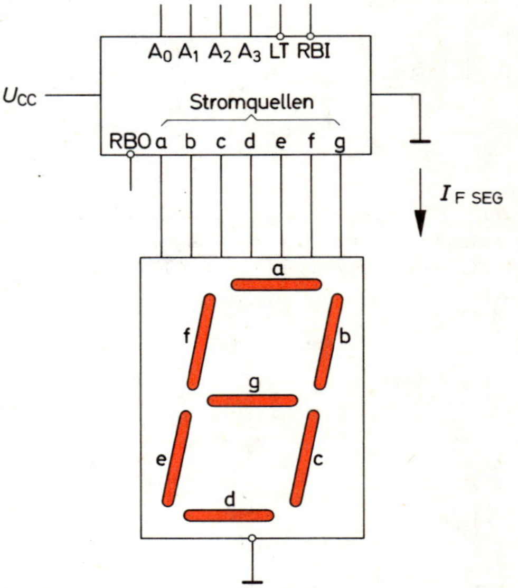

Bild 8.86 Prinzipschaltbild für das Ansteuern einer 7-Segment-Anzeigeeinheit des Typs CC mit einem BCD-7-Segment-Dekodierer/Treiber

In Tafel 8.13 sind nun einige typische, zum Betreiben von 7-Segment-Anzeigeeinheiten des Typs CC geeignete, BCD-7-Segment-Umsetzer aufgeführt. Dabei wurde in der Spalte „Ausgänge a bis g" die Schaltungskonfiguration der Treiberausgangsstufen als Einordnungskriterium gewählt. Für die **TTL-Schaltungen** unter ihnen sind diese Begriffe wieder in Bild 8.87 verwendet, in dem alle möglichen Schaltungsvarianten dargestellt sind. Es ist dabei jeweils nur eine der sieben Ausgangsstufen gezeichnet.

Grundsätzlich gilt, daß einerseits **externe Strombegrenzungswiderstände** zum Einstellen der gewünschten Segmentströme erforderlich sind (Schaltungsvarianten a, b, d in Bild 8.87), und daß andererseits Dekodierer/Treiber entwickelt wurden, die **ohne externe Widerstände** den Strombedarf bestimmter 7-Segment-Anzeigeeinheiten decken können (Schaltungsvarianten c, e, f in Bild 8.87). Stellvertretend für die erste Kategorie sei auf den Dedodierer/Treiber Typ 8 TO 6 von *Signetics* verwiesen, dessen Ausgangsstufe Bild 8.87 a zeigt und dessen Ausgangskennlinie in Bild 8.81 zu finden ist. Man beachte, daß in die Ausgangsstufen der Strom *hineinfließt,* wenn die Segment-LED *nicht* leuchten! Mit diesem Dekodierer/Treiber lassen sich beispielsweise die 7-Segment-LED-Anzeigeeinheiten MAN 3 und MAN 4 von *Monsanto* oder FND 10 von *Fairchild* ansteuern. **Mit oder ohne externe Widerstände** (siehe Bild 8.87b und c) kann z.B. der Dekodierer/Treiber 8 TO 5 verwendet werden, dessen interne Kollektorwiderstände einen Wert von 1 kΩ haben. Die entsprechenden Ausgangskennlinien für hineinfließenden *(Stromsenke)* oder herausfließenden Strom *(Stromquelle)* zeigt ebenfalls Bild 8.81.

Ein typischer Vertreter der zweiten Kategorie ist die MSI-TTL-Schaltung 9368 von *Fairchild,* die u.a. direkt mit der 7-Segment-LED-Anzeigeeinheit FND 70 des gleichen Herstellers verbunden werden kann. Obwohl bei dieser Schaltung die Ausgangsströme nicht beeinflußbar sind (offener Emitterausgang mit Strombegrenzung, siehe Bild 8.87f), steht für eine Helligkeitsänderung (-modulation) der Anschluß RBO *(ripple blanking output/blanking input,* siehe Bild 8.88) zur Verfügung.

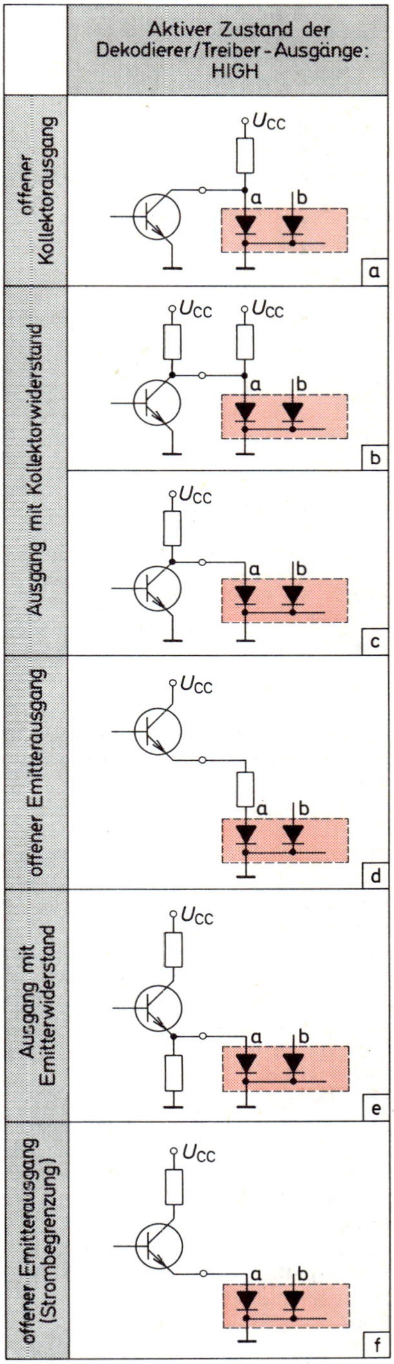

Bild 8.87 Übersicht über TTL-Treiberschaltungen für 7-Segment-LED-Anzeigeeinheiten des Typs CC

Eingänge						Ausgänge								Anzeige
$\overline{E}_L$	$\overline{RBI}$	A_3	A_2	A_1	A_0	a	b	c	d	e	f	g	$\overline{RBO}$	
H	*	X	X	X	X	◄— beständig —►							H	BEST.
L	L	L	L	L	L	L	L	L	L	L	L	L	L	BLANK
L	H	L	L	L	L	H	H	H	H	H	H	L	H	0
L	X	L	L	L	H	L	H	H	L	L	L	L	H	1
L	X	L	L	H	L	H	H	L	H	H	L	H	H	2
L	X	L	L	H	H	H	H	H	H	L	L	H	H	3
L	X	L	H	L	L	L	H	H	L	L	H	H	H	4
L	X	L	H	L	H	H	L	H	H	L	H	H	H	5
L	X	L	H	H	L	H	L	H	H	H	H	H	H	6
L	X	L	H	H	H	H	H	H	L	L	L	L	H	7
L	X	H	L	L	L	H	H	H	H	H	H	H	H	8
L	X	H	L	L	H	H	H	H	L	L	H	H	H	9
L	X	H	L	H	L	H	H	H	L	H	H	H	H	A
L	X	H	L	H	H	L	L	H	H	H	H	H	H	b
L	X	H	H	L	L	H	L	L	H	H	H	L	H	C
L	X	H	H	L	H	L	H	H	H	H	L	H	H	d
L	X	H	H	H	L	H	L	L	H	H	H	H	H	E
L	X	H	H	H	H	H	L	L	L	H	H	H	H	F
X	X	X	X	X	X	L	L	L	L	L	L	L	L**	BLANK

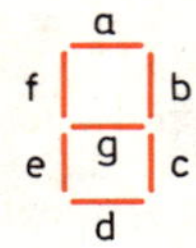

*$\overline{RBI}$ wird nur wirksam, wenn die Eingänge A_3, A_2, A_1 und A_0 „L" sind
**$\overline{RBO}$ als Eingang benutzt

BEST. : Beständige Anzeige
BLANK : Keine Anzeige

	Eingänge	Ausgänge
H	Hoher Pegel	Stromquelle
L	Niedriger Pegel	Aus-Zustand
X	H- oder L-Pegel	——

Tafel 8.15 Funktionstabelle der BCD-7-Segment-Latch/Decoder/Driver-Schaltung 9368 von ***Fairchild***

Bedeutung und Funktion der Anschlüsse dieser Schaltung entsprechen denjenigen ähnlicher in vorangegangenen Abschnitten behandelter integrierter Schaltungen, so daß darauf verwiesen wird. Hervorzuheben ist jedoch, daß diese Schaltung, wie Tafel 8.15 zeigt, auch die Bitmuster für die hexadezimalen Ziffern A bis F ausgibt. Allerdings mit der Einschränkung, daß die Ziffern „B" und „D" kleine Buchstaben b und d sind (siehe auch Bild 8.6).

Mit der bereits erwähnten CMOS-Schaltung MC 14543 lassen sich über Strombegrenzungswiderstände auch Anzeigeeinheiten des Typs CC treiben. Die Bilder 8.89 und 8.90 geben die Schaltungskonfiguration und einige typische Kennlinien der Ausgangsstufen wieder. Bei dieser Betriebsart fungieren die **CMOS-Inverter als Stromquelle,** d.h., der Strom fließt heraus, wenn die Segmentdioden leuchten.

Für $U_{DD} \leqq 10$ V oder $I_{OH} = I_{Quelle} \geqq 10$ mA sollten jedoch auch hier bipolare Transistoren als Verstärker zwischen die CMOS-Inverterausgänge und die Segmentanoden eingefügt werden. Ohne zusätzliche Verstärker wird man wohl in der Regel mit der Ausgangsstufe der CMOS-Schaltung MC 14511 (siehe Bild 8.91) auskommen, die immerhin bis 25 mA herausfließenden Strom verträgt.

Für den **Multiplexbetrieb von Anzeigefeldern des Typs CC** gilt im Prinzip das im vorigen Abschnitt Gesagte. Abweichend hiervon werden jedoch jetzt bei *n* Anzeigeeinheiten *n* Katodentreiber (Zeichentreiber) und 7 Anodentreiber (Segmenttreiber) benötigt (siehe auch Bild 8.98 mit einem weiteren Anodentreiber für den Dezimalpunkt). Der Zeichentreiber *(Stromsenke)* muß dabei die Durchlaßströme von maximal 7 LED (bzw. 8 LED in Bild 8.98) schalten können. Der Einfachheit halber ist in Bild 8.92 nur ein – willkürlich gewählter – „Strompfad" (Segmenttreiber → LED → Zeichentreiber) dargestellt.

8.5.1.6. Durchlaßstrombegrenzung und Zeitbedingungen

Zu einigen der in den beiden vorigen Abschnitten erläuterten Treiberschaltungen sollen im folgen-

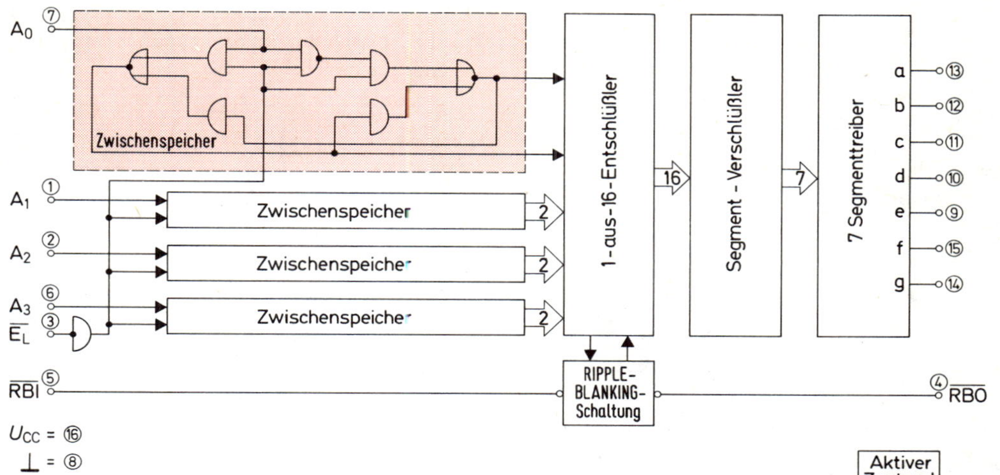

		Aktiver Zustand
A_0, A_1, A_2, A_3	: Dateneingänge	
$\overline{E_L}$	: Freigabeeingang	LOW
$\overline{RBI}$	: Übertragseingang zur Nullausblendung	LOW
$\overline{RBO}$	: Ausblendungseingang oder Übertragsausgang zur Nullausblendung	LOW
a,b,c,d,e,f,g	: Segmentausgänge	HIGH

Bild 8.88 Blockschaltbild der MSI-TTL-Schaltung 9368 von Fairchild. *Mit ihr können 7-Segment-LED-Anzeigeeinheiten des Typs CC* direkt *angesteuert werden*

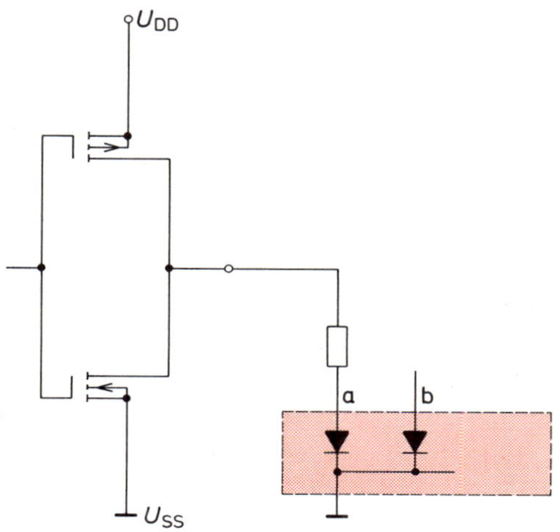

Bild 8.89 CMOS-Inverter als Treiberstufe für 7-Segment-LED-Anzeigeeinheiten des Typs CC

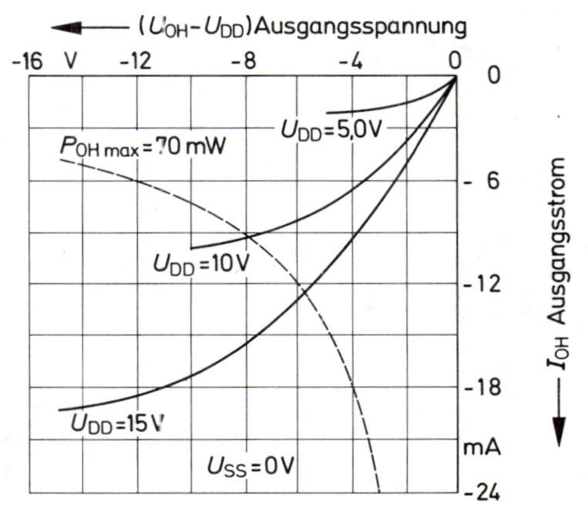

Bild 8.90 Ausgangskennlinien der CMOS-Schaltung MC 14543 von Motorola *für herausfließenden Strom (Stromquelle)*

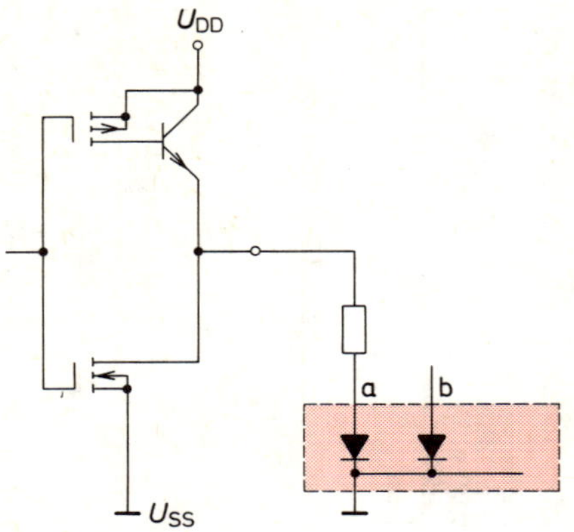

Bild 8.91 CMOS-Inverter mit Emitterfolger als Treiberstufe für 7-Segment-LED-Anzeigeeinheiten des Typs CC

den Dimensionierungshinweise — auch anhand von Zahlenbeispielen — für die den Durchlaßstrom begrenzenden bzw. bestimmenden Widerstände gegeben werden. Es handelt sich dabei um die Schaltungsvarianten a in Bild 8.80 und a bis d in Bild 8.87 sowie um die Multiplexanordnungen der Bilder 8.85 und 8.92.

Für die Kombination *„offener Kollektorausgang* und **Typ CA**" (siehe Bilder 8.80a und 8.93) gilt folgender Ansatz

$$U_{CC} = U_{F\,SEG} + I_{F\,SEG} \cdot R + U_{CE} \quad (8.40)$$

Hieraus folgt sofort für den Strombegrenzungswiderstand

$$R = \frac{U_{CC} - U_{F\,SEG} - U_{CE}}{I_{F\,SEG}} \quad (8.41)$$

Entsprechend ergibt sich der Strombegrenzungswiderstand für die Dezimalpunkt-LED zu

$$R_{DP} = \frac{U_{CC} - U_{F\,DP} - U_{CE}}{I_{F\,DP}} \quad (8.42)$$

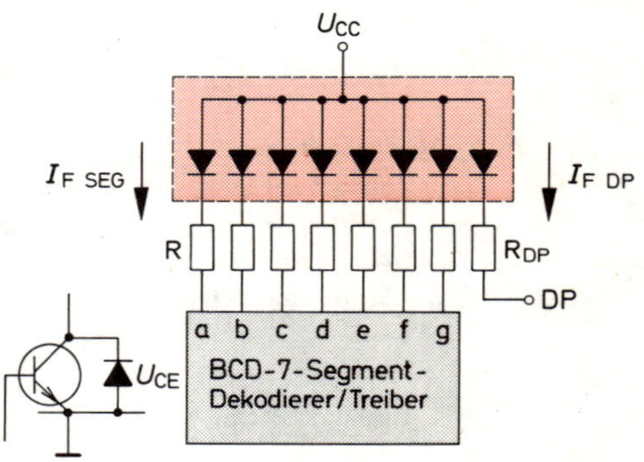

Bild 8.93 Ansteuern einer Anzeigeeinheit des Typs CA durch Treiberstufen mit offenem Kollektorausgang

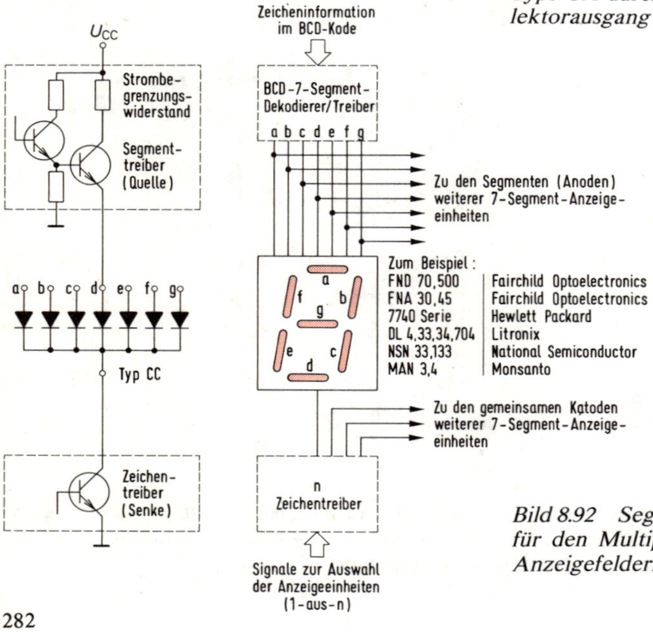

Bild 8.92 Segmenttreiber und Zeichentreiber für den Multiplexbetrieb von 7-Segment-LED-Anzeigefeldern des Typs CC

Beispiel 1

Wie hoch müssen für die GaAsP-Anzeigeeinheit 745-0006 (siehe Bild 8.56) bei I_F = 20 mA die Strombegrenzungswiderstände sein, wenn die Dekodierer/Treiber-Schaltung 8 T 04 (siehe Bild 8.81) verwendet werden soll und die Betriebsspannung U_{CC} = 5 V beträgt?

Aus Bild 8.56 liest man für I_F = 20 mA ab: $U_{F\,SEG}$ = 3,2 V und $U_{F\,DP}$ = 1,6 V. Die Ausgangskennlinie der Treiberschaltung 8 T 04 ergibt für 20 mA hineinfließenden Strom eine Ausgangsspannung (U_{CE}) von etwa 0,2 V. Dieser Wert kann auch für den Dezimalpunkttreiber angenommen werden. Setzt man diese Werte in die Gleichungen (8.41) bzw. (8.42) ein, so erhält man

$$R = \frac{5\ \text{V} - 3{,}2\ \text{V} - 0{,}2\ \text{V}}{20\ \text{mA}} = 80\ \Omega$$

bzw.

$$R_{DP} = \frac{5\ \text{V} - 1{,}6\ \text{V} - 0{,}2\ \text{V}}{20\ \text{mA}} = 160\ \Omega$$

Werden Anzeigeeinheiten vom **Typ CC** mit *„Kollektorausgängen"* angesteuert, so ist der allgemeine Fall der (siehe Bilder 8.87b und 8.94), daß sowohl ein „interner" Widerstand R_C als auch ein „externer" Widerstand R vorhanden sind. Durch die Segment-LED fließt dann Strom, wenn die Treiberausgangsstufen im High-Zustand, d.h. gesperrt sind. Aus Bild 8.94 liest man ab

$$U_{CC} = \frac{R_C \cdot R}{R_C + R} \cdot I_{F\,SEG} + U_{F\,SEG} \qquad (8.43)$$

Nach R bzw. $I_{F\,SEG}$ umgeformt ergeben sich

$$R = \frac{U_{CC} - U_{F\,SEG}}{I_{F\,SEG} - \dfrac{U_{CC} - U_{F\,SEG}}{R_C}} \qquad (8.44)$$

und

$$I_{F\,SEG} = (U_{CC} - U_{F\,SEG})\,\frac{R_C + R}{R_C \cdot R} \qquad (8.45)$$

Für $R_C = \infty$ *(siehe Bild 8.87a)* folgt

$$I_{F\,SEG} = \frac{U_{CC} - U_{F\,SEG}}{R} \qquad (8.46)$$

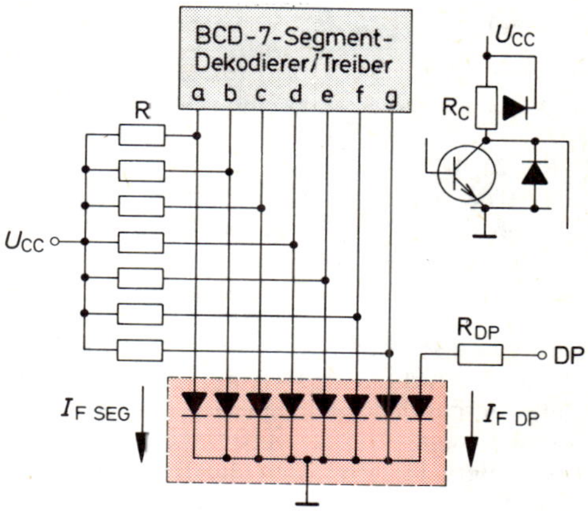

Bild 8.94 Ansteuern einer Anzeigeeinheit des Typs CC durch Treiberstufen mit Kollektorausgangswiderstand

und für $R = \infty$ *(siehe Bild 8.87c)* erhält man

$$I_{F\,SEG} = \frac{U_{CC} - U_{F\,SEG}}{R_C} \qquad (8.47)$$

Die Dezimalpunkt-LED kann ebenfalls mit einem Kollektorausgang betrieben werden, so daß sinngemäß die obigen Gleichungen gelten. Wählt man jedoch eine **Kollektorstufe** *(Emitterfolger)* als **Treiber** (siehe auch Bild 8.87d), so erhält man den Strombegrenzungswiderstand (Emitterwiderstand) aus

$$R_{DP} = \frac{U_{CC} - U_{CE} - U_{F\,DP}}{I_{F\,DP}} \qquad (8.48)$$

Für den Fall, daß die Segment-LED der Anzeigeeinheiten vom **Typ CC** aus *offenen Emitterausgängen* angesteuert werden (siehe Bild 8.87d) läßt sich der erforderliche **Emitterwiderstand** R_E aus

$$R_E = \frac{U_{CC} - U_{CE} - U_{F\,SEG}}{I_{F\,SEG}} \qquad (8.49)$$

bestimmen.

Beispiel 2

> Wie hoch ist der Segmentdurchlaßstrom bei $U_{CC} = 5$ V für die GaAsP-Anzeigeeinheit GL-91 AR (siehe Bild 8.51), wenn sie ohne externe Widerstände von dem Dekodierer/Treiber 8 TO 5 (siehe Bild 8.81) angesteuert wird?

Aus Bild 8.81 entnimmt man zunächst, daß bei $U_{CC} = 5$ V nicht mehr als 5 mA aus den Treiberstufen herausfließen können. Der interne Kollektorwiderstand R_C hat also einen Wert von 1 kΩ! Berücksichtigt man die Streubreite der Durchlaßspannung in Bild 8.51, so kann man für einige mA Durchlaßstrom mit einer mittleren Durchlaßspannung von 1,7 V rechnen. Setzt man die ermittelten Werte in Gleichung (8.47) ein, so erhält man

$$I_{F\,SEG} = \frac{5\text{ V} - 1{,}7\text{ V}}{1\text{ k}\Omega} = 3{,}3\text{ mA}$$

Beispiel 3

> Welche Abhängigkeit besteht für $U_{CC} = 5$ V zwischen dem externen Widerstand R und dem Segmentdurchlaßstrom $I_{F\,SEG}$, wenn Anzeigeeinheiten des Typs CC bei $U_{F\,SEG} = 1{,}7$ V mit den Dekodierer/Treibern 8 TO 5 (siehe Bild 8.81) bzw. 9307 (siehe Bild 8.95) angesteuert werden?

Die **Dekodierer/Treiber-Schaltungen** 8 TO 5 und 9307 haben ausgangsseitig diffundierte Kollektorwiderstände mit einer **Clamp-Diode** und einer Kollektor-Substrat-Isolations-Diode (siehe Bild 8.94). Damit ergibt sich für den High-Zustand die in Bild 8.95 dargestellte **Ausgangskennlinie:** Für $U_{aus} < 0$ V wird die Substratdiode durchlässig (ohne Strombegrenzung darf die Ausgangsspannung $-0{,}5$ V nicht unterschreiten), im Bereich $0 \leqq U_{aus} \leqq 5$ V kann Strom herausfließen, und bei $U_{aus} > 5$ V wird die Clamp-Diode leitend (sie begrenzt die Ausgangsspannung auf $U_{CC} + U_{F\,clamp}$).

An den **linearen Bereich** zwischen 0 und 5 V schließen sich also **nach beiden Seiten Diodendurchlaßkennlinien** an. Für das Ansteuern der Segment-LED ist der lineare Teil der Kennlinie von Interesse. Bild 8.81 gibt deshalb für die Schaltung 8 TO 5 nur diesen Kennlinienabschnitt wieder.

Welche Werte haben nun die internen Kollektorwiderstände?

Die Kennlinie für herausfließenden Strom in Bild 8.81 hat eine Steigung von $\frac{5\text{ V}}{5\text{ mA}}$, d.h., R_C beträgt 1 kΩ. Entsprechend liest man aus Bild 8.95 „High-Zustand" ab:

$$\frac{5\text{ V}}{2{,}5\text{ mA}} = 2\text{ k}\Omega = R_C.$$

Geht man mit den gegebenen und ermittelten Werten in Gleichung (8.44) hinein, erhält man

$$R\,(R_C = 1\text{ k}\Omega) = \frac{5\text{ V} - 1{,}7\text{ V}}{I_{F\,SEG} - \dfrac{5\text{ V} - 1{,}7\text{ V}}{1\text{ k}\Omega}}$$

$$R\,(R_C = 1\text{ k}\Omega) = \frac{3{,}3\text{ V}}{I_{F\,SEG}\,[\text{mA}] - 3{,}3\text{ mA}}\,[\text{k}\Omega] \qquad (8.50)$$

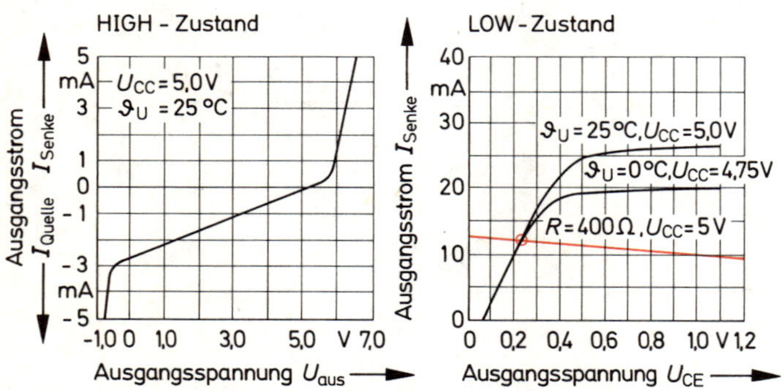

Bild 8.95 Typische Ausgangskennlinien der Ausgänge a bis g im HIGH- und LOW-Zustand für den BCD-7-Segment-Dekodierer/Treiber 9307 von Fairchild

bzw.

$$R\,(R_C = 2\,\mathrm{k\Omega}) = \frac{5\,\mathrm{V} - 1{,}7\,\mathrm{V}}{I_{F\,SEG} - \dfrac{5\,\mathrm{V} - 1{,}7\,\mathrm{V}}{2\,\mathrm{k\Omega}}}$$

$$R\,(R_C = 2\,\mathrm{k\Omega}) = \frac{3{,}3\,\mathrm{V}}{I_{F\,SEG}\,[\mathrm{mA}] - 1{,}65\,\mathrm{mA}}\,[\mathrm{k\Omega}] \qquad (8.51)$$

In Bild 8.96 sind die Gleichungen (8.50) und (8.51) für Segmentdurchlaßströme bis 10 mA grafisch dargestellt.

Warum leuchten die Segment-LED nicht, wenn sich die Treiberausgänge im Low-Zustand befinden?

$I_{F\,SEG}$ soll mit 10 mA bei Verwendung des Dekodierer/Treibers 9307 angenommen werden.

Aus Bild 8.96 liest man für $I_{F\,SEG}$ = 10 mA einen R-Wert von 400 Ω ab. Die in das Ausgangskennliniendiagramm für den „Low-Zustand" eingezeichnete **Widerstandsgerade** (siehe Bild 8.95) liefert dann beim Schnittpunkt mit der Kennlinie eine Ausgangsspannung U_{CE} von rund 0,25 V. Dieser Wert liegt weit *unter* der **Kniespannung** der Segment-LED, d.h., die **LED leuchten nicht.** Der in die Treiberstufen hineinfließende Strom beträgt hierbei etwa 12 mA.

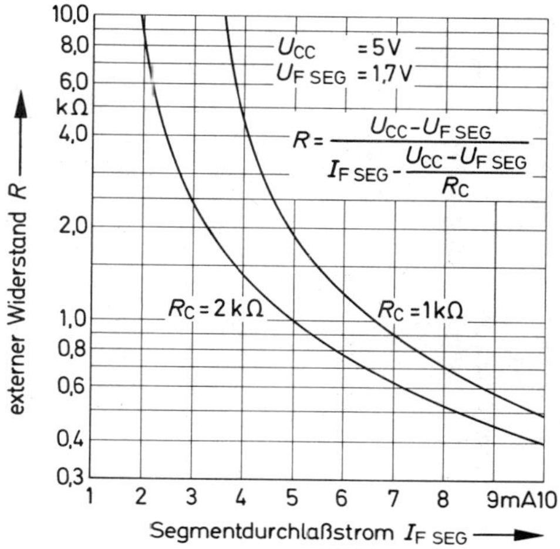

Bild 8.96 Abhängigkeit des externen Widerstandes vom gewählten Segmentdurchlaßstrom für Anzeigeeinheiten des Typs CC, wenn Standard-Dekodierer/Treiber mit 1 kΩ bzw. 2 kΩ internem Kollektorwiderstand (pull-up-*Widerstand) zum Ansteuern verwendet werden*

Bei im **Zeitmultiplex** betriebenen LED-Anzeigeeinheiten kann die Eigenschaft von GaAsP, daß mit steigendem Durchlaßstrom der Wirkungsgrad (Lichtausbeute/Stromeinheit) zunimmt, ausgenutzt werden (siehe Bild 8.97). Bei gleichem mittleren Durchlaßstrom

$$I_{FAV\,SEG} = k \cdot I_{F\,SEG} \qquad (8.52)$$

(k = Tastverhältnis = Stromflußdauer/Periodendauer)

ist deshalb bei **kleinem Tastverhältnis** und **großem Durchlaßstrom** die **Lichtausbeute höher** als bei großem Tastverhältnis und kleinem Durchlaßstrom. Bild 8.61 gibt hierfür ein **Beispiel** [217]: Für $I_{FAV\,SEG}$ = 10 mA erhält man bei Gleichstrombetrieb (DC), d.h. $k = 1$ und damit $I_{FAV\,SEG} = I_{F\,SEG}$, eine Lichtstärke von rund 120 µcd. Bei einem Tastverhältnis von 20% und dem dazugehörenden Durchlaßspitzenstrom von 50 mA dagegen, kann man mit etwa 145 µcd rechnen.

Bild 8.98 zeigt wie sechs 7-Segment-LED-Anzeigeeinheiten mit Dezimalpunkt des **Typs CC** zu einem **Anzeigefeld** verbunden werden. Außerdem gibt es die Ausgangstransistoren des Dezimalpunkttreibers bzw. der Segmenttreiber (pnp)

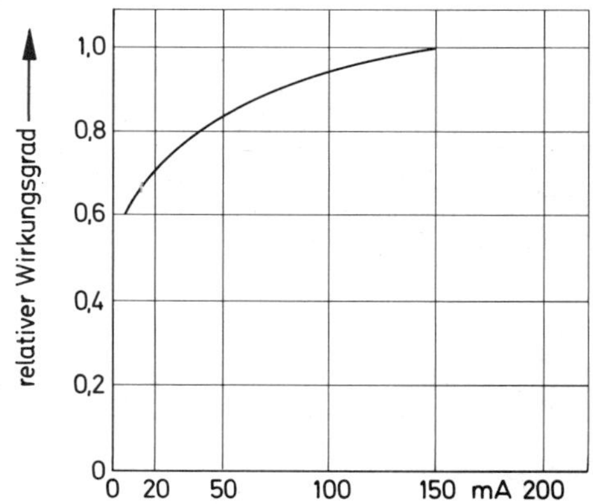

Bild 8.97 Relativer Wirkungsgrad (Lichtstärke/Stromeinheit) für eine GaAsP-Anzeigeeinheit (Serie 5082-7700 von Hewlett-Packard)

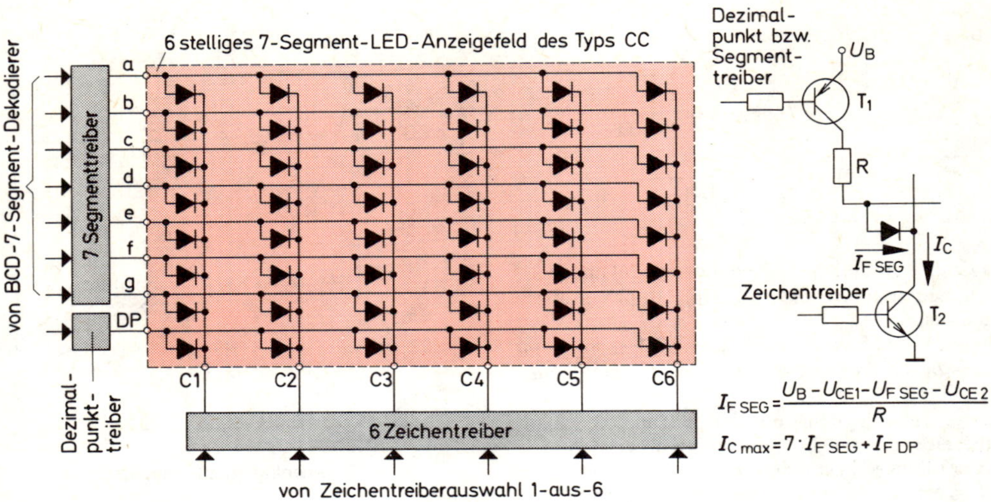

Bild 8.98 6stelliges Anzeigefeld des Typs CC mit Treiberschaltungen für Multiplexbetrieb

und der Zeichentreiber (npn) einschließlich Strombegrenzungswiderstand an.

Bei der Treiberschaltungsvariante von Bild 8.99 werden nur npn-Transistoren in den Ausgangsstufen verwendet.

Für beide Varianten läßt sich der erforderliche Strombegrenzungswiderstand aus

$$R = \frac{U_B - U_{CE1} - U_{F\,SEG} - U_{CE2}}{I_{F\,SEG}} \quad (8.53)$$

berechnen. Da nun aber bei einem n-stelligen Anzeigefeld durch jede Anzeigeeinheit jeweils nur während des n-ten Teils der zum Abtasten zur Verfügung stehenden Zeit (Periodendauer oder Zykluszeit des Anzeigefeldes) Strom fließt, gilt für das **Tastverhältnis**

$$k = \frac{1}{n} \quad (8.54)$$

Unter Beachtung der Gleichungen (8.52) und (8.54) folgt daher aus Gleichung (8.53)

$$R = \frac{U_B - U_{CE1} - U_{F\,SEG} - U_{CE2}}{n \cdot I_{FAV\,SEG}} \quad (8.55)$$

Entsprechendes gilt für den Strombegrenzungswiderstand des Dezimalpunktes.

Während jeder Dezimalpunkt- bzw. Segmenttreiber den Strom für nur eine LED zu liefern braucht, muß der jeweils ausgewählte Zeichentreiber den Strom für maximal 8 LED schalten können:

$$I_{C\,max} = n \cdot (7 \cdot I_{FAV\,SEG} + I_{FAV\,DP}) \quad (8.56)$$

Um ein **stehendes Zahlenbild** zu bekommen, sollte die **Abtastfrequenz** für das Anzeigefeld **nicht kleiner als 100 Hz,** d.h. die Periodendauer (Zykluszeit des Anzeigefeldes) nicht größer als 10 ms sein. Ist jedoch das Anzeigefeld irgendwelchen Vibrationen – etwa in mobilen Einrichtungen – ausgesetzt, sollte die Abtastfrequenz mindestens dem **5fachen Wert** der **Vibrationsfrequenz** entsprechen [217].

Beispiel 4

Welche Strombegrenzungswiderstände und maximalen Zeichentreiberströme ergeben sich unter Zugrundelegen der Schaltung in Bild 8.99 für ein im Zeitmultiplex betriebenes 9stelliges Anzeigefeld des Typs CC, wenn die mittlere Lichtstärke 0,03 mcd (siehe Bild 8.100) sein soll? $U_B = 7{,}2$ V und $U_{F\,SEG} = 1{,}6$ V [206].

Mit Gleichung (8.54) erhält man für $n = 9$

$$k = \frac{1}{9} = 11\%$$

Geht man mit diesem Wert und $I_{FAV\,SEG} = 0{,}03$ mcd in das Diagramm von Bild 8.100, so bekommt man den erforderlichen mittleren Durchlaßstrom $I_{FAV\,SEG}$ zu 1,3 mA. Dieser Wert in Gleichung (8.56) eingesetzt, liefert bereits den maximalen Zeichentreiberstrom

$$I_{Cmax} = 9 \cdot (7 \cdot 1{,}3\ \text{mA} + 1{,}3\ \text{mA}) = 93{,}5\ \text{mA}$$

Die Segmenttreiber (und Dezimalpunkttreiber) müssen dagegen (siehe Gleichung 8.52) nur einen Strom von

$$I_{F\,SEG} = 9 \cdot 1{,}3\ \text{mA} = 11{,}7\ \text{mA}$$

liefern. Mit diesen Treiberströmen erhält man für die in Bild 8.99 verwendeten Halbleiterbauelemente aus deren Datenblättern $U_{CE1} = 0{,}5$ V und $U_{CE2} = 1{,}2$ V. Somit errechnet sich aus Gleichung (8.55) folgender Strombegrenzungswiderstand

$$R = \frac{7{,}2\ \text{V} - 0{,}5\ \text{V} - 1{,}6\ \text{V} - 1{,}2\ \text{V}}{9 \cdot 1{,}3\ \text{mA}} = 335\ \Omega$$

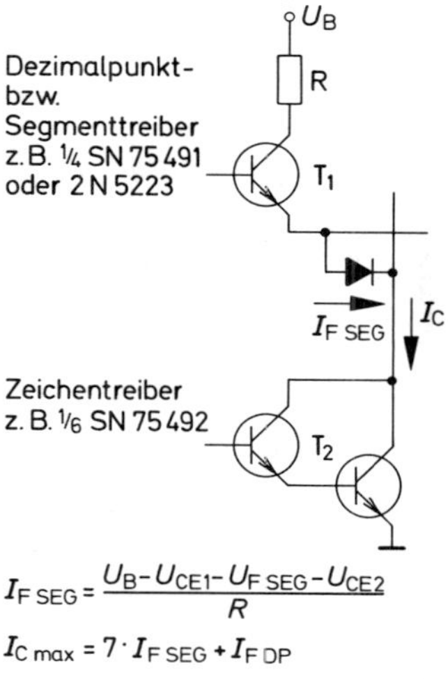

Bild 8.99 Treiberschaltungsvariante für im Zeitmultiplex betriebene Anzeigefelder des Typs CC

Bei allen bisherigen Treiberschaltungen wurde der LED-Durchlaßstrom mit ohmschen Widerständen auf den gewünschten Wert begrenzt. Bild 8.101 zeigt nun eine Schaltung, bei der eine **auf den Durchlaßstrom aufgeladene Induktivität über die LED entladen wird** [206].
Der **Entladestrom** bringt dann die **LED zum Leuchten.** Geht man von der idealisierten Annahme aus, daß Lade- und Entladestrom *linear* ansteigen bzw. abfallen, so läßt sich sehr einfach der Wert der benötigten Induktivität abschätzen. Es soll zunächst davon ausgegangen werden, daß zum Zeitpunkt $t = 0$ das Aufladen der Induktivität L auf den Strom $I_{FM\,LED}$ endet und durch Sperren des Transistors T_1 und Durchschalten des Transistors T_2 das Entladen beginnt. Somit gilt für den **Entladevorgang**

$$U_{F\,LED} + U_{CE2} + L\,\frac{dI_L}{dt} = 0 \qquad (8.57)$$

$$I_L = -\frac{1}{L}\int (U_{F\,LED} + U_{CE2})\,dt \qquad (8.58)$$

$$I_L = -\frac{U_{F\,LED} + U_{CE2}}{L} \cdot t + I(0) \qquad (8.59)$$

Für $t = 0$ ist wie gesagt

$$I_L = I_{FM\,LED},\ \text{d.h.}$$

$I(0) = I_{FM\,LED}$, so daß man als Lösung erhält

$$I_L = -\frac{U_{F\,LED} + U_{CE2}}{L} \cdot t + I_{FM\,LED} \qquad (8.60)$$

Setzt man $I_L = 0$, so ergibt sich aus (8.60) die zum **Entladen benötigte Zeit.** Sie soll mit t_p bezeichnet werden:

$$t_p = \frac{L \cdot I_{FM\,LED}}{U_{F\,LED} + U_{CE2}} \qquad (8.61)$$

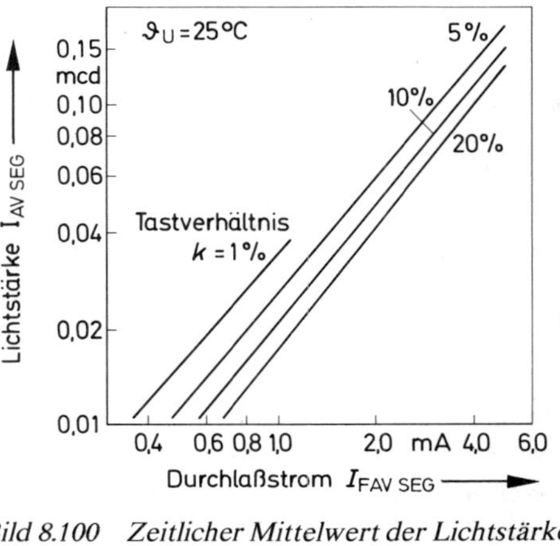

Bild 8.100 Zeitlicher Mittelwert der Lichtstärke als Funktion des mittleren Segmentdurchlaßstromes mit dem Tastverhältnis als Parameter für die Anzeigeeinheitenserie 5882-7400 von Hewlett-Packard

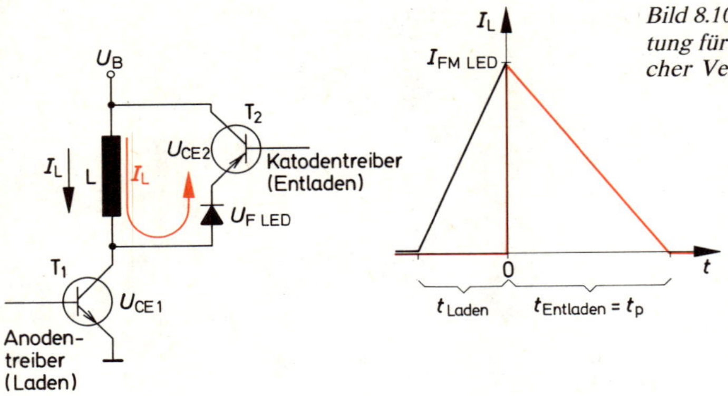

Bild 8.101 Induktive Treiberschaltung für eine Segment-LED und zeitlicher Verlauf der Ströme

Ist andererseits die Impulsbreite des durch die LED fließenden sägezahnförmigen Stromes gegeben, so errechnet sich die **erforderliche Induktivität** aus

$$L = \frac{(U_{\mathrm{F\,LED}} + U_{\mathrm{CE2}}) \cdot t_{\mathrm{p}}}{I_{\mathrm{FM\,LED}}} \qquad (8.62)$$

Wieviel Zeit wird nun zum Laden der Induktivität L auf den Strom $I_{\mathrm{FM\,LED}}$ gebraucht?
Beim **Ladevorgang** ist der Transistor T_1 leitend und der Transistor T_2 gesperrt:

$$U_{\mathrm{B}} - U_{\mathrm{CE1}} - L\frac{\mathrm{d}I_{\mathrm{L}}}{\mathrm{d}t} = 0 \qquad (8.63)$$

Das Ergebnis lautet

$$t_{\mathrm{Laden}} = \frac{L \cdot I_{\mathrm{FM\,LED}}}{U_{\mathrm{B}} - U_{\mathrm{CE1}}} \qquad (8.64)$$

Der **Vorteil** dieser Treiberschaltung ist, daß sie im Vergleich zur Strombegrenzung mit Widerständen nur etwa den **halben Leistungsverbrauch** hat. Für große Impulsbreiten erhöht sich jedoch der Platzbedarf für die Induktivitäten, so daß — will man diesen Nachteil ausgleichen — entsprechend hohe Zeichenfolgefrequenzen (z.B. 100 kHz) bei niedrigen Induktivitätswerten erforderlich sind.

Beispiel 5

Welchen Wert muß in der Schaltung von Bild 8.101 die Induktivität haben, wenn folgende Größen bekannt sind: $U_{\mathrm{B}} = 3{,}8$ V, $U_{\mathrm{F\,LED}} = 1{,}7$ V, $U_{\mathrm{CE1}} = 0{,}2$ V, $U_{\mathrm{CE2}} = 0{,}2$ V, $I_{\mathrm{FM\,LED}} = 80$ mA, $t_{\mathrm{p}} + t_{\mathrm{Laden}} = 10\ \mu$s?

Durch Addition der Gleichungen (8.61) und (8.64) erhält man

$$t_{\mathrm{p}} + t_{\mathrm{Laden}}$$

$$= L \cdot I_{\mathrm{FM\,LED}} \cdot \left(\frac{1}{U_{\mathrm{F\,LED}} + U_{\mathrm{CE2}}} + \frac{1}{U_{\mathrm{B}} - U_{\mathrm{CE1}}}\right)$$

$$10\ \mu\mathrm{s} = L \times$$

$$\times 80\ \mathrm{mA}\left(\frac{1}{1{,}7\ \mathrm{V} + 0{,}2\ \mathrm{V}} + \frac{1}{3{,}8\ \mathrm{V} - 0{,}2\ \mathrm{V}}\right)$$

$$L = 155\ \mu\mathrm{H}$$

Mit diesem Induktivitätswert errechnen sich dann die Ladezeit und die Impulsbreite des durch die LED fließenden Stroms zu

$$t_{\mathrm{Laden}} = 3{,}5\ \mu\mathrm{s} \quad \text{bzw.} \quad t_{\mathrm{p}} = 6{,}5\ \mu\mathrm{s}.$$

8.5.2. Hexadezimale Anzeigeeinheiten

Hexadezimale Anzeigeeinheiten mit einer Segmentkonfiguration wie sie Tafel 8.3 und Bild 8.7 zeigen (z.B. Typ MAN-1002 von *Monsanto,* Ziffernhöhe 6,85 mm) benötigen zum Ansteuern 8 Treiber, die ihrerseits wieder mit entsprechenden Bitmustern in den High- oder Low-Zustand versetzt werden müssen.
Geht man davon aus, daß sich mit diesen Anzeigeeinheiten außer den Ziffern 0 bis 9 — ganz abgesehen von Sonderzeichen — auch die Buchstaben A, B, C, D, E, F, H, I, J, L, O, P, S und U darstellen lassen, so bieten sich als **Dekodierer/ Treiber***(Zeichengenerator)* übliche **bipolare programmierbare Festwertspeicher** (PROM = *pro-*

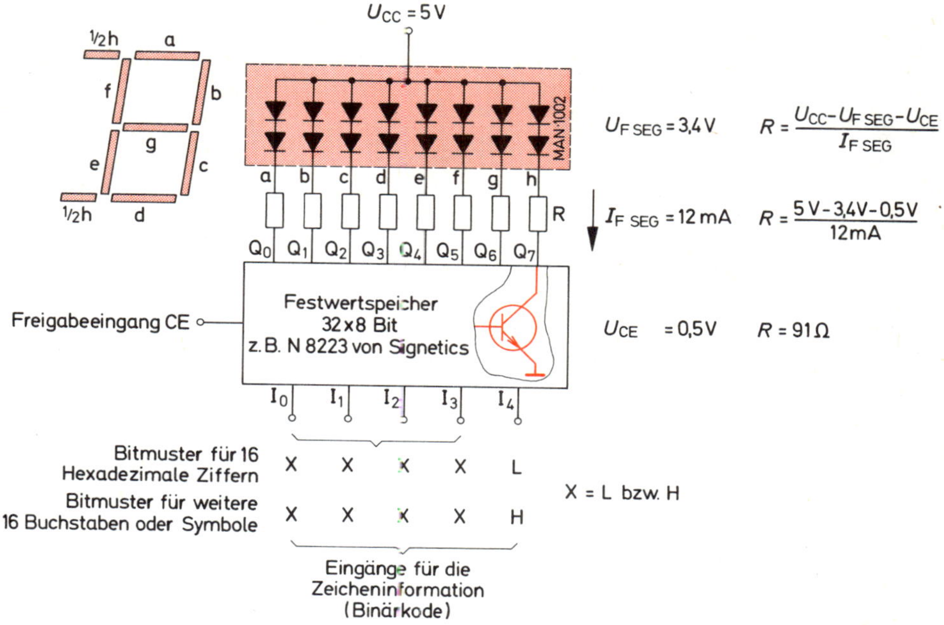

Bild 8.102 Festwertspeicher mit 32 × 8 Bit als Dekodierer/Treiber für eine hexadezimale Anzeigeeinheit

grammable read only memory) mit 32 × 8 bit = 256 bit an. Ein typischer solcher Festwertspeicher ist die TTL/MSI-Schaltung N 8223 von *Signetics* mit *open-collector*-Ausgängen. Die offenen Kollektorausgänge vertragen im Low-Zustand (U_{CE} = 0,5 V) einen hineinfließenden Strom von 16 mA, so daß sie mit eingefügten Strombegrenzungswiderständen Anzeigeeinheiten des Typs CA ohne weitere Verstärkerstufen treiben können (siehe Bild 8.102).

Beim Multiplexbetrieb von Anzeigeeinheiten muß jedoch unter Beachtung der Gleichungen (8.52) und (8.54) entschieden werden, ob nicht doch zusätzliche Treiberstufen erforderlich sind. Sinngemäß gelten auch hier die Prinzipschaltungen für den Multiplexbetrieb wie sie die Bilder 8.69, 8.72 und 8.85 zeigen.

Daß 7-Segment-Anzeigeeinheiten ebenfalls zur Darstellung von hexadezimalen Ziffern verwendet werden können, wurde bereits erwähnt. Allerdings müssen die kleinen Buchstaben „b“ und „d“ in Kauf genommen werden. Bild 8.6 und Tafel 8.15 geben den Zeichenvorrat und die Funktionstabelle eines passenden Dekodierer/Treibers wieder.

8.5.3. Alphanumerische Anzeigeeinheiten

Mit **14-Segment-LED-Anzeigeeinheiten** lassen sich die Ziffern 0 bis 9, das große Alphabet (siehe Bild 8.8) und Sonderzeichen (z.B. + – * [ ]) darstellen. Für sie gelten im Prinzip die gleichen Ansteuerverfahren wie für 7-Segment-LED-Anzeigeeinheiten. Es werden aber auch Anzeigefelder angeboten (z.B. Typ HMC 3093-4 von *American Electronic Laboratories* mit 2,8 mm Zeichenhöhe), die 6 monolithische LED-Anzeigeeinheiten, 6 Zeichentreiber, 14 Segmenttreiber und ein 14-bit-Serien-Parallel-Schieberegister in einem *Dual-in-line*-Gehäuse vereinen. Außer den Anschlüssen für die Stromversorgung sind nur noch 9 weitere Leitungen nach außen geführt: ein *Dateneingang* D_I, ein *Datenausgang* D_Q, ein *Takteingang* CL und sechs *Zeichenauswahleingänge* CS 1 bis 6.

Bild 8.103 zeigt im Prinzip das Ansteuerverfahren für *m* solcher Einheiten, die dann ein *m* × 6stelliges Anzeigefeld bilden. (Gilt auch für *m* = 1.) Hierbei werden die Zeicheninformationen *zeichenseriell* und *bitseriell* aus einem Festwertspei-

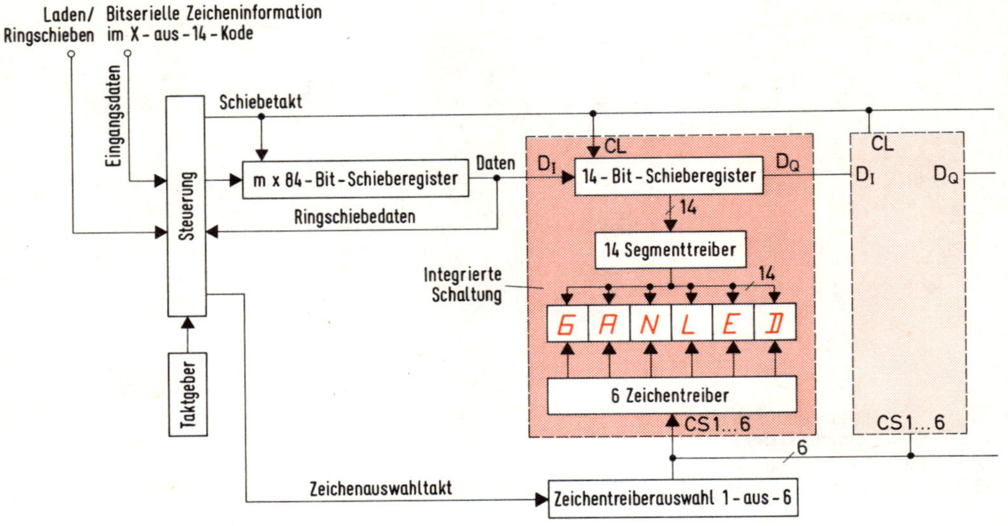

Bild 8.103 Ansteuerschaltung für ein m × 6stelliges alphanumerisches 14-Segment-LED-Anzeigefeld

cher (nicht dargestellt) in ein $m \times 84$-bit-Schieberegister (Eingangsspeicher) übernommen und anschließend dort solange im Ring geschoben, bis eine neue Zeichenfolge angezeigt werden soll. Der Ausgang des Eingangsspeichers ist mit dem Eingang D_I des 14-bit-Schieberegisters (Zwischenspeicher) der ersten Sechsergruppe verbunden und der Ausgang D_Q dieses Schieberegisters wiederum mit dem D_I der nächsten Sechsergruppe usw. Im Eingangsspeicher folgen die Bitmuster, die zu den an gleicher Stelle in den Sechsergruppen stehenden Zeichen gehören, hintereinander. Nach m mal 14 Schiebetakten sind demnach alle Zwischenspeicher geladen. Wird nun der dazugehörende Zeichentreiber aktiviert, so leuchtet in jeder Sechsergruppe *ein* Zeichen auf. Weitere m mal 14 Schiebetakte und ein Zeichenauswahltakt bringen die nächsten m ausgewählten Zeichen zum Leuchten. Nach insgesamt sechs solcher Taktfolgen beginnt der Abtastzyklus wieder von vorn.

Legt man beispielsweise für ein 18stelliges Anzeigefeld eine Schiebetaktfrequenz von 1 MHz und eine Zeichenauswahltaktfrequenz von 625 Hz zugrunde, so ergeben sich folgende Zeiten:

Ladezeit des Eingangsspeichers $= 3 \cdot 84 \cdot 1\ \mu s = 0{,}252$ ms

Ladezeit der Zwischenspeicher $= 3 \cdot 14 \cdot 1\ \mu s = 0{,}042$ ms

$$\text{Leuchtdauer der Zeichen} = \frac{1}{625\ \text{Hz}} - 0{,}042\ \text{ms} = 1{,}6\ \text{ms} - 0{,}042\ \text{ms} = 1{,}558\ \text{ms}$$

$$\text{Anzeigefeldzykluszeit} = 6 \cdot 1{,}6\ \text{ms} = 9{,}6\ \text{ms}$$

$$\text{Zeichentastverhältnis} = \frac{1{,}558\ \text{ms}}{9{,}6\ \text{ms}} = 0{,}162$$

Das Zeichentastverhältnis und damit die mittlere Lichtstärke der Segment-LED läßt sich verringern, indem in der Zeichentreiberauswahlschaltung beispielsweise mit einem *einstellbaren* monostabilen Multivibrator der Einschaltzeitpunkt der Zeichentreiber um *mehr* als die zum Laden der Zwischenspeicher benötigte Zeit (bei diesem Beispiel 0,042 ms) gegenüber der Vorderflanke des Zeichenauswahltaktes verzögert wird.

Da bei diesem Multiplexverfahren jeweils gleichzeitig m Zeichen angesteuert werden, lassen sich relativ **große Anzeigefelder ohne nennenswerte Lichtstärkeeinbuße** realisieren. Mit den obigen Werten beträgt bei einem 60stelligen Anzeigefeld das Zeichentastverhältnis immerhin noch 0,152. Allerdings wird dann aber als Eingangsspeicher ein 840-bit-Schieberegister benötigt.

Nicht unerwähnt bleiben dürfen **alphanumerische LED-Anzeigeeinheiten,** die aus **16 Segmenten** die Ziffern, Buchstaben und Symbole formen. Bei ihnen sind die Segmente a und d (siehe Bild 8.8) nochmals unterteilt in die *Halbsegmente* a_1 und a_2 bzw. d_1 und d_2. Ein typischer Vertreter mit dieser Segmentkonfiguration ist die Anzeigeeinheit DL-16 von *Litronix.* Die Zeichen haben eine Höhe von 4 mm. Außerdem ist noch ein linker Dezimalpunkt vorhanden. Auch hier gelten *sinngemäß* die Ansteuerverfahren für 7-Segment-Anzeigeeinheiten und in diesem Fall die Treiberschaltungen für den Typ CC. Anstelle der BCD-7-Segment-Dekodierer müssen dann natürlich **Zeichengeneratoren** verwendet werden, die bei einem Zeichenvorrat von 64 Zeichen z.B. zu einem 6-bit-Eingangskode die entsprechenden Bitmuster zum Ansteuern der 16 Segmente und des Dezimalpunktes erzeugen. Hierfür geeignet ist u.a. der Mehrzweckfestwertspeicher GDR 101-3900 von *Siemens* mit dem Unterprogramm „16-Segment-Zeichengenerator".

8.5.4. Polaritäts- und Überlaufanzeigeeinheiten

Polaritäts- und Überlaufanzeigeeinheiten gibt es wie die 7-Segment-Anzeigeeinheiten **mit gemeinsamen Anoden** (Typ CA) und **gemeinsamen Katoden** (Typ CC). Tafel 8.16 vermittelt eine Übersicht über die Schaltbilder marktgängiger Polaritäts- und Überlaufanzeigeeinheiten. Man erkennt, daß einerseits sowohl *eine* als auch *zwei* LED die Segmente bilden und daß andererseits bis zu zwei Anschlüsse für die gemeinsamen Anoden bzw. Katoden herausgeführt sind. Damit ist man sehr flexibel in der Wahl der Ansteuerschaltungen. Da diese Anzeigeeinheiten jeweils 7-Segment-Anzeigeeinheiten-Serien ergänzen, entsprechen sie auch in ihren elektrischen und strahlungstechnischen Eigenschaften den 7-Segment-Ausführungen. Im folgenden wird deshalb nur auf Besonderheiten beim Ansteuern eingegangen. Dabei beschränken sich die Ansteuerschaltungen auf jeweils *eine* Anzeigeeinheit.

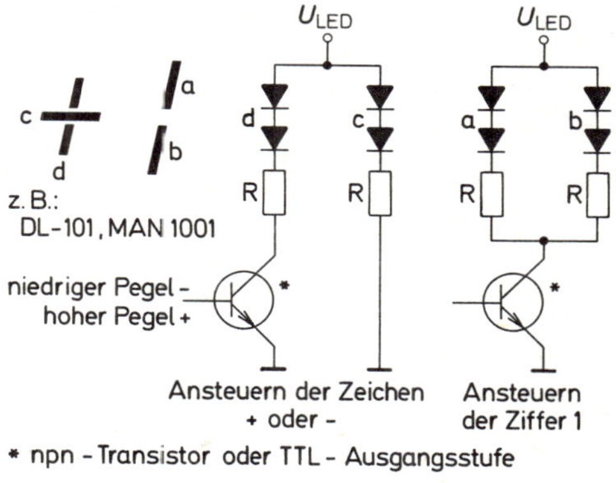

Bild 8.104 Ansteuerschaltungen für die Segmente von Polaritäts- und Überlaufanzeigeeinheiten des Typs CA mit zwei LED je Segment

Die **Grundschaltung** für das Ansteuern einer Polaritäts- und Überlaufanzeigeeinheit des **Typs CA** zeigt Bild 8.104. Zu beachten ist, daß bei dieser Schaltung das Segment „c" — also das **Minuszeichen** — *immer leuchtet.* Wird der Treibertransistor für das Segment „d" leitend, so leuchten die Segmente „c" und „d", d.h., das Pluszeichen erscheint. Die Segmente „a" und „b" werden von einem gemeinsamen Treiber angesteuert.

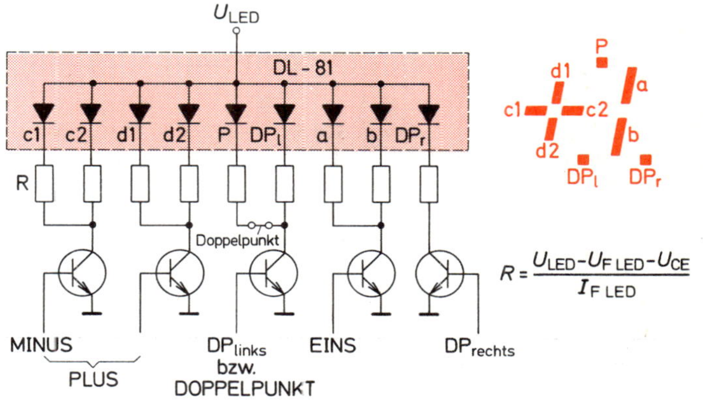

Bild 8.105 Ansteuerschaltungen für Segmente, Doppelpunkt und Dezimalpunkt der Mehrzweck-Anzeigeeinheit DL-81 von Litronix

Tafel 8.16 Übersicht über typische Schaltbilder von Polaritäts- und Überlaufanzeigeeinheiten mit Segmentkonfiguration

	Schaltbild	Beispiele
Typ CA		DL-101, DL-746, MAN 1001
Typ CA		DL-701
Typ CA	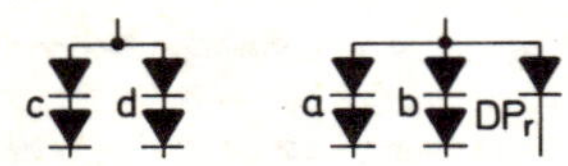	TIL 304, 745-0004
Typ CA		5082-7732
Typ CA	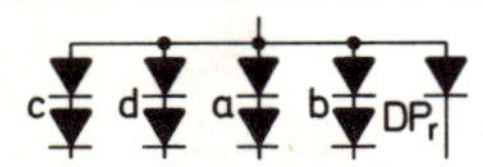	SLA-4, SLA-14, SLA-24
Typ CA	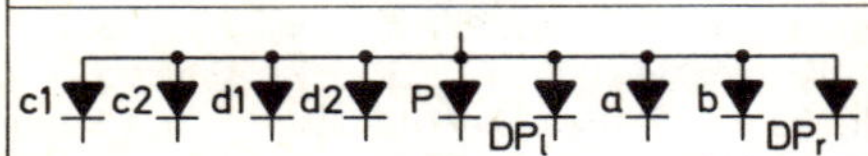	DL-81
Typ CA	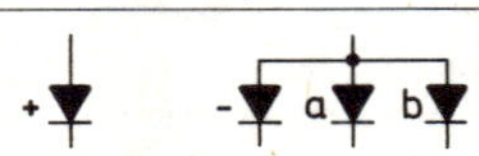	SLA-2, SLA-12, SLA-22
Typ CC	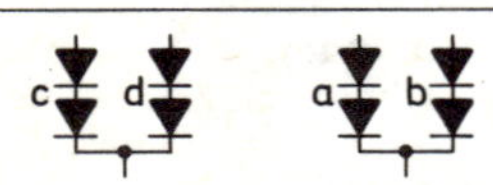	DL-749
Typ CC	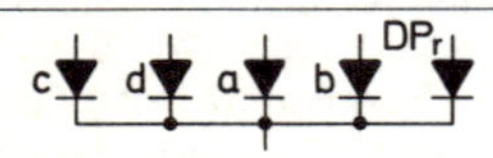	MAN 4001

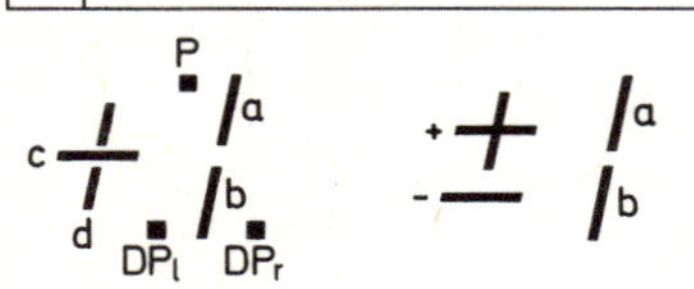

DL : Litronix
MAN : Monsanto
SLA : Opcoa
TIL : Texas Instruments
745 : Dialight
5082 : Hewlett-Packard

Mit der Ansteuerschaltung von Bild 8.105 können außer den Segmenten für das Vorzeichen und die Eins drei weitere Punkte zum Leuchten gebracht werden. Ist die mit „Doppelpunkt“ gekennzeichnete Verbindung vorhanden, so bilden die Punkte „P“ und „DP$_l$“ einen Doppelpunkt. Der rechte Dezimalpunkt „DP$_r$“ hat einen getrennten Treibertransistor. Im Gegensatz zur Schaltung von Bild 8.104 leuchtet das Minuszeichen (Halbsegmente „c1“ und „c2“) erst dann, wenn der dazugehörende Treibertransistor durchgeschaltet ist. Das Pluszeichen leuchtet, wenn zusätzlich die LED „d1“ und „d2“ Strom führen.

Eine interessante Variante stellen die Anzeigeeinheiten dar, die für „+“ und „−“ **getrennte Segmentkonfigurationen** haben, wobei die Anode der LED für das Pluszeichen separat herausgeführt ist. Die Vorzeichen „+“ und „−“ lassen sich also, wie Bild 8.106 zeigt, auch *gleichzeitig* darstellen. Drei unterschiedliche Ansteuerschaltungen, bei denen *entweder* das Pluszeichen (Low-Pegel)*oder* das Minuszeichen (High-Pegel)

Bild 8.106 Ansteuerschaltungen für die Polaritäts- und Überlaufanzeigeeinheit SLA-2 von Opcoa

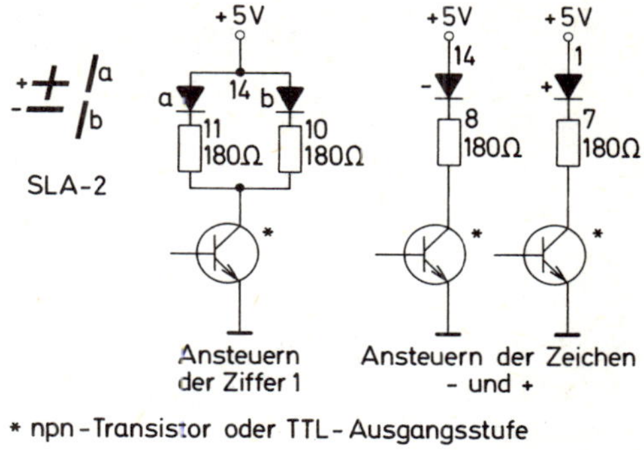

Bild 8.107 Drei unterschiedliche Schaltungen mit einem *Signaleingang zum Ansteuern des Vorzeichens der Polaritäts- und Überlaufanzeigeeinheit SLA-2 von* Opcoa

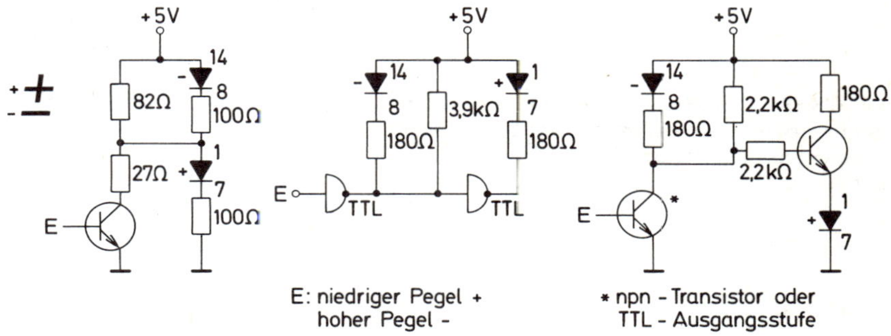

Bild 8.108 Ansteuern der Segmente der Polaritäts- und Überlaufanzeigeeinheit MAN 4001 von Monsanto *(Typ CC) mit einem BCD-7-Segment-Dekodierer*

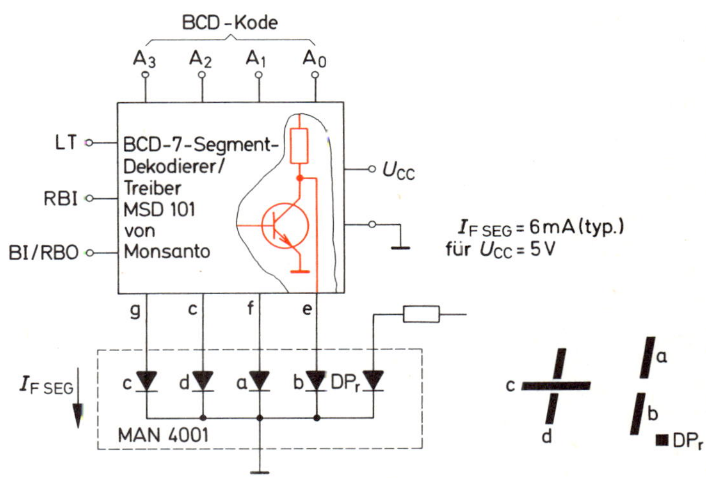

Eingänge						Ausgänge					Anzeige
LT	RBI	A_3	A_2	A_1	A_0	c	e	f	g	BI/RBO	
L	X	X	X	X	X	H	H	H	H	H	+1
H	L	L	L	L	L	L	L	L	L	L	BLANK
H	X	L	L	H	H	H	L	L	H	H	+
H	X	H	L	H	L	L	L	L	H	H	-
H	X	H	L	H	H	L	L	L	L	H	BLANK
H	X	H	H	L	L	H	H	H	H	H	+1
H	X	H	H	L	H	L	H	H	L	H	1
H	X	H	H	H	L	L	H	H	H	H	-1
H	X	H	H	H	H	L	L	L	L	H	BLANK
X	X	X	X	X	X	L	L	L	L	L*	BLANK

* BI/RBO als Eingang benutzt
BLANK : Keine Anzeige
X : H- oder L- Pegel

Tafel 8.17 Funktionstabelle für den BCD-7-Segment-Dekodierer/Treiber MSD 101 in Verbindung mit der Polaritäts- und Überlaufanzeigeeinheit MAN 4001

leuchtet, gibt Bild 8.107 wieder.

Daß sich Polaritäts- und Überlaufanzeigeeinheiten auch mit üblichen BCD-7-Segment-Dekodierer/Treibern betreiben lassen, verdeutlicht Bild 8.108. Bei diesem Beispiel bleiben die Treiberausgänge a, b und d unbenutzt. Die Dezimalpunkt-LED hat einen getrennten Treibertransistor.

Welcher Ansteuervariante der Vorzug gegeben werden soll, hängt von der Aufgabenstellung ab. Insbesondere auch davon, ob die Polaritäts- und Überlaufanzeigeeinheit in die Ansteuerschaltung für das 7-Segment-Anzeigefeld mit einbezogen werden soll. In diesem Fall gilt sinngemäß auch hier das über Ansteuerverfahren für 7-Segment-Anzeigeeinheiten Gesagte. Beispielsweise läßt sich beim **Multiplexbetrieb** ohne weiteres der **vorhandene BCD-7-Segment-Dekodierer/Treiber** auch zum **Ansteuern der Polaritäts- und Überlaufanzeigeeinheit** verwenden, wenn, wie in Bild 8.108 angegeben, die Treiberausgänge mit den entsprechenden LED verbunden werden. Für die Kombination aus Dekodierer/Treiber MSD 101 und Anzeigeeinheit MAN 4001 ergibt sich deshalb die Funktionstabelle von Tafel 8.17. Die nicht relevanten Eingangs- und Ausgangsbitmuster wurden dabei weggelassen.

Schrifttum

Bücher

[1] *Hentschel, H. J.:* Licht und Beleuchtung. Siemens AG, Berlin und München 1972.

[2] *Wittig, E.:* Einführung in die Beleuchtungstechnik. Siemens AG, Berlin und München 1969.

[3] *Keitz, H. A. E.:* Lichtberechnungen und Lichtmessungen. Philips Technische Bibliothek, Eindhoven, 2. Aufl. 1967.

[4] *Autorenkollektiv:* Das TTL-Kochbuch. Texas Instruments Deutschland GmbH, Freising 1972.

[5] *Bergtold, F.:* Bauelemente und Grundschaltungen der Optoelektronik. VDE-Verlag GmbH, Berlin-Charlottenburg 1973.

[6] *Sarkowski, H. (Hrsg.):* Dimensionierung von Halbleiterschaltungen. Lexika-Verlag, Grafenau-Döffingen 1973.

[7] *Bienert, H.:* Einführung in den Entwurf und die Berechnung von Kippschaltungen. Dr.-Alfred-Hüthig-Verlag, Heidelberg.

[8] Brockhaus' ABC der Naturwissenschaft und Technik. VEB F.A. Brockhaus-Verlag, Leipzig 1956, S. 443.

[9] *Carter, H.,* und *Donker, M.:* Photoelektronische Bauelemente, Theorie und Praxis. Philips Technische Bibliothek.

Zeitschriftenartikel

[10] *Dobriner, R.:* New progress in ferroelectric ceramics. Electronic Design Vol. 18 No. 12 (1970), S. 30 u. 32.

[11] *McDermott, J.:* Solid-state optoelectronic components put imagination in engineering. Electronic Design Vol. 19 No. 11, May 27 (1971), S. 44—55.

[12] *Wetterau, L.:* Put optoelectronic components to work in systems design. Electronic Design Vol. 19 No. 12, June 10 (1971), S. 46—49.

[13] *Altman, L.:* Optoelectronics makes it at last. Electronics Vol. 44 No. 13, November 8 (1971), S. 61—76.

[14] *Altman, L.:* The medium of the message will soon be optoelectronic. Electronics, Vol. 45 No. 4, February 14 (1972), S. 60—71.

[15] At the solid-state circuits conference. Electronic Design Vol. 20 No. 6, March 16 (1972), S. 26—36.

[16] *Zaha, M. A.:* Shedding some needed light on optical measurements. Electronics, November 6 (1972), S. 91 ff.

[17] *McDermott, J.:* Electro-Optics. Electronic Design Vol. 20 No. 24, November 23 (1972), S. 130 u. 131.

[18] *Feustel, O.:* Optoelektronik — eine Herausforderung an den Entwickler. Eigenschaften und Anwendungen optoelektronischer Bauelemente. Elektronikpraxis 7. Jahrgang Nr. 12, Dezember 1972, S. 7—12.

[19] *Bergt, H.-E.:* Optoelektronik — Blickpunkt der Halbleitertechnik. Optoelektronische Halbleiterbauelemente und ihre Anwendung. Elektronikpraxis 8. Jahrgang Nr. 1/2, Februar 1973, S. 7—11.

[20] *Hauenstein, A.:* Optoelektronik — Zukunftsträchtige Halbleitertechnik. Wechselstromübertragung mit dem optoelektronischen Koppler. Elektronikpraxis 8. Jahrgang Nr. 3, März 1973, S. 7—10.

[21] *Horwath, S.:* Shedding light on LED luminance. Electronic Design Vol. 21 No. 8, April 12 (1973), S. 92—99.

[22] *Wiedemann, H.:* Optoelektronische Bauelemente in CDI-Technik. Elektronik 22. Jahrgang Heft 6, Juni 1973.

[23] *Hower, R. L.,* und *Almand, P. H.:* Plastic reduces costs of optoelectronic systems. Electronics July 3 (1973), S. 77—80.

[24] Infrared light beam links two distant computers. Telecomunications Vol. 7 No. 7, July 1973, S. 46 u. 47.

[25] *Buchholz, K.-O.:* Photoelektronische Festkörperwandler. Der Elektroniker 11. Jahrgang Heft 6, Dezember 1972, S. 283—286.

[26] *Schöberl, W.:* Gehäuse für optoelektronische Halbleiter-Bauelemente. Vorabdruck aus der Zeitschr. „feinwerktechnik-micronic" 77. Jahrg. (1973).

[27] *Goser, K.,* und *Pfleiderer, H.-J.:* Ladungsverschiebeschaltungen. Elektronik 23. Jahrgang Heft 1, Januar 1974, S. 3—8.

[28] *Longo, T.:* Charge-coupled devices—the new semiconductor evolution. Electronic Product News Seminar Proceedings, Paris, April 1974, S. 7—28.

[29] *Schmidt, W.:* Optoelektronische Betrachtungen für den Schaltungsentwickler. Eine Einführung in die strahlungs- und lichttechnische Bewertung optoelektronischer Bauelemente, Teil 1. Elektronikpraxis 9. Jahrgang Nr. 4, April 1974, S. 12—18.

[30] *Schmidt, W.:* Optoelektronische Betrachtungen für den Schaltungsentwickler. Eine Einführung in die strahlungs- und lichttechnische Bewertung optoelektronischer Bauelemente, Teil 2. Elektronikpraxis 9. Jahrgang Nr. 5, Mai 1974, S. 12—24.

[31] Entwicklungstendenzen bei Halbleiter-Bauelementen, Elektronik-Industrie 5. Jahrgang Nr. 3, März 1974, S. 45.

[32] *Hardeman, L.:* How optoelectronic components fit in the optical spektrum. Electronics Vol. 46 No. 21, October 11 (1973), S. 109—114.

[33] *Hein, F.:* II-V-Verbindungen in der Halbleitertechnik. Elektronik-Industrie 4. Jahrgang Nr. 10, Oktober 1973, S. 210—213.

[34] Photodiode array of 48 sensors includes scan generator on chips. Electronic Design Vol 18 No. 22, October 25 (1970), S. 101.

[35] *Seck, A.:* Which photodetector will give best results? Electronic Design Vol. 19 No. 12, June 10 (1971), S. 50—52.

[36] Op amp boosts phototransistor speed. Electronic Design Vol. 20 No. 6, March 2 (1972), S. 62.

[37] Solar-cell efficiency surges to 18% with gallium arsenide. Electronic Design Vol. 20 No. 12, June 8 (1972), S. 37.

[38] *Krause, G.:* Der Wechselspannungs-Fototransistor. Elektronik 1972, Heft 11, S. 366, 367 u. 388.

[39] *Kordes, R.:* Optimize photodiode detector design by using a graphical approach to maximize avalanche diode gain and minimize preamplifier noise. Electronic Design Vol 20 No. 23, November 9 (1972), S. 84—86.

[40] *Geiger, D. F.:* Increase phototransistor bandwidth. Electronic Design Vol. 21 No. 8, April 12 (1973), S. 102—104.

[41] *Witt, D.:* Fotodetektoren und optoelektronische Koppelelemente. Elektronik 1973, Heft 4, S. 123—128.

[42] *Barelli, A. E.:* Improve avelanche-photodiode designs. Electronic Design Vol. 21 No. 15, July 19 (1973), S. 68—74.

[43] Optical Schmitt reduces photodetektor uncertainties. Electronic Design Vol. 21 No. 20, September 27 (1973), S. 114.

[44] Imaging array has 1024 diodes. Electronics Vol. 46 No. 21, October 11, S. 143.

[45] *Krause, G.,* und *Keiner, F.:* Unterdrückung der Gleichstromkomponente des Photostroms bei Phototransistoren. Bauteile report 12. Jahrg. Heft 4, September 1974, S. 86—87.

[46] *Bliss, S.:* Build reliable optoelectronic circuits by knowing how to use data on photosensors and light sources, both incandescent and solid-state. Electronic Design Vol. 20 No. 3, February 3 (1972), S. 52—56.

[47] *Peters, S.,* und *Stewart, C. E. E.:* Elektrolumineszente Halbleiter auf der Basis von Gallium-Arsenid-Phosphid. Elektronikpraxis 6. Jahrg. Nr. 7/8, August 1971, S. 7—9.

[48] *Bergh, A. A.,* und *Dean, P. S.:* Light-emitting Diodes. Proceedings at the IEEE Vol. 60 No. 2, February 1972, S. 156—223.

[49] *Mims, F. M.:* Use LEDs, not lasers, in rangefinders. Electronic Design Vol. 20 No. 11, May 25 (1972), S. 48—50.

[50] *Breeding, G. W.:* Light emitting diodes—where they stand. Data & Communications Vol. 1 No. 4, August/September 1972, S. 16—18.

[51] *McDermott, J.:* LED makers getting the red out, offer choice of green and yellow. Electronic Design Vol. 20, No. 19, September 14 (1972), S. 24—28.

[52] *Mims, F. M.:* Which LED is best? Electronic Design Vol. 20 No. 19, September 14 (1972), S. 120—124.

[53] *Witt, D.:* Lumineszenzdioden. Elektronik 1972, Heft 11, S. 369—374 u. 388.

[54] *Meinz, B. R.,* und *Krüger, H. H.:* Leuchtende Halbleiter und Kristalle. Elektrotechnik 55. Jahrg. Heft 7, 5. April 1973, S. 12—16.

[55] Green LED production spurred by a new process at Ferranti. Electronic Design Vol. 21 No. 12, June 7 (1973), S. 36.

[56] *Gilder, J. H.:* LED-and-photodiode blend yields first reprogrammable logic array. Electronic Design Vol. 21 No. 15, July 19 (1973), S. 36 u. 37.

[57] Light Emitting Diodes. Digital Design Vol. 3 No. 7, July 1973, S. 20—22.

[58] LED-Anordnungen revolutionieren die Anzeigetechnik. Ansteuerschaltungen und Anwendungen für aneinandergereihte LED. Elektronikpraxis 9. Jahrg. Nr. 3, März 1974, S. 23–28.

[59] *Brown, R. E.:* Abstract of „Advances in LED color displays". Electronic Product News Seminar Proceedings, Paris, April 1974, S. 423 u. 424.

[60] *Fletcher, D.:* Die Auswahl lichtemittierender Dioden. Elektronikindustrie 5. Jahrg. Heft 5, Mai 1974, S. 106–107.

[61] *Kothari, H. S.:* Voltage probe uses five LEDs to indicate highest level reached. Electronic Design Vol. 22 No. 15, July 19 (1974), S. 112.

[62] *Wassermann, P.:* Which LED is best? Electronic Design Vol. 22 No. 16, August 2 (1974), S. 76–81.

[63] Triangular light-emitting diode fits in small case. Electronics Vol. 46 No. 21, October 11 (1973), S. 6E.

[64] *Dean, K. R.:* Simplify small-lamp selection. Electronic Design Vol. 21 No. 22, October 25 (1973), S. 74–80.

[65] *Kaye, D. N.:* LED–The No. 1 challenger to Nixie in digital readouts. Electronic Design Vol. 19 No. 3, February 4 (1971), S. 24 u. 26.

[66] *Feustel, O.:* Numerische und alphanumerische Anzeigeeinheiten in Festkörpertechnik. Elektronikpraxis 6. Jahrg. Nr. 3, März 1971, S. 9–12.

[67] *Rostky, G.:* Focus on readouts. Electronic Design Vol. 19 No. 24, November 25 (1971), S. 52–64.

[68] *Soshea, R. W.,* und *Steward, R. L.:* Strobed LED display breaks the design cost barrier. Electronics January 17 (1971), S. 64–67.

[69] IEEE-72–The technical sessions. Electro-Optics-Memories and displays with a future. Electronic Design Vol. 20 No. 6, March 16 (1972), S. 76–77.

[70] *Gilder, J. H.:* Memory reduces connections in a GaP eight-digit display. Electronic Design Vol. 20 No. 7, April 1 (1972), S. 24–25.

[71] *Le Febre, D. A.:* Optical approaches to mass data storage. Data & Communications Design Vol. 1 No. 3, May/June 1972, S. 10–12 u. 46.

[72] LED display with 0,27 inch character has lowest cost, smallest package. Electronic Design Vol. 20 No. 14, July 6 (1972), S. 88.

[73] Compact, Low-Power Light Emitting Diode Displays. Digital Design Vol. 2 No. 2, October 1972, S. 64–66.

[74] *Cole, E.:* Reduce numeric LED-Display errors with an easily expandable octal decoder circuit that locks onto one–and only one–input signal. Electronic Design Vol. 20 No. 22, October 26 (1972), S. 76–78.

[75] *Gilder, J. H.:* Thin-film incandescent display outshines LEDs in key areas. Electronic Design Vol. 20 No. 26, December 21 (1972), S. 26 u. 28.

[76] Custom LX displays for small quantity needs. Electronic Design Vol. 21 No. 3, February 1 (1973), S. 79.

[77] *Witt, D.:* Halbleiter-Anzeigeeinheiten. Elektronik 1973, Heft 2, S. 43–46.

[78] *Sideris, G.:* LED displays mount new attack. Electronics, March 15 (1973), S. 65–66.

[79] *Riezemann, M. J.:* The new displays complement the old. Electronics, April 12 (1973), S. 91–99.

[80] *Sobel, A.:* Matching driver circuitry to multidigit numeric displays. Electronics, April 26 (1973), S. 95–99.

[81] GaP-LED-Anzeigeeinheiten sind heller. Aufbau, technische Daten und Ansteuerung numerischer LED-Anzeigeeinheiten. Elektronikpraxis 8. Jahrg. Nr. 5, Mai 1973, S. 11–15.

[82] *Thomas, P. R.:* Solid state image sensing — two approaches come to market. Data & Communications Design Vol. 2 No. 3, May/June 1973, S. 13–16.

[83] *Weimer, P. K., Pike, W. S., Kovac, M. G.,* und *Shallcross, F. V.:* Design and Operation of charge-coupled image sensors. Data & Communications Design Vol. 2 No. 3, May/June 1973, S. 21–22.

[84] *Mason, J. F.:* Ceramic image-storing device can project data by reflection. Electronic Design Vol. 21 No. 12, June 7 (1973), S. 40 u. 43.

[85] Im Zeitmultiplex betriebene LED-Anzeigen bieten manchen Vorteil. Hinweise zum Entwurf kostengünstiger Multiplexansteuerschaltungen für numerische 7-Segment-LED-Anzeigen. Elektronikpraxis 8. Jahrg. Nr. 6, Juni 1973, S. 10–14.

[86] Display makers debate pros and cons of 4 leading types. Electronic Design Vol. 21 No. 19, September 13 (1973), S. 34 u. 36.

[87] *Hatzinger, G.:* Lumineszenzdioden für den Bereich des sichtbaren Lichtes. Eigenschaften und Anwendungen. Bauteile Report 12. Jahrg. Heft 2, April 1974, S. 45—48.

[88] *Schiekel, M.:* Moderne elektronische Anzeigetechniken. Der Elektroniker 11. Jahrg. Heft 6, Dezember 1972, S. 287—294.

[89] *Page, P. B.,* und *Peters, J. R.:* Anzeigeeinheiten mit Leuchtdioden. Elektrisches Nachrichtenwesen Band 49 Nr. 1 (1974), S. 94—102.

[90] *Baslau, K., Haitz, R.,* und *Steward, R. L.:* Recent developments in red and green displays. Electronic Product News Seminar Proceedings, Paris, April 1974, S. 409—420.

[91] *Rother, A.:* Optoelektronische Anzeigen. Elektronik-Industrie, 5. Jahrg. Heft 4, April 1974, S. 74, 75 u. 84.

[92] *Feustel, O.:* 7-Segment- oder 5 × 7-Displays? Systematische Übersicht über LED-Anzeigeeinheiten und deren Ansteuerschaltungen, Teil 1. Elektronikpraxis 9. Jahrg. Nr. 5, Mai 1974, S. 7—11.

[93] *Feustel, O.:* Wie werden LED-Anzeigeeinheiten angesteuert? Systematische Übersicht über LED-Anzeigeeinheiten und deren Ansteuerschaltungen, Teil 2. Elektronikpraxis 9. Jahrg. Nr. 6, Juni 1974, S. 7—12.

[94] *Paye, P. B.:* Große LED-Anzeigen mit geringem Aufwand realisierbar. LED-Anzeigeeinheiten mit integrierten MOS-Treibern. Elektronikpraxis 8. Jahrg. Nr. 10, Oktober 1973, S. 7—8.

[95] Strobing makes longer LED alphanumeric displays practical. Electronics, March 2 (1970).

[96] Optical-trigger-link scheme minimizes standby power. Electronic Design Vol. 20 No. 18, September 2 (1972), S. 62.

[97] *Barton, D.:* Increase optical isolators speed by modifying the phototransistor's operating mode. Frequencies over 10 MHz are possible, but there are tradeoffs. Electronic Design Vol. 20 No. 19, September 14 (1972), S. 128—131.

[98] *White, R. R.:* Using optical isolators in control. Control Engineering, January 1973, S. 50—53.

[99] *Riddle, G. C.:* Opto-isolators provide data link coupling. Data & Communication Design Vol. 2 No. 1, Jan./Febr. 1973, S. 35—38.

[100] *McDermott, J.:* Optically controlled PMOS logic bypasses pin-limitation problem. Electronic Design Vol. 21 No. 4, Febr. 15 (1973), S. 33—34.

[101] Use of Opto-Isolators in Communications. Data & Communications Design Vol. 2 No. 2, March/April 1973, S. 31—34.

[102] *Begehr, D.:* Spezifische Aspekte optoelektronischer Koppelelemente. Photokoppler in der Digital- und Analogtechnik. Elektronikpraxis 8. Jahrg. Nr. 5, Mai 1973, S. 7—10.

[103] Optokoppler für Linear-Anwendungen. Bauelemente der Elektrotechnik Jahrg. 8 Heft 7, Juli 1973, S. 24—26.

[104] *Krause, G.,* und *Keiner, F.:* Lichtschranken mit optischer Rückkopplung. Elektronik 1973, Heft 7, S. 242 u. 254.

[105] *Suhrke, G.:* Datenübertragung mit Optokopplern. Elektronik 23. Jahrg. Heft 3, März 1974, S. 93—96.

[106] *Haseloff, E.:* Analogsignale optoelektronisch schalten. Der Einsatz optoelektronischer Koppler als Schaltelement für analoge Signale, Teil 1. Elektronikpraxis 9. Jahrg. Nr. 4, April 1974, S. 7—11.

[107] *Pfäuti, P.:* Optokoppler — dynamisches Verhalten, Teil 1. Der Elektroniker 12. Jahrg. Heft 5, Mai 1973, S. 12—18.

[108] *Pfäuti, P.:* Optokoppler — dynamisches Verhalten, Teil 2. Der Elektroniker 12. Jahrg. Heft 6, Juni 1973, S. 7—19.

[109] *McDermott, J.:* After 13 years, standardization of opto-isolators is beginning. Electronic Design Vol. 12 No. 3, Febr. 1 (1974), S. 26—34.

[110] *Kadah, Z.:* Transistor bleeder gives optoisolator a wide temperature range of operation. Electronic Design Vol. 22 No. 7, April 1 (1974), S. 74.

[111] *Grafham, D. R.:* The photocoupler — a new ideal interface between logic circuitry and power systems. Electronic Product News Seminar Proceedings, Paris, April 1974, S. 443—459.

[112] *Haseloff, E.:* Analogsignale optoelektronisch schalten. Der Einsatz optoelektronischer Koppler als Schaltelement für analoge Signale, Teil 2. Elektronikpraxis 9. Jahrg. Nr. 5, Mai 1974, S. 27—30.

[113] *Riddle, G. C.:* Opto-isolator logic units add flexibility to digital design. Electronic Design Vol. 22 No. 12, June 7 (1974), S. 92—97.

[114] *Witt, D.:* Optokoppler in Analogschaltungen. Elektronik 23. Jahrg. Heft 8, August 1974, S. 304—305.

[115] Optoelektronische Koppler lassen sich pulsförmig und linear betreiben. Ansteuer- und Ausgangsschaltungen für den optoelektronischen Koppler Iso-Lit 1. Elektronikpraxis 8. Jahrg. Nr. 9, Sept. 1973, S. 18—21.

[116] Optoelektronische Koppler lassen sich pulsförmig und linear betreiben. Anwendungsbeispiele zum optoelektronischen Koppler Iso-Lit 1, Teil 2. Elektronikpraxis 8. Jahrg. Nr. 10, Oktober 1973, S. 9—11.

Firmendruckschriften und Applikationsberichte

[117] Datenbuch Integrierte Schaltungen, DTL-Serie MIC 930. Intermetall 1970/71.

[118] Datenbuch Integrierte Schaltungen, TTL-Serie MIC 74../54... Intermetall 1971/72.

[119] TTL Data Book. Fairchild Semiconductor, Juni 1972.

[120] Datenbuch Halbleiterbauelemente für die Optoelektronik 1972/73. Valvo GmbH, September 1972.

[121] The Optoelectronics Data Book for Design Engineers. 2., unveränderte Auflage. Texas Instruments Deutschland GmbH, Freising 1972.

[122] Datenbuch Integrierte Schaltungen. Siemens AG 1972/73.

[123] TTL Data Book, Supplement Number One. Fairchild Semiconductor, November 1973.

[124] Schaltungen der Fotoelektronik. Valvo-Brief 25. Okt. 1971. Valvo GmbH.

[125] Datenbuch Optoelektronik Halbleiter. Siemens AG 1973/74.

[126] TI-Design 74, Seminar-Zusammenfassung. Texas Instruments Deutschland GmbH 1974.

[127] Applikationsbuch Band 1. Texas Instruments Deutschland GmbH 1974.

[128] Halbleiter-Bauelemente 1974/75. Übersicht. Intermetall, April 1974.

[129] Datenbuch Optoelektronische Bauelemente 1974. AEG-Telefunken, April 1974.

[130] LED Product Selector Guide, Catalog SG 731. Dialight Corp., April 1974.

[131] Halbleiter-Schaltbeispiele 1973/74. Siemens AG, München.

[132] Halbleiter-Schaltbeispiele 1965. Siemens AG, München.

[133] Halbleiter-Schaltbeispiele 1966. Siemens AG, München.

[134] Halbleiter-Schaltbeispiele 1967. Siemens AG, München.

[135] Fotoelektronische Bauelemente. Valvo-Druckschrift, Okt. 1967.

[136] TI-Report. Texas Instruments Deutschland GmbH, April 1968.

[137] TI-Report. Texas Instruments Deutschland GmbH, Juli 1968.

[138] *Eckoldt, F.*, und *Hammelehle, W.:* Anwendungsbeispiele für lichtelektrische Bauelemente. Halbleiter-Applikationsbericht von AEG-Telefunken, Sept. 1968.

[139] TI-Report. Texas Instruments Deutschland GmbH, November 1968.

[140] Halbleiter-Schaltbeispiele 1968, Siemens AG, München.

[141] Die Anwendung fotoelektrischer Halbleiter, Teil 1. Technische Mitteilungen Halbleiter, Siemens AG, August 1969.

[142] Die Anwendung fotoelektrischer Halbleiter, Teil 2. Technische Mitteilungen Halbleiter, Siemens AG, Oktober 1969.

[143] Halbleiter-Schaltbeispiele 1969. Siemens AG, München.

[144] Halbleiter-Schaltbeispiele 1970. Siemens AG, München.

[145] Neue fotoelektrische Bauelemente in Anwendungsschaltungen. Technische Mitteilungen Halbleiter, Siemens AG, April 1971.

[146] Let there be light. Druckschrift von Motorola Inc., August 1971.

[147] *Hetzinger, G.:* Bauelemente für die Optoelektronik. Siemens-Zeitschrift 45. Jahrg. Heft 9 (1971), S. 613—618 u. Heft 10 (1971), S. 686—689.

[148] *Kaiser, W.:* Störsicherer Aufbau von Anlagen mit dem Schaltkreissystem SIMATIC C3. Siemens-Zeitschrift 45. Jahrg. Heft 10 (1971), S. 708—711.

[149] Halbleiter-Schaltbeispiele 1971/72. Siemens AG, München.

[150] Memory and interface handbook, Druckschrift von Signetics Corp. 1972.

[151] MOS integrated circuits. Druckschrift von National Semiconductor Corp. February 1972.

[152] Directory of GaAs Lite Products. Monsanto April 1972.

[153] HiMIL—High noise immunity logic applications & specifications—300 series. Druckschrift von Teledyne Semiconductor, April 1972.

[154] *Fletcher, D.:* The photometric of LEDs—a primer in photometry. Application Information AN 601 von Monsanto, April 1972.

[155] Optoelectronics at work. Druckschrift von Motorola Inc., July 1972.

[156] Pocket Guide. Texas Instruments Deutschland GmbH, Ausg. September 1972.

[157] *Fletcher, D.:* MOS logic level indicator. Application Information AN 303 von Monsanto, October 1972.

[158] LED product Selector Guide. Druckschrift von Dialight Corp., October 1972.

[159] CMOS—Micro-power-logic. Druckschrift von Motorola Inc., 1972.

[160] Opto-Seminar, Electronica 1972. Texas Instruments Deutschland GmbH.

[161] Halbleiter-Schaltbeispiele 1972/73. Siemens AG, München.

[162] *Buck, R. H. (Hrsg.):* Seminar Optoelektronik. Internationales Elektronikzentrum des INEA e.V., München 25. u. 26. Januar 1973.

[163] Optoelectronics Handbook. Fairchild Halbleiter GmbH, Wiesbaden, Febr. 1973.

[164] TI-Report 1. Texas Instruments Deutschland GmbH, Juni 1973.

[165] TI-Report 2. Texas Instruments Deutschland GmbH, 1973.

[166] The TTL Applications Handbook. Fairchild Halbleiter GmbH, Wiesbaden, August 1973.

[167] Valvo-Brief. Valvo GmbH, 25. April 1974.

[168] GaAs Lite Tips. Application Information Vol. 1. Monsanto, February 1970.

[169] GaAs Lite Tips. GaAs Opto-Isolators Vol. 2. Monsanto 1970.

[170] Ferranti Electronics Exhibition & Symposium, Lecture Papers, 1973.

[171] *Struck, H.:* Gegenwärtige Tendenzen optoelektronischer Bauelemente. Halbleiter-Applikationsbericht von AEG-Telefunken, März 1973.

[172] Halbleiter-Bauelemente. Valvo, Ausgabe 1974.

[173] Zum Thema Integrierte Schaltungen. Druckschrift von Siemens AG, Juli 1974.

[174] *Sieber, P.:* Das lichtelektrische Steuerelement BPX 28. Halbleiter-Applikationsbericht von AEG-Telefunken, April 1968.

[175] Threshold detection of visible and infrared radiation with pin photodiodes. Application note 915 von Hewlett-Packard 1969.

[176] *Eckoldt, F.,* und *Gebhardt, R.:* Optoelektronische Bauelemente. Halbleiter-Applikationsbericht von AEG-Telefunken, Januar 1970.

[177] *Bergt, H. E.:* BPX 38, BPX 43 u. EV 6 — neue photoelektrische Empfänger in Si-Planartechnik. Siemens-Bauteile Informationen 8 (1970), Heft 4, S. 110—113.

[178] *Veazey, W.:* Optoelectronic readhead for punched cards and tape. Bulletin CA-154 von Texas Instruments Inc., August 1970.

[179] Fühlerelemente — Bausteine der Elektronik. Siemens AG, München 1971.

[180] Optoelektronische Bauelemente. Photo-Dioden, Photo-Transistoren, Photo-Elemente. Druckschrift von Siemens AG, Januar 1971.

[181] *Wetzel, K.:* Phototransistoren BPX 38, BPX 43 und BPY 62 mit Basisbeschaltung. Siemens-Bauteile-Informationen 9 (Juni 1971) Heft 3, S. 81—83.

[182] Weg-Spannungs-Wandler und Nachlaufsteuerung mit der Differential-Fotodiode BPX 48. Druckschrift von Siemens AG, September 1971.

[183] *Krause, G.:* Verringerung der Zeitkonstanten von Phototransistoren. Siemens-Bauteile-Informationen 10 (Sept. 1972) Heft 4, S. 84—85.

[184] *Harris, S.:* Linear photodiode opto-isolator circuits. Application-Information AN 505 von Monsanto, October 1972.

[185] *Riddle, G.:* Inhibit-mode SCR possibilities. Application Information AN 508 von Monsanto, October 1972.

[186] *Harris, S.:* Interfacing a photodarlington transistor to a TTL logic gate. Application Information AN 511 von Monsanto, October 1972.

[187] *Bogus, K.:* Photoelektrische Eigenschaften von Silizium Fotodetektoren für Licht- und Strahlungsmessungen. Halbleiter-Applikationsberichte von AEG-Telefunken, Januar 1974.

[188] *Smith, G.:* LEDs & photometry. Appnote 1 von Litronix.

[189] *Windecker, R.:* Optoelectronic fault indicator for logic circuits. Bulletin CA-153 von Texas Instruments Inc., August 1970.

[190] *Grotti, R. D.,* und *Major, L. D.:* Measuring light-emitting diode output. Bulletin CA-157 von Texas Instruments Inc., September 1970.

[191] Introduction to light emitting diodes. Application note 570 von Motorola Inc., August 1972.
[192] *Bach, R. C.:* Using LEDs to replace incandescent lamps. Application Information AN 302 von Monsanto, September 1972.
[193] GaP-LED life expectancy. Data & Communications Design Vol. 1 No. 4, August/September 1972, S. 24—25.
[194] *Barton, D. M.:* Operating LEDs on ac power. Appnote 6 von Litronix, Nov. 1972.
[195] *Fletcher, D.:* Discrete LED selecting made easier. Application Information AN 301 von Monsanto, November 1972.
[196] *Fletcher, D.:* Measuring LED output. Application Information AN 602 von Monsanto, November 1972.
[197] Blaues Licht mit Halbleitern? Siemens-Bauteile-Informationen 10 (Nov. 1972) Heft 5, S. IV.
[198] *Eckoldt, F.:* Die Anwendung von GaAsP-Leuchtdioden. Halbleiter-Applikationsbericht von AEG-Telefunken, April 1973.
[199] *Keiner, F.,* und *Krause, G.:* Einfache Schaltung zum Eliminieren des Temperaturkoeffizienten von Lumineszenzdioden. Siemens-Bauteile-Informationen 11 (April 1973) Heft 1, S. 14—15.
[200] *Hämmerling, H.:* Lichtemittierende Dioden. Vortrag an der Technischen Akademie Esslingen, 1974.
[201] *Smith, G.:* Multiplexing LED displays, Appnote 3, von Litronix.
[202] *Borden, H. C.,* und *Pighini, G. P.:* Solid-state displays. Hewlett-Packard Journal Vol. 20 No. 6, February 1969, S. 2—12.
[203] *Borden, M. C.,* und *Steward, R. L.:* Solid-state alphanumeric displays. Hewlett Packard Journal Vol. 21 No. 11, July 1970, S. 2—9.
[204] Solide-state alphanumeric display—decoder/driver circuits. Application note 931 von Hewlett-Packard, November 1970.
[205] 5082-7300 series solid state display installation techniques. Application note 934 von Hewlett-Packard, January 1972.
[206] Monolithic seven segment LED display installation techniques. Application note 937 von Hewlett-Packard, January 1972.
[207] *Bach, R. C.:* Interfacing the MAN 3 series light emitting diode display. Application Information AN 101 von Monsanto, February 1972.
[208] *Bach, R. C.:* Interfacing the MAN 4 series light emitting diode displays. Application Information AN 102 von Monsanto, February 1972.
[209] *Katholing, G.,* und *Liedl, W.:* Vier-Zeichen-Darstellung mit einem Zeichengenerator GDR 101-2500. Siemens-Bauteile-Informationen 10 (Februar 1972) Heft 1, S. 8—12.
[210] *Katholing, G.:* MOS-Festwertspeicher (MOS-ROM) GDR 101. Siemens-Bauteile-Informationen (Febr. 1972) Heft 1, S. 15—17.
[211] *Bach, R. C.:* Interfacing considerations for the MAN 1 series numeric displays. Application Information AN 103 von Monsanto, April 1972.
[212] *Bach, D.:* A solid-state 35 dot X-Y incandescent lamp driver. Application Information AN 503 von Monsanto, April 1972.
[213] *Bach, D.:* A solid-state 35 dot X-Y array lamp driver. Application Information AN 503 A von Monsanto, October 1972.
[214] Solid state display and optoelectronics designer's catalog. Druckschrift von Hewlett-Packard, Januar 1973.
[215] *Fletcher, D.:* Using LEDs in linear arrays. Application Information AN 304 von Monsanto, February 1973.
[216] Solid state display and optoelectronics designer's catalog. Druckschrift von Hewlett-Packard, Juli 1973.
[217] 5082-7700 series seven segment LED display applications. Application Note 941 von Hewlett-Packard, September 1973.
[218] Applications of Silicon Opto-Electronics Devices. Ferranti Application Report No. 14 (1970).
[219] LED product selector guide. Druckschrift von Dialight Corp., March 1973.
[220] *Smith, G.:* Applications of optoisolators. Appnote 2, von Litronix.
[221] Optically coupled isolators in circuits. Bulletin CA-156 von Texas Instruments Inc., September 1970.
[222] *Mitchell, C. E.:* Optical coupler and level shifter. Application Information AN 500 von Monsanto, February 1972.
[223] *Harris, S.:* A 100% solid state double pole double throw 125 mA relay (semiconductor). Application Information AN 501 von Monsanto, February 1972.
[224] *Harris, S.:* Low cost solid state ac relay. Application Information AN 502 von Monsanto, February 1972.

[225] *Bottini, M.:* Don't forget the optical isolator when solving your coupling problems. Application Information AN 500 B von Monsanto, April 1972.

[226] *Barton, D. M.:* More speed from ISO-LIT optical isolators. Appnote 5 von Litronix, June 1972.

[227] Isolation techniques using optical couplers. Application note 571 von Motorola Inc., August 1972.

[228] *Riddle, G.:* Gated amplifier functions. Application Information AN 506 von Monsanto, September 1972.

[229] *Riddle, G.:* Using opto-isolators in linear coupling. Application Information AN 505 von Monsanto, October 1972.

[230] *Riddle, G.:* Limit switch sensors circuits. Application Information AN 507 von Monsanto, October 1972.

[231] *Riddle, G.:* Logic isolation, line receiver. Application Information AN 510 von Monsanto, October 1972.

[232] High speed optically coupled isolators. Application note 939 von Hewlett-Packard, November 1972.

[233] *Riddle, G.:* A low cost solid-state ac relay. Application Information AN 502 A von Monsanto, February 1973.

[234] *Felkel, G.:* Betrachtungen über Anstiegs- und Abfallzeiten von Silizium-Fotoelementen. Siemens-Bauteile-Informationen 7 (1965), S. 6–8.

[235] *Bliss, J.:* Applications of Phototransistors in Electro-Optic Systems. Motorola-Applikationsbericht AN-508.

DIN-Schriften

[236] Bewertung und Messung der lichttechnischen Eigenschaften von Werkstoffen — Spektrale, allgemeine und strahlungsphysikalische Stoffkennzahlen, Begriffe. Deutsche Normen, DIN 5036, März 1970.

[237] Strahlungsphysik im optischen Bereich und Lichttechnik — Größen, Formelzeichen und Einheiten der Strahlungsphysik. Deutsche Normen, DIN 5031, August 1970.

Spezielles Schrifttum über Thyristoren

[238] Silicon Controlled Rectifier Manual. General Electric Semiconductor Products Department, 3rd Edition 1964.

[239] Transistor Manual—Circuits, Applications, Characteristics, Theory. General Electric Semiconductor Products Department, 7th Edition 1964.

[240] Bauelemente und ihre Anwendung (Aufsatzsammlung von AEG-Veröffentlichungen auf dem Gebiet der Leistungselektronik mit Thyristoren). AEG-Telefunken, November 1966.

[241] *Limann, O.:* Bauelemente und Schaltungen für die Haushalt-Elektronik. Herausgeber Alfred Neye-Enatechnik, Quickborn-Hamburg, 1968.

[242] *Neumann, K.,* und *Stumpe, A. C.:* Thyristoren. B. G. Teubner, Stuttgart 1969.

[243] Leistungssteuerung mit Thyristoren. Valvo-Druckschrift, Januar 1971.

[244] Thyristor-Grundlagen und Anwendungen. Intermetall, Halbleiterwerk der Deutsche ITT Industries GmbH, Freiburg, Ausgabe 1971.

[245] Datenbuch Dioden, Z-Dioden, Gleichrichter, Thyristoren. Intermetall, Halbleiterwerk der Deutsche ITT Industries GmbH, 1971/72.

[246] Datenbuch Einzelhalbleiter Industrie-Typen. Siemens AG, 1972.

Stichwortverzeichnis

F

G

H

I

K

L

M

N

O

P

Q

R

S

T